해양

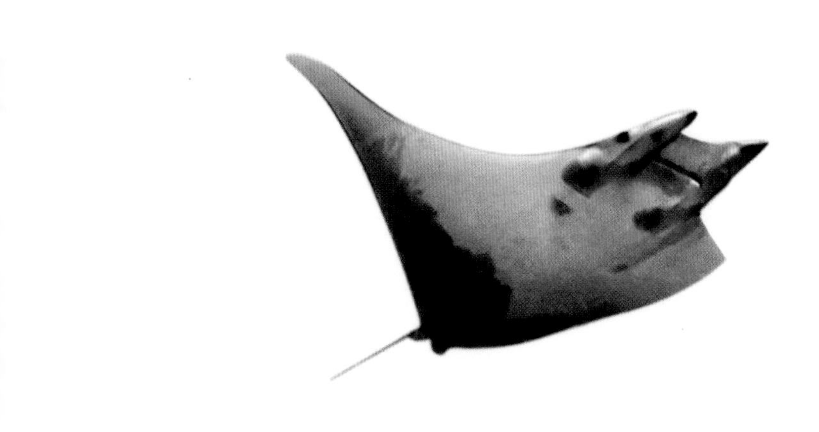

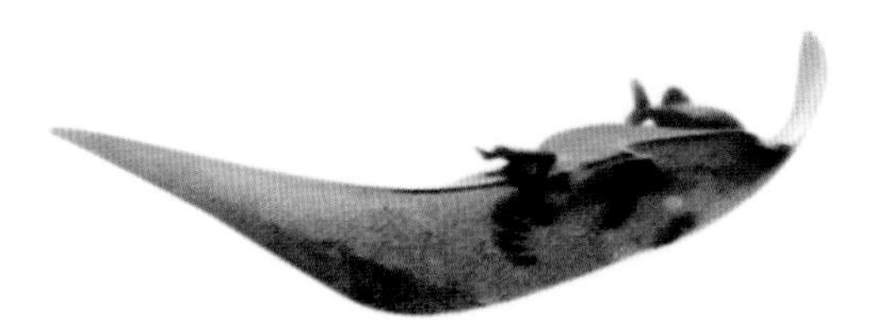

DK 『해양』 편집 위원회

이경아 옮김

해양

대백과사전

사이언스
SCIENCE BOOKS 북스

THE SCIENCE OF THE OCEAN

For the curious

www.dk.com

해양

1판 1쇄 찍음 2023년 6월 30일
1판 1쇄 펴냄 2023년 7월 31일

지은이 DK 『해양』 편집 위원회
옮긴이 이경아
펴낸이 박상준
펴낸곳 (주)사이언스북스

출판등록 1997. 3. 24.(제16-1444호)
(우)06027 서울시 강남구 도산대로1길 62
대표전화 515-2000 팩시밀리 515-2007
편집부 517-4263 팩시밀리 514-2329
www.sciencebooks.co.kr

ISBN 979-11-92908-02-1 04400
ISBN 979-11-89198-99-2 (세트)

옮긴이

이경아

숙명 여자 대학교 수학과를 졸업했다. 현재 번역 에이전시 엔터스코리아에서 번역가로 활동 중이다. 옮긴 책으로는 『바다 해부 도감』, 『세상 곳곳 수학 쏙쏙』, 『다채로운 모프의 향연 콘 스네이크』, 『자연 해부 도감』, 『10대가 가짜 과학에 빠지지 않는 20가지 방법』, 『농장 해부 도감』, 『귀소 본능』, 『밀림으로 간 유클리드』, 『우주의 점』, 『블랙홀, 웜홀, 타임머신』, 『우표 속의 수학』, 『코스믹 잭팟』, 『나를 발견하는 뇌과학』 등이 있다.

이 책은 지속 가능한 미래를 위한 DK의 작은 발걸음의 일환으로
Forest Stewardship Council ™ 인증을 받은 종이로 제작했습니다.
자세한 내용은 다음을 참조하십시오. www.dk.com/our-green-pledge

MIX
Paper | Supporting responsible forestry
FSC™ C018179

참여 필자

제이미 앰브로스 Jamie Ambrose

저술가이자 편집자, 풀브라이트 장학생으로, 자연사에 특별한 흥미를 가지고 있다. 『세계의 야생 동물』을 썼다.

에이미제인 비어 Dr. Amy-Jane Beer

생물학자이자 박물학자로, 런던 대학교에서 성게 발달을 공부했으며 현재 프리랜서 과학 저술가로 활동하며 야생 동물과 자연계에 헌신하고 있다.

데릭 하비 Derek Harvey

리버풀 대학교에서 동물학을 전공했으며 진화 생물학을 연구하는 박물학자이다. 다수의 생물학자들을 가르쳤으며 코스타리카, 마다가스카르, 오스트레일리아로 학생 탐사를 지도하기도 했다. 지은 책에 『과학: 완벽한 시각적 가이드』, 『동물 대백과사전』, 『자연사』가 있다.

프랜시스 디퍼 Dr. Frances Dipper

해양 생물학자이자 작가. 40년간 전 세계 해변과 수중의 해양 야생 생물을 연구하며 아동과 성인 대상으로 여러 도서를 집필했다. 『DK 가이드: 해양(*DK Guide to the Oceans*)』으로 2003년에 왕립 학회 아벤티스 청소년 과학상을 수상했다.

에스더 리플리 Esther Ripley

편집 주간을 역임했으며 예술과 문학을 포함한 폭넓은 범주의 교양 과목에 관한 집필을 하고 있다.

도릭 스토 Dorrik Stow

해양 연구와 출판 경력을 지녔으며 영국의 지구 에너지 공학 헤리엇-와트 대학교의 지구 과학 교수이자 중국 우한의 중국 지구 과학 대학교의 종신 교수이다.

컨설턴트

마야 플러스 Maya Plass

영국 해양 생물학 협회(Marine Biological Association) 홍보부장으로 영국 박물학자 협회(British Naturalists' Association)의 명예 회원이며 해양 생태학자, 저술가, 텔레비전 진행자이기도 하다.

자연사 박물관 Natural History Museum

영국 런던에 위치한 자연사 박물관은 태양계의 형성부터 오늘날까지 46억 년을 아우르는 전 세계 8000만 종 이상의 표본을 소장하고 있다. 자연사 박물관은 과학 연구소로서 68개국 넘게 협업하고 있으며 지구의 생명을 더 잘 이해하고자 귀중한 소장품 연구에 참여하는 소속 과학자는 300명에 달한다. 자연사 박물관은 다양한 연령대와 목적으로 방문하는 연간 500만 명 이상의 관람객을 맞이하고 있다.

스미스소니언 박물관 Smithsonian

1846년 설립되어 세계에서 가장 큰 박물관이자 연구 복합 단지를 이루고 있는 스미스소니언 연구소는 공공 교육과 병역, 예술, 과학, 역사의 학술 연구에 기여하고 있으며 19개의 박물관과 갤러리, 국립 동물원이 속해 있다. 각종 예술품과 표본을 포함해 소장품은 1억 5550만 점에 달한다.

1쪽 오세아니아 문어(*Octopus pallidus*)
2~3쪽 악마가오리(*Mobula mobular*)
4~5쪽 홍해의 꼬치고기속 떼(*Sphyraena*)
6~7쪽 꽃우산해파리(*Olindias formosus*)

차례

해양계

암석 해안

모래사장

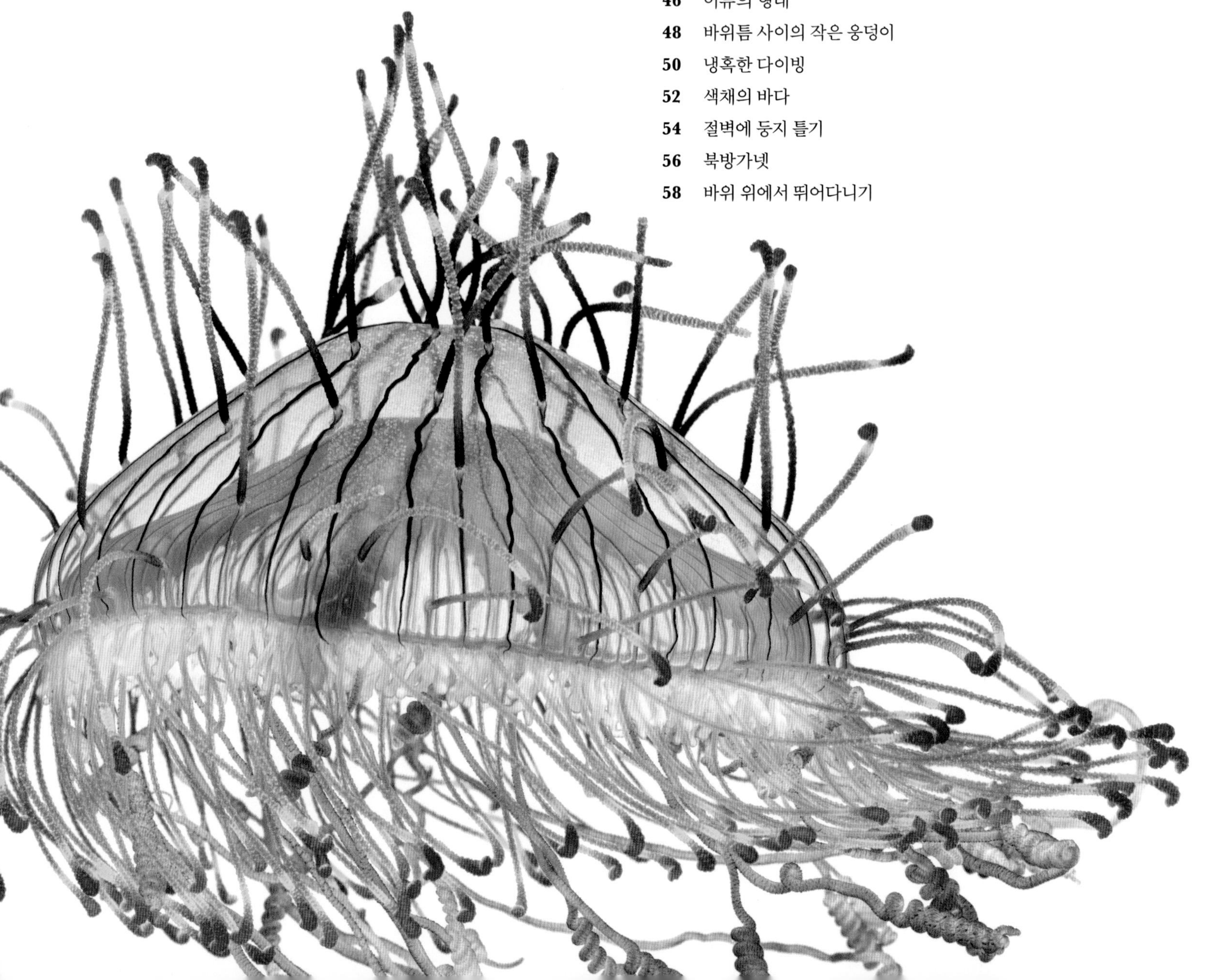

강어귀와 개펄

맹그로브와 염성 소택지

산호초

연해

대양

극지 해양

서문

우리는 알 듯 말 듯 한 것에 본능적으로 이끌리는 경향이 있다. 쉽게 접근할 수 없는 영역에는 설렘, 동경, 경이로움이 존재하는 법이다. 머나먼 우주, 지구가 아닌 행성, 외계인, ……. 그러나 실제로 흔히 언급되는 이들 현상에 대해 지구의 해양에서 살아가는 존재들보다 더 많이 알고 있을지도 모른다. 해양 환경에 우리 손길이 미치지 못한다는 매우 단순한 이유로 해양 동식물의 80퍼센트가 지도상에 표기되지도, 관측되지도, 탐사되지도 않았기 때문이다. 인간은 육지에서 공기 호흡을 하는 포유동물에 속한다. 수영도 능숙하고, 산소통 같은 장비 없이도 잠수 가능하고, 성능이 점점 향상되는 스쿠버 장비나 로봇을 이용해 미지의 해양 세계를 탐사하는 이들도 있지만, '육지 태생인' 우리는 대부분 파도를 그저 바라볼 뿐이다.

파도 밑에는 또 다른 세계가 존재한다. 과학과 기술에 힘입어 우리는 바닷속 세상에 대해 더 많은 사실을 더 빨리 알아가는 중이다. 이 멋진 책이 보여 주는 것처럼 해양 세계는 불가사의할 정도로 아름다우면서도 환상적이다. 가장 작은 것부터 가장 큰 것까지, 얕은 바다에서 살아가는 것에서 깊은 바다에서 살아가는 것까지, 성질이 사나운 것부터 겁 많은 것에 이르기까지, 이 생명체들은 지구상에서 우리와 공존하지만 다른 차원에서 살아간다. 이 얼마나 흥미로운 일인가!

이 책을 통해 바닷속에서 살아가는 이웃, 놀랍도록 다양하게 진화해 온 경이로운 해양 생명체를 만날 기회를 얻을 수 있다. 다소 동떨어진 이야기로 들릴 수도 있겠지만, 우리가 바다와 맺고 있는 관계의 문화적 측면은 이처럼 카리스마 넘치고 위험하면서도 값진 영역과 우리가 얼마나 밀접한 관계를 유지해 왔는지 보여 준다. 그런데 형세가 바뀌고 말았다. 이제 우리는 크나큰 위험에 직면해 있으며 지구상에서 어떤 바다도 더는 안전하지 않다. 산호초는 백화 현상을 겪고 있다. 플라스틱이 깊은 바닷속까지 널브러져 바다거북과 고래의 배를 가득 채우고 알바트로스 새끼를 질식하게 만든다. 바닷물의 산성화, 오염, 어류 남획은 전반적인 해양 생태계를 위협한다. 해양 세계가 품은 경이로움에 푹 빠져 이를 아끼고 보호하는 법을 터득하는 일이 오늘날보다 중요했던 적은 일찍이 없었다. 자, 이제 낯선 것들 속으로 뛰어들어 유영하면서 우리의 해양을 지키는 데 힘을 보태자.

크리스 패컴(박물학자, 방송인, 작가 겸 사진 작가)

유선형의 거무스름한 흑단상어와 갈라파고스상어가 큰 무리를 이룬 황다랑어와 참치방어를 잡아먹고 있다.

해양계

지구의 나이와 비슷한 해양은 지표면을 대부분 차지한다. 생명체는 바다에서 처음 탄생해 진화해 왔으며, 오늘날에도 바다는 매우 다양한 종이 살아가는 서식지로 남아 있다. 엄청난 양의 에너지를 실어나르는 바다는 지구의 기후를 작동하고 변화시킨다.

해양이란 무엇인가?

지구는 지표면의 68퍼센트가 소금물인 해양으로 덮일 만큼 물이 많은 세계다. 5대 주요 대양분지(북극해, 대서양, 인도양, 태평양, 남극해)는 지표면에서 깊게 내려앉은 지형이다. 지중해나 베링 해처럼 해양과 연결되고 일부가 육지로 둘러싸인 그보다 작은 규모의 바다는 상당수 존재한다. 해양은 대륙에 의해 부분적으로 나뉘지만 모두 하나로 연결되어 있다.

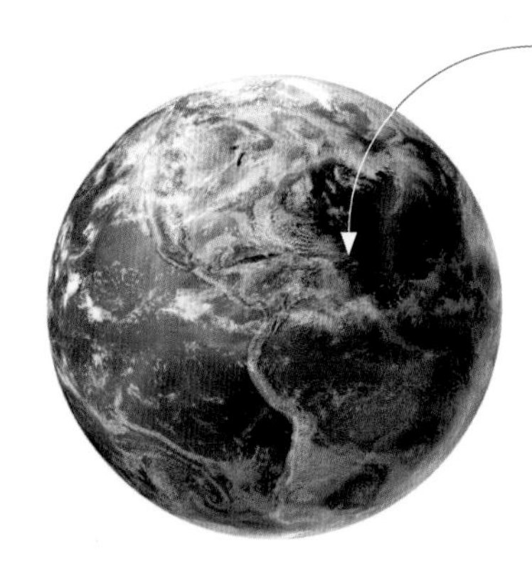

두 번째로 큰 대양분지인
대서양은 지표면의 약 20퍼센트를 차지한다.

우주에서 바라본 해양
우주에서 촬영한 합성 위성 사진은 해양이 육지와 비교해 압도적인 비중을 차지한다는 사실을 여실히 보여 준다. 지구의 서반구를 촬영한 이 사진에서는 대서양이 보인다.

해양의 위력
해양은 세계 각지의 해안선에 부딪히는 파도를 통해 위력을 드러낸다. 오스트레일리아 뉴사우스웨일스 주의 남부 해안에 있는 얕은 암초를 향해 밀려오는 산처럼 육중한 이 파도는 파저면이 해저에 이르러 마찰력이 약해짐에 따라 산산이 부서질 것이다.

지구의 비율

평균 깊이가 3700미터이고 전체 부피가 13억 4000만 세제곱킬로미터에 이르는 해양은 지구상에 존재하는 대부분의 물을 보유할 만큼 어마어마한 규모를 자랑한다. 지구의 물 가운데 2퍼센트가량은 눈과 빙하의 형태로 존재하며 이동이 자유로운 담수는 1퍼센트에 불과하다. 면적이 1억 5300만 제곱킬로미터에 이를 만큼 가장 큰 해양인 태평양은 지구 염수의 49퍼센트를 차지한다.

그림 설명

- 염수(68%)
- 육지(29%)
- 담수(3%)

과거의 생명체

암모나이트는 쥐라기(2억 년 전~1억 4500만 년 전)와 백악기(1억 4500만 전~6600만 년 전)의 해양에서 흔한 두족류였지만 공룡과 거의 비슷한 시기에 멸종되었다. 죽은 암모나이트는 해저로 가라앉아 퇴적물로 덮인 뒤에 암석에 화석으로 남겨졌다. 백악기 중기의 것으로 추정되는 이 화석(*Desmoceras latidorsatum*)은 마다가스카르 해안에서 발견되었다.

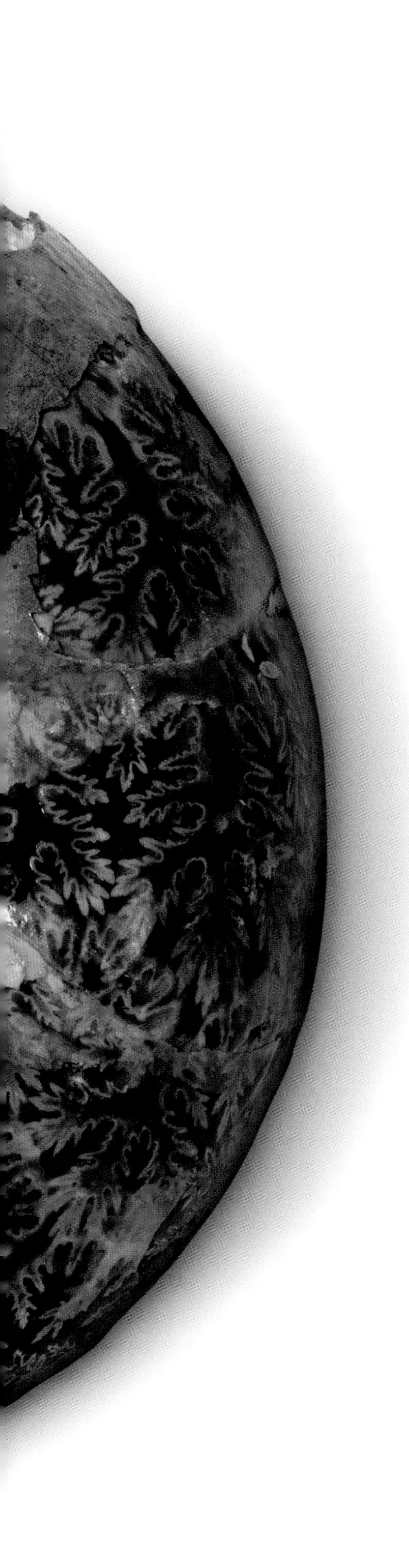

산호 화석
따뜻한 기후를 좋아하며 3억 5000만 년 전 무렵까지 거슬러 올라가는 화석 산호의 발견은 차가운 기후의 스코틀랜드가 한때는 적도 부근에 있던 대륙의 일부였다는 증거다.

해양의 역사

우리에게 친숙한 오늘날 지구의 대륙과 해양의 모습은 과거 선사 시대와는 전혀 다르다. 오늘날의 해양과 바다는 초기의 대륙이 갈라지고 멀어지면서 서서히 생겨났다. 과학적 증거에 따르면 최초의 해양은 녹아내린 지표면에서 발생한 수증기로부터 형성되었다. 38억 년 전쯤 지구의 온도가 내려가면서 이런 수증기는 응결해 비로 내렸다.

과거의 해양

지구의 역사에서 대륙은 몇 차례에 걸쳐 모였다 흩어졌다를 반복했다. 우리는 고생물학 연구뿐만 아니라 남아메리카와 아프리카 같은 대륙이 '퍼즐 조각'처럼 잘 들어맞는 사실을 통해서도 이를 확인할 수 있다. 해양 깊숙한 곳에서 일어나는 화산 작용 때문에 대륙의 위치는 서서히 변한다. 오늘날 대서양은 점점 커지는 데 비해 태평양과 홍해는 점점 줄어들고 있지만, 그 규모는 1년에 2센티미터도 채 되지 않는다.

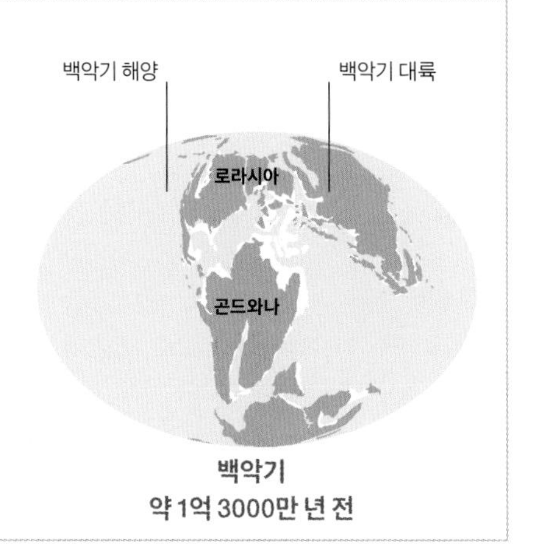

백악기
약 1억 3000만 년 전

유공충은 얇은 껍질인 껍데기(test)를 갖고 있다.

해양 온도계

유공충으로 불리는 미생물의 모래알만 한 화석 껍질의 화학 성분을 분석하면 과거의 해수면 온도를 알아내는 데 도움이 된다. 위의 유공충(*Rosalina globularis*)은 오늘날 해양에서도 발견되고 있다.

폭풍이 몰아치는 바다

해양, 대기, 육지는 상호 작용을 통해 기후와 날씨를 연출한다. 바람이 선회하는 상승 기류를 일으키자 놀라운 슈퍼셀(supercell) 뇌우가 오스트레일리아 퀸즐랜드 해안에 발생했다. 오늘날 기상 이변의 빈도와 강도는 인간이 초래한 기후 변화와 연관성이 점차 높아지고 있다.

해양 기후

지구의 해양과 기후는 복잡한 상호 작용의 그물망을 통해 밀접하게 연결되어 있다. 해양은 태양으로부터 열기를 흡수해 저장하는데, 이런 현상은 특히 적도에서 활발히 나타난다. 바람이 일으킨 해류는 주요 대양분지 부근의 바닷물을 순환시킨다. 그 결과 태양의 열기와 지구의 자전이 탁월풍으로 불리는 우세한 바람의 유형을 결정한다. 적도 지방에 비가 많이 내리는 것은 이곳의 해양이 따뜻해서 바닷물의 증발량이 많기 때문이다. 해양은 열기를 서서히 발산한다. 해안 지대 주변의 해양성 기후가 내륙 깊숙한 지역의 대륙성 기후와 비교해 온화한 것도 바로 이 때문이다.

기후 교란

대기 중에 증가한 이산화탄소는 열기를 가두고 여분의 열기를 흡수한 해양의 온도도 상승한다. 그 결과 엘니뇨와 라니냐 같은 극단적인 기후 교란 사례 역시 증가 추세에 있다. 해수면 온도를 평균 이상으로 높이는 엘니뇨 현상은 적도 부근의 태평양에서 바람과 조류가 교란되면서 발생한다. 해양 니노 지수(ONI)는 최근의 평균 온도와 30년 동안의 평균 온도 사이에 나타난 차이를 보여 준다.

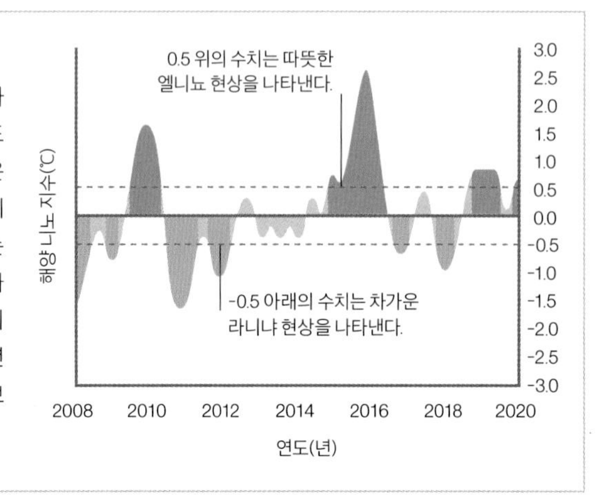

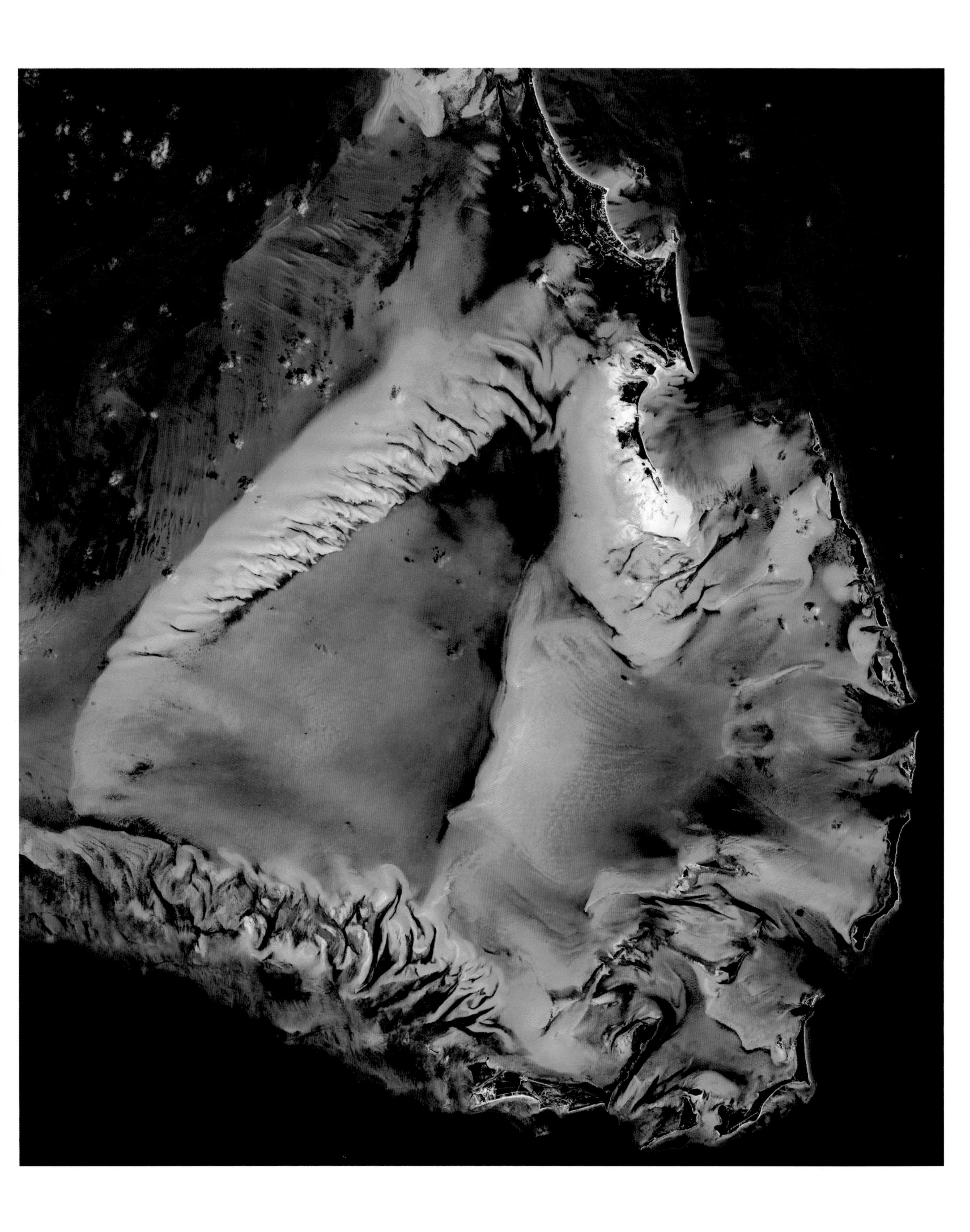

해양의 깊이

드넓은 3차원 공간에서 살아가는 해양 생물은 얕은 해수면은 물론 깊은 바닷속에서도 발견할 수 있다. 해수면 부근에서 살아가는 생명체는 깊은 바닷속에서 살아가는 생명체와는 전혀 다른 환경을 경험한다. 과학자들은 깊이에 따라 일조량과 수온은 내려가면서도 수압은 올라가는 해양을 여러 구역으로 구분한다. 표층은 햇빛이 잘 들고 영양분과 먹이가 풍부하다. 반면에 깊은 바닷속은 햇빛이 잘 들지 않고 수온도 낮아 생명체가 살아가는 데 제약이 있다.

깊은 해양과 모래톱
바하마의 베리 제도에는 반원형으로 둘러싸여 비바람으로부터 보호를 받는 모래 고원이 형성되어 있다. 위성 사진은 투명한 바닷물의 수심 등고선을 보여 준다. 사진 윗부분에서 깊은 해양은 육지와 접해 있지만, 아래쪽의 처브 케이(Chub Cay)는 혀처럼 생긴 해양 협곡 속에 빠져 있다.

깊이에 따른 해양 구역
해양 생물은 다양한 깊이에 맞춰 적응해 왔다. 모든 해양 먹이 사슬의 기반이 되는 식물성 플랑크톤은 투광층에서만 서식한다. 빛이 제한되는 약광층에서는 플랑크톤을 먹이로 삼는 동물들이 낮에는 안전한 아래쪽에 머물다가 밤이 되면 위쪽으로 올라온다. 캄캄한 암흑층에서 동물들은 생물 발광을 통해 먹이를 잡거나 의사 소통을 하는데 비해 심해층에 사는 동물들은 위쪽에서 떠내려온 죽은 물질이나 입자를 끌어모은다. 깊은 해구는 캄캄한 초심해층을 형성한다.

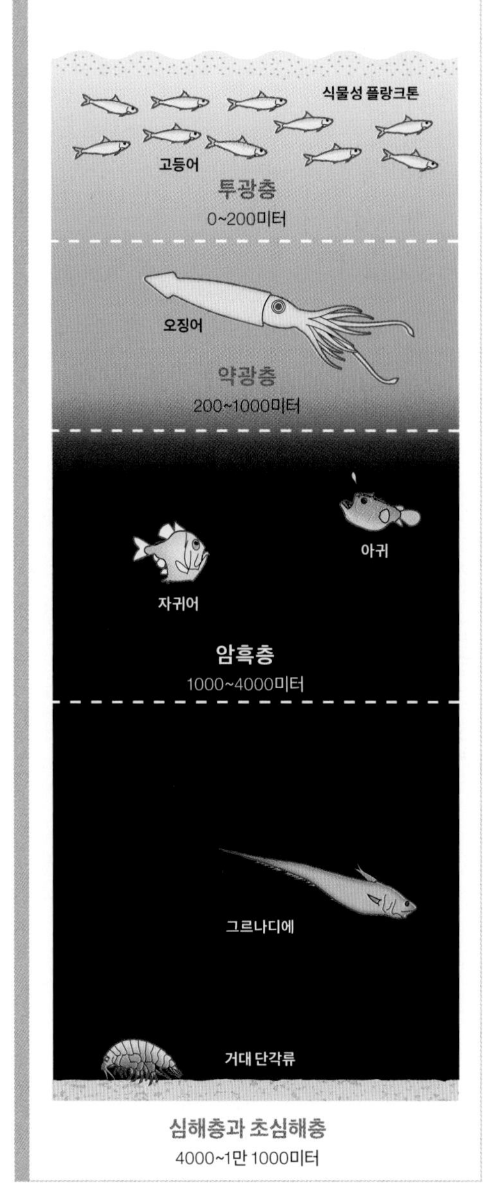

한류성 산호
산호는 대개 얕은 물에 서식하지만, 로펠리아 페르투사(*Lophelia pertusa*) 같은 한류성 산호는 미명 지대와 암흑 지대에서 산호초를 형성한다. 이 산호초는 해수면의 공생 조류가 제공하는 양분 없이 아주 더디게 자란다.

암석 해안

암석 해안은 수많은 동식물에게 견고하고 안정적인 기반을 제공한다. 조수 웅덩이나 높이 솟은 절벽은 휩쓸려갈 위험이 있음에도 동식물의 은신처 역할을 한다.

다발을 이룬 이끼
회색의 바다상아(*Ramalina siliquosa*)와 그 밖의 지의류는 다발을 이루며 위를 향해 자란다. 바다상아는 대개 유럽 해안에 서식하는 노랑비말대바다이끼(오른쪽 사진)보다 높은 곳에서 자란다.

해안에 서식하는 지의류
유럽 북서부의 지의류 노랑비말대바다이끼(*Xanthoria parietina*)는 대개 내륙에서 찾아볼 수 있지만, 바위가 많은 해안선의 염분이 많은 곳에서도 잘 살아간다. 봄철 만조기가 되면 엽상체로 불리는 납작한 주황색 몸체가 바닷물에 잠기기도 한다.

파도가 부서지는 곳에서 살아남기

작은 생명체는 파도가 부서지는 바위에서도 잘 살아갈 수 있다. 그런 바위는 수중 생물이 살아가기에는 바닷물이 턱없이 부족하고 식물이 뿌리를 내리기도 쉽지 않다. 그러나 지의류는 그런 곳에서도 자랄 수 있는 탄성을 갖고 있다. 실제로 지의류는 일부 지역 해안에서 형형색색으로 눈에 띄는 성장세를 보이는데, 그런 곳에서 생존할 수 있는 비결은 긴밀한 협력 관계에 있다. 지의류는 양분을 흡수하는 균류로 이루어져 있으며 균류는 바위와 색소가 있는 해조류에 꼭 달라붙어 광합성을 통해 먹이를 만들어 낸다.

친밀한 동반자

지의류는 대개 실처럼 생긴 균류로 이루어져 있다. 균사로 불리는 이런 실은 단단한 접착면에 붙어 있으며 다른 균류와 마찬가지로 유기물 파편이나 새똥 같은 먹이를 통해 양분을 흡수할 수 있도록 넓은 표면을 제공한다. 그러나 지의류 먹이의 50퍼센트 이상은 광합성 조류에 의해 이용된 대기 중의 이산화탄소로 이루어져 있으며, 조류는 그렇게 만들어 낸 먹이를 균류와 공유한다.

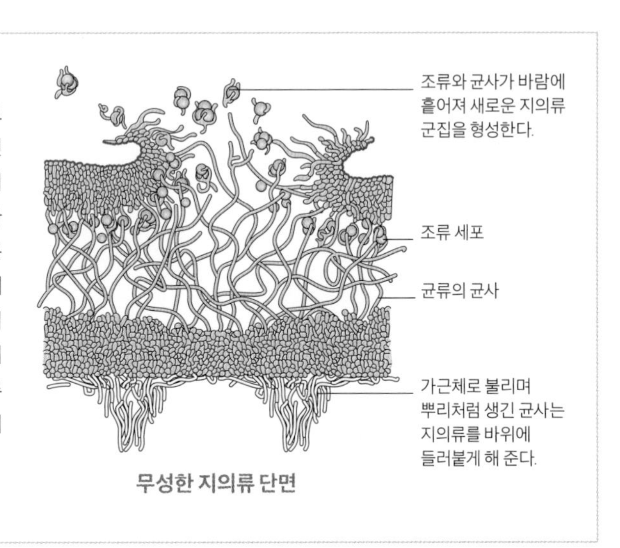

무성한 지의류 단면

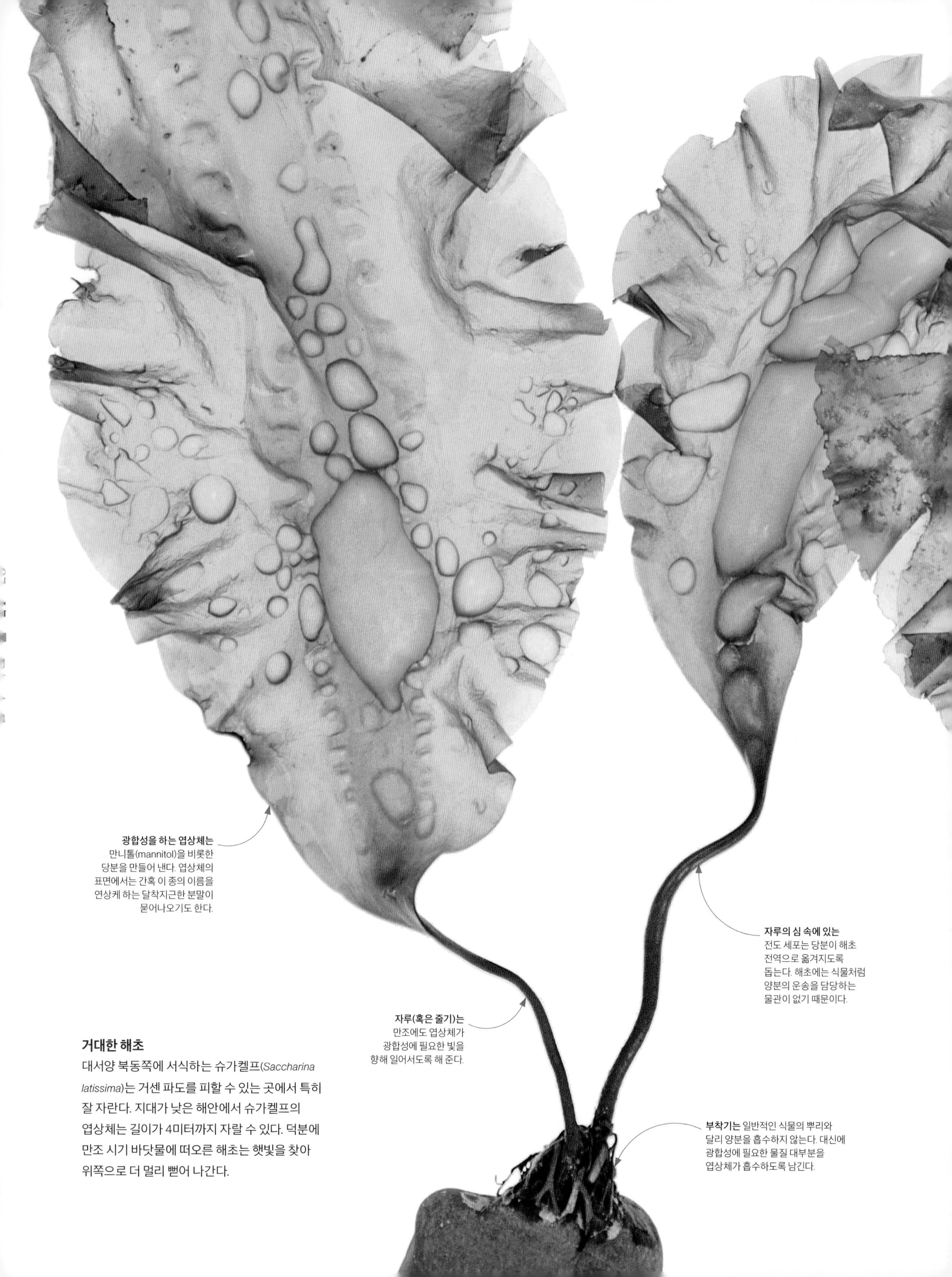

거대한 해초

대서양 북동쪽에 서식하는 슈가켈프(*Saccharina latissima*)는 거센 파도를 피할 수 있는 곳에서 특히 잘 자란다. 지대가 낮은 해안에서 슈가켈프의 엽상체는 길이가 4미터까지 자랄 수 있다. 덕분에 만조 시기 바닷물에 떠오른 해초는 햇빛을 찾아 위쪽으로 더 멀리 뻗어 나간다.

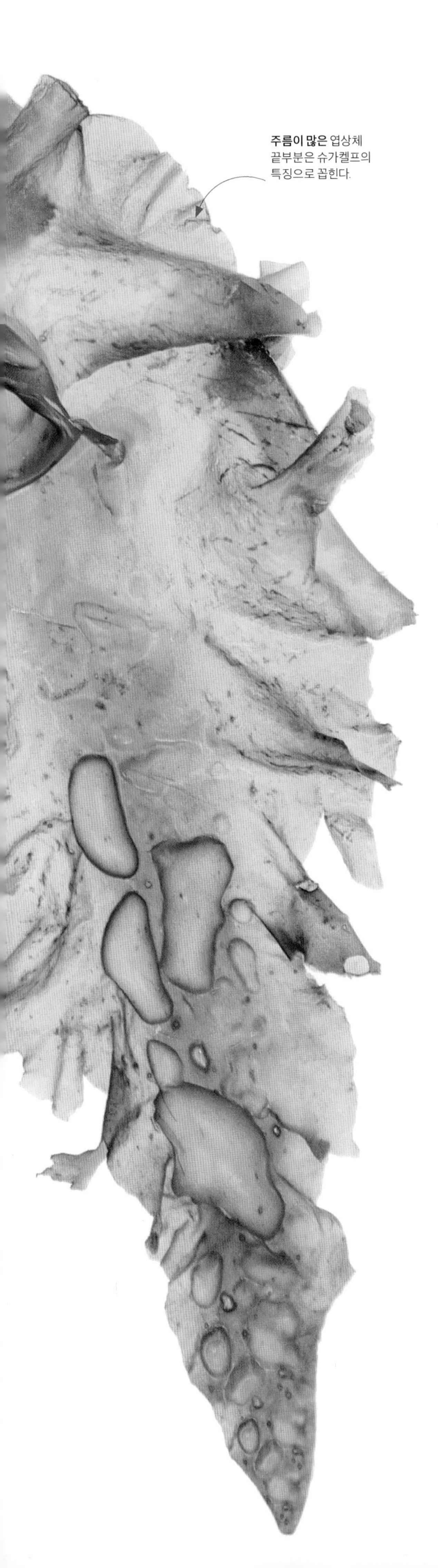

주름이 많은 엽상체 끝부분은 슈가켈프의 특징으로 꼽힌다.

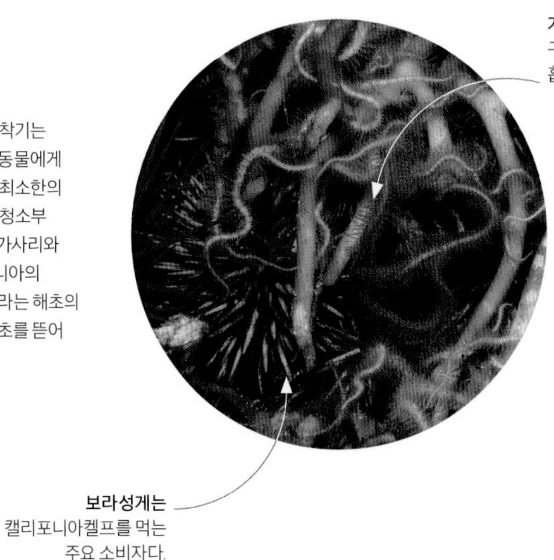

흡착기 군집
여러 갈래로 뻗은 흡착기는 다양한 해양 무척추동물에게 살아가는 데 필요한 최소한의 서식지를 제공한다. 청소부 역할을 하는 거미불가사리와 보라성게가 캘리포니아의 태평양 연안에서 자라는 해초의 흡착기 사이에서 해초를 뜯어 먹으며 살아간다.

거미불가사리가 구부러진 다리로 흡착기에 매달려 있다.

보라성게는 캘리포니아켈프를 먹는 주요 소비자다.

해저에 뿌리내리기

단단하고 바위가 많은 해안에 식물이 정식으로 뿌리를 내리기란 쉽지 않다. 그러나 조수간만의 차가 존재하는 이곳의 환경은 해초로 널리 알려진 잎이 많은 조류에게는 완벽한 서식지다. 해초는 파고 들어가는 뿌리 대신에 부착기로 불리는 구조가 접착면에 들러붙는 역할을 한다. 흡지와 비슷한 부착기도 있지만, 덩굴손 덤불로 무성하게 성장해 해초를 해저에 뿌리내리게 하고 작은 무척추동물의 은신처 역할을 하는 부착기도 있다. 반면에 길게 뻗은 조류의 엽상체는 광합성을 위해 빛을 흡수하는 역할을 한다.

흡착기

어린 해초는 엽상체, 자루(줄기), 흡착기를 점차 갖춰나간다. 흡착기는 반상체로 불리며 손가락처럼 뻗은 돌출부로 이루어져 있다. 반상체는 바위와 돌을 감싸고 깊은 물 속에서 더욱 무성해진다. 성장하는 반상체는 더 커진 엽상체를 지탱하기 위해 천연 접착제인 뮤코다당을 분비한다.

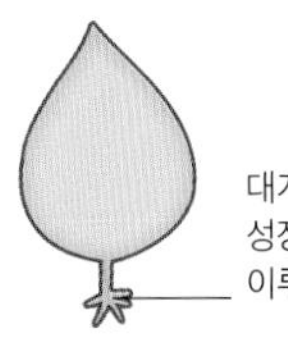

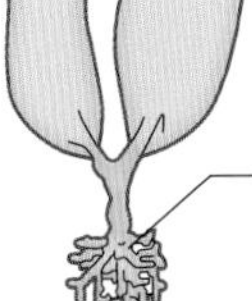

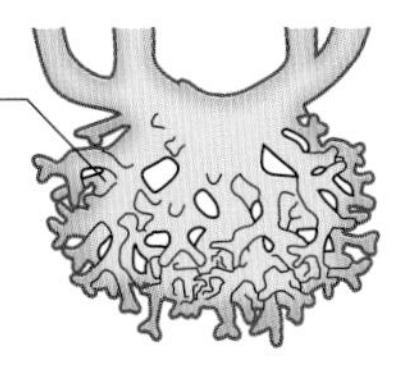

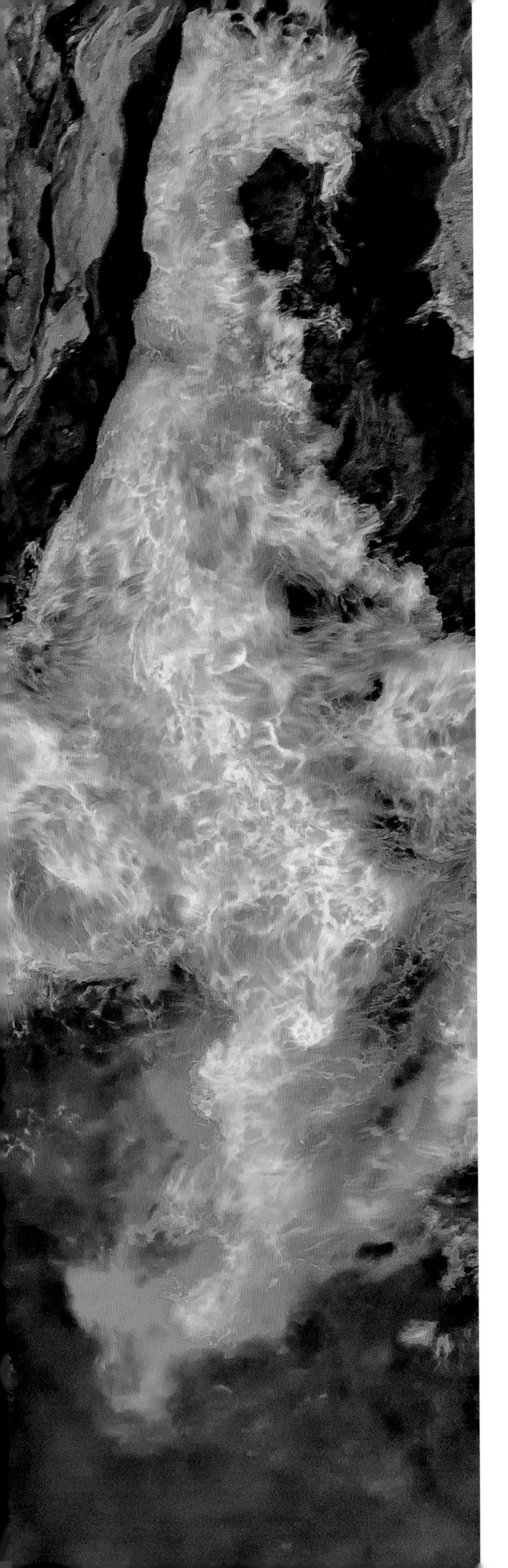

파도로 인한 침식
수천 년 동안 하와이 제도의 오하우 섬 해안에 몰아닥친 강력한 파도에 의해 바위가 들쭉날쭉 침식되면서 곳곳에 작은 만과 곶이 형성되었다.

해안 침식

대륙마다 해안선은 지속적인 변화를 겪게 마련이다. 어떤 지역에서는 육지 면적이 늘어나는 데 비해 다른 지역에서는 침식 때문에 해안선이 차츰 후퇴한다. 해안 침식은 해양 에너지(파도, 폭풍, 조수), 암석의 상대적 강도, 지각 활동(지진과 융기)으로 꼽히는 3가지 주요 요인에 따라 결정된다. 강력한 폭풍이 부드러운 모래와 진흙으로 이루어진 해안을 강타하는 지역에서는 해안선 후퇴 속도가 100년마다 100미터 이상일 수 있지만, 단단한 화강암 절벽은 수백 년 동안 굳건히 남아 있을 것이다. 산사태, 낙석, 화학적 침식 작용, 파도의 충격, 모래와 자갈로 인한 끊임없는 마모는 모두 해변의 암석과 바위를 부수는 데 일조한다. 폭풍, 조류, 이안류는 퇴적물을 먼바다로 실어나른다.

곶, 시아치, 시스택

해안 지대 연암은 파도의 작용으로 침식되어 만을 형성하고 경암은 파도에 대한 저항력으로 곶을 형성한다. 곶의 3면은 파도의 영향을 집중적으로 받는다. 그러다 마침내 해안에 협곡과 해식 동굴이 만들어진다. 해식 동굴은 곶 양쪽에서부터 점차 확대되다가 결국 바닷물에 뚫리며 시아치(sea arch)가 형성되고 시간이 흘러 붕괴하면 시스택(sea stack)으로 따로 떨어져 나간다.

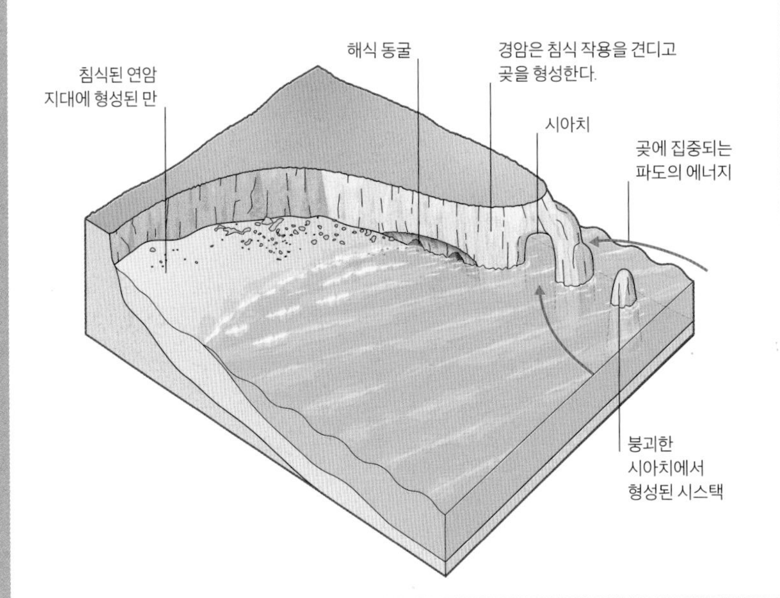

곧은 뿌리

목질의 아르메리아 뿌리는 곧게 뻗어서 해안 퇴적물에 1.5미터 이상 다다를 수 있다. 간혹 뿌리가 바위를 휘감거나 절벽 면으로 파고들기도 한다. 곧은 뿌리는 대개 아래쪽을 향해 수직으로 뻗어가며, 해안에서 강풍에 시달리는 식물이 단단히 뿌리를 내릴 수 있도록 돕는 역할을 한다.

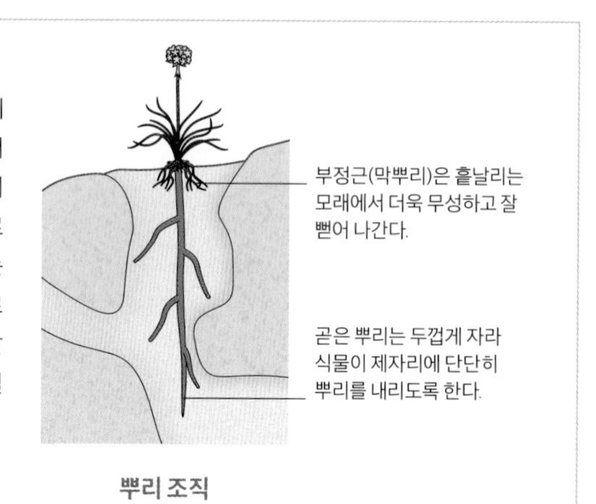

뿌리 조직

억센 식물

아르메리아(*Armeria maritima*)는 바람이 많이 부는 북반구의 해안에서 잘 자란다. 바닥에 바짝 달라붙은 잎은 악천후를 견뎌 내고, 염분에 강한 조직은 극단적인 상황에서 바닷물에 잠길 수도 있는 토양에서 식물이 성장할 수 있게 도와준다.

조수 위에서 자라기

일반적인 조수가 미치지 못하는 해양계의 최전방에는 육지에 속하면서도 파도의 물보라를 맞으며 살아가는 연안 생물 종이 군집을 이루며 살아간다. 소금기와 바람은 수분을 증발시킨다. 잎에 내려앉은 소금기가 삼투 현상으로 잎 조직에서 물을 끌어내는 동안 바람은 증발을 촉진한다. 이곳에서 살아가는 꽃식물은 틀림없이 이런 영향을 견딜 수 있도록 적응했을 것이다. 아르메리아 같은 식물의 잎은 증발을 줄이고 내부에 물을 저장하기 쉽게 표면적은 작고 표피가 두꺼운 끈 모양을 하고 있다.

해안의 꽃가루 매개자
해양 곤충은 거의 없지만, 상제나비(*Aporia crataegi*) 같은 육지 곤충은 꿀을 빨기 위해 해안가에서 꽃을 피운 아르메리아를 찾아오며, 그 밖의 곤충들도 해안에서 먹이를 찾는다.

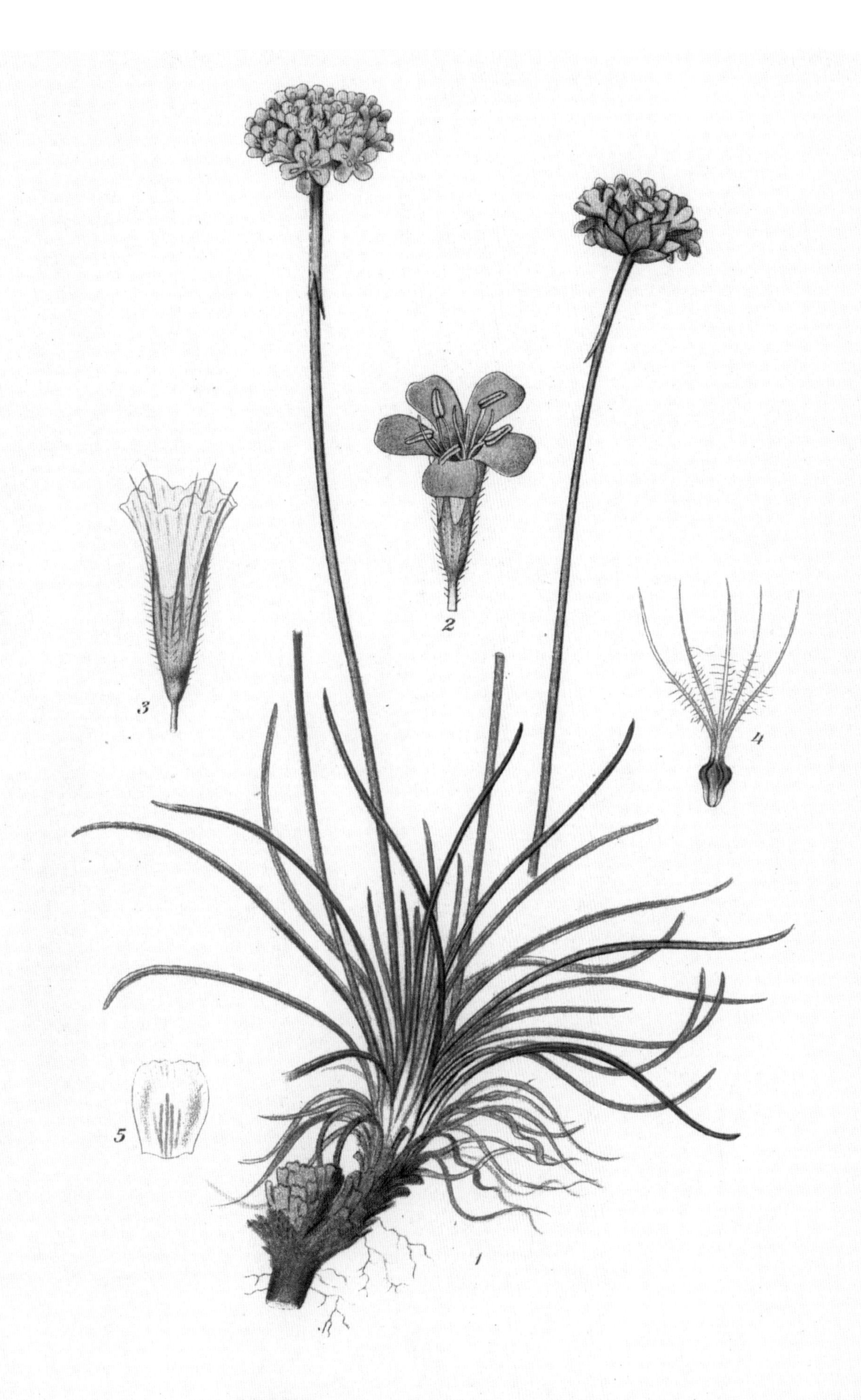

TRIFT, ARMERIA VULGARIS WILLD.

Gen. Stab. Lit. Anst.

움츠러든 촉수는 동물의 표면적을 줄여 주고, 그 결과 간조에 몸체가 노출되더라도 수분 증발이 덜하다.

노출에 대한 대처법
해변말미잘은 촉수를 몸통으로 끌어당겨 천적의 눈을 피하는 동시에 바닷물이 빠져나가 대기 중에 노출되더라도 더 많은 수분을 체내에 보유한다.

몸통의 근섬유를
수축시키면 촉수를 몸통 안으로 끌어당길 수 있다.

간조에서 살아남기

조간대는 해양이 육지와 만나는 곳이지만, 이곳을 영구적인 서식지로 삼는 생명체는 바다에서 왔다. 이 유기체들은 대부분 물속에서 숨을 쉬고 먹고 번식해야 한다. 간조가 되면 게처럼 기어다닐 수 있는 녀석들은 물을 따라 움직일 수도 있고 바위 밑으로 피할 수도 있다. 말미잘처럼 한 자리에 붙박인 채 살아가는 녀석들은 바닷물이 다시 들어올 때를 기다리는 수밖에 방도가 없다.

조수 웅덩이
바닷물이 빠져나간 간조에 남겨진 암초 해안의 웅덩이는 해변말미잘(*Actinia equina*)에게 안전한 피난처가 된다. 주변의 바위가 물 밖으로 나와 있을 때조차 해양 동물은 이곳에서 활동을 계속할 수 있다.

조간대 적응

에른스트 하인리히 필리프 아우구스트 헤켈(Ernst Heinrich Philipp August Haeckel, 1834~1919년)의 『자연의 예술적 형상(*Kunstformen der Natur*)』에 실린 해변말미잘은 변화가 심한 조간대에 적응해 살아간다. 데이지말미잘(*Cereus pedunculatus*, 위쪽 가운데)은 불안하거나 노출되었을 때 몸 일부를 파묻거나 완전히 움츠린다. 유연성이 덜한 종은 생존을 위해 보호 받을 장소가 필요하다. 촉수가 아래로 처진 보석말미잘(*Corynactis viridis*, 왼쪽 아래)은 바위 동굴을 선호하고 촉수가 깃털처럼 생긴 깃털말미잘(*Metridium senile*, 오른쪽 아래)은 간조에 바위 돌출부에 축 늘어진 채 매달려 있다. 이런 연약한 종은 대개 바닷물에 항상 잠긴 곳에서 살아간다.

헤켈의 해변말미잘 그림(1904년)

「웨스트포인트, 프라우츠 넥」(1905년)
미국의 화가 호머는 일몰 직후에 바위 위로 솟구치는
파도의 물보라를 포착해 자신이 좋아하는 수채화를
그렸다. 이 그림은 메인 주에 있는 그의 작업실에서
가까운 사코 만의 빛과 조수에 대해 며칠 동안
진지한 관찰이 이루어진 뒤에 탄생했다. 하늘과
바다를 흠뻑 적신 선명한 붉은색과 분홍색, 대담한
구도는 표현주의 성향을 보여 준다.

「구조선」(1881년)
1880년대 호머의 작품은 주로 바다를 터전으로 살아가는 어촌의 생활상에 초점을 맞추었다. 더 큰 대작의 밑그림이 된 분위기 있는 화풍과 수채화 습작은 방수복을 입은 채 위험에 빠진 선박을 향해 나아가는 사람들을 묘사하고 있다.

명화 속 해양

태평양 연안에서 대서양 연안까지

19세기 후반, 미국은 새롭게 건설한 국가의 영광을 드러내 줄 예술 문화를 추구하던 신생 국가였다. 화가들은 동부에 사는 애호가들의 경외심을 불러일으킬 만한 서쪽의 산, 평원, 바다 풍경을 소개하려고 노력했다. 이들의 작품에 담긴 애국심은 「아름다운 아메리카(America the Beautiful)」 같은 노래를 통해 북돋워졌다. 이 노래는 "태평양에서 빛나는 대서양까지" 펼쳐진 아메리카 대륙을 칭송한다.

유럽의 인상파 화가들이 전통적인 회화 양식에 반기를 들고 일어났을 때 동시대 수많은 미국인도 인상파 화풍을 좋아했다. 19세기 중반에 유행한 미술 사조인 허드슨 강파의 창시자로 영국 태생의 미국인 화가 토마스 콜(Thomas Cole, 1801~1848년)이 그린 장엄한 풍경에는 낭만주의뿐만 아니라 사실주의와 자연주의 양식까지 이용되었다. 독일계 미국인 화가 알베르트 비에르슈타트(Albert Bierstadt, 1830~1902년)가 미국 서부를 여행하며 묘사한 웅장한 봉우리와 평원은 새로운 정착민의 눈에 비친 서부 개척지의 변경에 대한 미화된 생각을 팔아먹으려는 낭만적인 구상이었다. 그는 서부 해안도 여행하며 험준한 바위와 밀려오는 파도를 그렸다. 한편 동부에서는 피츠 헨리 레인(Fitz Henry Lane, 1804~1865년)이 루미니즘 양식으로 메인 주와 매사추세츠 주의 해안 지대를 그리고 있었다. 루미니즘이란 정확한 붓놀림과 천상의 세계를 연상케 하는 빛으로 규정되는 사실주의 풍경화 양식이다.

19세기에 누구보다 뛰어났던 미국의 해양 화가는 유화와 수채화로 유명한 윈슬로 호머(Winslow Homer, 1836~1910년)일 것이다. 초기 작품은 미국에서 동시대인들의 삶을 묘사하고 있지만, 영국 타인위어 주 연안에서 18개월을 보낸 뒤에 예술 세계는 깊이가 더해졌다. 그곳에서 그는 현지 어부와 여인의 일상과 고난을 그림으로 표현했다. 귀국 이후 메인 주 동부 연안 프라우츠 넥의 외딴 오두막과 작업실에서 은거하며 해양의 활기와 원시적 아름다움을 담은 웅장한 바다 풍경을 그려 냈다. 버뮤다와 플로리다 주 인근 무지갯빛 바다를 여행하고 그리는 작업을 하면서도 그는 언제나 프라우츠 넥으로 돌아왔다. 1910년에 세상을 떠날 때까지 그곳의 바다는 그에게 영감의 원천이 되었다.

> "그림을 그릴 때는 자네가 본 것을 그대로 화폭에 담아 보게. 자네가 보여야 하는 것이 무엇이든 간에 드러날 테니까."
>
> — 윈슬로 호머, 화가이자 친구인 월리스 길크리스트(Wallace Gilchrist)에게(1900년경)

연체동물의 치설

고둥은 '혀(정확히 표현하자면, 치설 돌기)'를 입에서 날름거리고 그 과정에서 바위 표면을 치설로 문지르게 된다. 작은 이빨로 덮인 치설은 단단한 키틴질(무척추동물의 외골격에서 볼 수 있는 물질)로 이루어져 있다. 이빨이 마모되면 치설 돌기 아래쪽에 있는 주머니에서 새로운 치설이 자라나 재생된다.

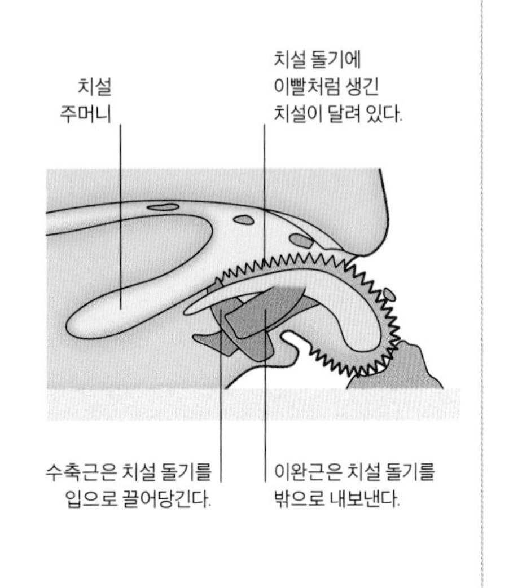

치설 구조

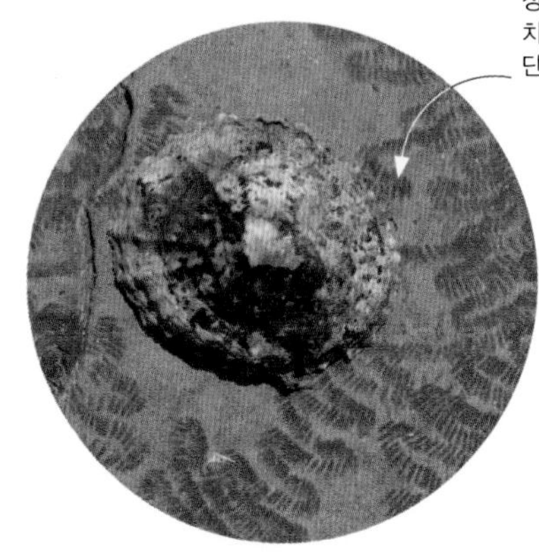

긁힌 자국이 눈에 보일 정도로 남은 것은 삿갓조개의 치설이 바위 표면보다 단단하기 때문이다.

삿갓조개의 단단한 이빨
삿갓조개(*Patella vulgata*)의 치설은 철 화합물로 강화된 이빨을 갖고 있어서 거친 조류를 떼어 낼 수 있다. 이런 이빨의 재질은 어떤 동물과 견주더라도 뒤지지 않을 만큼 단단하다.

바위 훑기

바닷속 바위는 미생물, 조류, 유기물 파편의 얇은 막으로 덮여 있어서 수많은 해양 동물에게 먹잇감을 제공해 준다. 이런 먹잇감을 뜯어먹는 동물 중에 두드러진 것은 다양한 초식성 달팽이와 삿갓조개를 비롯한 연체동물이다. 바위 표면을 훑으며 이리저리 기어다니는 연체동물들의 성공 비결은 뜯어먹는 장비에 있다. 치설로 불리는 연마 기관을 이용해 바위를 긁는 근육질의 '혀'가 바로 그것이다. 이들은 치설을 이용해 바위에 붙은 영양분 많은 먹이를 떼어 낸 다음 꿀꺽 삼킨다.

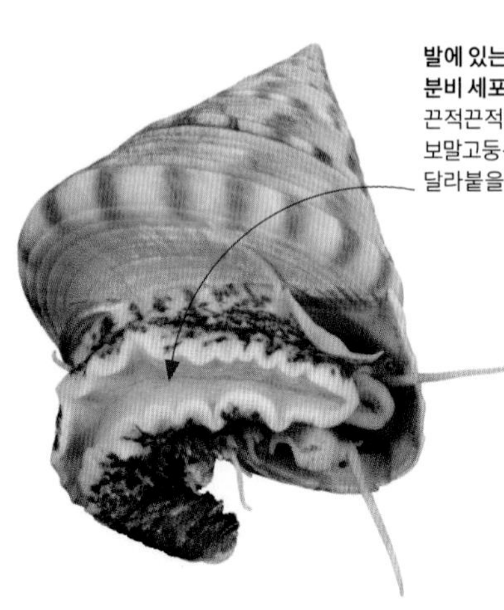

발에 있는 홈의 점액 분비 세포에서 분비되는 끈적끈적한 점액 덕분에 보말고둥은 바위에 달라붙을 수 있다.

위험이 닥치면 껍질 안으로 **몸체가 들어가고** 숨문 뚜껑으로 불리는 각질로 된 '문'이 구멍을 막아 준다.

근육질의 발은 보말고둥이 바위를 타고 기어갈 때 무게를 지탱해 준다.

바위를 훑고 다니는 고둥

바닷속 300미터 깊이에서도 발견되는 다채로운 색깔의 보말고둥(*Calliostoma zizyphinum*)은 바위에 서식하는 미생물을 잡아먹는 조하대의 포식자다. 대부분의 보말고둥과 마찬가지로 치설이 바위에 헐겁게 붙은 먹이 입자를 훑는 훌륭한 솔 역할을 한다. 삿갓조개와 달리 보말고둥의 치설은 바위에 좀 더 단단히 달라붙은 조류를 떼어 낼 만큼의 탄력은 없다.

섬유 다발로 붙들어 매기
캘리포니아홍합(*Mytilus californianus*)에게는 삿갓조개처럼 달라붙을 만한 발이 없다. 대신에 홍합은 족사로 알려진 단백질 섬유 다발로 바위에 몸을 묶는다.

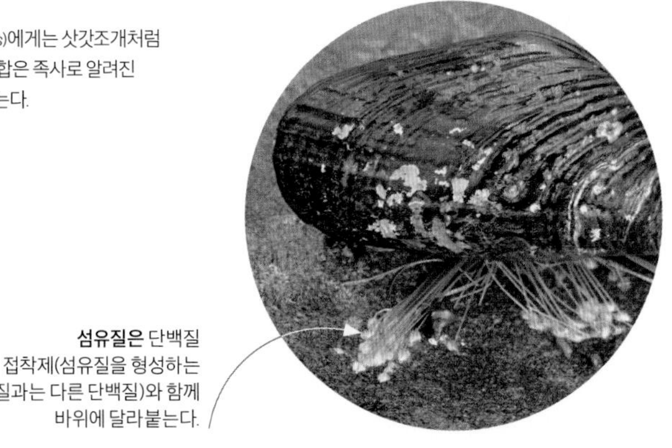

섬유질은 단백질 접착제(섬유질을 형성하는 단백질과는 다른 단백질)와 함께 바위에 달라붙는다.

달라붙기

부딪히는 파도에 노출된 암초 해안에서 살아가는 해양 생물은 바닷물에 쓸려갈 위험을 항상 안고 있다. 밀려오는 파도를 피하거나 틈새에서 은신처를 찾을 만큼 행동이 잽싸지 못하다면 삿갓조개가 그렇듯 바위에 단단히 매달리는 수밖에 없다. 삿갓조개는 성난 바다가 맹위를 떨칠 때도 살아남을 수 있을 정도로 준비가 잘 되어 있는데, 단단히 고정할 원뿔 모양의 껍데기, 흡착판처럼 작용하는 근육질의 발, 풀처럼 진득진득한 점액이 있다.

조간대의 생명체
유럽 북서부에서 흔히 볼 수 있는 삿갓조개(*Patella vulgata*)는 바닷물이 빠져나간 낮에는 바위에 꼭 달라붙어 이보다 작은 총알고둥이나 따개비와 더불어 바위가 많은 서식지에서 함께 살아간다. 바닷물이 들어오는 밤이 되면 껍질에서 나와 조류를 뜯어 먹는다.

파도와 껍데기 형태

근육을 수축시킨 삿갓조개는 껍데기를 바위 쪽으로 끌어당겨 고정한다. 이때 발밑의 압력을 줄여 흡반의 역할을 할 수 있게 한다. 발에서 분비된 끈적끈적한 점액은 부착 장치의 밀폐를 돕는 역할을 한다. 파도의 활동이 뜸한 곳에서 삿갓조개의 껍데기는 납작하게 자란다. 파도가 강해지면 긴장을 더 주기 위해 삿갓조개의 근육이 더 많이 수축한다. 이는 껍데기의 분비 조직에 영향을 줌으로써 키가 크고 원뿔 모양에 가까운 껍데기가 만들어진다.

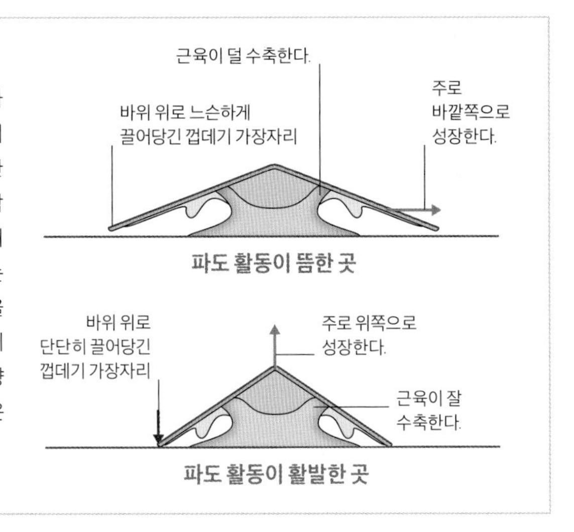

플랑크톤 찾아내기

바위 많은 해안에 흔한 고랑따개비는 화산 모양의 작은 껍데기가 독특한 흰색 줄무늬를 형성하기도 한다. 만조가 되면 갑각류의 '화산'이 열리면서 내부에 있던 깃털 같은 다리가 바닷물까지 뻗을 수 있다. 고랑따개비는 연속적인 동작으로 다리를 앞뒤로 재빨리 휘두르기도 하고 밀려가는 파도가 '깃털'에서 빠져나가도록 내버려 두기도 하면서 영양분이 많은 파편, 조류, 가장 작은 동물성 플랑크톤을 잡아먹는다.

해안 구역

탈수를 잘 견디는 따개비는 간조기에 오랫동안 노출되는 해안에서 멀리 떨어진 위쪽에서도 살 수 있다. 가령 유럽의 조무래기따개비속(*Chthamalus montagui*)은 북방따개비속(*Semibalanus balanoides*)보다 위쪽에서 살아남을 수 있지만, 낮은 곳에서는 북방따개비와 먹이를 두고 다퉈야 하므로 잘 자라지 못한다. 이와 비슷한 따개비 분포대는 세계 곳곳에서 나타난다.

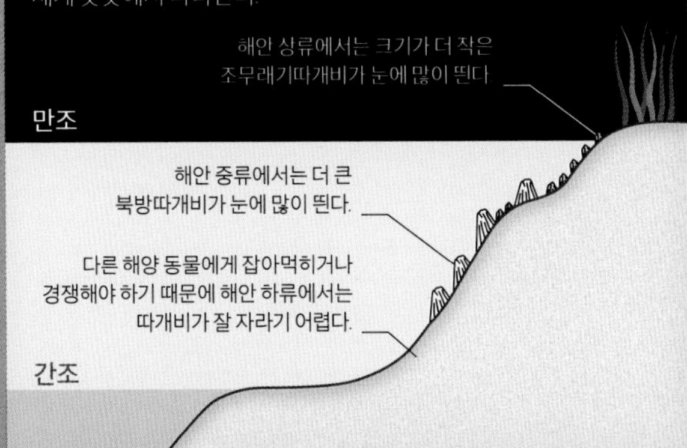

덫 놓기

북아메리카 동부에 서식하는 회색고랑따개비(*Chthamalus fragilis*)가 몇 차례에 걸쳐 늘린 흉지(앞다리)나 촉모에는 강모로 불리는 긴 털이 붙어 있다. 여러 겹으로 겹쳐진 강모는 덫을 놓아 2000분의 1밀리미터에 해당하는 작은 입자도 잡아낸다.

간조가 되면 닫히는 **다이아몬드 모양의 구멍은** 유럽과 북아메리카에 서식하는 북방고랑따개비의 특징이다.

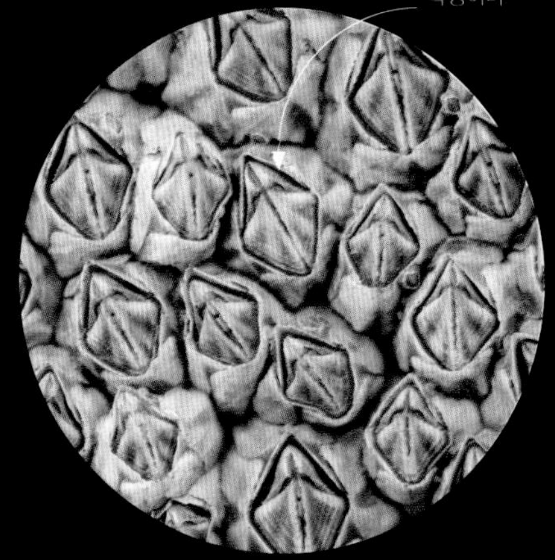

노출과 폐쇄
간조에는 먹이를 잡아먹을 수 없으므로 따개비는 다리를 거둬들인 뒤에 이동 가능한 골판을 이용해 껍데기를 닫고 입구를 밀봉한다. 바닷물이 다시 들어와 활동할 수 있을 때까지 건조해지지 않도록 이런 식으로 몸을 보호한다.

문어가 다리를 뻗어 조개껍데기를 열고 있다.

유연한 다리로 몸을 휘감은 문어는 조개껍데기 안으로 들어갈 수 있다.

문어가 조개껍데기를 끌어당겨 닫을 때 발에 붙은 **흡반이** 껍데기를 꽉 붙든다.

조개껍데기에 들어간 문어
자기 몸을 보호하기 위해 조개껍데기를 이용하는 동물은 집게만이 아니다. 열대 지방의 해안에 서식하는 코코넛문어(*Amphioctopus marginatus*)는 코코넛 껍질을 비롯한 다양한 재료로 보금자리를 만든다. 여기서는 접번(hinge)이 달린 조개껍데기가 이용되었다.

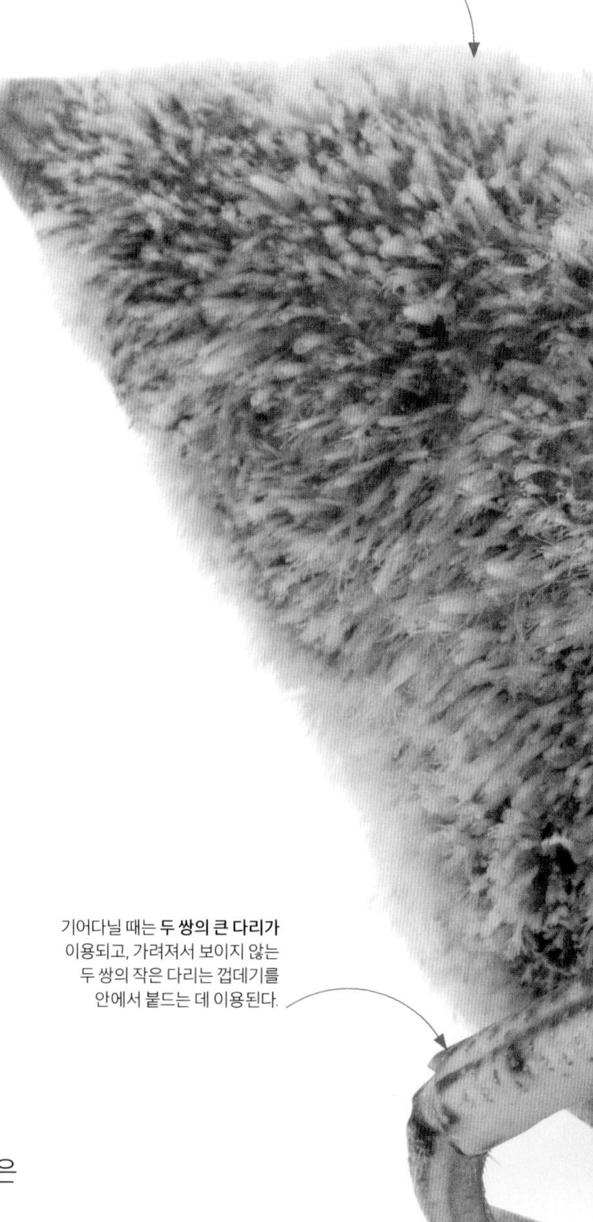

게가 빌려온 껍데기에는 종종 다른 해양 동물이 집단 서식하기도 한다. 이 쇠고둥 껍데기는 군락을 이룬 히드로충류의 일종인 고둥털(*Hydractinia echinata*)로 덮여 있다.

기어다닐 때는 **두 쌍의 큰 다리가** 이용되고, 가려져서 보이지 않는 두 쌍의 작은 다리는 껍데기를 안에서 붙드는 데 이용된다.

껍데기 속에 머물기

집게의 머리 위쪽은 단단한 갑각의 보호를 받는다. 반면에 몸체의 뒤쪽 절반은 물렁물렁해서 위험에 취약한 편이다. 이런 이유로 집게는 보호를 받기 위해 휘감긴 고둥 껍데기 속에서 많은 시간을 보내며 어디를 가든 튼튼한 다리를 이용해 이동 가능한 은신처를 끌고 다닌다. 고둥 껍데기에 들어갈 수 없을 정도로 자라면 집게는 다른 방법을 모색한다. 은신처를 바꾸기 전에 집게는 새로운 껍데기의 크기와 무게를 신중하게 시험해 본다.

비교를 위한 게 해부학

게는 대부분 단단한 갑각 밑에 끼인 채 거의 감춰진 짧은 덮개처럼 생긴 배를 갖고 있다. 그러나 집게는 길고 말랑말랑한 배가 한쪽으로 구부러져 있어 나선형의 고둥 껍데기 속으로 쉽게 들어갈 수 있다. 배 끝부분과 측면을 따라 자리 잡은 꼬리다리로 불리는 고리처럼 생긴 작은 구조가 껍데기 내부를 붙들어 게가 고정될 수 있게 해 준다.

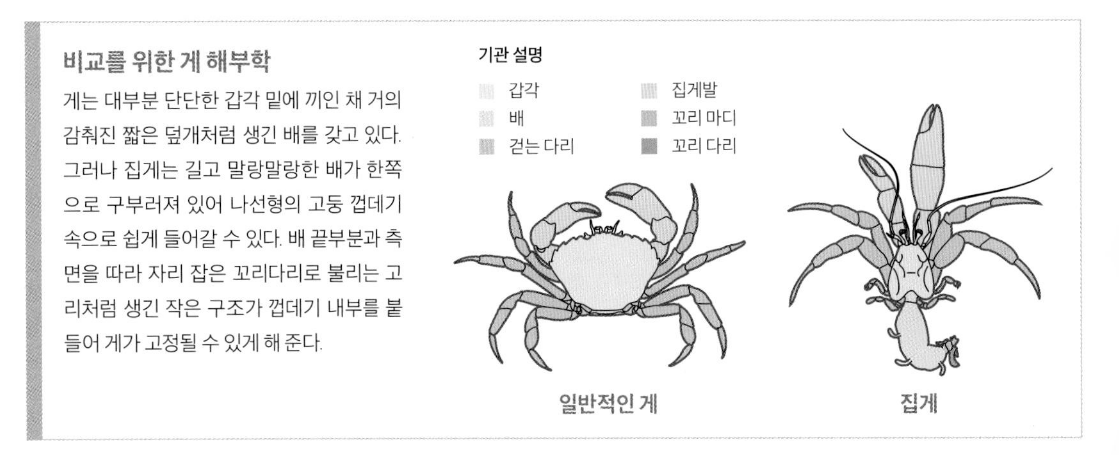

크기에 따른 껍데기

해안 서식지에서는 유럽에서 흔히 볼 수 있는 집게(*Pagurus bernhardus*) 유생이 가장 흔한 총알고둥과 옆주름고둥의 빈 껍데기를 이용한다. 깊은 바닷속에서는 성체로 자란 게들이 이보다 큰 고둥의 껍데기를 이용한다.

긴 촉각은 움직임을 감지하는 촉각 감지기의 역할을 한다.

오른쪽 집게발은 왼쪽 집게발보다 훨씬 크고 자기 방어에 이용될 가능성이 크다.

부서지는 파도
이 사진은 망망대해에서 형성된 파도가 해안에 접근해 바닷물이 회전하는 '관'이 허물어지면서 파도가 부서지는 순간을 보여 준다.

파도

파도는 바람에서 물로 전달된 에너지에 의해 바다 표면에 일어나는 소동이다. 바람이 만들어 낸 파도는 물결조차 일지 않거나 잔물결을 일으키는 것부터 높이가 10미터에 이르는 거대하고 사나운 파도에 이르기까지 크기별로 다양하다. 남극 대륙 주변의 남극대에서 만들어진 대규모 파도는 태평양을 가로질러 2주 동안 이동한 뒤 멀리 떨어진 알래스카 해안에 나타날 수도 있다. 파도의 크기는 줄어들더라도 특유의 형태는 파도가 처음 형성되었을 때 그대로 남아 있다. 파도에 저장된 에너지의 양은 파도 하나가 부딪히는 것만으로도 1제곱미터당 3톤에 이를 정도로 어마어마한 위력을 자랑한다.

파도의 형성

파도가 발달하는 3단계는 바다, 너울, 파도로 알려져 있다. 무작위로 일렁이는 파도부터 크고 불규칙한 파도에 이르기까지 간단히 바다로 불린다. 이들 파도가 처음 만들어진 곳을 떠나면 파도의 상호 작용 때문에 너울로 알려진 독특한 파도 형태가 서서히 발달한다. 마침내 파도의 행렬이 얕은 바다로 들어가면 파도는 해저와 상호 작용한다. 움직임이 느려지면서 파도와 파도 사이의 거리가 줄고 파도의 높이는 상대적으로 증가한다. 파도의 높이와 파장의 비가 점점 줄어들다가 결국 파도는 앞으로 넘어지면서 산산이 부서지고 만다.

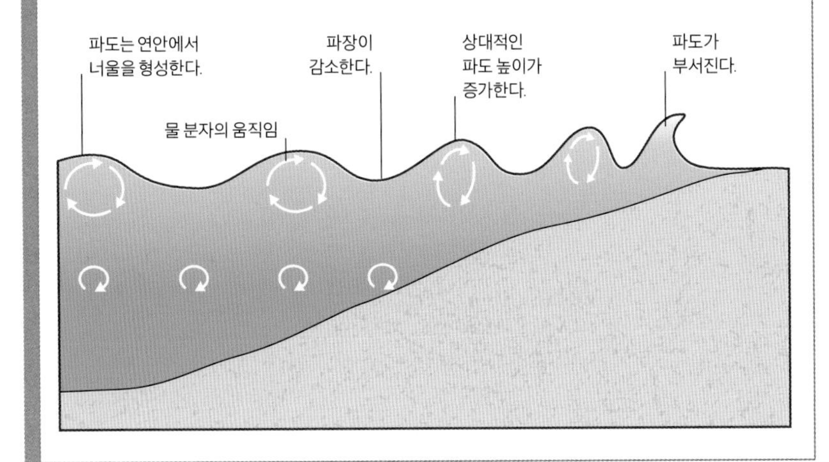

유연한 사냥꾼

몸집이 작은 에퍼렛상어(*Hemiscyllium ocellatum*)는 몇 차례의 적응 과정을 거쳐 매우 얕은 조간대 웅덩이에서도 사냥할 수 있게 되었다. 이곳에서 벌레, 게, 새우, 작은 물고기를 먹이로 삼는다. 몸길이가 70~90센티미터에 이르는 이들 상어는 날씬하고 유연해서 튼튼한 지느러미를 이용해 좁은 공간에서도 쉽게 움직일 수 있다. 납작한 배와 반점이 있는 체색 덕분에 사정거리 안에 들어올 때까지 먹잇감의 눈에 띄지 않을 수 있다.

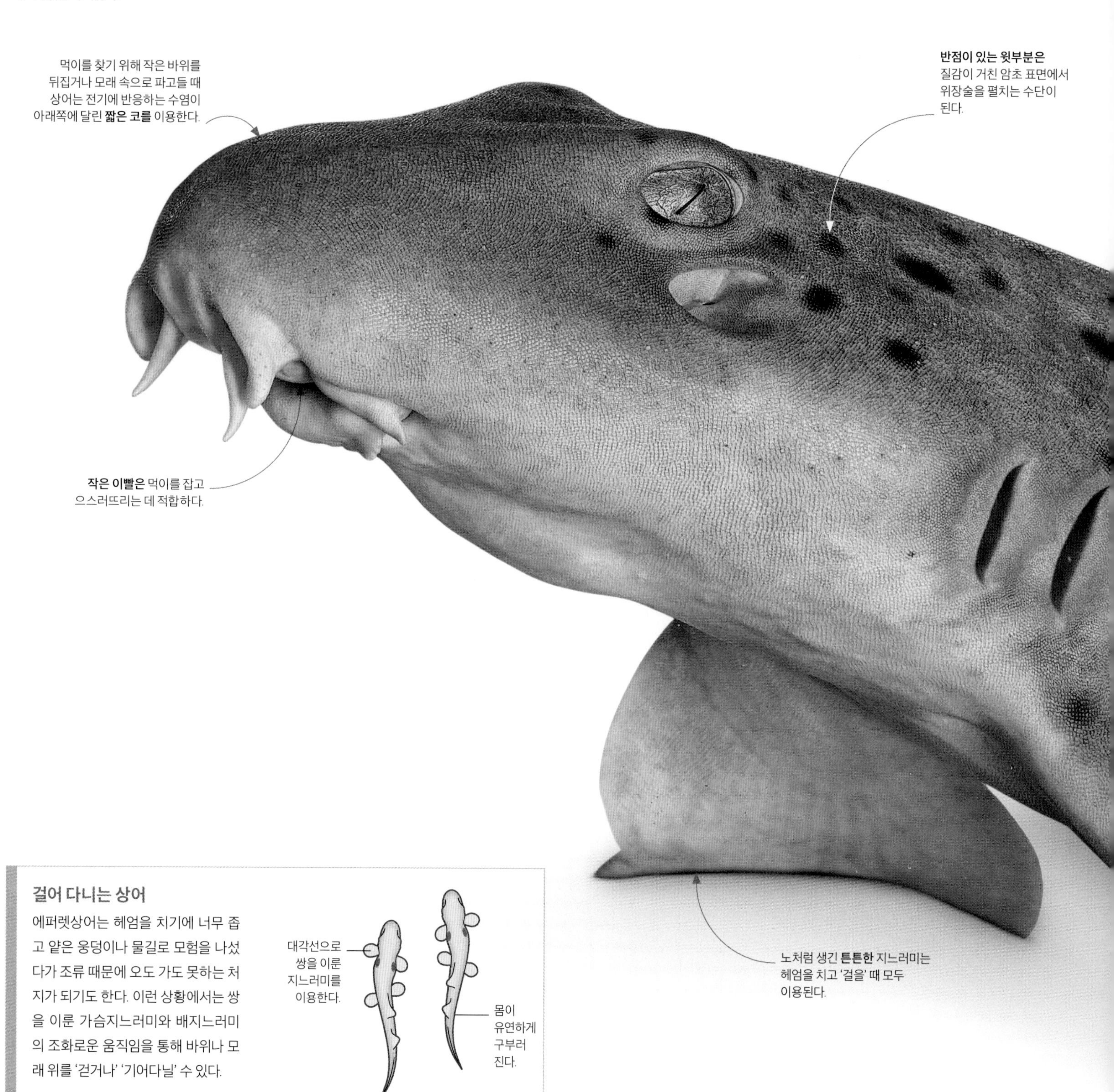

걸어 다니는 상어

에퍼렛상어는 헤엄을 치기에 너무 좁고 얕은 웅덩이나 물길로 모험을 나섰다가 조류 때문에 오도 가도 못하는 처지가 되기도 한다. 이런 상황에서는 쌍을 이룬 가슴지느러미와 배지느러미의 조화로운 움직임을 통해 바위나 모래 위를 '걷거나' '기어다닐' 수 있다.

대각선으로 쌍을 이룬 지느러미를 이용한다.

몸이 유연하게 구부러진다.

기는 동작

육지의 바닷물고기

조간대는 온도, 염도, 산소 수치의 극심한 변화 때문에 결코 만만찮은 서식지다. 그러나 한편으로는 먹이를 구할 기회는 물론 몸집이 큰 해양의 천적으로부터 안전한 피신처를 제공해 주기도 한다. 이곳에서 살아가는 바닷물고기에는 물 밖에서도 몇 시간은 버틸 수 있는 에퍼렛상어와 하루에 18시간을 육지에서 보내는 말뚝망둥어도 포함된다. 간조로 바닷물에 산소가 바닥나면 필요하지 않은 대사 기능을 멈추고 심장 박동수와 혈압을 줄이고 우선적으로 뇌에 산소를 공급한다.

눈이 육지에서 마르지 않도록 수분이 많은 피부 주름 속으로 집어넣을 수 있다.

물 밖으로 나온 바닷물고기
강어귀나 늪지대의 개펄에서 볼 수 있는 말뚝망둥어(*Periophthalmus barbarus*)는 육지에서 걷고 먹고 구애하는 유일한 바닷물고기로, 아가미방에 채워 둔 물 덕분에 살아간다.

어깨 부분에 **견장처럼** 눈에 띄는 반점은 커다란 눈을 연상시켜 천적을 막아 낼 수 있다.

유연한 척추는 좁은 공간에서도 움직일 수 있게 해 준다.

납작한 배는 그림자를 드리우지 않게 상어의 몸을 해저에 밀착시키고 육지에서는 안정감을 제공한다.

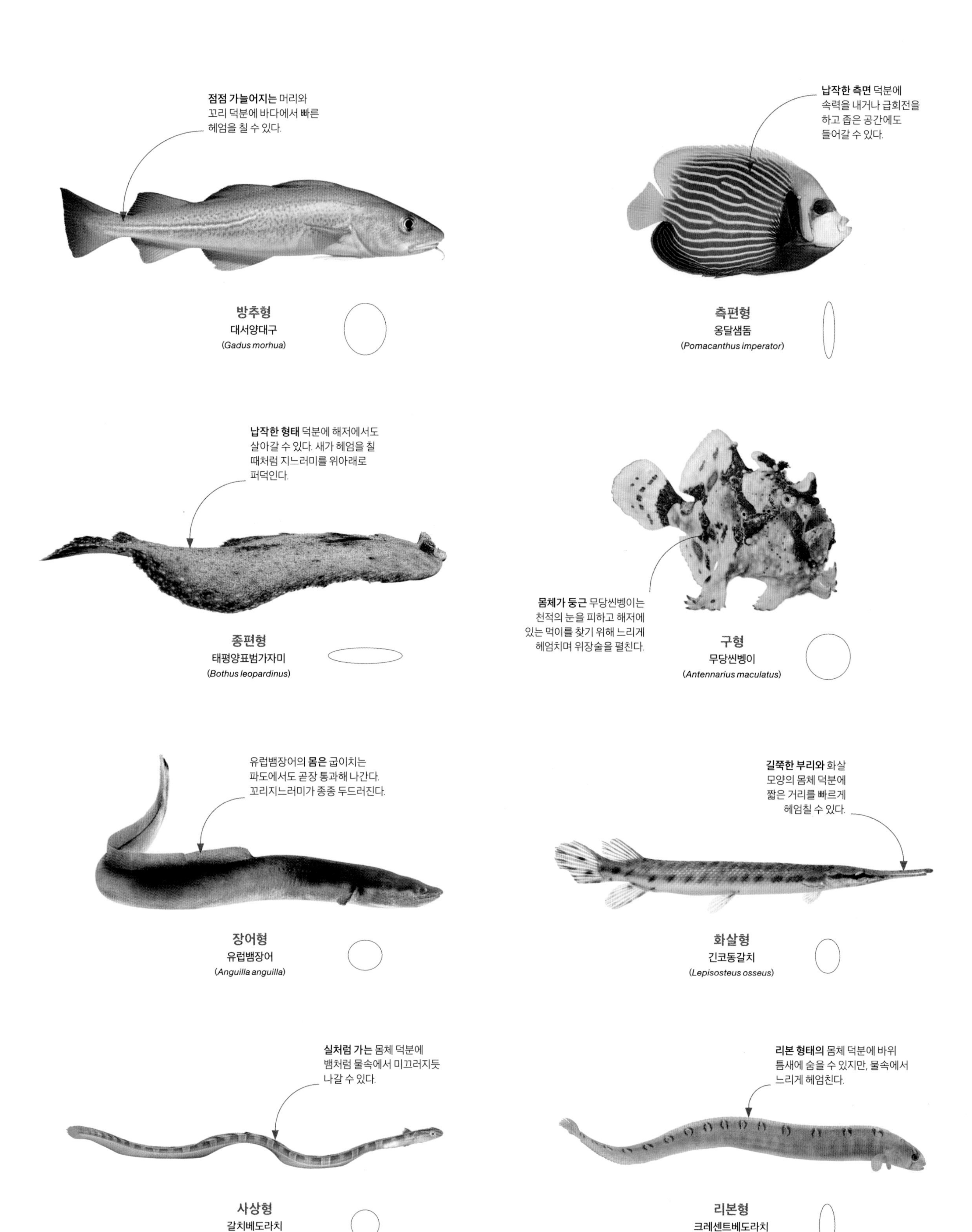

점점 가늘어지는 머리와
꼬리 덕분에 바다에서 빠른
헤엄을 칠 수 있다.
방추형
대서양대구
(Gadus morhua)
납작한 측면 덕분에
속력을 내거나 급회전을
하고 좁은 공간에도
들어갈 수 있다.
측편형
옹달샘돔
(Pomacanthus imperator)
납작한 형태 덕분에 해저에서도
살아갈 수 있다. 새가 헤엄을 칠
때처럼 지느러미를 위아래로
퍼덕인다.
종편형
태평양표범가자미
(Bothus leopardinus)
몸체가 둥근 무당씬벵이는
천적의 눈을 피하고 해저에
있는 먹이를 찾기 위해 느리게
헤엄치며 위장술을 펼친다.
구형
무당씬벵이
(Antennarius maculatus)
유럽뱀장어의 몸은 굽이치는
파도에서도 곧장 통과해 나간다.
꼬리지느러미가 종종 두드러진다.
장어형
유럽뱀장어
(Anguilla anguilla)
길쭉한 부리와 화살
모양의 몸체 덕분에
짧은 거리를 빠르게
헤엄칠 수 있다.
화살형
긴코동갈치
(Lepisosteus osseus)
실처럼 가는 몸체 덕분에
뱀처럼 물속에서 미끄러지듯
나갈 수 있다.
사상형
갈치베도라치
(Xiphasia setifer)
리본 형태의 몸체 덕분에 바위
틈새에 숨을 수 있지만, 물속에서
느리게 헤엄친다.
리본형
크레센트베도라치
(Pholis laeta)

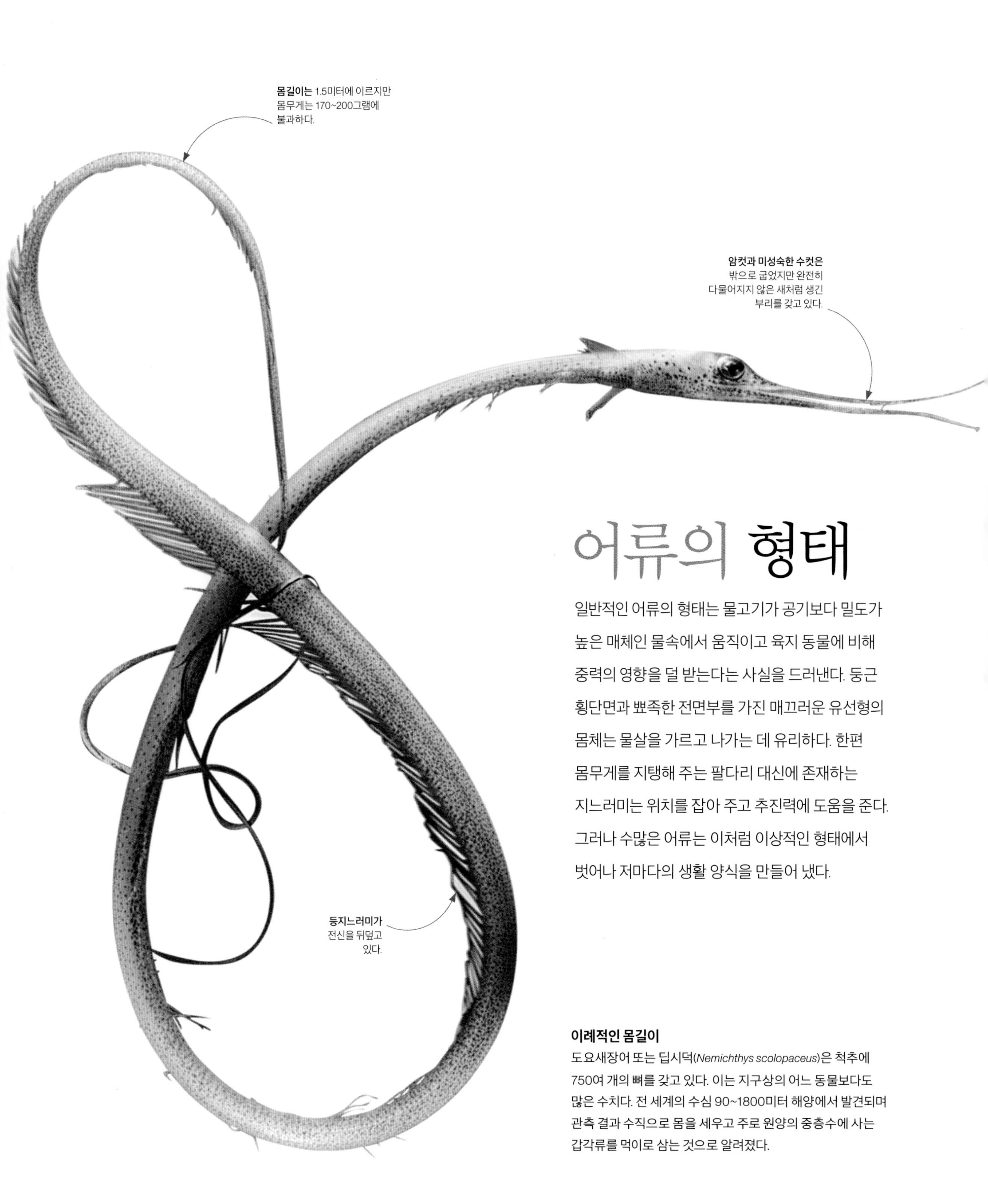

어류의 형태

일반적인 어류의 형태는 물고기가 공기보다 밀도가 높은 매체인 물속에서 움직이고 육지 동물에 비해 중력의 영향을 덜 받는다는 사실을 드러낸다. 둥근 횡단면과 뾰족한 전면부를 가진 매끄러운 유선형의 몸체는 물살을 가르고 나가는 데 유리하다. 한편 몸무게를 지탱해 주는 팔다리 대신에 존재하는 지느러미는 위치를 잡아 주고 추진력에 도움을 준다. 그러나 수많은 어류는 이처럼 이상적인 형태에서 벗어나 저마다의 생활 양식을 만들어 냈다.

이례적인 몸길이

도요새장어 또는 딥시덕(*Nemichthys scolopaceus*)은 척추에 750여 개의 뼈를 갖고 있다. 이는 지구상의 어느 동물보다도 많은 수치다. 전 세계의 수심 90~1800미터 해양에서 발견되며 관측 결과 수직으로 몸을 세우고 주로 원양의 중층수에 사는 갑각류를 먹이로 삼는 것으로 알려졌다.

바위틈 사이의 작은 웅덩이

이런 곳은 한 마리, 한 쌍 또는 한 무리가 같은 종이나 다른 종에 속한 다른 개체로부터 자신을 보호하는 서식지로, 이곳에서 먹이와 짝, 은신처를 독점한다. 웅덩이는 바닷물이 빠져나가는 때에 다른 개체를 차단해 조간대에서 살아가는 장갱이(*Lipophrys pholis*) 같은 생명체가 어려움을 겪지 않도록 균형을 잡아 주는 이점이 있다. 장갱이 암컷 몇 마리는 수컷 한 마리의 보호를 받으며 웅덩이에 알을 낳기도 한다. 만조가 되면 수컷은 근처에 접근하는 어떤 동물이든 공격할 것이다.

육지의 장갱이
조수 때문에 고립된 장갱이는 바위 틈새에 숨거나 바위 위에서 움직인다. 꼬리가 지면에서 충분한 마찰력을 일으키면서 앞뒤로 움직이면 앞으로 밀고 나가기가 쉬워진다.

지느러미 유형

모든 경골어류는 중심선을 따라 등지느러미, 뒷지느러미, 꼬리지느러미가 비슷한 배열 방식을 보이며 배지느러미와 가슴지느러미는 쌍을 이루고 있다. 그러나 일부 지느러미는 종의 생활 방식에 따라 변형된다. 가령 장갱이의 지느러미는 조류에 맞서 빠르고 힘차게 헤엄을 치고 땅 위를 길 수 있도록 도와준다.

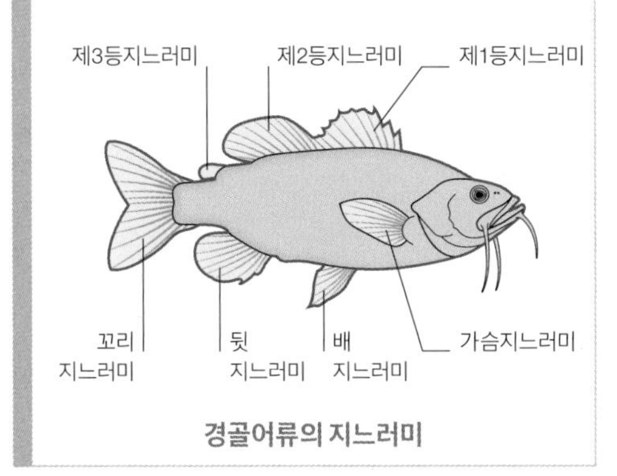

경골어류의 지느러미

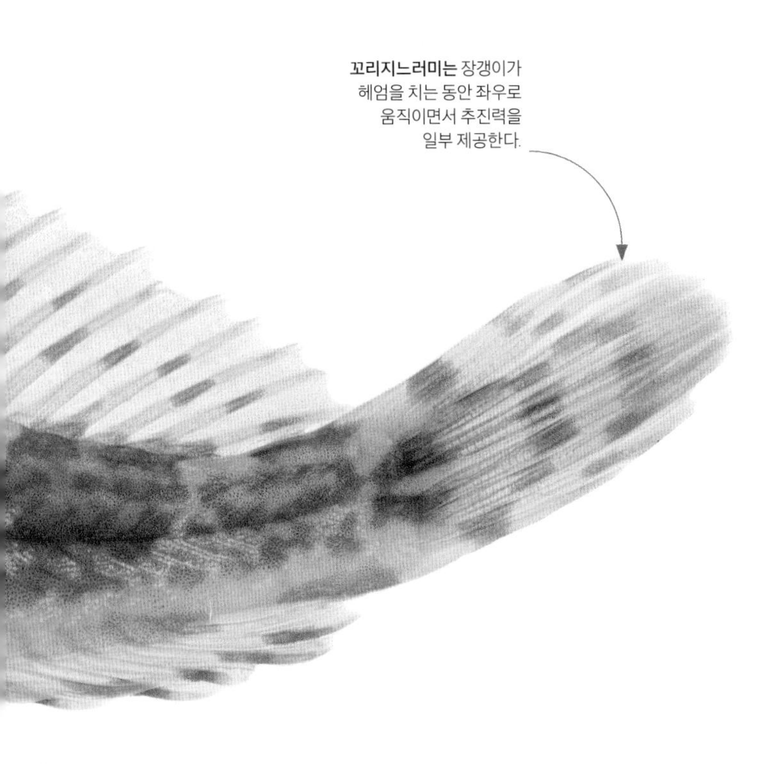

꼬리지느러미는 장갱이가 헤엄을 치는 동안 좌우로 움직이면서 추진력을 일부 제공한다.

제한된 삶

물은 물론 대기 중에서 호흡을 위해 기체를 교환하는 장갱이의 능력은 산소가 충분치 않은 바위 웅덩이 같은 환경에서 필수 불가결한 적응이다. 간조로 인해 먹이를 얻을 기회가 줄어들면 바닷물고기는 상대적으로 에너지가 적게 필요한 생활 방식을 택해 만조가 되거나 적극적으로 영토 방어에 나설 때까지 숨어 지낸다.

큰 눈은 물속이나 대기 중에서 좋은 시야를 확보하게 해 준다.

비늘이 없는 피부는 물이나 대기 중의 산소를 흡수해 호흡에 도움을 줄 수 있다.

냉혹한 다이빙

따뜻하고 활동적인 상태를 유지하기 위해 햇빛에 의존하는 도마뱀은 차가운 바닷물에 뛰어들 가능성이 희박하지만, 동태평양 갈라파고스 제도의 바위 많은 해안을 따라 서식하는 바다이구아나(*Amblyrhynchus cristatus*)는 예외다. 뭍에서 나는 먹이에 대한 경쟁이 치열한 이런 화산 열도에서 바다이구아나는 해초를 먹도록 진화해 왔다. 암컷과 성장 중인 이구아나는 대개 조수간만 사이에서 해초를 뜯어 먹는다. 몸집이 큰 수컷은 남극 대륙에서 곧장 올라와 갈라파고스 제도 주변으로 흘러든 차가운 훔볼트 해류(Humboldt Current)를 견디며 깊은 바다로 뛰어든다.

뭉툭한 얼굴은
해초를 뜯을 때
앞니를 바위 가까이
댈 수 있게 해 준다.

특화된 이빨
이구아나의 턱은 세 갈래로 갈라진 이빨이 줄지어 있다. 그런 이빨은 이구아나가 바위에서 뜯어낸 해초의 엽상체에 박힌다.

구슬 같은 비늘로 덮인 피부는
외상으로부터 몸을 보호하고
증발에 의한 수분 상실을 줄여 준다.

피부의 어두운 부분은
태양의 복사 에너지를
충분히 흡수해 혈액을
따뜻하게 덥힌다.

염분 배출하기

해초를 먹게 되면 다량의 염분이 체내에 빨리 쌓인다. 지나친 염분은 세포 조직에 손상을 주면서 체내의 염분과 수분 균형을 해칠 수 있다. 바다의 파충류와 바닷새에게는 혈액 속의 염분을 적극적으로 빼내 염분 분비샘으로 보내는 샘이 있다. 염분 분비샘을 통해 염분은 몸 밖으로 빠져나간다. 바다이구아나는 바닷새와 마찬가지로 쌍을 이룬 염류샘이 코에 분포한다. 점액에 섞인 과도한 염분은 재채기할 때 콧구멍을 통해 주기적으로 배출된다.

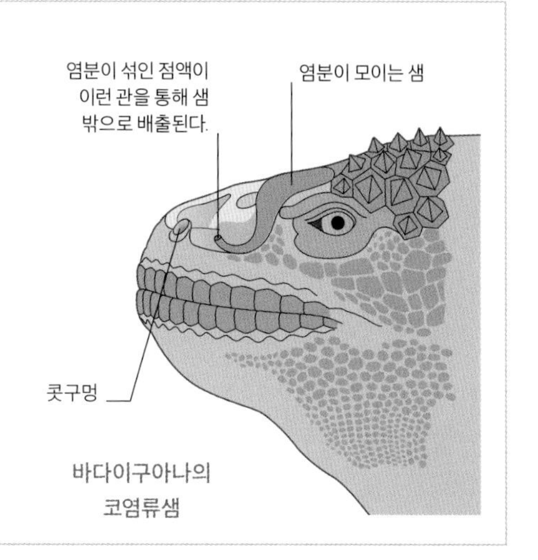

바다이구아나의 코염류샘

냉혈 잠수부

다른 파충류와 마찬가지로 바다이구아나 역시 주변 환경에 따라 체온이 변하는 변온동물이다. 갈라파고스 제도 주변의 차가운 바다에서도 한 시간 넘게 견딜 수 있다. 제 기능을 할 수 없을 정도로 체온이 내려가기 전에 이구아나는 육지로 돌아와 햇볕을 쬐며 태양열로 재충전해야 한다.

「바다의 어선」(1888년)
고흐의 작품에서 볼 수 있는 가장 단순한 화풍에 담긴 정서는 야수파 화가들에게 영감을 주었다.

「포트 미우」(1907년)
야수파로 성급히 뛰어든 브라크의 화풍은 프랑스 마르세유 인근 연안에 있는 포트 미우의 길게 뻗은 만을 따라 늘어선 높은 산마루와 나무를 묘사한 열정적인 색채를 통해 드러난다. 암청색 바다에 나타난 마름모꼴은 입체파와 닮은 점이 있다.

명화 속 해양

색채의 바다

1905년 프랑스 파리의 살롱 도톤느(Salon d'Automne)에 최초의 야수파 그림이 등장했을 때 어느 비평가는 "그림 물감을 이용한 순진한 아이들 장난"에 비유했다. 풍경화, 해경화, 초상화, 누드화에는 자연에 대한 대표성과 충실성이라는 개념이 모두 생략되어 있었다. 색에 대한 개념도 재정립되었다. 짙은 색조를 띤 평평한 형태는 이들만이 가진 회화의 요소인 동시에 화가의 감정을 표현하는 수단이었다.

야수파 화가들은 빈센트 반 고흐(Vincent van Gogh, 1853~1890년) 같은 19세기 말의 후기 인상파 화가들로부터 영감을 받았다. 고흐는 색조와 화법에 황홀감과 고통을 가져옴으로써 자신의 피사체를 변모시켰다. 1881년, 폴 고갱(Paul Gauguin, 1848~1903년)은 동료 화가인 폴 세뤼지에(Paul Sérusier, 1863~1927년)에게 나무와 그림자에 단순히 초록색과 푸른색을 쓰지 말고 **가장 아름다운 초록색**과 **가장 푸른 푸른색**을 쓰라고 권유했다.

표현주의, 입체파, 근대미술에서 오늘날에 이르는 미술의 토대가 된 야수파 이론은 앙리 마티스(Henri Matisse, 1869~1954년)와 앙드레 드랭(André Derain, 1880~1954년)이 프랑스의 어촌 마을인 콜리우르에서 여름을 보내는 동안 등장했다. 야수파 이론은 지중해의 빛을 효과적으로 묘사하고자 선과 색조에 대한 실험을 시도했다. 마찬가지로 1907년에 조르주 브라크(Georges Braques, 1882~1963년)는 마르세유 인근의 에스타크에서 첫 번째 야수파 작품을 완성했다. 이들 세 화가는 과감한 색조와 단순한 형태로 캔버스를 가득 채워 객관적인 현실보다는 자신들의 주관적인 반응과 감정의 강도를 표현했다.

> "우리는 늘 색과 색에 대한 언어, 그리고 색을 살아 있게 만드는 햇빛에 빠져 있었다."
>
> —앙드레 드랭

장미꽃잎 같은 이 부위는 벌어진 부리의
밑동에 있는 두꺼운 덮개다. 번식 중인
새들은 그 크기가 더 커지고 노란빛을 띤
주황색이 된다.
뿔처럼 생긴 부리의 외부 덮개는
번식 중인 바다오리에서 더
두꺼워지고 색도 진해져서 부리를
크고 화려하게 만들어 준다.
덕분에 일부일처제로 결합한
암수 간의 유대가 강화된다.
검은색이 위쪽이고 흰색이
아래쪽으로 **명암이 바뀐
깃털은** 바다에서 물고기를
잡는다든지 공중이나
물속의 천적으로부터
자신을 보호한다든지
할 때 바닷물을 배경으로
위장술을 펼치는 데 도움이
될 수 있다.

절벽 꼭대기의 새끼
퍼핀과 가까운 친척뻘인 레이저빌(*Alca torda*)은 새끼를 기를 때 퍼핀과 마찬가지로 암수가 책임을 분담한다. 부모 모두 바닷물에 들어가 잡은 까나리를 새끼에게 먹인다.

바위 턱에 놓인 알

절벽 면에 놓인 알은 위험에 노출되어 있다. 퍼핀의 친척뻘인 바다오리는 노출된 바위 턱에 반점이 있는 배 모양의 알을 낳는다. 이는 퍼핀이 바위틈에 일반적으로 희고 반점이 없는 둥그스름한 알을 숨겨 두는 것과 대비를 이룬다. 독특한 반점의 형태는 바다오리 부모가 자신의 알을 알아보는 데 도움이 될지도 모른다. 덜 둥근 알 모양 덕분에 평평한 상태로 둥지에 더욱 안전하게 놓여 있을 수 있고 서로 밀치는 새들에게서 전해지는 충격을 알 표면으로 분산시켜 깨질 위험도 줄어든다.

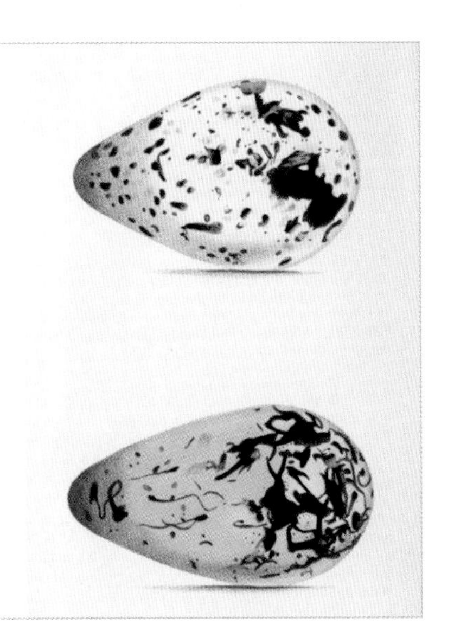

바다오리 알

절벽에 둥지 틀기

수많은 새는 먹이를 얻기 위해 전적으로 바다에 의존하지만, 번식하고 단단한 껍질의 알을 낳으려면 반드시 육지로 돌아와야 한다. 이들은 비행을 통해 가파른 절벽이나 암벽처럼 쉽게 접근할 수 있는 해안의 다양한 서식지를 찾는다. 퍼핀, 바다오리, 부비새를 비롯한 새들은 짝을 짓고 다음 세대를 기르기 위해 날지 못하는 천적으로부터 안전하다고 여겨지는 위태로운 바위 턱과 암벽으로 모여든다.

다채로운 색깔의 뿔퍼핀
여름이면 뿔퍼핀(*Fratercula corniculata*)은 번식기 색깔을 자랑한다. 겨울철에 회색이던 안면은 티 하나 없이 깨끗한 순백색으로 변모하고 부리는 노란색과 선홍색을 띤다. 뿔퍼핀은 북태평양 연안 주변으로 군락을 이루어 모여들고 바위가 험준한 절벽에 둥지를 튼다. 틈새와 구멍이 많은 곳에는 알과 새끼를 감추기가 좋아서 밀도가 높은 군락이 형성된다.

Morus bassanus

북방가넷

날개폭이 1.8미터에 이르는 북방가넷(northern gannet)은 북대서양에서 가장 큰 바닷새로 꼽힌다. 비행에 능숙한 북방가넷은 생애 대부분을 바다에서 보내며 먹이를 찾아 540킬로미터에 이르는 여행을 정기적으로 한다. 식별용 꼬리표를 붙인 채 이보다 긴 여정에 나선 것으로 기록된 적도 있다. 1년 내내 유럽 북서부 연안 위를 날아오르며, 계절에 따라 북극해 남쪽에서 멕시코 만에 이르기까지 비행 범위를 확대한다.

기름기가 많은 생선과 오징어는 가넷의 주요 먹이에 속한다. 청어, 고등어, 작은 청어속 물고기는 이들이 좋아하는 먹이다. 그러나 이들은 인간이 던져 놓은 그물에 걸리거나 다른 바닷새가 잡은 생선은 무엇이든 호시탐탐 엿보기도 한다. 또 배에서 버린 잡어를 배불리 먹을 수 있다는 희망으로 먼 바다로 나가는 어선을 따라다니기도 한다. 그러나 대개 북방가넷은 해안 가까이 머물며 바닷물 위로 10~40미터 상공에서 평균 시속 15킬로미터로 날아다닌다. 물고기 떼를 찾아 수면을 탐색하는데, 돌고래나 이보다 큰 포식 어류를 추적해 이들의 먹잇감을 확인한다. 혼자 먹이 사냥에 나서는 경우도 있지만, 대개는 1000마리까지 무리를 지어 집단 사냥에 나선다. 먹잇감을 발견하면 수백 마리가 머리를 바닷속으로 곤두박질치는데, 한 끼 식사를 위해 종종 상당한 높이에서 내려오기도 한다.

일단 짝을 짓고 나면 가넷은 평생을 함께하며 '상호 펜싱(mutual fencing, 부리를 서로 맞부딪히는 행동)' 따위의 행동을 통해 유대감을 강화한다. 더 크고 시끌벅적한 군락에서 둥지를 틀기 위해 해마다 돌아온다. 북아메리카 주변에도 군락이 몇 군데 있지만, 대부분의 북방가넷은 브르타뉴, 프랑스, 노르웨이 사이에 자리 잡은 32개의 군락에서 알을 낳는다. 이 군락에는 7만 쌍이 넘는 가넷이 모여든다. 늦은 봄이 되면 암컷은 해조류, 깃털, 각종 식물을 쌓아 올린 둥지에 단 1개의 알을 낳는다. 부모 새는 발로 알을 덮고 번갈아 가면서 알을 품는다. 불청객이 나타나면 부리로 사정없이 찌르면서 둥지와 새끼를 지키기 위해 안간힘을 쓴다.

먹이를 찾아 나선 잠수

가넷은 날개를 뒤로 젖힌 채 부리를 먼저 바닷속으로 집어넣으며 사냥을 시작한다. 이때 속력은 시속 86킬로미터에 이른다. 대개는 비교적 얕은 곳에서 물속으로 뛰어드는 잠수를 하지만, 22미터 깊이까지 내려갈 수도 있다.

바위에 자리 잡은 보금자리

가넷 군락은 여기 셰틀랜드 섬과 같이 대개 바위가 많은 해안에 형성된다. 성체가 된 가넷의 천적은 거의 없지만, 알과 새끼는 갈매기, 큰까마귀, 여우, 족제비에게 빼앗길 수도 있다.

바위 위에서 뛰어다니기

날 수 있는 대다수의 바닷새에게 바다와 육지 사이의 여행은 큰 문제가 되지 않는다. 그러나 날지 못하는 펭귄에게는 파도에 시달리는 바위 많은 해안이 끊임없는 도전일 수밖에 없다. 바위뛰기펭귄은 크릴을 잡기 위해 파도가 일렁이는 바닷물에도 뛰어들 만큼 용감하며 발톱과 물갈퀴가 있는 발, 그리고 정신력만으로 차근차근 바위를 기어오른다.

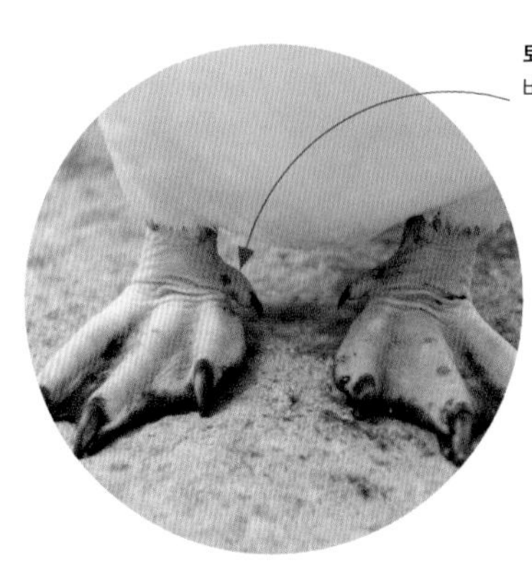

퇴화한 뒷발가락은 바닥에 닿지 않는다.

발바닥으로 걷기
펭귄은 발바닥을 땅에 붙인 채 걷는 척행동물이다. 덕분에 걸을 때 마찰력이 좋다. 반면에 그 밖의 새들은 발가락으로 걷는 지행성이다.

섬 펭귄
포클랜드를 비롯해 남극에 가까운 섬에 서식하는 남방바위뛰기펭귄(*Eudyptes chrysocome*)은 용암이 굳어 들쭉날쭉한 해안에서 주로 살아간다. 그곳에서는 한 번의 도약만으로도 가파른 도랑을 무사히 통과할 수 있다. 아무리 거칠고 험한 서식지라도 안전한 은신처와 바위 사이에 고인 신선한 식수 웅덩이를 펭귄에게 제공한다.

바닷속에서 크릴을 잡을 때 이용되는 **짧고 튼튼한 부리는** 가파른 경사를 기어오를 때 갈고리처럼 이용되기도 한다.

앞쪽을 향하고 있는 3개의 발가락에는 두껍고 단단한 발톱이 있어서 바위를 붙잡을 수 있다. 발가락은 물 위를 첨벙거릴 때 이용되는 물갈퀴에 연결되어 있다.

튼튼한 넓적다리 근육으로 움직이는 **짧고 굵은 다리는** 바위에서 바위로 건너뛸 때 도움이 된다.

펭귄의 자세 비교

다리가 뒤쪽에 있는 유선형의 몸체는 펭귄이 어뢰처럼 물을 가르고 나아갈 수 있게 해 준다. 그러나 수영과 잠수에 완벽한 진화는 육지의 펭귄을 볼품없게 만들었다. 갈매기와 비교하면 펭귄의 다리는 아래로 처져 있어서 똑바로 직립하느라 뒤뚱거리는 오리걸음을 걸을 수밖에 없다.

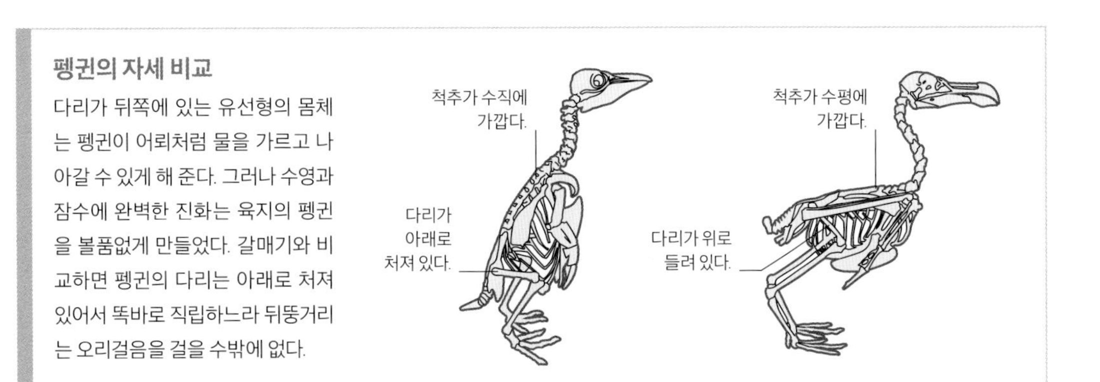

뻣뻣하고 납작한 날개는 뛰어오를 때 균형을 잡기 위해 바깥쪽을 향한다. 잠수할 때는 추진력을 얻기 위해 날개를 노처럼 이용한다.

모래사장

변화무쌍한 모래사장은 뿌리를 내리거나 굴을 파기도 어려운 환경이지만 의외로 많은 기회를 제공한다. 해안에 떠밀려 온 부유물은 먹을 것을 찾아다니는 동물들을 불러모으고 경사가 완만한 해변은 몸집이 크고 공기 호흡을 하는 동물들이 뭍에 오를 수 있게 해 준다.

사구의 형성
바람에 날려 온 모래는 식물과 그 밖의 장애물 주변에 모여 사구를 형성한다. 마람 그래스는 망처럼 퍼진 깊은 뿌리 조직 덕분에 사구를 안정시켜 크게 자랄 수 있다.

새로 줄지어 자라는 식물은 모래 속에서 수평으로 자라는 뿌리줄기에서 형성된다.

바람에 날려 온 모래에서 자라기

강풍에 노출된 모래 해변은 식물이 자라기에는 혹독한 환경일 수 있다. 염분이 섞인 바람은 가녀린 싹을 말려 죽이고 바람에 날린 모래는 잎에 사정없이 부딪혀 새순을 파묻는다. 벼과 식물인 마람 그래스(*Ammophila arenaria*)는 이처럼 힘든 환경에서도 생존할 뿐만 아니라 무성하게 자란다. 마람 그래스의 잎은 바람을 견뎌 내고 솟아오르는 모래 더미 밑에서도 식물을 끊임없이 밀어 올리는 재생 시스템을 갖추고 있다.

모래에 묻혀 자극을 받는 식물

대개 키 작은 식물은 이리저리 흩날리는 모래로 금방 뒤덮이지만, 마람 그래스는 대목에서 뿌리줄기(땅속의 줄기)를 내서 모래 표면 위로 새잎이 날 수 있게 해 준다. 더 많은 모래가 쌓이면 식물은 퇴적물에서 뿌리를 추가로 겹겹이 발달시키고, 뿌리 섬유가 두꺼워지면서 모래의 결속이 이루어진다.

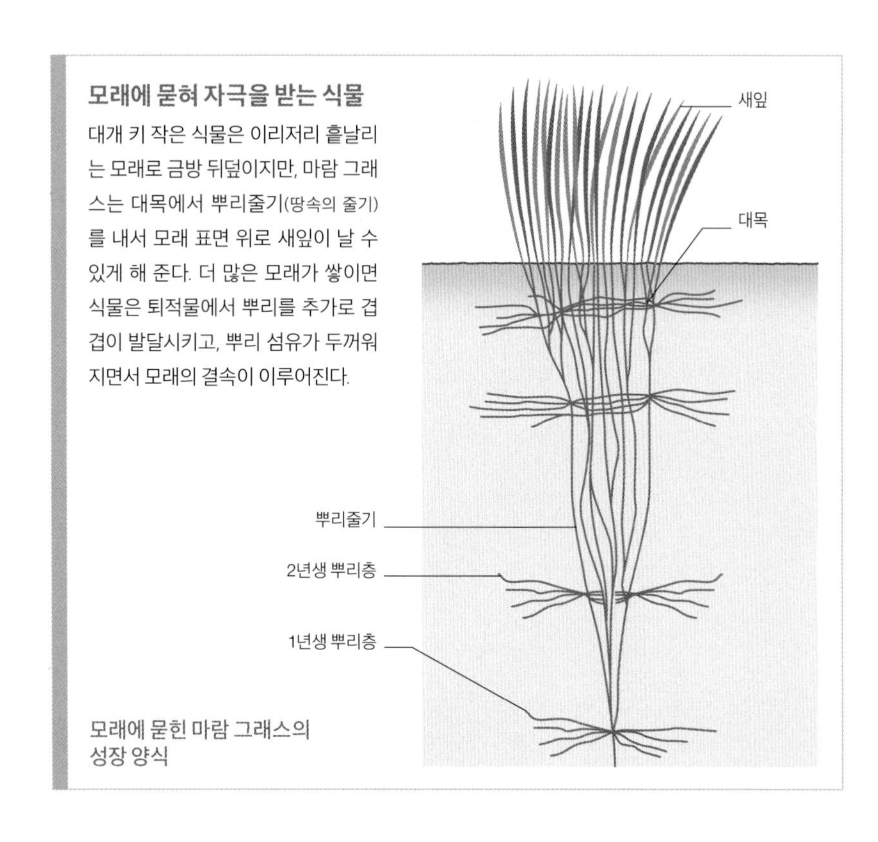

모래에 묻힌 마람 그래스의 성장 양식

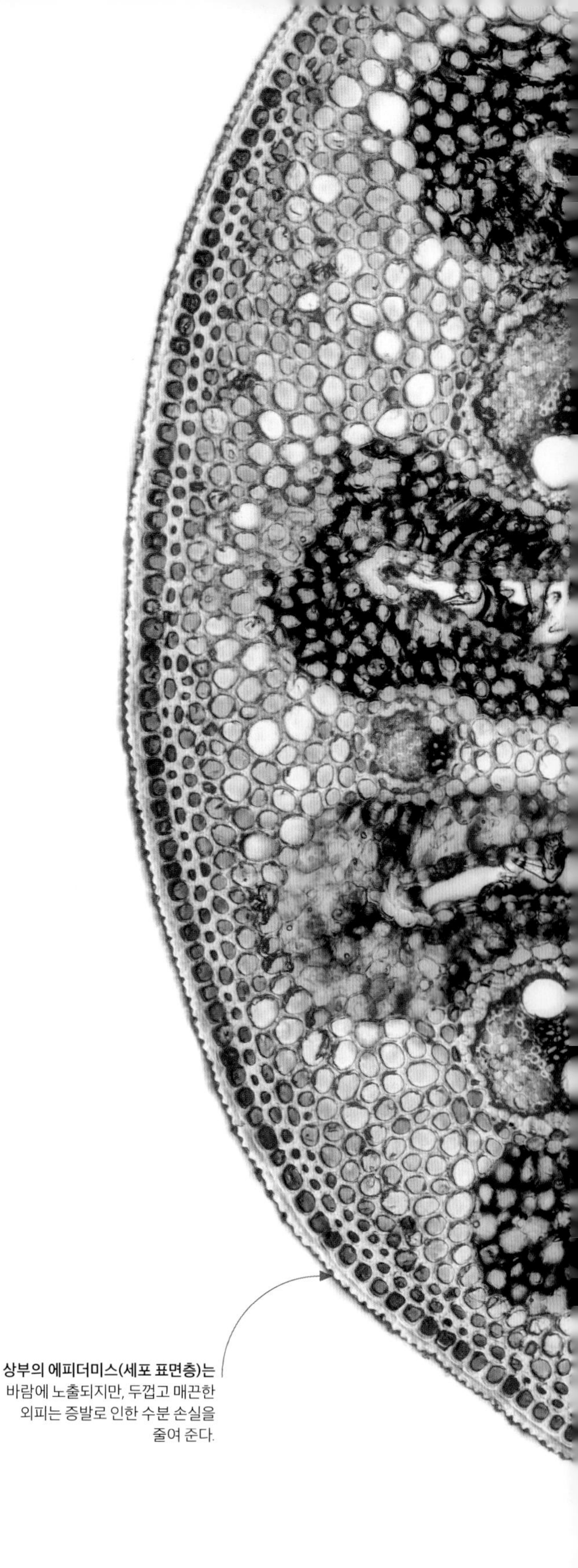

상부의 에피더미스(세포 표면층)는 바람에 노출되지만, 두껍고 매끈한 외피는 증발로 인한 수분 손실을 줄여 준다.

바람에 대한 저항력

일반적인 마람 그래스의 횡단면은 잎이 안쪽으로 말리면서 기공(호흡과 광합성을 위해 기체를 교환하는 미세한 구멍)이 보호되는 방식을 보여 준다. 말린 잎의 형태는 기공을 가려 바람에 의한 건조를 막는 한편, 중심부의 관은 노출된 다공 조직층 가까이에 촉촉한 공기를 가둔다.

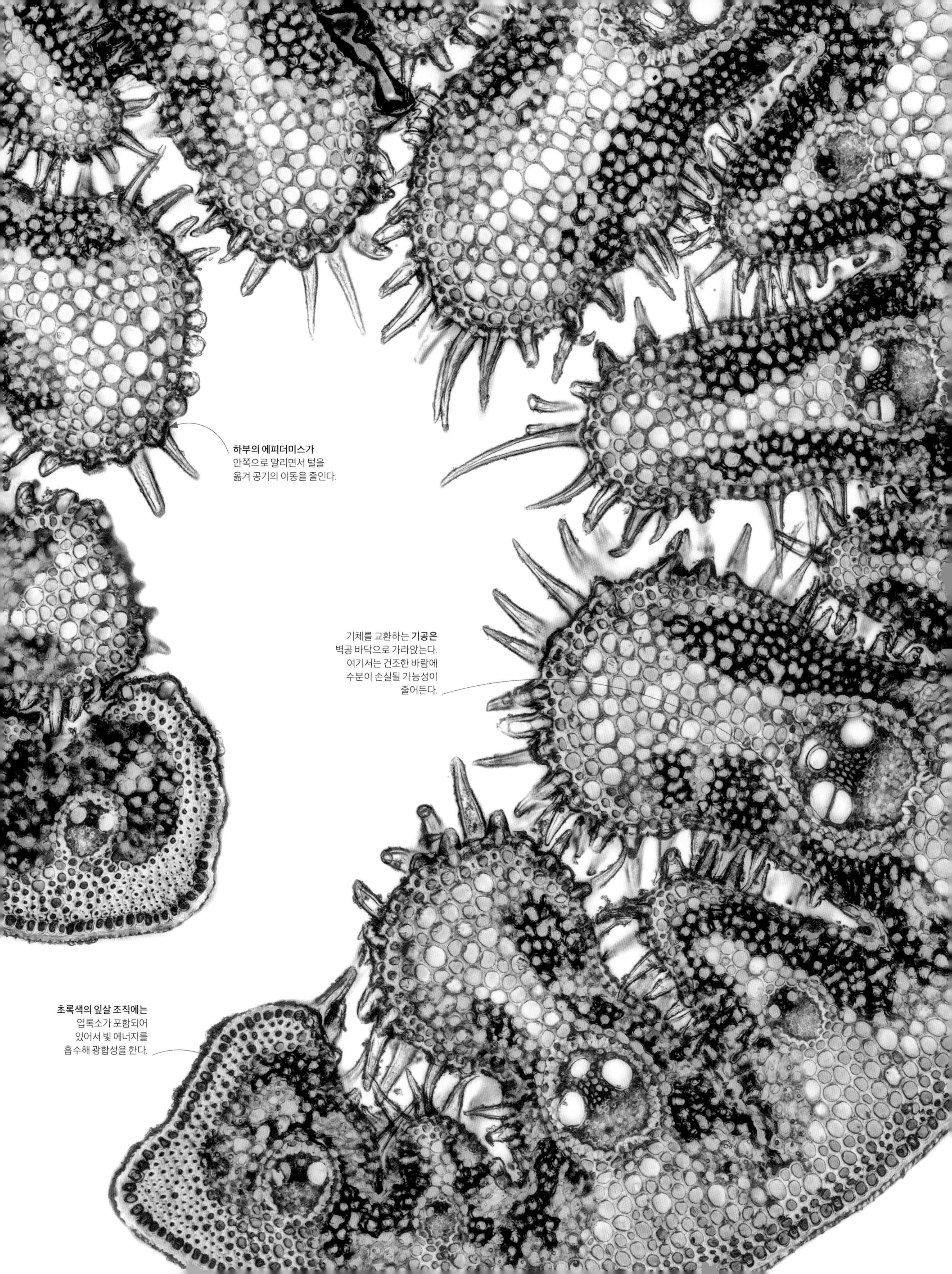

하부의 에피더미스가
안쪽으로 말리면서 털을
옮겨 공기의 이동을 줄인다.
기체를 교환하는 **기공은**
벽공 바닥으로 가라앉는다.
여기서는 건조한 바람에
수분이 손실될 가능성이
줄어든다.
초록색의 잎살 조직에는
엽록소가 포함되어
있어서 빛 에너지를
흡수해 광합성을 한다.

「바다 표면」(1983년)
셀민스는 치밀한 관찰과 기술적 정밀도로 완성된 이 같은 걸작에서 드라이포인트 판화를 이용했다. 한정판으로 나온 단색 판화에서 그녀는 파도의 형성 과정을 재현하기 위해 끝이 날카로운 도구를 이용해 판화에 이미지를 새겨 넣었다.

명화 속 해양

살아 있는 듯한 바다

20세기에는 포토 리얼리즘으로 알려진 새로운 미술 운동이 전개되었다. 화가들은 일차적인 시각 자료로 사진을 이용해 화가의 창작품이라고는 믿기 어려울 만큼 생생한 이미지를 만들어 냈다. 이런 회화 양식은 진화를 거듭하고 있으며 화가들은 최신의 기술을 이용한다. 가장 놀라운 작품으로는 손으로 만질 수 있을 것만 같은 파도와 모래를 화폭에 담아 낸 초현실적인 바다 풍경을 꼽는다.

1960년대의 팝아트에서 영감을 얻어 1970년대에 최초로 등장한 포토 리얼리즘 화가들의 작품은 20세기에 사진이 폭발적으로 증가하면서 예술과 빚은 갈등을 여실히 보여 주었다. 화가들은 캔버스나 종이 위에 사진의 윤곽을 투영시켜 소비 문화의 상징물인 캠핑카나 소스 병의 질감과 반사면을 재현해 내는 절묘한 기량을 발휘했다. 이때 물감을 분무하는 장치인 에어브러시도 종종 이용되었다. 여기에는 비단의 광택이나 털의 질감까지도 완전무결하게 재현한 초상화를 그린 18세기 화가들의 기교와 함께 감정적 깊이라고는 전혀 찾아볼 수 없는 흔해 빠진 피사체만이 존재했다.

1990년대 초반 이후로 디지털 사진에서 거둔 기술적 발전은 (오늘날 포토 리얼리즘으로 더 잘 알려진) 극사실주의를 다양한 영역으로 가져왔다. 미국인 화가 자리아 포먼(Zaria Forman, 1982년~)은 미국 항공우주국의 북극해와 남극해 조사 임무에 투입됐으며 극지방의 빙하를 촬영하기 위해 그린란드를 여행하기도 했다. 또 지구상에서 가장 낮고 얕은 지역인 몰디브에서는 계속된 해수면 상승으로 위기에 놓인 해안 지대를 촬영했다. 아름답지만 상처받기 쉬운 세계에 대한 그녀의 메시지는 원시의 빙하와 열대의 파도를 그린 대형 캔버스에 뚜렷이 드러나 있다. 작품마다 사진 같은 순간을 포착하고 있으며 실물을 재현하는 데는 400시간까지 소요된다.

라트비아계 미국인 화가 비야 셀민스(Vija Celmins, 1938년~) 역시 파도, 밤하늘, 사막 같은 자연 현상을 간혹 칙칙하고 어두운 회색 톤으로 세심하게 묘사한 작품을 선보였다. 1960년대 말, 셀민스는 태평양의 어느 지점에 나타난 해수면의 잔물결을 연필을 이용해 매우 사실적으로 묘사했다. 최근에는 판화 도구를 이용해 놀라운 인쇄물을 만들어 내면서 이런 연필화의 사본을 뜨는 작업을 진행했다.

> “내 그림은 우리가 잃어버릴 수도 있는 존재가 지닌 아름다움에 대한 찬사입니다. 내 작품이 끊임없이 변화하는 장엄한 풍경에 대한 기록이 될 수 있기를 바랍니다.”
>
> — 자리아 포먼, TED 강연, 2015년 11월

「몰디브 11」(2013년)
포먼은 파스텔 크레용과 자신의 손가락, 손바닥만을 이용해 몰디브 해변에 밀려드는 매혹적인 파도를 되살렸다. 점차 사라져 가는 적도 해안과 극지방에서 녹아내리는 빙하를 포착한 사진이 만들어 낸 대형 캔버스는 기후 변화의 위기에 처한 지구의 모습을 보여 준다.

바다를 향한 질주
붉은바다거북(*Caretta caretta*) 새끼 2마리가 플로리다 주 동부 해안에서 바다를 향해 기어가고 있다. 대개 바다거북은 육지에 사는 천적의 눈에 덜 띄는 밤에 부화한다. 부화한 새끼들은 달빛이나 별빛이 바닷물에 비치는 곳처럼 가장 밝게 빛나는 쪽을 향해 급히 움직이고 내륙 깊숙한 곳에 있는 식물의 그늘에서 벗어난다.

해변에 둥지 틀기

다리가 노처럼 생긴 바다거북은 물에서의 삶에 훌륭하게 적응해 왔지만, 육지에서 생활이 완전히 분리된 것은 아니다. 육지 거북의 새끼와 마찬가지로 바다거북의 새끼 역시 단단한 껍질에 싸이고 공기 호흡을 하는 알에서 부화한다. 암컷은 모래 해변에 알을 묻지만 그런 전략에도 위험은 도사리고 있다. 노출된 해변에서 갓 부화한 새끼들은 육지의 천적에 맞서 바다를 향해 잠깐이지만 위험한 질주를 해야 한다. 그런 이유로 암컷은 일반적으로 한 번에 100개가 넘는 엄청난 양의 알을 낳아 손실되는 알을 보충한다.

온도와 성별

거북 배아의 성별은 온도에 의해 결정된다. 섭씨 29도 이상이면 생식기가 난소로 발달해 암컷일 가능성이 크고, 온도가 그 아래로 내려가면 수컷의 고환으로 발달한다. 모래에 파묻힌 거북의 알은 햇빛이 모래를 덥히면 부화하지만, 둥지 내부의 온도는 균일하지 않다. 깊숙이 묻힌 알이 조금 더 차갑기 때문이다. 이런 온도 차는 암컷과 수컷이 거의 비슷한 비율로 부화하게 해 준다.

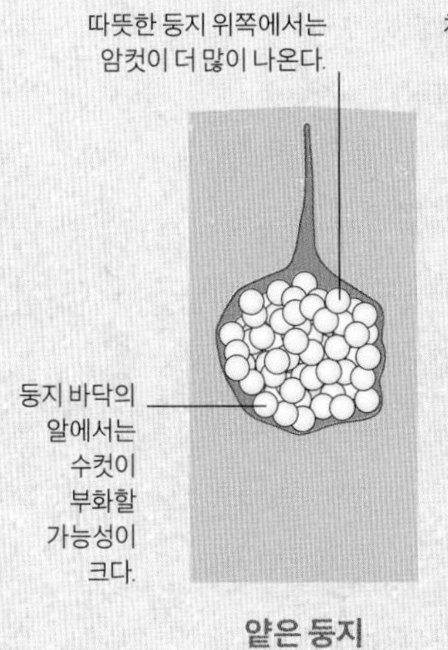

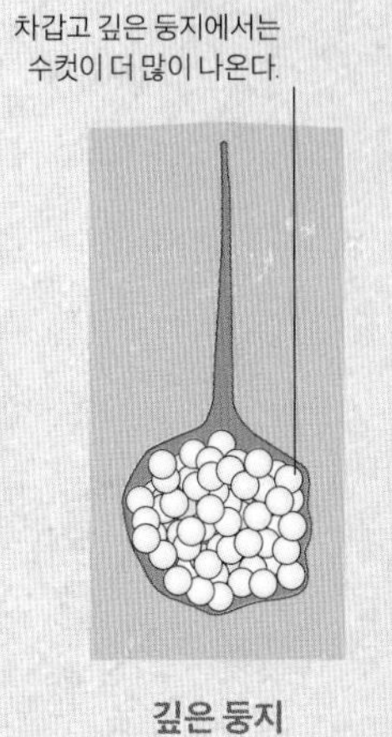

거북의 출생지
암컷 올리브바다거북(*Lepidochelys olivacea*)은 수천 마리씩 무리를 지어 자신이 태어난 해변의 보금자리로 되돌아온다. 뒷다리를 이용해 구멍을 파고 알을 낳은 다음 알을 묻고 바다로 돌아간다.

바람에 의한 조각물
바르한 사구는 멕시코 바하칼리포르니아 주의 태평양 연안에 있는 막달레나 섬에서처럼 대개 한 방향에서 온 바람이 독특한 초승달 형태로 모래를 불어 날리면서 형성된다.

해변과 사구

해변은 강물의 작용, 절벽의 침식, 깊은 바다에서 해변으로 이동한 모래에 의해 형성된 퇴적물이 쌓였다가 결국 파도 작용에 따라 바다로 실려 가는 곳이다. 해변의 모래는 연안의 강한 이안류와 겨울 폭풍에 의해 바다로 빠져나간다. 모래는 바람에 의해 내륙으로 이동해 사구를 형성할 수도 있다. 모래의 이동에서 가장 중요한 힘은 들어오고 나가는 컨베이어벨트를 움직이는 지속적인 연안 표류다. 모래의 색깔은 바위의 종류에 따라 다양하다. 화산암에서는 회색을 띤 검은색, 산호와 석회암에서는 반짝이는 흰색을 띠며, 산화철이 덮인 석영이 주로 포함되면 금색을 띤다.

해변의 형태

포켓 해변과 만 모양의 해변은 곶과 곶 사이의 보호를 받는 지역에 자리를 잡는다. 완만한 경사를 이룬 넓은 모래 해변의 측면에는 흔히 사구가 있다. 파도 에너지가 큰 곳에는 모래가 쓸려가면서 가파른 자갈 해변이 형성된다. 파도가 해안에 비스듬히 접근할 때는 연안 표류가 모래를 이동시켜 사취(모래톱), 사주섬, 비바람이 들이치지 않는 석호를 형성한다.

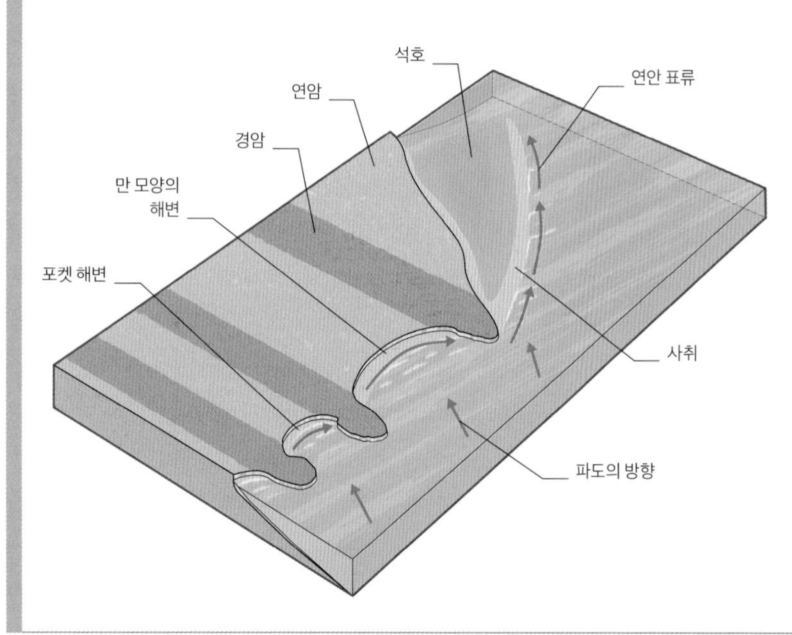

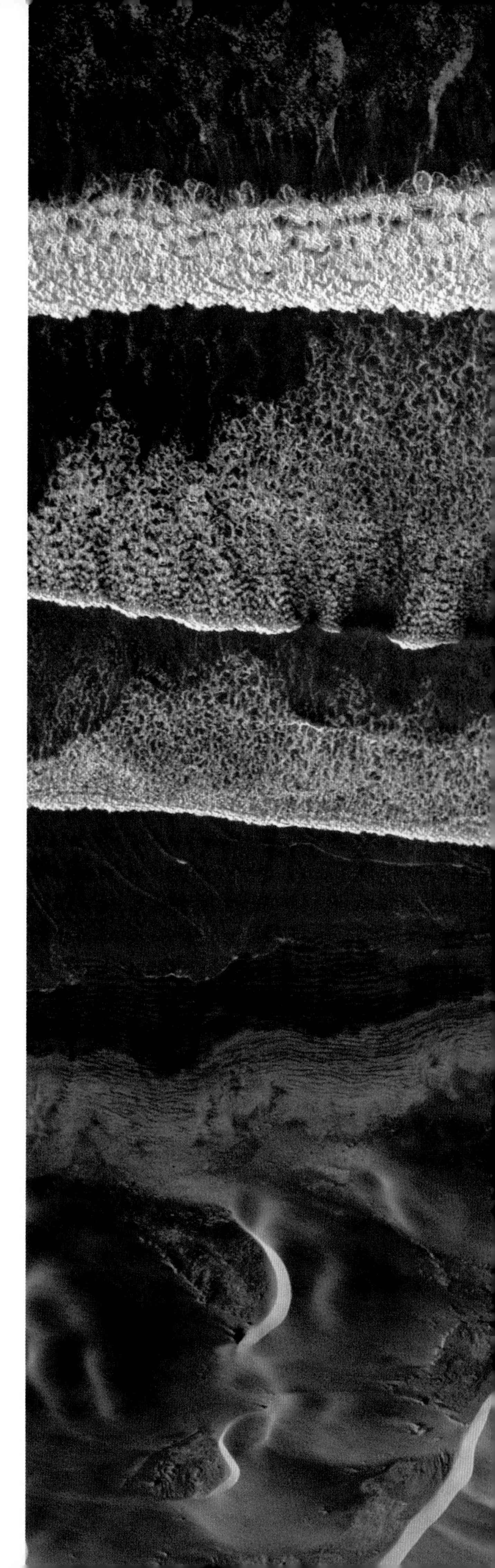

" 모두 손을 높이 들어 중간 돛대를 내리고 닻줄을 잡아매자. 저기 벌겋게 해가 지는데 사납게 날선 구름은 폭풍우가 몰려오고 있다고 선포하지 않는가. "

— J. M. W. 터너, 「난파선」에 무제로 붙여진 시(1812년)

「노예선」(1840년)
널리 알려진 J. M. W. 터너의 작품에서는 휘몰아치는 파도가 불타고 있는 것처럼 보이고 선장이 사악한 임무를 수행하는 동안 불길하게도 배가 폭풍우와 맞닥뜨린다. 「죽은 자들과 죽어 가는 자들을 바다로 던지는 노예 상인들—폭풍우가 몰려온다」라고 터너가 붙인 완전한 제목은 눈 앞에 펼쳐진 살육의 현장, 즉 상어가 우글거리는 바다로 던져진 노예들이 물속에서 쇠고랑이 채워진 팔다리를 허우적거리는 광경을 이야기하고 있다.

「얼음의 바다」(1823~1824년)
독일의 화가인 카스파르 다비드 프리드리히(Caspar David Friedrich, 1774~1840년)는 절대적인 힘 앞에서 자연계에 대한 경외감과 속수무책일 수밖에 없는 인간의 무력함을 그려 냈다. 얼음 무덤 속에 배가 처박힌 가운데, 끝없이 펼쳐진 푸른 하늘을 배경으로 삐죽삐죽한 얼음이 솟구쳐 있다.

명화 속 해양

바다 위의 드라마

19세기에 걸쳐 진행된 낭만주의 운동에서는 영감, 독창성, 상상력이 핵심이었다. 화가들은 신고전주의 규정과 규범에서 벗어나 자연계와 개인이 겪는 역경에 대한 감정적 반응에 집중할 수 있었다. 높은 파도와 종말이 온 듯한 하늘을 특색으로 하는 상징적인 바다 풍경화는 인간의 노력, 재난, 탄압에 관한 당대의 이야기를 보여 준다.

19세기 프랑스의 시인 겸 비평가인 샤를 보들레르(Charles Baudelaire, 1821~1867년)는 낭만주의 예술을 "대상의 선택도 아니고 정확한 사실도 아닌, 감정의 방식에 있어서만 정확하게 자리잡았다."라고 묘사했다. 일부 예술가들에게 (튜브로 짜내는 그림 물감의 등장으로 쉬워진) 야외에서의 자유로운 작업은 육지나 바다와 더욱 깊은 관계를 맺는 데 한몫했다. 작업실에서 이루어진 화법, 색깔, 형태에 대한 실험은 다양한 개인적 기법을 발전시켰다.

러시아의 해양 화가인 이반 아이바좁스키(Ivan Aivazovsky, 1817~1900년)는 장엄한 바다의 느낌을 강렬한 색채와 빛으로 대형 캔버스에 그려 냈다. 「제9의 파도」(1850년)에서는 난파선의 잔해에 매달린 생존자를 집어삼킬 듯 위협적인 거대한 파도에 떠오르는 태양이 비추고 있다.

유럽의 식민지 개척자들이 해외의 영토를 개척하고 과학자와 탐험가들이 멀리 떨어진 변경을 항해하던 시기에 낭만주의 예술에서는 분노와 모험이 고개를 들고 일어났다. 프랑스 화가인 테오도르 제리코(Théodore Géricault, 1791~1824년)가 그린 「메두사의 뗏목」(1819년)은 프랑스 범선 메두사가 세네갈을 향해 항해할 때 선장이 버린 선원과 승객들의 실화를 충격적으로 재현한 그림이다. 이 작품에서는 허술하게 만들어진 뗏목에서 시신이 미끄러지고 생존자들이 삶에 집착하는 모습을 볼 수 있다. 밝아오는 하늘을 배경으로 나부끼는 급조된 깃발에는 구조될 수 있다는 희망이 함축되어 있다. 더욱 비현실적인 것은, 영국의 화가 에드윈 랜시어(Edwin Landseer, 1802~1873년)가 북극해를 통과하는 북서 항로를 찾으려다 실패한 존 프랭클린(John Franklin, 1786~1847년)의 시도를 상상한 작품이다. 그의 작품 「뜻은 사람이 세우나 성패는 하늘에 달려 있나니」(1864년)에서 북극곰은 빙산에 갇힌 난파선에 침입해 유해를 먹고 있다.

영국의 화가 조지프 말로드 윌리엄 터너(Joseph Mallord William Turner, 1775~1851년)가 남긴 1만 9000점에 이르는 수채화와 유화는 대개 해경화였다. 그는 비, 안개, 폭풍, 일출, 일몰 같은 자연 현상을 표현하기 위해 평생에 걸쳐 물감, 질감, 폭발적인 빛에 관한 연구를 게을리하지 않았다. 그가 발표한 그림이자 시 「노예선」은 보험금 지급을 목적으로 병들거나 죽어가는 노예를 바다로 던지도록 선원들에게 명령한 종 호(Zong) 선장의 실화를 토대로 했는데 당시 노예 수송에서 흔히 있는 일이었다.

Crocodylus acutus

아메리카악어

아메리카악어는 민물 강에서부터 염분이 있는 습지와 연안 바다에 이르는 다양한 서식지에서 살아가며 미국 플로리다 주와 카리브 해뿐만 아니라 남아메리카의 대서양과 태평양 연안에서도 발견된다.

아메리카악어는 가장 큰 악어종의 하나로 꼽힌다. 성체의 몸길이는 평균 4.3미터에 이른다. 다른 악어와 마찬가지로 혀에 염분을 분비하는 샘이 있어서 과도한 염분을 제거해 염도가 높은 곳에서도 살아갈 수 있다.

아메리카악어의 서식지는 특히나 다양하다. 대개는 염분이 섞인 석호, 맹그로브 나무, 강어귀에서 살아가지만, 내륙 깊숙한 곳에 있는 민물 강과 저수지에서 살아가는 경우도 있다. 카리브 해 최대의 서식지인 도미니카공화국에서 살아가는 아메리카악어는 바닷물보다 3배나 짠 소금 호수에서도 살아남을 수 있다. 아메리카 대륙을 가로지르는 광범위한 분포는 아메리카악어의 명백한 적응력을 보여 주는 증거다. 또 산호초를 비롯한 섬에 대량 서식한다는 사실은 이들 악어가 간혹 조류의 도움을 받아 먼 바다로도 헤엄쳐 간다는 증거다.

아메리카악어의 턱은 성체가 된 거북의 등딱지를 쉽게 부술 만큼 수백 킬로그램에 이르는 압력을 가할 수도 있지만 한편 매우 부드러운 측면도 있다. 암컷은 부화를 돕기 위해 깨지지 않은 알을 집어 들어 조심스럽게 압력을 가할 수도 있다. 간혹 새끼를 입에 물고 물로 옮기기도 한다. 원뿔처럼 생긴 악어의 이빨은 먹이를 물기에는 좋지만 씹기에는 적합하지 않다. 악어의 이빨은 끊임없이 교체되어 일생에 걸쳐 8000개의 이빨이 나고 자란다.

사냥에 유리한 진화

악어는 턱 양옆에서 진동을 느끼는 혹처럼 생긴 감각 기관과 냄새를 통해 먹이를 감지한다. 입을 벌린 채 헤엄을 칠 수 있고 시력 또한 뛰어나다. 투명한 제3의 눈꺼풀은 악어가 물속에 들어갔을 때 눈을 보호해 준다.

물속에서 살아남기

악어의 입은 물이 새지 않는 수밀구조는 아니어서 잠수 중에 폐와 소화관으로 물이 들어오는 것을 막기 위해 혀 뒤쪽에 있는 경구개막이라는 큰 덮개가 호흡 기관과 식도로 들어가는 입구를 폐쇄한다. 동시에 그보다 작은 콧구멍 판막은 코를 막아 준다. 이런 식으로 악어는 1시간 넘게 숨을 쉬지 않고도 물속에 머물 수 있고 심지어 먹이를 물거나 다루기 충분할 만큼 입을 크게 벌릴 수도 있다. 또 열린 콧구멍을 높이 들면 헤엄을 치거나 수면 바로 아래에 머물 때도 숨을 쉴 수 있다.

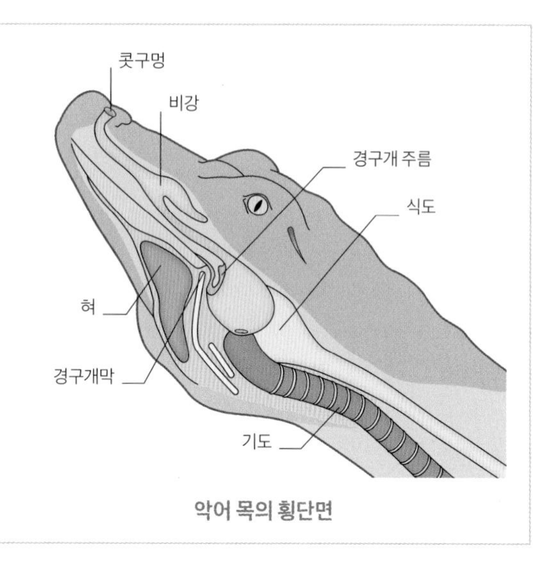

악어 목의 횡단면

해변에서 살아가기

모래 해변은 바다에 들어가지 못하는 동물에게도 훌륭한 생활 터전이 될 수 있다. 바닷물이 들고 날 때마다 해초의 형태로 자연의 표류물이 쌓인다. 그 결과 물떼새처럼 바닷가에 사는 새들의 먹이가 되는 파리, 딱정벌레, 작은 갑각류가 떼 지어 몰려온다. 바닷새들은 바닷물이 미치지 못해서 식물이 드문드문 자라는 사구에다 나뭇가지, 작은 돌, 조개껍데기처럼 물가를 따라 날아다니다 주워 모을 수 있는 온갖 재료로 둥지를 짓는다.

조수 위의 삶
오스트레일리아 남부 연안을 따라 서식하는 후디드플러버(*Thinornis cucullatus*)는 수많은 해초가 널린 해변을 선호한다. 다리가 아주 짧아서 먹이를 얻기 위해 물속을 걷기 힘들기 때문에 주로 해안에서 먹잇감인 무척추동물을 찾아다닌다.

큰 눈은 바닷물이 만조에 이르는 지점에 쌓인 잔해에서 작은 먹잇감을 찾을 때 도움이 된다.

위장한 알 무더기
반점이 있는 새의 알은 주변의 자갈과 흡사하게 생겼다. 추가적인 위장술로 둥지 내벽에 해초와 껍데기 파편을 붙일 수도 있다. 알이 부화하면 둥지 안에는 모래 색깔의 새끼들이 모여 있다.

후디드플러버의 둥지는 스크레이프(scrape)로 불리는 얕게 파인 곳에 자리한다.

더불어 둥지 틀기

해변에서 주운 표류물을 이용해 어느 정도 감춘다고는 해도 후디드플러버의 둥지는 천적의 공격을 받기 쉽다. 저마다 세력권을 가진 후디드플러버는 20미터 이상 간격을 두고 둥지를 튼다. 땅에 둥지를 트는 새들은 대개 경계를 강화하기 위해 다른 종들과 섞인 채 느슨하게 군락을 이루는 편이다. 후디드플러버는 파이드오이스터캐처(*Haematopus longirostris*)와 합류할 수도 있다.

파이드오이스터캐처

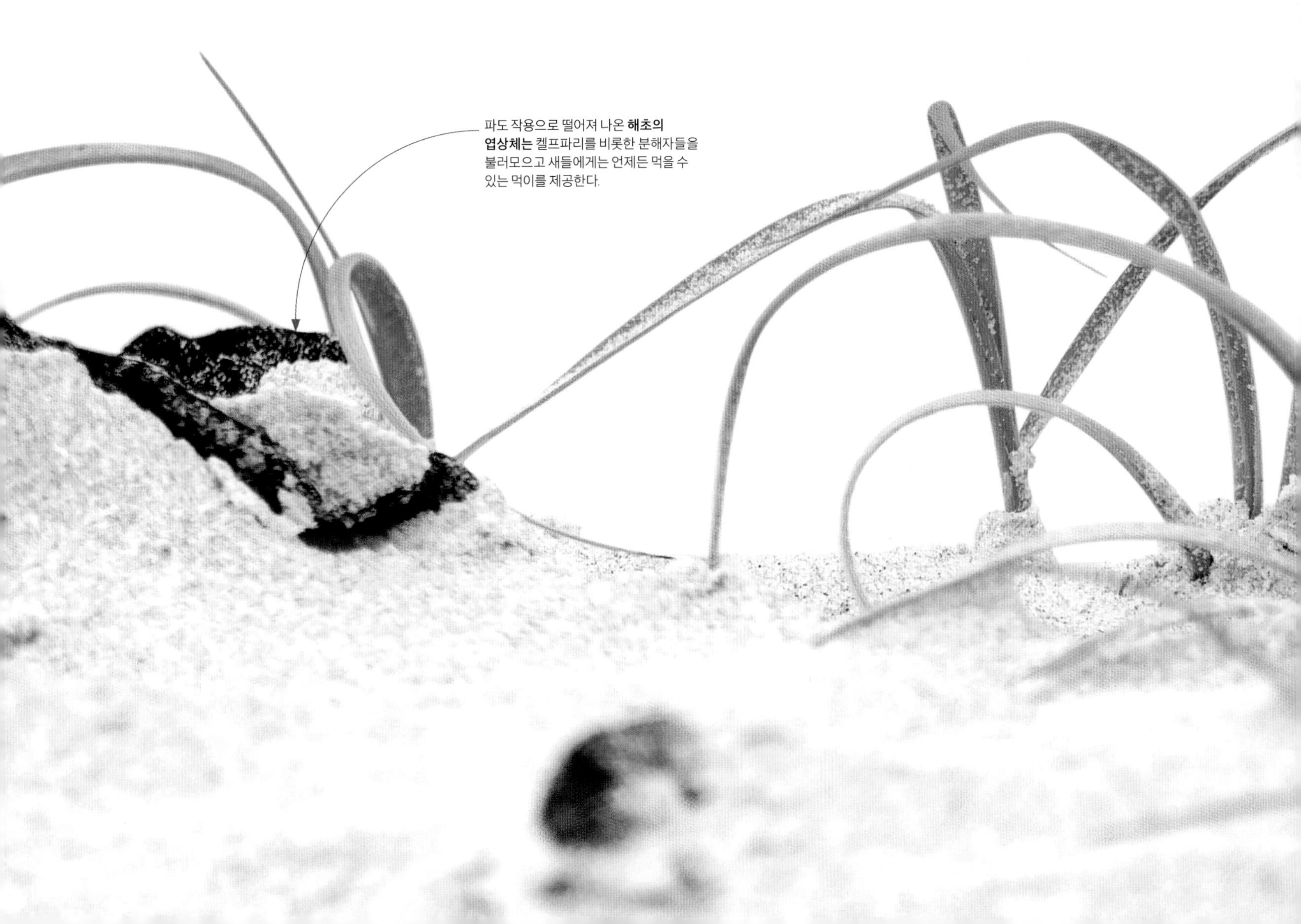

파도 작용으로 떨어져 나온 **해초의 엽상체는** 켈프파리를 비롯한 분해자들을 불러모으고 새들에게는 언제든 먹을 수 있는 먹이를 제공한다.

쓰나미로 인한 해안 지대의 피해
2004년 인도네시아 아체의 서부 해안을 할퀴고
지나간 쓰나미의 여파를 이듬해인 2005년에 촬영한
사진은 이전까지만 해도 나무로 무성했던 해안
지대에 덮친 쓰나미의 파괴력을 여실히 보여 준다.

쓰나미

쓰나미는 시간당 800킬로미터의 속도로 모든 대양을 횡단할 수 있을 만큼 극단적인 파장을 가진 특이한 파도다. 쓰나미가 발생하는 주요 원인은 지진이나 바다 밑에서 일어난 대형 해저 사태 때문에 해저에서 발생한 갑작스러운 수직 운동이다. 쓰나미는 눈사태, 산사태, 화산 분출, 빙상이나 빙하에서 떨어져 나온 거대한 빙산처럼 육지에서 일어난 사건 때문에 바닷속으로 엄청난 양의 물질이 쌓이면서도 나타날 수 있다. 어느 경우든 제자리를 벗어난 막대한 양의 바닷물은 쓰나미에 괴력과 속도를 더한다. 쓰나미는 어느 바다에서든 시작될 수 있지만, 화산 활동이 빈번한 지역에 자주 나타난다.

해저의 충격에서 해안의 파괴로

쓰나미는 흔히 대양저의 갑작스러운 이동으로 시작되며, 그 결과 대양에서는 길고 낮고 거의 감지할 수 없는 파도를 일으키는 물의 대규모 이동이 일어난다. 낮은 대륙붕을 지나 육지로 밀려오면서 급격히 높아진 파도는 30미터에 이르는 거대한 벽을 형성해 해변에 막대한 피해를 입히고 내륙으로 밀려 들어온다.

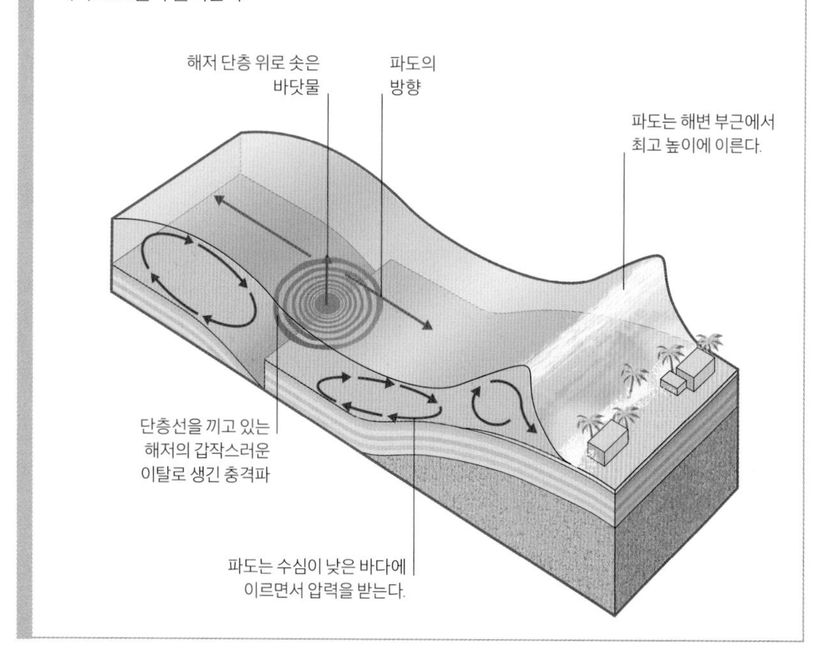

강어귀와 개펄

질퍽한 해안가와 강어귀는 찐득찐득한 진흙에 파고들 수 있는 동물, 오르고 내리는 조수에 따라 변화무쌍한 염도를 견딜 수 있는 동식물의 거처가 된다.

퇴적물에서 살아가기

진흙에서 살아가는 무척추동물에는 조개와 새조개처럼 껍데기가 둘로 나뉘는 다양한 쌍각류가 있다. 이들 쌍각류는 대개 해저를 풍요롭게 해 주는 유기물 쓰레기와 미생물을 비롯한 먹이 입자를 아가미로 걸러 낸다. 수많은 쌍각류는 천적을 피해 근육질의 발을 이용해 바닥으로 파고든다. 퇴적물에 싸인 연체동물은 몸으로 물을 끌어들여 산소와 양분을 얻는다.

바닥으로 파고들 때 **발은** 6센티미터까지 늘일 수 있다.

몸을 숨기는 쌍각류
가시새조개(*Acanthocardia echinata*)는 근육질의 발을 모래 속으로 밀어 넣는다. 발의 끝 부근이 늘어나 견인력을 얻으면 새조개는 몸체 일부를 모래 표면 아래로 끌어당긴다.

껍데기가 닫히면 **톱니 모양을 한 쌍각류 가장자리끼리** 서로 맞물린다.

껍데기의 접번은 선박의 갑판처럼 생긴 평평한 단으로 둘러싸여 새꼬막이라는 이름을 떠올리게 한다.

물 빨아들이기

물은 찐득찐득한 진흙에서는 쉽게 순환하지 않으므로 바닥을 파서 몸을 숨기는 수많은 쌍각류는 수관을 이용해 표면의 물을 아래로 끌어낸다. 패각이 열리면 수관이 늘어난다. 수관이 길수록 깊이 파고들 수 있다. 수관이 짧은 새조개와 수관이 아예 없는 새꼬막은 표면 가까이에서 살아간다.

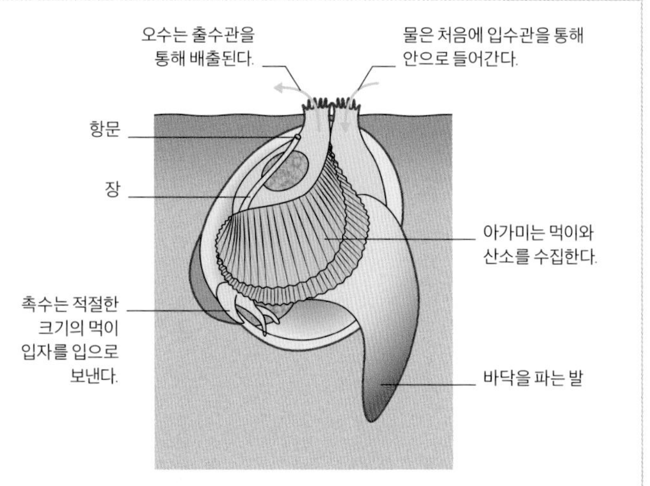

진흙 속에서 여과와 먹이 활동을 하는 새조개의 횡단면

껍데기의 접번

다른 쌍각류와 마찬가지로 열대 해안의 진흙에서 살아가는 인도-태평양 복털조개(*Tergillarca granosa*)도 두 부분으로 나뉜 껍데기(패각)가 질긴 접번에 의해 연결되어 있다. 위험이 닥치면 근육이 수축하면서 패각이 닫힌다. 이런 근육이 이완하면 껍데기가 벌어지고 연체동물은 근육질의 발을 뻗어 여과 섭식을 위해 물을 순환할 수 있다.

모래의 잔물결
스코틀랜드 헤브리디언 에이그 섬에서 바닷물이 밀려가면서 고운 모래에 독특한 잔물결을 남겼다. 금속성 광택을 띤 모래는 화산 분출물이 그만큼 많이 들어 있다는 증거다.

조수

조수로 알려진 규칙적인(대개 하루에 2번) 해수면의 오르내림은 40억 년 전 해양이 처음 형성된 이후로 끊임없이 계속된 현상이다. 조수는 많은 물이 모인 크고 작은 바다를 휩쓰는 파장이 긴 파도로, 저지대의 해안을 오르내리면서 얕은 곳에 사는 생명체에 극적인 효과를 가져다준다. 만조는 파도의 마루이고 간조는 파도의 골에 해당한다. 만조과 간조의 높이 차는 조차로 불린다. 조차는 1미터 미만부터 16미터 이상에 이르기까지 다양하다. 조수는 지구-달, 지구-태양계 중력의 결합과 이들 중력장에서의 지구 자전 때문에 발생한다.

달의 주기

태양과 달이 일직선을 이루면(보름달과 초승달) 두 중력장은 같은 방향으로 작용해 서로 강화되고 이때를 사리라고 한다. 태양과 달이 직각을 이루면(반달) 조수를 만드는 결합력은 최소가 되고 이때를 조금이라고 한다. 해양과 바다에서 중력의 수평분력은 가장 중요하다. 바다마다 조수 패턴은 약간씩 다르게 마련이다.

침이 있는 해저 동물

먹이를 공격하기 위해 독을 사용하는 바다 동물도 있지만, 상당수는 자기 방어를 위해서만 침을 쏜다. 상어와 관련이 있는 연골어류인 범무늬노랑가오리는 대부분의 시간을 해저에서 보내며 퇴적물에서 먹이를 사냥한다. 아래쪽에 입이 있는 이런 자세는 위쪽으로부터 공격을 받기 쉽다. 가령 무언가에 밟히는 것처럼 직접적이고 피할 수 없는 위협을 감지하면 가오리는 가시가 달린 꼬리를 휘둘러 독을 배출한다.

범무늬노랑가오리가 먹이 사냥을 하면서 **모래가** 일고 있다.

모래에서 먹이 찾기
사냥할 때 범무늬노랑가오리는 지느러미를 펼친 채 해저의 퇴적물에 묻혀 있는 먹잇감(작은 물고기와 무척추동물)을 몰아내기 위해 입에서 물줄기를 내뿜는다.

지느러미 끝이 뾰족해서 마름모 형태의 외형을 갖추었다.

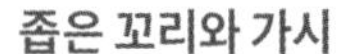

아래쪽의 **밝은 천연색은** 범무늬노랑가오리가 아래쪽에서 잘 보이지 않도록 위장해 준다.

좁은 꼬리와 가시

범무늬노랑가오리의 좁은 꼬리는 채찍을 휘두를 때와 같은 속도로 움직일 수 있다. 목표물을 공격할 때 머리 위에서 꼬리를 찰싹 앞으로 치면서 톱니 모양 가시로 찌른다. 칼집 모양의 덮개로 무장한 가시에서는 독이 뿜어져 나온다. 가시는 부러질 수도 있지만, 몇 달 안에 다시 자란다.

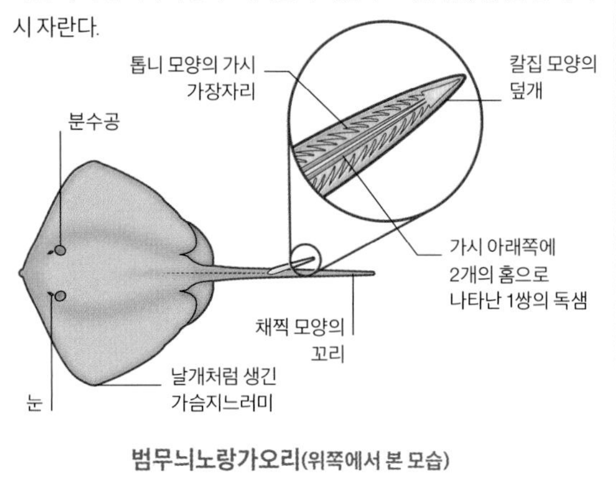

범무늬노랑가오리(위쪽에서 본 모습)

은신하기

모든 가오리가 그렇듯 등부터 배까지 납작한 남방가오리(*Hypanus americanus*) 역시 눈에 잘 띄지 않아 해저에서 살아가기에 적합하다. 가오리의 입은 퇴적물에서 먹이를 찾을 수 있도록 아래쪽에 있다. 아가미가 모래로 막히지 않게 물은 머리 상층부의 분수공을 통해 유입된다. 분수공으로 유입된 물은 아래쪽에 있는 아가미를 통해 배출된다.

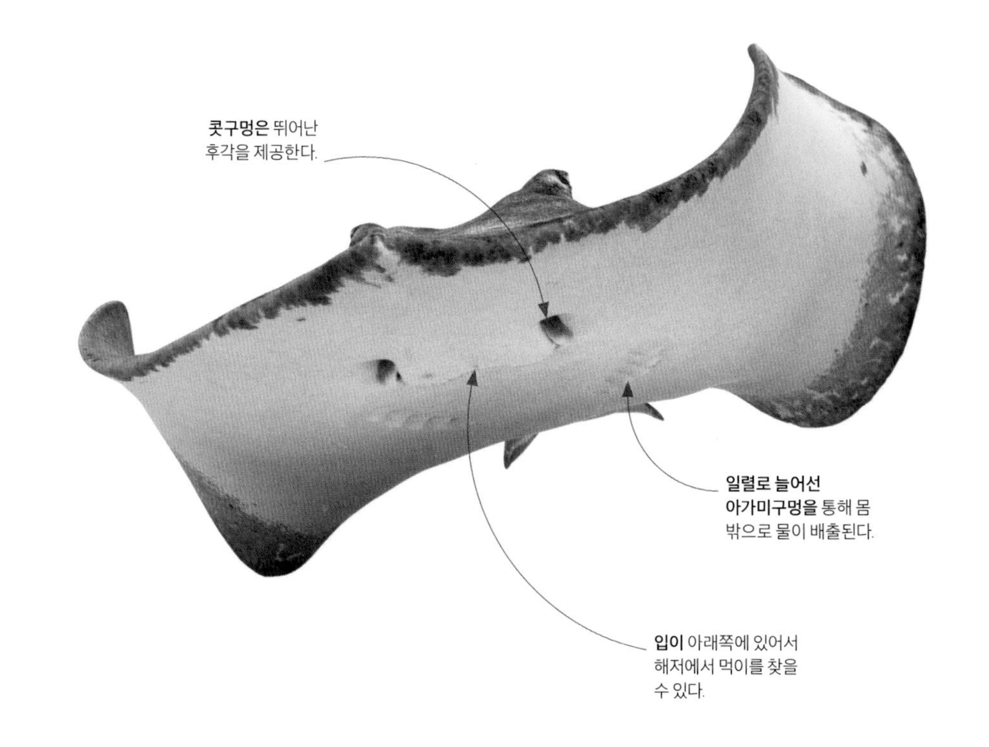

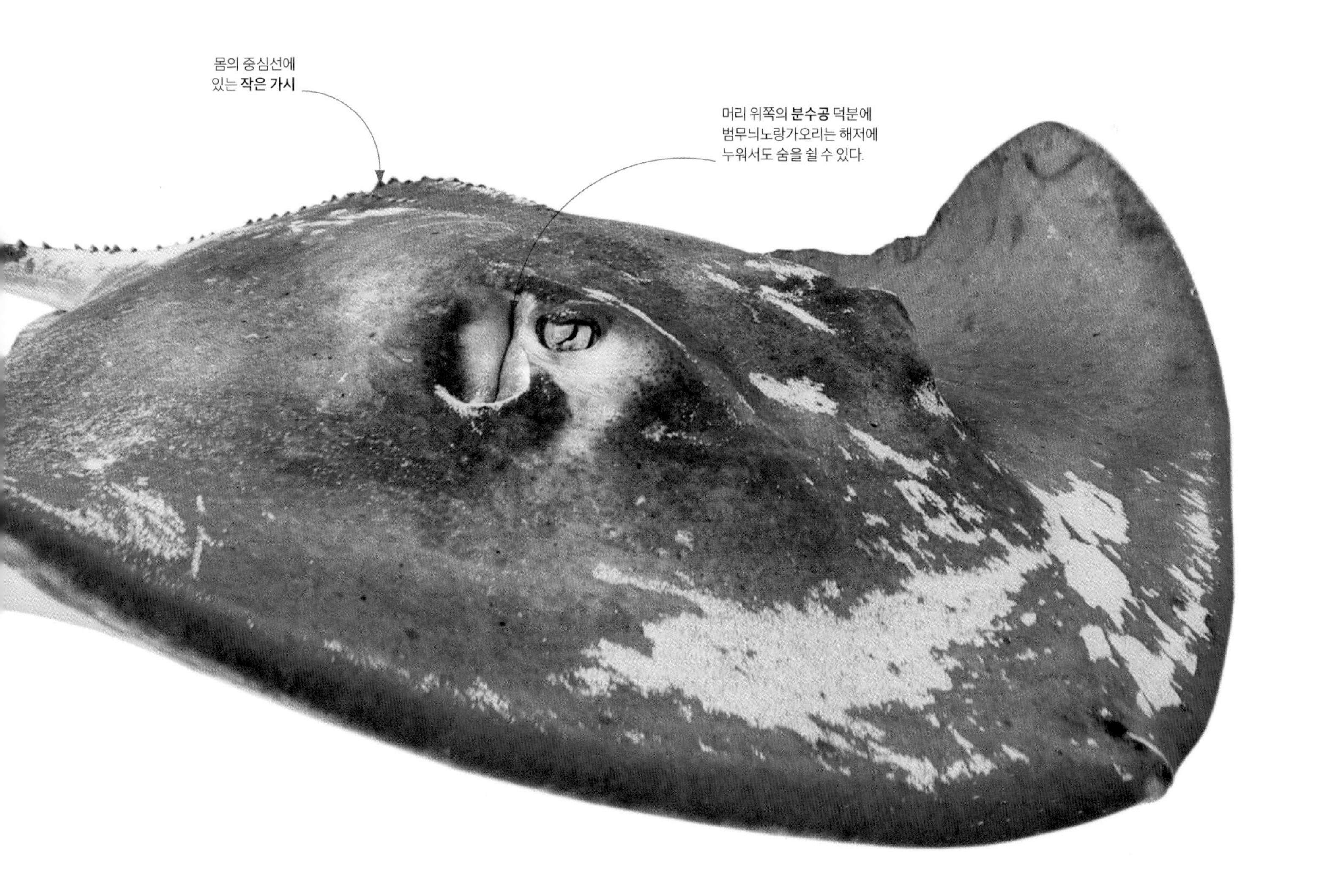

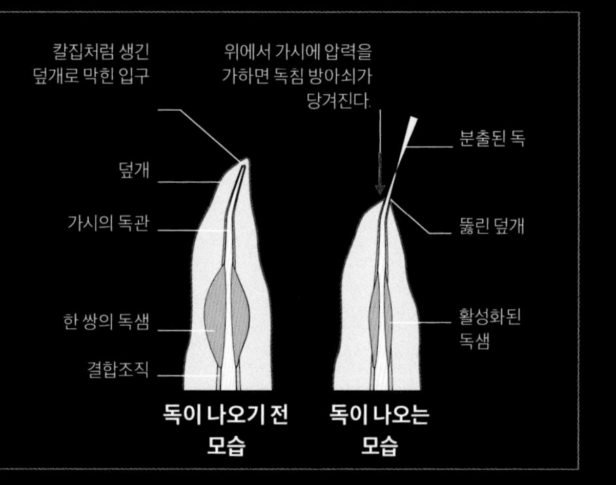

순식간에 삼키기
툭 튀어나온 눈과 커다란 입을 가진 암초스톤피시 (*Synanceia verrucosa*)는 매우 독특한 질감의 피부로 몸 전체를 위장한다. 자기보다 몸집이 작은 물고기나 갑각류 같은 먹이를 감지한 스톤피시의 입은 50분의 1초도 안 돼 벌어지고 먹이가 저항할 사이도 없이 빨아들인다.

도사린 위험

붉은쏨뱅이와 스톤피시는 매복형 포식자다. 그러나 미끼를 이용해 먹잇감을 가까이 유인하는 얼룩통구멍(232~233쪽 참조)이나 아귀와 달리 위장술에만 의지해 몇 시간이고 움직이지 않은 채 있을 수 있다. 일부 붉은쏨뱅이와 스톤피시종은 주위 환경에 맞춰 몸 색깔을 바꿀 수 있으며 각자 자신의 체색에 가장 적합한 안식처를 선택하는 것처럼 보인다.

매우 독특한 질감의 **피부에** 조류가 달라붙어 스톤피시에 가까이 접근하는 초식성 먹이를 유인할 수도 있다.

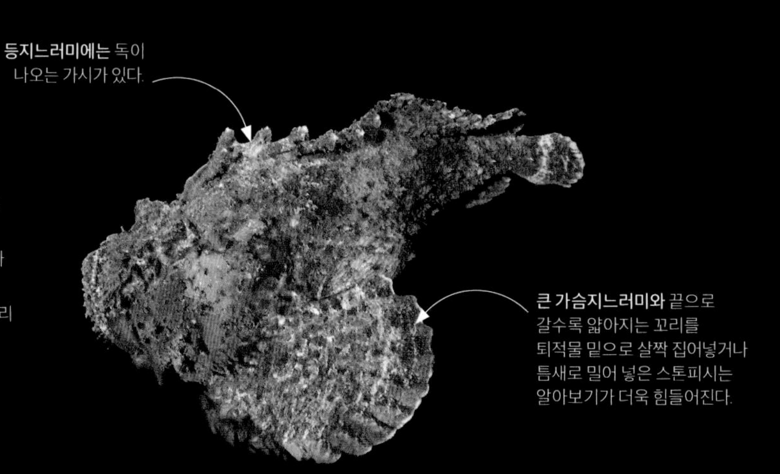

등지느러미에는 독이 나오는 가시가 있다.

잘 보이는 곳에 숨기
화려한 분홍색, 주황색, 자주색은 위장색과는 분명 거리가 멀다. 그러나 암초 스톤피시는 산호초라는 복잡한 배경 덕분에 움직이기 전까지는 먹잇감이나 천적의 눈에 띄지 않을 수 있다. 위장술에 독으로 무장하더라도 작은 스톤피시는 바다뱀, 상어, 가오리 같은 천적에게 잡아먹히는 일이 종종 있다.

큰 가슴지느러미와 끝으로 갈수록 얇아지는 꼬리를 퇴적물 밑으로 살짝 집어넣거나 틈새로 밀어 넣은 스톤피시는 알아보기가 더욱 힘들어진다.

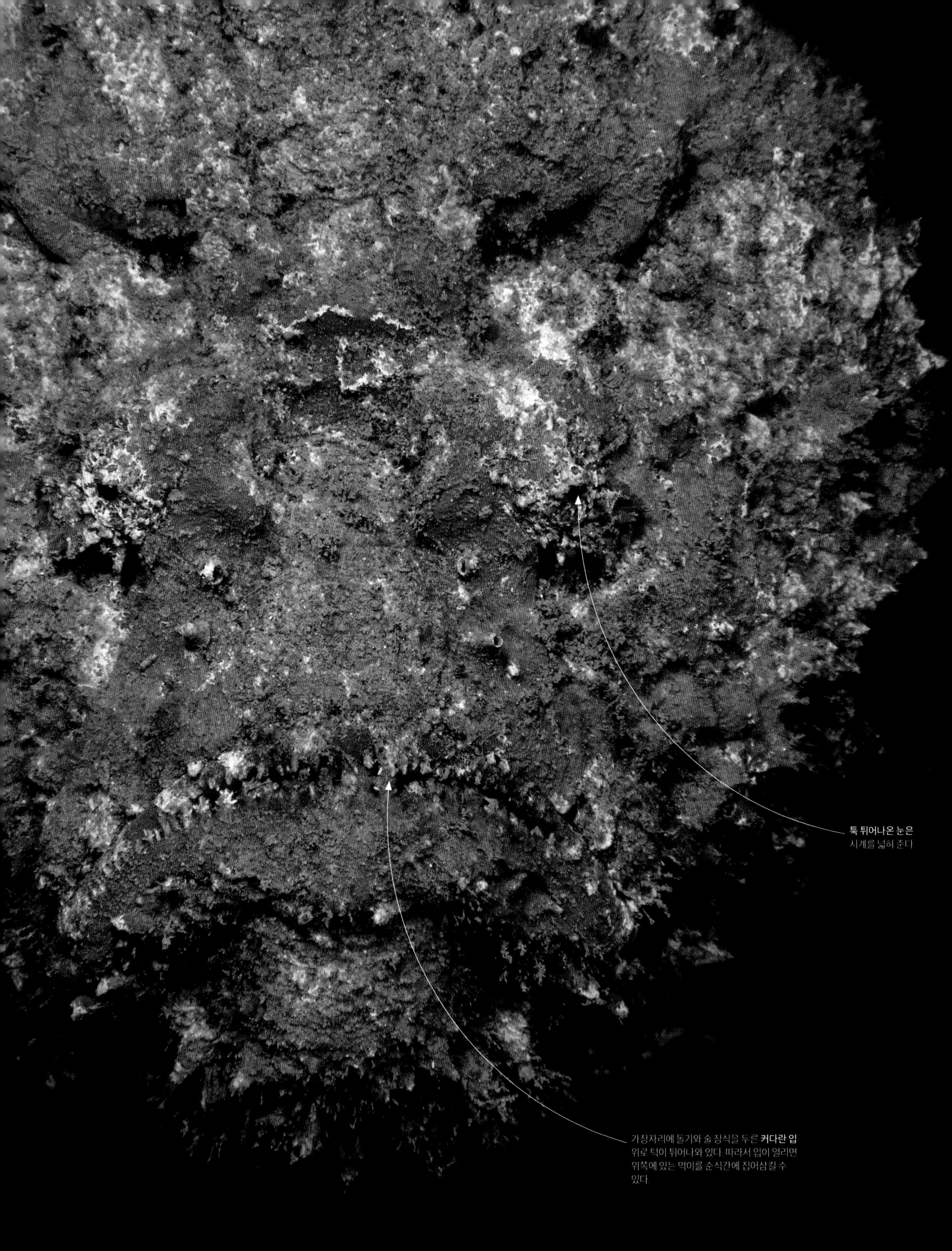

툭 튀어나온 눈은
시계를 넓혀 준다
가장자리에 돌기와 술 장식을 두른 **커다란 입**
위로 턱이 튀어나와 있다. 따라서 입이 열리면
위쪽에 있는 먹이를 순식간에 집어삼킬 수
있다.

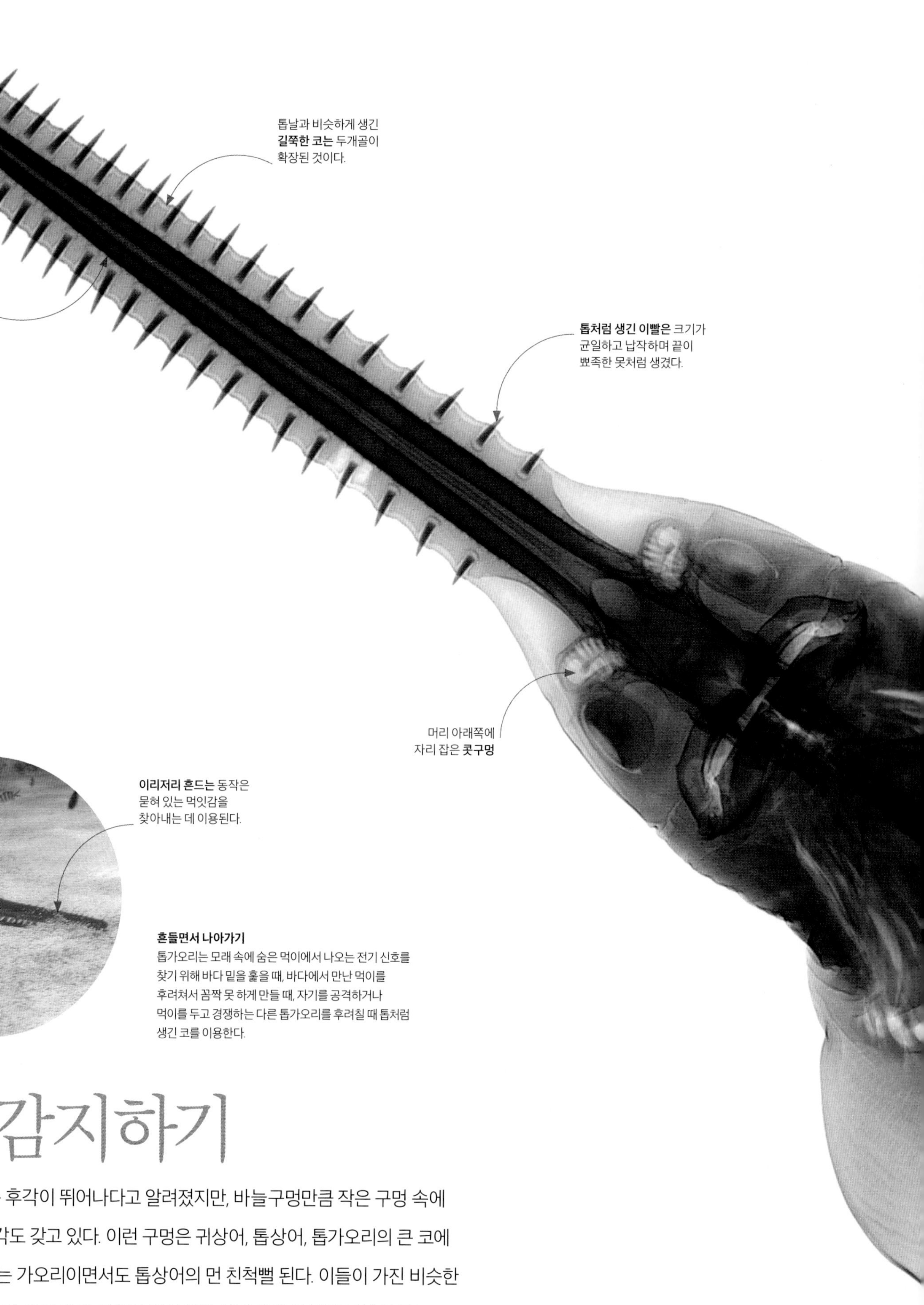

톱날과 비슷하게 생긴 **길쭉한 코는** 두개골이 확장된 것이다.

골격은 뼈 대신 연골로 이루어져 있다.

톱처럼 생긴 이빨은 크기가 균일하고 납작하며 끝이 뾰족한 못처럼 생겼다.

머리 아래쪽에 자리 잡은 **콧구멍**

이리저리 흔드는 동작은 묻혀 있는 먹잇감을 찾아내는 데 이용된다.

흔들면서 나아가기
톱가오리는 모래 속에 숨은 먹이에서 나오는 전기 신호를 찾기 위해 바다 밑을 훑을 때, 바다에서 만난 먹이를 후려쳐서 꼼짝 못 하게 만들 때, 자기를 공격하거나 먹이를 두고 경쟁하는 다른 톱가오리를 후려칠 때 톱처럼 생긴 코를 이용한다.

전기 감지하기

상어, 가오리, 홍어는 후각이 뛰어나다고 알려졌지만, 바늘구멍만큼 작은 구멍 속에 전기를 감지하는 감각도 갖고 있다. 이런 구멍은 귀상어, 톱상어, 톱가오리의 큰 코에 특히 많다. 톱가오리는 가오리이면서도 톱상어의 먼 친척뻘 된다. 이들이 가진 비슷한 모습의 '톱'은 서로 다른 종이 같은 환경에 적응하기 위해 유사한 형질로 발달하는 수렴 진화의 사례에 속한다.

톱가오리 이빨

다른 톱가오리와 마찬가지로 작은이빨톱가오리(*Pristis pectinata*, 아래는 엑스선 촬영 사진) 역시 길쭉하고 좁은 코와 2벌의 이빨을 갖고 있다. 가장 눈에 띄는 것은 코 전체에 분포한 크고 단단하고 끝이 뾰족한 톱니다. 입에도 작고 무딘 10~12줄의 이빨이 있어서 먹이를 으스러뜨리는 데 이용한다.

감각 기관

상어와 가오리는 젤리로 채워진 구멍을 이용해 먹잇감의 근육에서 일어나는 전기 작용을 감지한다. 로렌치니 기관으로 알려진 이 구멍은 코 위와 입 주변에 분포해 있다. 구멍마다 뇌에 신경세포로 연결되어 있어서 주변의 전기장을 파악한다.

톱가오리(아래쪽에서 본 모습)

감각구멍으로 덮인 코

콧구멍

입

아가미구멍

가슴지느러미

피부의 표피

점액 마개를 포함한 관에서 전하를 보낸다.

피부의 진피

전기 수용기 세포가 전하의 자극을 감지한다.

감각 신경 섬유가 전기 자극을 전달한다.

번식을 위한 이주

수많은 어류는 알을 낳기 위해 자기가 태어난 곳으로 돌아온다. 그래야 새끼도 비슷한 성공을 거둘 확률이 높아진다. 바다에서 생애 대부분을 보내는 연어에게는 고향인 강이나 시내로 돌아오는 여정이 무척이나 힘들다. 우선 민물에 다시 적응하기 위한 생리적 변화를 겪어야 한다. 수백 킬로미터 혹은 수천 킬로미터에 이를 수도 있는 상류로 거슬러 올라오는 동안 아무것도 먹지 않은 채 급류를 견뎌 내고 폭포도 뛰어넘어야 한다. 호르몬 변화와 아울러 여행 과정에서 쌓인 노독은 산란 이후 며칠 내에 예정된 죽음을 불러온다.

역이주
연어는 상류로 이주해 알을 낳고 죽는 소하성 어류인 반면, 민물장어는 반대로 강하성 어류에 속한다. 민물장어는 바다에서 삶을 시작하고 민물로 이주해 살다가 번식을 위해 다시 바다로 돌아간다.

몸의 변화

연어는 일생에 걸쳐 다양한 변화를 경험한다. 새로 부화한 '치어'는 세로줄로 위장술을 펼치고(치어 단계) 바다에서 살 준비를 할 때는 몸 색깔이 은색으로 바뀐다(2년생 연어 단계). 해양 단계는 최대 5년까지 계속되다가 민물로 돌아오기 전에 종에 따라 갈색, 붉은색, 초록색으로 다시 몸 색깔이 바뀐다. 번식기의 수컷은 체형의 변화를 겪기도 하는데, 가장 널리 알려진 것은 곱사연어다(오른쪽).

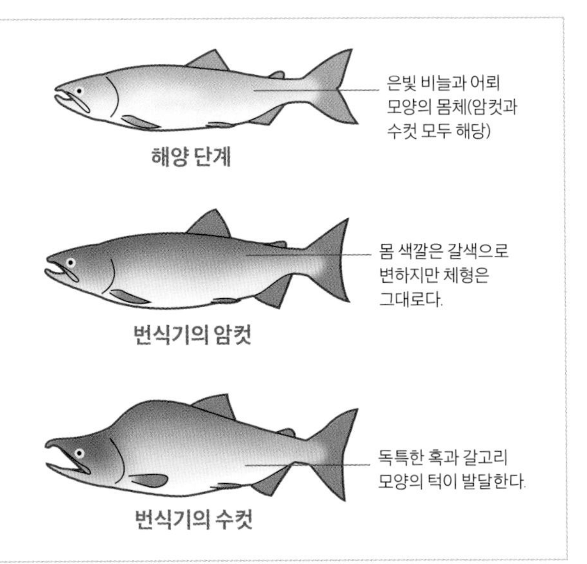

귀소 본능

연어는 2개의 주요 감각을 이용해 산란지로 되돌아오는 길을 찾는다. 지구 자기장을 감지하는 능력은 연어가 태어난 강으로 이끌고, 예리한 후각을 이용해 자기가 부화한 자갈층을 찾아낸다. 알래스카에 서식하는 곱사연어(*Oncorhynchus gorbuscha*)가 번식을 위해 강 상류로 향하고 있다.

진흙 뒤지기

도요새처럼 바닷가에서 살아가는 수많은 새는 북극의 툰드라 주변에서 알을 낳는다. 낮이 짧아지고 곤충 먹이가 줄어들면 조간대의 갯벌에서 겨울을 나기 위해 남쪽으로 날아간다. 이곳에서 진흙 속의 무척추동물을 배불리 먹은 도요새는 장거리 여행을 위해 몸을 재충전하고 겨울을 견딘다. 어떤 도요새 종이든 진흙 속을 뒤질 때 이용되는 부리처럼 먹이를 얻는 데 필요한 도구를 갖고 있다.

용도별 부리

다양한 쓰임새를 가진 다양한 부리는 바닷가에서 살아가는 다른 새들은 물론 도요새 종들 사이에서도 먹이 경쟁을 줄여 준다. 휘거나 곧은 길고 뾰족한 부리는 두꺼운 퇴적물 속으로 깊이 파고들어 무척추동물 먹이를 찾아낼 수 있다. 짧은 부리는 조간대의 진흙 표면이나 근처에서 먹이를 찾는 데 유용하다.

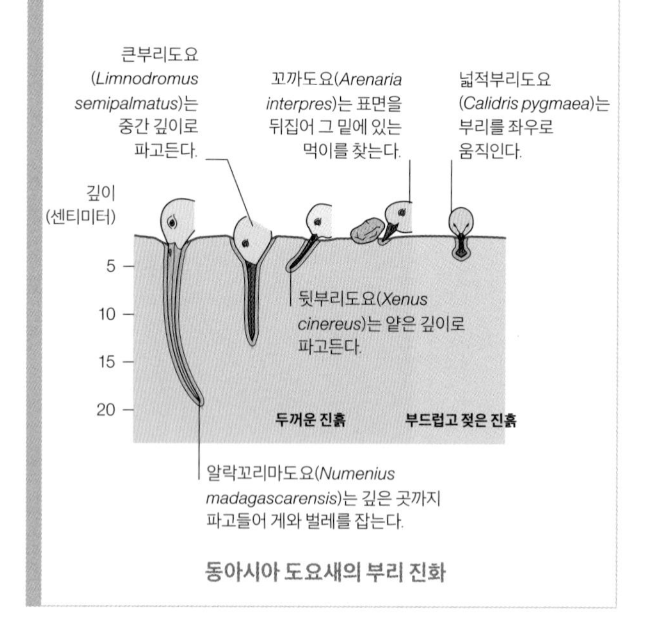

동아시아 도요새의 부리 진화

먹이 변경하기

파리 유충과 딱정벌레를 잡아먹으며 캐나다에서 여름을 보낸 짧은부리도요(*Limnodromus griseus*)는 남쪽으로 날아가 부리의 용도를 변경한다. 짧은부리도요는미국의 열대 지방 해안을 따라 진흙 깊숙한 곳을 파헤쳐 벌레, 연체동물, 갑각류 따위를 잡는다.

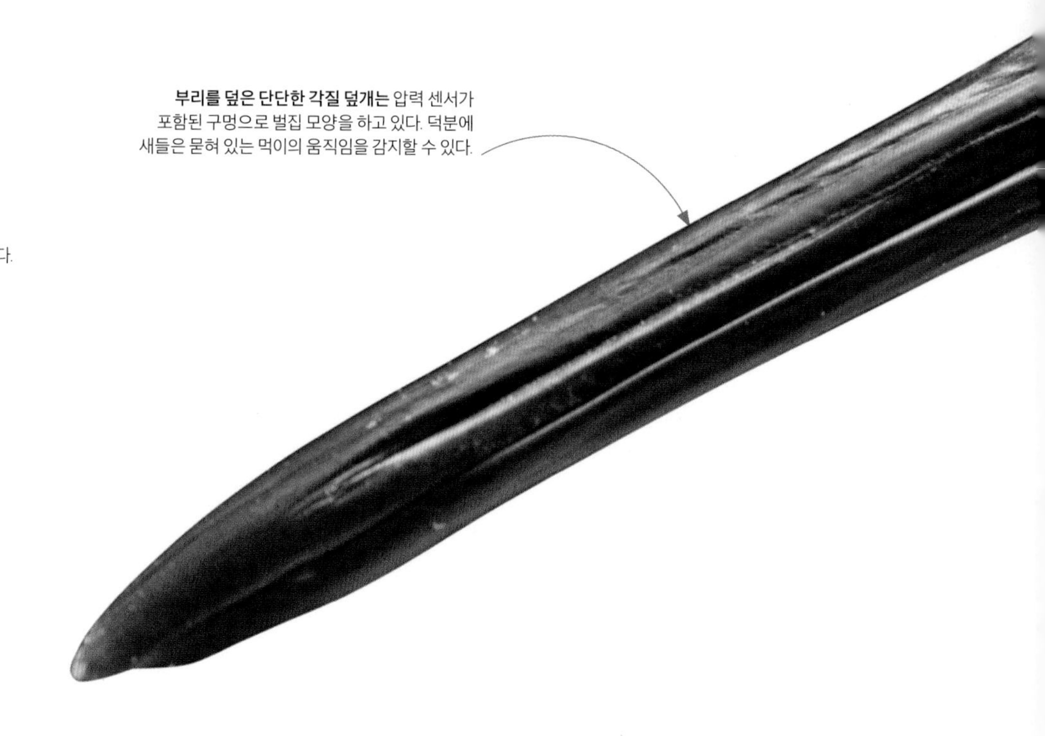

부리를 덮은 단단한 각질 덮개는 압력 센서가 포함된 구멍으로 벌집 모양을 하고 있다. 덕분에 새들은 묻혀 있는 먹이의 움직임을 감지할 수 있다.

짧은 부리는 곤충을 잡는 데 유리할 수 있다.

나이에 따른 부리
도요새과에 속한 다른 새들처럼 곤충을 먹이로 하는 흑꼬리도요(*Limosa limosa*)의 새끼는 진흙을 파고드는 성체의 부리와 비교할 때 상대적으로 짧은 부리를 갖고 부화한다.

먹이를 찾을 때 깊이 묻혀 있는 무척추동물까지
부리가 닿을 수 있도록 **갸름한 머리를** 진흙
속으로 어느 정도 밀어 넣을 수 있다.
갈색과 회색이 섞인 깃털은 북극에
가까운 초원에서 알을 낳거나 개펄에서
먹이를 찾으려고 땅에 내려앉을 때
천적의 눈을 피할 수 있게 해 준다.

「바람을 안고 가는 네덜란드 연락선」(1640년대)
승객과 화물을 실은 연락선이 붉은 돛을 단 채 바람이 거센 만을 가로질러 가는 모습은 시몬 데 플리헤르(Simon de Vlieger, 1601~1653년)의 데생 실력은 물론 파도의 대기 효과와 날씨에 대한 그의 식견을 보여 준다.

「깃발을 내걸다」(1660~1680년)
해양 화가인 스토르크가 네덜란드의 황금기 무역을 기리며 그린 제목이 없는 이 작품은 상상 속의 고요한 항구에 닻을 내린 상선과 갈레온을 묘사했다. 「지중해 항구를 향하는 네덜란드 선박들」이라는 스토르크의 또 다른 작품과 쌍벽을 이룬다.

명화 속 해양

네덜란드의 황금기

17세기에 절정에 이르렀던 네덜란드는 바다 정복을 통해 대권을 장악했다. 유례없을 정도로 발전한 크고 작은 선박의 제조 기술, 교역, 전쟁은 모든 장르에서 위대한 예술 작품이 쏟아져 나왔던 사실과도 잘 부합한다. 그중에서도 특히 대형 범선인 갈레온의 위력, 내륙을 오가는 작은 선박의 통행, 날씨에 따른 대기 효과, 바다, 하늘을 담아낸 해양 예술가의 작품은 인기가 많았다.

1640년, 상인이자 여행가인 피터 먼디(Peter Mundy, 1597~1667년)는 멀리 떨어진 해안에서 네덜란드 텍셀 만에 도착하는 26척의 무역선을 헤아리고 나서 바다를 통한 운항과 교역으로는 세계 어디도 이곳을 따라올 수 없다는 결론을 내렸다. 그는 찢어질 듯 가난한 집과 정육점, 빵집, 대장간의 진열대에서조차 예술이 없어서는 안 될 필요조건이라는 사실에 주목했다. 1640년부터 1660년까지 네덜란드의 화가들은 130만 점 이상의 그림을 그린 것으로 추산된다. 외국의 항구에 정박한 대형 함대와 상선 그림은 당시의 바다와 세계 경제를 장악한 네덜란드의 패권을 보여 준다. 영국-네덜란드 전쟁을 그린 「나흘간의 전투」(1666년)를 비롯한 아브라함 스토르크(Abraham Storck, 1644~1708년)의 주요 작품은 교역로를 지키려고 했던 당시 해군의 활약상을 반영한다. 얀 반 호이엔(Jan van Goyen, 1596~1656년), 루돌프 바크휘센(Ludolf Backhuysen, 1630~1708년), 빌럼 판 더 펠더(Willem van de Velde, 1633~1707년)를 비롯한 여러 화가도 네덜란드 인의 삶에서 본질적인 연안 항해, 고즈넉한 항구, 조업이 이루어지는 작은 만, 겨울철 스케이팅을 그렸다.

> "그림 솜씨와 그림에 대한 (네덜란드) 사람들의 애정에 관해서라면 그들을 능가할 만한 것이 없다는 생각이 든다……."

—피터 먼디, 『피터 먼디의 유럽과 아시아 여행(*The Travels of Peter Mundy in Europe and Asia*)』, 1608~1667년

천연 분홍색

홍학이나 홍따오기와 마찬가지로 로지어트스푼빌(*Platalea ajaja*)의 분홍빛 체색은 먹이에 들어 있는 카로티노이드 색소 때문이다. 색깔의 강도는 나이, 계절, 거주 지역, 카로티노이드가 풍부한 먹이에 대한 접근성에 따라 달라진다.

먹이 뒤지기

탁한 물에서 먹이를 찾는 새들에게는 수면 밑을 들여다보는 일이 어렵게 마련이다. 이 때문에 몇몇 종은 시각에 의지하지 않고 얕은 물에서도 먹이를 감지할 수 있도록 부리가 예민하게 발달했다. 이는 밤에도 먹이 활동을 계속할 수 있게 해 준 진화인 셈이다. 6종의 저어새는 모두 석호, 웅덩이, 최대 깊이가 30센티미터에 이르는 하구 지역에서 작은 물고기, 새우, 수생곤충의 애벌레, 식물 등을 탐지할 때 '부리를 이용해 더듬는 방식'을 택한다.

어린 저어새의 부리
어린 저어새는 짧고 곧은 부리로 삶을 시작한다. 부리는 부화하고 나서 며칠이 지나면 급속도로 길어지고 1~2주가 지나면 끝부분이 넓어지기 시작한다. 그리고 1개월쯤 지나면 저어새 특유의 모습을 갖추게 된다.

먹이 잡는 기술

저어새는 얕은 물에서 부리를 일부 열어 둔 채 좌우로 또는 원을 그리는 동작으로 소용돌이를 만들면서 먹이를 잡는다. 먹이가 바닥에서 떨어져 나오면 넓은 부리 사이에 먹이를 가두고 머리를 들어 올려 부리를 재빨리 닫는다. 먹이는 삼키기 전에 부리에서 으스러진다.

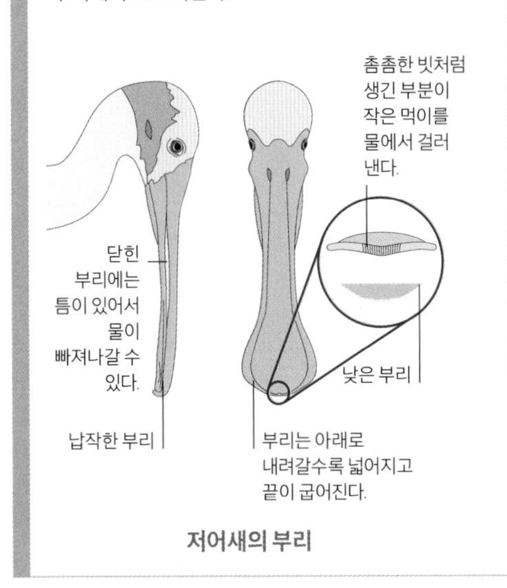

저어새의 부리

꼬리는 물수리가 능숙하게 몸을 움직여 목표물을 정확히 타격할 수 있게 한다.

날개를 W자 형태로 뒤로 젖히면 물수리가 수면을 향해 뛰어들 때 허공을 가르면서 날기 쉽다.

착수 준비

물수리는 길고 좁은 날개로 40미터 상공에서 돌진해 내려온다. 이런 날개 형태는 잠수뿐만 아니라 적당한 먹잇감을 물색하는 동안 바다 위를 맴도는 데도 적합하다.

물에 뛰어들기 직전에 물수리가 **발톱을** 앞쪽으로 돌리면 물고기를 잡을 준비가 되었다는 신호다.

발톱으로 물고기 잡기

독수리와 매 같은 맹금류(육식조)는 대개 먹이의 살을 찌르는 발톱을 이용해 사냥감을 잡는다. 물수리(*Pandion haliaetus*)는 거의 물고기만 먹고 낮에 활동하는 유일한 맹금류다. 물수리 역시 다른 맹금류처럼 사냥한다. 이 말은 가장 먼저 발톱을 먹이에 찔러넣는다는 의미다. 이런 행동은 주로 바다 서식지에서 나타난다. 목표물을 제대로 움켜쥔 물수리는 자기 몸무게의 절반에 이르는 물고기를 들고서도 둥지로 날아갈 수 있다.

미끄러운 먹이 잡기

대부분의 새가 그렇듯 맹금류의 발가락 역시 대개 3개는 앞쪽을, 1개는 뒤쪽을 향한다. 덕분에 높은 곳에 착지하거나 먹이를 잡기에도 좋다. 그러나 미끄럽고 굼틀거리는 물고기는 더욱 확실하게 움켜쥘 필요가 있다. 물수리는 뒤집을 수 있는 바깥쪽 발가락을 갖고 있어서 2개의 발톱은 먹이의 어느 쪽이든 걸 수 있다. 작은 물고기는 한쪽 발로 붙들 수 있지만, 무거운 먹이는 한쪽 발을 다른 쪽 발 앞에 둔 채 양발 모두 사용해 단단히 붙든다.

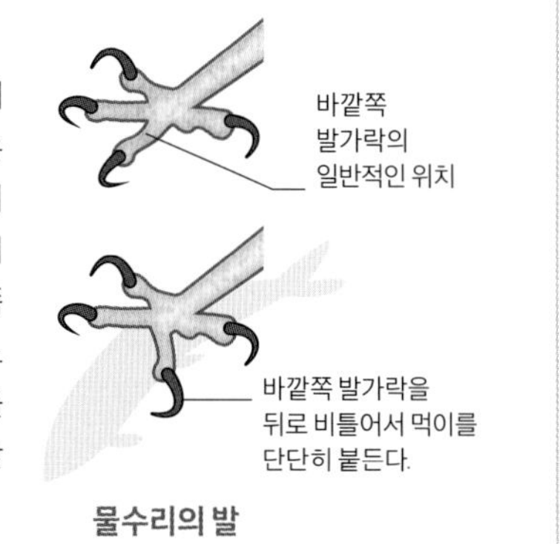

물수리의 발

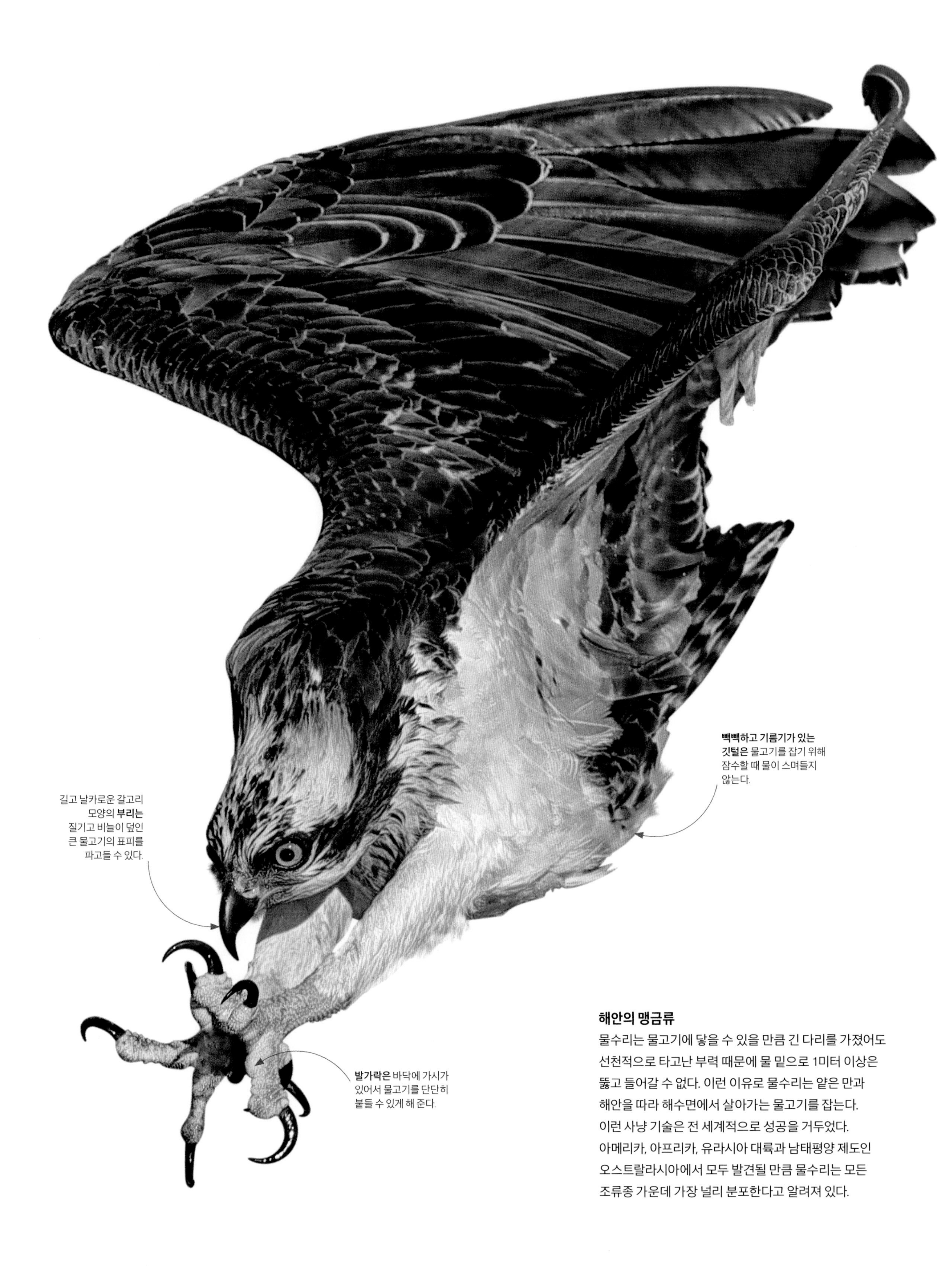

해안의 맹금류

물수리는 물고기에 닿을 수 있을 만큼 긴 다리를 가졌어도 선천적으로 타고난 부력 때문에 물 밑으로 1미터 이상은 뚫고 들어갈 수 없다. 이런 이유로 물수리는 얕은 만과 해안을 따라 해수면에서 살아가는 물고기를 잡는다. 이런 사냥 기술은 전 세계적으로 성공을 거두었다. 아메리카, 아프리카, 유라시아 대륙과 남태평양 제도인 오스트랄라시아에서 모두 발견될 만큼 물수리는 모든 조류종 가운데 가장 널리 분포한다고 알려져 있다.

맹그로브와 염성 소택지

조수의 영향을 받는 서식지는 이러한 소금물에서도 적응해 살아가는 나무와 그 밖의 진짜 식물이 차지하고 있다. 이 식물들은 해안 침식으로부터 해안을 보호하는 동시에 다양한 생명체의 보금자리가 된다.

염성 소택지에서 살아가기

육지나 민물에 뿌리를 내리고 자라는 식물은 조직에 있는 염분에 의지해 잎으로 물을 끌어 올린다. 물은 삼투 현상이라 불리는 과정에 의해 염분 농도가 더 높은 쪽으로 스며드는 경향이 있다. 나문재처럼 조간대 습지에서 살아가는 식물은 물을 끌어들이는 데 필요한 염분을 두꺼운 잎에 별도로 축적하는 방식으로 염분이 높은 환경에 특별히 적응해 살아간다.

다 자란 싹은 비트에서 볼 수 있는 것과 같은 색소인 베타시아닌으로 인해 **적자색으로** 변한다.

2가지 색을 띤 싹
오스트레일리아방석나물(Australian *Suaeda australis*)은 베타시아닌이 증가함에 따라 초록색에서 붉은색으로 변해 간다. 베타시아닌은 염분이 있는 환경에서 세포를 보호하는 역할을 하는 색소다.

수분을 얻고 잃는 과정

염분이 있는 환경에 적응한 식물을 염생 식물이라 한다. 주변 환경보다 더 높은 수준으로 조직에 염분을 축적한 염생 식물은 염분 농도가 낮은 쪽에서 높은 쪽으로 물이 이동하는 삼투 현상에 의해 물을 흡수한다. 중생 식물로 불리는 평범한 육지 식물은 바닷물보다 염분 농도가 낮기 때문에 염분이 있는 환경에서는 삼투 현상에 의해 수분이 빠져나간다.

염분 농도

- 일반적인 토양
- 중생 식물 내부
- 염분이 있는 토양
- 염생 식물 내부

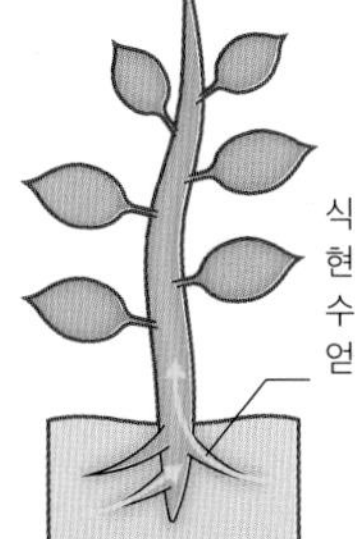

일반적인 토양에서 자라는 중생 식물

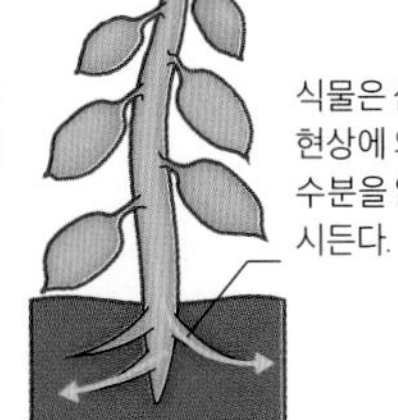

염분이 있는 토양에서 자라는 중생 식물

염분이 있는 토양에서 자라는 염생 식물

염성 소택에서 살아가는 1년생 식물
중국의 랴오허(遼河) 강 삼각주는 식물이 자라기에는 매우 습하고 염분이 많은 환경이다. 그러나 유라시아나문재(*Suaeda salsa*)는 여기서도 잘 자란다. 해마다 씨앗에서 자라나는 유라시아나문재 줄기는 가을이 되면 해안 지대를 인상적인 붉은 '해변'으로 변모시킨다.

화려한 이주자들
맹그로브 뿌리에서 살아가는 이주종에는 열대보라우렁쉥이류 (*Clavelina*)도 있다. 햇빛이 닿는 곳에서 광합성을 하는 녹조는 열대보라우렁쉥이류와 함께 잘 자란다.

대량 서식하는 뿌리

열대 지방의 질퍽한 해안을 따라 물속에서 기둥처럼 자라는 맹그로브 뿌리는 조간대 서식지에서는 유일하게 고체로 된 표면을 제공한다. 그 결과 맹그로브는 호시탐탐 기회를 엿보는 조류와 동물의 대량 서식지가 된다. 공간을 두고 벌이는 경쟁은 치열하다. 이처럼 물 밑에 형성된 '정원'은 맹그로브에게 좋기도 하고 나쁘기도 하다. 폐기물이 맹그로브 뿌리에 영양을 주기도 하지만, 그와 동시에 뿌리가 숨을 쉬는 숨구멍을 막기도 한다.

물 밑의 정원
만조가 되면 양분이 많은 물 밑으로 가라앉는 맹그로브 뿌리는 촉수가 달린 폴립과 병 모양의 피낭동물처럼 플랑크톤을 먹이로 하는 생물들에 의해 거의 가려지다시피 한다. 성장이 빠른 이주자들은 이점이 있을 수도 있지만, 일부 이주자들은 이웃을 몰아내는 화학 물질을 만들어 내기도 한다.

피낭동물의 생활사
수많은 해양 무척추동물과 마찬가지로 피낭동물 역시 어딘가에 붙어 있는 시기와 자유롭게 유영하는 시기가 번갈아 반복된다. 한곳에 머물러 살아가는 여과 섭식 동물에 속하는 피낭동물은 연질의 체내를 순환하는 바닷물에서 먹이 입자를 빨아들인다. 먹이를 먹지 않는 피낭동물의 유충에게는 단단한 막대 모양 지지 조직인 척삭이 있다. 이런 구조는 해부학적으로 척추에 해당한다. 피낭동물이 다른 무척추동물보다는 척추동물과 더 밀접한 관련이 있다는 증거다.

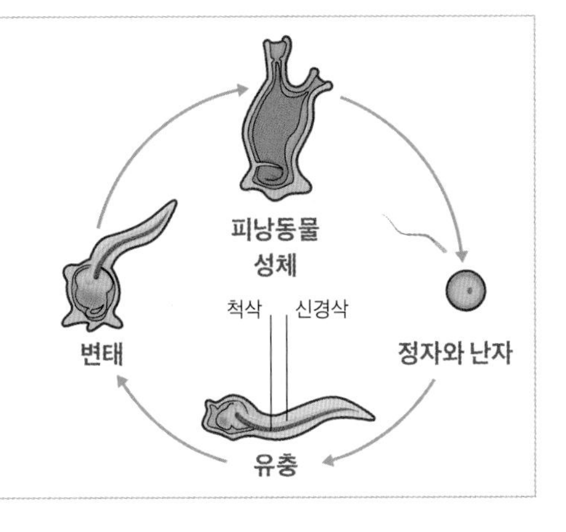

지주근으로 자라기

큰 나무로 자라는 식물은 키 작은 이웃보다 더 많은 빛을 받는 이점이 있다. 그러나 그런 높이까지 이르느라 늘어난 무게를 지탱하려면 강력한 지지가 필요하다. 질퍽거리는 열대 지방의 해안에서 염분에 강한 맹그로브 나무는 기둥 모양의 뿌리(지주근)나 평평한 판근을 이용해 넓은 영역에 무게를 분산시키는 방식으로 무른 땅에서 살아간다. 이들 뿌리는 지면을 따라 수평으로 퍼져나가기 때문에 밀물에 아랫부분이 잠기더라도 맹그로브는 넘어지지 않는다. 아치 기둥 형태의 높은 뿌리는 생명에 필수적인 산소를 수집한다. 덕분에 맹그로브는 공기가 쉽게 통하지 않는 질퍽한 땅에서도 잘 자랄 수 있으며 지표면 훨씬 아래쪽에서도 뿌리 조직이 살아남을 수 있다.

염분에 대한 대처법
맹그로브는 체내 조직에 있는 높은 수준의 염분도 견딜 수 있다. 일부 종은 잎을 통해 과도한 염분을 배출하고 잎은 흰 소금 결정으로 덮인다.

숨 쉬는 뿌리

벌집 모양의 맹그로브 뿌리에는 산소 공급을 위해 공기가 채워진 공간이 있다. 만조가 되면 껍질눈(피목)이라 불리는 구멍을 통해 공기가 뿌리로 들어간다. 뿌리의 형태는 종에 따라 다양하다. 기둥 모양의 뿌리를 가진 리조포라(*Rhizophora*) 맹그로브와 달리 브루기에라(*Bruguiera*) 맹그로브의 뿌리는 일련의 고리 형태로 진흙에서 올라온다. 반면에 아비센니아(*Avicennia*) 맹그로브는 기근을 통해 공기와 접촉한다. 뿌리 끝에 해당하는 기근은 진흙 표면에서 위로 자라며 호흡관의 역할을 효과적으로 수행한다.

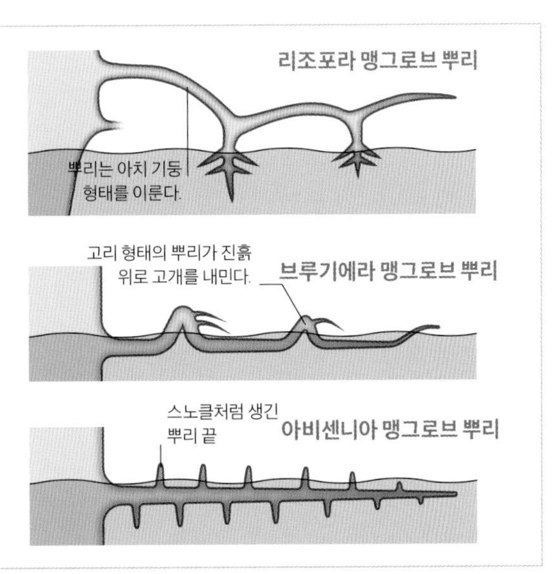

해안의 맹그로브 숲

지주근을 토대로 진흙에서 자라는 맹그로브 나무의 구조는 전 세계 열대 지방의 해안을 따라 독특한 숲 서식지를 제공한다. 남아시아에서는 아치 형태의 붉은맹그로브(*Rhizophora mangle*) 뿌리가 먹이를 찾는 게, 말뚝망둥어, 도마뱀, 심지어 원숭이와 새까지 아우르는 다양한 동물의 보금자리 역할을 한다.

갈색의 공생 조류는 구완에 집중적으로 모여 있다. 해파리는 거꾸로 헤엄을 치면서 공생 조류를 햇빛에 노출한다.

거꾸로 살아가기

가장자리에 맹그로브가 자라는 석호와 해초지에는 간혹 특이한 해파리가 수백 마리씩 모여들어 살아간다. 위아래가 뒤집힌 채 살아가는 이들 해파리는 물속에서 독이 있는 다리를 위를 향해 흔든다. 햇빛이 비치는 얕은 바다의 바닥에 자리를 잡은 해파리는 자기 몸에 붙어 광합성으로 먹이를 만드는 갈색 조류에 의지해 살아간다. 이런 식으로 만든 먹이는 해파리가 잡은 먹이에서 얻은 양분을 보충해 준다.

해저에서 살아가는 해파리
인도-태평양에서 사는 거꾸로선해파리(*Cassiopea andromeda*)는 깨끗하고 따뜻한 물에서 갓을 떨고 다리를 흔들흔들한다. 해파리는 물속에서 앞뒤로 움직이거나 산소를 흡수하고 먹이를 잡거나 먹이를 만드는 공생 조류를 햇빛에 노출할 때 다양한 용도로 다리를 이용한다.

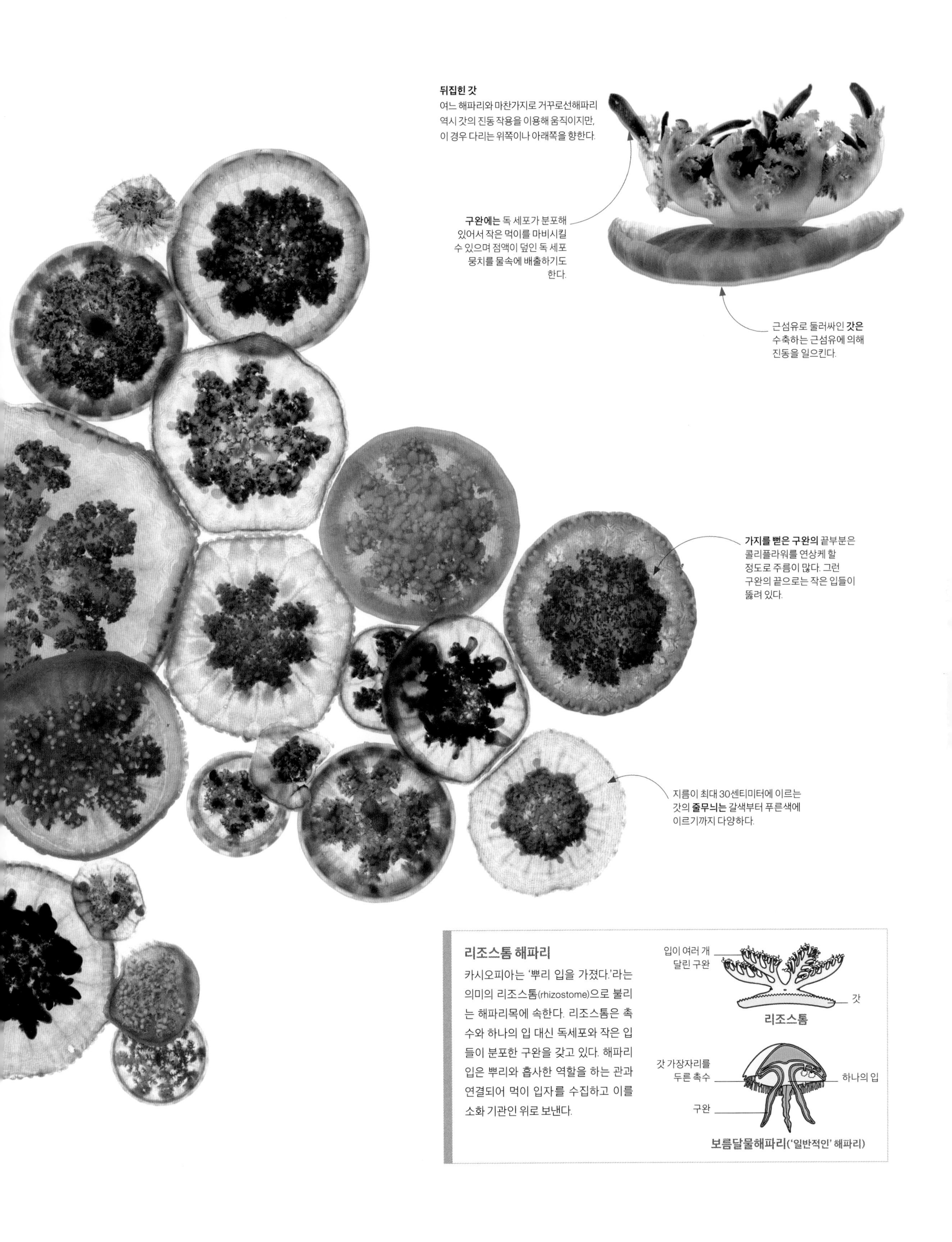

리조스톰 해파리

카시오피아는 '뿌리 입을 가졌다.'라는 의미의 리조스톰(rhizostome)으로 불리는 해파리목에 속한다. 리조스톰은 촉수와 하나의 입 대신 독세포와 작은 입들이 분포한 구완을 갖고 있다. 해파리 입은 뿌리와 흡사한 역할을 하는 관과 연결되어 먹이 입자를 수집하고 이를 소화 기관인 위로 보낸다.

살아 있는 화석

투구게가 바다에 나타난 것은 지금으로부터 5억 년 전이다. 당시는 다리가 마디로 이루어진 절지동물이 곤충류, 거미류, 갑각류로의 진화를 통해 다양해지고 있었다. 고대의 투구게 화석은 오늘날 살아 있는 투구게의 형태와 아주 흡사하다. 이는 진화가 이루어진 수백만 년 동안 투구게에 거의 변화가 없었음을 보여 준다. 투구게는 그 이름과 단단한 껍데기에도 불구하고 진짜 게보다는 거미와 더 밀접한 관계가 있다.

꼬리처럼 생긴 단단한 꼬리 마디는 헤엄칠 때 방향을 조정하는 방향키의 역할을 한다.

고대의 생존자

맹그로브투구게(*Carcinoscorpius rotundicauda*)와 그 동족은 광익류로 알려진 멸종한 대형 바다 '전갈'이 포함된 고대 분류군에 속한다. 하나로 합쳐진 머리와 흉부, 분리된 배, 방패 같은 갑각에 이르기까지 이들의 몸에서 공통으로 볼 수 있는 특징은 무척추동물의 진화가 시작되던 시기까지 거슬러 올라간다.

갑각은 부서지기 쉬운 진짜 게 껍데기의 무기질이 아닌 키틴질로 불리는 물질 때문에 단단하다.

위에서 본 모습

몸의 앞부분(합쳐진 머리와 흉부)과 뒷부분(배) 사이에 있는 **접번은** 가운데 부분을 구부릴 수 있게 해 준다.

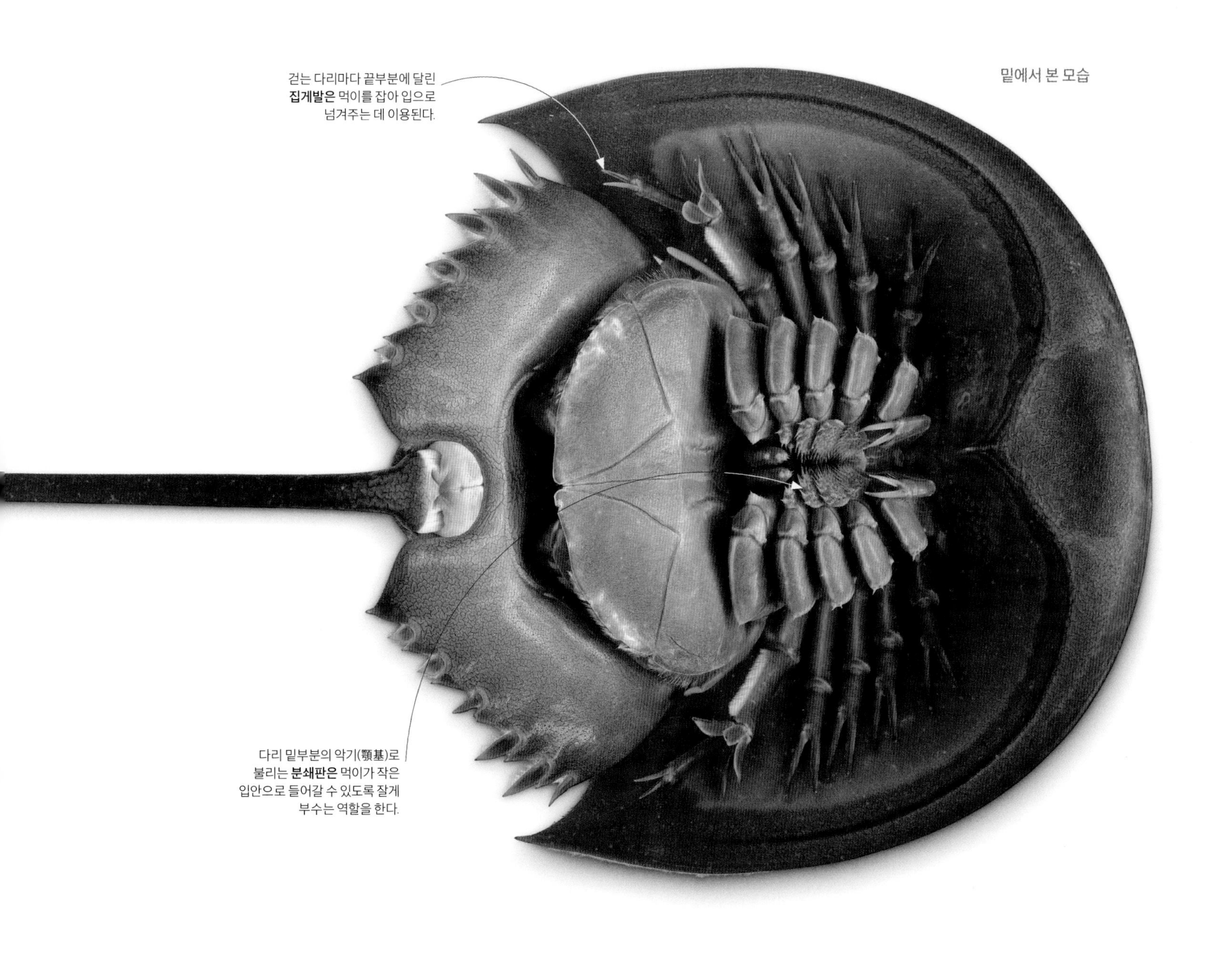

투구게의 짝짓기
엄청난 수의 대서양투구게(*Limulus polyphemus*)가
수백만 년 전 그들의 조상이 그랬던 것처럼 번식을 위해
얕은 모래 해안에 모인다.

시간이 흘러도 변하지 않는 것

일부 해양 서식지의 안정성은 어떤 생물군에서 진화론적 변화가 미미한 것처럼 보이는 이유를 설명하는 데 도움이 된다. 린굴라(*Lingula*) 완족류(모래 퇴적물에 껍데기를 묻고 있는 동물)는 가장 변화가 적은 동물이다. 5억 4000만 년 전 캄브리아기의 화석 껍데기는 오늘날 린굴라의 껍데기와 거의 같다.

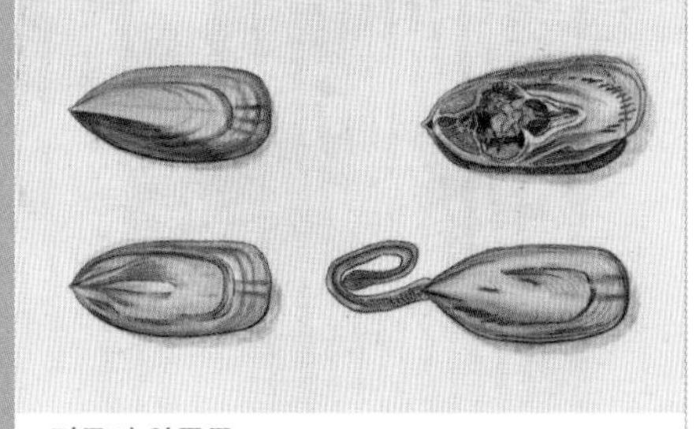
린굴라 완족류

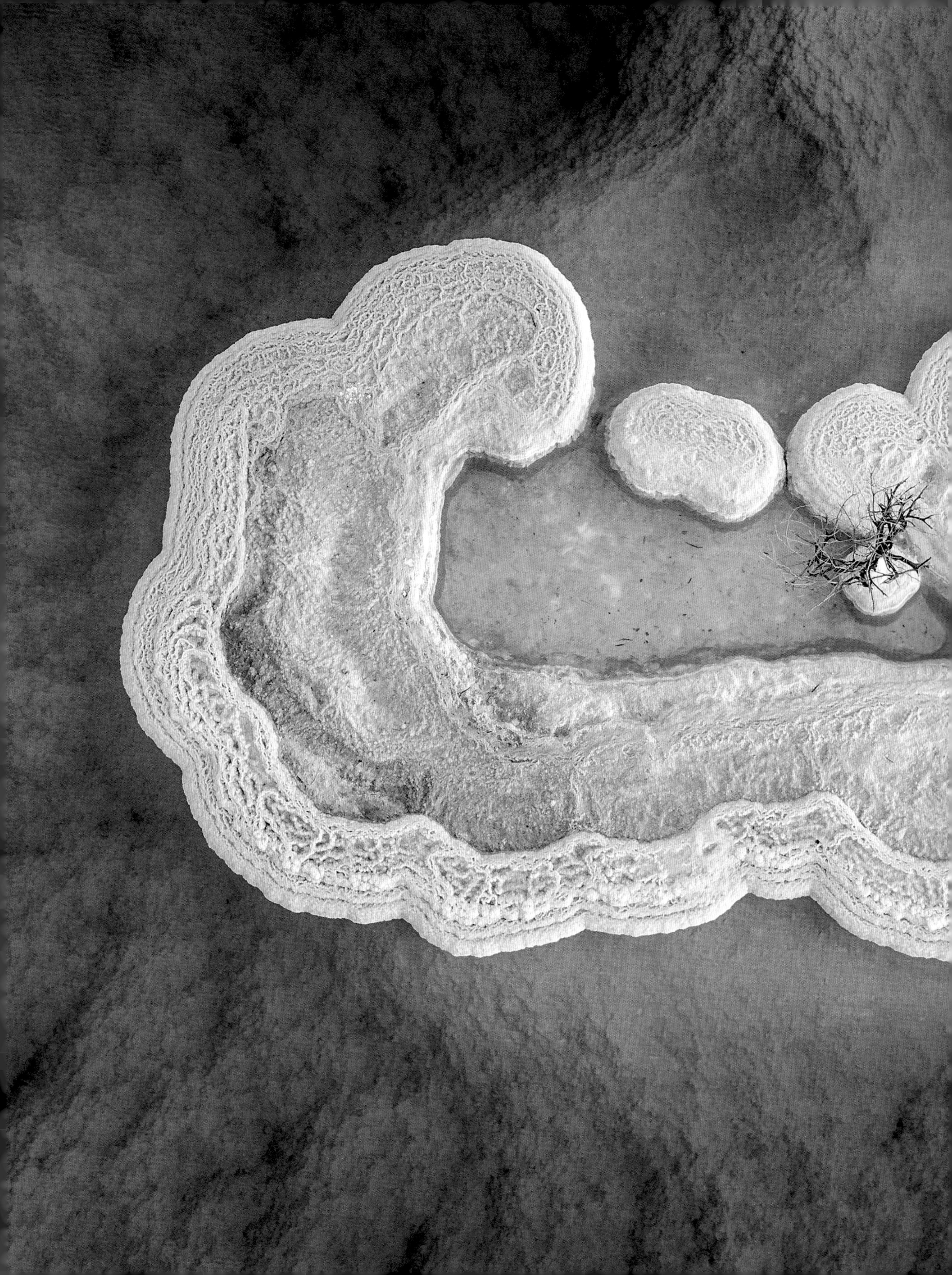

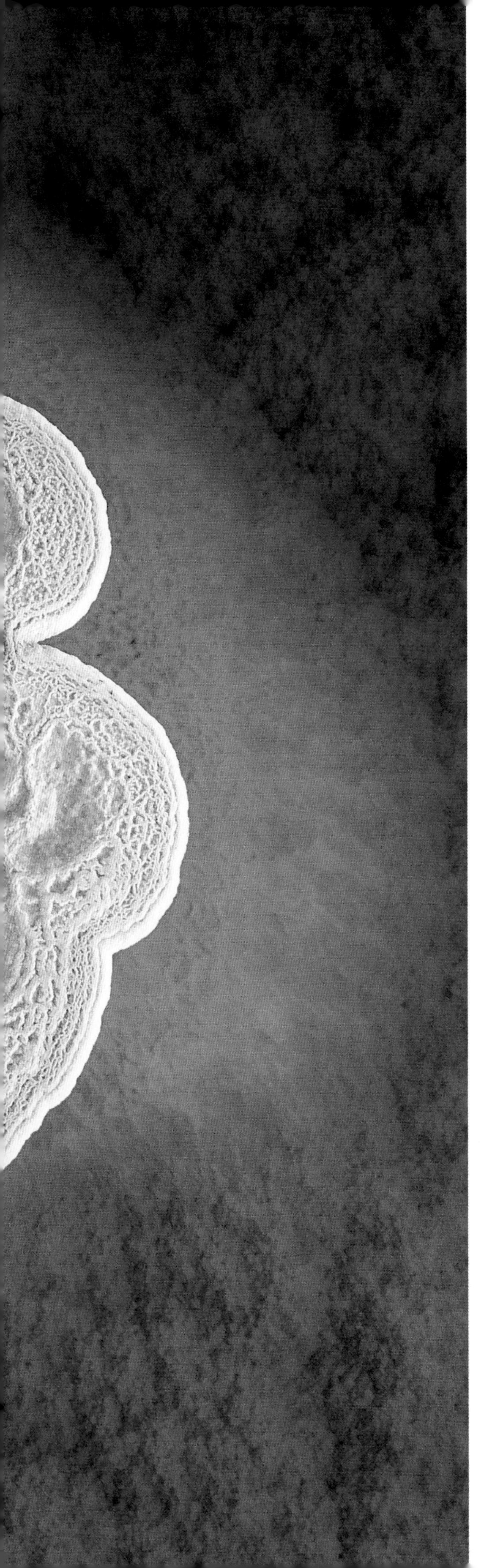

눈에 보이는 소금
이스라엘과 요르단 사이의 내해에 속한 사해는 평균 염도가 대략 34퍼센트에 이른다. 높은 증발률은 눈에 보이는 소금 침전물을 형성한다.

바닷물

40억 년쯤 지구에 처음 형성된 바다에는 소금이 거의 없었으며 화산 활동으로 기체가 분출하면서 바닷물은 약산성을 띠고 있었다. 그러나 육지와 해저의 광물질이 용해되면서 오늘날 바다는 100여 종에 이르는 다양한 원소로 이루어진 5.5조 톤이 넘는 소금을 함유하고 있다. 바다의 염분 농도는 3.3~3.7퍼센트다. 지중해와 홍해처럼 따뜻하고 절반이 둘러 막힌 바다의 염도는 높다. 바다 소금을 이루는 2가지 주요 성분은 나트륨과 염소이고 그보다 적은 양의 마그네슘, 황, 칼슘, 칼륨이 들어 있다. 바닷물이 완전히 증발할 경우 남게 되는 소금의 양은 지구 전체를 45미터 높이로 덮을 수 있는 수준이다.

소금의 순환

바닷물의 염도를 유지하는 화학적 조정 작용을 살펴보면, 중앙 해령과 화산에서 나오거나 강에서 용해된 원소가 살아 있는 유기체와 해저에 쌓인 유기체 잔해의 퇴적물에 의해 염분이 제거되면서 균형을 이룬다. 일부의 소금은 화학적 변화(무기화 작용)로 제거되기도 하고 해저의 지각 변동 때문에 퇴적물이 하층과 결합하면서 제거되기도 한다.

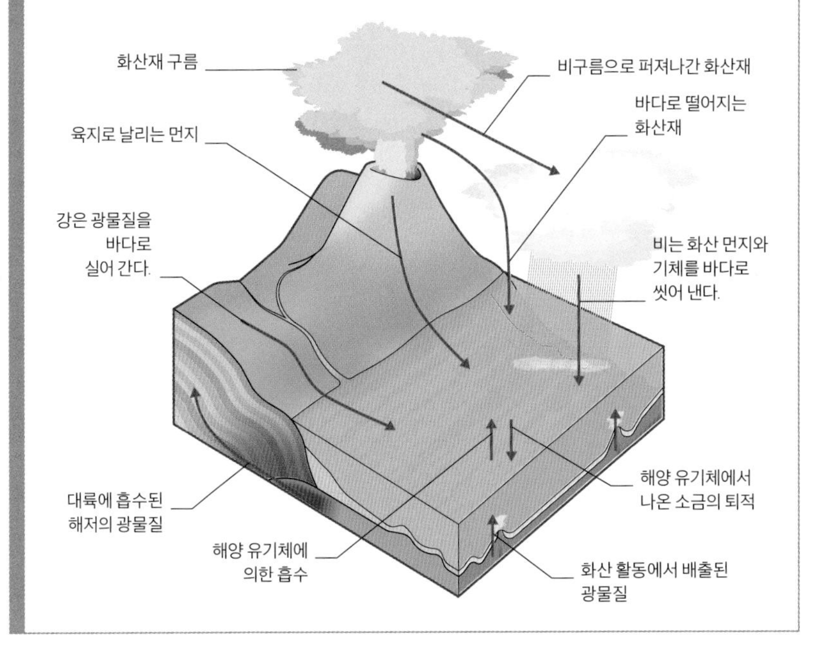

과시하기

집게발이 더 크고 몸을 흔드는 동작이 인상적일수록 짝을 만날 가능성이 커진다. 힘이 센 수컷 북아메리카붉은마디농게(*Minuca minax*)는 성장해 무거운 부속 기관을 휘두를 필요가 있다. 그러나 일부의 수컷은 멋지고 가벼운 집게발을 기르는 모험을 하는 것처럼 보인다. 실제로 그런 집게발은 전투용으로는 엉성하기 그지없다.

갑각류의 부속 기관

게, 새우, 바닷가재, 가재는 분절된 몸체와 체절마다 1쌍의 부속 기관을 가진 십각류 갑각류로 분류된다. 십각류는 '10개의 다리'를 의미하며 그중 4쌍은 걷는 다리이고 1쌍에는 집게발이 달려 있다. 다른 부속 기관은 더듬이, 제1촉각(작은 더듬이), 구기의 역할을 한다. 게는 배를 몸 뒤로 길게 뻗지 않고 몸체 밑으로 집어넣는다는 점에서 다른 십각류와 구별된다.

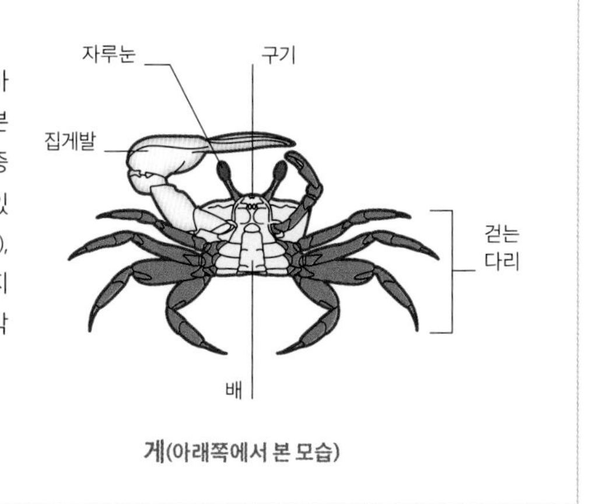

게(아래쪽에서 본 모습)

집게발을 흔드는 게

수많은 종의 게는 성적 이형이라고 알려진 현상에 따라 수컷과 암컷 사이에 뚜렷한 차이를 보인다. 수컷은 흔히 싸우거나 상대를 위협하고 구애와 같은 사회적 신호를 보낼 때 이용되는 커다란 집게발을 갖고 있다. 대개 농게는 모래 해변과 개펄처럼 평평하고 확 트인 곳에서 살아간다. 이런 지역에서는 비교적 먼 거리에서도 시각 신호를 볼 수 있다. 수컷은 새끼를 기를 굴을 판 다음 지나가는 암컷을 유혹하기 위해 입구에서 몸을 흔든다. 짝짓기 전에 수컷은 경쟁자가 안으로 들어오지 못하도록 굴을 내부에서 막아 암컷과 알을 보호한다. 알이 부화할 준비가 되면 암컷은 굴 밖으로 나온다.

암컷의 이점
암컷 농게는 한쪽 집게발만 이용하는 수컷과 달리 양쪽 집게발을 모두 이용해 먹이를 먹는다. 덕분에 암컷은 먹이를 2배로 빨리 집어 들 수 있다.

암컷의 집게는 작고 대칭을 이룬다.

물 위에서 사냥하기

맹그로브 습지를 포함한 경사면에서 수많은 육식 어류는 수면 위로 솟은 식물에 앉아 있는 먹이를 표적으로 삼아 부족한 수중 먹이를 보충한다. 곤충을 잡기 위해 수직으로 뛰어오르는 녀석들도 있지만, 물총고기는 두 번째 전략인 물을 뿜어서 목표물을 넘어뜨리는 방식을 택한다. 그런 식의 물 분사는 잔물결이 일거나 탁한 물에서도 성공할 만큼 상당히 정확하다. 물총고기는 추락하는 목표물을 인근의 경쟁자가 보기 전에 전광석화 같은 속도로 거머쥘 수 있다.

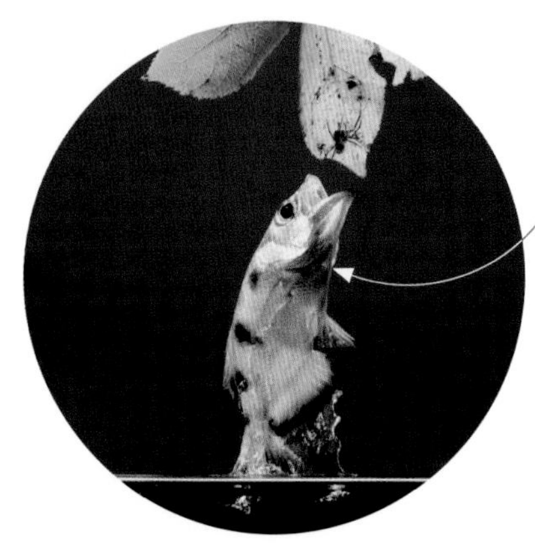

물총고기는 자기 몸길이(30센티미터)의 2배에 이르는 높이로 물 위로 뛰어오를 수 있다.

먹이를 잡기 위한 도약
물총고기는 물에서 온몸을 쏘아 올려 낮게 달린 잎에 앉아 있는 먹잇감을 공격하기도 한다. 이처럼 힘이 넘치는 사냥 방식은 먹이에 물을 뿜는 방식보다 성공을 거둘 수 있다.

큰 눈은 빛이 잘 들지 않는 빽빽하게 우거진 맹그로브 습지에서도 정확한 시력을 제공한다.

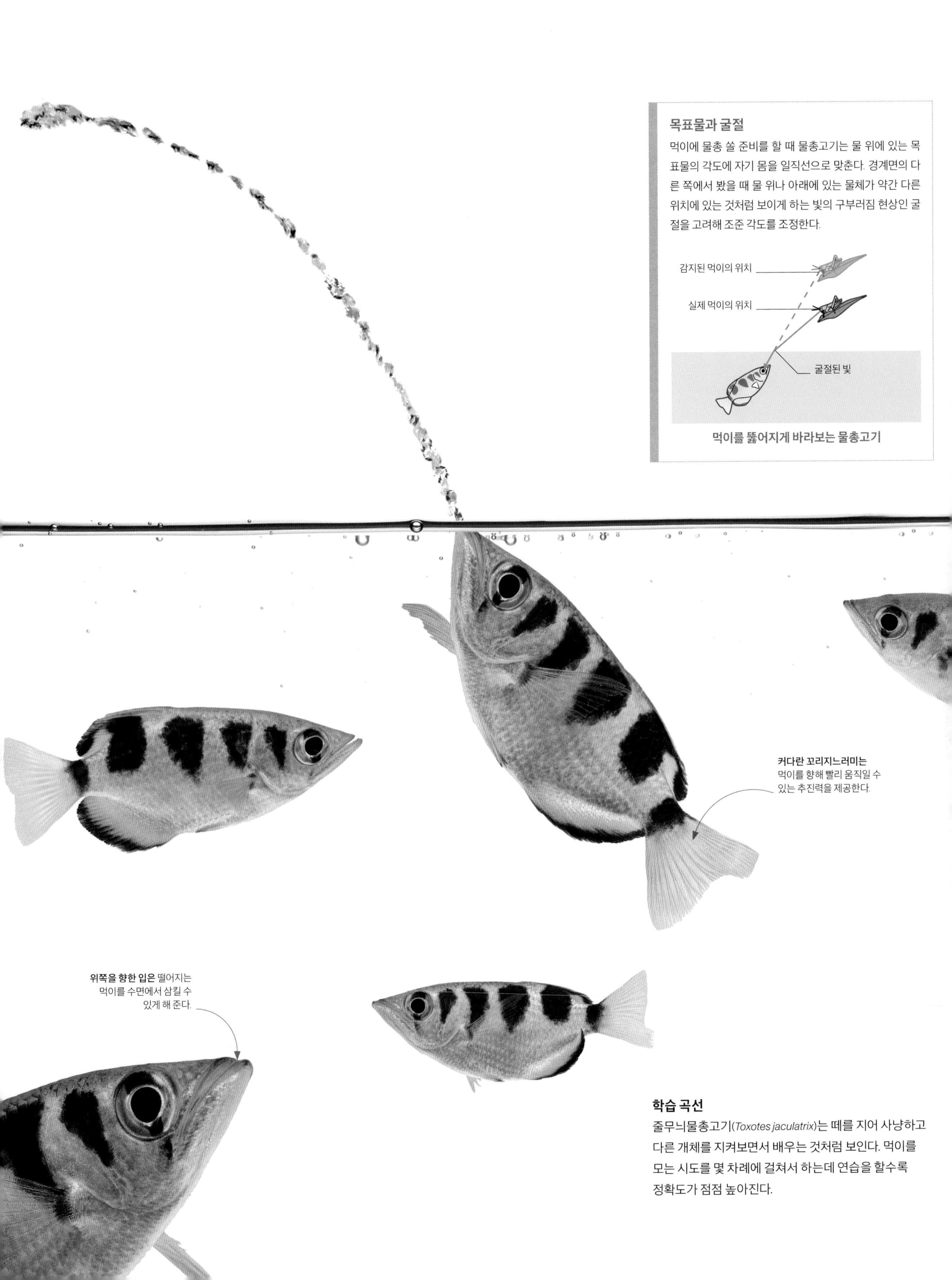

목표물과 굴절

먹이에 물총 쏠 준비를 할 때 물총고기는 물 위에 있는 목표물의 각도에 자기 몸을 일직선으로 맞춘다. 경계면의 다른 쪽에서 봤을 때 물 위나 아래에 있는 물체가 약간 다른 위치에 있는 것처럼 보이게 하는 빛의 구부러짐 현상인 굴절을 고려해 조준 각도를 조정한다.

먹이를 뚫어지게 바라보는 물총고기

학습 곡선

줄무늬물총고기(*Toxotes jaculatrix*)는 떼를 지어 사냥하고 다른 개체를 지켜보면서 배우는 것처럼 보인다. 먹이를 모는 시도를 몇 차례에 걸쳐서 하는데 연습을 할수록 정확도가 점점 높아진다.

「에트르타, 아발의 절벽」(1890년)
부댕이 담아 낸 노르망디 바다 풍경은 그만의 선명한 하늘과 고요한 바다, 제자인 모네에 의해 명성을 얻게 된 눈에 띄는 아치형 바위를 특징으로 하고 있다.

「인상, 일출」(1872년)
노르망디 지방의 르아브르 항구를 담아 낸 모네의 흐릿한 풍경화는 인상주의 화파의 명칭을 얻게 된 작품으로 인정받고 있다. 어렴풋하게 보이는 선박과 건물을 배경으로 색채가 넘쳐흐르는 이 작품은 1874년 파리에서 전시되었을 당시 혹평을 받았다.

명화 속 해양

바다의 인상

클로드 모네(Claude Monet, 1840~1926년)는 흔히 인상주의 운동의 창시자로 기억된다. 말년의 그는 바다 그리는 방법을 자신에게 가르쳐 준 화가에게 경의를 표했다. 1858년, 자신보다 스무 살 많은 외젠 부댕(Eugène Boudin, 1824~1898년)을 만났을 당시 모네는 프랑스 노르망디에서 온 18세의 풍자 만화가였다. 부댕은 어린 모네에게 '플랭에르(야외)' 회화 기법의 자연주의적 접근 방식을 소개했다. 야외에서 모네는 해안의 대기를 이해해 화폭에 담아 내는 방법을 터득했다.

부댕은 탁 트인 바다와 하늘 풍경, 해변에서 여유롭게 거니는 상류 인사들의 평온한 일상을 화폭에 담았던 것으로 유명하다. 모네는 '바다와 빛, 푸른 하늘을 이해하는 법'을 배워야 한다는 친구들의 조언을 받아들이면서도 나름의 인상주의 기법을 발전시켜 시시각각 변하는 노르망디 해변을 묘사했다. 그는 검은색을 제거해 좀 더 생동감 넘치는 효과를 만들어 내면서 다양한 빛 속에서 그림자 색을 포착하는 데 역점을 두었다. 그는 에트르타에서 만포르트로 알려진 아치 형태의 바위 그림을 18점 남겼는데, 물감을 잔뜩 묻힌 붓을 재빨리 움직여 광선이나 구름의 색을 표현했으며 색을 혼합하는 대신 물감이 젖은 상태에서 다양한 색을 여러 겹으로 덧칠하는 방식을 택했다.

프랑스 소설가 기 드 모파상(Guy de Maupassant, 1850~1893년)은 일기에 1886년 에트르타 해변에서 빛의 변화에 따라 5~6장의 캔버스를 바꿔 가며 온종일 그림을 그리던 모네를 묘사했다. 언젠가 모파상은 다음과 같은 글을 남겼다. "그는 바다로 퍼붓던 빗물을 양손으로 받아 캔버스에 끼얹었다. 그가 그렸던 것은 다름 아닌 진짜 비였다……."

"풍경은 다만 인상일 뿐입니다. 순간적인. 그래서 세상이 우리에게 그런 꼬리표를 붙여 주었잖아요."

—클로드 모네, 《라 르뷔 일러스트레(*La Revue Illustrée*)》와의 인터뷰 중에서, 1889년

순응하는 생명체와 조절하는 생명체

해파리, 갑각류, 불가사리 같은 수많은 해양 동물의 체내 염도는 주변 환경에 변하거나 순응한다. 반면에 대부분의 척추동물을 비롯한 그 밖의 동물은 염도를 조절해 일정한 체내 염도를 유지한다. 순응하는 쪽이든 조절하는 쪽이든 모든 생명체는 염도가 변하는 하구에서 생존할 수 있다. 순응하는 생명체는 양극단을 오가는 체내 염도를 견뎌 내는 데 비해 조절하는 생명체는 이런 상황이 일어나지 못하게 막는다.

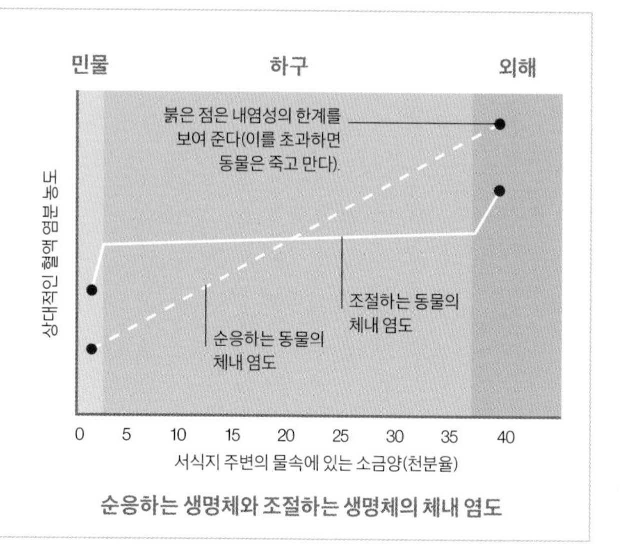

순응하는 생명체와 조절하는 생명체의 체내 염도

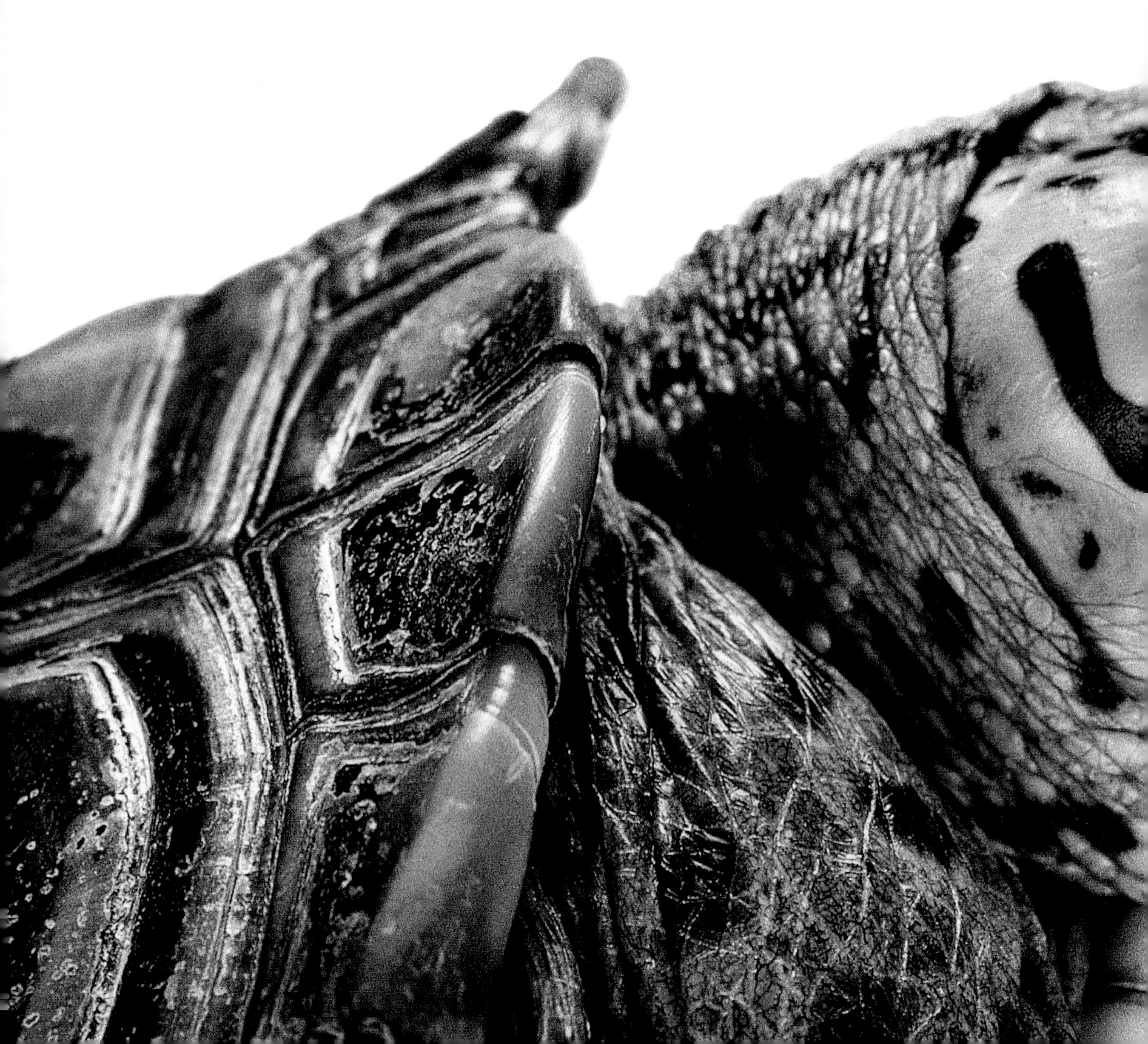

염도 변화에 적응하기

탁 트인 바다의 염도는 비교적 안정적으로 약 3.5퍼센트에 이른다. 해안 부근을 제외하면 강물에 의해 추가되는 민물의 영향은 미미하다. 해양 유기체는 대개 민물 서식지에서 살아가는 유기체와 마찬가지로 주변의 바닷물에 적응해 염도가 변하는 환경에서는 살아갈 수 없다. 한마디로 협염성을 갖고 있다고 볼 수 있다. 한편 강과 바다가 만나는 하구에서는 염도가 조수에 따라 오르내리며 이곳의 생명체는 광염성을 갖는다. 이런 곳에서 살아가는 생명체는 오르내리는 염도를 견뎌 낸다.

눈물샘에서 나온 **눈물에는** 염도가 높은 소금이 들어 있다. 거북이 탈수 증세를 보이면 눈물샘은 과도한 염분을 배출한다.

뿔 같은 주둥이는 물고기와 다슬기 같은 먹이를 으스러뜨리는 데 이용된다.

피부는 케라틴으로 불리는 다량의 강화 단백질로 각질화가 일어나(두꺼워져서) 지나친 염분이나 수분의 흡수를 줄이는 데 도움을 준다.

체내 염도 균형

하구에서도 잘 살아가는 유일하게 발톱이 달린 다이아몬드백테라핀(*Malaclemys terrapin*)은 변화하는 염도를 견딜 수 있을 만큼 피부가 강하고 눈물샘을 통해 과도한 염분을 배출한다. 염도가 높아지면 이들 거북은 민물에서 많은 시간을 보내면서 염분이 많은 먹이를 피하고 머리를 들고 떨어지는 빗물을 직접 받아 마신다.

물속에서 나아가기 위해 **발을** 뒤로 밀친다.

발톱과 물갈퀴가 있는 발
민물 거북이나 테라핀과 마찬가지로 다이아몬드백 역시 땅이나 하구 퇴적물에서 기어다니기 위해 지느러미발 대신에 발톱이 있는 발을 갖고 있다. 발가락 사이의 물갈퀴는 물에서 움직이는 데 도움이 된다.

산호초

지구상에서 가장 복잡하고도 아름다운
생태계에 속한 산호초는 군체 동물에 의해
형성된다. 산호초의 거대한 구조는 다양하고
다채로운 유기체 군체가 기대어 살아가는
보금자리 역할을 한다. 상당수의 유기체는
고도의 전문성을 발휘해 자기 자리를 찾아낸다.

병으로 이루어진 군체

인도-태평양황록해변해면(*Lamellodysidea chlorea*)의 여과 섭식하는 '병'은 제멋대로 뻗어 나가는 군체에 연결되어 있다. 퇴적물 때문에 탁한 연해에 서식하는 황록해변해면은 살아 있는 산호를 질식시킨 다음 암초를 장악할 수도 있다.

먹이를 여과하고 남은 물은 병처럼 생긴 공간의 상층부에 있는 **배수공으로 불리는 구멍을** 통해 빠져나간다.

디뎀눔(*Didemnum*) 멍게는 산뜻한 초록색이나 분홍색처럼 밝은색을 띠고 해면의 몸체를 포함해 가능한 표면 어디서든 여과 섭식하는 군체로 자란다.

병처럼 생긴 공간 벽은 작은 구멍이 있는 세포로 덮여 있다. 소공으로 불리는 구멍은 해면으로 물이 들어올 수 있게 해 준다.

단순한 몸

바다는 해면처럼 가장 단순한 동물들에게도 보금자리가 된다. 해면 중에는 폭이 1미터 넘게 거물로 자랄 수 있는 것도 있지만, 크기가 어떻든 몸을 이루는 세포는 아주 느슨하게 연결되어 있어서 온몸이 분해되더라도 각 부분은 새로운 개체로 발달할 수 있는 능력이 있다. 그래도 다른 동물과 마찬가지로 해면 세포는 서로 협력해 전체 구조가 살아 있을 수 있게 한다. 세포는 물이 다공성 해면을 순환하도록 도와 부유성 먹이를 얻을 수 있게 해 준다.

심해에서는 **부서지기 쉬운 골격이** 자란다.

육방해면류

가장 큰 해면으로 꼽히는 **통해면은** 지름이 1.8미터에 이를 수 있다.

보통해면류

클래스리나(*Clathrina*)는 뒤엉킨 관 모양으로 자란다.

석회해면류

해면의 종류
해면을 지탱하는 골격은 콜라겐 섬유(단백질)나 단단한 골편(광물질 바늘)처럼 다양한 물질로 이루어져 있다. 일반적으로 가장 부드러운 해면으로 꼽히는 보통해면류는 대개 콜라겐이 주를 이루는 데 비해 육방해면류와 석회해면류를 지탱하는 것은 각각 이산화규소 혹은 방해석 골편이다.

해면의 구조

일반적인 해면의 몸체를 이루는 다양한 종류의 세포는 병 모양의 다공성 공간 둘레에 자리 잡고 있다. 몸체 내벽의 깃처럼 생긴 편모 세포에는 부딪히면서 물의 흐름을 유지하는 털이 붙어 있다. 물은 벽을 통해 들어왔다가 꼭대기의 구멍을 통해 빠져나간다. 투과성 깃 내부에 붙어 있는 털은 물에 실려 온 먹이 입자를 붙잡는다.

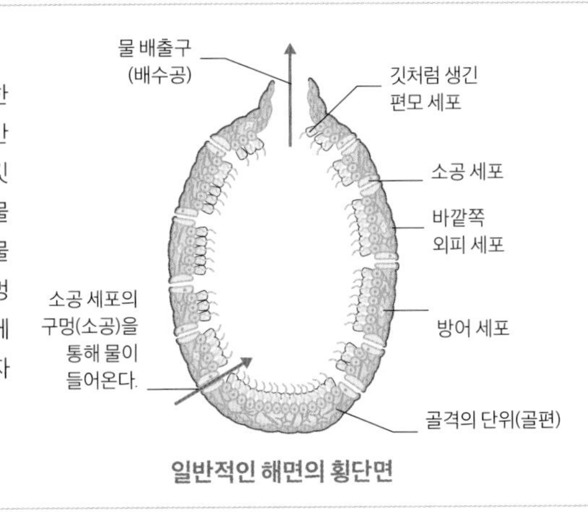

일반적인 해면의 횡단면

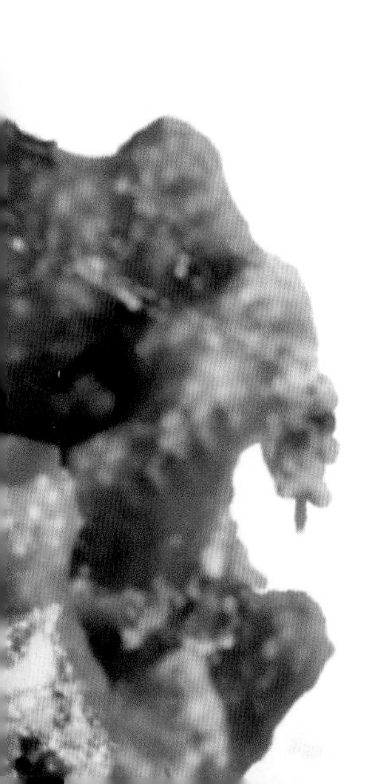

폴립마다 플랑크톤을 잡는 고리 모양의 촉수가 있다. 산호의 가지 끝에 있는 폴립은 6개의 촉수를 갖고 있으며 측면에 있는 폴립은 12개의 촉수를 갖고 있다.
산호의 **표피(외피)에는** 황록공생조류로 불리는 갈색 조류가 들어 있다. 이런 조류는 광합성을 통해 산호의 영양을 보충해 준다.
산호의 **가지는** 부피를 대부분 차지하는 바위 같은 중심핵이 지탱한다.

바위 만들기

어떤 동물은 다른 동물에 비해 주변 환경에 크게 영향을 미친다. 수많은 산호는 바닷물의 광물질을 이용해 수백 혹은 수천 년에 걸쳐 축적된 바위처럼 단단한 골격을 만들어 내고 그 결과 바다의 특징 가운데 가장 널리 알려진 산호초가 형성된다. 살아 있는 산호는 작은 플랑크톤을 잡는 촉수가 달린 얇은 막에 지나지 않는다. 그러나 산호가 만들어 낸 바위로 된 하부구조는 두께가 1킬로미터에 이르고 해저를 가로질러 수백 킬로미터 뻗어 있을 수 있다.

산호의 가지
바위처럼 단단한 중심핵으로 이루어진 석산호류(*Acropora* sp.) 군체의 가지는 촉수 달린 폴립이 수반된 '표피'로 덮여 있다. 잡힌 플랑크톤에서 얻은 양분은 표피를 통해 폴립 군체가 공유한다.

산호초 형성

미세 플랑크톤 산호 유생은 바위에 자리를 잡고 폴립을 만들어 낸다. 쌀 한 톨만 한 폴립은 산호석으로 알려진 컵처럼 생긴 작은 바위 골격을 구축한다. 시간이 지나면서 군체가 밖으로 확장됨에 따라 상호 연결된 더 많은 폴립이 만들어진다. 그 사이 아래쪽의 골격이 두꺼워지면서(1년에 약 0.5센티미터씩) 바위 같은 산호초의 토대가 형성된다.

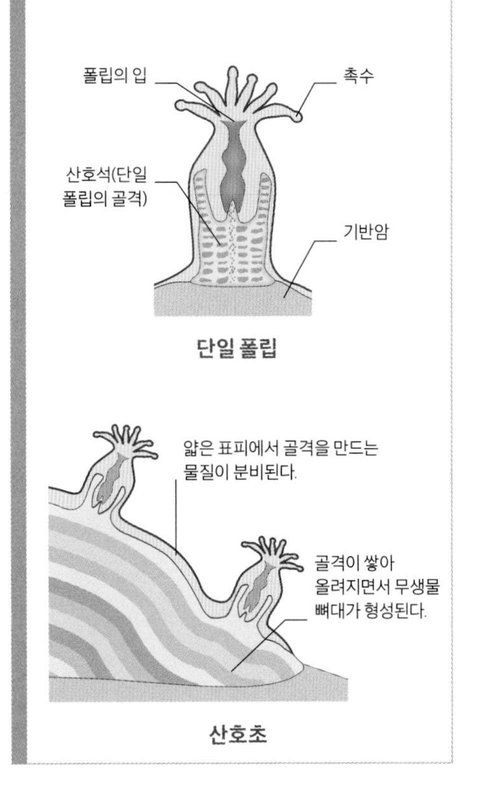

가지를 뻗은 골격은 충분한 표면적을 갖고 있어서 수천 개의 폴립을 지탱할 수 있다.

죽은 산호
살아 있는 조직에서 떨어져 나온 이처럼 흰 산호 골격은 거의 완전한 탄산칼슘이다. 탄산칼슘은 살아 있는 산호층에 의해 만들어진 백악질 광물이다.

동시에 산란하기

대개 해양 동물의 유성 생식은 성세포를 넓은 바다에 퍼뜨리고 수정이 일어날 가능성에 의지하는 과정이 수반된다. 산호의 경우에는 같은 종으로 이루어진 개별 구역에서 산란이 동시에 일어나 정자와 난자가 동시에 배출되어야 한다. 계절에 따른 온도 변화나 달의 위상 같은 환경적 신호는 지구상에서 가장 볼 만한 번식 활동 중의 하나를 촉발한다. 산호 알이 구름 떼처럼 암초를 뒤덮는 것이다. 1제곱미터의 산호에서 나오는 알은 수백만 개에 이르는 것으로 추산된다.

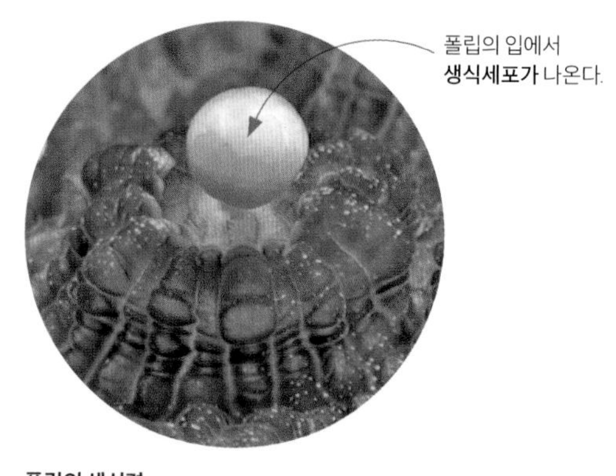

폴립의 생식력
산호는 대부분 자웅 동체다. 군체에 있는 폴립은 둥근 생식세포를 밖으로 내보내고 생식세포는 배출된 지 30분 만에 정자와 난자로 나뉜다.

산호의 생식 주기

산호와 그 친척뻘인 말미잘은 정주형 폴립이 주도하는 생활 주기를 갖고 있다. 둘 다 독을 내뿜는 촉수가 달린 플라스크 모양의 동물로 플랑크톤을 먹는다. 산호 폴립 군체는 생식세포를 동시에 배출해 수정이 일어날 확률을 최대로 높인다. 수정란은 작고 평평한 몸체를 지닌 플라눌라(planula) 유생으로 발달해 떠다니는 플랑크톤과 섞인다. 수정란이 천적의 관심을 따돌리고 살아남으면 유생은 마침내 해저에 정착해 폴립으로 변형된다. 그런 다음 무성 생식을 통해 새로운 산호 군체를 증식한다.

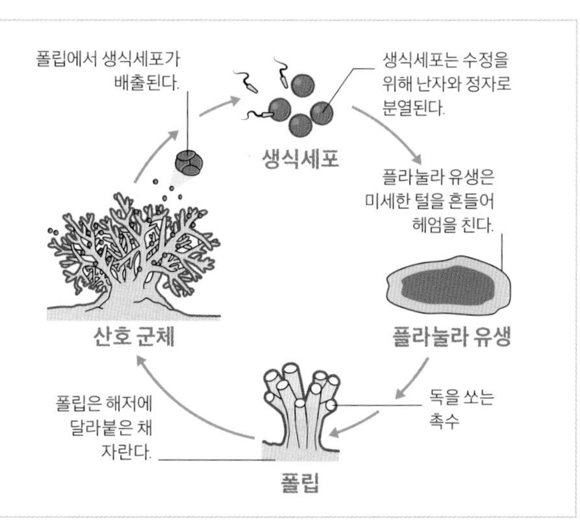

생식세포 배출
세계 각지의 산호초에서는 모든 산호가 동시에 알을 낳지만, 홍해에 서식하는 종은 산란기가 서로 다르다. 이런 아크로포라(*Acropora*) 산호 종은 분홍색을 띤 엄청난 수의 생식세포를 배출하면서 초여름 보름달이 뜨는 밤에 알을 낳는다.

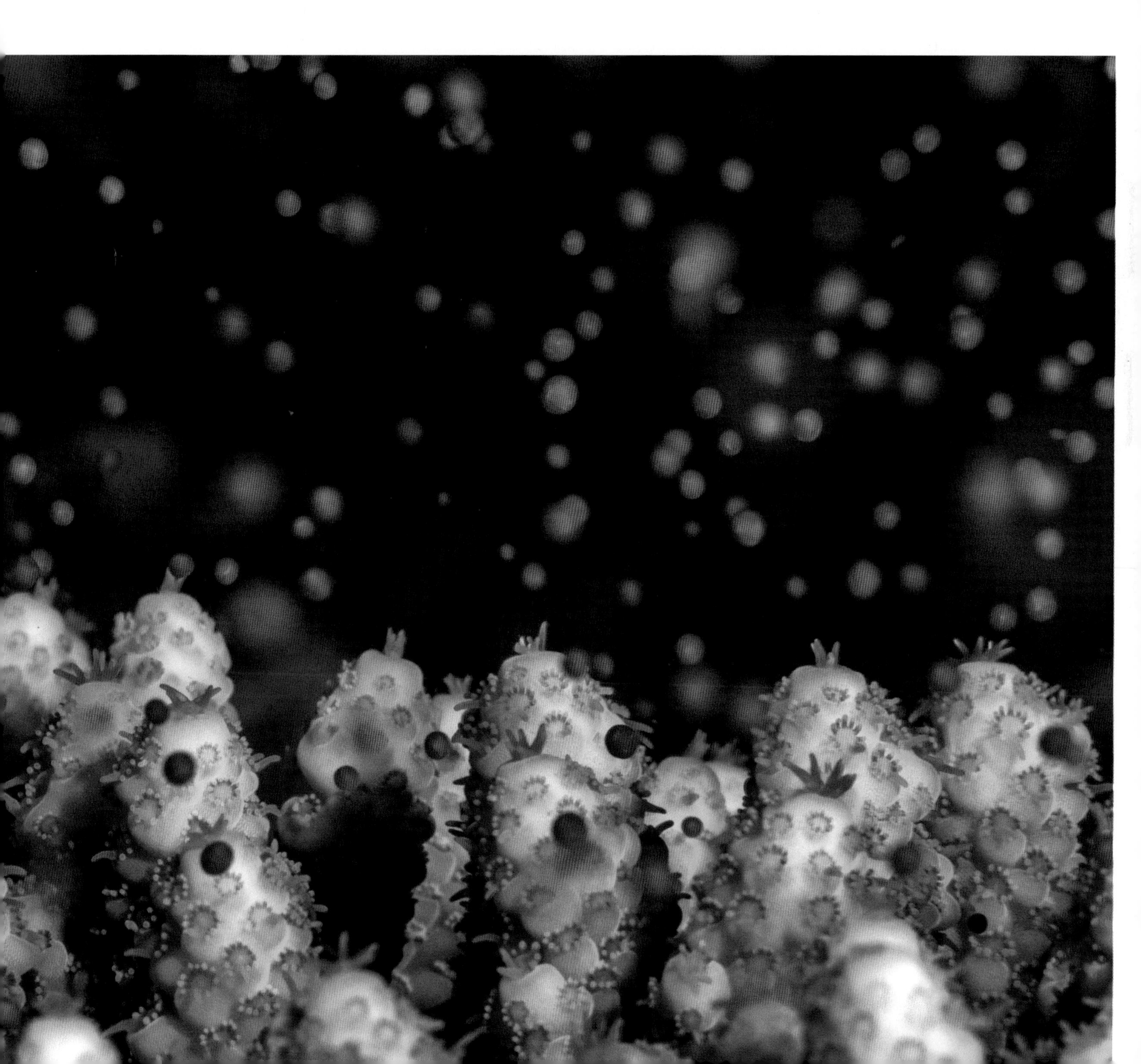

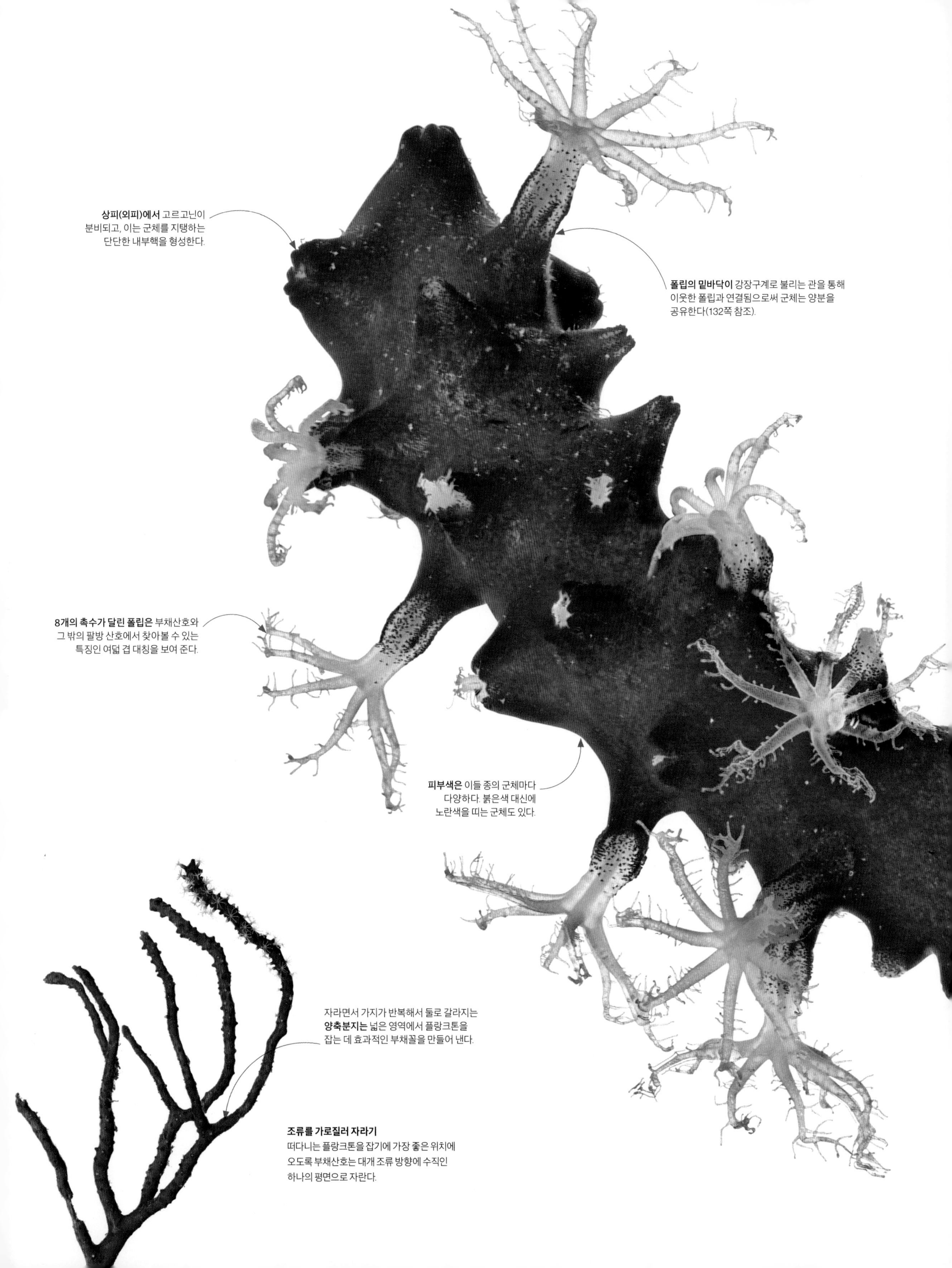

조류를 가로질러 자라기
떠다니는 플랑크톤을 잡기에 가장 좋은 위치에
오도록 부채산호는 대개 조류 방향에 수직인
하나의 평면으로 자란다.

뼐처럼 생긴 **골격**

가장 널리 알려진 산호는 바위처럼 단단하면서도 거대한 산호초의 기초를 세우는 산호다. 그러나 친척뻘 되는 산호들은 다른 방식으로 군체를 만든다. 부채산호(sea fan)는 고르고닌(gorgonin)으로 불리는 뼐처럼 생긴 단백질 핵으로 지탱되는 가지를 키운다. 이 산호들은 해저에서 위쪽을 향해 뻗거나 산호의 바깥쪽 가장자리에서 가파른 급경사면에 매달린 채 수평으로 뻗어가기도 한다. 여기 보이는 산호는 해수면 한참 아래쪽에서 작은 폴립을 이용해 플랑크톤을 잡는다.

다양한 지지물

부채산호는 팔방 산호류에 속해 있다. 팔방 산호는 폴립에 8개의 촉수가 달려 있어서 붙은 이름이다. 팔방 산호를 지지하는 구조물은 돌처럼 단단하고 6개의 촉수가 달린 육방 산호보다 다양하다. 연산호(132~133쪽 참조)는 단단한 골격이 전혀 없다. 부채산호를 비롯한 고르고니언산호(gorgonian)가 뼐처럼 생긴 고르고닌으로 지탱되는데 비해 오르간 파이프처럼 생긴 관산호(*Tubipora musica*)는 백악질 광물로 보강된다.

관산호의 구조

깊은 바닷속 가지

카리브 해에 서식하는 다채로운 시로드산호(*Diodogorgia nodulifera*)의 하나뿐인 가지는 플랑크톤을 잡는 폴립으로 덮여 있다. 해수면 부근에서 자라는 돌처럼 단단한 수많은 경산호와 달리 이런 부채산호에는 햇빛을 흡수해 광합성을 하는 조류가 들어 있지 않다. 이 산호는 빛이 들어오지 않는 깊은 바닷속에서도 자랄 수 있다.

광합성 조류가 들어 있는 폴립이
빛에 노출되는 버섯의 갓처럼 생긴 부분을 덮고 있다.

몸체가 부드러운 산호
연산호에는 단단하고 바위 같은 산호초의 골격이 없다. 거친가죽산호(*Sarcophyton glaucum*) 같은 몇몇 산호는 두툼한 버섯처럼 생긴 대형 군체를 형성한다.

군체로 살아가기

군체를 이루는 동물은 바다에서 흔히 찾아볼 수 있다. 성숙한 산호는 말미잘처럼 생긴 수천 개의 작은 폴립으로 이루어져 있다. 폴립마다 독을 내뿜는 촉수를 이용해 플랑크톤을 잡을 수 있고 이웃한 폴립과 연결되어 양분을 공유한다. 같은 수정란에서 발달한 모든 폴립은 유전적으로 같고, 군체 전체는 하나의 초유기체처럼 기능한다. 광범위하게 뻗어 나간 군체는 산란 중에 배출할 수 있는 알의 개수뿐만 아니라 먹이 포획을 극대화할 수 있다.

두툼한 군체
수십 개의 폴립이 엄지손가락 크기의 가죽산호를 채우고 있다. 폴립은 플랑크톤을 잡을 뿐만 아니라 광합성 조류로 채워져 있어서 양분을 추가로 얻는다. 폴립은 코에넨카임(coenenchyme)이라는 두툼한 조직 덩어리에서 튀어나온다.

양분 공유하기

폴립마다 있는 내장강이 플랑크톤 먹이를 소화하는 동시에 소화되지 않은 노폐물은 배출한다. 소화된 먹이에서 얻은 양분은 군체 전체로 퍼져 나간다. 석산호는 바위 같은 골격을 덮은 얇은 '표피'에서 양분 공유가 일어난다. 연산호에서는 강장구계라는 관이 두툼한 군체로 깊숙이 파고들어 먹이를 공유한다.

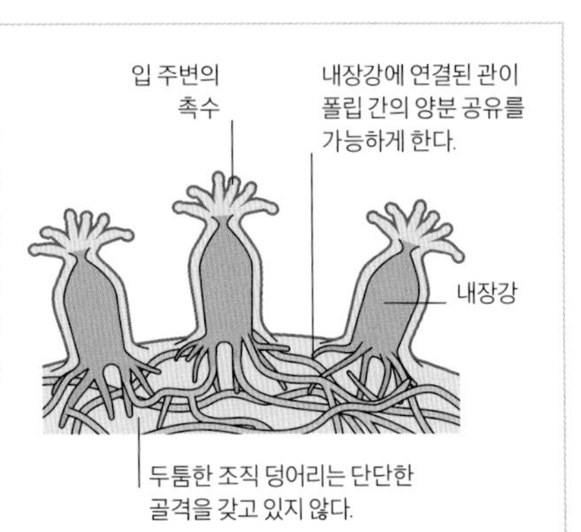

일반적인 연산호의 구조

석산호

경산호로도 알려진 석산호는 전 세계의 산호초를 만들어 내는 주체다. 진정한 의미의 석산호는 아라고나이트라 불리는 광물의 형태로 존재하는 탄산칼슘으로 이루어진 단단한 골격을 갖고 있다. 폴립은 산호석으로 불리는 보호용 컵 안에 들어 있다. 파도가 세찬 지역에서 이들 군체는 튼튼한 더미나 평평한 형태로 발달한다. 반면에 안전한 지역에서는 정교한 가지 모양의 더욱 복잡한 형태를 만들어 낼 수 있다.

사슴뿔산호
(*Acropora cervicornis*)

엘크뿔산호
(*Acropora palmata*)

연산호

폴립에 8개의 촉수가 달렸다고 해서 팔방 산호로도 불리는 연산호는 구부러질 만큼 무르다. 간혹 나무처럼 보이며 이렇게 암초를 형성하지 않는 군체는 뿔처럼 생긴 핵이 지탱하고 두꺼운 외피가 보호한다.

북대서양과 바렌츠 해의 깊은 바닷속에서 발견되는 **나무처럼 생긴 종**

카네이션산호
(*Gersemia fruticosa*)

뻑뻑한 덤불 같은 군체가 하나의 평면을 이루며 자란다.

고르고니언부채산호
(*Subergorgia*)

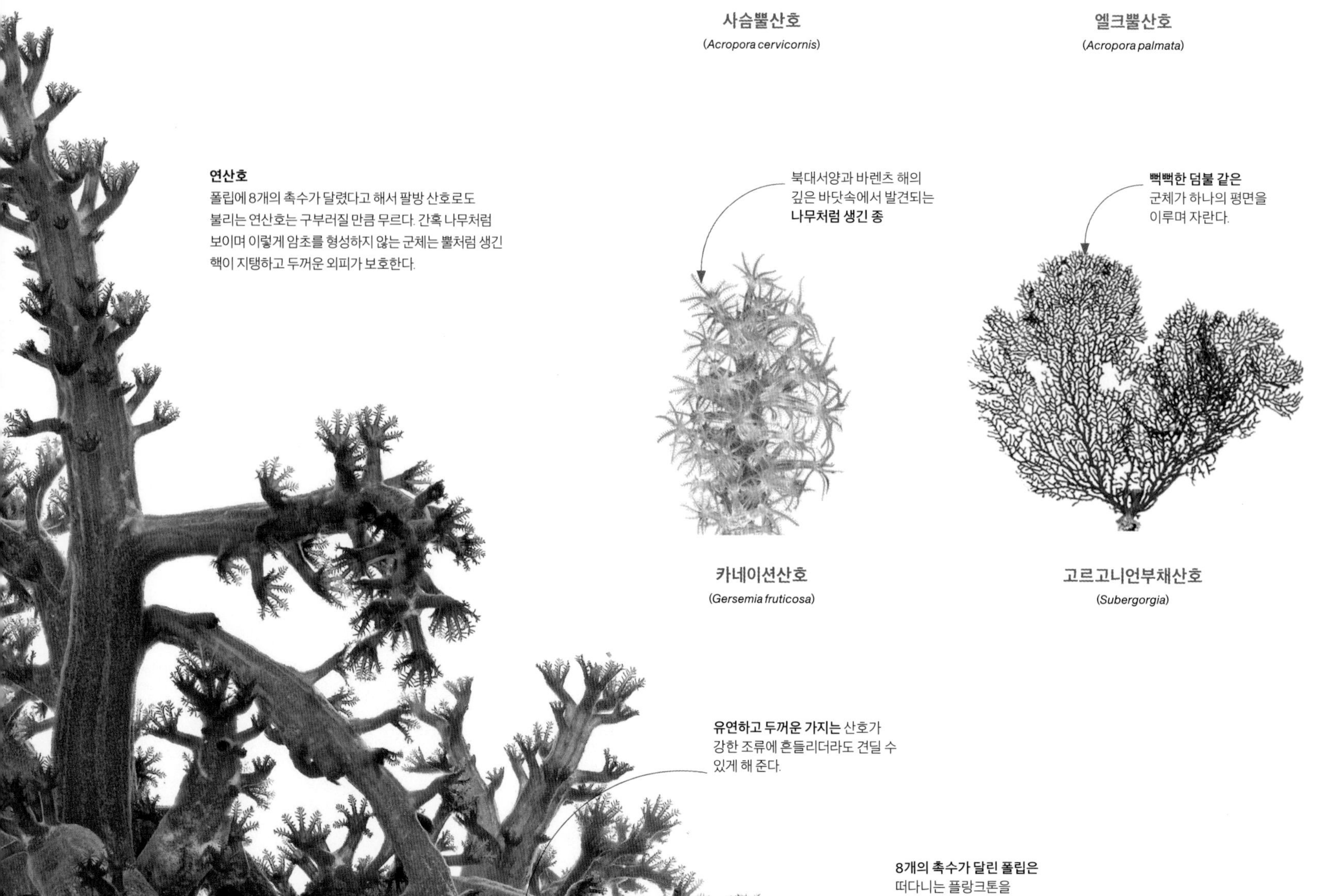

두껍고 유연한 가지

흔히 케냐목산호(*Capnella imbricata*)로 알려진 이름대로, 이처럼 가지를 뻗은 연산호는 바위에 고정된 하나의 '몸통'에서 나온다. 군체는 해안가와 암초 사면에서 살아가며 약 45센티미터까지 자랄 수 있다.

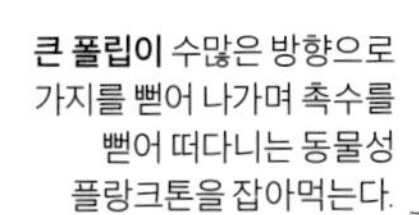

금빛나팔돌산호
(*Tubastraea coccinea*)

기둥산호
(*Dendrogyra cylindrus*)

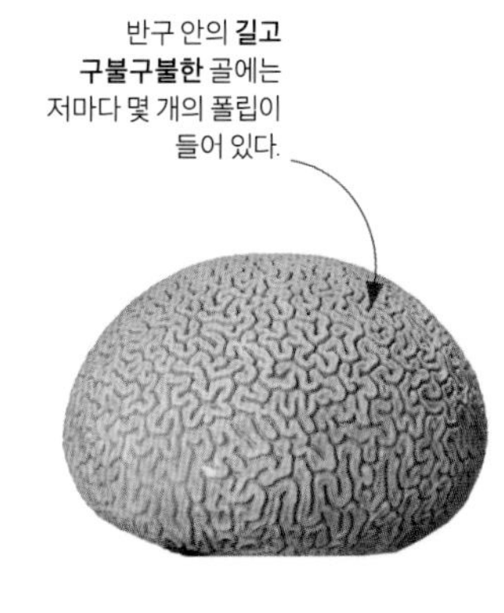

뇌산호
(*Colpophyllia natans*)

테이블산호
(*Acropora cytherea*)

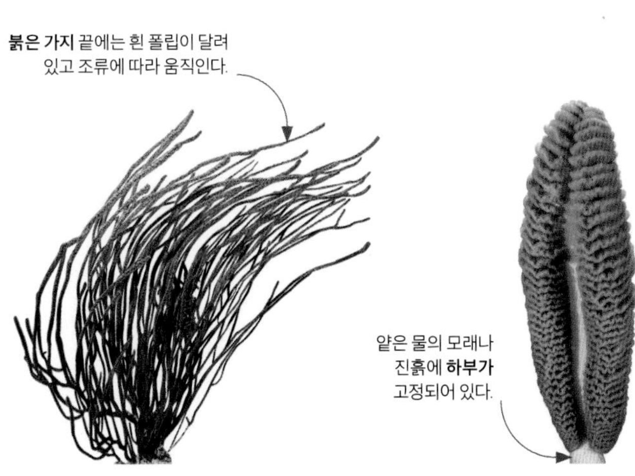

별혹산호
(*Ellisella ceratophyta*)

바다펜산호
(*Pteroeides*)

버섯산호
(*Anthomastus*)

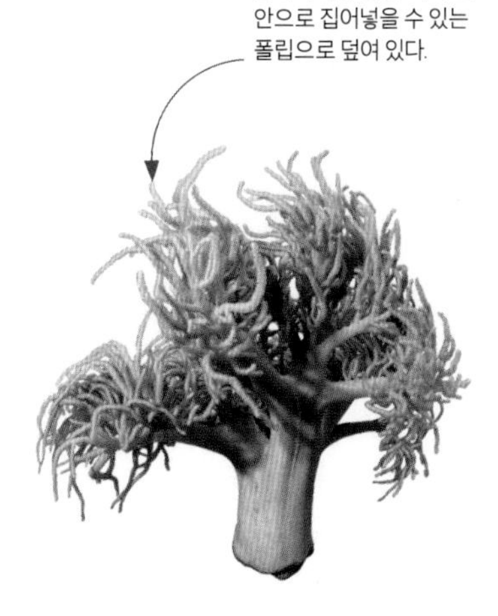

스파게티손가락가죽산호
(*Sinularia flexibilis*)

산호

산호는 지구상에 있는 모든 바다에서 발견되지만, 산호초를 만들어 내는 종은 얕은 열대와 아열대 바다에서 주로 발견된다. 산호는 플랑크톤을 잡아먹는 폴립이라 불리는 개체가 모인 대형 군체에서 형성된다. 얕고 따뜻한 물에 사는 군체는 황록공생조류를 불러들이고, 이들 조류는 산호의 호흡을 통해 나온 이산화탄소를 이용해 광합성을 한 다음 양분을 산호에게 되돌려준다.

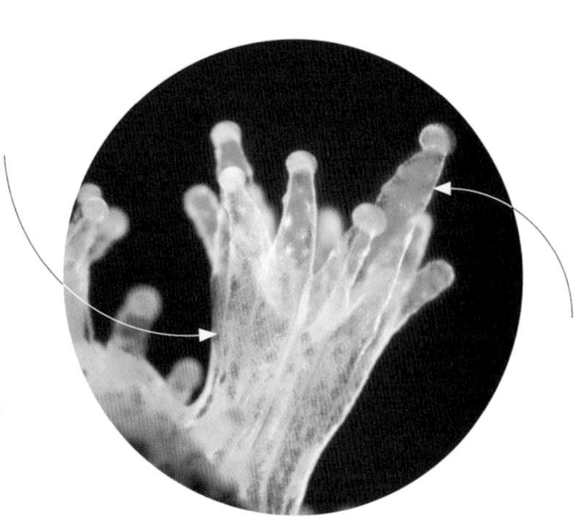

황록공생조류의 초록색은 내장강이 들어 있는 폴립의 기둥에서 나타난다.

조직 속의 조류
하나의 산호 폴립을 확대하면 황록공생조류는 초록색 세포의 반점으로 보인다. 세포마다 빛을 흡수하는 엽록소를 갖고 있다. 이는 광합성을 하는 식물에서 볼 수 있는 것과 같은 색소다.

투명한 젤리로 가득 찬 조직은 소화관 내벽에 있는 황록공생조류에게 빛을 전달하는 데 도움이 된다.

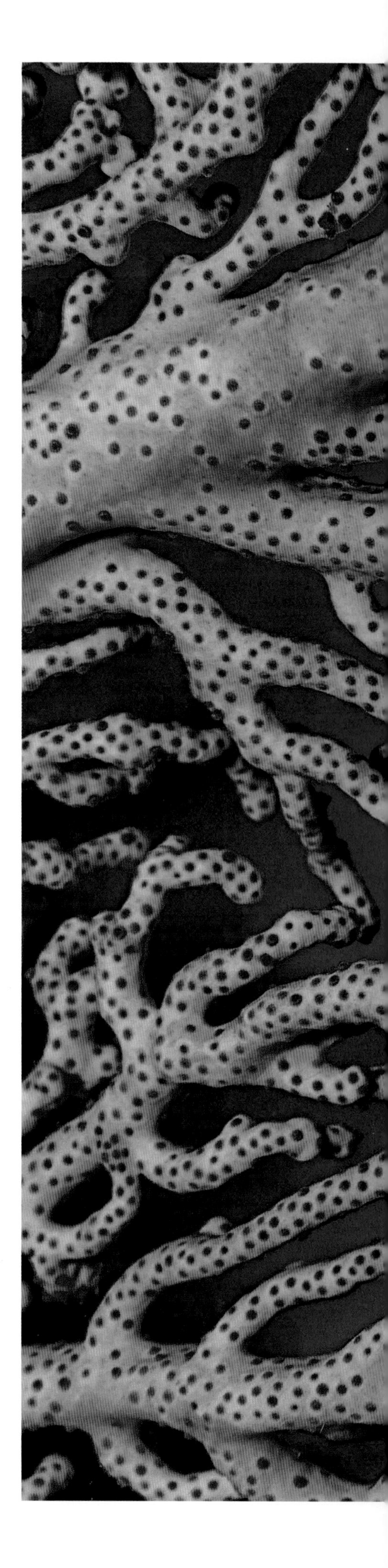

햇빛으로 충전하는 산호

동물의 몸은 소화 · 흡수된 먹이를 통해 양분을 공급받는다. 그러나 일부 해양 동물은 부분적으로 태양열을 이용하기도 한다. 수많은 산호와 일부 히드로충류, 말미잘, 해면, 연체동물에는 황록공생조류라 불리는 광합성 조류가 들어 있다. 이들 조류는 햇빛을 받은 동물 조직에서 성장하고 증식하며 호흡을 통해 얻은 이산화탄소를 이용해 먹이를 만들어 낸다. 상당 부분의 먹이는 숙주에게 전달되며, 이는 건강한 성장을 위해 중요한 요소다.

광합성으로 얻은 골격
쏘이면 따끔거린다는 이유로 이름 붙은 밀레포라파이어히드라산호(*Millepora* fire hydrocoral)는 진짜 석산호의 골격과 마찬가지로 단단한 골격을 가진 군체형 히드로충류다. 황록공생조류에 의존하는 이 산호들은 햇빛이 밝게 비치는 얕은 물가에서 살 수밖에 없다. 또 조류의 광합성을 통해 얻은 먹이의 상당 부분을 이용해 백악질 골격을 만든다.

황록공생조류

해양 동물의 황록공생조류는 와편모류로 알려진 조류에 속한다. 이 조류는 편모라 불리며 채찍처럼 생긴 구조로 헤엄을 치는 자유 생활형이지만, 산호의 폴립이 삼켜 버리면 편모를 잃고 폴립의 소화관 내벽에서 낭포가 되고 만다. 부유형과 낭포형 사이에는 자연스러우면서도 취약한 균형이 존재한다. 오늘날 바다의 온난화는 낭포의 순손실, 산호의 백화 현상과 죽음으로 이어지고 있다.

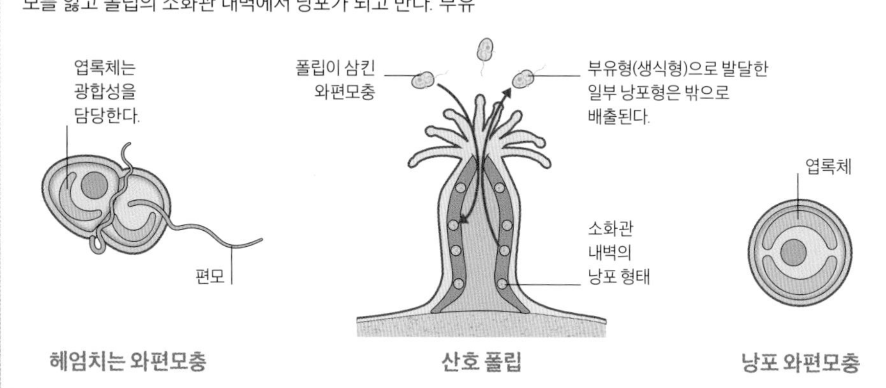

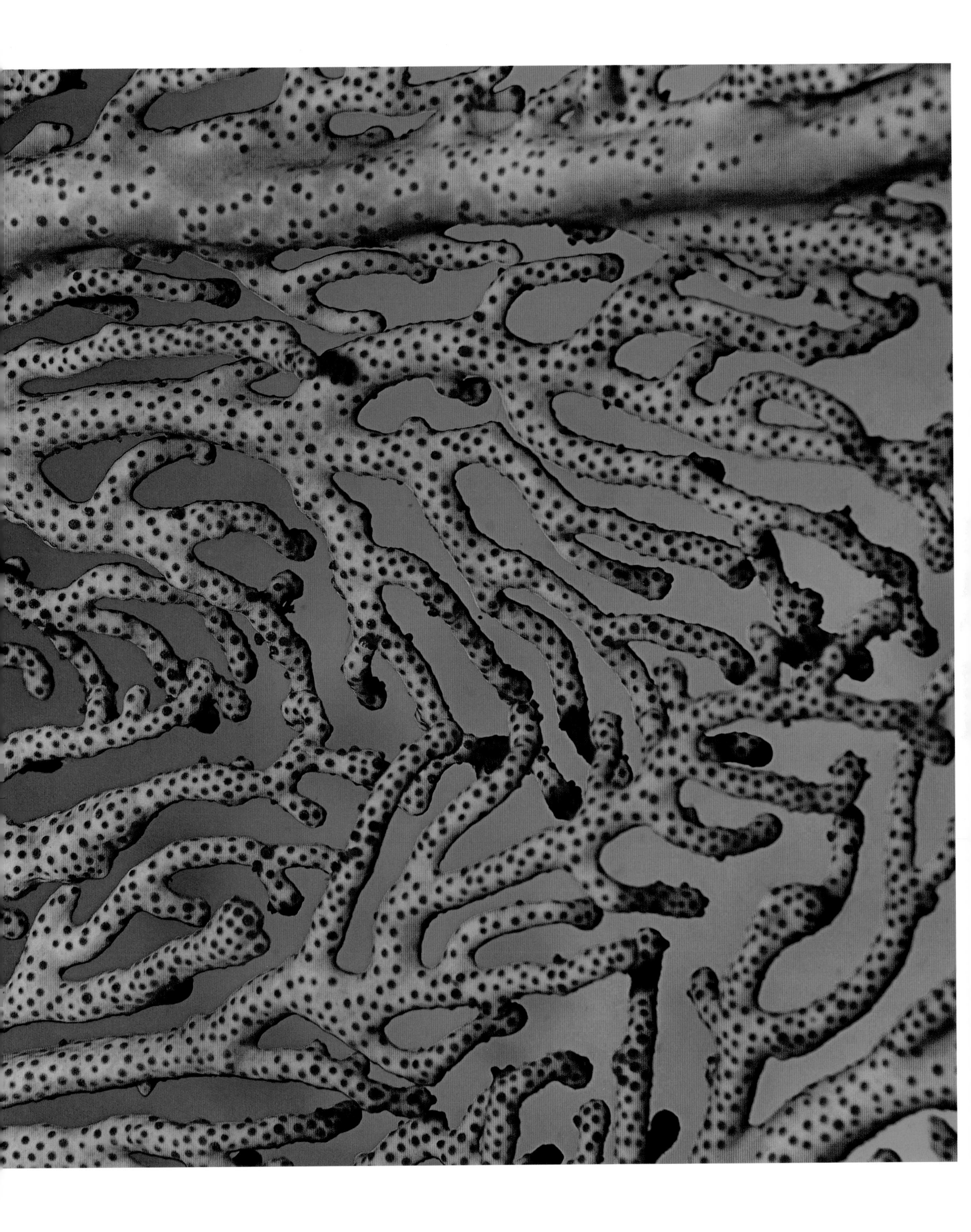

말미잘의 **촉수가 길수록** 더 멀리 뻗어 더 큰 먹이를 꼼짝 못 하게 할 수 있다.

독을 쏘는 촉수
말미잘 독의 효과는 다양하다. 말미잘은 대개 작은 플랑크톤을 먹이로 삼지만, 달리아말미잘(*Urticina felina*) 같은 일부 종은 성게처럼 더 큰 먹이를 꼼짝 못 하게 마비시킬 수도 있다.

태양열로 움직이는 카펫말미잘
다른 말미잘과 마찬가지로 인도-태평양에 서식하는 하돈카펫말미잘(*Stichodactyla haddoni*)은 넓은 구반 조직에서 자라는 조류가 만들어 낸 먹이로 양분을 보충한다. 조류는 물속에 투과된 햇빛 에너지를 이용해 광합성을 하고 이렇게 만들어 낸 당분을 말미잘과 공유한다.

혹처럼 생긴 짧은 촉수 끝은 자포(독을 쏘는 침세포)로 덮여 있다.

먹이 사냥

말미잘은 해저에 붙어사는 동물치고는 놀랍도록 유능한 포식자다. 두툼한 기둥 혹은 독을 내뿜는 촉수가 왕관처럼 달린 폴립은 물속에서 지나가는 동물을 먹이로 잡을 수 있다. 촉수는 마비된 먹이를 폴립 중앙에 있는 입으로 가져와 삼킨 다음 아래쪽의 소화강으로 내려보낸다. 카펫말미잘은 열대 암초에서 가장 큰 폴립을 갖고 있다. 봉우리처럼 생긴 짧은 폴립이 덮인 하나의 구반은 폭이 대략 1미터에 이를 수 있다.

독 내뿜기

말미잘은 산호나 해파리와 마찬가지로 자포동물에 속한다. 이처럼 연질의 몸체를 가진 포식자가 독을 내뿜을 수 있는 것은 표피에 분포한 자포로 불리는 특이한 세포 덕분이다. 자포마다 독 캡슐과 모형 작살처럼 생긴 미늘이 달린 가는 줄이 들어 있다. 먹잇감이 닿으면 작살이 발사되면서 근육을 마비시킬 수 있는 화학 물질 혼합물이 먹이에 퍼져나간다.

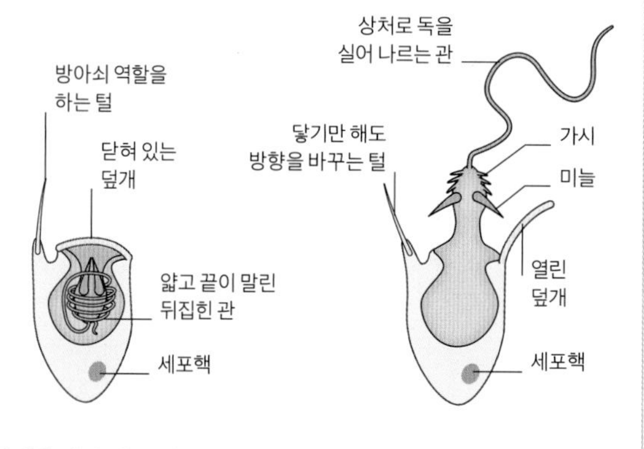

독이 배출되지 않은 자포

독이 배출된 자포

중앙의 입을 에워싼 **두꺼운 구반에는** 수축성 있는 근육 섬유가 들어 있어 뭉툭한 촉수로 이루어진 카펫처럼 보이는 몸체를 위로 들어 올려 먹이에 접근한다.
근육질의 기둥에 들어 있는 소화강은 먹이를 소화시키고 양분을 흡수한다.

산호초

암초를 만드는 산호는 수심이 얕고 해수면 온도가 20~35도에 이르는 열대 지방 바다에서 살아간다. 산호초가 형성되려면 바위로 된 표면, 일반적인 염수 농도, 퇴적물이 지나치게 많지 않은 물이 필요하다. 흔히 콩알만 한 작은 산호 폴립으로 이루어진 방대한 개체군은 다수의 다른 유기체와의 협업을 통해 지구상에서 가장 큰 살아 있는 구조물을 만들고 유지한다. 3000개가 넘는 별개의 암초로 이루어진 오스트레일리아 북동부 해안에 발달한 그레이트 배리어 리프는 우주에서도 관측될 정도다. 산호초는 해양 환경 변화에 대해 매우 민감하며 기온 상승, 해양 산성화, 감소하는 산소 수치 때문에 점차 죽어가고 있다.

풍부한 먹이 채집
해 질 무렵 에퍼렛얼개돔 (*Myripristis kuntee*)이 팔라우에 있는 암초 은신처에서 나오고 있다. 큰 눈은 게 유생처럼 떠다니는 동물을 밤새 사냥하는 데 유리하다.

환초의 형성

환초는 새롭게 형성된 화산섬 해변 가장자리에 유기체가 암초를 만든 곳에서 시작된다. 화산 활동이 멈추면 섬은 판의 이동과 풍화작용 때문에 가라앉는다. 측면에 있는 암초는 계속해서 위로 자라고 석호에 의해 육지에서 분리된 최초의 보초가 된다. 시간이 흘러 섬이 사라지고 나면 중앙에 땅이 없는 고리 모양의 산호섬인 환초가 형성된다.

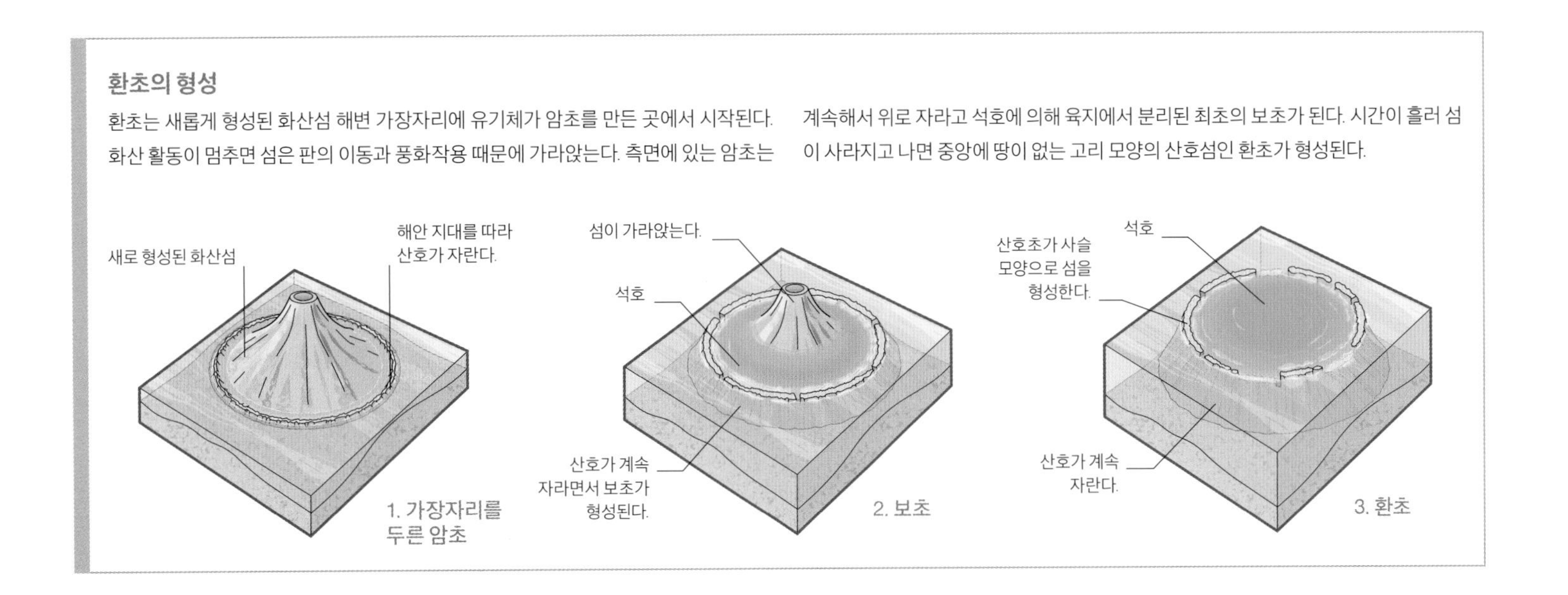

독의 전달 과정

버튼산호를 먹은 갑각류 같은 일부 동물은 독을 견디는 것처럼 보인다. 수많은 해양 독소는 이런 식으로 먹이 사슬을 따라 전달된다. 시구아테라독증후군(Ciguatera syndrome)은 시구아톡신이 다량 함유된 생선을 먹은 사람에게서 나타난다. 시구아톡신은 와편모류로 불리는 조류에 의해 만들어진 독으로, 조류를 섭취하고 나서도 배출되지 않기 때문에 많은 양의 독은 먹이 사슬에서 상위에 있는 소비자의 치사율을 높인다. 여기에는 식당 메뉴로 제공되는 생선도 포함된다.

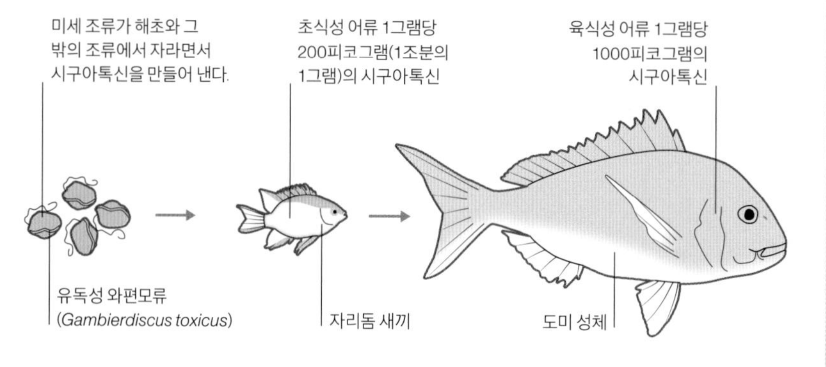

해양 먹이 사슬을 통해 살펴본 독의 생물 축적

독이 오른 산호

햇빛이 잘 드는 열대 지방의 해안은 형형색색의 버튼산호로 현란할 수 있다. 버튼산호도 말미잘처럼 크고 연한 폴립을 만들어 낸다. 암초를 형성하는 단단한 골격은 없어도 여느 산호와 마찬가지로 이 산호들도 군체를 이루어 성장한다. 가장 큰 버튼산호의 폴립은 사철채송화를 닮았지만, 눈에 띄게 두드러진 색깔은 이들이 독성을 품고 있다는 경고가 되기도 한다. 수많은 버튼산호는 알칼로이드로 불리는 독성을 지닌 강렬한 화학 물질을 품고 있어서 이를 먹으려는 동물의 접근을 막아 준다. 버튼산호의 촉수에 잡힌 부유하는 유기체를 통해서도 이런 독을 어느 정도 얻을 수 있다.

초록색을 띤 끝부분에 비해 **푸른색을 띤 촉수의 하단부에는** 다양한 형태의 알칼로이드 색소가 들어 있다.

치명적인 색소

버튼산호(zoanthid)는 조아토잔틴(zoanthoxanthin)으로 알려진 알칼로이드 화학 물질을 통해 고유의 색깔과 독을 얻는다. 알칼로이드는 촉수의 선명한 푸른색과 초록색을 만들어 내지만, 이 화학 물질은 다른 동물의 신경과 근육에 유독하기도 하다. 알칼로이드가 내뿜는 색깔에 숨어 있는 광합성 조류는 버튼산호에게 여분의 먹이를 제공한다.

촉수는 다채로운 알칼로이드의 색깔 때문에 형광을 발할 수도 있다. 낮 동안 화학 물질에 흡수된 빛의 일부가 밤에 발산되면서 초록빛을 낸다.

촉수의 **곁가지는** 섬모로
불리는 미세한 털을 휘저어
먹이 입자를 입으로 보낸다.
촉수가 원반 모양으로 변형된 **선개는**
내부로 숨을 때 보호용 관으로 들어가는
입구를 막는 데 이용된다.

석회질 관은 상층부를 끼고 있는 삼각형 돌출부에 의해 보강된다.

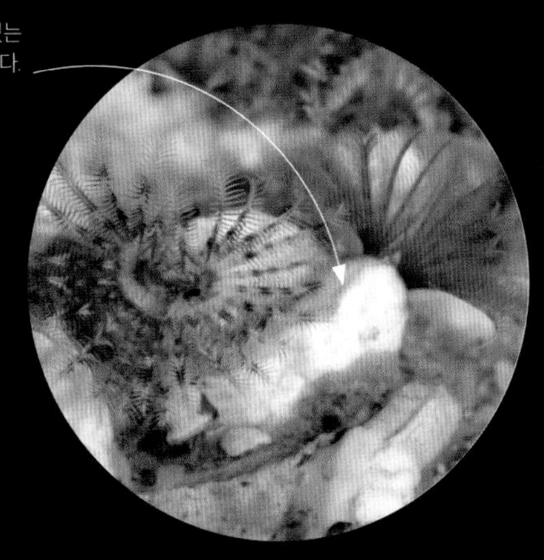

노출된 관
유럽에 서식하는 안점꽃갯지렁이의 친척 스피로브란쿠스 라마르키(*Spirobranchus lamarcki*)는 눈에 잘 띈다. 대개 돌이나 바위, 게 껍데기 따위에 붙어 있을 때가 많다.

산호에서 살아가는 벌레
별 모양으로 생긴 안점꽃갯지렁이(*Pomatostegus stellatus*)의 촉수는 말굽의 편자 형태로 뻗어있다. 촉수는 산소를 흡수하는 색소로 채워져 있으며 내벽에는 먹이를 수집하는 털이 나 있다. 안점꽃갯지렁이의 나머지 부분은 열대 지방 석산호의 암석 같은 골격에 묻힌 석회질(백악질) 관 내부에서 살아간다.

촉수가 분홍색을 띠는 것은 조직에 있는 혈액 색소 때문이다. 혈액 색소는 화학적으로 산소와 결합하고 호흡을 위해 물에서 산소를 추출한다.

물살 일으키기

체절 구조로 된 수천 종의 해양 환형동물 가운데 상당수는 육지에 서식하는 사촌뻘 되는 지렁이와 마찬가지로 발달한 근육을 이용해 퇴적물에 파고 들어간다. 그 밖의 환형동물은 물속에서 헤엄을 칠 수 있다. 그러나 안점꽃갯지렁이로 불리는 몇몇 환형동물은 관 속에서 살면서 위험을 피해 헤엄을 치거나 파고드는 능력이 퇴화했다. 안점꽃갯지렁이가 물을 향해 앞쪽 끝부분을 뻗으면 손가락처럼 생긴 왕관 모양의 촉수가 물에서 산소와 먹이 입자를 그러모은다. 위험을 감지하면 근육을 수축시켜 노출된 부분을 관 속으로 완전히 끌어당긴다.

관의 형태

안점꽃갯지렁이를포함한 갯지렁이들은 촉수의 하단부를 에워싼 깃 부분의 샘에서 분비된 탄산칼슘을 이용해 단단한 백악질의 관을 만든다. 꽃갯지렁이과(Sabellidae)와 밀접한 관련이 있는 그 밖의 유형은 촉수가 수집한 퇴적물과 점액을 혼합해 연한 재질의 막이 있는 관을 만든다.

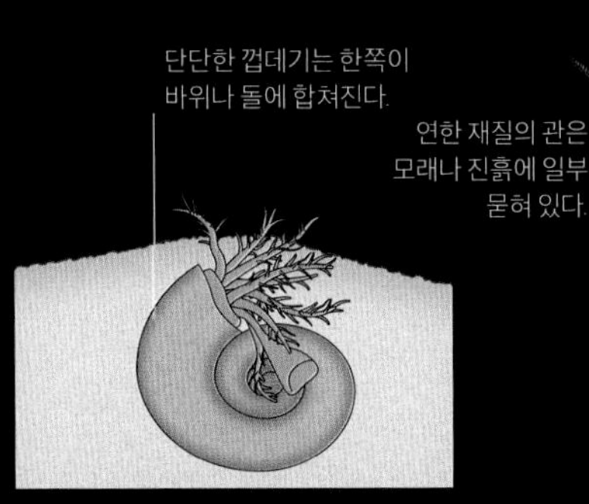

석회관갯지렁이과 스피르비스속

꽃갯지렁이과 사벨라속

바다의 청소부
지구상에는 1만 종이 넘는 해양 쌍각조개가 존재한다. 모두가 여과 섭식을 하며 바다의 오염 물질을 제거할 수 있다. 일례로 굴은 하루에 95리터의 오염 물질을 정화할 수 있다.

Tridacna

대왕조개류

대왕조개는 산호초에 붙어 자라는 동물 가운데 군체를 이루지 않는 가장 큰 동물이다. 대단히 무거운 이 연체동물들은 동아프리카에서 핏케언 제도에 이르기까지 인도-태평양에 내리쬐는 열대의 햇볕 아래서 일광욕을 한다.

다른 쌍각연체동물과 마찬가지로 대왕조개 역시 접번으로 연결된 2개의 껍데기로 이루어져 있다. 조개에는 광합성을 통해 먹이의 90퍼센트를 만들어 내는 황록공생조류가 들어 있다. 나머지 양분은 여과 섭식하는 플랑크톤을 통해 얻는다. 일부 종에서는 두꺼운 외투막이 색소 때문에 선명한 색을 띠거나 색을 반사하는 투명한 유리 같다. 이는 자외선과 그 밖의 해로운 방사능을 차단하는 데 도움이 된다.

산호에서 먹이를 만들어 내는 조류와 마찬가지로 대왕조개는 양분을 만드는 데 필요한 이산화탄소와 질소 화합물을 황록공생조류에게 전달함으로써 조류와 서로 유익한 관계를 맺는다. 이런 식의 공생은 생산적이다. 대왕조개 가운데 가장 큰 것으로 신기록을 세운 트리다크나 기가스(*Tridacna gigas*)의 표본은 무게가 0.5톤에 이르렀다.

산호초에서 살아가는 수많은 상징적인 동물들과 마찬가지로 대왕조개는 주변의 복잡한 군집을 운영하는 데 도움을 준다. 시간이 흐르면서 대왕조개의 껍데기는 수많은 생명체가 깃든 대량 서식지가 된다. 갑각류부터 어류에 이르기까지 다양한 동물이 외투막 위에서 살아가며, 일부는 기생 동물로 살아간다. 이따금 외투막에서 배출된 황록공생조류는 플랑크톤을 먹는 동물에게 먹이를 제공할 수도 있다.

대왕조개는 자웅 동체지만, 자가 수정의 가능성을 줄이기 위해 난자에 앞서 정자를 대부분 배출한다. 여느 연체동물과 마찬가지로 성체로 탈바꿈해 해저에 자리를 잡기 전까지 대왕조개 수정란은 작은 유생으로 발달해 부유 생물처럼 헤엄쳐 다닌다.

무늬 대왕조개
보초와 환초에서 살아가는 이 반들반들한 대왕조개(*Tridacna derasa*)는 길이가 60센티미터까지 자랄 수 있는 두 번째로 큰 종으로 푸른색과 초록색이 유난히 반짝이는 외투막을 갖고 있다.

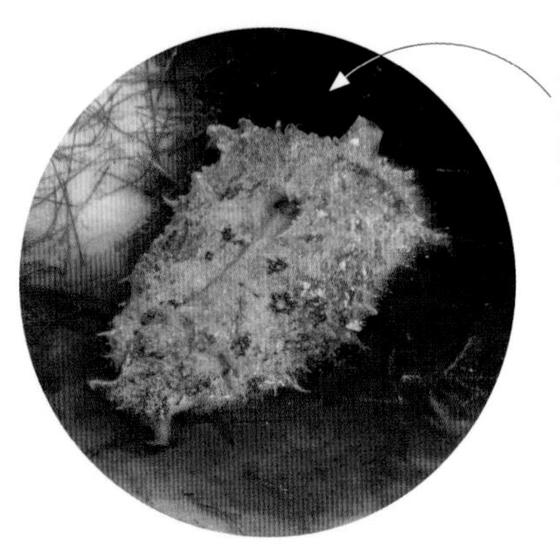

자욱하게 번진 먹물에는 천적을 물리칠 만한 자극적인 화학 물질이 들어 있다.

방어용 잉크
갯민숭달팽이의 일종인 군소를 건드리면 매서운 자주색 먹물을 내뿜는다. 먹물은 군소가 먹은 조류에서 일부 얻은 것이다.

독물 경계
변화무쌍한 네온갯민숭달팽이(*Nembrotha kubaryana*)의 선명한 색깔은 천적에게 경고 신호의 효과가 있는 경계색이다. 이 같은 인도-태평양종은 특별한 형태의 멍게(말랑한 몸체를 갖고 여과 섭식하는 해저 동물)를 먹어서 얻은 유독성 점액을 무기로 보유한다.

무기 수집하기

단단한 껍데기 없이 말랑한 몸체를 가진 연체동물은 천적으로부터 자신을 지키기 위해 다른 형태의 무기가 필요하다. 수많은 갯민숭달팽이는 먹이를 통해 얻은 방어 수단으로 무장한다. 그중 일부는 독성이 있는 유기체를 먹은 다음 독을 품고 있다가 해로운 점액을 분비하거나 격퇴용 먹물을 내뿜는다. 그 밖에도 독을 내뿜는 해파리나 말미잘의 촉수를 먹고 침(자포)을 지니는 연체동물도 있다. 침은 이들 연체동물의 몸으로 들어갔어도 언제든 내뿜을 수 있다.

독침 보존하기
도리드(dorid)로 불리는 갯민숭달팽이 무리에 속하는 변화무쌍한 네온갯민숭달팽이는 아가미 깃털을 갖고 있으며 유독성 점액에 의지해 천적을 물리친다. 또 다른 무리인 이올리드(aeolid) 갯민숭달팽이는 먹이로부터 얻은 독침을 손가락처럼 생긴 등 위의 돌출부 세라스에 보존한다. 먹이와 함께 삼킨 미세한 독침은 소화관의 곁가지를 통해 옮겨져 세라스의 끝에 보존되다가 천적의 공격을 받게 되면 발사된다.

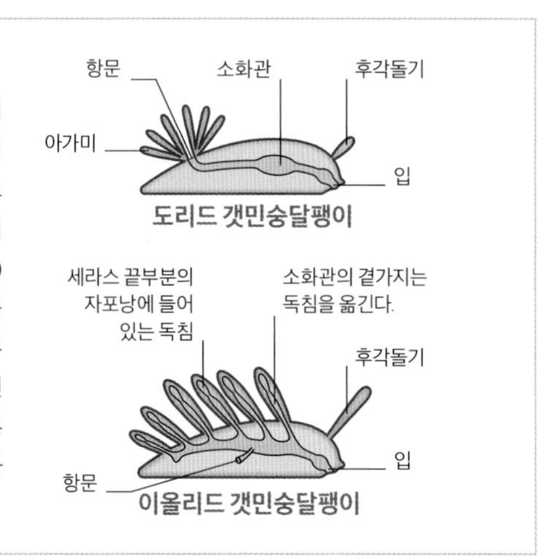

촉수처럼 생긴 감각 기관인 후각돌기는 물맛을 통해 먹이인 멍게를 감지할 수 있다.
주황색 무늬는 독성을 품고 있다는 경고 효과를 높이지만, 이런 변화무쌍한 갯민숭달팽이 가운데 똑같은 독성을 품은 일부 개체는 초록색과 검은색만을 띠기도 한다.
원형으로 배열된 **깃털 같은 아가미는** 주변의 바닷물에서 산소를 흡수한다.

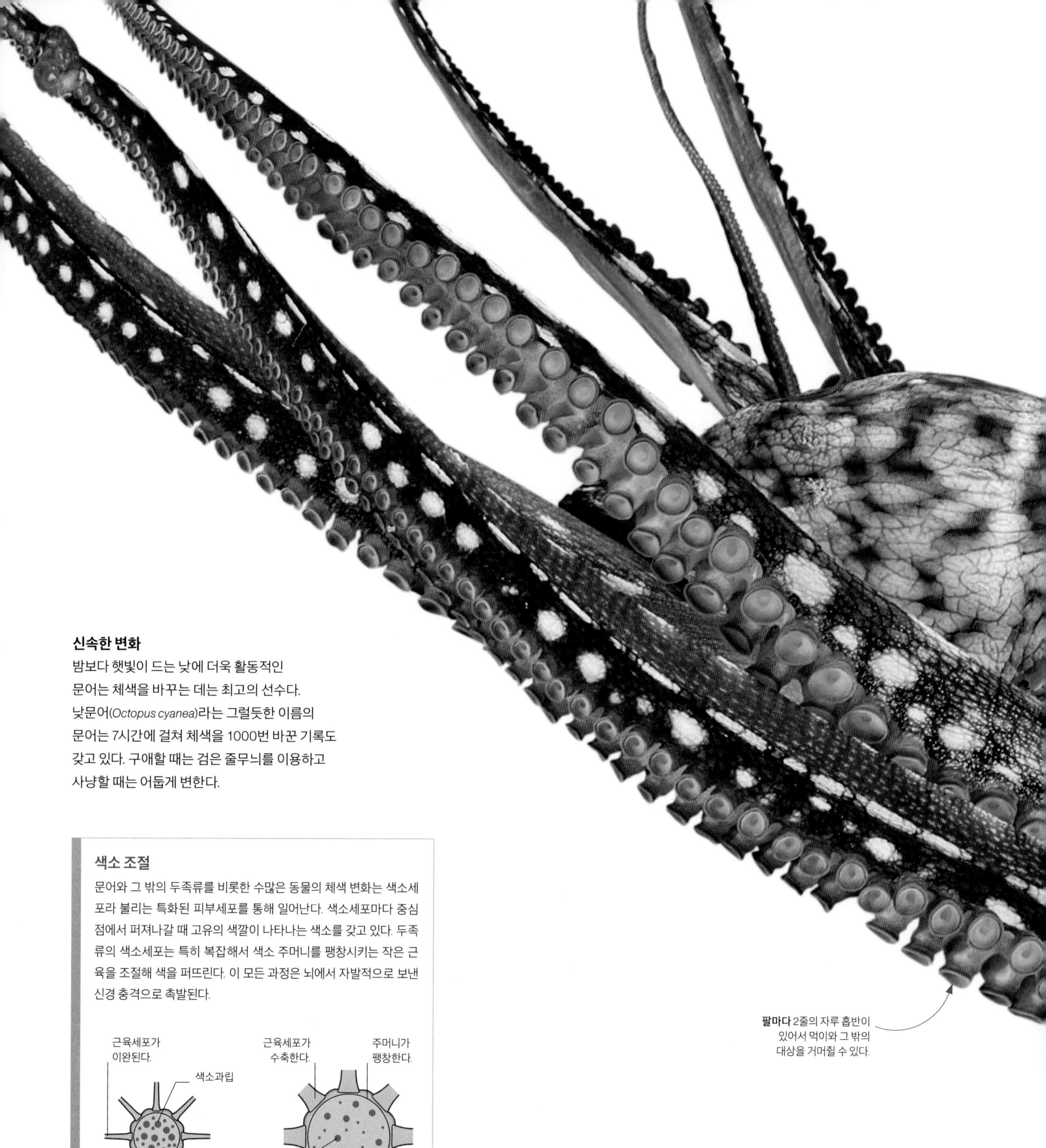

신속한 변화

밤보다 햇빛이 드는 낮에 더욱 활동적인 문어는 체색을 바꾸는 데는 최고의 선수다. 낮문어(*Octopus cyanea*)라는 그럴듯한 이름의 문어는 7시간에 걸쳐 체색을 1000번 바꾼 기록도 갖고 있다. 구애할 때는 검은 줄무늬를 이용하고 사냥할 때는 어둡게 변한다.

팔마다 2줄의 자루 흡반이 있어서 먹이와 그 밖의 대상을 거머쥘 수 있다.

색소 조절

문어와 그 밖의 두족류를 비롯한 수많은 동물의 체색 변화는 색소세포라 불리는 특화된 피부세포를 통해 일어난다. 색소세포마다 중심점에서 퍼져나갈 때 고유의 색깔이 나타나는 색소를 갖고 있다. 두족류의 색소세포는 특히 복잡해서 색소 주머니를 팽창시키는 작은 근육을 조절해 색을 퍼뜨린다. 이 모든 과정은 뇌에서 자발적으로 보낸 신경 충격으로 촉발된다.

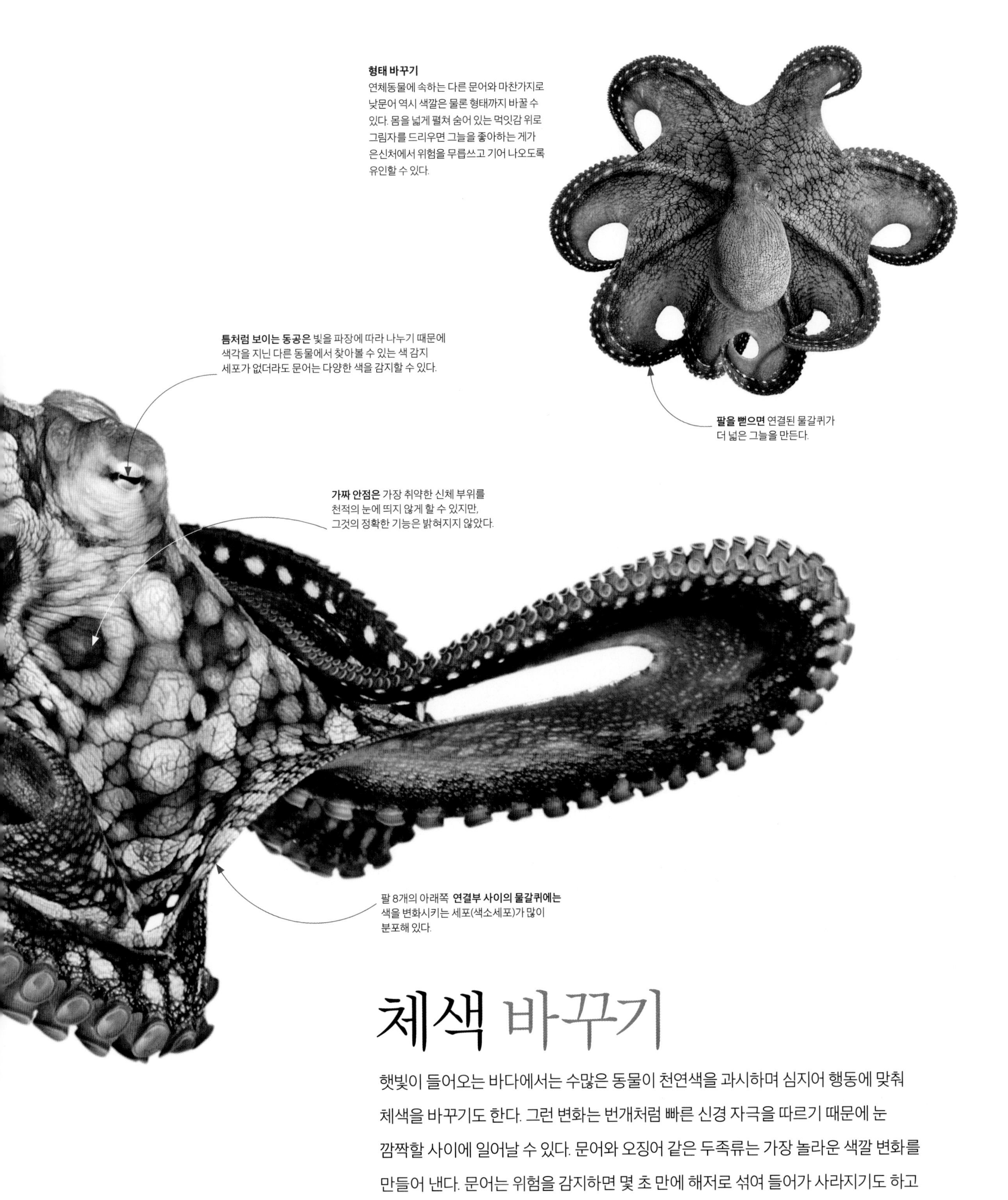

형태 바꾸기
연체동물에 속하는 다른 문어와 마찬가지로 낮문어 역시 색깔은 물론 형태까지 바꿀 수 있다. 몸을 넓게 펼쳐 숨어 있는 먹잇감 위로 그림자를 드리우면 그늘을 좋아하는 게가 은신처에서 위험을 무릅쓰고 기어 나오도록 유인할 수 있다.

팔을 뻗으면 연결된 물갈퀴가 더 넓은 그늘을 만든다.

틈처럼 보이는 동공은 빛을 파장에 따라 나누기 때문에 색각을 지닌 다른 동물에서 찾아볼 수 있는 색 감지 세포가 없더라도 문어는 다양한 색을 감지할 수 있다.

가짜 안점은 가장 취약한 신체 부위를 천적의 눈에 띄지 않게 할 수 있지만, 그것의 정확한 기능은 밝혀지지 않았다.

팔 8개의 아래쪽 **연결부 사이의 물갈퀴에는** 색을 변화시키는 세포(색소세포)가 많이 분포해 있다.

체색 바꾸기

햇빛이 들어오는 바다에서는 수많은 동물이 천연색을 과시하며 심지어 행동에 맞춰 체색을 바꾸기도 한다. 그런 변화는 번개처럼 빠른 신경 자극을 따르기 때문에 눈 깜짝할 사이에 일어날 수 있다. 문어와 오징어 같은 두족류는 가장 놀라운 색깔 변화를 만들어 낸다. 문어는 위험을 감지하면 몇 초 만에 해저로 섞여 들어가 사라지기도 하고 배우자감을 만나면 과감한 무늬로 강렬한 인상을 남기기도 한다.

대중을 위한 해양 과학
1850년대에 발행된 프랑스의 유명한 일러스트 잡지《르 마가징 피토레스크(*Le Magasin Pittoresque*)》에는 일반 대중에게 해양 생물을 교육하기 위한 목적으로 쌍각류 조개, 바다고둥, 갯민숭달팽이라고 이름 붙인 종의 정교한 목판화가 실려 있다.

명화 속 해양

과학과 만난 예술

19세기 들어와 이전까지만 해도 변경에 속했던 지역으로의 항해와 표본을 정확히 설명해야 하는 과학적 필요에 부응해 자연사 삽화는 상당한 발전을 이루었다. 바다는 탐험을 위해 나서야 할 새로운 개척지였으며, 복잡하고 활기 넘치는 무수한 바다 생명체는 예술가들에게 기록하고 싶은 도전과 영감을 불러일으켰다.

표본을 알코올에 보존하면 고유의 색을 급속도로 잃고 부피가 줄어 바다 생명체를 묘사하는 일은 역사적으로도 만만치 않았다. 런던 동물 학회의 해법은 현장에서 그린 그림을 이용하는 것이었다. 차 무역상 존 리브스(John Reeves, 1774~1856년)는 1812년부터 마카오에서 19년을 보내며 중국 화가들에게 어류 세밀화를 그려 달라고 부탁했다. 완성된 그림의 상당수는 새로운 종을 설명하는 도해가 되었다.

1870년대 세계 각지를 4년간 항해한 영국의 챌린저 호는 다양한 해양의 깊이에 대한 대대적인 조사에서 나온 표본, 바닷물의 화학 성분, 조류, 해수 온도, 해저 지질에 대한 새로운 자료를 얻어 돌아왔다. 그런 성과에 고무된 애호가 가운데 한 사람이 독일의 의사이자 동물학자 헤켈이었다. 그의 대표작 『자연의 예술적 형상』은 가장 작은 해양 생물 형태의 대칭성과 아름다움을 보여 주는 100점의 놀라운 석판화를 특징으로 한다.

박물학자 제임스 소머빌(James M. Sommerville, 1825~1899년)은 1855년에 미국 해군 장교인 매튜 모리(Matthew Fontaine Maury, 1806~1873년)가 발표한 획기적인 연구에 영감을 받아, 관련된 생물 종에 대한 눈부신 수채화 삽화를 주문했다.

「갯민숭달팽이」(1899~1904년)
과학과 예술의 경계를 넘나드는 헤켈의 나새류(nudibranch, 해양 복족류 연체동물) 그림은 정교하고도 조화로운 배치가 놀랍다.

「해양 생물」(1859년)
다양한 지리적 구역에 서식하는 75종의 생생한 바다 생명체와 산호를 관념적으로 모아 놓은 그림은 의사이자 박물학자인 소머빌의 소책자 『해양 생물(*Ocean Life*)』에 넣을 삽화를 위해 창조되었다. 미대 교수인 크리스찬 슈셀레(Christian Schussele, 1824~1879년)의 수채화가 적용된 석판화는 정물화의 전형적 특징을 모두 갖추고 있다.

> “해양 생물 분류는 문자 그대로의 분류라기보다는 지적인 진실 추구에 가깝다. 바다의 정신적 오아시스로 이름 붙일 ……”
>
> — **제임스 소머빌, 『해양 생물』 서문에서, 1859년**

숙주 청소하기

햇빛이 잘 드는 산호초는 비옥하고 생물 다양성을 두루 갖춘 물리적으로 복잡한 곳이다. 그 결과 많은 생물 종이 각자의 역할에 맞춰 진화하기 때문에 복잡한 서식지에서의 경쟁이 줄어들고 생물 종 사이에 오히려 가까운 관계가 형성된다. 한때 먹이를 찾아다니던 새우는 살아 있는 숙주에게서 기생 동물과 떨어져 나온 각질을 거둬들이는가 하면 심지어 자신들이 제공하는 청소 서비스를 홍보하기도 한다. 이처럼 상호 유익한 공생 관계를 통해 물고기 '고객'은 잠재적인 유해 동물을 제거하고 청소부인 새우는 식사를 해결할 수 있다.

청소부인 새우는 숙주의 입으로 들어가 턱과 이빨에 낀 먹이를 떼어낼 수 있다.

사냥꾼 청소하기
청소부 역할을 하는 어떤 새우는 곰치와 강한 유대 관계를 형성한다. 곰치와 은신처를 공유하면서 천적으로부터 어느 정도 보호를 받는 셈이다.

형형색색의 청소부
인도-태평양의 산호초에 서식하며 줄무늬 때문에 이 같은 이름을 갖게 된 스칼렛스컹크새우(*Lysmata amboinensis*)의 독특한 붉고 흰 무늬는 청소가 필요한 물고기에게 시각적 신호로 작용할 수도 있다. 몇 종의 스컹크새우는 열대 지방의 바다에서 유능한 물고기 청소부 역할을 한다.

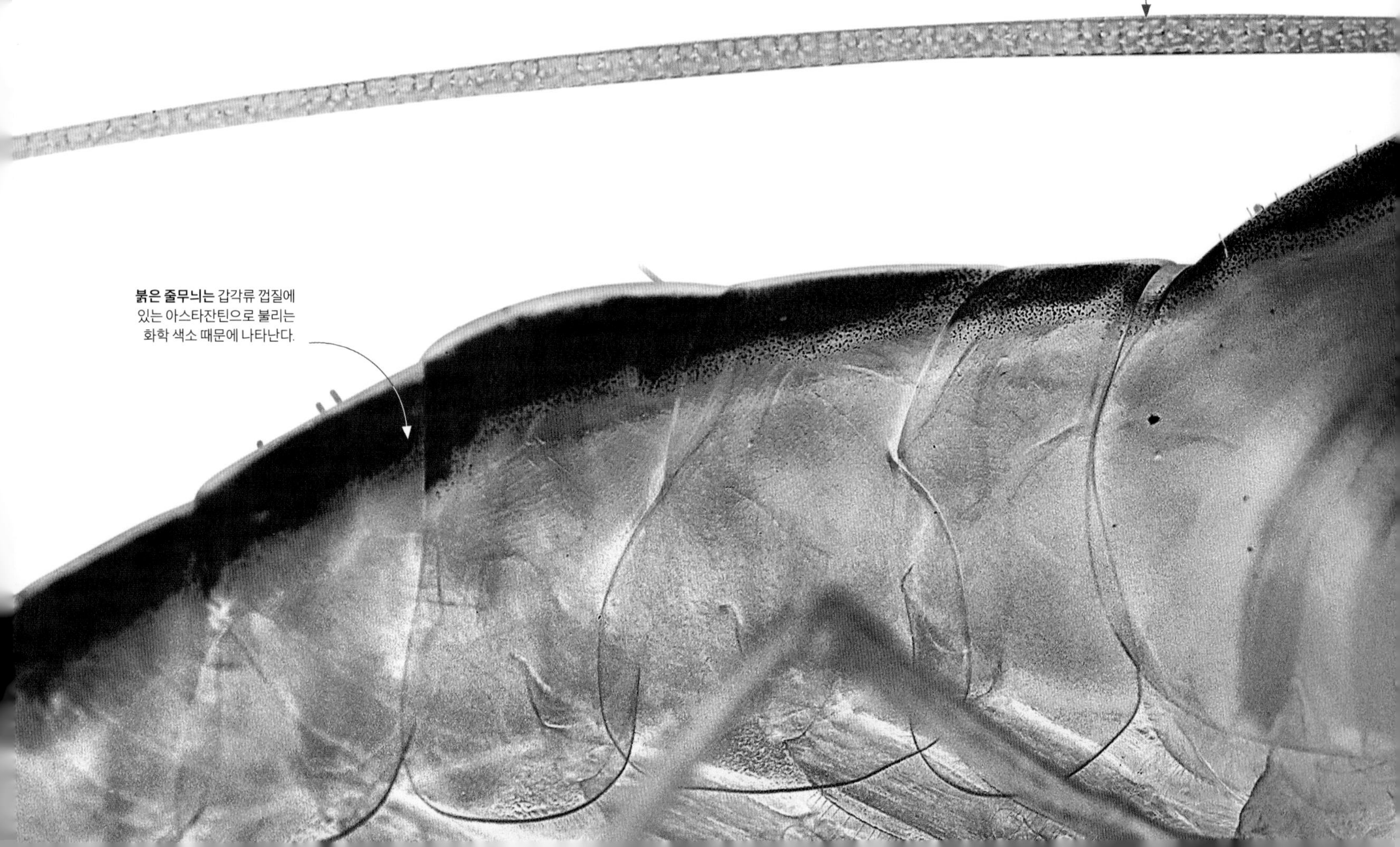

길고 흰 더듬이(촉각)를 흔들어 '고객' 물고기에게 청소 행위를 선전하는 시각 신호를 보낼 수도 있다.

붉은 줄무늬는 갑각류 껍질에 있는 아스타잔틴으로 불리는 화학 색소 때문에 나타난다.

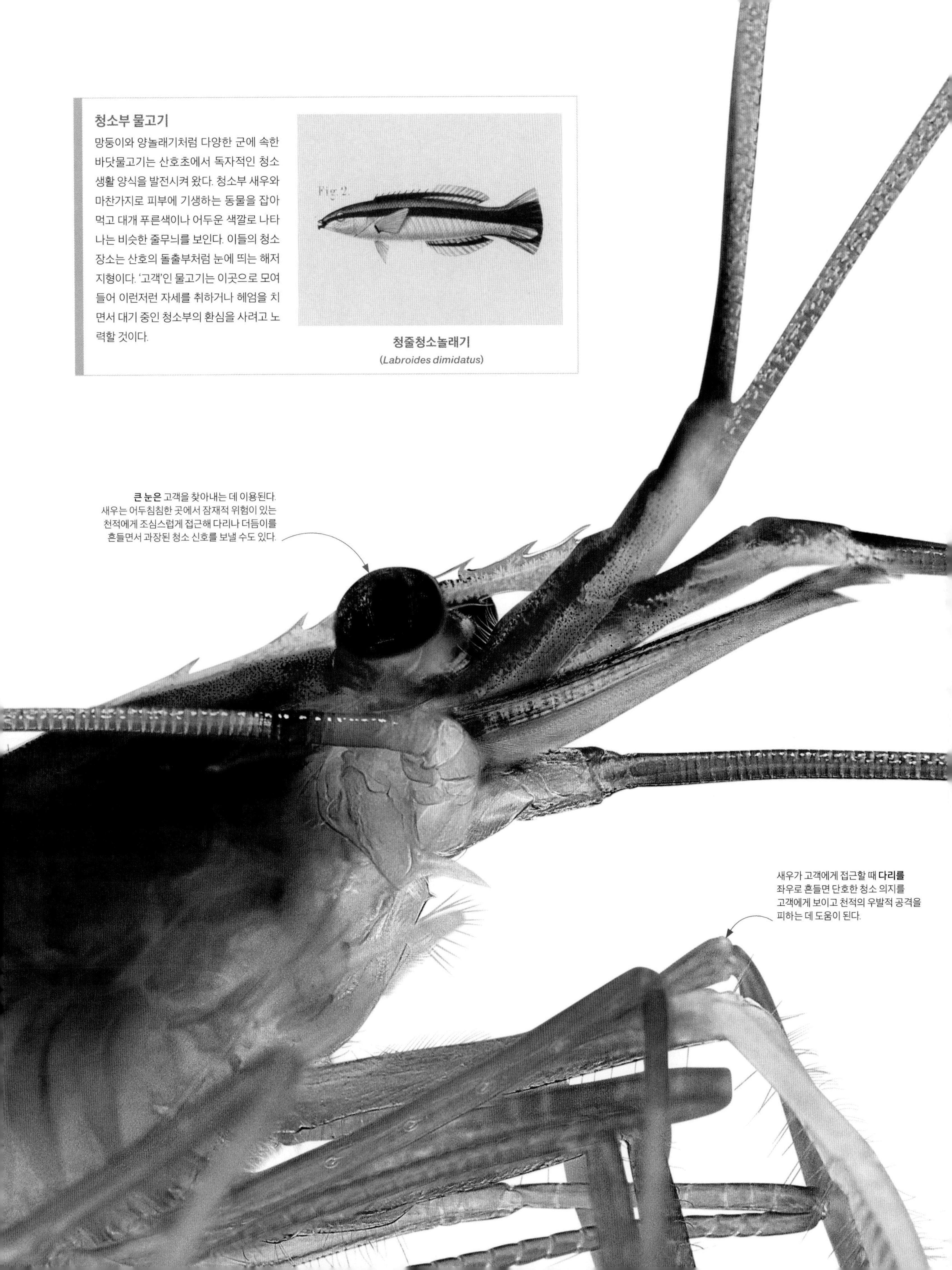

청소부 물고기

망둥이와 양놀래기처럼 다양한 군에 속한 바닷물고기는 산호초에서 독자적인 청소 생활 양식을 발전시켜 왔다. 청소부 새우와 마찬가지로 피부에 기생하는 동물을 잡아먹고 대개 푸른색이나 어두운 색깔로 나타나는 비슷한 줄무늬를 보인다. 이들의 청소 장소는 산호의 돌출부처럼 눈에 띄는 해저 지형이다. '고객'인 물고기는 이곳으로 모여들어 이런저런 자세를 취하거나 헤엄을 치면서 대기 중인 청소부의 환심을 사려고 노력할 것이다.

청줄청소놀래기
(*Labroides dimidatus*)

가면 만들기

게는 잘 알려진 것처럼 집게발을 자기 방어에 이용할 수 있지만 수많은 종의 게는 덜 대립적인 접근법, 말하자면 위장술을 택한다. 해초 찌꺼기부터 해면 같은 군체 동물에 이르기까지 가리지 않고 온갖 부유물과 부스러기를 몸에 붙여 바다 밑 세계와 어우러질 수 있다. 게가 뒤집어쓴 부유물은 대부분 성장을 계속하고, 시간이 지남에 따라 누구나 속아 넘어가는 살아 있는 가면이 된다.

가면 밑 은신처
벨크로게(*Camposcia retusa*)는 숨어 지내는 데만 정신이 팔려 있어서 잔해물과 살아 있는 유기물로 덮이지 않은 유일한 신체 부위는 가면 재료를 수집하는 데 이용된 집게발뿐이다.

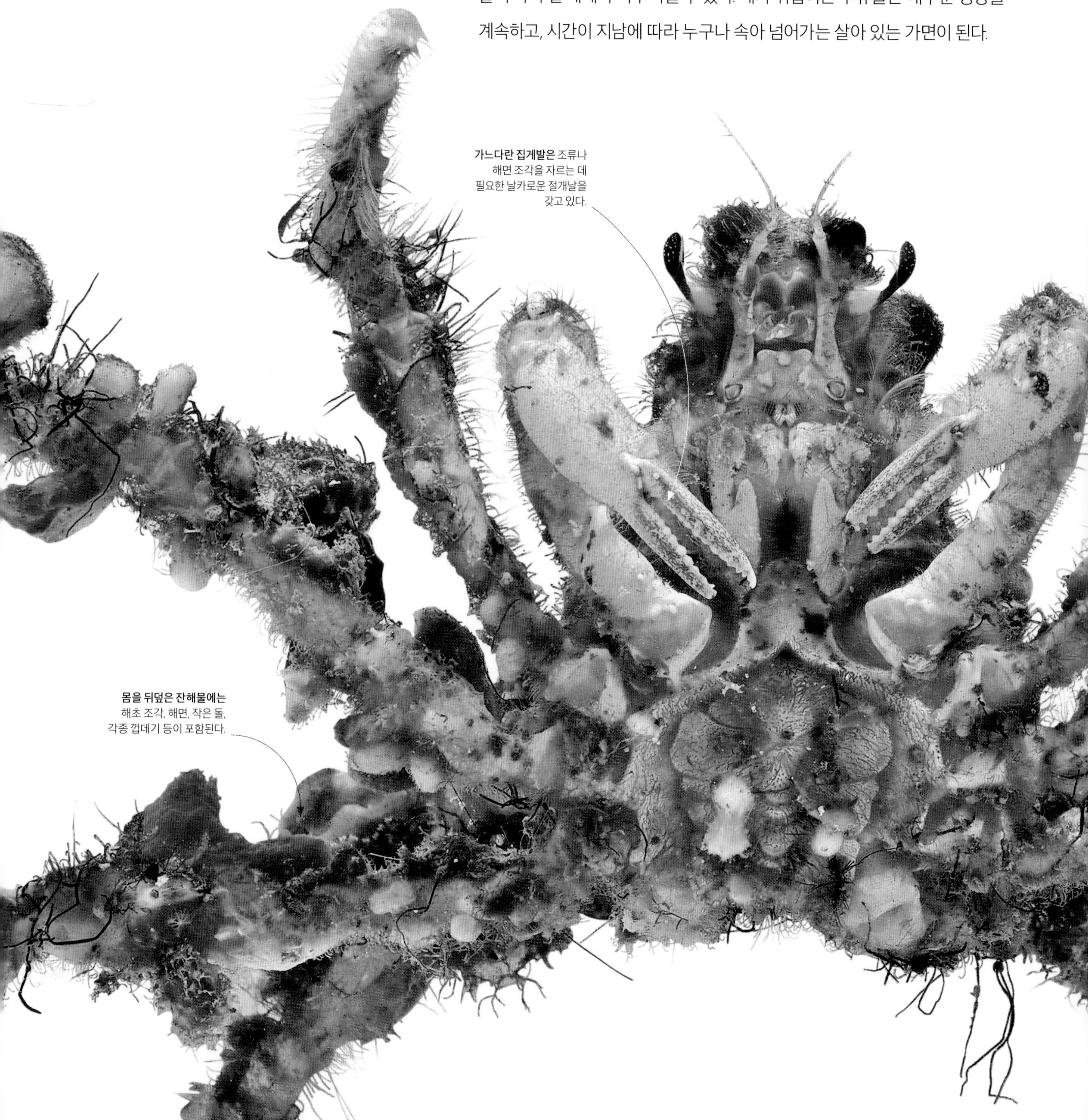

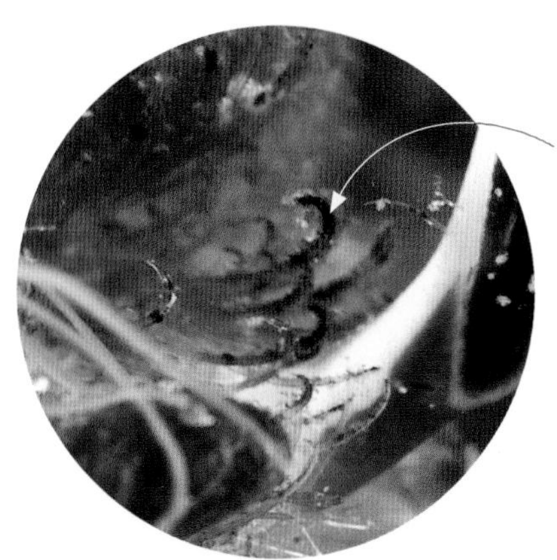

무리를 지어 자란 **갈고리 모양의 털은** 잔해물을 수집할 때 쥐는 힘을 더욱 강하게 만들어 준다.

벨크로게
몸체는 끝이 갈고리 모양인 털로 덮여 있다. 갈고리 털은 벨크로처럼 작용해 집게발에 의해 몸체로 전달된 잔해물을 단단히 고정해 준다.

게 장식

잔해물을 수집하는 일부 게는 전문가 수준의 위장술을 펼치기도 한다. 해면으로 위장한 해면치레과(Dromiidae) 게는 갈고리 모양의 뒷다리가 있어서 해면을 등딱지로 옮길 수 있다. 폼폼게(*Lybia*)는 심지어 장식에 독을 이용하기도 하며 집게발로 작은 말미잘(*Triactis*)을 가지고 다니면서 천적을 쫓는다.

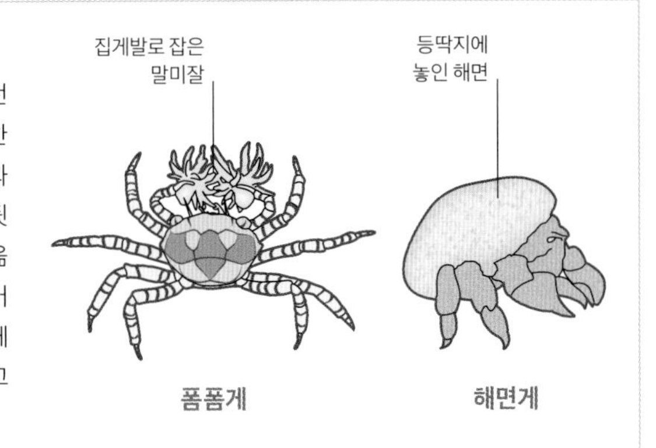

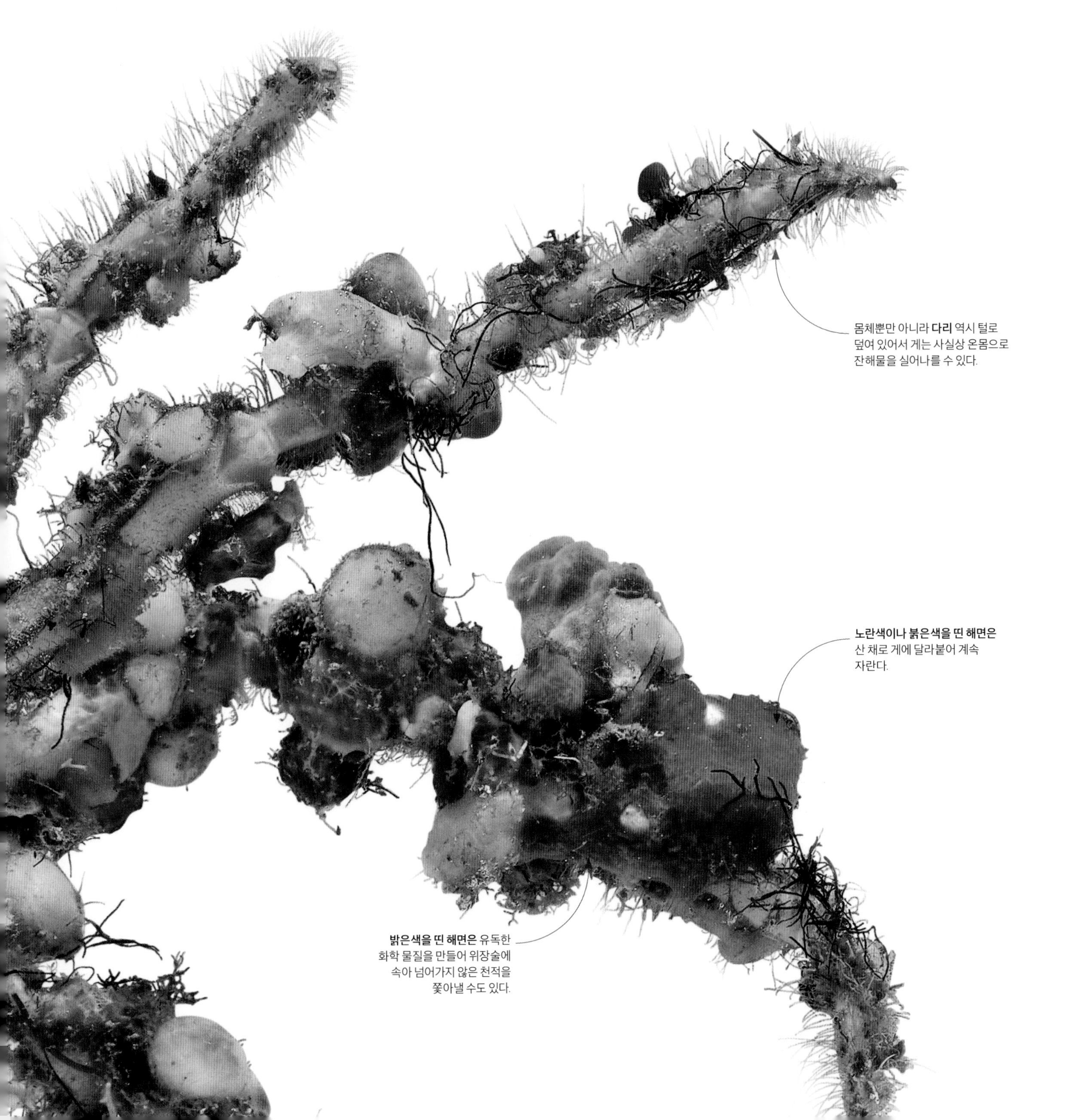

몸체뿐만 아니라 **다리** 역시 털로 덮여 있어서 게는 사실상 온몸으로 잔해물을 실어나를 수 있다.

노란색이나 붉은색을 띤 해면은 산 채로 게에 달라붙어 계속 자란다.

밝은색을 띤 해면은 유독한 화학 물질을 만들어 위장술에 속아 넘어가지 않은 천적을 쫓아낼 수도 있다.

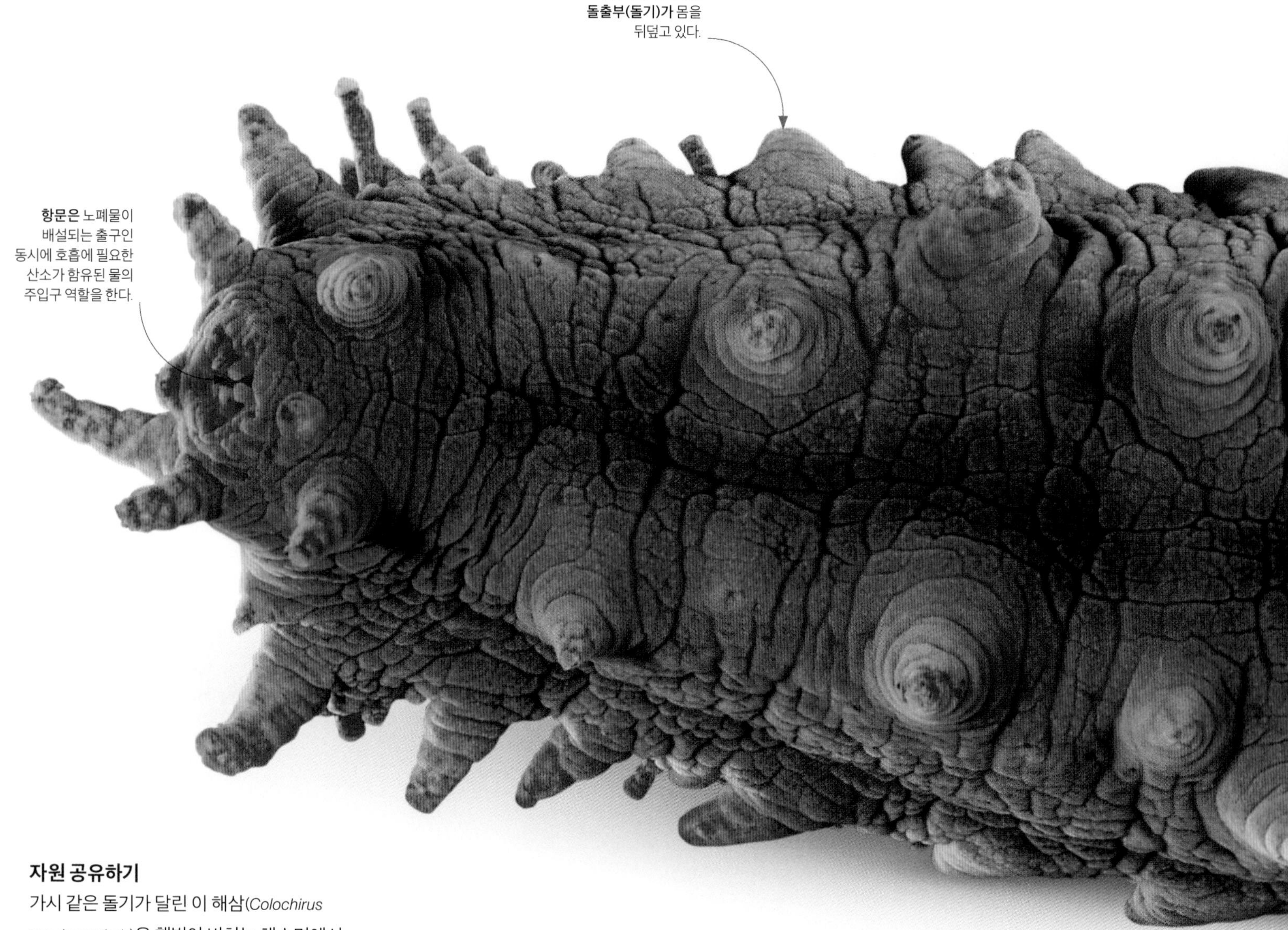

자원 공유하기
가시 같은 돌기가 달린 이 해삼(*Colochirus quadrangularis*)은 햇빛이 비치는 해수면에서 약 115미터 아래의 해저에서도 살아간다. 해삼은 몸을 위로 세우고 촉수를 뻗어 물속에 떠다니는 먹이를 잡아먹는다. 일부 먹이는 촉수 사이에서 살아가는 작은 새우에 의해 잡히기도 한다.

해저 동물의 섭식

한 곳에 머물러 살거나 해저에서 느리게 움직이며 살아가는 해양 동물은 눈앞의 먹이를 최대한 활용한다. 현탁물 섭식자(suspension feeder)는 뻣뻣한 털이나 촉수를 이용해 물에 떠다니는 살아 있거나 죽은 입자를 잡아먹는다. 잔사 섭식자(detritivore)는 데트리터스(detritus)로 불리는 유기 잔존물을 전문적으로 처리한다. 이런 물질은 물속에서 얻을 수도 있고 해저에서 긁어모을 수도 있다. 깊은 바닷속에서는 위에서 쏟아져 내리는 데트리터스가 햇빛을 대신한 주요 에너지원이 된다.

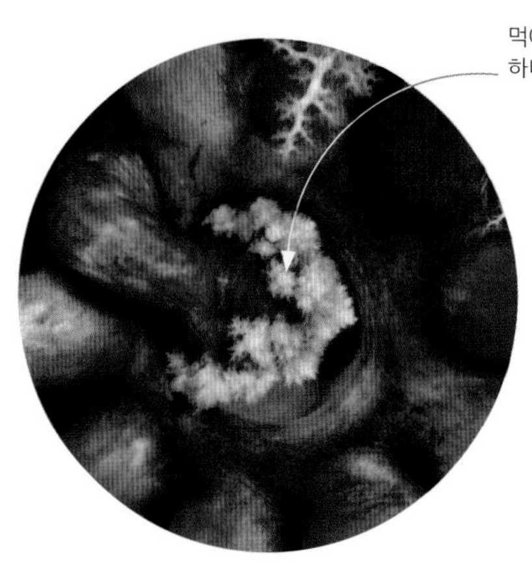

먹이 활동을 하는 촉수
산호초에 서식하는 바다사과(*Pseudocolochirus violaceus*)는 햇빛이 잘 드는 얕은 물에서 주름 장식 같은 촉수를 이용해 조류, 동물성 플랑크톤, 죽은 물질처럼 작은 입자를 잡아먹는 알록달록한 해삼이다.

고래의 해체 과정

잔사 섭식자는 물질과 에너지를 재생해 먹이 그물로 돌려보낸다. 죽은 고래는 가장 먼저 상어와 먹장어처럼 움직이는 청소동물의 먹이가 된다. 그런 다음 바다돼지(sea pig, 해삼의 일종)처럼 좀 더 느린 해양 동물의 먹이가 되고, 뒤이어 벌레나 갑각류 같은 군체동물의 차지가 된다. 살이 모두 먹히고 나면 뼛속의 세균 군집이 황화수소를 만들어 탄수화물을 생산하는 데 햇빛 대신 이용한다(262쪽 참조).

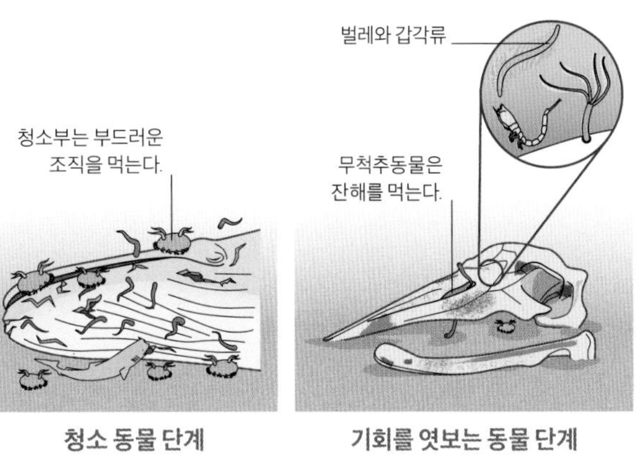

청소 동물 단계

기회를 엿보는 동물 단계

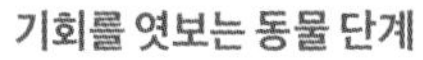

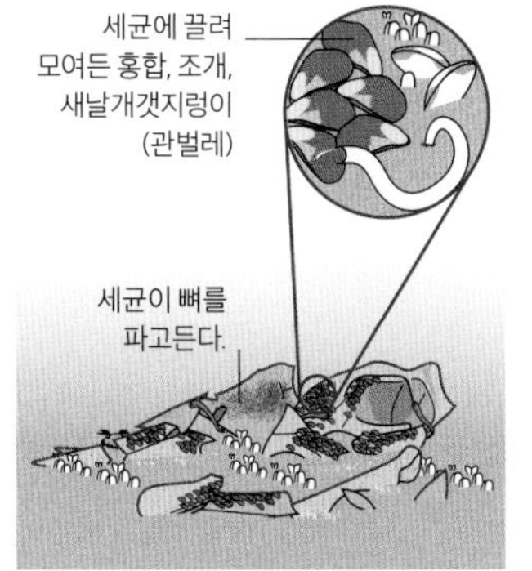

마지막 단계

색소에 의한 푸른색

서태평양의 얕은 해안 산호초에서 발견되는 만다린피시(*Synchiropus splendidus*)는 빛의 구조적 산란 때문이 아니라 색소에서 푸른색이 나오는 단 두 종의 척추동물 가운데 하나로 알려져 있다. 눈길을 끄는 푸른 피부색은 천적에게 경고용으로 이용되며 매끄럽고 비늘이 없는 피부를 통해 분비되는 매우 불쾌한 유독성 점액에 의해 보호를 받는다.

푸른색을 띤 해양 동물

산호초를 배경으로 한 물고기의 선명한 색깔은 이처럼 복잡한 군집에서 생물 종의 정체성을 나타내는 데 도움이 된다. 푸른색과 노란색이 가장 흔한 것은 이 두 색이 훌륭한 대조를 이루며 멀리까지 전달되기 때문이다. 반면에 붉은색은 얕은 바다에서 효과적이다. 이런 색은 어떤 빛의 파장은 흡수하되 나머지 파장은 반사하는 색소에 기인한다. 그러나 일부 색, 그중에서도 특히 푸른색은 구조적인 산란 때문에 나타난다. 푸른색은 빗방울이 무지개를 만들어 내는 것과 같은 방식으로 물고기 피부에 있는 미세한 결정 같은 물질이 다양한 수준으로 파장을 굴절시킬 때 나타난다.

색소에 의한 푸른색과 구조적 산란에 따른 푸른색

검은색, 갈색, 노란색, 붉은색 색소는 색소세포로 불리는 세포에 의해 어류의 피부에서 만들어진다. 지금까지 푸른색 색소를 띤 색소세포(혹은 청색소포)는 만다린피시를 비롯한 가까운 동족에만 존재하는 것으로 알려져 있다. 색소는 우리 눈에 보이는 색을 제외한 빛의 파장을 흡수하고, 우리 눈에 보이는 색은 다시 반사된다. 홍색소포로 불리는 그 밖의 피부세포에는 구아닌 결정체가 들어 있다. 푸른색 파장이 짧을수록 다시 흩어지고 강화되기 때문에 피부가 푸른색으로 보이는 것이다. 이는 산호초에 서식하는 그 밖의 어류에 나타난 푸른색을 설명해 준다.

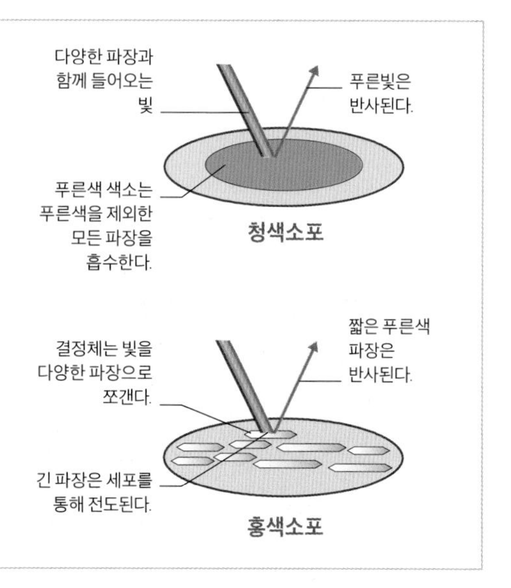

부풀어 오르는 **몸**

동족인 참복, 가시복 같은 복어류는 자기보다 몸집이 큰 동물의 공격을 막기 위해 구형에 가까울 정도로 몸을 순식간에 부풀리는 놀라운 방어 전략을 공유한다. 이들 복어는 강력한 독소도 만들어 낸다. 그러나 이런 방어 수단은 간혹 속도가 너무 느려서 몸이 완전히 부풀기도 전에 크고 빠른 천적에게 덥석 물려 복어는 물론 천적까지 모두 죽음에 이르기도 한다. 복어류와 관련이 없는 복상어(swell shark)는 비슷한 전략을 쓰지만, 복어류에서 볼 수 있는 것처럼 과도한 구형에 이르지는 않는다.

물 삼키기

놀란 참복과 가시복은 물을 재빨리 삼키고 뱃속으로 들어간 물에 의해 체형이 바뀐다. 몸이 풍선처럼 팽창하면서 체강의 모든 공간이 물로 채워진다. 위장 끝에 있는 강력한 괄약근은 몸이 팽창해 있는 동안 액체나 기체가 소화관으로 들어오지 못하게 한다. 감지된 위협이 사라지면 입으로 물을 다시 토해 내고 복어의 몸은 수축한다.

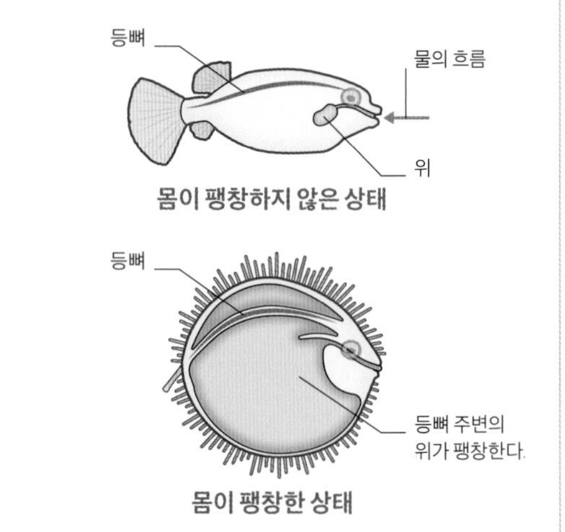

몸이 팽창하지 않은 상태

몸이 팽창한 상태

가시복의 방어 전략

긴 가시가 달린 가시복(*Diodon holocanthus*)의 몸은 바늘이 변형된 바늘 같은 가시로 덮여 있다. 긴장이 풀리면 가시가 몸에 평평한 상태로 누워있지만, 몸이 부풀어 오르면 피부가 팽팽하게 당겨지고 가시가 곧추서면서 천적을 제지하는 효과가 커진다.

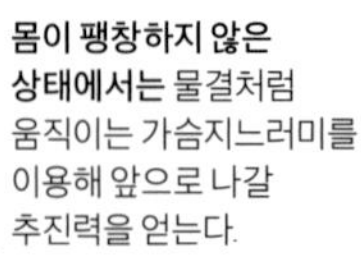

몸이 팽창하지 않은 상태에서는 물결처럼 움직이는 가슴지느러미를 이용해 앞으로 나갈 추진력을 얻는다.

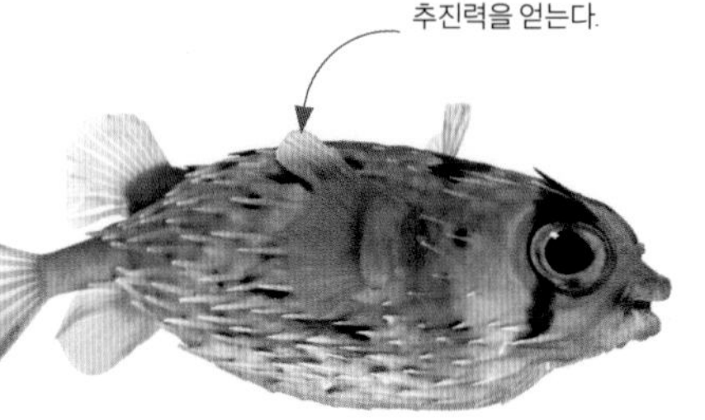

피부에는 콜라겐 섬유가 들어 있어서 물고기가 몸을 팽창할 때 피부가 늘어나도록 돕는다.

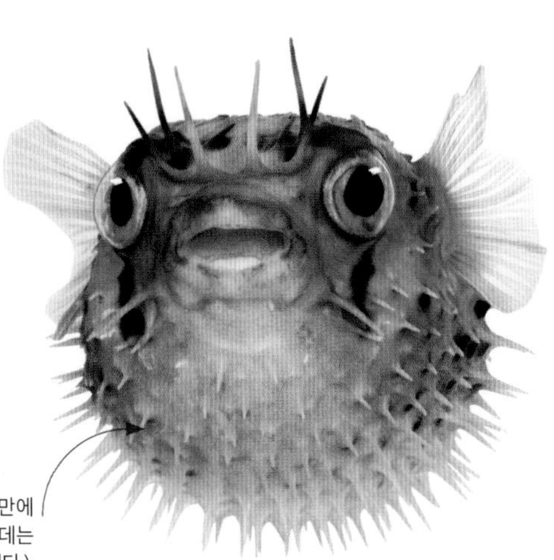

몸은 1~2초 만에 **팽창**한다(수축하는 데는 시간이 약간 더 걸린다.).

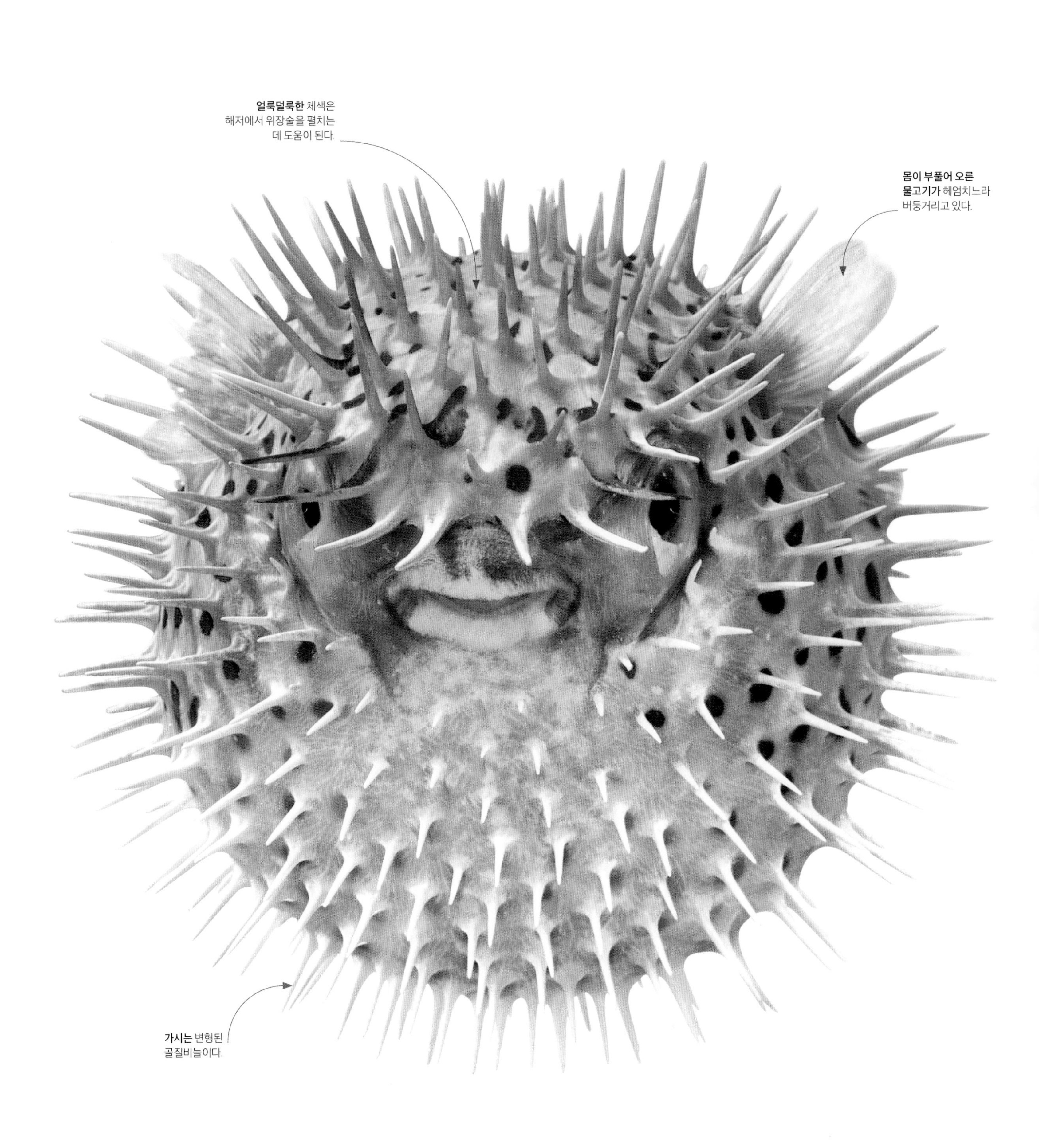
얼룩덜룩한 체색은
해저에서 위장술을 펼치는
데 도움이 된다.
몸이 부풀어 오른
물고기가 헤엄치느라
버둥거리고 있다.
가시는 변형된
골질비늘이다.

「듀공 사냥」(1948년)
나무껍질에 그려진 이 그림에서는 오스트레일리아 북부 카펀테리아 만의 어부들이 원주민에게 특히 소중한 바다 포유류 듀공을 깊은 바다에서 끌어 올리고 있다. 이 작품은 원주민 화가인 자바르그와 '닙패드' 우라바달룸바(Jabarrgwa 'Kneepad' Wurrabadalumba)의 것으로 보인다.

명화 속 해양

오스트레일리아 원주민의 바다

오스트레일리아 북부 아넘랜드에 살던 원주민의 그림은 연안 바다와 강에 서식하는 동물과 고대인들의 관계를 보여 준다. 예로부터 오스트레일리아 원주민은 지식을 전달하기 위해 문자보다는 그림과 구전 문학을 이용했다. 원주민이 남긴 작품은 고기잡이 같은 실용적인 기술이나 정신적, 문화적으로 중요한 전설을 수천 년 동안 전해 내려온 기호를 통해 오늘날까지 전달해 주고 있다.

「바라문디」(20세기)
서부 아넘랜드 예술의 특징인 한 쌍의 바라문디가 껍질을 벗긴 나무껍질 위에 전통기법인 엑스선묘법으로 그려져 있다. 물고기의 윤곽선 안쪽에 골격과 기관을 상세히 그려 두었다.

「'꿈의 시대' 영(靈)들과 물고기」(20세기)
카카두 국립 공원에 있는 암각화 현장은 기원전 2만 6000여 년 전으로 거슬러 올라가는 그림과 스케치는 물론 이보다 많은 최신 작품으로 꾸며져 있다. 원주민 암각화가 대개 그렇듯 수많은 화가는 오래된 작품에 색을 입혀 이야기를 다시 들려주었다. 의식을 치르는 사람들과 함께 엑스선묘법으로 그린 이 물고기 그림은 나좀볼미(Najombolmi)라는 화가가 46곳의 현장에서 작업한 600점의 작품 가운데 하나다.

오스트레일리아 원주민 그림에서 특징을 이루는 물고기 가운데 바라문디(barramundi)는 단연 최고로 꼽힌다. 바라문디는 현재 카카두 국립 공원으로 보호받는 지역에 자리 잡은 바위에 수천 년 동안 그려졌다. 암각화에 그려진 물고기는 지난 70년 동안 널리 보급된 예술 형식인 종이와 나무껍질 그림을 통해 오늘날 널리 재현되고 있다. 고무나무에서 벗긴 나무껍질은 열을 가하고 납작하게 펴서 천연 색소를 입힌다.

서부 아넘랜드에서는 그림의 대상을 엑스선묘법으로 묘사했다(왼쪽 참조). 동부에서는 미세한 선을 나타내기 위해 갈대나 사람 머리카락을 이용해 바다 생명체와 어부를 라아크(raak)로 알려진 정교한 교차 해칭으로 표현했다. 북동부 원주민 욜릉구 족이 나무껍질에 남긴 그림은 뱃일을 하던 조상과 전설적인 해양 생물에 관한 이야기, 바닷가를 지키며 살아온 사람들의 수 세기에 걸친 지식을 전해 준다.

1996년, 바라문디 잡이들이 신성한 지역을 불법적으로 침해한 뒤로 이르칼라의 욜릉구 족 출신 화가들은 오랜 전통을 설명하고 조상 대대로 내려온 권리를 주장하기 위해 염수 수피화로 알려진 그림을 연작으로 발표했다. 2008년, 오스트레일리아 고등 법원에서는 오스트레일리아 북부 노던 준주 해안선 80퍼센트에 이르는 조수에 대해 이 지역 원주민 소유자가 배타적 접근권을 갖고 있다고 확인해 주었다.

> " 그림을 통해 하려는 이야기 …… 우리는 모든 지식을 동원해 아주 오래전 우리 고향에서부터 바다 밑바닥까지 그려 낼 것입니다. "

— 욜릉구 족 원로, 「바닷물: 이르칼라의 바닷가 그림(Saltwater: Yirrkala Pintings of Sea Coutry)」, 1999년

독세포 대처법
말미잘의 촉수에 있는 독세포(자포)는 대개 다른 동물과의 접촉을 통해 반응을 일으킨다. 마룬흰동가리(*Premnas biaculeatus*)는 말미잘에게 쏘이지 않으려고 말미잘이 반응을 보이지 않는 점액으로 몸을 감춘다.

점액 분비

다양한 물고기의 기관이 배출하는 점액은 수많은 용도를 갖고 있지만, 적어도 병원균에 대한 방어막의 역할은 아니다. 점액에는 탄수화물과 단백질의 혼합물이 들어 있으며, 그 양은 기관과 종에 따라 각기 다르다. 흰동가리의 피부 점액에는 말미잘이 잠재적 위협이나 먹이로 여기는 단백질이 없다는 몇 가지 증거가 나오기도 했다. 이 때문에 흰동가리와 접촉을 해도 말미잘은 독을 내뿜는 반응을 보이지 않는다.

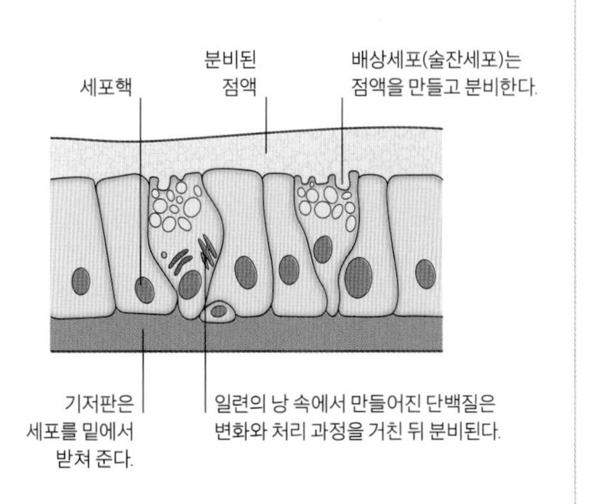

피부 속의 점액 세포

상호 보호

몇 가지 어종, 그중에서도 특히 흰동가리는 말미잘과 서로 유익한 관계를 유지하며 살아간다. 독을 뿜는 말미잘의 촉수 사이에서 물고기는 천적으로부터 자신과 알을 모두 지켜 낼 수 있다. 말미잘을 잡아먹는 포식자를 쫓아내고, 먹이를 떨어뜨리고, 말미잘의 촉수에서 폐기물과 부스러기를 제거해 주는 이 물고기 역시 말미잘에게 유익한 존재다. 게다가 흰동가리 똥에서 나온 양분은 말미잘 내부에서 빛 에너지를 이용해 먹이를 만들면서 더욱 긴밀한 유대를 맺고 살아가는 조류(황록공생조류)의 성장을 촉진한다.

수컷에 의해 알이 수정되고 나서 일주일이 지나면 **유생이 부화한다.**

안전한 둥지
흰동가리 배아는 말미잘 근처에 놓아둔 알에서 발달한다. 치어는 부화할 때부터 말미잘이 쏘는 독에 대한 저항력을 보인다. 모든 흰동가리는 수컷으로 생애를 시작한다. 가장 오래되고 큰 성체는 암컷으로 성이 바뀐다.

성 전환

수많은 물고기는 살아 있는 동안 성이 바뀌는 경험을 한다. 이는 한 개체가 생애 단계에서 수컷과 암컷으로 모두 자랄 수 있음을 의미한다. 이런 물고기는 순차적(비동시적) 자웅 동체로 불린다. 몇 종의 양놀래기를 포함해 이들 성전환 물고기의 상당수는 암컷에서 수컷으로 성이 바뀐다(자성 선숙). 그러나 일부 전문가의 의견에 따르면, 일반적인 흰둥가리와 리본장어 (*Rhinomuraena quaesita*)를 포함한 일부 종은 그와 반대로 수컷에서 암컷으로 바뀐다(웅성 선숙).

암컷 단계
수컷의 크기가 커지면서 암컷으로 바뀌는 웅성 선숙의 주요 이점은 암컷의 몸집이 커서 에너지를 많이 필요로 하는 산란에 투자할 신체적 자원이 더욱 풍부하다는 것이다.

지켜보고 기다리기
모든 곰치류는 머리만 내민 채로 틈새에 오랫동안 숨어서 지낸다. 비교적 큰 눈, 팽창된 콧구멍, 민감한 촉수는 리본장어가 먹이를 감지하기 쉽게 만들어 준다. 입과 목구멍에 각각 하나씩 있는 두 벌의 턱을 이용해 먹이를 움켜쥔다. 리본장어는 특이하게 생긴 코 때문에 잎 모양의 코를 가진 곰치로 불리기도 한다.

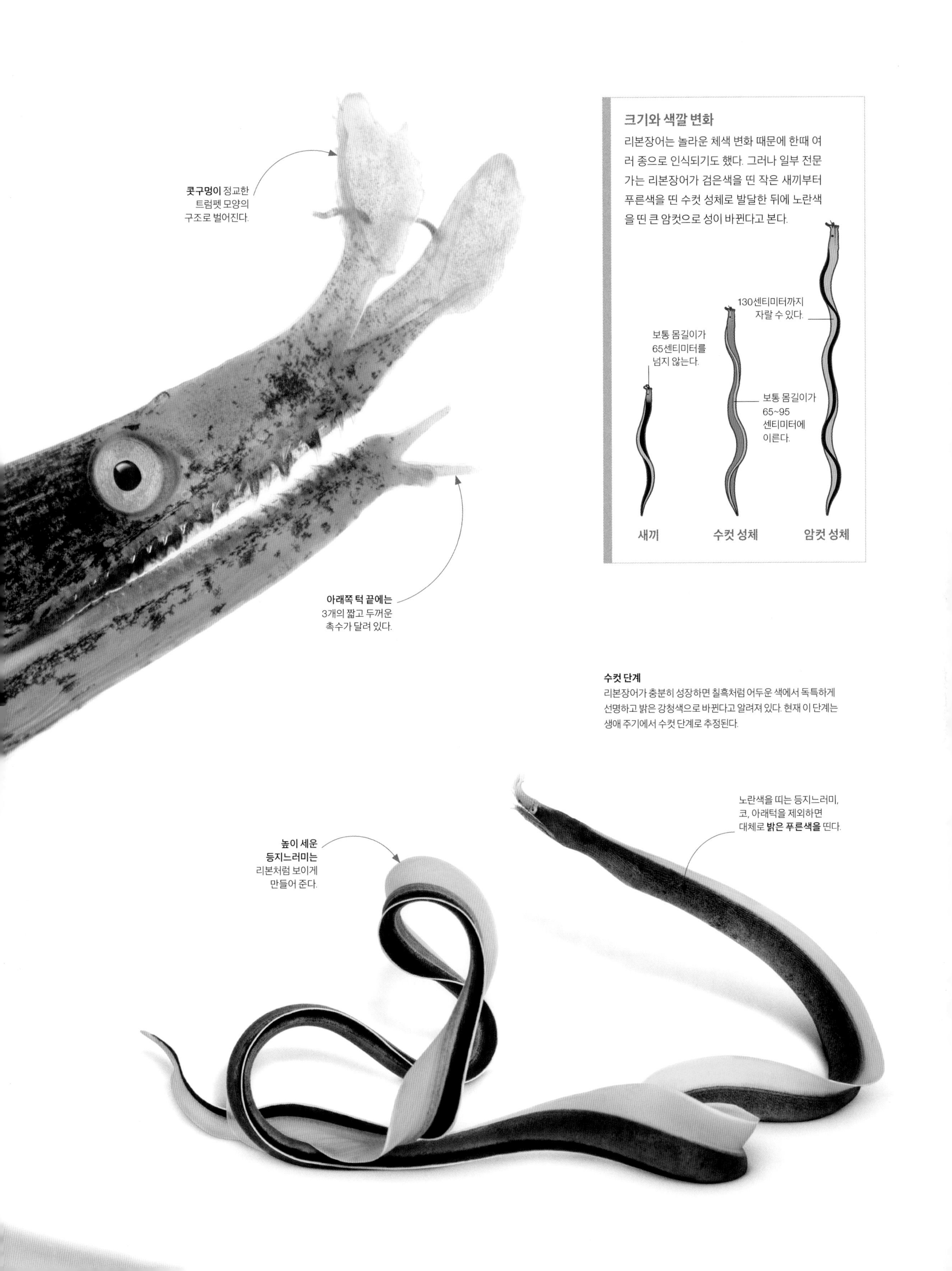

크기와 색깔 변화

리본장어는 놀라운 체색 변화 때문에 한때 여러 종으로 인식되기도 했다. 그러나 일부 전문가는 리본장어가 검은색을 띤 작은 새끼부터 푸른색을 띤 수컷 성체로 발달한 뒤에 노란색을 띤 큰 암컷으로 성이 바뀐다고 본다.

수컷 단계
리본장어가 충분히 성장하면 칠흑처럼 어두운 색에서 독특하게 선명하고 밝은 강청색으로 바뀐다고 알려져 있다. 현재 이 단계는 생애 주기에서 수컷 단계로 추정된다.

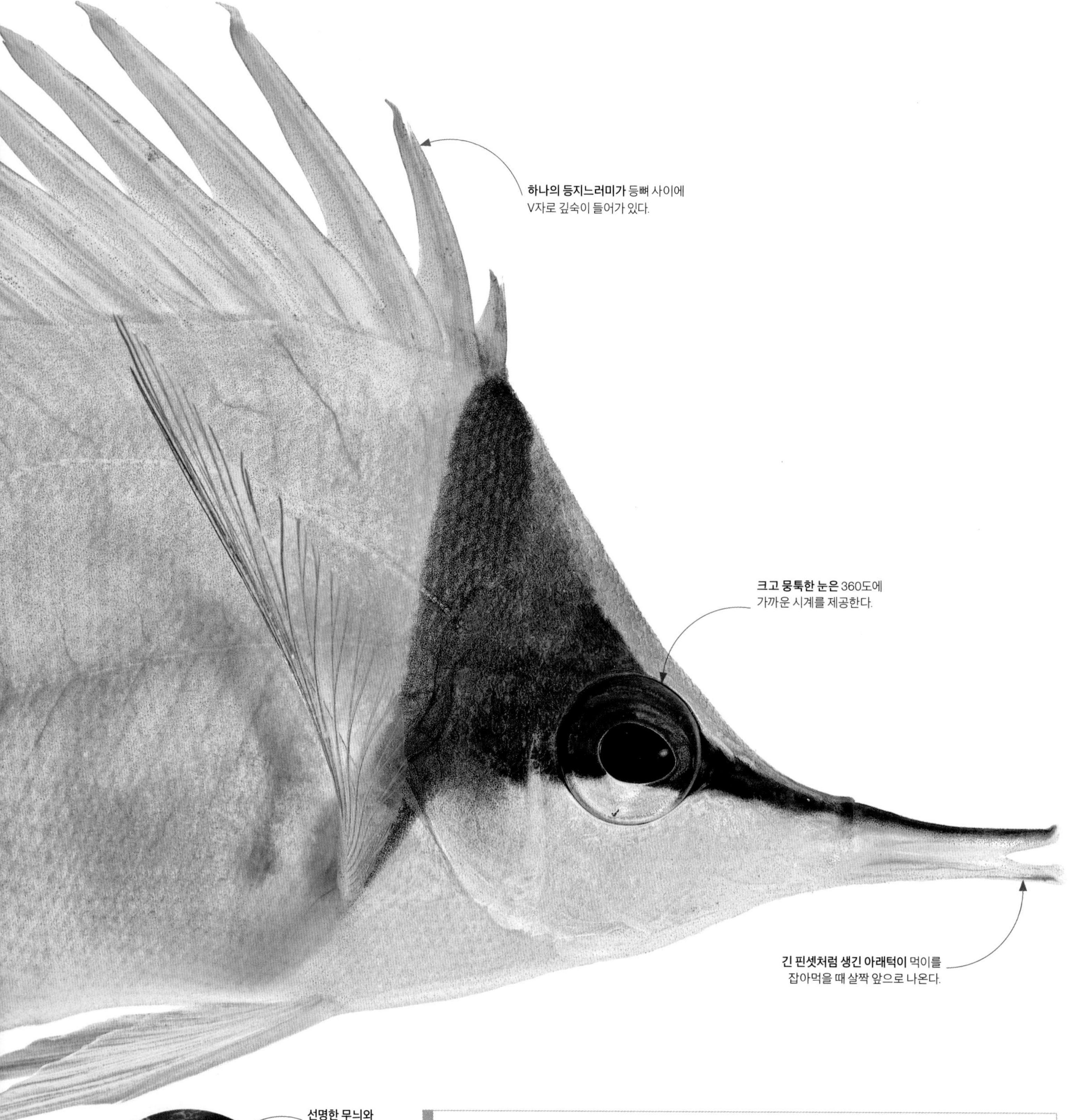

짝을 지어 먹이 찾기
산호 폴립이 주요 먹이인 줄나비고기(*Chaetodon lineolatus*)는
일자 일웅으로 살아간다. 짝을 이루면 섭식 세력권을 함께 지킨다.

섭식 적응

긴코나비고기의 길고 좁은 턱은 펜치처럼 생긴 병코돌고래의 주둥이와 흡사해 다른 물고기가 닿을 수 없는 산호초의 틈새에서 먹이를 찾아내는 데 이상적이다. 한편 나비고기과에 속한 배너피시 같은 물고기에게서 볼 수 있는 짧은 턱과 뻣뻣한 털처럼 생긴 이빨은 물속에 떠다니는 플랑크톤처럼 작은 먹이를 낚아채거나 산호초 표면에 있는 먹이를 떼어내는 데 유리하다.

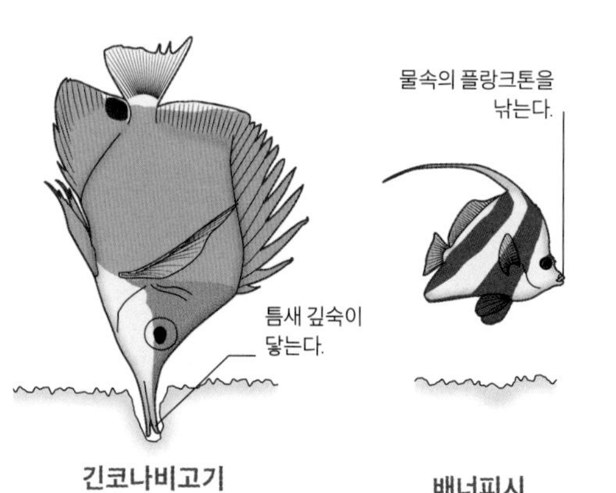

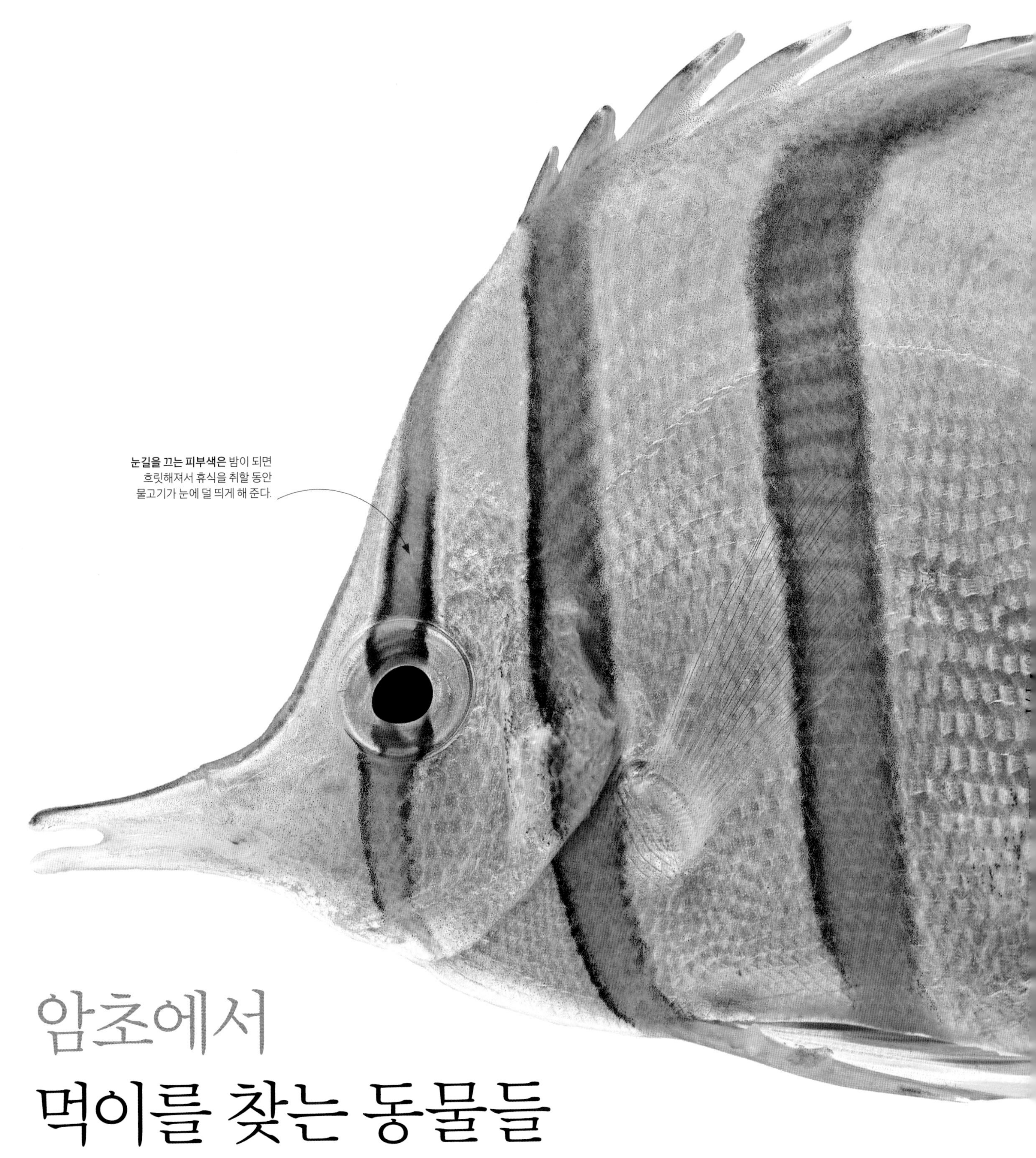

암초에서
먹이를 찾는 동물들

산호초에서 살아가는 5000종이 넘는 어종은 다양한 방식으로 먹이를 찾는 덕분에 이용 가능한 자원을 나눠 쓰면서 경쟁을 피할 수 있다. 산호의 폴립을 직접 먹는 물고기가 불과 130여 종밖에 안 되는 데 비해 상당수의 물고기는 산호 사이에 숨은 작은 무척추동물을 먹이로 삼는다. 폴립을 먹이로 하는 물고기와 암초를 뒤지고 다니는 물고기 중에서 단연 으뜸은 나비고기다. 빗처럼 생긴 이빨로 무장하고 늘일 수 있는 작은 입은 암초 틈새나 돌무더기에서 아주 작은 먹이를 찾아 끄집어내기에 더할 나위 없이 완벽하다.

춤추는 색채
나비고기는 화려한 피부색과 산호초 위를 '무리 지어' 나비처럼 유영하는 방식 덕분에 붙은 이름이다. 노란색을 띠는 긴코나비고기(*Forcipiger flavissimus*, 맞은편)와 카퍼밴드나비고기(*Chelmon rostratus*, 위쪽)는 모두 인도양과 태평양의 산호초에서 볼 수 있다.

엘레강스 유니콘피시의
등지느러미는 노란색을
띠지만 나소 리투아투스(*Naso
lituatus*)와 거의 같은 종은 대체로
검은색을 띤다.

엘레강스유니콘피시의
가시는 벌어진 자리에
붙어 있는 데 비해 다른
쥐돔의 가시는 대개
안으로 집어넣을 수 있다.

날카로운 끝
가까운 동족과 마찬가지로 엘레강스유니콘피시(*Naso elegans*)도
꼬리 양쪽에 앞쪽으로 난 가시가 적어도 2개 있어서 꼬리를 흔들다
보면 심각한 상처를 입을 수 있다.

꼬리 밑부분에서
날카로운 가시가 몸
밖으로 튀어나와 있다.

나이가 듦에 따라 **체색은** 밝아진다.
어릴 때는 가슴이 회색을 띠지만
나이가 들면서 노란색으로 변한다.

날이 있는 물고기

물고기는 대개 피부에서 자란 작은 골판과도 같은 비늘로 덮여 있다. 모든 비늘은 어느 정도 보호의 기능이 있지만 구조와 구성에서 큰 차이를 보인다. 일부 종은 특별한 기능을 수행하는 비늘을 발전시켰다. 쥐돔(탱, 유니콘피시)은 날카로운 가시로 변형된 꼬리의 큰 비늘 또는 수술용 메스처럼 생긴 날 때문에 눈에 띈다. 대개 납작하게 누워 있다가 신경을 건드리면 몸을 세우는데 일부 종은 몸을 들어 올린 상태로 움직이지 않는다.

방어용 무기

간혹 립스틱 탱으로도 불리는 엘레강스유니콘피시 역시 모든 쥐돔과 마찬가지로 가시를 방어 수단으로 이용한다. 다른 개체에 공격성을 보이는 일은 거의 없으며 체내에 내장된 무기 때문인지 몰라도 상당한 자신감을 보인다.

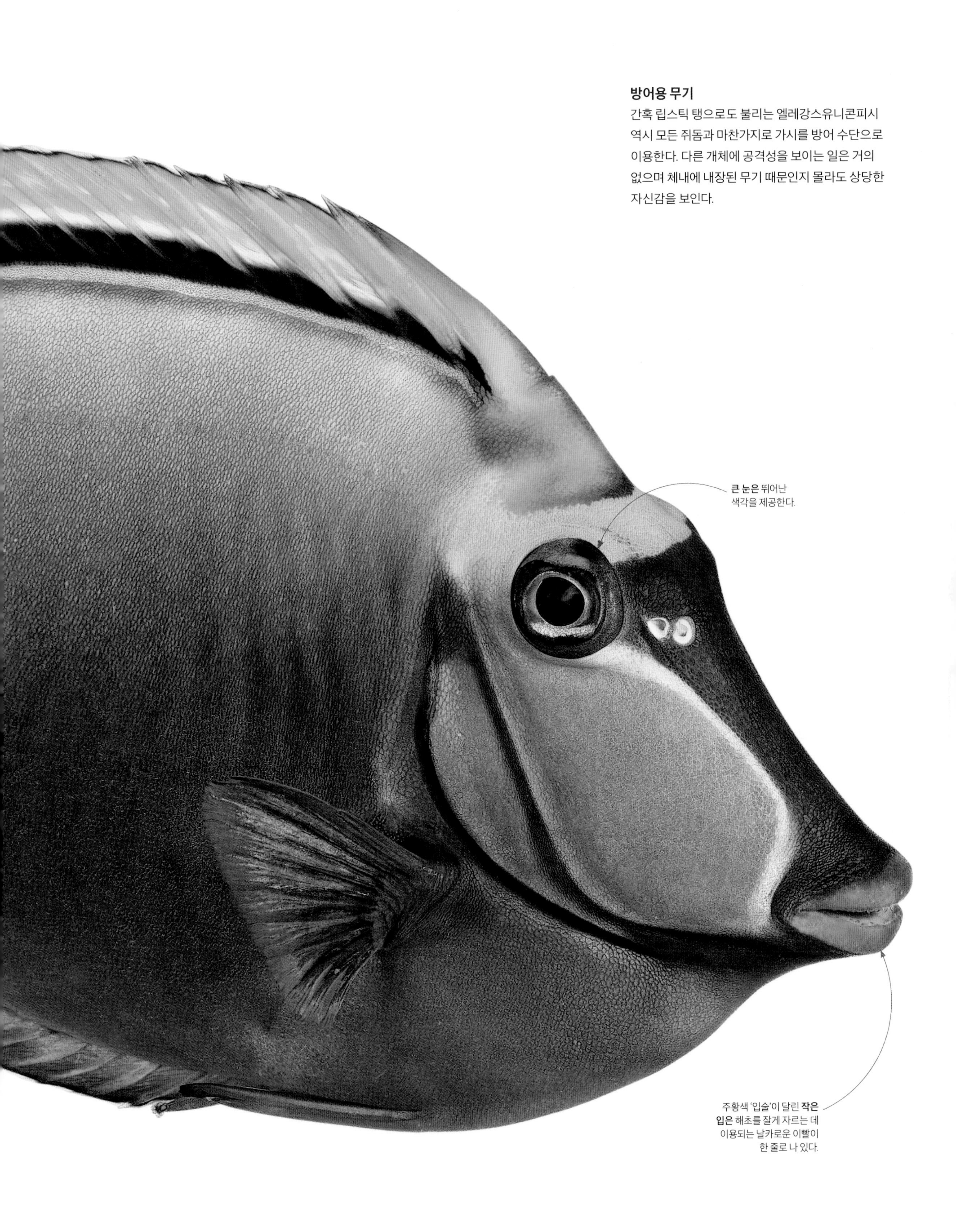

작은 먹이종

신비한 바다 밑에서 살아가는 먹이종 물고기(크립토벤틱)는 가장 작고 풍부하며, 큰 물고기가 잡아먹는 물고기의 60퍼센트가량을 차지한다. 크립토벤틱 유생은 부모가 있는 산호초 근방에 남아서 생존 가능성을 높이고 그 결과 공급이 끊임없이 이루어진다.

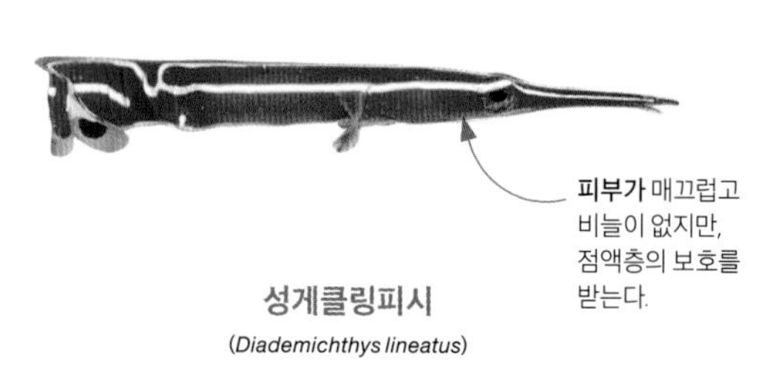

피부가 매끄럽고 비늘이 없지만, 점액층의 보호를 받는다.

성게클링피시

(*Diademichthys lineatus*)

몸길이가 2.5센티미터를 넘지 않는 **반투명한 크립토벤틱**

유리망둑

(*Coryphopterus hyalinus*)

길고 끝으로 갈수록 가늘어지는 몸은 전체 길이가 5센티미터에 이른다.

마젠타도티백

(*Pictichromis porphyrea*)

산호초의 청소부

산호초의 물기둥 지역에서는 해저에서 살아가는 작은 물고기, 산호 폴립, 플랑크톤, 초소형 무척추동물을 먹이로 삼아 약간 큰 물고기가 살아가며 산호초를 청소하다시피 깨끗이 비운다. 가령 쥐돔은 조류까지 먹어치우고 덕분에 광합성에 필요한 햇빛이 산호에 이를 수 있다.

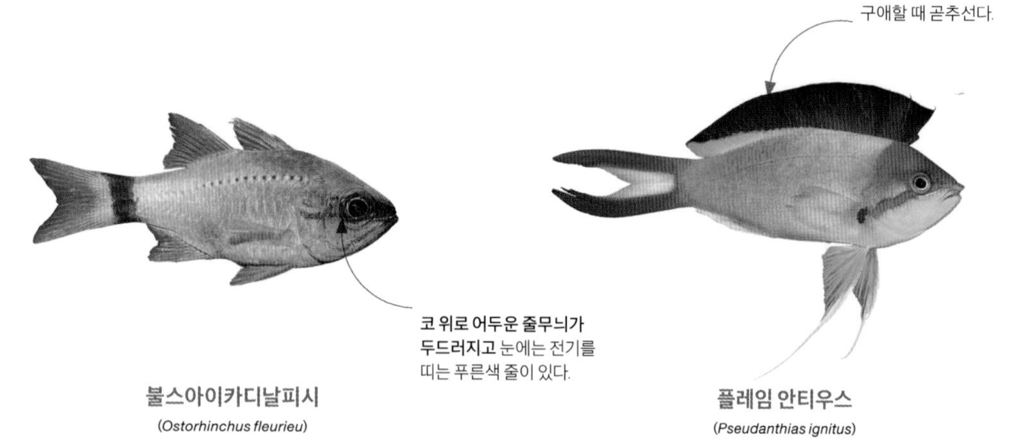

코 위로 어두운 줄무늬가 두드러지고 눈에는 전기를 띠는 푸른색 줄이 있다.

불스아이카디날피시

(*Ostorhinchus fleurieu*)

수컷의 등지느러미는 밝은 붉은색을 띠며 구애할 때 곧추선다.

플레임 안티우스

(*Pseudanthias ignitus*)

옆으로 눌린 형태 덕분에 산호초의 좁은 틈새로도 헤엄쳐 다닐 수 있다.

카퍼밴드나비고기

(*Chelmon rostratus*)

외부 포식자

산호초의 먹이 사슬에서 몸집이 가장 크고 활동적인 포식자는 물고기, 갑각류, 플랑크톤뿐만 아니라 조류, 극피동물, 연체동물, 피낭동물, 해면, 히드로충류처럼 해저에 사는 저생 생물까지 모조리 먹어치우는 외부 어종이다. 여기에는 거대한 상어와 가오리부터 쥐치와 도미처럼 그보다 작은 물고기의 거대한 무리에 이르기까지 다양하다.

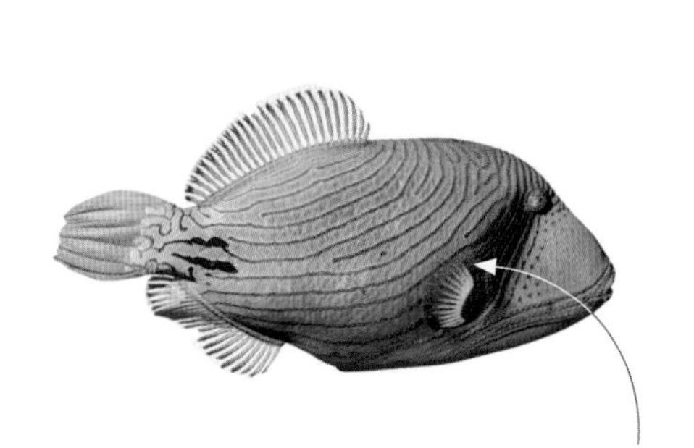

아가미 뒤쪽의 가슴지느러미 위로 **확대된 비늘은** 소리를 내는 데 이용된다.

주황색선쥐치

(*Balistapus undulatus*)

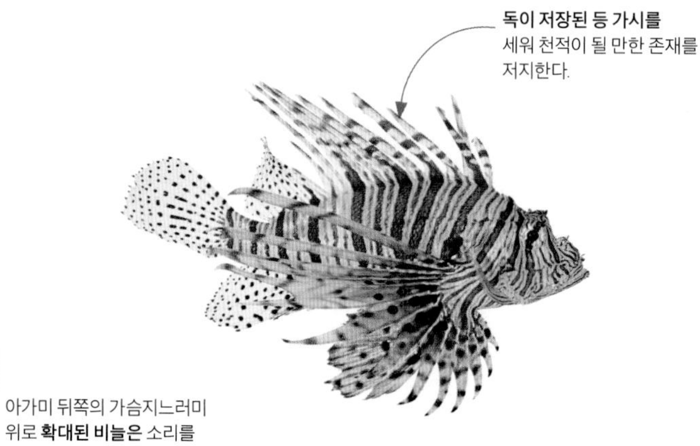

독이 저장된 등 가시를 세워 천적이 될 만한 존재를 저지한다.

점쏠배감펭

(*Pterois volitans*)

코는 커다란 입과 더불어 길고 뾰족하다. 입이 닫히면 간혹 위쪽의 송곳니가 보일 때도 있다.

스쿨마스터도미

(*Lutjanus apodus*)

산호초에서 살아가기

산호초는 지구 해양의 0.1퍼센트도 차지하지 못하지만, 설명 가능한 모든 해양 어종 가운데 3분의 1가량은 산호초를 터전으로 살아간다. 육지의 열대 우림만큼이나 복잡한 산호초의 3차원 구조는 물고기가 주변의 다른 생명체와 공존하며 상호 작용하도록 도움을 주면서 다양한 방식으로 진화할 수 있는 충분한 기회를 제공한다.

줄무늬베도라치
(*Meiacanthus grammistes*)

사브레스퀴럴피시
(*Sargocentron spinferum*)

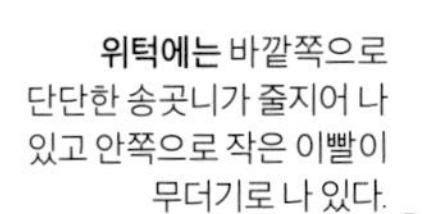

작은입줄전갱이
(*Caranx melampygus*)

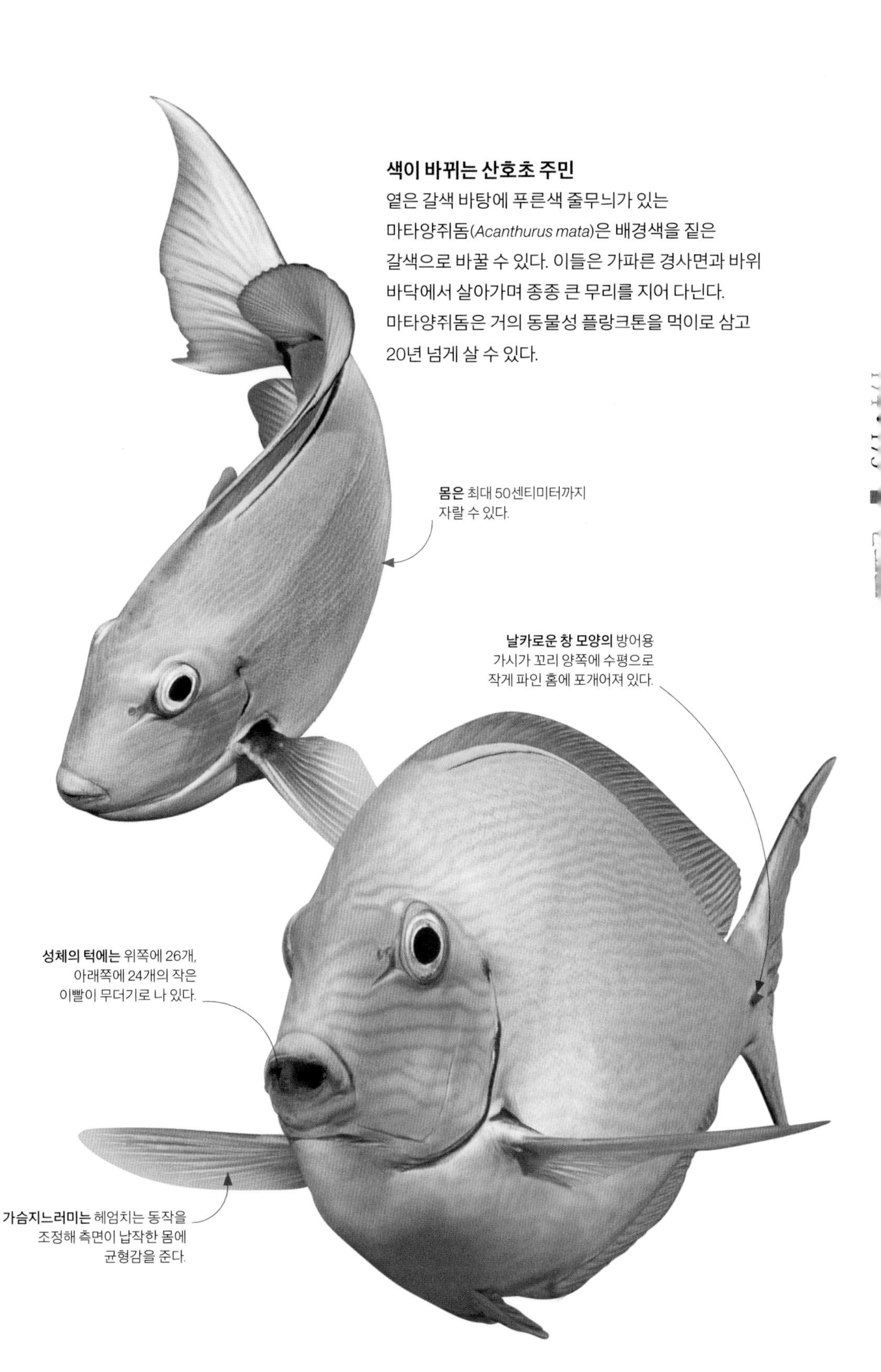

색이 바뀌는 산호초 주민

옅은 갈색 바탕에 푸른색 줄무늬가 있는 마타양쥐돔(*Acanthurus mata*)은 배경색을 짙은 갈색으로 바꿀 수 있다. 이들은 가파른 경사면과 바위 바닥에서 살아가며 종종 큰 무리를 지어 다닌다. 마타양쥐돔은 거의 동물성 플랑크톤을 먹이로 삼고 20년 넘게 살 수 있다.

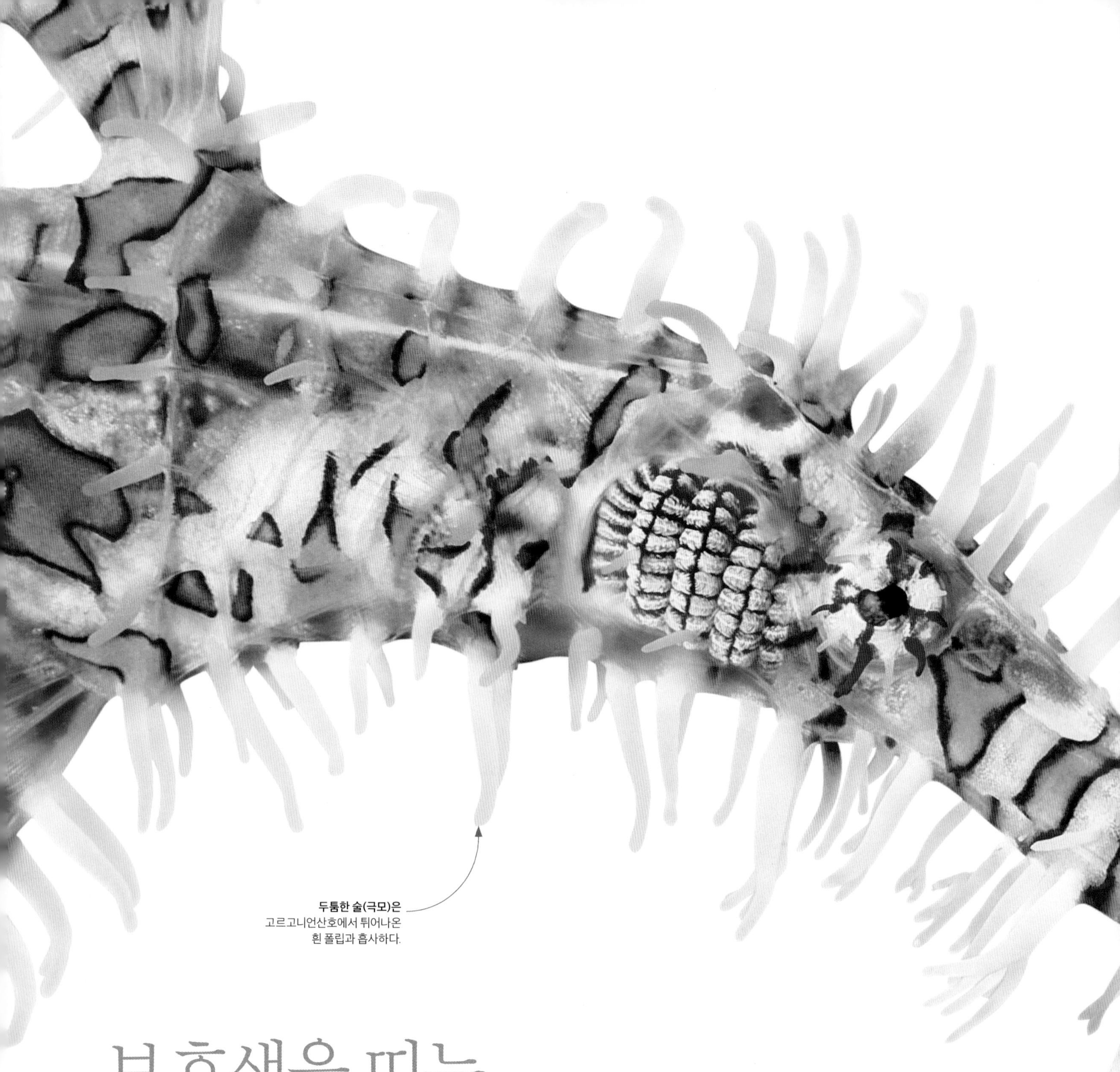

두툼한 술(극모)은 고르고니언산호에서 튀어나온 흰 폴립과 흡사하다.

보호색을 띠는 물고기

산호초와 얕은 바다는 시각적으로 복잡한 환경이다. 수많은 생물 종은 천적과 먹이의 눈에 띄지 않도록 색깔과 질감의 복잡한 배합을 이용한다. 산호초에서 살아가는 다양한 유기체의 모습과 행동을 모방하는 다양한 생물 종 가운데 고스트파이프피시(유령실고기)는 위장과 은폐의 예술에서 남다른 경지를 보여 준다.

미동도 없이 가만히 있는 실고기는 완벽한 속임수를 보여 준다.

완벽한 어울림
알록달록한 고스트파이프피시의 붉고 길쭉한 몸과 펼친 지느러미는 가지를 뻗은 고르고니언산호의 군체와 아주 흡사하다.

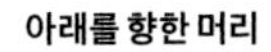

아래를 향한 머리
물구나무서기 자세는 알록달록한 고스트파이프피시가 수직으로 뻗은 산호 가지와 어우러지는 데 도움이 될 수 있다. 다른 종의 고스트파이프피시도 해초에 숨을 때 비슷한 방식을 택한다.

머리 양쪽에 붙은 **눈은** 안와 속에서 회전하면서 물고기가 움직이지 않을 때조차 사방을 볼 수 있게 해 준다.

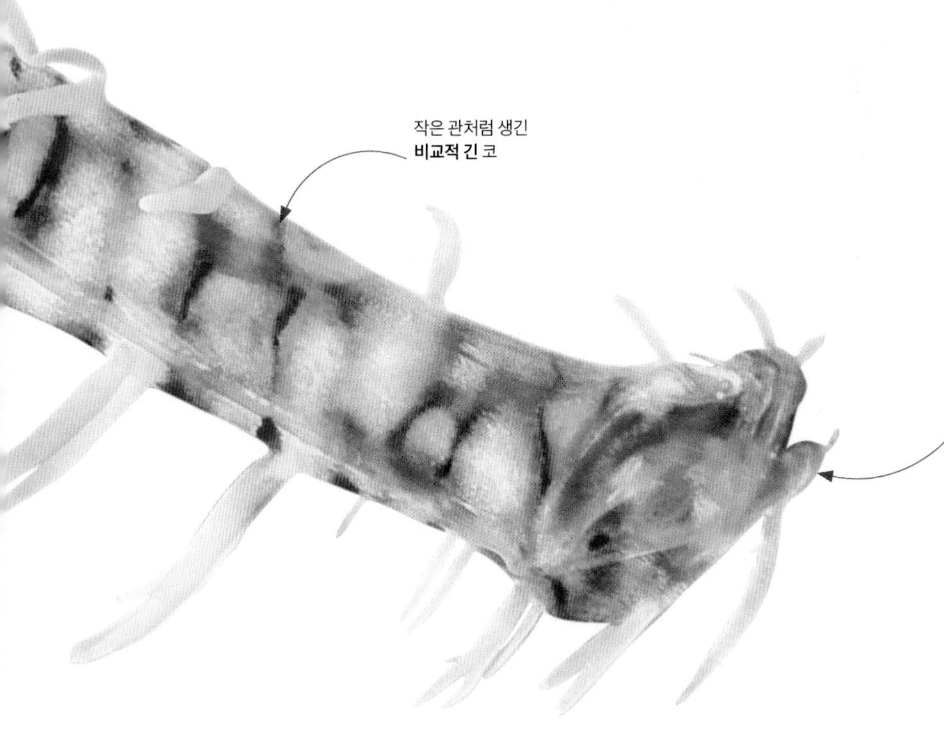

작은 관처럼 생긴 **비교적 긴** 코

코끝에 붙은 **이빨이 없는 작은 입은** 먹이(대개 작은 갑각류)를 빨아들인다.

색깔 변화

알록달록한 고스트파이프피시(*Solenostomus paradoxus*)는 생애 단계마다 될 수 있으면 눈에 띄지 않도록 모습을 바꾼다. 투명한 유생은 큰 바다에서 삶을 시작해 플랑크톤 사이에서 드러나지 않게 살아간다. 다 자란 성체는 고르고니언산호와 바다나리로 에워싸인 산호초에서 살아가며 강렬한 색깔과 질감, 들쑥날쑥한 외형을 택한다.

특화된 지느러미

대략 3만 종에 이르는 모든 경골어강의 99퍼센트가량은 조기아강으로 분류된다. 그 결과 조기아강은 지구상에 존재하는 척추동물 가운데 종이 가장 풍부한 부류에 들어간다. 조기아강에 속한 모든 어류는 지느러미 가시로 지탱되는 정교한 피부망으로 이루어진 지느러미를 갖고 있다. 전문가에 버금갈 정도로 다양하게 변화하는 크기, 형태, 기능과 더불어 이처럼 기본적인 구조에 대한 적응력은 조기아강이 성공을 거두는 데 한몫했다. 작고 삼각형 모양을 한 쥐치의 제1등지느러미에는 등뼈처럼 생긴 3개의 두꺼운 지느러미 가시가 달려 있다. 쥐치가 긴장을 풀면 가시는 등과 수평을 이루지만 위협을 느끼면 몸에 수직이 되도록 지느러미 가시를 세운다.

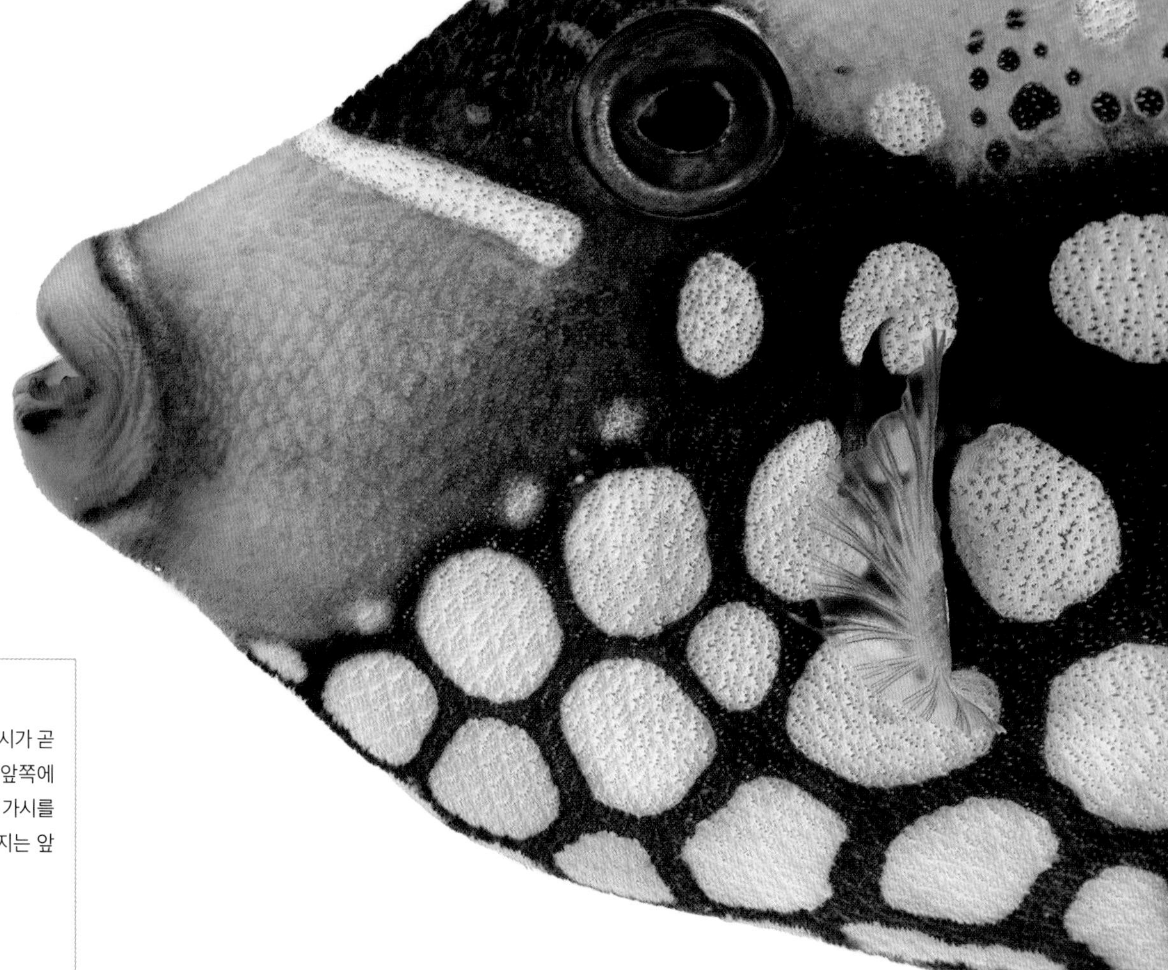

3개의 가시가 달린 **제1등지느러미는** 자기 방어를 위해 곧추선다.

잠금장치

쥐치가 위협을 느끼면 제1등지느러미의 가시가 곧추선다. 이때 크기가 작은 두 번째 가시가 앞쪽에 있는 가시 뒤의 홈으로 들어가면서 첫 번째 가시를 고정한다. 두 번째 가시를 뒤로 젖힐 때까지는 앞쪽의 가시를 내릴 수 없다.

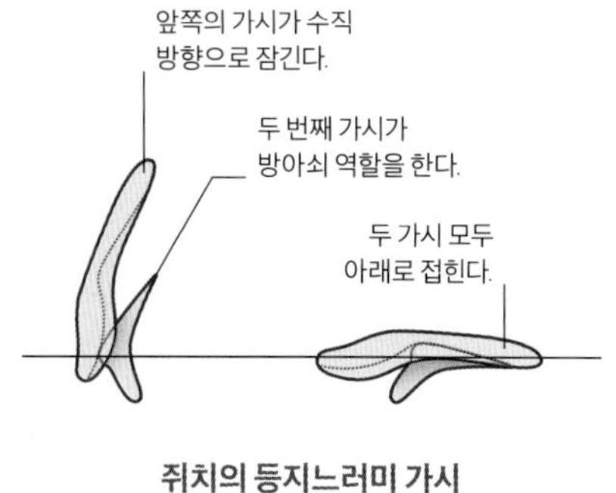

쥐치의 등지느러미 가시

두 가지 용도

산호초에 서식하는 파랑쥐치(*Balistoides conspicillum*)가 자기보다 큰 물고기의 공격을 받으면 잠금 기능이 있는 가시가 중요한 방어 장치가 된다. 등지느러미의 가시는 천적이 쥐치를 삼키기 어렵게 할 뿐만 아니라 천적이 닿을 수 없는 틈새에 몸을 밀어 넣을 때도 이용된다.

제2등지느러미가
물결을 일으키면서
추진력을 제공한다.
꼬리지느러미는 천적에게서
달아날 때처럼 순간적으로 빨리
헤엄을 칠 때 이용한다.
뒷지느러미는
물속에서 앞으로
나갈 수 있도록
도와 준다.
한 쌍의 통통한
복부 돌기로 축소된
배지느러미

「조개껍데기의 비너스」(1세기)
폼페이에 있는 비너스 마리나의 집 중정(안마당)에 있는 눈부신 비너스의 프레스코화는 중앙에 자리 잡고 있다. 반쪽의 조개껍데기에서 충분히 몸을 일으킨 비너스가 조개의 붉은 외투막에 얽힌 채 바람에 의해 앞으로 나아가고 있으며 바다의 정령과 돌고래가 그녀의 시중을 들고 있다.

명화 속 해양

고대의 바다

바다는 서구 문화의 상당 부분을 뒷받침하는 고대 문명의 두 축에서 중요한 역할을 했다. 에게 해 주변에 들어선 고대 그리스의 도시 국가는 지중해 연안을 따라 세력을 넓히다 기원전 146년 로마의 지배를 받는다. 절정기의 로마 제국은 지중해 주변은 물론 훨씬 너머까지 통치했다. 바다는 어느 문명에서든 신화와 예술에서 영감의 원천이었다.

「해저」(1세기)
고대 로마의 칼다리움(온탕 욕실) 바닥에 있는 모자이크화는 물고기와 바다 괴물을 쫓는 아프리카 어부를 상세히 묘사한다. 이 그림은 폼페이에 있는 메나데르 저택에서 복원되었다.

고대 그리스 예술의 극치는 조각상, 조각된 띠 장식, 모자이크에는 남아 있지만, 회화에서는 거의 찾아보기 힘들다. 현재까지 남아 있는 극소수의 프레스코화에는 기원전 5세기로 거슬러 올라가는 이탈리아 남부 파에스툼에 있는 벽화 무덤과 그보다 훨씬 앞선 그리스 크레타 섬의 미노아 문명에서 나온 잔해가 포함된다. 이 두 작품은 특히 바다에 경의를 표하고 있다. 파에스툼의 벽화에서는 잠수부 혼자 물속으로 뛰어들기 전에 준비 운동으로 몸을 풀고 있다. 기원전 1500년경에 채색되어 20세기 초에 복원된 크레타 섬의 돌고래는 크노소스 궁전 벽에서 노닐고 있다.

고대 그리스 예술에 대한 한층 더 깊어진 통찰력은 로마의 예술을 통해 드러났다. 세력을 넓히던 로마 제국이 그보다 앞선 문화들이 한데 어우러지는 도가니장이 되었기 때문이다. 신화 속 장면을 재현한 청동 조각상과 회화 작품 같은 약탈당한 고대 유물은 귀하게 여겨졌고 원본에 충실한 사본을 통해 보존되었다. 그리스의 신은 이름이 바뀌었고 신들의 이야기는 부유한 로마 인의 집과 정원을 장식하던 프레스코화와 모자이크화를 통해 복제되었다.

해양 생물 모자이크화는 대중 목욕탕과 안마당의 수영장, 특히 이탈리아 남부 도시 폼페이의 호화 저택에서 인기가 많았다. 파우누스 저택에 남아 있는 유명한 모자이크화는 물고기, 바닷가재, 장어, 문어가 풍부한 해안 풍경을 당시 널리 쓰이던 디자인으로 묘사했다. 튀르키예와 북아프리카의 연안 식민지에서는 포세이돈과 암피트리테 같은 바다의 신과 여신, 물고기 꼬리를 한 신화 속의 수많은 짐승을 모자이크화에 주인공으로 등장시켰다.

아프로디테의 시종이나 어부, 배 주변을 장난스럽게 도는 모습으로 묘사된 돌고래는 모자이크화와 프레스코화에서 인기가 많았다. 플리니우스(Pliny the Elder, 24년경~79년)는 『박물지(*Historia Naturalis*)』(77~79년)에 소년의 친구가 되어 매일 학교에 데려다 준 돌고래 이야기를 실어 신비한 마력을 더했다.

「의인화된 바다」(2~3세기)
그리스-로마 신화에서 폰토스나 오케아노스는 바다의 화신으로 바다의 신들과 해양 생물의 조상이 되었다. 튀니지의 우티카에서 발견된 고대 로마의 모자이크화를 자세히 들여다보면 파도 수염, 해초 머리카락, 바닷가재 집게발로 된 뿔이 달린 물의 신이 돌고래 등에 탄 채 에로테스(날개 달린 큐피드)를 시종으로 거느리고 있다.

“ (돌고래는) 전혀 모르는 존재인 것처럼 사람을 두려워하기는커녕 배가 있는 쪽으로 다가가 앞뒤로 뛰어오르면서……. ”

— 플리니우스, 『박물지』, 77~79년

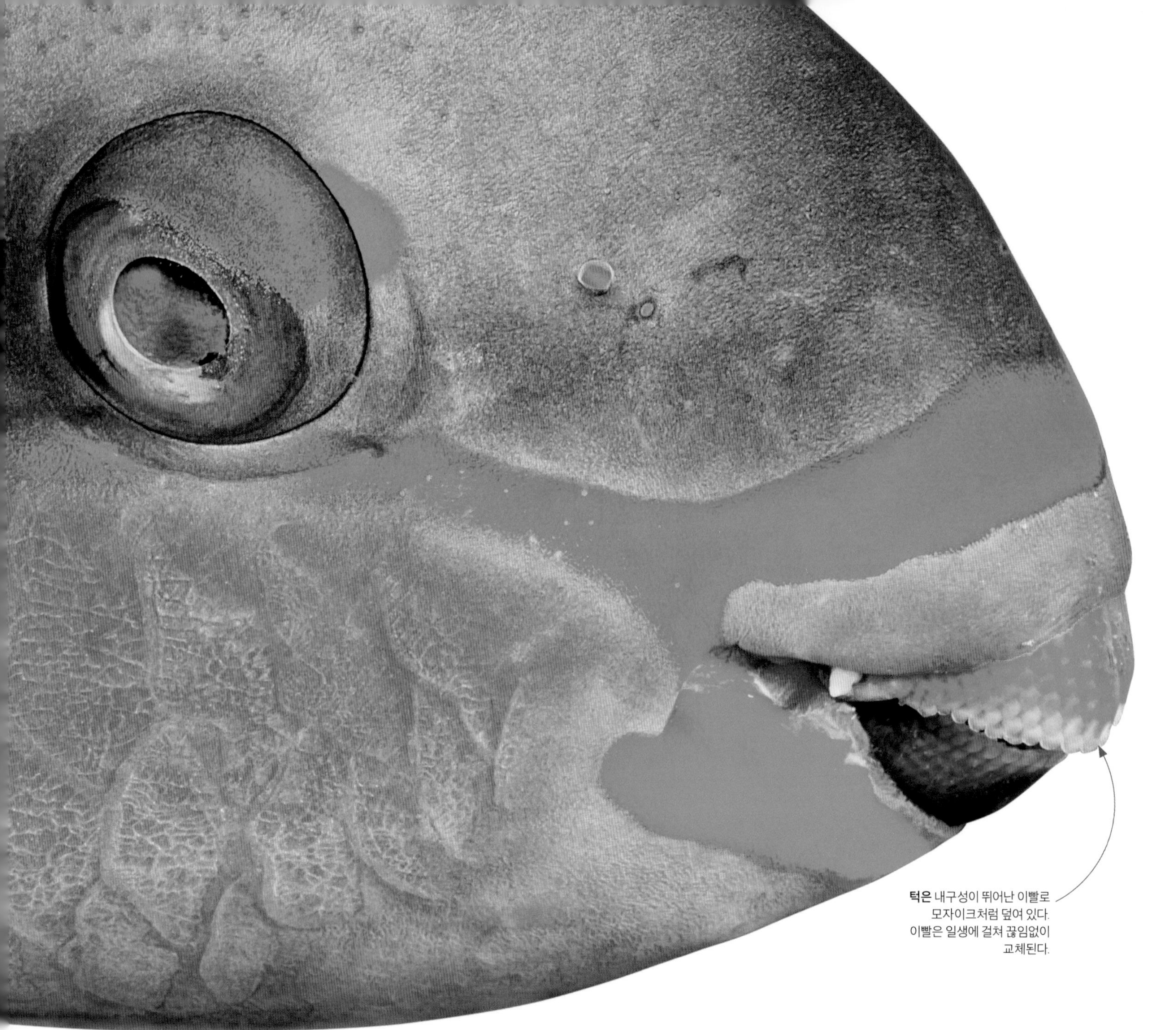

턱은 내구성이 뛰어난 이빨로 모자이크처럼 덮여 있다. 이빨은 일생에 걸쳐 끊임없이 교체된다.

이빨과 먹이

물고기의 턱과 이빨은 매우 다양하고 전문적인 형태와 기능을 보여 준다. 가령 초식성인 퀸패럿피시(*Scarus vetula*)의 이빨은 매우 무딘 편이지만, 이빨 표면의 탄력이 높고 교체 가능해서 아래쪽 뼈에 손상 없이 암석과 산호 표면을 긁는 데 이용된다. 이와는 대조적으로 작은 물고기와 갑각류를 잡아먹는 육식성 붉은도미(*Lutjanus campechanus*)는 바늘처럼 날카로운 이빨을 먹이를 찌르고 낚아채는 무기로 이용한다.

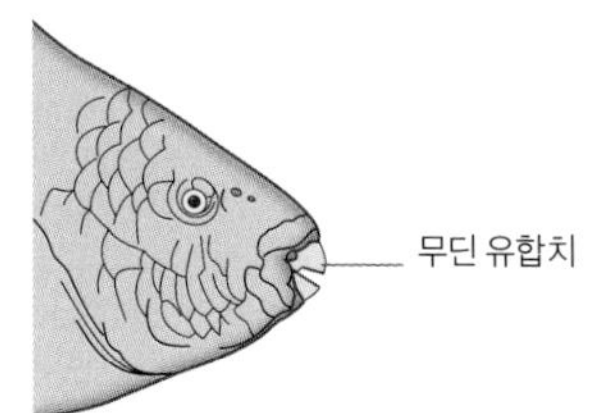

초식성(퀸패럿피시)

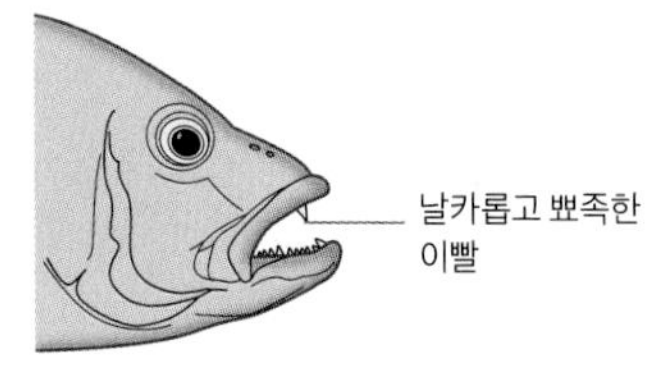

육식성(북방붉은도미)

모래 배출하기
스티프헤드패럿피시(*Chlorurus microrhinos*)는 먹이를 잡아먹을 때 바닥에서 암초와 바위 입자를 파내고 이들 입자는 먹이와 함께 입으로 들어간다. 입자는 소화되지 않은 상태로 소화관을 통과한 다음 희고 고운 모래 형태로 배출된다.

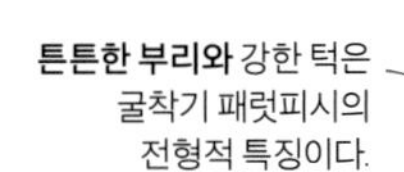

튼튼한 부리와 강한 턱은 굴착기 패럿피시의 전형적 특징이다.

산호초를 벗겨내려면

햇빛이 비치는 바위로 된 산호초 표면은 조류가 자라기에 더할 나위 없이 좋은 조건을 갖추고 있고, 덕분에 패럿피시(파랑비늘돔)처럼 산호초에서 살아가는 물고기에게 풍부한 먹이 자원을 제공한다. 양놀래기과에 속한 이처럼 화려한 물고기의 이빨과 턱은 부리처럼 생긴 구조로 진화했다. 일부 종은 이빨을 이용해 산호초 표면에서 조류를 긁어내지만, 주둥이가 단단한 종은 암초를 후벼팔 수도 있다. 이른바 굴착기 패럿피시들은 산호 폴립 형태로 된 동물질로 조류 먹이를 보충한다.

요란한 색깔은 수컷의 특징이지만, 대부분의 패럿피시와 마찬가지로 이들 종 역시 살아 있는 동안 암컷에서 수컷으로 성이 바뀐다.

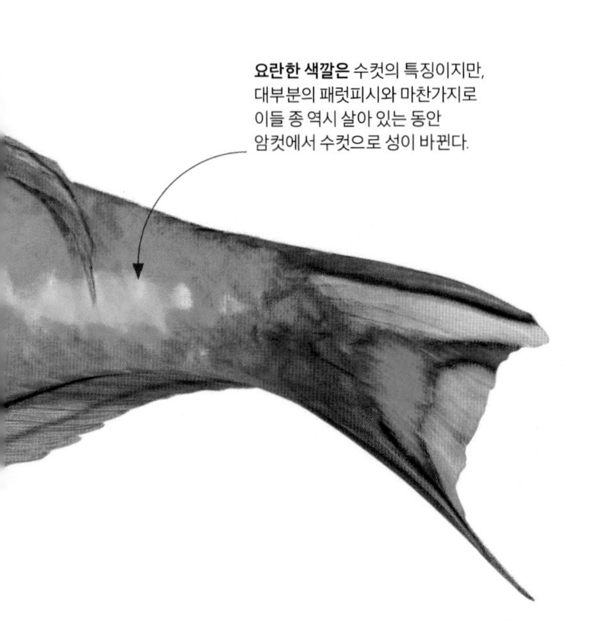

산호초 자원
엠버패럿피시(*Scarus rubroviolaceus*, 182쪽)와 노란지느러미패럿피시(*S. flavipectoralis*, 왼쪽)는 열대 암초와 밀접한 관계가 있다. 이들은 부리 모양의 주둥이를 이용해 바위와 산호 표면에서 긁어 낸 조류를 먹이로 한다. 복잡한 구조로 된 산호는 섭식에 필요한 넓은 표면적뿐만 아니라 물고기에게 은신처까지 제공해 준다.

연해

바다에서 솟구치거나 육지에서 흘러내린 양분이 풍부한 연안 해역에는 동식물이 번창한다. 햇빛이 잘 드는 얕은 서식지는 특히 해저에 뿌리를 내리고 살아가는 작은 식물과 대형 조류가 광합성을 하기에 더할 나위 없이 좋은 조건을 갖추고 있다.

빛 흡수하기

모든 조류가 그렇듯 해초 역시 햇빛 에너지를 이용해 이산화탄소와 물을 당분과 여러 영양소로 전환하는 광합성을 통해 먹이를 만들어 낸다. 모든 해초는 색소를 이용해 이런 에너지를 흡수하고, 해초에 붙은 엽상체는 빛을 얻는 표면적을 최대로 늘린다. 다양한 색소는 백색의 햇빛으로 존재하는 다양한 색 파장을 흡수한다. 초록색의 엽록소가 단연 우세하지만, 일부 해초는 갈색이나 붉은색을 만드는 보조 색소도 갖고 있다.

스펙트럼 선택하기

바다포도(*Caulerpa lentillifera*)처럼 초록색을 띤 해초에는 다른 색깔의 해초에 있는 보조 색소가 없다. 바다포도의 색깔은 대체로 육지 식물이 이용하는 것과 같은 색소인 엽록소에 기인한다. 엽록소는 광합성에 이용되는 붉고 푸른색 파장은 흡수하고 초록색 파장은 반사한다.

포도송이처럼 생긴 작은 가지에는 당분을 비롯해 광합성으로 만들어진 그 밖의 양분이 저장된다. 엽상체는 작은 가지가 줄지어 늘어선 주맥으로 이루어져 있다.

엽상체는 흰 광물질 때문에 뻣뻣하다.

붉은 해초
이렇게 코랄리나속(*Corallina*)처럼 붉은 해초는 엽록소 외에도 피코빌리단백질로 알려진 보조 색소를 갖고 있다. 이 색소는 붉은색을 더 많이 반사하고 초록색을 더 많이 흡수한다.

빛과 서식지

광합성 색소는 해초가 다양한 서식지에서 살아갈 수 있도록 돕는다. 푸른빛과 초록빛은 다른 파장보다 물속으로 더 깊이 침투하므로 붉은 해초는 이들 색을 흡수해 깊은 바닷속에서도 잘 자랄 수 있다. 그러나 색소의 유형뿐만 아니라 양 또한 중요하다. 다른 색을 띠는 일부 해초는 깊은 바닷속에서 더 많은 빛을 흡수하기 위해 색소를 더 많이 갖고 있다.

붉은빛은 해수면에서 50미터 미만 침투한다.

푸른빛은 해수면에서 100미터 이상 침투한다.

깊은 곳에서 사는 해초는 이용 가능한 파장을 흡수하기 위해 더 많은 색소를 갖고 있다.

깊이에 따른 해초 분포

Macrocystis pyrifera

자이언트켈프

해저에서 30미터 이상 올라와 바닷속에 '숲'을 형성한 자이언트켈프는 광합성으로 먹이를 얻는 일종의 조류다. 자이언트켈프는 캐나다에서 캘리포니아 주에 이르는 북아메리카 연안과 남반구 해양의 온화한 지역에서 발견된다.

자이언트켈프는 살아 있는 가장 큰 해초로, 해양 연안에서 자라는 대형 조류에 붙여진 이름이다. 물이 지탱해 준 덕분에 일부 해초는 엄청난 길이로 자랄 수 있다. 자이언트켈프는 지구상에서 가장 빠른 직선형의 성장률을 보이며 하루에 최대 61센티미터씩 자란다. 해수 온도가 섭씨 5~20도에 이르는 깨끗하고 양분이 풍부한 물에서는 53미터 깊이에서도 살아남을 수 있지만, 해수 온도가 섭씨 18~20도 미만일 때만 번식한다.

탄소 포집에 필요한 숲

켈프 숲은 수많은 동물에게 중요한 은신처를 제공한다. 부착기는 무척추동물과 물고기, 이들의 유생을 보호해 주고 폭풍이 몰아치는 동안에는 바닷새와 해달의 피난처가 된다. 상어, 바다사자, 물개 역시 이처럼 먹이가 풍부한 사냥터에 매력을 느낀다.

블랙스미스자리돔의 은신처가 되는 캘리포니아 연안의 자이언트켈프로 이루어진 숲은 엄청난 양의 이산화탄소를 흡수한다. 자이언트켈프 숲은 육지의 숲과 비슷한 방식으로 자연적인 탄소 처리 장치의 역할을 하고 바닷물의 산성도를 낮춘다. 자이언트켈프는 해저의 바위, 돌무더기, 잔해 주변에 뒤엉킨 덩어리를 형성하는 뿌리 같은 부착기(27쪽 참조)를 이용해 해안으로 떠내려가지 않도록 해저에 몸을 고정한다. 바위가 많은 해안은 고정하기에 이상적인 장소다. 주요 줄기는 가지를 뻗은 측면의 줄기를 잎사귀처럼 생긴 엽편과 함께 내보내면서 수면을 향해 올라간다. 엽편마다 기포낭(혹은 공기주머니)이 붙어 있어서 바닥에서 떠 있는 상태를 유지할 수 있게 해 준다. 수면에서 켈프는 덮개의 형태로 바닷물을 뒤덮는다. 바다 온난화로 위태로워진다거나 성게가 지나치게 뜯어먹지만 않으면 켈프는 최대 7년까지 살 수 있다.

기포낭은 엽편을 똑바로 세워 켈프가 햇빛을 받아 광합성을 할 수 있게 해 준다.

떠 있는 상태로 머물기
풍선 같은 기포낭은 자이언트켈프가 만들어 냈거나 주변의 바닷물에서 흡수한 이산화탄소, 산소, 질소 화합물로 차 있다.

물속의 초원

진짜 식물은 대개는 바다에서 살 수 없다. 햇빛이 비치는 얕은 곳은 해초와 그 밖의 조류로 무성할 수 있지만, 이들은 진정한 잎, 뿌리, 꽃 없이 태양열로 움직이는 유기체다. 그러나 거북말귀갑(*Thalassia testudinum*) 같은 해초는 꽃을 피우는 식물이다. 염분이 있는 해양 환경을 단지 견뎌 내는 수준이 아니라 잘 자라는 것이다. 터틀시그래스는 꽃을 피우고 해수면 밑으로 씨앗을 퍼뜨려 해저의 넓은 영역을 뒤덮는다. 오늘날 같은 지구 온난화 시대에 광합성을 하는 초록색 양탄자는 대기 중의 탄소를 효율적으로 저장하는 세계적으로 중요한 탄소 저장고 역할을 한다.

무성 생식
거북말귀갑은 가로로 누운 뿌리줄기를 만들어 낸다. 뿌리줄기는 육지의 잔디와 아주 흡사하게 대규모 풀밭을 형성할 수 있도록 무성 생식이 시작되는 곳이다.

유성 생식

거북말귀갑은 유성 생식을 하는 동안 교차 수정(타화 수정)을 통해 유전적 다양성을 얻는다. 암수가 구별되고 식물은 암꽃이나 수꽃을 피운다. 수꽃은 꽃가루를 탄수화물이 풍부한 점액의 형태로 밤에 내보낸다. 이렇게 배출된 점액은 배고픈 무척추동물을 유인하고, 무척추동물은 꽃가루가 암꽃에게 전달되도록 돕는다. 수정이 이루어진 꽃은 작은 열매 속에 씨앗을 형성한다. 열매는 물 위를 떠다니다가 해저에 정착하고, 이로써 씨앗은 발아 과정을 완성하게 된다.

끈적끈적한 꽃가루 뭉치

식물마다 최대 5송이의 꽃

식물마다 한 송이의 꽃

수꽃

암꽃

뿌리는 해저에 모종을 고정한다.

열매가 물 위를 떠다니는 동안 씨앗이 싹을 틔운다.

모종

열매

열대의 해초

바다거북(*Chelonia mydas*)이 좋아하는 먹이인 거북말귀갑은 카리브 해에서 흔히 볼 수 있는 해초다. 인접한 식물은 서로 연결된 클론(무성 생식으로 만들어진 개체)이지만, 이 식물은 유성 생식도 가능하다. 즉 씨앗이 들어 있는 열매를 파도에 퍼뜨려 다른 곳에서 새로운 군체를 형성할 수 있다.

빛 만들기

드넓은 해양에서 살아가는 젤리처럼 말랑한 몸을 가진 수많은 동물은 생물 발광으로 알려진 현상에 의해 빛을 만들어 낼 수 있다. 해파리, 히드로충류, 빗해파리처럼 다양한 종은 주변의 물이 요동치면 밝은 빛을 발한다. 천적에게 겁을 주거나 작은 플랑크톤 먹이를 유인하려는 수법으로 보인다. 발광기로 불리는 기관에서 화학 반응으로 만들어진 빛은 어둡고 깊은 물 속이나 밤에 해수면 근처에서 눈에 가장 잘 띈다.

무색의 해파리
연약한 다른 해파리와 마찬가지로 동태평양의 표층수에서 볼 수 있는 히드로충류인 엄지손가락 크기의 크리스탈해파리(*Aequorea victoria*)는 몸체가 투명하다. 덕분에 드넓은 바다에서 천적의 눈에 띄지 않을 수 있다. 갓 가장자리에서 빛을 만들어 내는 발광기는 잠깐 초록색 빛을 만들기도 한다.

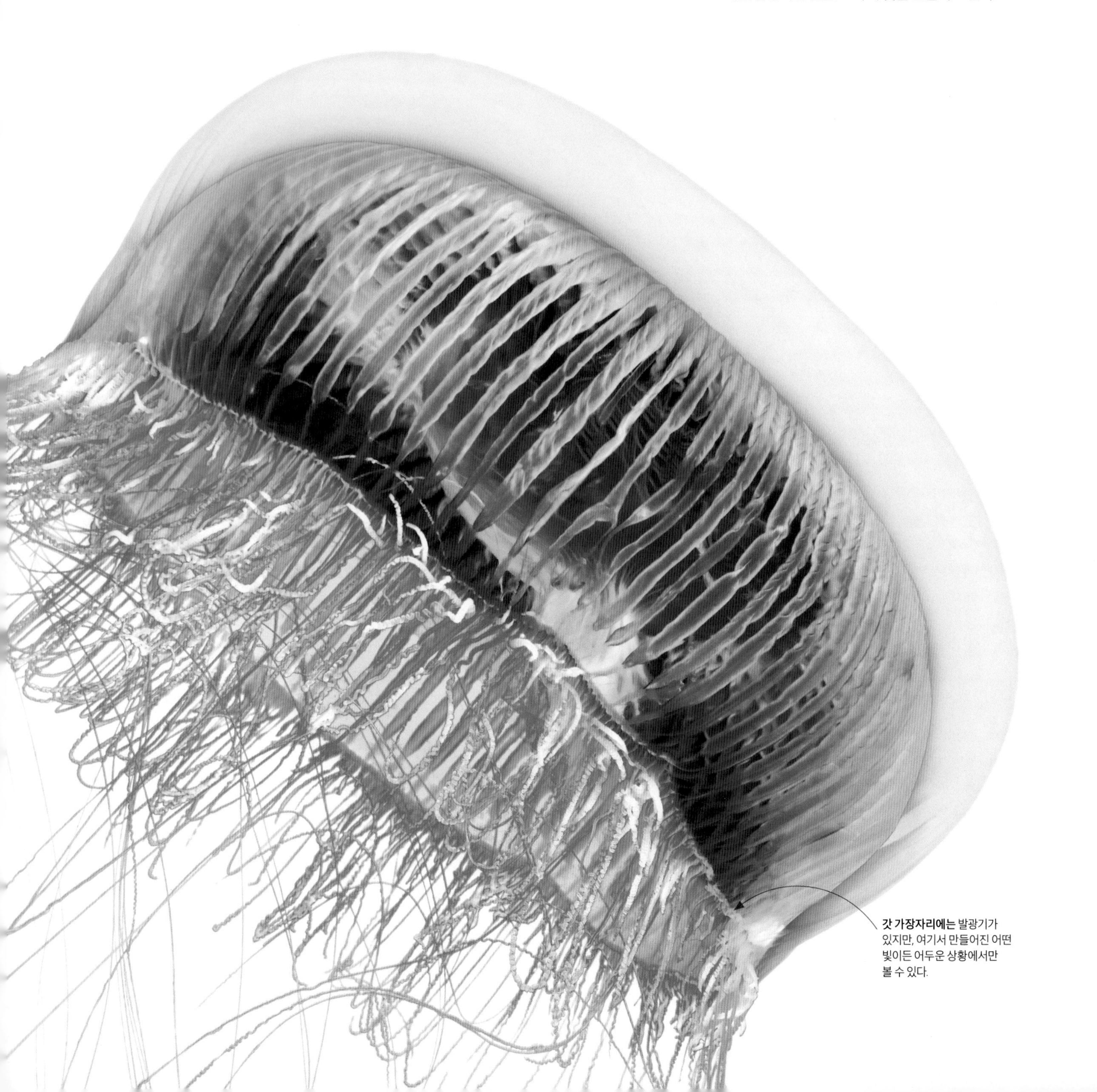

갓 가장자리에는 발광기가 있지만, 여기서 만들어진 어떤 빛이든 어두운 상황에서만 볼 수 있다.

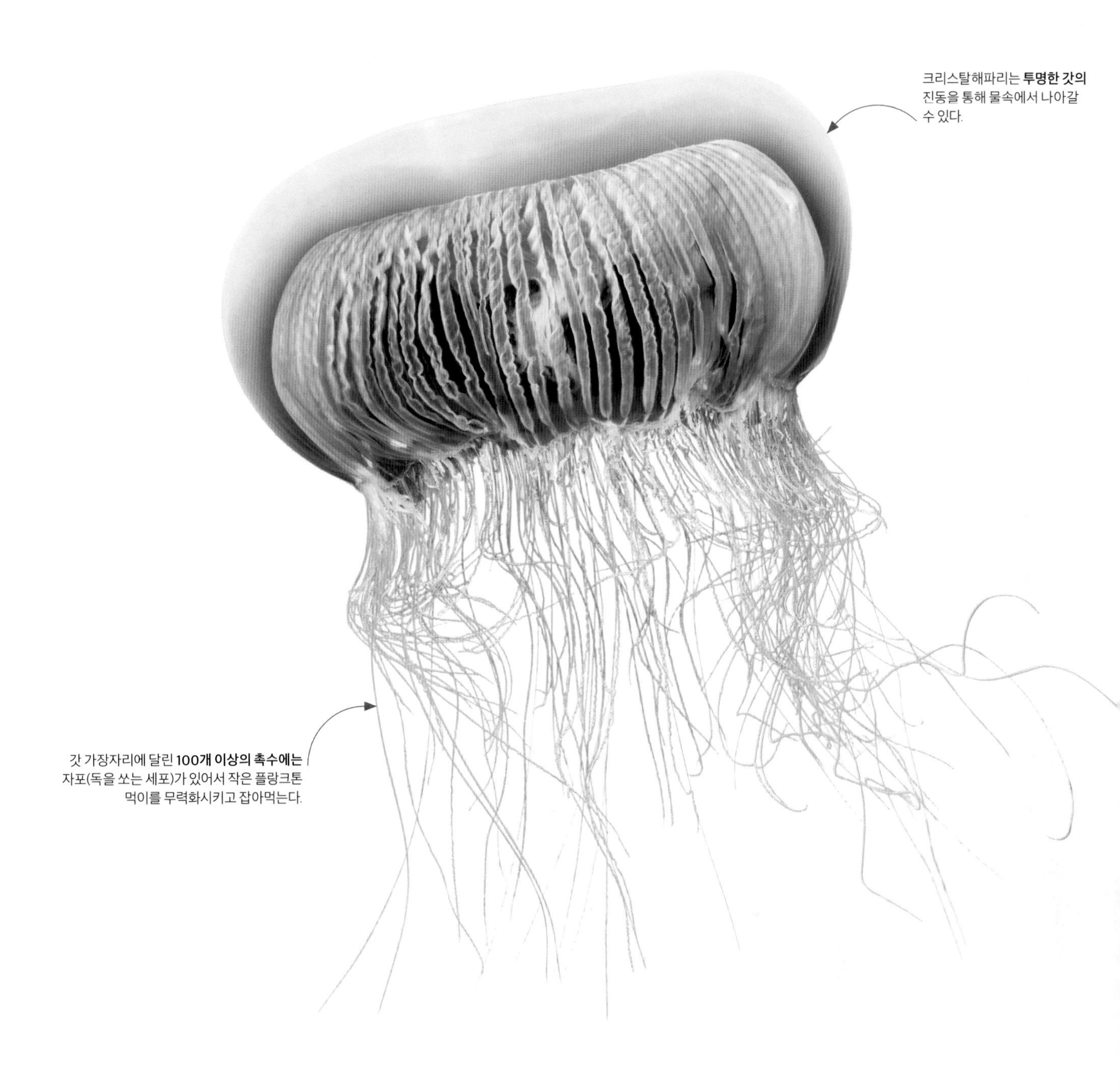

발광기가 빛을 만들어 내는 과정

생물 발광은 빛을 만들어 내는 화학 물질과 효소에 의해 결정된다. 효소가 자극(크리스탈해파리의 경우는 칼슘)을 받으면 발광기가 화학 변화를 겪고 빛을 발산하도록 유도한다. 크리스탈해파리의 독특한 초록빛은 그 후로 추가적인 성분(형광성 단백질)이 푸른색에서 초록색에 이르는 빛의 파장을 바꾸기 때문이다.

광세포
형광성 단백질
효소
갓 둘레의 발광기
3. 활기를 띤 단백질이 초록빛을 방출한다.
1. 효소가 광세포와 만나면 푸른빛으로 에너지를 방출한다.
2. 형광성 단백질은 빛 에너지를 흡수한다.

크리스탈해파리 발광기의 구조와 기능

빽빽이 들어찬 발광기가 초록색으로 빛나면서 갓의 가장자리를 비춘다.

선명한 초록빛
크리스탈해파리의 발광기에서 여러 가지 화학 물질이 활성화되면 초록빛을 방출한다. 이때 밝혀진 빛은 수명이 몇 초에 불과하다.

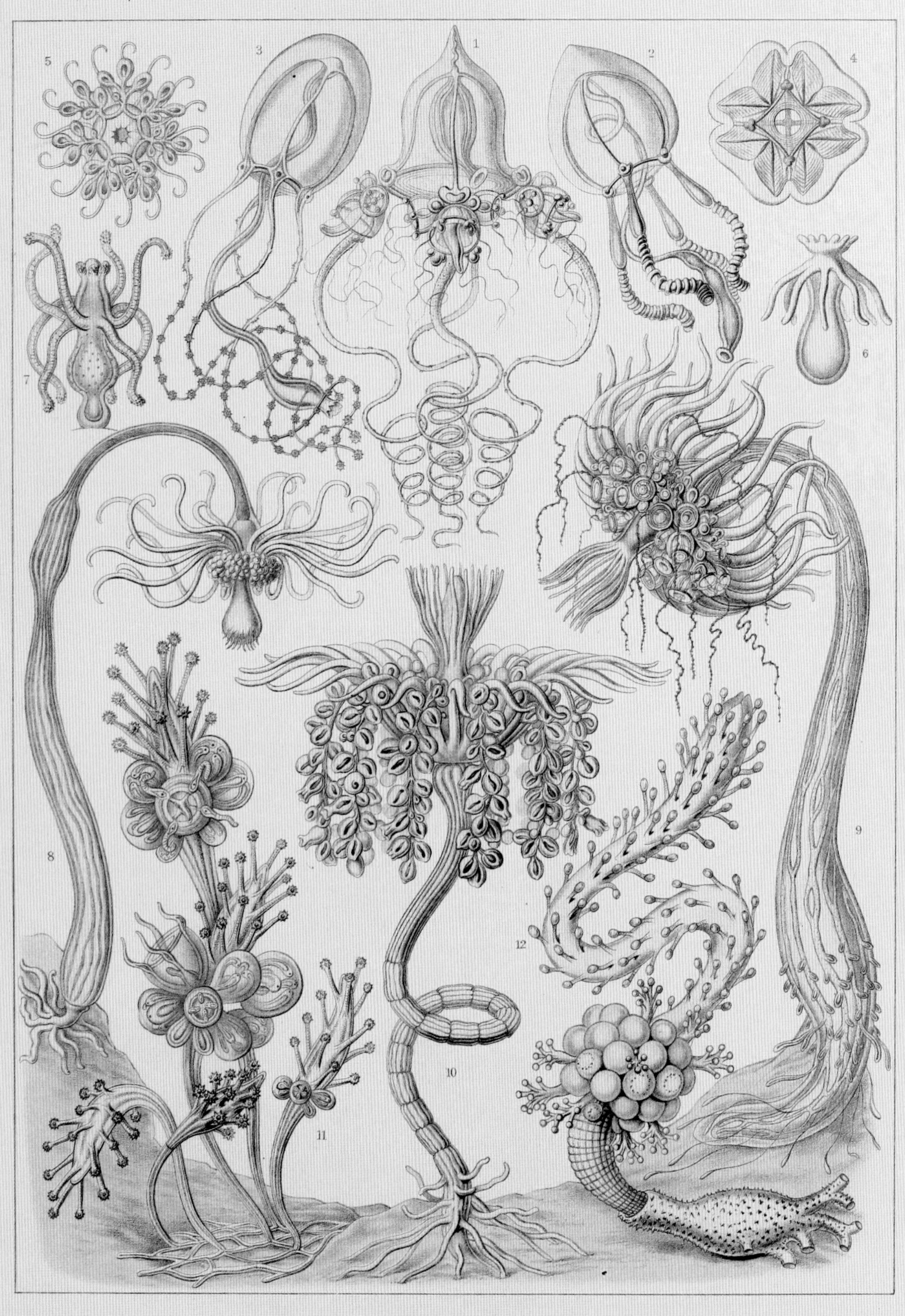

Tubulariae. — Röhrenpolypen.

세대 교번

바닥에 붙어 있는 동물은 해저 가까운 곳에서 영양분을 얻어야 한다. 말미잘, 산호, 해파리의 친척뻘 되는 히드로충류는 촉수가 달린 폴립을 갖고 있지만, 폴립이 자라는 데서 가까운 곳까지만 뻗을 수 있다. 그러나 생활사의 어느 단계에서 상당수의 히드로충류는 헤엄을 치는 해파리의 갓과 비슷한 메두사를 만들어 낸다. 메두사는 물기둥에서 멀리까지 움직여 폴립이 닿을 수 없는 곳의 플랑크톤을 잡아먹는다. 폴립과 메두사의 세대 교번을 통해 먹이 자원을 더욱 완벽하게 이용할 수 있다.

히드로충류의 유성 생식 생활사

히드로충류에 속하는 오벨리아(*Obelia*)는 수직으로 가지가 뻗는 폴립 군체로 성장한다. 그중 일부는 메두사를 만들어 내는 주머니(pod)를 형성한다. 자유롭게 헤엄쳐 다니는 메두사는 정자와 난자를 물속에 방출한다. 수정란은 유생으로 발달해 결국 해저에 정착한 다음 새로운 폴립 군체를 형성한다. 다른 히드로충류나 동족의 생활사는 다양할 수 있다. 산호와 말미잘을 비롯한 일부 히드로충류가 메두사 단계를 거치지 않는 데 비해 일부 해파리종은 메두사로만 존재한다.

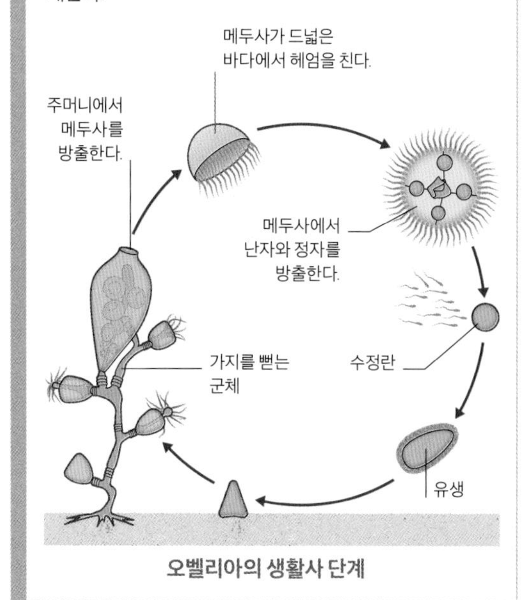

오벨리아의 생활사 단계

두 세대

해켈은 『자연의 예술적 형상』에서 말미잘처럼 생긴 폴립(아래쪽)과 메두사(위쪽)를 포함해 10여 종이 넘는 히드로충류를 묘사했다. 모든 히드로충류가 2가지 단계를 경험하는 생활사를 갖는 것은 아니다. 일부 종은 다른 수많은 해양 무척추동물과 마찬가지로 메두사가 되지 않고 아주 작은 유생의 형태로만 드넓은 바다를 경험한다.

근접 촬영한 폴립
메두사 단계가 없는 유럽 히드로충류인 귀리피리(*Tubularia indivisa*)의 폴립은 바닥에서 최대 15센티미터까지 뻗는 줄기에 촉수가 늘어진 채 빙 둘러서 붙어 있다.

생식개충은 유생을 방출하는 생식낭이다. 유생은 곧장 새로운 폴립 군체를 만들어 낼 정도로 발달한다.

촉수는 초소형 플랑크톤을 잡아 중심부에 있는 입으로 가져간다.

「마조의 기적」(18세기)
오늘날 네덜란드 암스테르담 국립 미술관에 소장된 7점의 수묵화는 1123년에 고려로 향하던 송나라 사절단의 항해를 묘사했다. 이 그림에서 중국의 배는 바다의 여신 마조의 보살핌을 받고 있다. 마조는 붉은 전통 예복을 입고서 권능의 상징인 상아로 된 홀(笏)을 손에 든 채 구름 위를 떠다닌다.

「대홍수 이야기」(1870년경)
힌두교 전설을 묘사한 이 그림에서 맛쓰야(비슈누 신의 10가지 화신 가운데 하나)는 반신반어의 모습으로 나타난다. 그는 7명의 현자와 함께 마누(최초의 인간)를 홍수에서 구한다.

명화 속 해양

아시아의 해신

수천 년에 걸친 예술과 구전 설화는 바다에 대한 인간의 오랜 경외심을 보여 준다. 대부분의 고대 문화에서 헤아릴 수 없는 바다의 깊이와 예측 불능은 폭풍우, 해류, 순풍 같은 자연 현상의 원인을 바다를 관장하는 신이나 여신의 변덕스러운 기분 내지는 수호의 손길에서 찾으려는 수많은 신화와 믿음을 낳았다.

고대 힌두 경전인 『베다』에서 바루나는 하늘의 신이었지만, 그 뒤에 나온 이야기에서는 바다, 구름, 물을 상징하게 되었다. 신성과 신화적 장면을 특별히 다룬 남인도의 전통적 예술 형태인 마이소르의 회화에서 바루나는 흔히 악어를 닮은 환상의 바다 동물 마카라(makara)를 타고 있는 것으로 그려진다. 바루나는 기원전 5세기 인도의 서사시 「라마야나」를 묘사한 세밀화에도 비슈누 신의 화신인 라마를 진정시키기 위해 바다에서 솟아오르는 모습으로 등장한다. 전설에 따르면, 라마의 아내인 시타는 바다 건너에 있는 랑카로 사로잡혀 가게 된다.

중국에서는 11세기부터 험난한 바다 여행의 성공을 마조(媽祖) 여신의 은혜 덕분이라고 여기는 경우가 많았다. 마조 여신의 이야기는 조금씩 다르지만, 마조는 중국의 바닷가 마을에서 서기 960년 임묵랑(林默娘)으로 태어났으며 뛰어난 수영 기술로 명성이 자자했다. 그녀는 꿈 같은 괴력을 발휘해 바다에 빠진 남자 가족을 구한 뒤에 신비주의적인 지위에 올랐다. 1281년, 그녀는 천후(天后)라는 공식 직함을 얻게 되었다.

1400년대 중국의 해군 제독 정화(鄭和)는 중국에 있는 2개 도시에서 대리석에 자신의 위대한 공적을 새겨 넣게 했다. 그는 마조 천후 덕분에 자신이 항해에 성공했다고 여겼으며 마조를 거친 바다에서 선원들을 진정시킨 돛대 위의 '신성한 빛'으로 묘사했다. 실제로 이 빛은 폭풍이 몰아치는 바다에 떠 있는 배에 나타난 방전 현상으로 생긴 불꽃인 세인트 엘모의 불이었을 것이다. 18세기의 묵화(왼쪽 참조)에서도 마조 여신이 재현되었다. 이 그림에서는 중국의 선박을 보호하면서 위에 떠 있는 모습으로 그려졌다.

마조 숭배는 중국 밖의 선원과 어부들에게도 널리 퍼져나갔으며, 마조에게 봉헌된 세계 각국의 사원에서 여신이 묘사된 옻칠한 목상, 목판화, 벽화가 발견되었다.

> "위험에 처하면 우리는 일단 신성한 이름을 불렀고, 기도에 대한 그녀의 응답이 메아리처럼 돌아왔다."
>
> — 마조 천후에게 몇나라 수군 제독 정화가 바친 헌사, 유가항(劉家港) 사원(1431년)

입술 모양의 짧은
촉수로 이루어진 **안쪽의
와상문(소용돌이무늬)은**
먹이를 중앙의 입으로
전달한다.
관은 특화된 독세포와
퇴적물로 이루어져
있으며 점액에 의해
한데 뭉쳐 있다.

관 안식처
실꽃말미잘은 촉수를 집어넣을 수는 없지만,
신경을 건드리면 몸 전체에 있는 근육을 수축시켜
관 속으로 몸을 끌어당긴다.

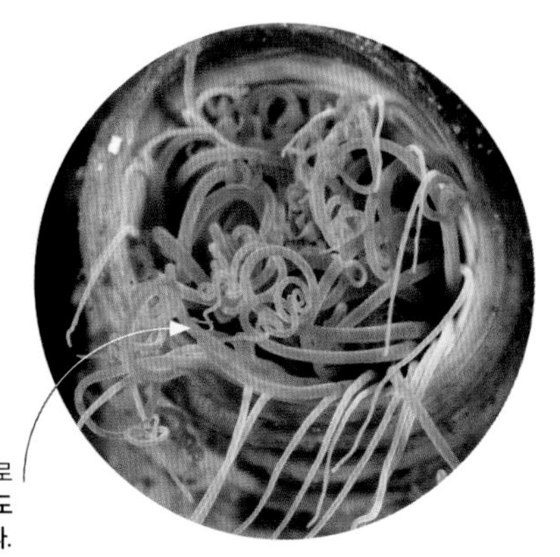

말미잘이 몸체를 관속으로
깊숙이 들여놓으면 **촉수도
자취를 감춘다.**

가장자리의 긴 촉수로
이루어진 **바깥쪽의 와상문은**
먹이를 잡고 자기 방어를 위해
침을 갖고 있다.

관에서 살아가기

말미잘은 대개 단단한 표면에 달라붙어 살아가야 하고 촉수가 뻗을 수 있는 높이 너머로는 닿을 수 없다. 그러나 어떤 종류의 말미잘은 부드러운 퇴적물에서 살아갈 수 있을 뿐만 아니라 해저에서 위아래로 움직일 수도 있는 수단을 개발해냈다. 실꽃말미잘은 펠트처럼 생기고 일부가 퇴적물에 묻힌 수직관 내부에서 살아간다. 이들 말미잘은 바닥에 고정하는 대신에 위험이 닥치면 관을 통해 위로 빠져나가거나 관 내부로 깊숙이 가라앉을 수 있다.

모습을 드러내는 촉수
유럽 연안에 서식하는 불꽃놀이실꽃말미잘 (*Pachycerianthus multiplicatus*)은 관의 경계에서 순식간에 튀어나와 촉수를 훑어 플랑크톤 먹이를 잡는다. 성숙한 개체의 촉수는 폭이 30센티미터에 이를 수도 있다.

말미잘 해부학

모든 말미잘에게는 먹이를 소화하고 노폐물을 제거하는 소화관으로 이어진 구멍이 1개뿐이다. 소화관은 내벽에 소화 세포가 분포한 단순한 구멍이다. 촉수에 붙잡혀 마비된 먹이는 소화관 구멍으로 전달된 다음 소화관 내벽에서 분비된 효소에 의해 소화된다. 말미잘의 족반은 대개 표면에 붙어 있다. 반면 실꽃말미잘의 족반은 자유롭게 위아래로 움직일 수 있다.

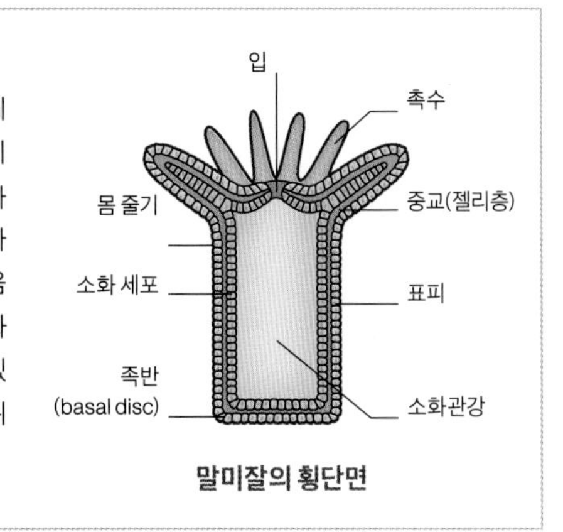

말미잘의 횡단면

셋 중 하나 꼴로 **촉각을 담당하는 더듬이는** 불갯지렁이가 암초를 기어다닐 때 방향을 잡도록 도와준다.
카룬클(caruncle)이라고 불리는 돌기에는 화학 감지기가 달려 있고 첫 번째 체절의 연장선상에서 자란다.
더듬이 양쪽에 하나씩 붙은 **두툼한 돌출부인** 촉염(palp)은 먹이를 다룰 때 이용된다.
두툼한 부속 기관인 옆다리(측족)에는 극모로 불리는 감각 섬유와 강모로 알려진 뻣뻣한 털 뭉치가 붙어 있다. 체절마다 한 쌍의 옆다리가 달려 있다.
여기 보이는 **세 번째 중심 더듬이는** 아래로 휘어져 있다.

맹렬한 방어
깊은 바닷속 환형동물인 그린바머웜(*Swima bombiviridis*)은 독이 없지만 변형된 아가미에서 만든 밝게 빛나는 '폭탄'을 배출해 천적을 막는다.

침을 쏘는 털

환형동물은 조간대의 작은검은갯지렁이나 육지에 서식하는 지렁이를 비롯해 우리에게 친숙한 많은 동물이 포함된 체절 구조를 이루는 벌레다. 환형동물의 몸에는 강모로 불리는 작고 뻣뻣한 털이 붙어 있어서 바닥을 기거나 땅을 팔 때 수축을 돕는다. 그러나 바다 환형동물 일부는 강모를 자기 방어에 이용한다. 불갯지렁이에는 부러지기 쉽고 독이 든 강모가 붙어 있어서 천적으로부터 위협을 받으면 매서운 침을 쏘면서 몸에서 떨어져 나간다.

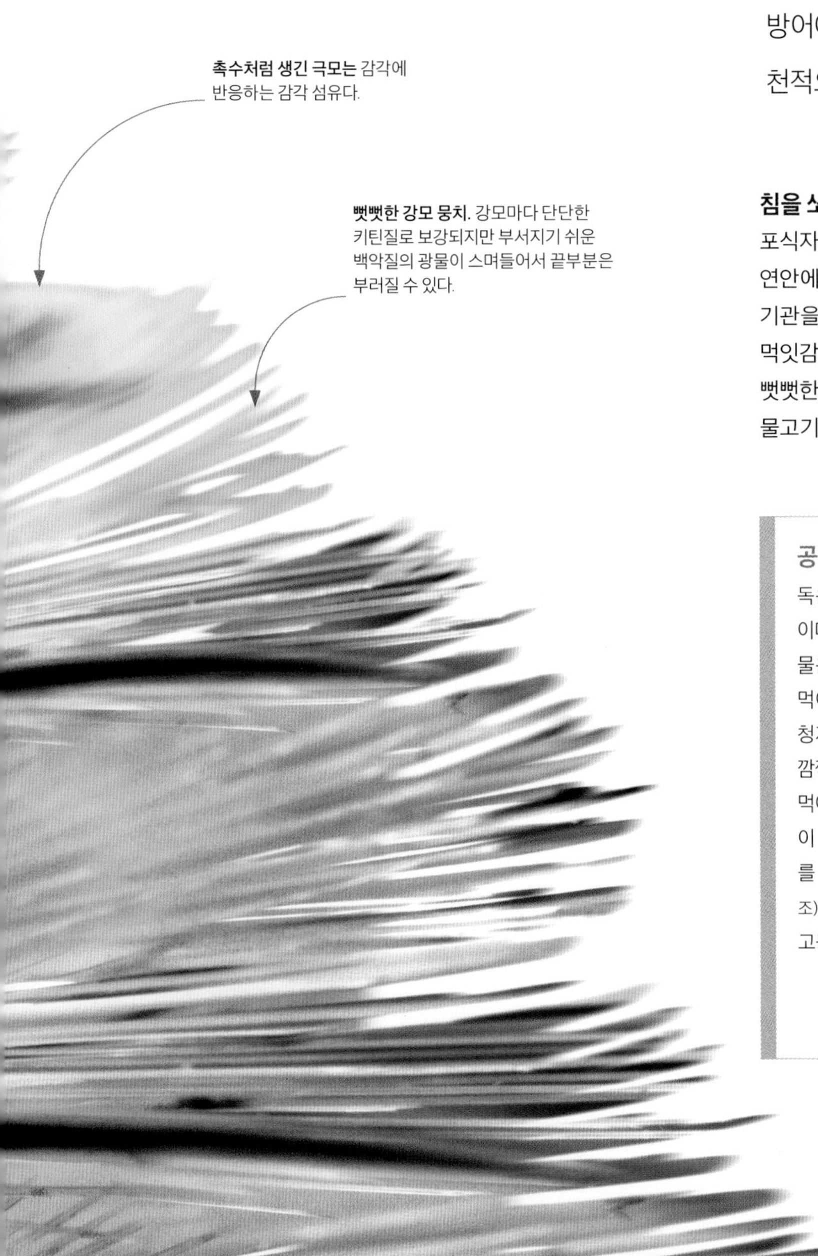

침을 쏘는 지렁이
포식자인 황금불갯지렁이(*Chloeia flava*)는 인도-태평양 연안에 서식한다. 이 환형동물은 카룬클이라는 두툼한 기관을 이용해 '물맛'을 보면서 말미잘이나 해면 같은 먹잇감이 남긴 화학적 흔적을 찾아다닌다. 독이 들어 있는 뻣뻣한 털은 해변에 서식하는 새와 지렁이를 먹이로 하는 물고기로부터 황금불갯지렁이를 지켜준다.

공격에 이용되는 독

독은 먹이에 주입되는 유독성 화학 물질이다. 불갯지렁이처럼 독이 있는 해양 동물은 독을 대개 자기 방어에 이용하지만, 먹이를 잡는 데 이용하는 동물도 있다. 청자고둥은 느리게 기어다니면서도 눈 깜짝할 사이에 발사되는 독침을 이용해 먹이를 마비시켜 사냥에 성공한다. 치설이 변형된 독침은 일반적인 고둥이 조류를 뜯을 때 이용하는 구기다(34~35쪽 참조). 독침은 주둥이 끝에 자리 잡고 있어 고둥의 입에서 발사된다.

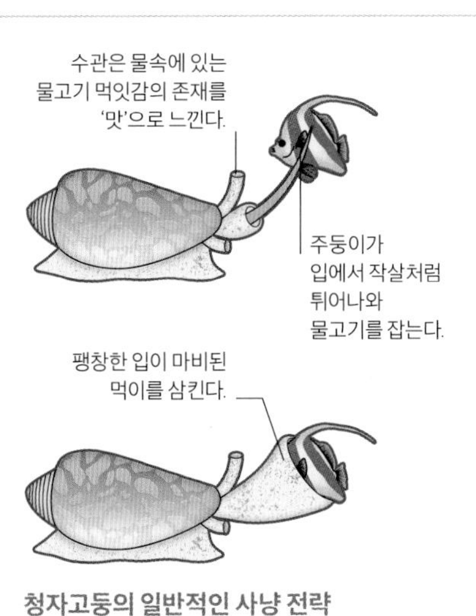

청자고둥의 일반적인 사냥 전략

가리비의 생활사

가리비가 자유롭게 헤엄칠 수 있는 것은 생활사 단계에서 어린 새끼나 다 자란 성체일 때뿐이다. 자웅 동체인 가리비는 개체마다 정자와 난자를 주변의 바닷물로 방출한다. 수정란은 벨리저(veliger)라는 플랑크톤 유생으로 발달한다. 이 단계는 다른 해양 쌍각류와 고둥류의 생활사에서도 살펴볼 수 있다. 기어다니는 발이 다 자라면 벨리저는 해초에 정착해 끈적끈적한 실로 달라붙는다. 가리비는 이곳에서 게처럼 바닥에 서식하는 천적의 관심을 피할 수 있을 정도가 될 때까지 자란다. 그 후로 가리비는 독립적인 생활을 하는 성적으로 성숙한 성체로 발달한다.

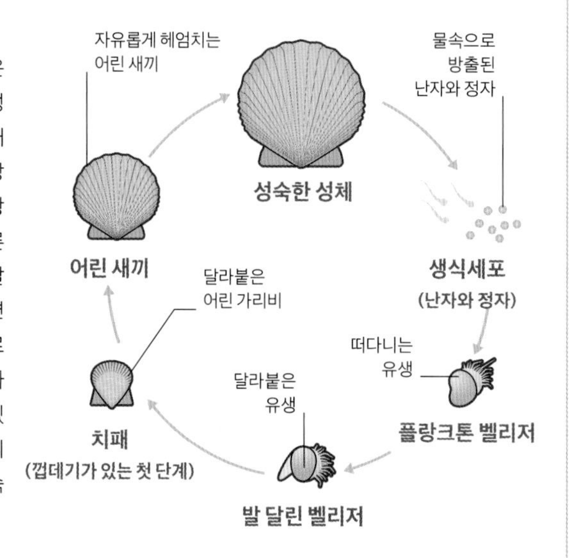

여러 개의 눈
다른 쌍각류와 달리 가리비는 2줄로 달린 수십 개의 눈이 주변의 움직임을 알아차리게 만들어 위험으로부터 멀리 헤엄쳐가도록 해 준다. 눈마다 이미지 처리에 필요한 망막과 수정처럼 맑은 렌즈가 있다.

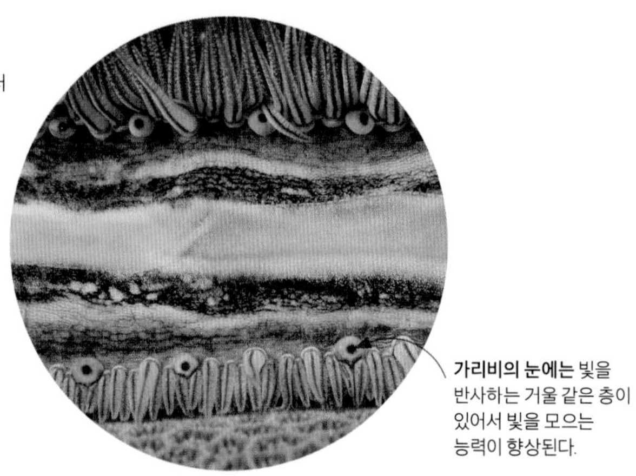

가리비의 눈에는 빛을 반사하는 거울 같은 층이 있어서 빛을 모으는 능력이 향상된다.

위험에서 벗어나기
북미 대서양 연안에 서식하는 해만가리비(*Argopecten irradians*)는 위아래로 움직이는 껍데기 패각을 이용해 인상적인 탈출 반응을 보일 수 있다. 주변 시력과 중심 시력에 모두 정확한 해상도를 제공하는 해만가리비의 복잡한 눈은 접근하는 천적을 인식하는 데 도움이 된다.

파닥이며 헤엄치기

이름이 보여 주듯 쌍각류 연체동물은 두 부분으로 된 껍데기를 갖고 있다. 2개의 껍데기는 가운데가 접번으로 맞물려 있으며, 접번까지 뻗어있는 근육(관자)이 수축하면서 패각으로 불리는 껍데기를 한데 끌어당긴다. 쌍각류는 물속의 먹이 입자를 끌어 모이기 위해 이런 근육을 이완해 껍데기를 열지만, 그렇지 않을 때는 움직이지 않고 대개 가만히 있는 편이다. 예외적으로 가리비는 패각을 위아래로 열고 닫기를 반복하면서 물속에서 헤엄칠 수 있다.

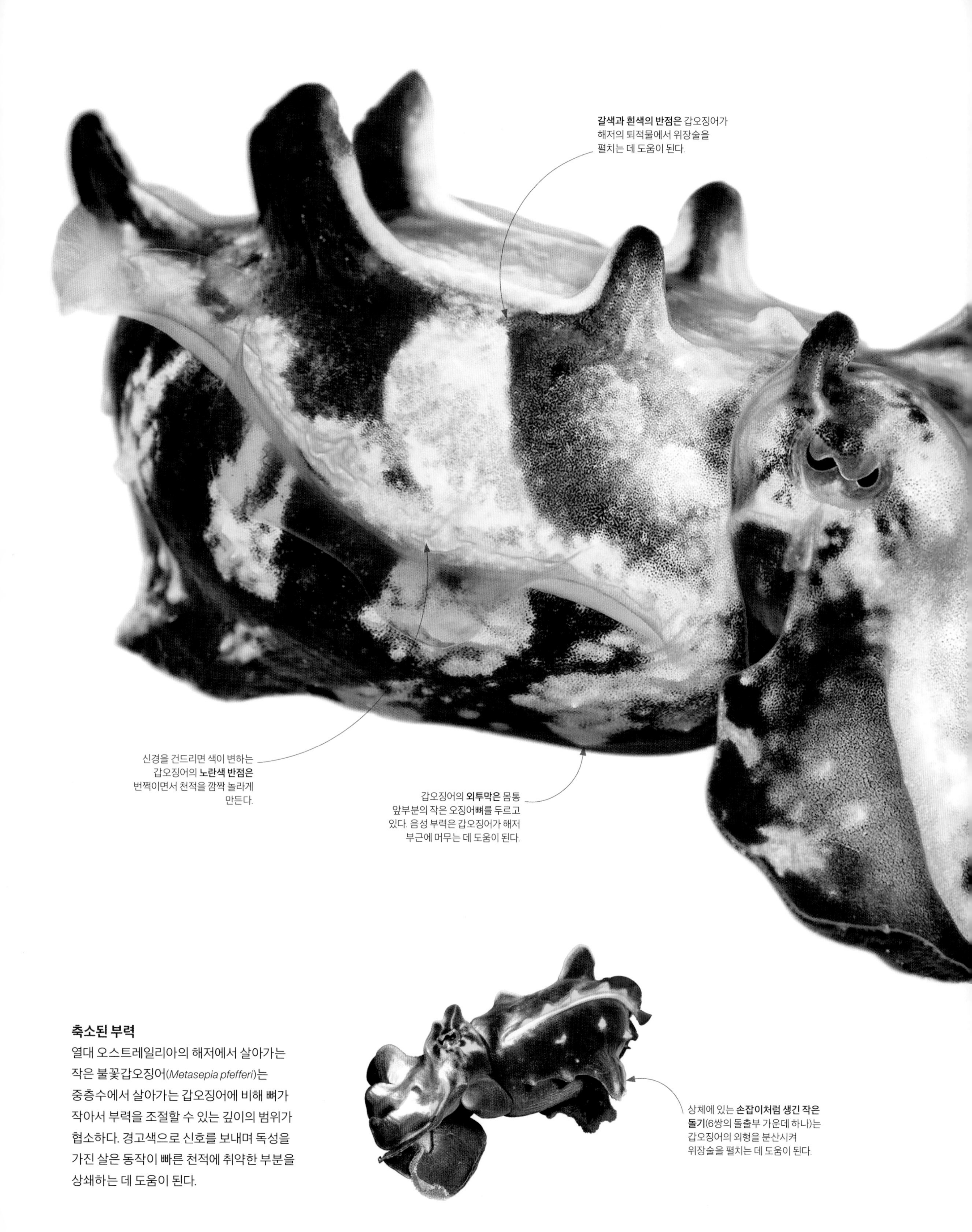

축소된 부력

열대 오스트레일리아의 해저에서 살아가는 작은 불꽃갑오징어(*Metasepia pfefferi*)는 중층수에서 살아가는 갑오징어에 비해 뼈가 작아서 부력을 조절할 수 있는 깊이의 범위가 협소하다. 경고색으로 신호를 보내며 독성을 가진 살은 동작이 빠른 천적에 취약한 부분을 상쇄하는 데 도움이 된다.

엘리건트커틀피시(*Sepia elegans*)의 **오징어뼈는** 몸 전체에 걸쳐 뻗어있다.

길쭉한 공간은 길이가 1밀리미터도 되지 않는다.

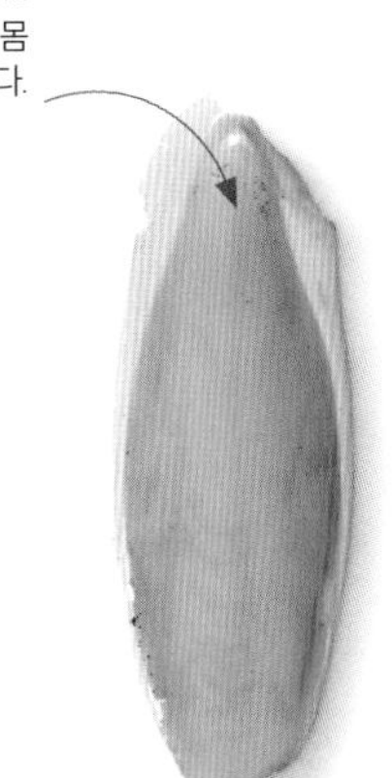

오징어뼈
갑오징어가 죽으면 공기가 차 있어서 부력이 있는 뼈는 해변으로 떠밀려올 수도 있다. 확대된 횡단면은 오징어뼈 내부에 켜켜이 자리 잡은 텅 빈 공간을 보여 준다.

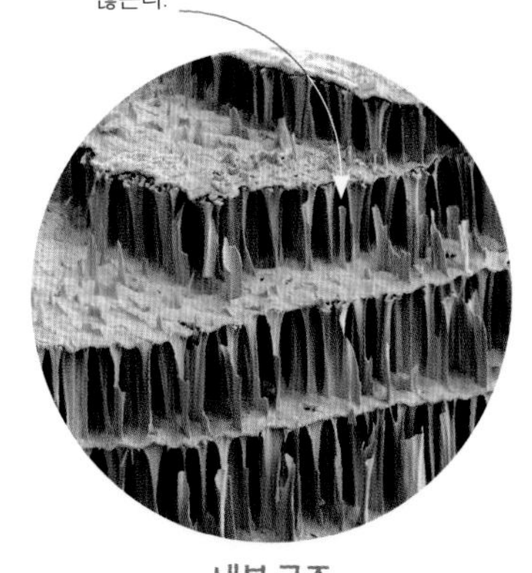

내부 구조

발마다 4줄의 흡반이 달려 있어서 물고기나 갑각류 같은 먹이를 처리할 수 있다.

분홍색을 띤 발은 아래로 뻗어 바닥을 붙잡거나 해저에서 '걸을' 때 이용한다.

변하는 부력

대개의 물고기가 저장된 공기의 양을 조절할 수 있는 부레(231쪽)를 이용해 물속에 떠 있는 데 비해 부력을 변화시켜 가라앉거나 떠오르는 물고기도 있다. 갑오징어는 속껍질(오징어뼈)를 이용해 부력을 바꾼다. 몸통의 텅 빈 공간 덕분에 갑오징어는 물에 뜬 채로 헤엄칠 수 있다. 한편 해저로 내려가기 위해 공간을 액체로 채운 갑오징어는 떠 있는 것과는 반대로 바닥으로 가라앉아 굴을 파거나 '걸어 다닐' 수도 있다.

두족류 껍데기

두족류에는 앵무조개, 문어, 램스혼(스피룰라), 갑오징어, 오징어처럼 헤엄치는 다양한 형태의 연체동물이 포함된다. 앵무조개는 고둥껍질처럼 나선형으로 감겨 있으면서도 부력 조절 기능을 갖춘 오징어뼈처럼 공간이 있는 겉껍질을 갖고 있다. 깊은 바닷속에 사는 갑오징어의 친척뻘 되는 램스혼은 나선형으로 감긴 속껍질을 비슷한 방식으로 이용한다. 오징어는 속껍질이 글라디우스로 불리는 펜처럼 생긴 단순한 구조로 축소되어 몸통을 지지한다. 문어에게는 이런 껍질이 전혀 없어서 몸이 더욱 유연하다.

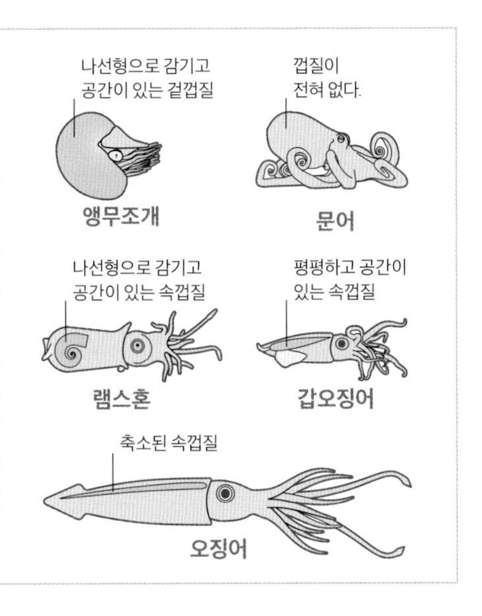

소용돌이의 모습
2018년 9월 국제 우주 정거장에서 촬영한 이 사진은 태평양에서 발생한 태풍 트라미의 눈 주변에 형성된 나선형 소용돌이를 보여 준다.

허리케인과 태풍

허리케인(대서양 지역)과 태풍(태평양 지역)으로 알려진 격렬한 열대 폭풍은 최대 시속 350킬로미터에 이르며 대개 폭우를 동반하는 소용돌이 바람을 특징으로 한다. 열대 폭풍은 해양 상층부 45미터의 해수 온도가 섭씨 27도를 넘을 때 발생한다. 적도 해양 지역, 특히 태평양, 대서양 서쪽, 인도양에서는 늦여름부터 가을까지 해수 온도가 정기적으로 이 수준에 이른다. 지구 온난화는 이런 폭풍의 지속 기간, 빈도, 강도를 키우고 있다. 허리케인과 태풍은 해안 지역에 심각한 피해를 일으킬 수 있지만, 일단 육지에 상륙하면 세력이 약해지고 폭풍을 움직이던 힘에서 멀어진다.

허리케인의 내부

해수면 온도가 높아지면 막대한 양의 수증기가 바다 표면에서 증발하게 되고 그 결과 15킬로미터 높이까지 거대한 대류탑이 형성된다. 해수면의 저기압은 더 많은 공기를 끌어들여 구름계와 나선형 폭풍우를 만들어 낸다. 지구 자전으로 생긴 코리올리힘은 바람을 회전시키고, 폭풍은 성장하면서 스스로 유지하는 힘을 얻게 된다.

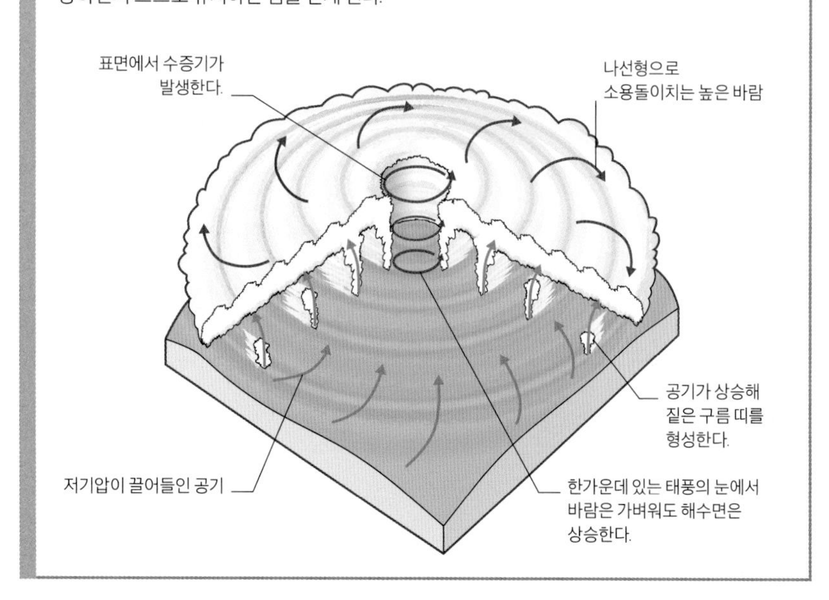

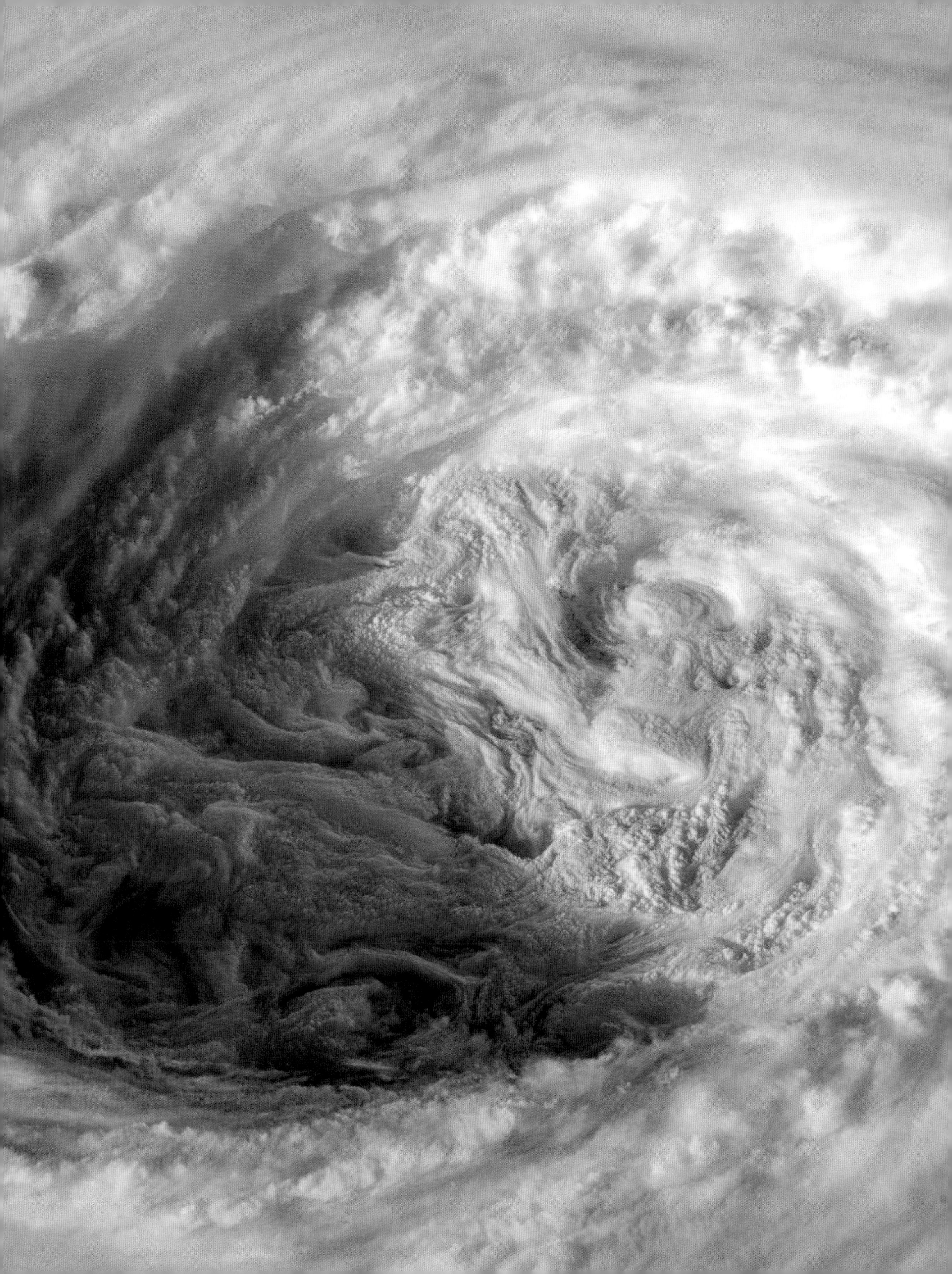

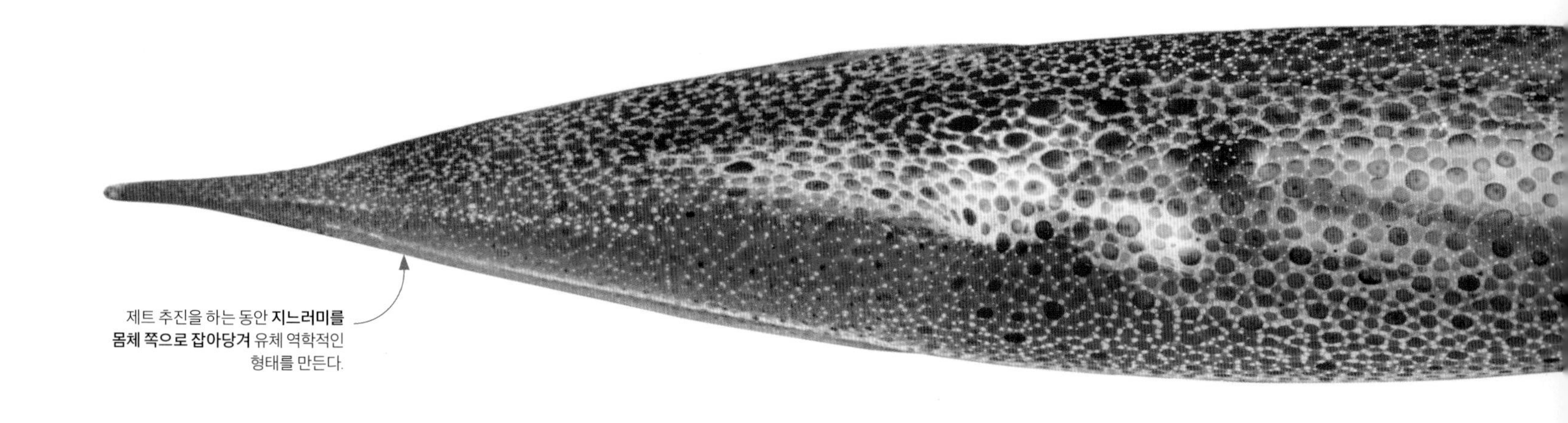

제트 추진을 하는 동안 **지느러미를 몸체 쪽으로 잡아당겨** 유체 역학적인 형태를 만든다.

집어넣을 수 없는 발에는 먹이를 붙잡는 데 쓰이는 흡반이 전체적으로 달려 있다.

집어넣을 수 있는 촉수의 주걱처럼 생긴 끝부분에는 흡반이 달려 있다.

제트 추진

바다고둥이나 민달팽이 같은 연체동물은 근육질의 발로 느릿느릿 기어다니지만, 일부 연체동물은 중층수에서 헤엄을 칠 수도 있다. 오징어와 문어를 비롯한 두족류는 모든 연체동물 가운데 가장 빨리 헤엄친다. 두족류는 어뢰형 몸체를 이용해 물속을 가르며 특히 수관에서 물을 분사해 상당한 추진력을 만들어 낼 수 있다. 그렇게 얻은 추진력으로 급가속해서 앞으로 나간다.

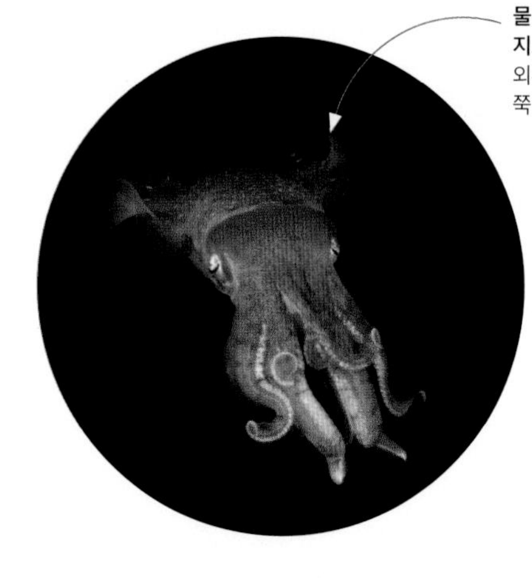

물결을 일으키는 지느러미가 오징어의 외투막 양쪽으로 쭉 뻗어 있다.

지느러미 힘
지느러미는 물결치듯 움직이면서 물을 밀어낸다. 제트 추진이 필요하지 않을 때는 느리고 일상적인 헤엄치기에 필요한 추진력을 대부분 지느러미로 얻는다.

제트 추진을 하는 동안
오징어의 모습

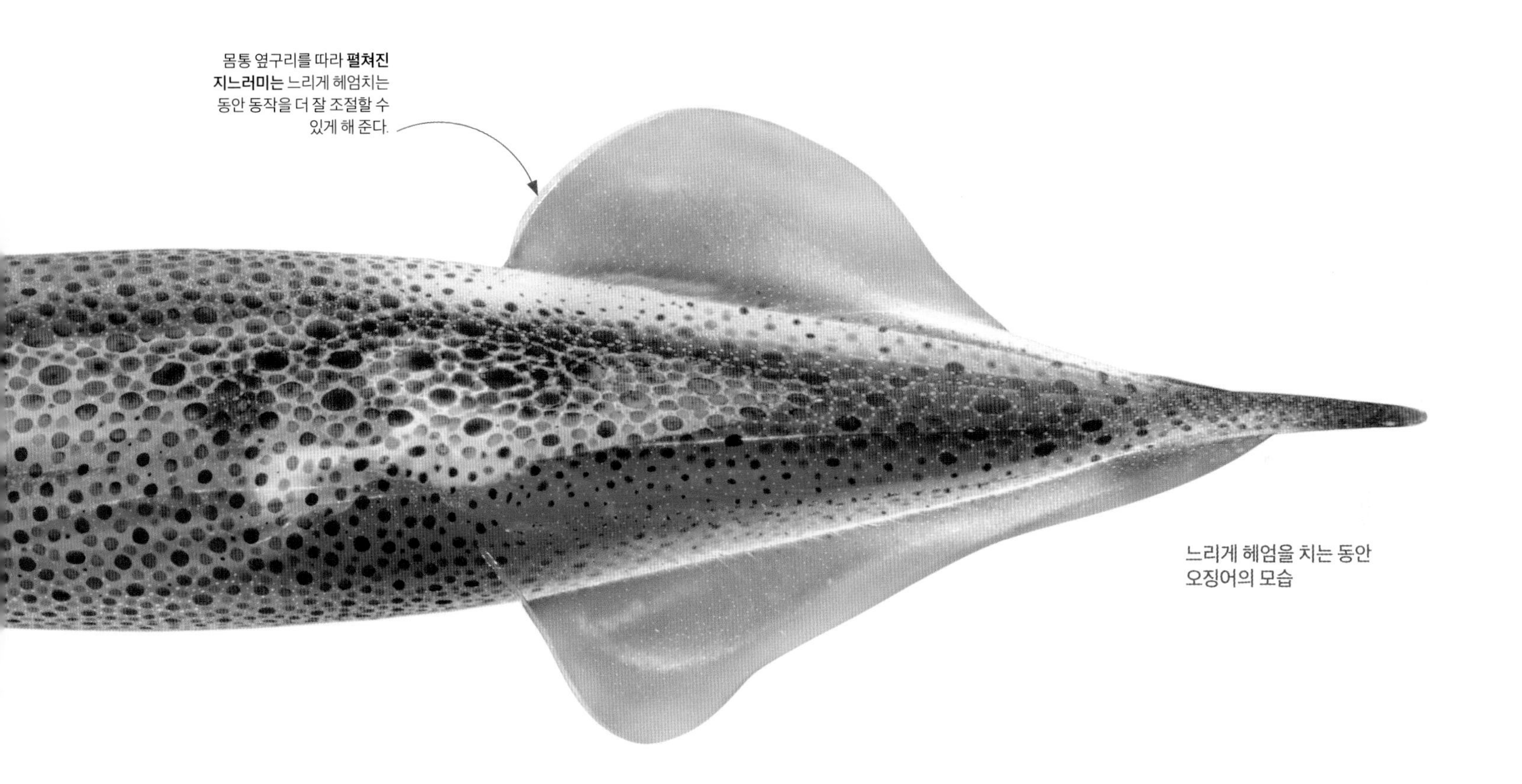

느리게 헤엄을 치는 동안
오징어의 모습

분사하기

모든 연체동물은 피부 같은 외투막을 갖고 있다. 바다고둥의 외투막은 껍질을 만들어 내는 구조지만, 두족류의 외투막은 커버처럼 몸체를 감싸는 역할을 한다. 외투막 벽의 근육은 그 밑에 있는 외투강을 넓혀 물을 가득 채운 다음 수축해 수관에서 물을 분사한다. 오징어는 제트 추진을 통해 수관을 앞뒤로 움직여 나아갈 방향을 조정할 수 있다.

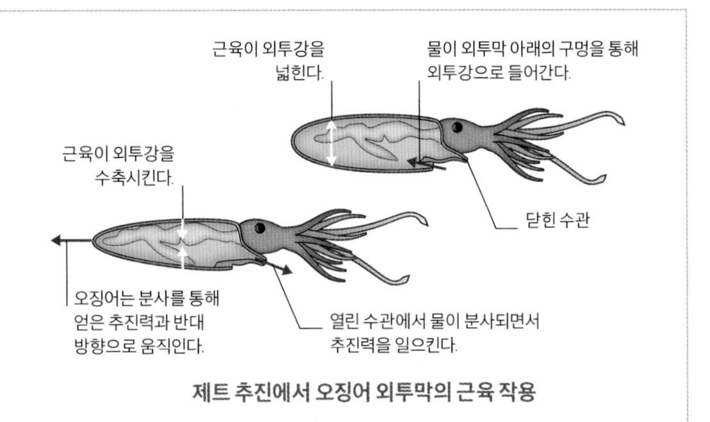

제트 추진에서 오징어 외투막의 근육 작용

재빠른 포식자

제트 추진은 유럽화살오징어(*Loligo vulgaris*)가 먼 거리를 빨리 갈 수 있게 해 준다. 제트 추진은 천적에게서 몸을 피하거나 잽싸게 움직이는 먹이를 잡을 때 이용된다. 8개의 발과 집어넣을 수 있는 2개의 촉수는 물고기와 갑각류를 사냥할 때 이용된다. 제트 추진만으로는 방향을 바꾸거나 다른 동작을 하는 데 필요한 미세한 조정을 할 수 없다. 그런 경우 오징어는 지느러미를 이용한다.

나새류

이처럼 형형색색의 연체동물은 전 세계의 깊고 얕은 바다에서 볼 수 있으며 3000종이 넘는 것으로 알려져 있다. 그중에는 해저에서 기어다니는 것도 있고 물기둥에서 살아가는 것도 있다. 나새류는 이올리드(aeolid)와 도리드(dorid) 두 부류로 나뉜다. 두 부류 모두 자웅 동체로 하나의 개체에 암컷과 수컷의 생식기가 들어 있지만 자가 수정은 할 수 없다.

색채의 콜라주
반투명한 백색을 띤 이올리드 코리펠라 베루코사(*Coryphella verrucosa*)는 북대서양과 태평양의 조류와 보호 구역에서 발견된다. 이 나새류는 특이하게 꼬인 흰색의 끈 모양으로 알을 낳고 다른 나새류와 마찬가지로 유생 단계에서 껍질을 벗는다. 이 종은 몸길이가 3.5센티미터까지 자랄 수 있다.

이올리드 나새류
이올리드 나새류는 머리에 감각 기관(후각돌기)이 있고 등을 덮은 촉수처럼 생긴 외투막 주름(cerata)을 이용해 호흡한다. 밝은 체색은 위장술에 이용되기도 한다. 몇 종의 이올리드 나새류는 해파리처럼 몸집이 크고 무장이 잘 된 먹이도 잡아먹는다. 발사되지 못한 해파리의 가시세포는 나새류의 몸속으로 들어가 외투막 주름 끝에 있는 자포낭 속에 저장된다. 이로써 외투막 주름은 호흡뿐만 아니라 먹이를 통해 얻은 화학 물질을 이용해 자기 방어에서도 한몫을 담당한다.

에드먼드셀라 페다타
(*Edmundsella pedata*)
몸길이는 2센티미터

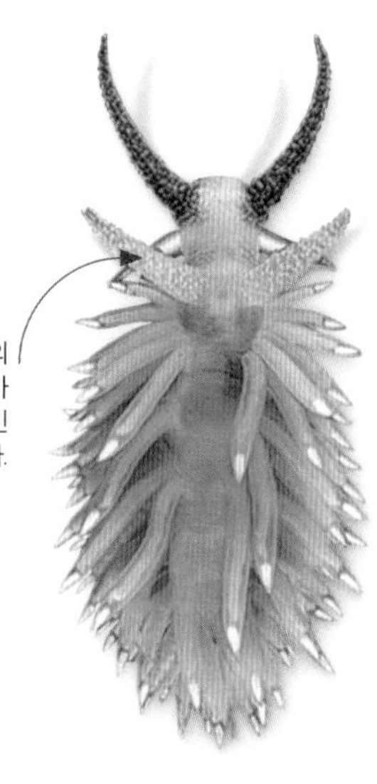

베르기아 노르베지카
(*Berghia norvegica*)
몸길이는 3센티미터

파첼리나 보스토니엔시스
(*Facelina bostoniensis*)
몸길이는 5.5센티미터

도리드 나새류
도리드 나새류는 대개 몸체가 매끄럽다. 머리에 2개의 후각돌기가 있고 외투막 뒤쪽으로 깃털처럼 생긴 아가미가 무더기로 보인다. 일부 종은 이런 아가미를 특수한 주머니 속으로 집어넣을 수도 있다. 이올리드 나새류와 마찬가지로 도리드 나새류도 다른 나새류를 비롯해 다양한 동물을 먹는 육식동물이다.

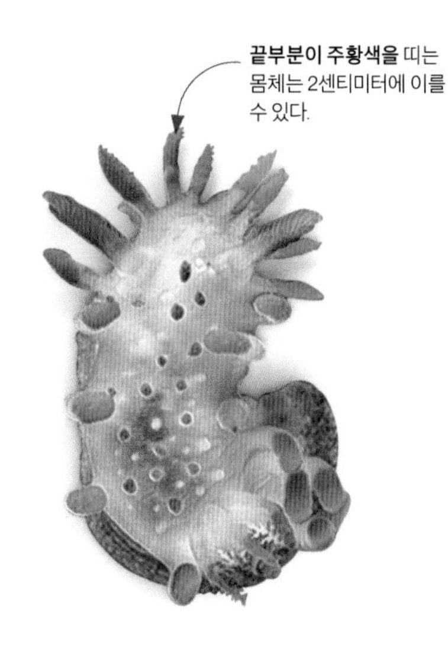

리마시아 클라비게라
(*Limacia clavigera*)
몸길이는 2센티미터

고니오도리스 카스타니아
(*Goniodoris castanea*)
몸길이는 4센티미터

넴브로타 쿠바야나
(*Nembrotha kubaryana*)
몸길이는 12센티미터

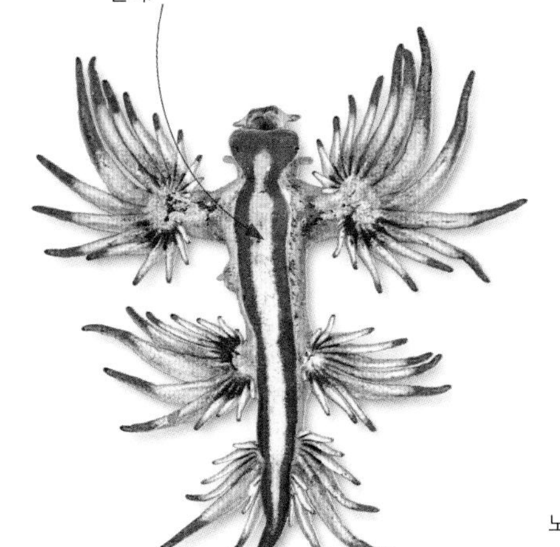

글라우쿠스 아틀란티쿠스
(*Glaucus atlanticus*)
몸길이는 3센티미터

피오르디아 크리스카우게이
(*Fjordia chriskaugei*)
몸길이는 2~3센티미터

프테라에올리디아 이안티나
(*Pteraeolidia ianthina*)
최대 몸길이 12센티미터

폴리세라 쿼드릴리네타
(*Polycera quadrilineta*)
몸길이는 4센티미터

크로모도리스 엘리사베티나
(*Chromodoris elisabethina*)
몸길이는 5센티미터

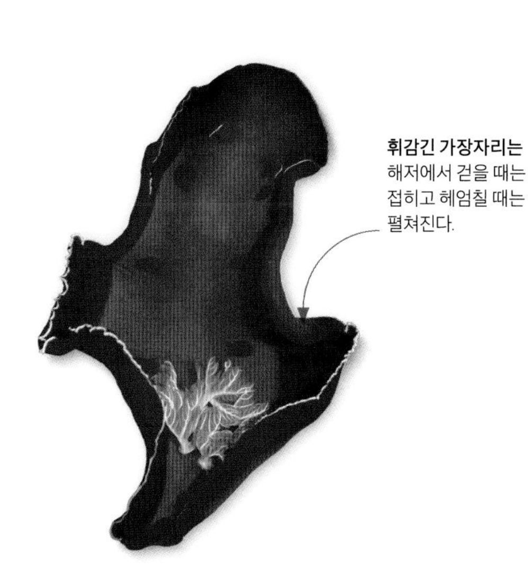

헥사브랑쿠스 상귀네스
(*Hexabranchus sanguineus*)
몸길이는 40센티미터

육지의 거인
질량이 4킬로그램에 이르는 야자집게(*Birgus latro*)는 육지에서 가장 큰 무척추동물이다. 그러나 바다에 서식하는 미국바닷가재의 가능한 최대 크기에 비하면 보잘것없는 크기에 불과하다.

무거운 몸

동물에게는 큰 몸집이 좋을 수도 있고 나쁠 수도 있다. 큰 동물은 천적이나 경쟁자를 사나운 힘으로 압도할 수 있는 데 비해 몸의 무게는 상당한 부담을 준다. 갑각류처럼 다리가 관절로 이루어진 절지동물은 단단한 외골격을 갑옷처럼 입고 있다. 몸집이 큰 절지동물에게는 두꺼운 갑옷이 필요하지만, 추가된 몸무게는 움직임에 제약을 주기 때문에 최대 크기가 제한을 받는다. 그러다 보니 미국바닷가개 같은 갑각류는 몸무게가 부력으로 상쇄되는 물에서만 몸집을 크게 불릴 수 있다.

물에 의한 부력
중력에 의해 결정되고 뉴턴으로 측정되는 무게는 대상이 존재하는 매질(공기 또는 물)에 따라 달라진다. 킬로그램으로 측정되는 물체의 양에 해당하는 질량은 변하지 않는다. 끌어당기는 중력이 물에서 끌어 올리는 힘에 의해 어느 정도 상쇄되는 바다에서는 몸집이 큰 바닷가재라도 근력이 충분해서 다리를 움직이거나 해저에서도 걸을 수 있다. 그러나 육지에서는 거의 움직이지 못할 정도로 바닷가재의 무게가 훨씬 크게 작용한다.

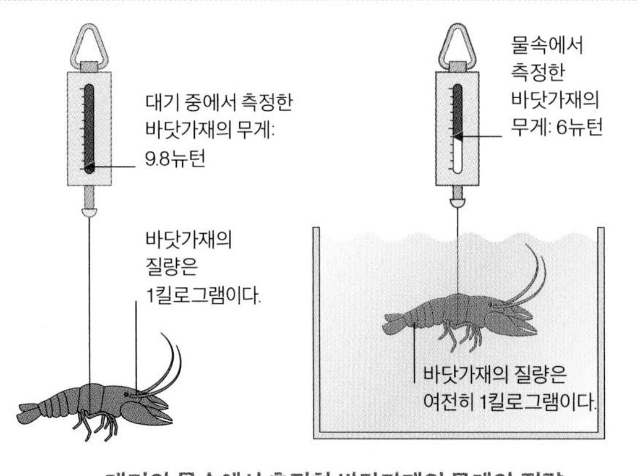

대기와 물속에서 측정한 바닷가재의 무게와 질량

교체 가능한 갑옷
대서양 북서부가 원산지인 미국바닷가재(*Homarus americanus*)는 세계에서 가장 큰 절지동물이다. 가장 큰 종으로 기록된 바닷가재의 질량은 20킬로그램이 넘지만, 대부분은 그보다 훨씬 덜 나간다. 모든 절지동물이 그렇듯, 미국바닷가재 역시 주기적으로 외골격을 벗고 그보다 큰 갑옷으로 갈아입어야 한다. 미국바닷가재는 살아 있는 동안 계속해서 자라기 때문에 최고 기록을 수립한 개체는 100살 넘게 살았을 것으로 추정된다.

긴 더듬이에는 어둡거나 탁한 물속에서 촉각을 느끼는 촉각수용기가 분포해 있다.
첫 번째 다리 한 쌍 위의 집게발처럼 생긴 발톱은 천적에 맞서 자기 방어를 할 때 더욱 커진다.
등딱지(배갑)는 다리를 포함한 흉곽과 머리를 덮는 방패를 형성하는 외골격의 일부로 이 모두는 하나로 결합해 있다.
길쭉한 배는 서로 연결된 6개의 체절로 나뉘어 있어서 몸을 구부릴 수 있다.
걷는 데 이용되는 5쌍의 다리는 여러 개의 관절을 갖고 있으며 끝에는 작은 발톱이 달려 있다.
부채처럼 생긴 꼬리다리는 배를 구부려 후진하거나 위험으로부터 피하려고 할 때 노처럼 이용된다.

위쪽으로 향한 구멍

갯고사리 중앙에 있는 입은 불가사리와 마찬가지로 아래쪽이 아닌 위쪽을 향하고 있다. 이것은 다리로 수집한 먹이 입자를 받기 좋은 자세다. 먹이는 U자형 소화관을 통해 전달되며 소화되지 않은 배설물은 역시 위쪽을 향하고 있는 항문을 통해 배설된다.

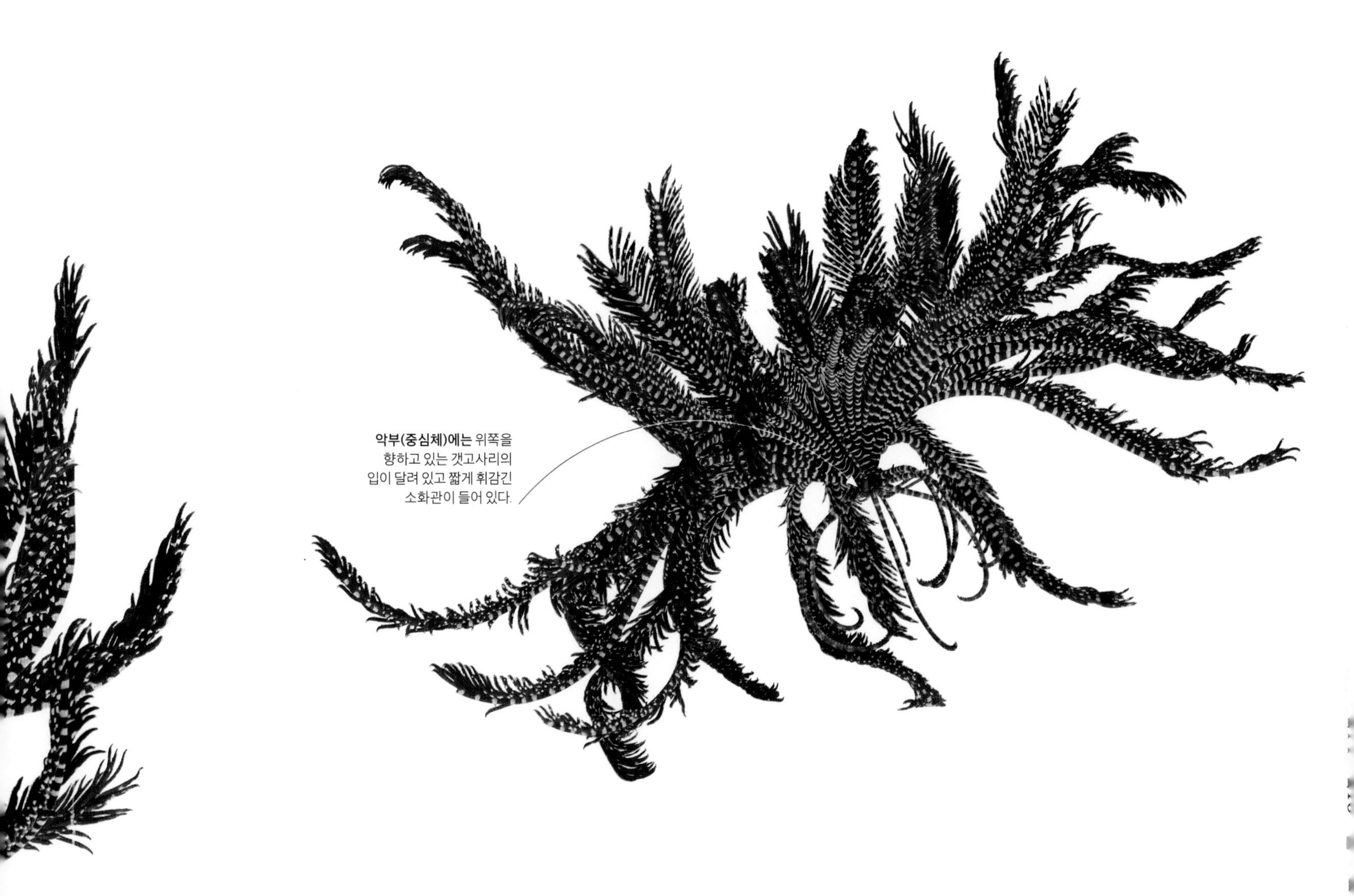

악부(중심체)에는 위쪽을 향하고 있는 갯고사리의 입이 달려 있고 짧게 휘감긴 소화관이 들어 있다.

현탁물 섭식

바닷물 속에 떠다니는 작은 먹이 입자를 통해 양분을 얻는 동물은 더 많은 입자를 잡기 위해 몸을 넓게 펼칠 수 있다면 좋을 것이다. 불가사리의 친척뻘 되는 갯고사리는 그렇게 한다. 갯고사리는 가느다란 발처럼 생긴 극모로 해저를 '걸어 다니면서' 새로 유입되는 조류를 향해 깃털 같은 다리를 뻗어 플랑크톤과 떠다니는 부유물 파편을 잡는다. 또 발을 위아래로 움직이면서 중층수에서 헤엄을 칠 수 있는 갯고사리도 있다.

물속에서 다리의 깃털 가지(우지)는 바깥쪽으로 펼쳐져 있어서 먹이를 잡는 데 도움이 된다.

깃털 같은 다리

갯고사리는 5의 배수로 자라는 다리를 갖고 있다. 일부 종에는 200개의 다리가 달려 있기도 하다. 다리마다 깃털 가지로 불리는 곁가지가 무수히 많이 달려 있다.

먹이 입자 수집

조개 같은 진정한 여과 섭식 동물은 체처럼 생긴 기관을 통해 바닷물을 퍼 올리지만, 갯고사리 같은 현탁물 섭식자는 물을 효과적으로 '뒤져' 먹이를 찾아낸다. 수압으로 작동되는 갯고사리의 다리에 달린 관족은 먹이를 재빨리 홈 속으로 밀어 넣는다. 홈에서는 섬모로 불리는 머리카락 같은 구조가 입으로 먹이를 쓸어 보낸다.

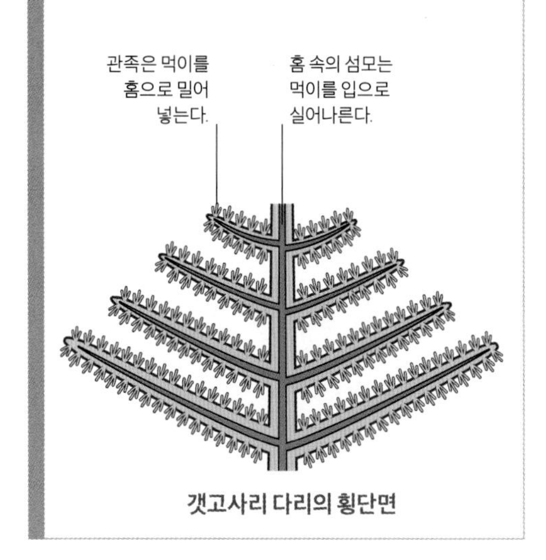

갯고사리 다리의 횡단면

「가나가와 해변의 높은 파도 아래」(1829~1833년)
물에 갇힌 배 위로 넘실대는 호쿠사이의 거대한 파도가 품은 격렬한 에너지는 이 작품(후지 산의 36경 중의 하나)을 일본의 모든 판화 가운데 가장 널리 인정을 받게 해 주었다. 다양한 색을 특징으로 하는 당시의 판화와 달리 이 그림에서는 강력한 인상을 주기 위해 제한된 색을 이용해 파도의 위력을 강조했다.

시에 묘사된 물고기(1830년대)
사실적인 묘사와 섬세한 색채가 돋보이는 우타가와 히로시게의 「죽순과 열매가 어우러진 감성돔과 참돔」은 물고기에 관한 시에 들어갈 삽화로 시 협회로부터 의뢰받은 20점의 목판화 가운데 하나다.

명화 속 해양

큰 파도

예로부터 격랑이 몰아치는 태평양과 복잡한 조류와 난류가 흐르는 동해로 에워싸인 섬나라 일본의 화가들은 바다에서 영감을 구하려고 했다. 일본의 전통 신앙인 신토(神道)에서는 암초 해안부터 깊은 바다에 이르기까지 자연의 만물에 저마다 생명력이 있다고 믿는다. 일본의 목판화에 실재하는 것은 바로 이러한 에너지다.

목판화에 이용된 목판 인쇄는 2000년 전쯤 중국에서 일본으로 전해졌지만, 에도 시대(1603~1868년)가 되어서야 이런 회화 양식은 대중화되었다. 회화가 부자들의 전유물이었던 것에 비해 수천 장씩 찍어내고 국수 한 그릇 값에 불과한 목판화는 누구나 손에 넣을 수 있었다. 목판화는 종이에 도안을 그리는 화가, 판목에 종이를 깔고 도안을 새기는 조각가, 인쇄작업을 하는 출판 업자 사이에 이루어지는 공동 작업이었다. 초기 인쇄는 단색 판화였지만, 18세기 중반에 이르러서는 최대 20가지 색이 들어가는 별개의 판목을 이용해 '양단 그림'으로 알려진 다색 판화가 제작되었다.

전통적으로 목판화는 게이샤, 기녀, 가부키 배우, 춘화를 비롯한 도시 풍경을 묘사했다. 그런 목판화는 '덧없는 세상(일시적인 기쁨을 가리킴)의 그림'을 뜻하는 우키요에로 자리를 잡았다. 그러나 에도 시대 말기에 이르러 자연계에 관한 관심이 점차 커지자 목판화가들은 풍경화와 해경화를 통해 그런 요구에 부응했다. 그들은 바다의 분위기와 리듬을 전적으로 다루는 가운데 문학적 전통을 토대로 한 그림을 그렸다.

목판화가 가운데 가장 오랫동안 사랑을 받는 인물로는 「가나가와 해변의 높은 파도 아래」로 널리 알려진 가쓰시카 호쿠사이(葛飾北斎, 1760~1849년)와 일본에서 마지막 우키요에 대가로 꼽히는 우타가와 히로시게(歌川広重, 1797~1858년)를 들 수 있다. 히로시게의 목판화는 바위에 부딪히는 파도와 멀리 보이는 평온한 해변을 그린 「스루가 지방의 사타 봉우리 앞바다」(1858년)부터 위험천만한 조류를 그린 「아와 지방의 나루토 소용돌이」(1855년)에 이르기까지 천의 얼굴을 가진 바다를 보여 준다.

오랜 쇄국 정책 끝에 1850년대 일본이 서구에 문호를 개방한 뒤로 이런 목판화는 유럽과 미국에서 열렬한 추앙을 받았으며 인상주의와 후기 인상주의 화가들에 의해 한결같은 존경을 받았다.

> "여기서 파도는 발톱이고 배가 거기 갇혔다는 느낌이 들 거야."
>
> **—빈센트 반 고흐가 동생인 테오 반 고흐(Theo Van Gogh)에게 보낸 편지에서, 1888년**

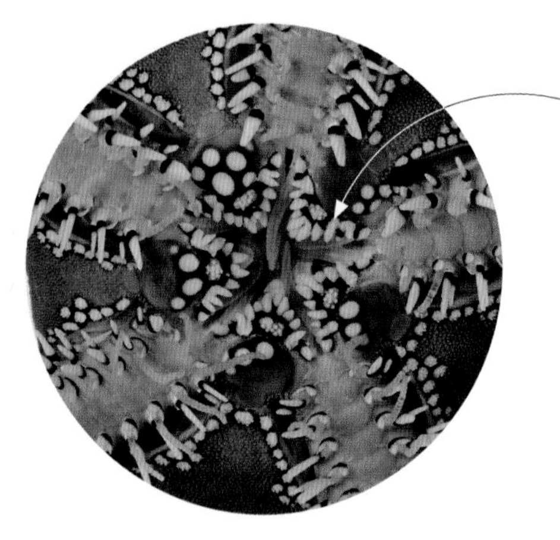

단단한 턱은 변형된 소골로 이루어져 있다.

거미불가사리의 입
거미불가사리의 다리에 붙은 관족은 중앙 원반 밑에 있는 입 옆의 작은 턱으로 먹이를 보내는 역할을 한다. 먹이는 짧은 위 속으로 들어간다. 소화관에는 따로 항문이 없으므로 소화되지 않은 배설물은 입을 통해 빠져나온다.

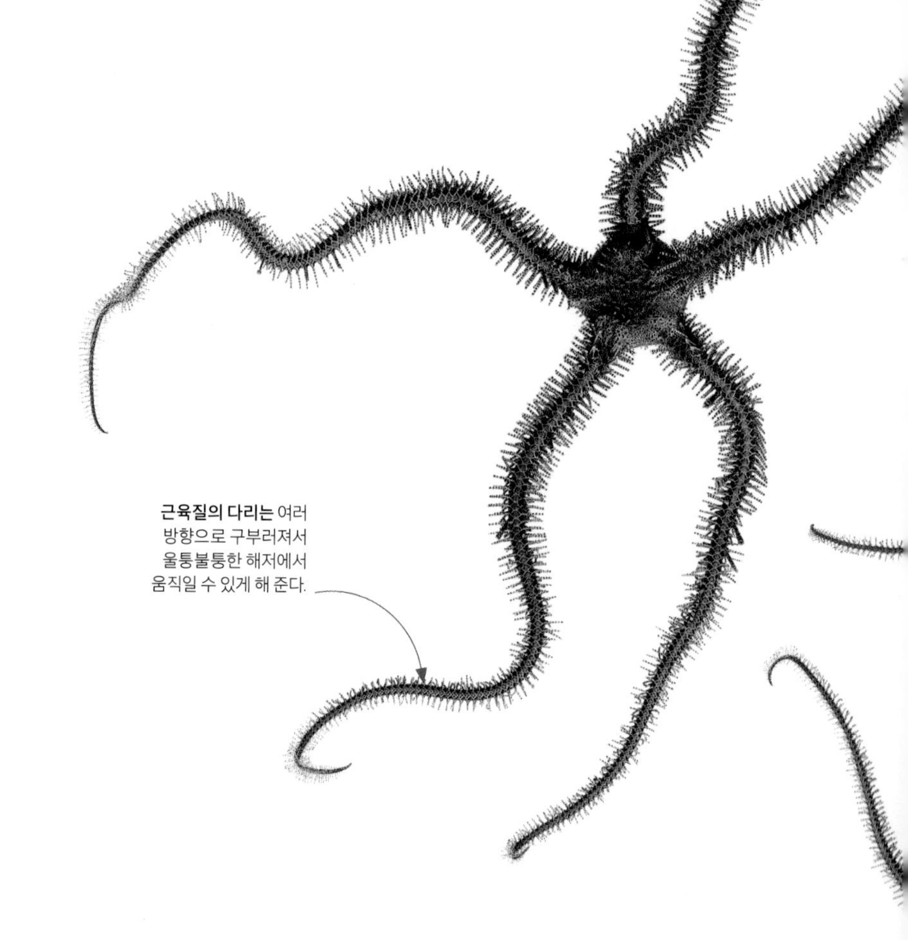

근육질의 다리는 여러 방향으로 구부러져서 울퉁불퉁한 해저에서 움직일 수 있게 해 준다.

다리로 걷기

두껍고 강화된 표피 때문에 유연성이 떨어지는 불가사리는 흡반처럼 생긴 수백 개의 작은 '관족(220~221쪽 참조)'을 이용해 느릿느릿 기어다닐 수밖에 없다. 불가사리의 친척뻘 되는 거미불가사리의 표피는 좀 더 유연하며, 복잡한 근육의 격자 덕분에 수평 방향으로 다리를 자유롭게 움직일 수 있다. 거미불가사리의 가시 돋친 다리는 앞뒤로 꿈틀거리면서 바닥을 잡거나 앞으로 밀고 나갈 수 있다. 흡반이 없는 관족은 이동 능력과 관련이 있다기보다는 먹이 입자를 자유롭게 수집할 수 있게 해 준다.

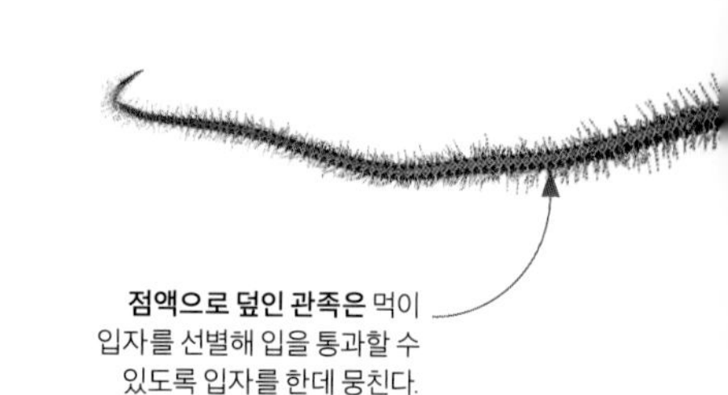

점액으로 덮인 관족은 먹이 입자를 선별해 입을 통과할 수 있도록 입자를 한데 뭉친다.

몸체 지지

성게, 불가사리, 갯고사리, 해삼 같은 다른 극피동물과 마찬가지로 거미불가사리의 몸 역시 표피를 보강하는 단단한 소골과 바닷물의 순환을 담당하는 구계(수관계)에 의해 지탱된다. 다리 전체로 뻗어 있는 근육은 다리의 움직임을 제어한다.

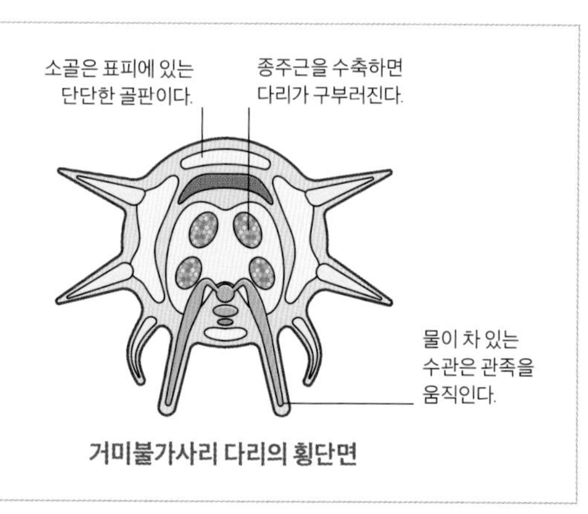

거미불가사리 다리의 횡단면

쉽게 부서지는 다리

유럽거미불가사리(*Ophiothrix fragilis*)는 구불구불한 다리를 이용해 해저를 걸어 다니면서 유기물 파편과 미생물을 수집한다. 이름에서 짐작할 수 있듯, 거미불가사리(brittle star)의 다리는 쉽게 부서지지만 손상되더라도 재생할 수 있다.

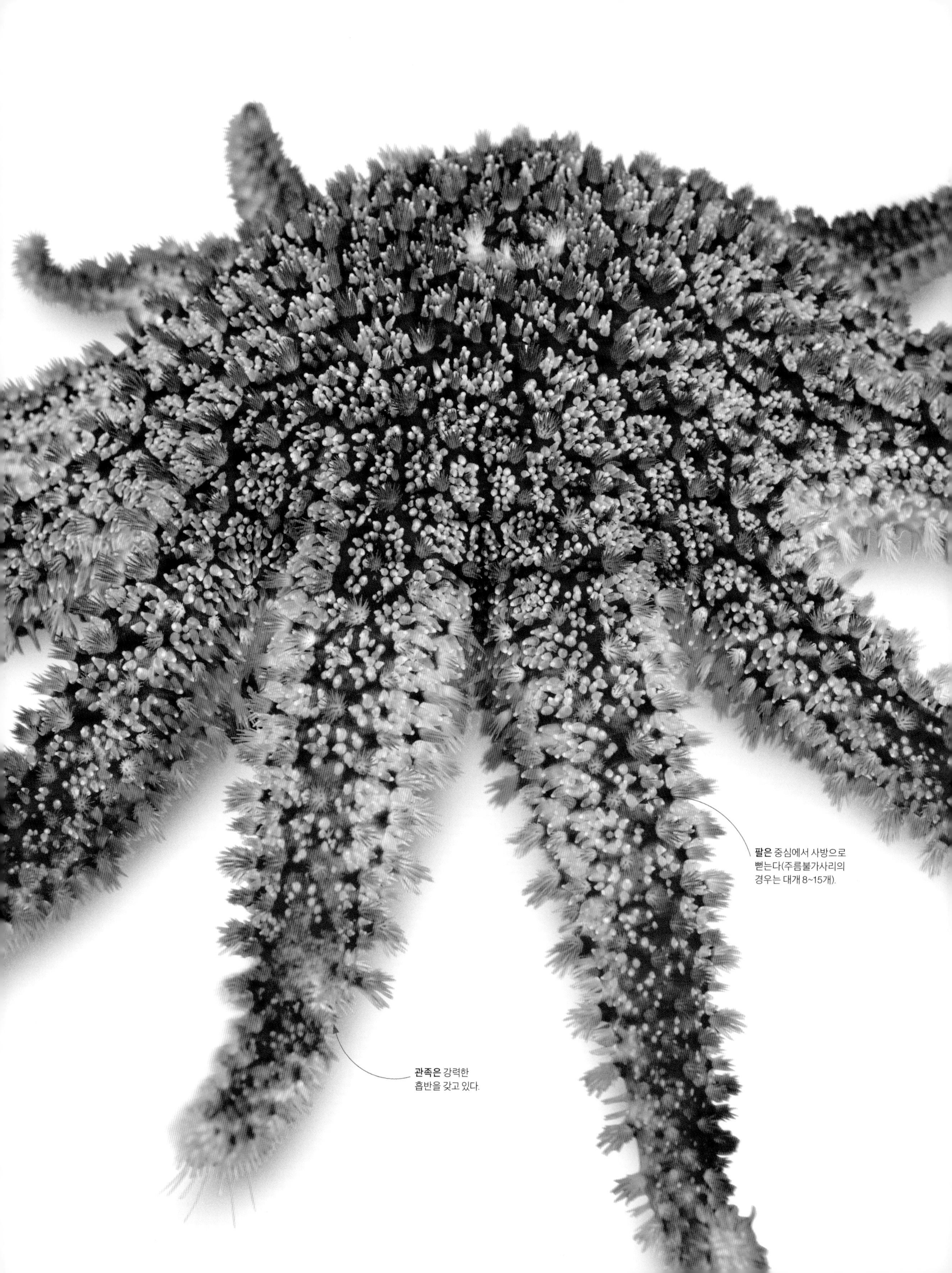
팔은 중심에서 사방으로
뻗는다(주름불가사리의
경우는 대개 8~15개).
관족은 강력한
흡반을 갖고 있다.

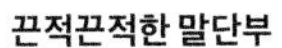

끈적끈적한 말단부
불가사리의 관족 끝은 둥근 원반 모양으로 접착성과 반접착성의 화학 물질을 분비한다. 덕분에 불가사리는 다른 표면에 일시적으로 결합할 수 있다.

관족은 팔 전체에 있는 홈에서 나온다.

관족

극피동물로 알려진 해양 동물을 정의하는 특성 가운데 하나는 관족으로 불리는 다양한 기능을 지닌 신체 기관이다. 관족은 불가사리와 성게가 이동할 때 중요한 역할을 하며, 간혹 촉각에 민감한 더듬이의 역할을 하기도 한다. 또 관족의 두꺼운 표피에서는 기체 교환(호흡)이 이루어진다. 관족은 섭식 과정에서도 중요한 역할을 담당해 작은 입자를 입으로 전달한다. 불가사리는 관족의 접착력을 이용해 홍합이나 조개 같은 먹이의 껍데기를 열어젖힌다.

다발을 이룬 가시는 불가사리가 해저에 달라붙을 수 있도록 돕는다.

팔 끝에는 빛에 반응하는 작은 안점이 분포한다.

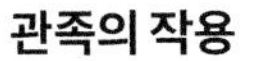

관족의 작용
관족의 작용은 주름불가사리(*Crossaster papposus*)가 수평이나 수직 혹은 돌출된 표면을 기어다닐 수 있게 해 준다. 관족마다 안점 같은 감각 기관이 있어서 그늘에서 빛을 식별할 수 있다.

수관계

관족은 수압을 이용해 극피동물의 이동, 섭식, 호흡에 도움을 주는 수관계에 속한다. 불가사리의 경우에 몸의 윗부분에 있는 구멍을 통해 수관계로 물이 들어온다. 그런 다음 물은 환수관을 거쳐 다리를 따라 뻗어 있는 방사관으로 유입된다. 그곳의 물은 병낭과 신축성 있는 발(족상돌기)로 이루어진 관족으로 전해진다. 병낭이 수축하면 물은 발로 밀려 들어와 발을 넓혀 놓는다.

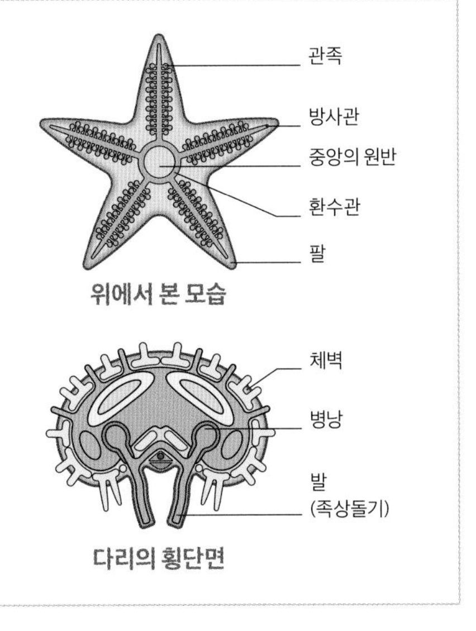

팔의 개수

대부분의 불가사리 종은 5개의 팔을 갖고 있지만, 10개나 20개, 심지어 50개의 팔을 가진 불가사리도 있다. 팔의 아래쪽은 수천 개의 작은 관족으로 덮여 있다. 관족 덕분에 불가사리는 바위 위를 '걷고' 해초에 '기어오르고' 먹이를 잡을 수 있다. 다리마다 신체 조직이 완벽하게 세트를 이루고 있어서 팔을 하나 잃더라도 살아남을 수 있다. 게다가 불가사리에게는 잃은 팔을 재생하는 능력도 있다.

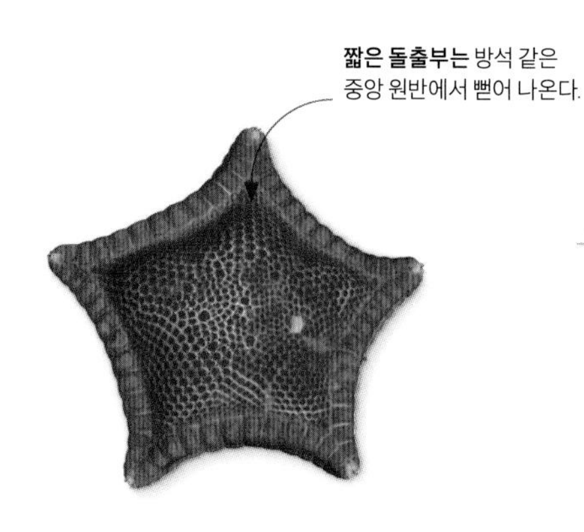

유럽오각불가사리
방석불가사리
(*Ceramaster granularis*)

몸 위쪽은 작은 '골판'으로 덮여 있다.

팔이 5개 달린 불가사리
쿠밍불가사리
(*Neoferdina cumingi*)

팔이 6~16개 달린 불가사리
아홉팔 불가사리
(*Luidia senegalensis*)

크기

불가사리의 지름은 몇 밀리미터에서부터 1미터에 이르기까지 다양하다. 중앙 원반의 크기 역시 다양할 수 있다. 미끈애기불가사리처럼 팔 길이에 비해 크기가 매우 작은 종도 있고 반대로 매우 큰 종도 있다. 가장 큰 것으로 알려진 해바라기불가사리는 무게가 무려 5킬로그램에 이르고 35년 동안 살 수 있다.

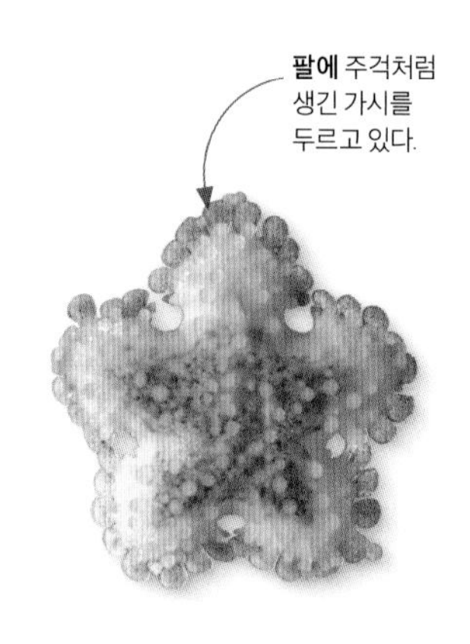

0.5~1센티미터
알로시아카스테르 팔물라
(*Allostichaster palmula*)

8~12센티미터
미끈애기불가사리
(*Henricia leviuscula*)

최대 30센티미터
파나믹방석불가사리
(*Pentaceraster cumingi*)

서식지와 수심

불가사리는 얼음으로 덮인 극지방의 해양부터 열대 서식지에 이르기까지 모든 유형의 해양 환경에서 발견할 수 있다. 조수 웅덩이와 암초 해변에서 살아가면서 얕은 물을 영구적인 서식지로 선택하는 종도 있고, 켈프 숲과 산호초 어디서든 살아가는 종도 있다. 그런가 하면 9000미터의 수심에서 발견되기도 한다.

해안~수심 100미터
가죽불가사리
(*Dermasterias imbricata*)

해수면~수심 70미터
푸른불가사리
(*Linckia laevigata*)

수심 100~1000미터
주름불가사리
(*Crossaster papposus*)

불가사리

대개 포식성인 해양 무척추동물 가운데 2000종이 넘는 불가사리는 해삼이나 성게에 가까운 극피동물이다. 전 세계 바다에 서식하는 불가사리는 방사 대칭(대부분 5각형)으로 알려져 있다. 불가사리에는 뇌나 피가 없는 대신에 수관계가 바닷물을 체내로 들여 기관이 제 기능을 하는 데 필요한 주요 양분을 공급한다.

독이 있는 가시가 위쪽의 표면 전체를 덮고 있다.

팔이 16~25개 달린 불가사리
가시왕관불가사리
(*Acanthaster planci*)

바다의 보석

벌집방석불가사리(*Pentaceraster alveolatus*)는 수심이 1~60미터에 이르는 인도-태평양의 조간대와 평평한 암초에서 발견된다. 폭이 최대 40센티미터인 이 불가사리는 해초밭과 미세 조류가 많은 곳에서 혼자 또는 무리를 지어 살아간다.

몸체 **아래쪽에는** 흡반이 달린 1만 5000개 이상의 관족이 있다.

최대 1미터
해바라기불가사리
(*Pycnopodia helianthoides*)

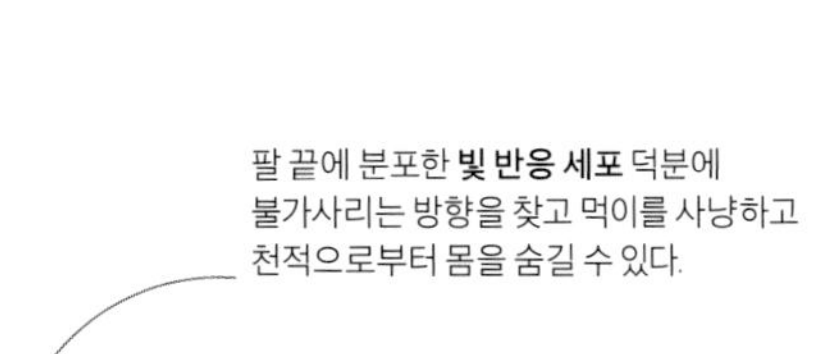

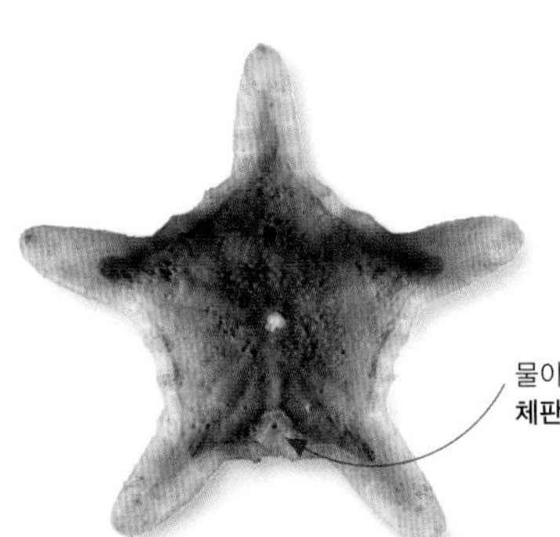

수심 1000미터 이상
심해불가사리
(*Porcellanaster ceruleus*)

5방사 대칭
대부분의 극피동물은 중심에서 퍼져나간 5개의 다리를 갖고 있다. 이 흰수염분홍성게(*Tripneustes gratilla*)의 관족(221쪽 참조)은 2줄씩 5방사 대칭을 이룬 가운데, 주황색 가시가 무리를 지어 섞여 있다.

입에서 퍼져나온 **가시와** 관족이 교대로 무리 지어 배열되어 있다.

관족은 몸에서 멀리까지 뻗을 수 있다.

가시가 달린 피부

극피동물은 바다에서만 발견되는 규모가 크고 매우 다양한 무척추동물군이다. 극피동물이라는 이름은 가시가 달린 피부를 의미하며, 그중에서도 성게는 가장 많은 가시를 갖고 있다. 성게의 몸은 길고 움직임이 자유로운 가시로 덮여 있다. 가시는 바닥에서 회전할 수 있으며 이동을 하고 천적이나 외피 덮인 동물을 물리칠 때 이용된다. 가시는 뾰족하고 뻣뻣한 것부터 뭉툭하고 연필처럼 생긴 것에 이르기까지 종에 따라 다양하다.

꼭대기에 있는 구멍은 소화관, 생식관, 수관계(221쪽 참조)의 출입구다.

작은 구멍은 한때 관족이 나오던 자리다.

작은 혹은 한때 가시의 부착점이던 자리다.

성게 테스트
성게의 몸은 테스트(test)로 불리는 껍데기 비슷한 외골격으로 지탱된다. 성게가 살아 있을 때 테스트는 부드러운 조직층으로 얇게 덮여 있고 가시는 구상관절을 거쳐 둥근 돌기(혹)에 붙어 있으며 작은 구멍에서 관족이 뻗어 나와 있다. 성게가 죽으면 가시가 떨어져 나가면서 관족과 조직이 썩고 테스트만 남게 된다.

차극의 기능

성게의 몸을 덮고 있는 가시 사이에는 유연한 줄기 위에 발톱처럼 생긴 작은 부속 기관이 붙어 있다. 각각의 부속 기관(차극)은 움직일 수 있는 3개의 턱(판막)으로 이루어져 있다. 이런 차극의 일부는 성게의 몸에서 잔해물이나 조류를 집는 집게발로 이용되고 나머지는 독샘으로 연결돼 성게가 독을 배출할 수 있게 해 준다.

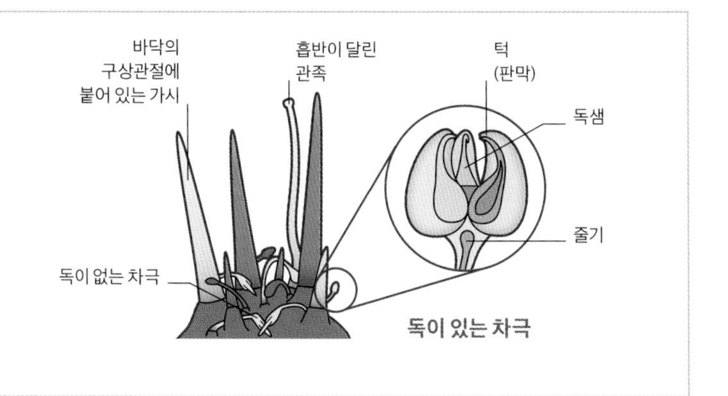

가시는 회전은 물론 위아래로도 움직일 수 있어서 성게가 틈새로 밀고 들어가거나 해저에서 몸을 약간 들어 올릴 때 유용하게 쓰인다.

Sphyrna lewini

홍살귀상어

귀상어속의 9개 종은 모두 망치 머리로 알려진 넓고 납작한 머리 때문에 즉시 알아볼 수 있다. 이런 생김새와 크기에도 불구하고 홍살귀상어는 대개 인간에게 공격성을 보이지 않으며 오히려 인간의 활동이 이 상징적인 동물을 멸종 위기 목록에 올렸다.

콩팥머리상어로도 알려진 홍살귀상어는 머리 앞쪽이 톱니처럼 생겼다고 해서 붙여진 이름이다. '망치'의 양쪽 끝에는 눈과 콧구멍이 자리 잡고 있어서 좌우 시력과 후각 기능을 담당한다. 망치 머리는 로렌치니 기관이라는 감각세포에 더 큰 표면적을 제공해 주기 때문에 먹이가 내보낸 전기장을 상어가 감지할 수 있게 해 준다. 홍살귀상어의 입은 비교적 작은 편이어서 통째로 삼킬 수 있을 정도의 물고기와 무척추동물을 먹이로 살아간다. 망치 머리를 이용해 범무늬노랑가오리를 꼼짝 못 하게 눌러 잡아먹는 홍살귀상어가 목격된 적도 있다.

성체가 된 홍살귀상어는 몸길이가 대략 3.6~4미터에 이른다. 대부분의 온대와 열대 해양에 서식하며 대개 수심 25~275미터가 활동 영역이다. 혼자 또는 둘씩 짝을 지어 헤엄을 치지만 바다 밑의 해산이나 섬의 해안 부근에서 주기적으로 큰 무리를 짓기도 한다.

성숙한 홍살귀상어는 한 번에 많은 수의 새끼(12~41마리)를 낳지만, 상당수는 다른 상어에게 잡아먹히고 만다. 상어 조업과 지느러미 거래는 어린 새끼는 물론 다 자란 상어에게도 큰 피해를 주었다.

거대한 무리
홍살귀상어는 수백 마리씩 거대한 무리를 짓는다. 이런 행동을 보이는 이유에 대해서는 이주부터 공격과 성적인 과시에 이르기까지 이론이 분분하지만, 덕분에 이들을 표적으로 한 조업에 매우 취약할 수밖에 없다.

앞니는 작은 톱니처럼 생겼다. 그에 비해 크고 납작한 뒷니는 조개류를 부수는 데 이용된다.

망치 머리 양쪽에 달린 **눈 덕분에** 상어가 360도의 시계를 확보할 수 있다.

먹이 통째로 먹기
홍살귀상어는 다른 상어에 비해 입이 작은 편이어서 정어리, 고등어, 오징어, 문어 같은 먹이가 주를 이루고 가장 좋아하는 범무늬노랑가오리보다 덩치가 큰 먹이는 피한다.

공중으로 날아오르다
간혹 큰 무리를 이룬 대왕쥐가오리는 공중으로 높이 날아오르면서 멋진 진풍경을 연출하기도 한다. 이런 행동은 일종의 의사 소통인 것으로 보인다.

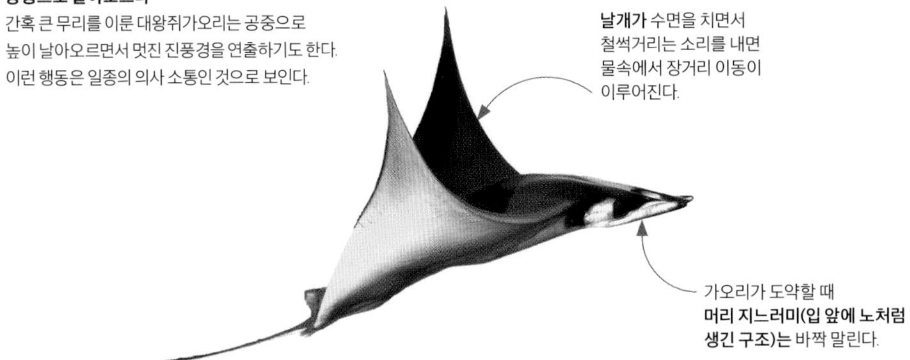

물속에서 날다

매우 흡사한 연골어류인 홍어와 가오리는 납작한 몸과 크게 펼쳐지는 가슴지느러미를 이용해 독특한 형태와 수영 방식을 발전시켰다. 수많은 종이 해저에 서식하며 지느러미로 잔물결을 일으키면서 추진력을 만들어 낸다. 그러나 이들과 밀접한 관련이 있는 대왕쥐가오리(만타가오리)는 여과 섭식을 위해 물기둥에서 높이 올라가는 모험을 감행하며 지느러미를 위아래로 내리치면서 새나 박쥐의 비행과 비슷한 수영 방식을 보인다.

끊임없는 동작
대왕쥐가오리는 아가미로 들어오는 물의 흐름을 유지하기 위해 끊임없이 헤엄을 친다. 사진에 보이는 것처럼 가오리는 큰 무리를 지어 함께 헤엄을 치면서 멕시코 바하칼리포르니아 연안을 널리 이동한다. 몸집이 작을수록 특히 군서 습성을 보이는데, 수천 마리씩 떼 지어 모이는 경우도 흔하다.

날개를 이용한 먹이 활동

대왕쥐가오리는 먹이 활동을 할 때 천천히 헤엄치면서 먹이 흐름을 만들어 낸다. 여과 섭식자인 이 가오리는 다른 가오리처럼 입을 아래쪽이 아닌 앞쪽을 향해 벌리고 있다. 한 쌍의 머리 지느러미가 펼쳐지면서 바닷물과 플랑크톤이 입으로 들어간다. 내부에서는 먹이 흐름이 아가미갈퀴(gill raker, 새파)로 흘러들면서 플랑크톤이 필터를 거쳐 목구멍으로 유입되고 그 사이에 물은 아가미를 통해 밖으로 배출된다.

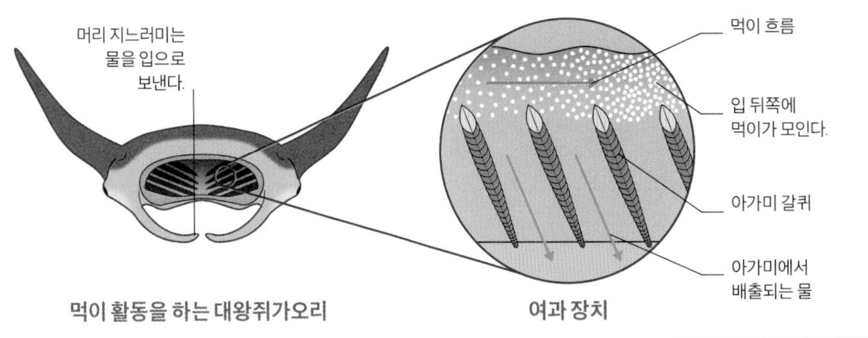

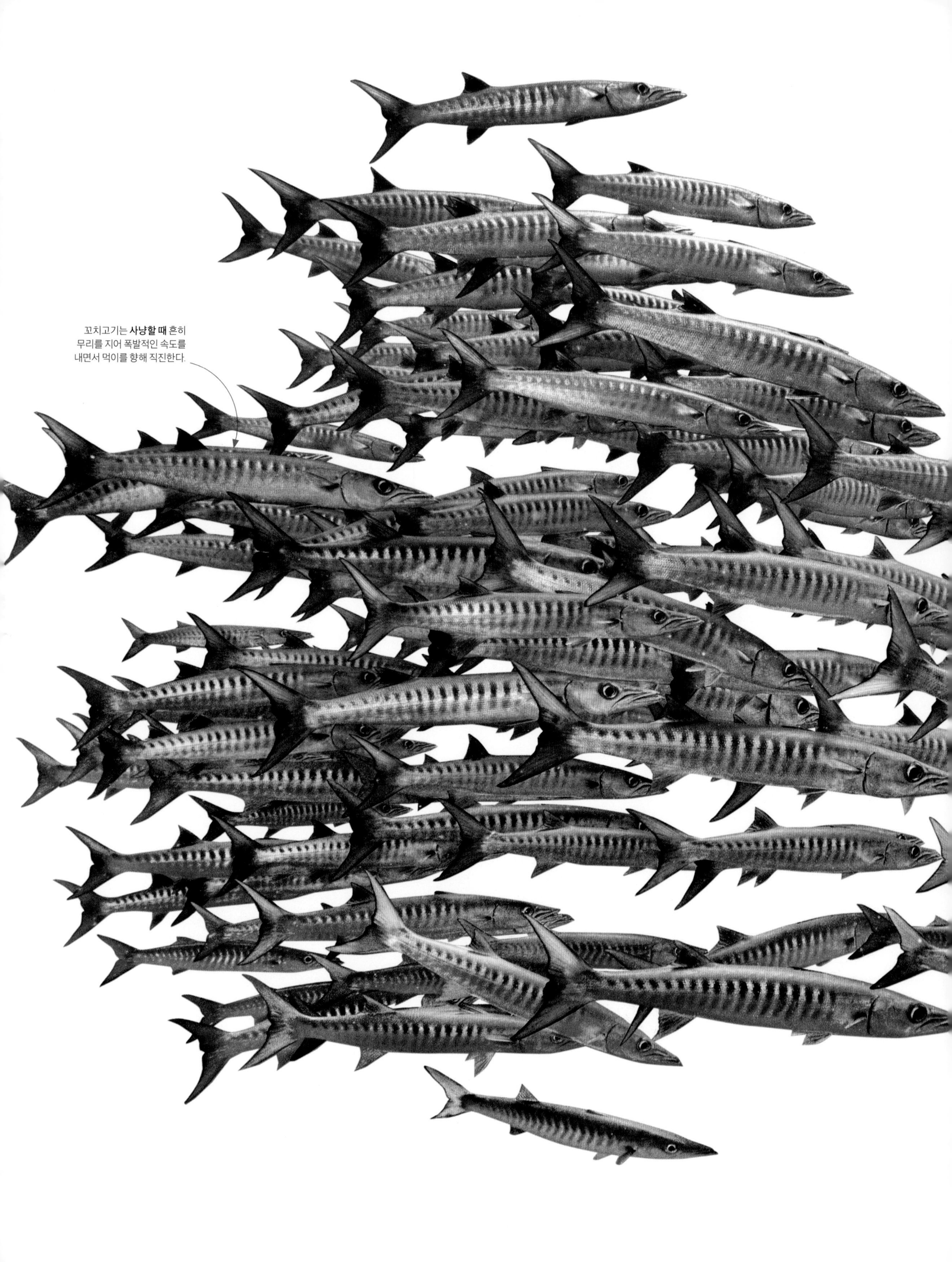

꼬치고기는 **사냥할 때** 흔히
무리를 지어 폭발적인 속도를
내면서 먹이를 향해 직진한다.

신중한 조절

핵꼬치(*Sphyraena putnamae*)는 날렵한 수영 솜씨를 자랑하는 포식자다. 핵꼬치의 커다란 부레는 부력을 조절하고 에너지를 덜 쓰게 해 준다. 물속에서 오르고 내릴 때 나타나는 압력 변화를 상쇄하기 위해 부레 속의 공기 부피를 조절하면 속도가 느려질 수 있다. 그 결과 핵꼬치는 대개 위아래로 짧게 움직일 수밖에 없다.

어뢰처럼 생긴 유선형의 몸에는 근육이 들어차 있어서 꼬치고기는 날렵하고 힘차게 헤엄칠 수 있다.

부레

스쿠버다이버라면 경험을 통해 알고 있겠지만, 물속에서 안정된 자세를 유지하기란 어려운 일이다. 대양에서 살아가는 대부분의 경골어류에게 에너지를 절약하는 해법은 공기를 채운 부레다. 부레를 신중하게 제어하면 중성 부력을 얻어 물속에서 위로 뜨거나 아래로 가라앉지 않은 채 힘들이지 않고 일정한 깊이에 머무를 수 있다. 바닥에서 살아가는 물고기에게는 부레가 없는 경우가 많고, 상어와 가오리는 이런 부레 대신 스쿠알렌이라는 저밀도 기름이 함유된 간으로 부력을 향상한다.

부력 조절

부레는 벽체가 얇은 주머니로, 내부에 든 기체(대개 산소) 양에 따라 팽창 또는 수축한다. 물고기가 위로 헤엄을 치면 수압이 떨어져 부레 속의 공기가 팽창한다. 물고기가 수면에서 위아래로 일렁이지 않게 하려면 부레에서 공기를 제거해야 한다. 물고기가 아래를 향해 헤엄을 치면 반대 현상이 일어난다. 즉 수압이 높아지므로 물고기가 가라앉지 않으려면 부레에 공기가 들어가야 한다.

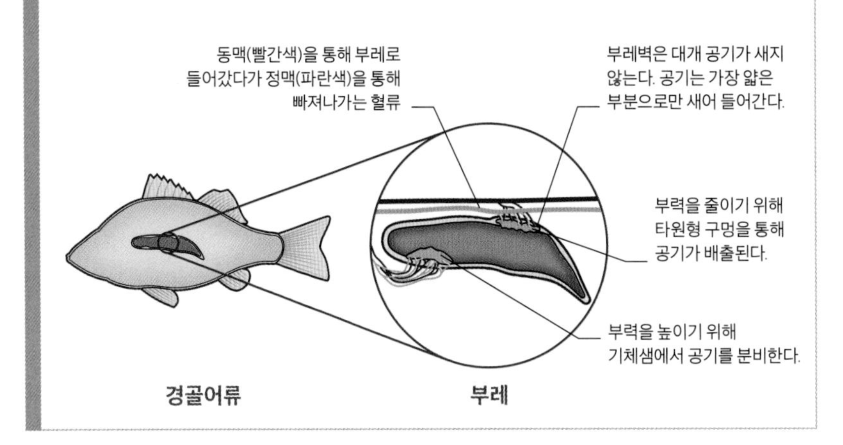

눈에 띄지 않기

은폐는 몸을 숨기는 전략이다. 은폐 전략 가운데 하나는 신체의 색깔, 무늬, 질감을 주변 환경과 어우러지도록 섞는 위장이지만, 행동 역시 중요한 요인이다. 스타게이저의 경우 눈에 보이지 않는 불가시성은 공격과 방어의 목적을 모두 갖고 있는데, 해저의 퇴적물에 신체 일부를 묻은 채 공격 가능한 거리에 겁 없이 들어온 먹이를 공격할 기회만을 엿보며 기다린다.

먹이 유인하기

스타게이저는 입에서 튀어나온 살 조각을 미끼로 이용해 사정거리 안에 들어온 먹이를 유혹한다. 미끼는 갯지렁이처럼 말랑말랑하고 자그마한 무척추동물과 비슷하게 생겼다. 스타게이저는 먹잇감의 관심을 끌기 위해 그런 미끼를 자기 몸쪽으로 잡아당길 수도 있다. 툭 튀어나온 눈으로 주변을 뚫어지게 관찰하다 작은 물고기가 가까이 접근하면 위쪽으로 향한 커다란 입을 순식간에 열어 입 안으로 들어오는 물살에 먹이가 저항하지 못하고 떠밀려오게끔 만든다.

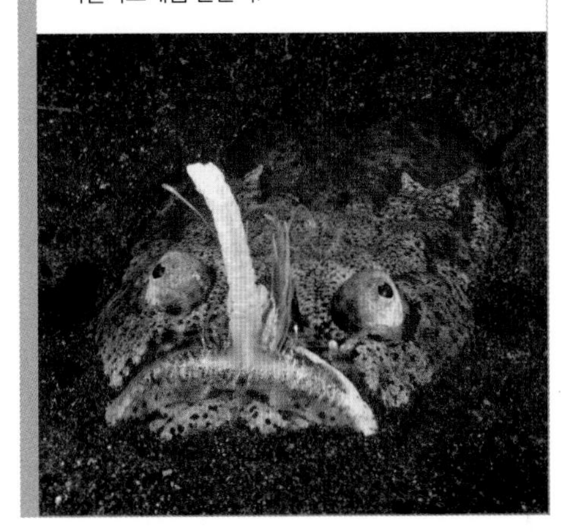

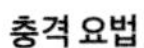

잠복

화이트마진스타게이저(*Uranoscopus sulphureus*)는 해저의 모래에 몸을 일부 숨긴 채 먹이를 기다린다. 얼룩덜룩한 피부색과 우툴두툴한 질감은 모래와 교묘히 어우러진다. 스타게이저는 가슴지느러미와 꼬리를 퇴적물 밑으로 이리저리 움직여 먹잇감이 경계심을 갖게 만드는 자신의 윤곽과 그림자를 흐트러뜨린다.

충격 요법

다른 스타게이저와 마찬가지로 대서양스타게이저(*Uranoscopus scaber*)는 보호색(은폐색)을 띠고 있다. 대서양스타게이저는 화아트마진스타게이저와 더불어 몸에서 전기를 발생시키는 몇 안 되는 해양 생물이기도 하다. 전기 충격은 천적을 물리치는 데 이용된다.

옆에서 본 모습

위에서 본 모습

융기하는 해안선

노르웨이 북서부 연안에 있는 로포텐 제도의 풍광 좋은 해변은 지각 활동으로 융기된 해안선의 사례에 속한다.

해수면 변화

해수면은 육지와 관련된 바다 표면의 평균 높이다. 해수면은 기후 변화와 지질구조판의 이동에 따라 지구 역사를 통틀어 변화해 왔다. 지금으로부터 8000만 년 전 바닷물을 위쪽으로 옮긴 중앙 해령의 확장(264~265쪽 참조) 때문에 당시 해수면은 오늘날보다 250~350미터나 높았다. 마지막 빙하기가 절정에 이르러(약 2만 5000년 전) 엄청난 양의 물이 극지방의 빙모(만년설)로 육지에 저장되면서 해수면은 오늘날보다 120미터 낮은 수준이 되었다. 지구 온난화로 빙모가 녹고 따뜻해진 바닷물이 늘어남에 따라 해수면은 다시 상승하는 중이다. 21세기 말에 이르면 해수면이 지금보다 50센티미터가량 상승할 것으로 보인다.

지역에 따른 해안선 변화

육지를 들어 올리거나 가라앉게 하는 지각 활동이 이루어지는 지역에서는 상대적인 해수면이 오르고 내릴 수 있다. 육지가 솟아오르는 지역에서는 상대적인 해수면이 내려가면서 해안선이 바다 쪽으로 전진한다. 반대로 육지가 가라앉는 지역에서는 상대적인 해수면이 올라가면서 해안선이 육지 쪽으로 후퇴한다. 두 과정 모두 해안선의 국지적 변화를 가져오지만, 전 세계 해수면에 전반적으로 영향을 주지는 않는다.

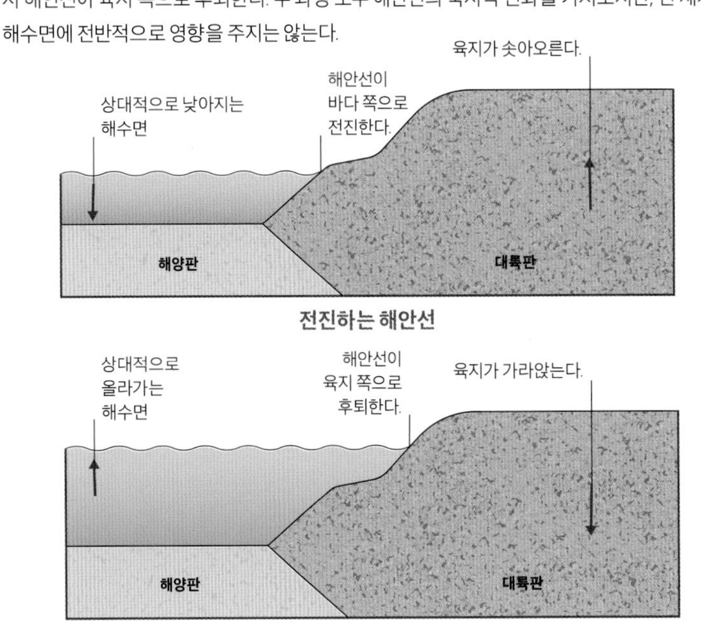

움직임 감지하기
산호초에서 발견되는 유일한 메기과 어종인 쏠종개(*Plotosus lineatus*)는 측면을 따라 배열된 일련의 구멍과 관으로 이루어진 측선을 비롯해 고도로 발달한 감각 기관을 갖고 있다. 측선에 있는 감각세포는 저주파 음파를 포함한 진동과 압력을 감지해 야행성 물고기가 어둠 속에서도 방향을 찾거나 보이지 않는 먹이의 움직임을 알아차릴 수 있게 해 준다.

온몸의 감각

물은 진동과 전기 신호를 비롯한 다양한 감각 정보를 전달하는 훌륭한 매체다. 수많은 물고기는 충분히 발달한 감각을 갖고 있으며, 그중에서도 메기과의 감각은 특히 예민하다. 물속에서는 빛의 전달이 제한되기 때문에 메기과에 속한 물고기의 커다란 눈은 유용하다. 또 이들 어종의 청력은 부레가 포착한 음파를 내이로 전달하는 작은 뼈에 의해 강화된다. 게다가 메기과는 몸 전체에 걸쳐 화학 수용기와 전기 수용기가 분포해 있다.

화학 수용체
메기과에 속한 물고기는 25만 개에서 수백만 개에 이르는 화학 수용체를 갖고 있다. 화학 수용체는 미뢰와 비슷하지만 밀도의 정도에서 차이를 보이며 몸 전체에 분포해 있다. 덕분에 녀석들은 접촉하는 무엇이든 맛을 볼 수 있어서 어둠 속에서도 효과적으로 사냥을 할 수 있다. 미뢰는 맛을 느끼기 위해 잠재적인 먹잇감과 접촉할 필요가 없다. 잠재적인 먹잇감에서 나온 어떤 용해성 화학 물질이든 물을 통해 퍼져나가 미뢰를 자극할 수 있기 때문이다.

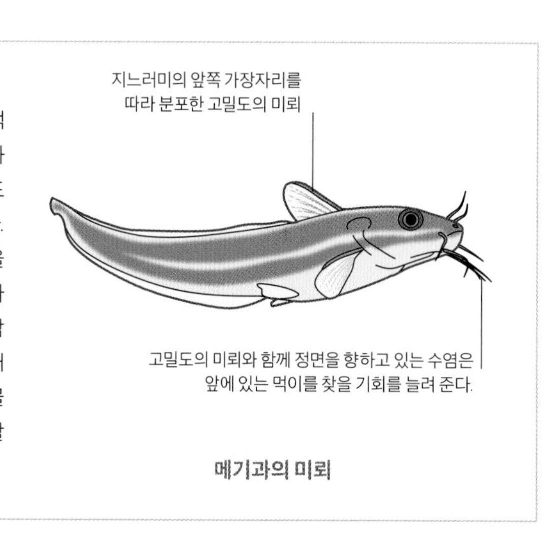

메기과의 미뢰

길쭉한 등지느러미는
꼬리지느러미와 합쳐져 장어 같은
모습을 하고 있다.
측선은 진동과 압력
변화를 감지한다.

등지느러미와 가슴지느러미의
첫 번째 지느러미줄(기조)에는
날카로운 가시가 달려 있다.
콧구멍 내벽에는 매우
민감한 후각 수용체가
분포해 있다.
큰 눈은 투명한 물속에서
훌륭한 시야를 제공한다.
수염은
미각 수용체로
덮여 있다.

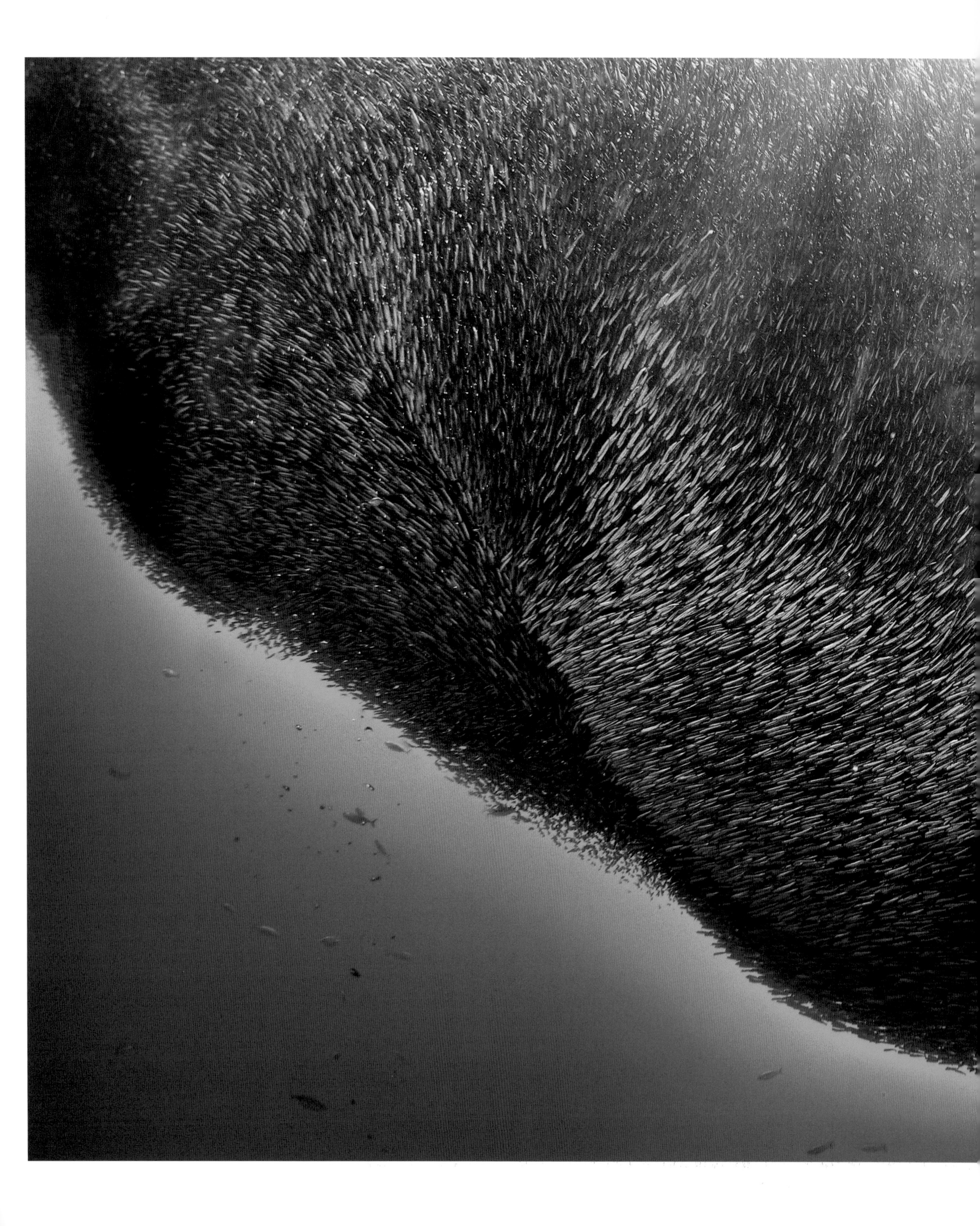

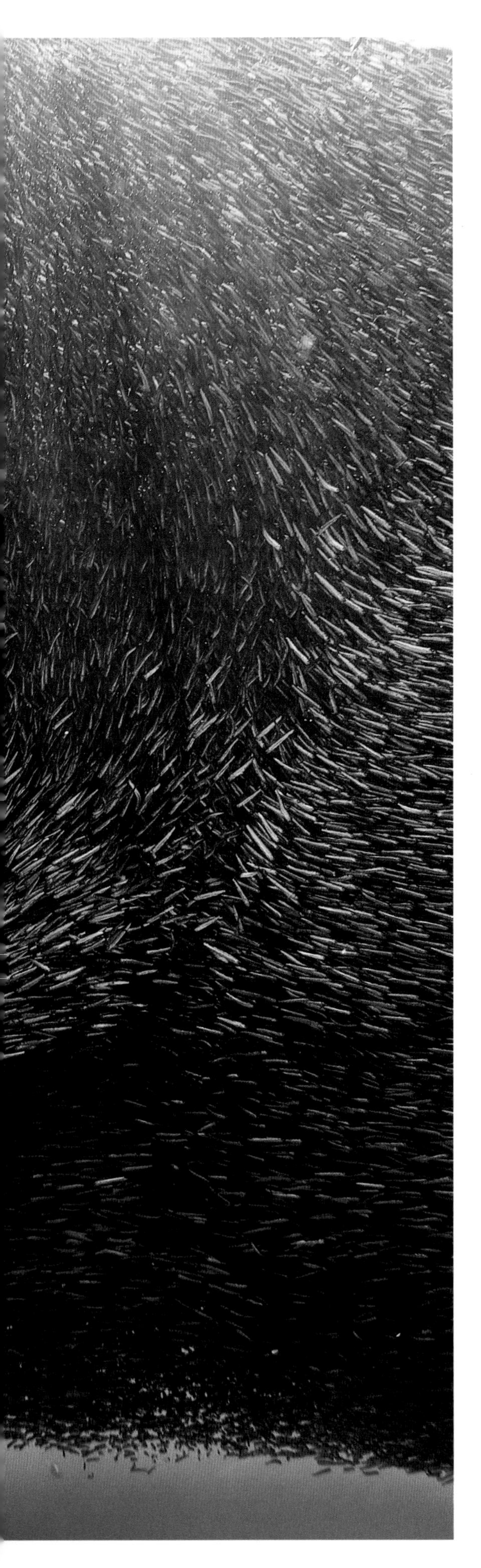

민감한 몸
몸 전체에 분포한 압력에 민감한 구멍 덕분에 정어리는 근처에 있는 다른 물고기의 움직임을 감지해 빈틈없는 무리의 대오를 형성하면서 즉각적으로 반응할 수 있다.

빛을 산란하는 비늘은 천적의 시선이 한 마리의 정어리에 머물지 못하도록 막아 준다.

무리 지어 이주하기

양분이 풍부한 온대성 바다에서는 봄부터 여름 사이에 플랑크톤의 성장이 폭발적인 증가세를 보이며 수많은 물고기가 먹이를 찾아 따뜻한 지역에서 모여든다. 그중에는 청어과에 속한 작은 물고기인 정어리와 멸치도 있다. 이 어종은 계절에 따른 해류를 따라 수백만 마리씩 무리를 지어 이주한다. 이렇게 이주가 이루어지는 동안 작은 물고기가 만들어 낸 거대한 무리는 먹잇감을 두고 다투는 이른바 피딩 프렌지(feeding frenzy)로 바닷새, 상어, 돌고래, 고래 같은 수많은 포식자를 끌어들인다.

뭉치면 살고 흩어지면 죽는다
위협을 감지한 정어리 무리(이 사진에서는 유럽산 사르디나 필차르두스(*Sardina pilchardus*))는 천적에게 붙잡힐 가능성이 낮은 무리 한가운데로 비집고 들어가려고 모든 정어리가 저마다 발버둥 치는 가운데 훨씬 더 빈틈없는 대오를 형성한다. 소용돌이치는 정어리 무리는 자리를 옮기거나 형태에 변화를 주면서 천적을 혼란에 빠뜨린다.

떼와 무리

물고기는 흔히 작거나 큰 무리를 지어 모여든다. 떼는 비교적 자유로운 물고기의 집합으로 다양한 방향으로 움직이고 1개 또는 그 이상의 종에 속한 개체로 이루어진다. 그에 비해 무리는 떼보다 훨씬 조직적인 집합이다. 무리 속에서는 모든 구성원이 협력하는 방식으로 움직인다. 무리를 짓는 행동에는 십중팔구 방어 기능이 숨어 있으며, 청어과에 속한 작은 물고기는 생존을 위해 대개 끈끈하게 뭉친 무리를 이룬다.

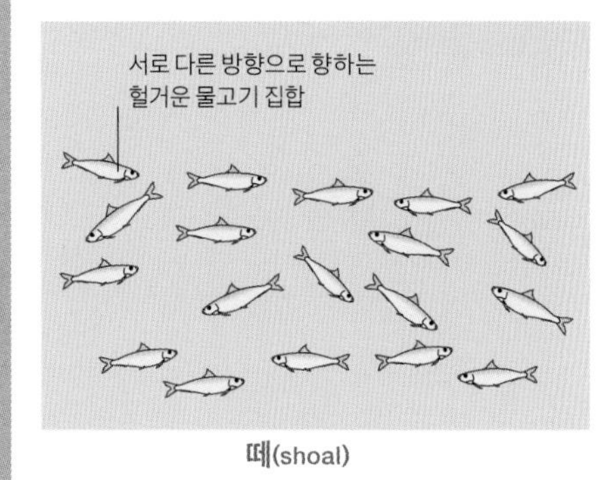

떼(shoal)

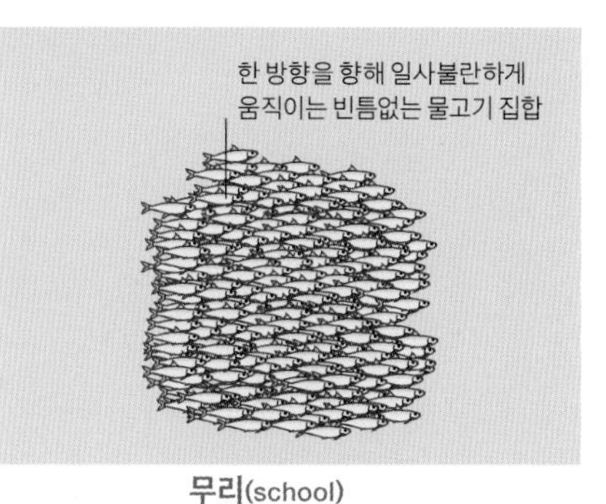

무리(school)

Fregata minor

큰군함조

서대서양, 태평양, 인도양의 열대 섬에서 발견되는 큰군함조는 며칠씩 혹은 간혹 몇 주씩 쉬지 않고 파도 위를 높이 날아간다. 다른 바닷새의 부리에서 먹이를 훔쳐가는 공격적인 습성 때문에 이들에게는 '해적새'라는 별명이 붙여졌다.

큰군함조는 먹잇감이 수면 위로 모습을 드러내기만을 기다리다 날아오른 물고기, 오징어를 갈고리 모양의 긴 부리로 낚아채 몇 시간에 걸쳐 먹는다. 이런 방식으로 먹이를 대부분 얻지만, 군함조는 다른 동물이 잡은 먹이를 훔치는 절취 기생 동물이기도 하다. 군함조는 둥지로 돌아가는 얼가니새 같은 다른 바닷새를 공중에서 공격해 새끼에게 주려고 구한 먹이를 포기하도록 괴롭힌다. 다른 새를 이런 식으로 '갈취'하는 습성 때문에 해상 습격에서 해적들이 이용한 군함을 닮았다고 해서 군함조라는 속칭을 얻게 되었다.

몸길이가 105센티미터이고 몸무게가 1.5킬로미터인데 날개폭이 무려 2.3미터에 이르는 군함조는 현존하는 새 가운데 체질량에 대한 날개 넓이의 비가 가장 크다. 넓이뿐만 아니라 길고 좁은 날개 형태 덕분에 군함조는 먹이를 찾아 아주 먼 거리도 날아갈 수 있지만, 휴식을 취하기 위해 대개 육지에서 160킬로미터를 넘지 않는 곳에 머문다.

그러나 이 항공 전문가에게도 중대한 약점이 있으니, 깃털에 방수가 되지 않는다는 것이다. 바닷물로부터 깃털을 보호하기 위해 바르는 프린오일(preen oil)이 충분하지 않기 때문이다. 깃털이 물에 젖으면 다시 하늘로 날아오를 수 없으므로 군함조는 물에 젖지 않으려고 애쓴다.

구애하기

친척뻘 되는 가마우지나 얼가니새와 마찬가지로 군함조에게도 굴라낭(gular sac)이라는 목 주머니가 있다. 수컷은 선홍색을 띤 커다란 목 주머니를 부풀려 암컷을 유인한다. 암컷도 굴라낭을 갖고 있지만 부풀리지는 않는다.

장거리 활공

모든 새의 뼈에는 무게를 줄이기 위해 공기가 들어차 있지만, 군함조는 다른 새들보다 골격이 몸무게에서 차지하는 비중이 작은 덕분에 가장 날렵한 비행을 할 수 있다. 쉬지 않고 몇 주씩 날 수 있을 뿐만 아니라 비행 중에 잠까지 잔다.

물속으로 뛰어들기
20미터의 아주 높은 곳에서도 물로 뛰어드는 갈색펠리컨은 수면에 나타난 빛의 굴절 효과에 훌륭히 대처해 사냥의 정확도를 높일 수 있다.

물로 돌진하기

물속에 있는 물고기를 잡는 새들은 비행에 최적화된 몸의 부력을 극복해야 한다. 그러나 높은 곳에서 물로 돌진하는 방법을 이용해 부비새 같은 다이빙 전문가는 다시 물 위로 떠오르기 전에 깊은 물속의 먹이에 닿을 수 있다. 갈색펠리컨(*Pelecanus occidentalis*)은 연해의 넓은 모래톱을 이용하는 방식으로 먹이를 잡는다. 수면 위를 첨벙거리면서 먹잇감을 퍼 올리는 갈색펠리컨의 전략은 이들 펠리컨을 민물에 사는 펠리컨과 구분 짓는다.

절취 기생동물

펠리컨은 먹이를 삼키기 전에 낭에서 물을 빼내고 잡은 먹이를 처리하느라 시간을 보내기 때문에 절취 기생 동물로 불리는 도둑의 공격에 취약하다. 카리브 해의 웃는갈매기(*Larus atricilla*)는 어린 펠리컨의 머리에 내려앉는 일이 많다. 어린 새일수록 먹이를 흘리기 쉽기 때문이다. 그러나 멕시코 만의 붉은부리회색갈매기(*L. heermanni*)는 더 큰 먹이를 물고 있는 다 자란 펠리컨을 괴롭히기도 한다.

웃는갈매기

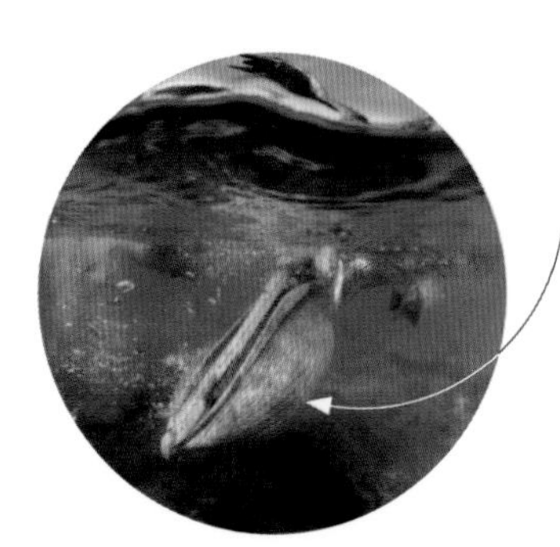

먹잇감 움켜잡기
갈색펠리컨은 한 마리의 물고기를 표적으로 삼지만, 대개는 주머니에 엄청난 양의 물과 함께 몇 마리씩 퍼 올린다. 먹이를 삼키기 전에 물은 밖으로 빼내야 한다.

해안에 사는 펠리컨

중앙아메리카와 카리브 해에 서식하는 갈색펠리컨은 연해의 얕은 물가에서 물고기를 잡는다. 양분이 풍부한 바닷물이 솟아오르는 용승은 지구상에서 가장 큰 규모의 멸치와 정어리 떼를 먹여 살린다. 초콜릿색을 띤 갈색펠리컨의 몸은 친척뻘 되는 민물 펠리컨의 대체로 흰색을 띠는 깃털과 대비된다.

도구 사용하기
잠수를 마치고 물 위로 올라온 해달은 공들여 찾은 돌을 자기 앞에 둔다. 그런 다음 껍데기가 부서질 정도로 조개를 돌에 힘껏 내려쳐 먹이를 손에 넣는다.

Enhydra lutris

해달

해안 서식지에 기가 막히게 적응한 해달은 지구상의 어느 동물보다 조밀한 털, 강력한 물갈퀴가 달린 뒷다리, 방향타 역할을 하는 튼튼한 꼬리, 탁한 물속에서도 먹이를 찾아내는 뛰어난 후각과 촉각을 갖고 있다. 또 지구상에서 도구를 사용하는 몇 안 되는 포유류 가운데 하나이기도 하다.

북태평양에서 발견되는 해달은 족제비와 오소리가 포함된 족제빗과에 속한다. 가장 작은 해양 포유류로 꼽히는 해달은 다 자라더라도 몸길이가 1.2미터 정도에 불과하다, 유선형의 몸은 부력이 뛰어나며 발바닥과 코만 빼고 2겹으로 된 조밀한 털로 완전히 덮여 있다. 짧고 보온력이 뛰어난 잔털에는 1제곱센티미터당 15만 5000개에 이르는 털이 박혀 있다. 반면 이보다 긴 보호털로 이루어진 표피층은 차가운 바닷물에 대해 방수벽을 형성한다. 털 손질은 해달이 보온성 기포를 털 속에 주입하는 데 도움이 된다. 물개나 바다사자와 달리 해달은 지방층을 갖고 있지 않아 털에 의지해 몸을 따뜻하고 건조하게 유지한다.

해달은 생애 대부분을 바다에서 보낸다. 짝짓기하고 새끼를 낳는 일 외에도 바다에 똑바로 누워 둥둥 뜬 채로 먹고 자고 털 손질까지 한다. 해달은 해저에서 먹이를 찾기 위해 콧구멍과 귀를 닫은 채 수심 75미터 깊이까지 잠수하기도 한다. 상당한 양의 먹이 공급은 생존을 위해 중요하다. 다 자란 해달은 생명을 유지하기 위해 날마다 몸무게의 20~33퍼센트에 해당하는 먹이를 먹어야 한다. 긴 수염과 민감한 앞발은 시계가 좋지 못한 상황에서도 진동을 감지해 조개, 성게, 게를 비롯한 무척추동물을 찾아내는 데 도움을 준다. 해달은 앞발 아래의 늘어진 피부 주머니에 여러 마리의 먹이를 넣어 해수면으로 다시 올라갈 때 더 많은 먹이를 가져갈 수 있다.

매달리기
해달은 물 위에 떠서 쉴 때 간혹 '해달 떼'로 알려진 무리를 형성하기도 한다. 일부 해달은 무리에서 떠내려가지 않도록 해초를 이용해 몸을 단단히 두르는 것은 물론 다른 해달의 앞발을 꼭 붙잡는다.

귀는 작고 바깥 부분(귓바퀴)이
없지만, 매우 예민하다. 듀공은
시각보다는 청각에 더 많이 의존한다.
튼튼한 수염은 해저,
특히 탁한 물속에서도
대상을 감지한다.

짝을 지어 뜯어먹기

듀공은 대부분의 시간을 혼자 또는 둘이 짝을 지어 살아간다. (경작지 뜯어 먹기로 알려진) 섭식 습성은 얼핏 파괴적으로 보인다. 그러나 듀공의 규칙적인 방문은 더 거칠고 섬유질 많은 식물에 의해 밀려났을 수도 있는 일부의 해초 품종이 재생되는 결과를 가져온다.

머리 높은 곳에 자리 잡은 **작은 눈은** 훌륭한 시계를 제공해 주지만, 시력은 상대적으로 나쁜 편이다.

넓고 살집이 있는 구판은 먹이를 감지하거나 다룰 때 앞으로 밀릴 수 있다.

근육질의 입술이 퇴적물에서 식물을 뿌리째 뽑는다.

뜯어 먹기에 적응한 두개골

다 자란 듀공의 두개골은 눈에 띌 만큼 독특하다. 아래턱뼈(하악골)와 위턱뼈(상악골)가 그런 식으로 분명하게 아래쪽을 향한 포유동물은 없다. 이런 형태는 듀공의 입이 아래쪽으로 열려 있어서 수평인 자세로 편안하게 뜯어 먹을 수 있다는 의미다.

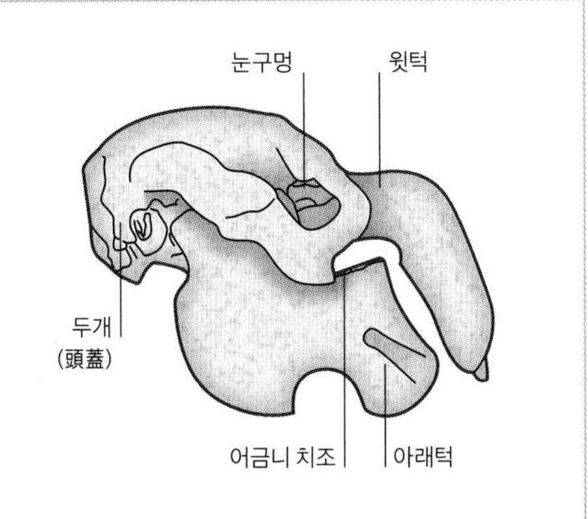

수컷 듀공의 두개골

해초 뜯어 먹기

해우류는 대서양 매너티와 인도-태평양듀공(*Dugong dugon*)을 포함한 보기 드문 바다 포유류다. 전체적으로 이들 종은 바다소로 알려지기도 하는데, 해초를 뜯어 먹는 생활 양식 때문이다. 연한 해초와 조류를 좋아하는 거의 초식 동물이라고 할 수 있다. 저에너지 식단 때문에 듀공은 여유롭게 살아가며 따뜻한 체온 유지를 위해 에너지를 태울 필요가 없는 열대와 아열대의 따뜻한 바다로 서식지가 제한되어 있다.

듀공이 지나간 자리
듀공은 뿌리를 포함해 먹이가 되는 식물의 모든 부분을 먹는다. 그 결과 해초가 많은 곳을 듀공이 헤매고 다닐 때 아무것도 남지 않은 퇴적물 위로 구불구불한 길이 만들어진다.

골든트레발리는 듀공의 섭식 활동으로 떨어져 나온 작은 무척추동물을 먹이로 활용한다.

Megaptera novaeangliae

혹등고래

크기, 지능, 연간 이동 거리에서 여러모로 남다른 면모를 보여 주는 해양 포유류인 혹등고래는 특히 짝짓기철에 수컷이 내는 정교한 발성 또는 '노래'로도 잘 알려져 있다.

혹등고래는 물에 뛰어들 때 등을 활처럼 구부려 옆 모습이 혹처럼 보이는 것 때문에 붙여진 이름이다. 몸길이가 최대 16미터에 이르는 혹등고래는 바다에서 가장 큰 고래는 아니지만, 가장 긴 가슴지느러미의 기록을 보유하고 있다. 최대 5미터에 이르는 혹등고래의 가슴지느러미는 몸 전체 길이의 3분의 1을 차지한다. 어미와 새끼 고래는 헤엄을 치는 동안 지느러미끼리 서로 닿는 모습이 목격되는데, 이는 서로의 존재를 확인해 안도감을 주려는 몸짓으로 보인다.

수컷 혹등고래는 한 번에 최대 20분까지 입으로 소리를 낸다. 몇 옥타브를 넘나드는 수컷의 노래는 30킬로미터 떨어진 곳에서도 들을 수 있다. 무리 속에 있는 모든 수컷은 일제히 신경질적으로 끽끽거리고, 신음하듯 끙끙거리고, 울부짖듯 윙윙거리는 소리를 내면서 노래를 한다. 이따금 미묘한 변주곡이 들어가기도 하지만, 큰 틀에서 보면 주제는 한결같이 유지된다. 한편 이런 혹등고래의 노래가 진화를 거듭하면서 몇 년마다 새로운 주제가 나타난다는 연구 결과도 있다.

혹등고래는 지구상의 어떤 포유류보다 멀리까지 이동하는 것으로 알려져 있다. 수많은 혹등고래가 해마다 대략 왕복 1만 6100킬로미터에 이르는 여행을 한다. 주요 먹이인 크릴과 그 밖의 플랑크톤이 풍부한 섭이장(먹이터)에서 여름을 난 뒤에 번식지로 이주해 따뜻한 물에서 겨울을 난다. 혹등고래는 20세기 들어 멸종 위기까지 내몰렸으나 인간의 보존 노력에 힘입어 공인된 개체군이 대부분 멸종 위기를 벗어나게 되었다.

뚜렷한 차이를 보이는 반점
모든 혹등고래의 상체는 어두운 색을 띠지만, 가슴지느러미뿐만 아니라 배와 꼬리 아래에서도 볼 수 있는 흰 하부 무늬는 개체에 따라 독특하다. 남반구의 고래는 북반구의 고래보다 아래쪽이 더 흰 편이다.

무리 지어 사냥하기
혹등고래는 대개 다양한 발성과 지느러미 부딪히는 소리를 이용해 먹이를 몰거나 먹이가 방향 감각을 잃게 만드는 방식으로 함께 사냥한다. '거품 그물'은 혹등고래에서만 찾아볼 수 있는 사냥법으로, 분수공을 이용해 거품막을 형성한 다음 먹이를 빽빽한 거품 그물 속으로 몰아넣는다. 아래쪽에서는 더 많은 거품을 내뿜어 위로 올려보낸다. 고래 무리는 그물 한가운데로 들어가 입을 벌린 채 솟아올라 먹이를 한입에 털어 넣는다.

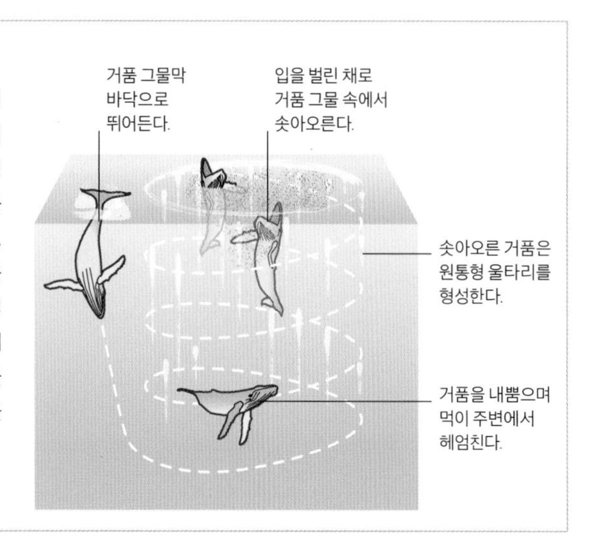

거품 그물 사냥법

양분이 풍부한 바닷물
미국 캘리포니아 연해에서는 북극해에서 온 차가운 해류가 육상풍과 만나 양분을 해수면으로 끌어올린다. 그 결과 사진에서 초록색으로 보이는 식물성 플랑크톤이 증가한다.

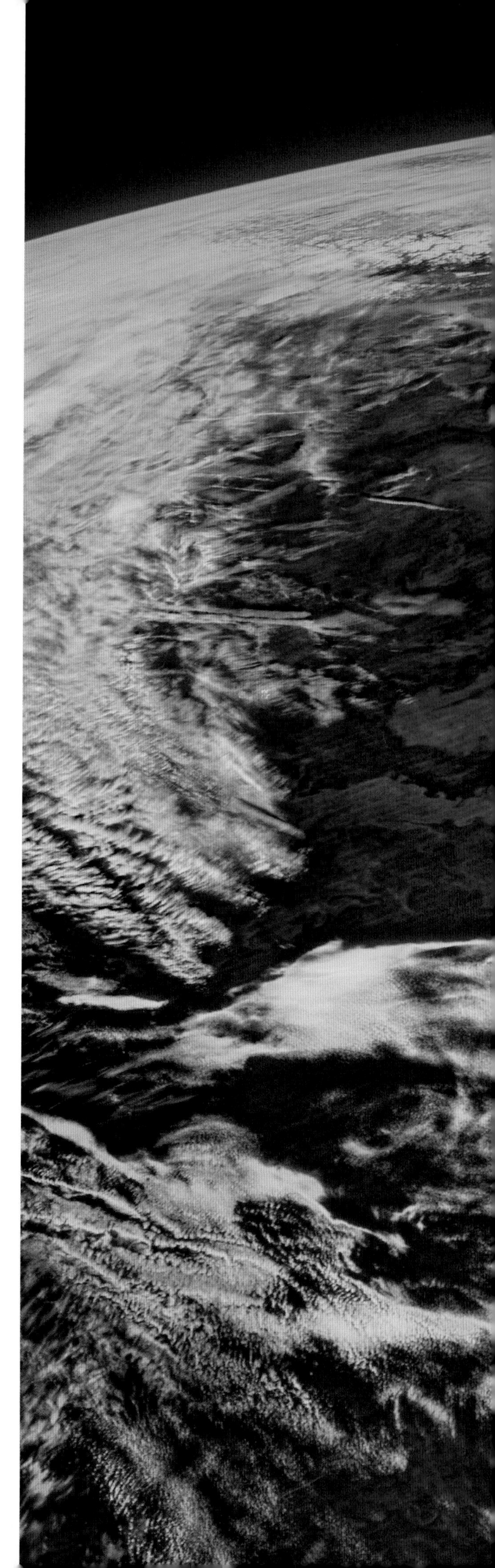

용승과 침강

해양 표면 아래의 수직 해류는 바닷물을 위로 끌어올리거나(용승) 아래로 내려보낸다(침강). 이런 해류는 해안 지역에서 가장 흔히 나타나지만, 육지에서 멀리 떨어진 바다에서도 발생한다. 대양 환류(표층 해류의 순환 체계)의 고요한 중심부는 심층류가 모여들어 침강이 발생하는 곳이다. 얼음처럼 차가운 고밀도의 바닷물이 가라앉아 저층 해류에 의해 남쪽으로 떠밀려 가는 노르웨이-그린란드 해와 남극 대륙 주변 지역에서는 극단적인 침강이 발생한다. 용승이 발생하면 상승 해류는 해수면 부근으로 양분을 실어날라 플랑크톤의 성장을 돕고 그 결과 다양한 해양 생물을 끌어들인다. 주요 용승 지역은 페루, 나미비아, 캐나다 서부 연해에 존재한다.

해류와 바람의 효과

연안의 용승은 지구의 자전 효과가 탁월풍 효과와 결합하면서 표층 해류의 방향이 바뀌는 연해에서 발생한다. 해안에서 멀어지는 해수면의 이동은 바닷물을 깊은 바닷속에서 위쪽으로 끌어올려 용승을 일으킨다. 해수면 근처의 해류가 해안 쪽으로 방향이 바뀌는 지역에서는 바닷물이 아래쪽으로 내려가면서 침강이 발생한다.

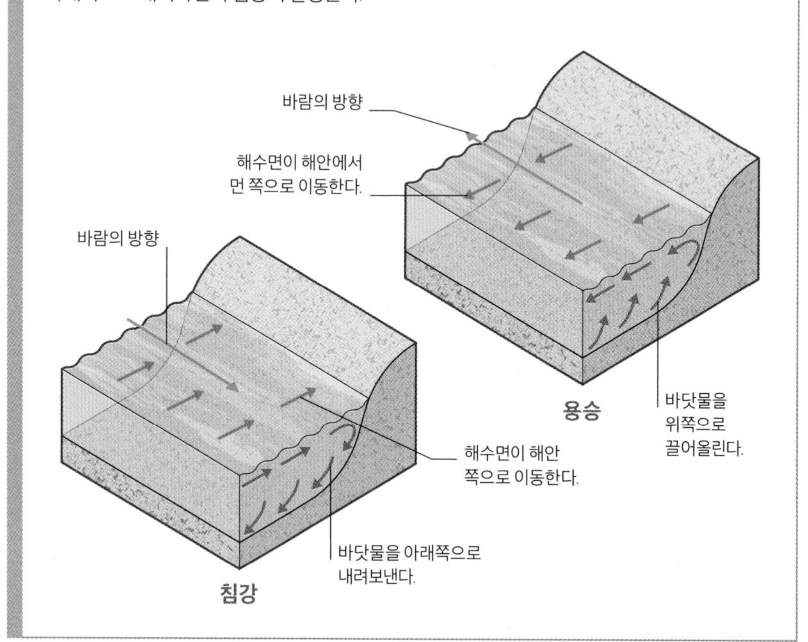

Stenella frontalis

대서양알락돌고래

호기심 많고 곡예에 능하며 장난기 넘치고 사교성도 좋은 해양 포유류인 대서양알락돌고래는 서쪽으로는 브라질 남부부터 멕시코 만을 거쳐 뉴잉글랜드에 이르고 동쪽으로는 앙골라에서 모로코에 이르는 온대부터 열대를 아우르는 대서양에서 발견된다.

특이한 반점을 가진 피부 때문에 그런 이름을 갖게 되었지만, 반점이 없는 상태로 태어나며 8~15살이 될 때까지는 몸에 반점이 나타나지 않는다. 반점이 없는 상태로 남아 있는 일부 대서양알락돌고래는 날씬한 병코돌고래라고 오해를 받기도 한다. 갓 태어난 새끼는 몸길이가 60~120센티미터에 불과하지만 다 자란 성체는 몸길이가 1.7~2.3미터, 몸무게가 110~141킬로그램에 이를 수도 있다.

대서양알락돌고래는 수심 60미터까지 잠수할 수 있으며 최대 10분까지 숨을 참을 수 있다. 대륙붕의 얕은 바다에서도 발견되며 해안으로 접근해 모래톱에서 먹이를 찾거나 유람선이 일으킨 파도에 올라타기도 한다. 먹이는 대개 작은 물고기를 비롯해 해저에 서식하는 무척추동물, 오징어, 문어 따위다. 돌고래는 반향 정위를 이용해 자기 위치를 파악하고 먹이를 찾는다. 또 작은 무리를 지어 먹이가 도망치지 못하도록 에워싸면서 함께 사냥하기도 한다. 대서양알락돌고래가 병코돌고래, 줄무늬돌고래, 큰돌고래와 주기적으로 교류하면서 함께 먹이를 먹는 모습도 종종 볼 수 있다. 연안에 형성되는 작은 무리는 5마리에서 15마리에 이르는 소수의 돌고래로 이루어질 수도 있지만, 평균적으로 50마리 가까이 된다. 그러나 간혹 200마리 넘게 '대규모 무리'를 지어 이동할 때도 있다.

의사 전달 능력이 뛰어난 대서양알락돌고래는 휘슬음, 클릭음, 끽끽거리는 소리, 윙윙거리는 소리, 거품 끓는 소리를 이용해 무리 속에서 서로 '대화'를 한다. 이들은 파동을 가진 울음소리나 '비명'을 이용해 경쟁 무리가 접근하지 못하도록 경고한다.

단체 행동
바하마 연해의 투명하고 얕은 바다에서 돌고래 무리가 서로 어울려 다니고 있다. 이런 사회 활동을 통해 어린 수컷은 다른 수컷 돌고래와 평생에 걸친 강력한 유대 관계를 형성한다.

반점의 변화
반점이나 얼룩의 정도는 성체에 따라 다양하지만, 어두운 피부에서는 밝은 반점이 나타나고 밝은 피부에서는 어두운 반점이 나타난다. 그런 반점은 대개 나이가 들면서 더욱 뚜렷해진다.

대양

수많은 유기체가 혹독한 대양 환경에서 살아간다. 강한 해류와 은신처를 찾을 수 없는 환경 때문에 포식자와 먹이가 되는 동물 모두 빠른 속도에 적응하고 위장술을 펼치도록 진화해 왔다.

부풀어 오른 부낭
북극종에 속하는 연등관해파리 같은 일부 관해파리는 공기가 들어 있는 주머니(부낭) 덕분에 계속 물에 떠 있을 수 있다. 주머니 속에 들어 있는 공기의 양을 조절하면 물에서의 높이도 조절할 수 있다.

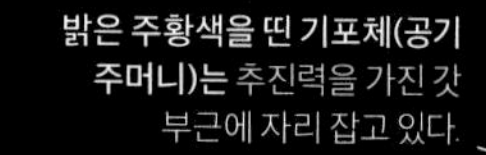

밝은 주황색을 띤 기포체(공기 주머니)는 추진력을 가진 갓 부근에 자리 잡고 있다.

분업

관해파리로 불리는 동물군은 진짜 해파리처럼 바다에서 헤엄을 치거나 떠다니지만, 산호와 마찬가지로 군체를 이루어 살아간다. 각 군체는 각기 다른 업무를 수행하는 개충(zooid)이라 불리는 다양한 개체들로 이루어진다. 이런 분업화는 군체의 전체적인 효율성을 높인다. 군체의 줄기에 달라붙은 일부 개충은 추진력을 제공하면서 해파리의 갓과 같은 기능을 한다. 특화된 섭식 임무를 맡은 그 밖의 개충은 산호나 말미잘처럼 입과 촉수를 갖고 있다.

중층수 군체
컵 모양의 갓이 달린 관해파리(*Sulculeolaria biloba*)의 갓 2개가 길게 뻗은 부드러운 줄기에 붙어 있다. 이 줄기에는 플랑크톤 먹이를 잡는 촉수와 함께 폴립이 달려 있다. 2개의 갓 중 하나에는 부력을 유지하는 데 도움이 되는 기름 방울이 들어 있다.

군체의 조직

관해파리의 개충은 공유 줄기를 통해 플랑크톤 먹이에서 얻은 양분을 공유한다. 공유 줄기는 진동하는 갓이 달린 넥토솜(nectosome), 폴립과 촉수가 달린 사이포솜(siphosome)의 두 영역으로 구분된다. 공기가 들어 있는 부낭 또는 기포체도 존재할 수 있다. 작은부레관해파리 같은 일부 관해파리에는 유영하는 넥토솜이 존재하지 않으며 군체는 바람이 부는 대로 이리저리 움직이면서 기포체에 의해 해수면에 떠 있다.

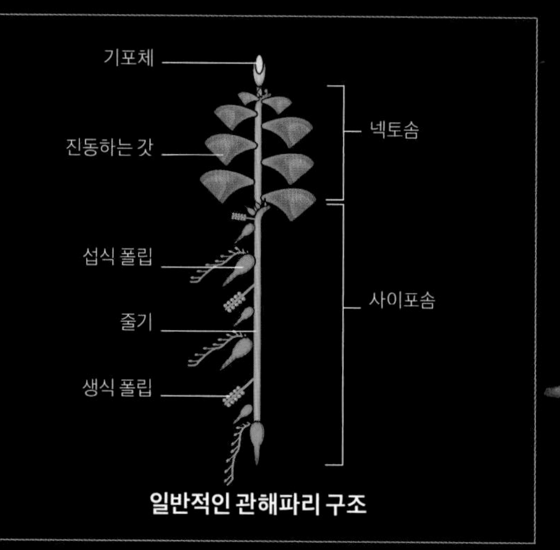

일반적인 관해파리 구조

규조류
규조류는 세포벽이 오팔 같은 이산화규소로 이루어진 단세포 유기체다. 규조류는 전 세계 산소의 상당 부분을 생산해 내고 대기 중에서 이산화탄소를 제거한다. 세포벽의 이산화규소 때문에 다른 단세포 유기체보다 무겁지만, 광합성을 위해 수면에 머물 수 있도록 적응했다. 규조류 역시 난류 덕분에 물속에서 부유할 수 있다.

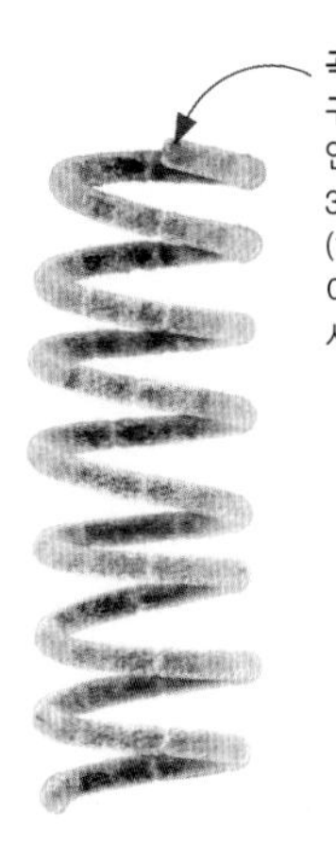

곡선 모양으로 구부러진 세포끼리 연결되어 길이가 30~300마이크로미터(100만분의 1미터)에 이르는 나선형의 긴 사슬을 형성한다.

구이나르디아 스트리아타
(*Guinardia striata*)

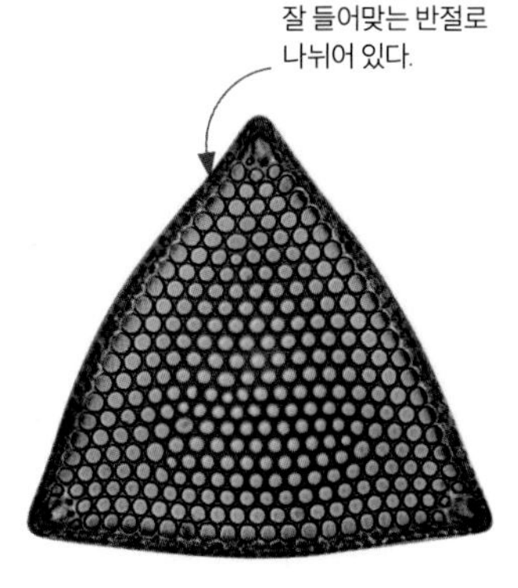

몸은 작은 상자처럼 잘 들어맞는 반절로 나뉘어 있다.

트리세라티움 파부스
(*Triceratium favus*)

홀로 또는 군체를 이루어 살아가는 **납작한 원반 모양의** 세포

플랑크토니엘라 솔
(*Planktoniella sol*)

와편모류
와편모류는 물속에서 나선형으로 움직일 수 있도록 돕는 2개의 편모(채찍 모양의 꼬리)가 달린 유기체다. 와편모류의 몸은 대개 복잡한 바깥 세포벽으로 덮여 있다. 일부 종은 다른 플랑크톤을 잡거나 흡수할 수도 있다. 가용 양분이 지나치게 많으면 플랑크톤이 대량으로 발생하면서 해양 생물과 인간에 모두 유독한 '적조' 현상이 나타난다.

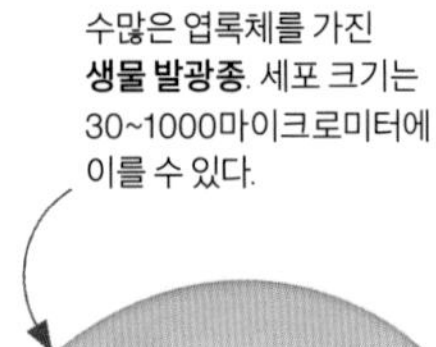

수많은 엽록체를 가진 **생물 발광종**. 세포 크기는 30~1000마이크로미터에 이를 수 있다.

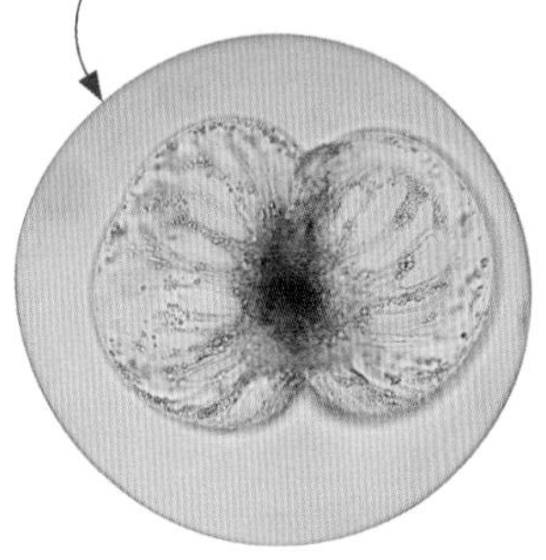

피로시스티스 슈도녹틸루카
(*Pyrocystis pseudonoctiluca*)

세포에 단단한 바깥 세포벽이 없다.

김노디니움
(*Gymnodinium*)

먹이를 감지하고 잡는 데 이용되는 **촉수**

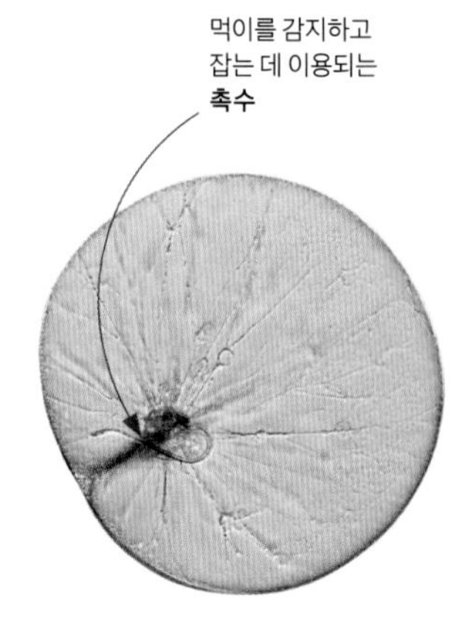

녹틸루카 신틸란스
(*Noctiluca scintillans*)

식물성 플랑크톤

해류에 떠밀려 다니면서 광합성으로 스스로 먹이를 만들어 내는 유기체는 식물성 플랑크톤이라 한다. 식물성 플랑크톤에는 미세 조류와 남세균이 포함된다. 광합성을 위해 햇빛에 의존하는 식물성 플랑크톤의 서식지는 해양의 상층부에 국한되어 있다. 이들 플랑크톤은 이산화탄소를 제거하고 산소를 배출한다는 점에서 지구의 탄소 순환에 중요하고, 동물성 플랑크톤부터 고래에 이르기까지 모든 형태의 해양 생물에 먹이를 제공한다는 점에서 해양 먹이 사슬에 중요하다.

부채 모양의 군체
기수(바닷물과 강물이 섞이는 곳에서 소금의 양이 바닷물보다 적은 물)에 서식하는 규조류인 민부채돌말류(*Licmophora flabellata*)는 부채처럼 생긴 세포 군체의 독특한 형태 때문에 붙여진 이름이다. 인접한 세포는 주요 축의 끝부분에서 연결되지만, '사슬'을 형성해 전체적인 표면적을 넓힌다. 해저에서 살아가는 저생종은 흔히 붉은색과 갈색 해초에 붙어 있어 있으며, 이들 역시 연해에서 발견된다.

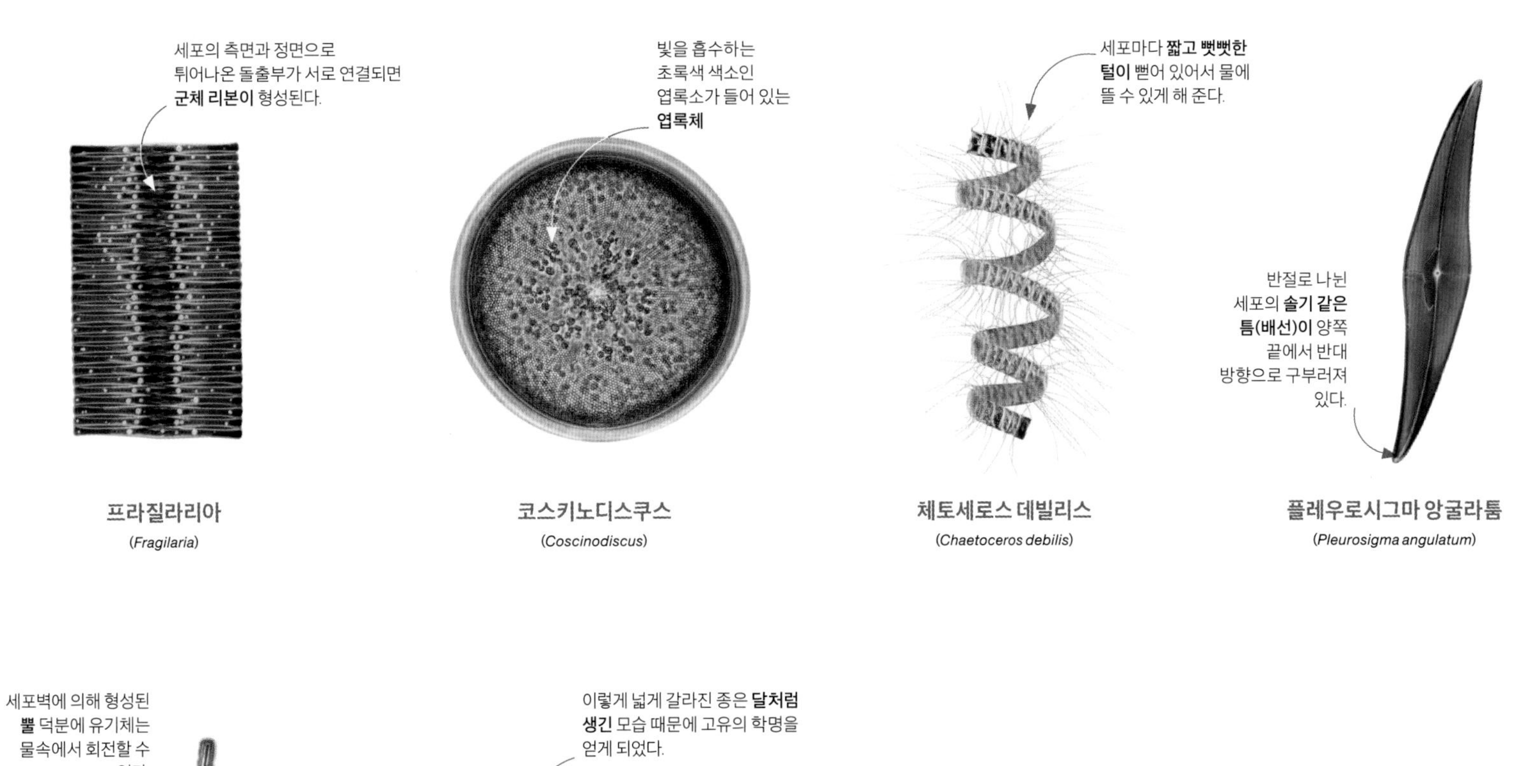

프라질라리아
(*Fragilaria*)

코스키노디스쿠스
(*Coscinodiscus*)

체토세로스 데빌리스
(*Chaetoceros debilis*)

플레우로시그마 앙굴라툼
(*Pleurosigma angulatum*)

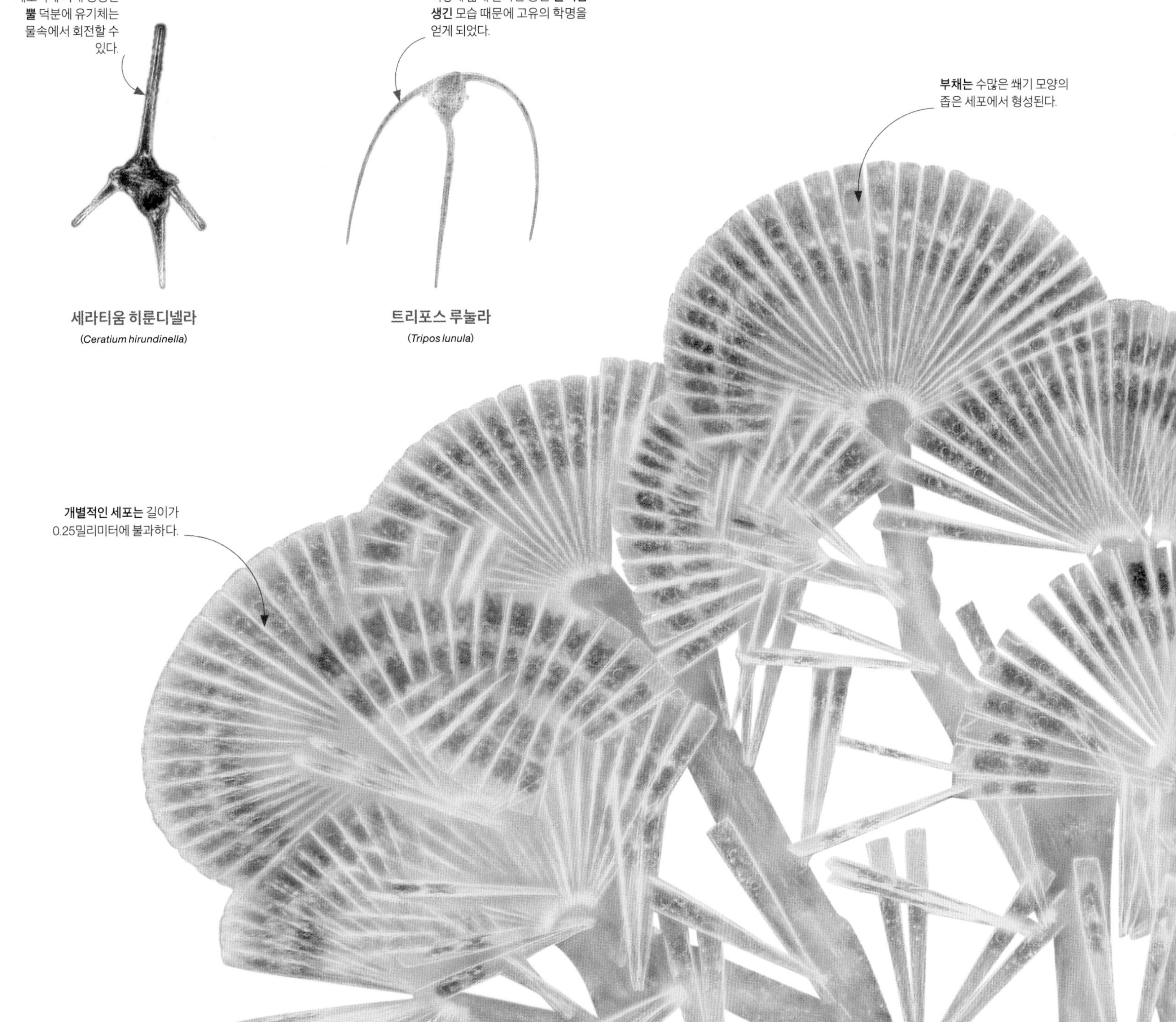

세라티움 히룬디넬라
(*Ceratium hirundinella*)

트리포스 루눌라
(*Tripos lunula*)

떠다니는 배양실
알이 부화해 헤엄치는 유생이 되기 전까지 부유하는 어미의 몸에 붙어 있는 보라고둥(*Janthina*, 잔시나속) 알 덩어리를 밑에서 본 모습이다. 유생은 초기에는 다른 부유성 동물과 함께 지낸다. 성숙한 유생은 공기 방울로 끝을 덮은 점액질 가닥을 만들어 낸다. 그 덕분에 어린 보라고둥은 물 위로 뜰 수 있고 공기 방울 뗏목에 의지해 성체로서 남은 삶을 살아간다.

물에 뜬 보라고둥
보라고둥이 몸통은 아래로 매달린 채 근육질의 발을 이용해 공기 방울 뗏목에 단단히 붙어 있다. 고둥 껍데기는 매우 얇고 가벼워서 물에 뜨는 데 도움이 된다.

보라고둥 **껍데기는** 수많은 종의 일반 고둥 껍데기와 마찬가지로 나선형이다.

고둥이 근육질 발을 이용해 공기주머니를 감싸 **공기 방울을 하나** 만드는 데 걸리는 시간은 10초가량이다.

물에 뜬 뗏목은 수십 개의 공기 방울로 이루어져 있으며 모든 공기 방울은 얇은 점액막으로 고정되어 있다.

물에 떠 있기

태양을 연료로 하는 플랑크톤이 가장 풍부한 해양 표면은 먹이를 구하기 유리한 장소일 것이다. 부유 생물로 불리는 동물 중에는 물에 뜨지 못할 것 같은 종도 몇몇 있다. 보라고둥은 바다 밑을 기어다니지 않고 드넓은 바다에 둥둥 떠다니면서 물에 떠 있는 히드로충류를 잡아먹는다. 녀석들은 발을 이용해 점액을 입힌 공기 방울을 만들어 내고 부풀어 오른 뗏목까지 형성한다. 이런 구조는 연약하기는 해도 알을 품은 고둥 성체까지 지탱할 수 있다.

포식자와 먹이

해파리와 말미잘의 친척뻘 되는 수많은 군체형 히드로충류는 부레로 지탱되는 부유 생물 사이를 떠다닌다. 그 중에는 작은부레관해파리(*Physalia physalis*)와 바이더윈드세일러(*Velella velella*)도 있으며 이 둘은 독을 쏘는 촉수를 이용해 부유성 먹이를 잡는다. 보라고둥을 포함한 다른 부유 동물은 이 둘의 포식자다.

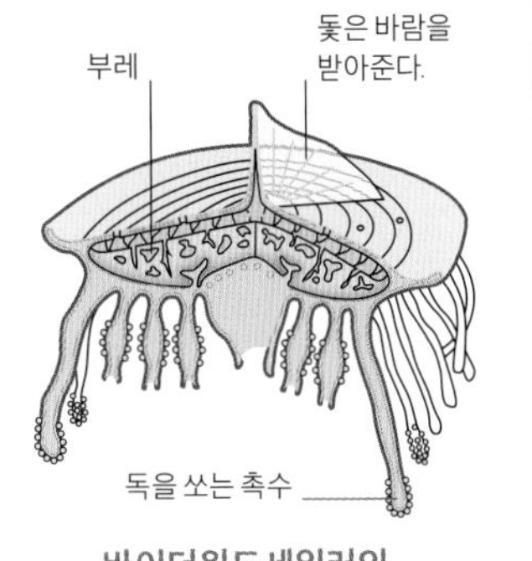

바이더윈드세일러의 횡단면

암흑 속에서 살아가다

어두운 대양저의 화산 밑에서 아래로 스며든 바닷물은 뜨겁게 녹은 암석과 만나 열수 분출공으로 불리는 갈라진 틈에서 농축된 소금물이 끊임없이 뿜어져 나오게 한다. 세균은 분출된 물의 화학 물질을 이용하는데, 그렇게 할 수 있는 심해 유기체는 세균뿐이다. 이런 과정은 새우와 거대한 벌레 떼를 포함한 분출구 주변의 동물군 전체를 부양한다. 분출구에 서식하는 동물은 해양 표면이나 육지에서 빛을 이용하는 조류와 식물로 시작되는 먹이 사슬과는 관계가 없다.

갑각 밑의 분홍빛을 띤 **한 쌍의 '안점'이** 분출구에서 나온 적외선복사를 감지해 먹이를 찾을 수 있는 곳까지 새우를 이끌어준다.

얇고 투명한 갑각 덕분에 열수 분출공에서 뿜어져 나오는 적외선 복사가 그 밑에 있는 길쭉한 안점에 더 많이 도달할 수 있다.

열수 분출공

분출구에서 나온 뜨겁고 화학 물질이 풍부한 소금물이 차가운 심해와 만나면 황화철 같은 광물질이 굴뚝처럼 굳어져 검은 구름이 '피어오른다'. 굴뚝 벽의 세균은 소금물 속의 황화수소와 주변 바닷물에서 얻은 산소를 에너지로 만들어 배출한다. 세균은 에너지를 이용해 이산화탄소와 물로부터 당분 등 양분을 만들어 내며, 이 과정은 화학 자가 합성이라 불린다.

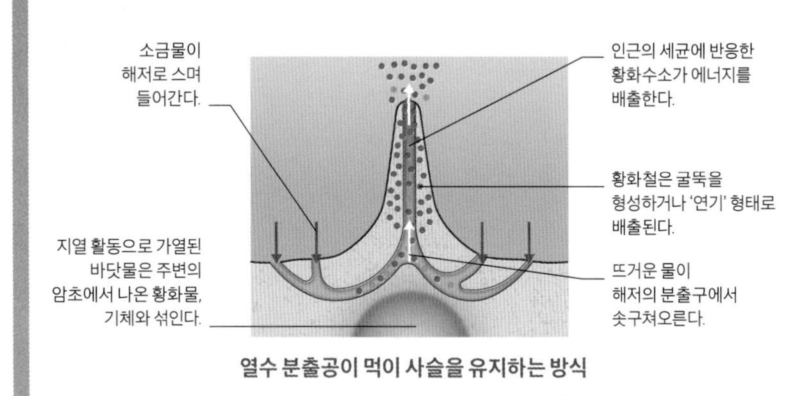

열수 분출공이 먹이 사슬을 유지하는 방식

대양저의 새우

대서양중앙해령새우(*Rimicaris exoculata*)는 깊이가 3킬로미터 이상 되는 열수 분출공 주변의 따뜻한 바닷물에서 먹이를 만드는 세균과 유기물 부스러기를 먹는다. 이 종은 곳곳에서 1제곱미터당 최대 2500마리씩 무리를 지어 모여든다.

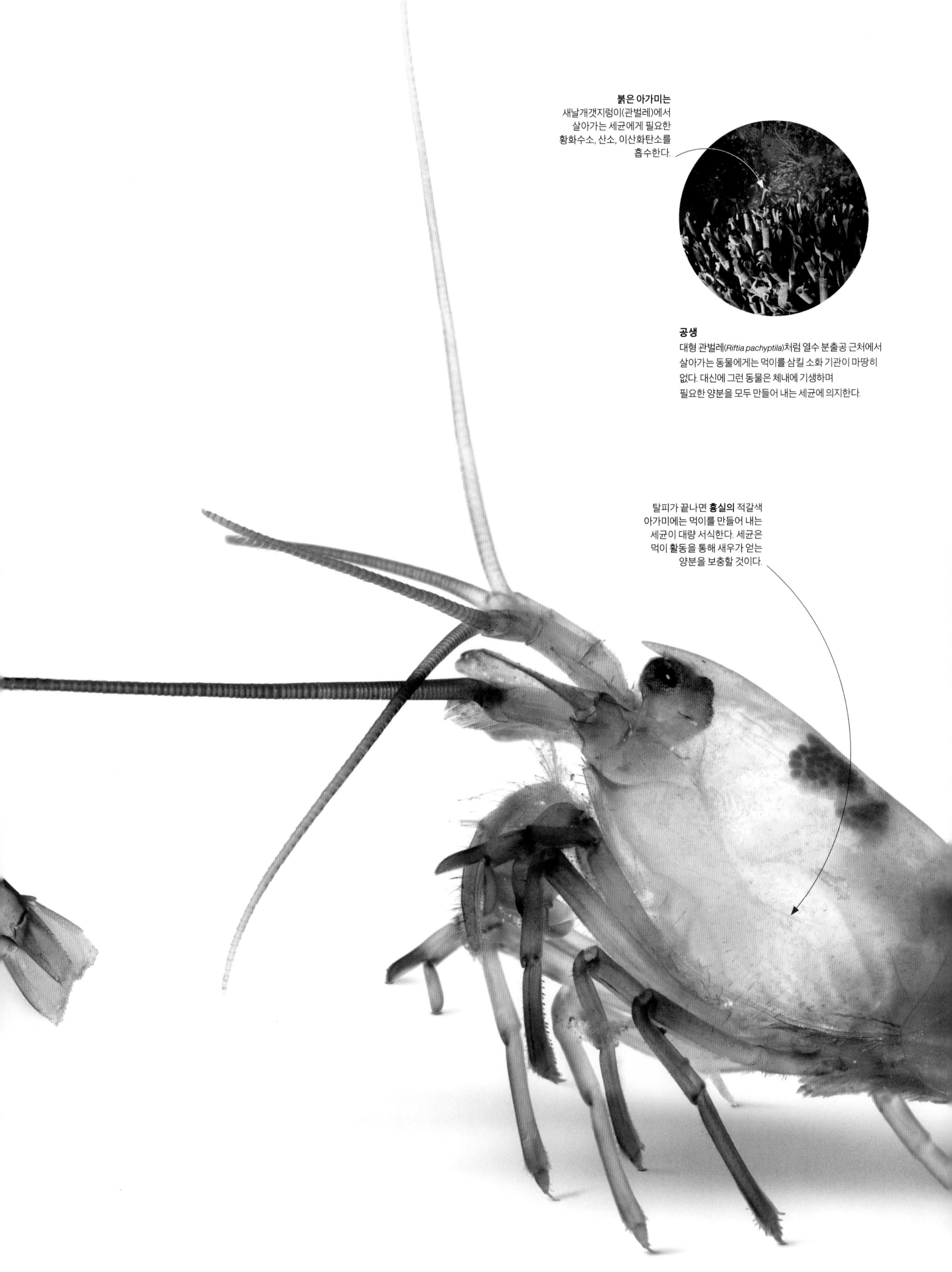

공생

대형 관벌레(*Riftia pachyptila*)처럼 열수 분출공 근처에서 살아가는 동물에게는 먹이를 삼킬 소화 기관이 마땅히 없다. 대신에 그런 동물은 체내에 기생하며 필요한 양분을 모두 만들어 내는 세균에 의지한다.

분기점에서

아메리카 대륙과 유라시아 대륙의 지질 구조판 사이에 있는 열곡으로 잠수부가 내려가고 있다. 담수로 채워진 아이슬란드의 실프라 협곡은 인간의 발길이 닿은 몇 안 되는 중앙 해령 지역 중의 하나다.

새로운 대양저

전 세계적으로 모든 해양 밑으로 8만 킬로미터 이상 뻗은 중앙 해령계는 지구에서 가장 긴 산맥보다 훨씬 길다. 심해저 평원(대륙 주변과 중앙 해령 사이의 평탄한 해저 지형) 위로 최대 3킬로미터 솟은 해령은 넓고 기복이 심하다. 해령은 잇달아 늘어선 활화산으로 이루어져 있으며 지질 구조판이 멀어지는 갈라진 플레이트 경계선을 따라간다. 그래서 해령에서는 지진이 자주 발생한다. 화산 분출물의 용승으로 나타난 해저 산맥을 따라 새로운 대양저가 형성된다. 광활한 중앙 해령은 거의 미개척 상태로 남아 있다. 화산 활동이 특히 강렬히 일어나는 아이슬란드처럼 해령의 정상이 바다 위로 솟은 경우는 좀처럼 보기 드물다.

중앙 해령

녹은 용암(마그마)이 해수면 아래 2킬로미터 이상 되는 해저로 분출하는 곳에서 중앙 해령을 따라 새로운 해양 지각이 형성된다. 녹은 마그마는 대양 지각의 갈라진 틈으로 계속해서 흘러나와 급속히 냉각된 다음 베개용암으로 알려진 언덕을 형성한다. 어두운 현무암의 수직판(암맥)이 갈라진 틈 사이에서 단단하게 굳으면서 새롭게 형성된 대양저의 양쪽을 서서히 갈라 놓는다.

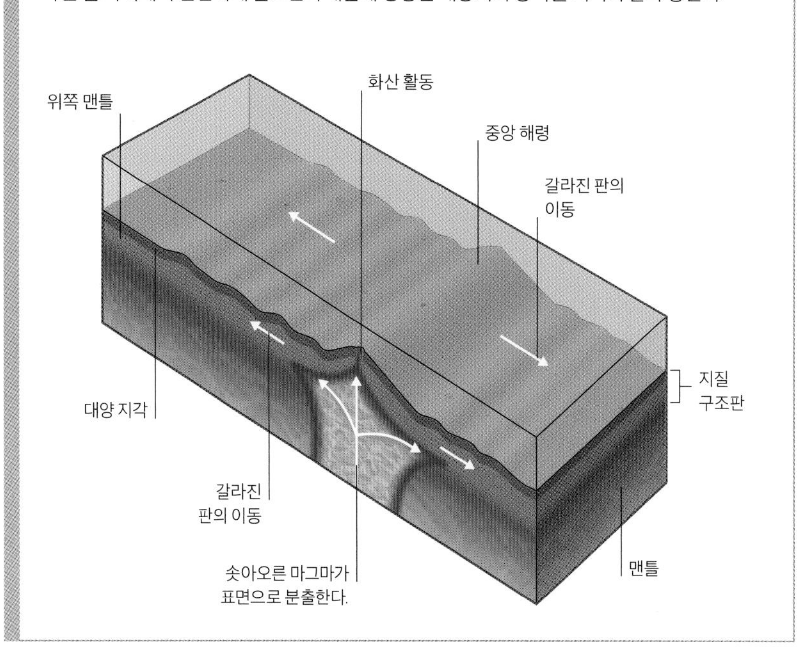

기갑을 입은 거인

등각류 가운데 가장 친숙한 동물을 육지에서 대표로 꼽자면 몸집이 작은 쥐며느리다. 그러나 해저 800미터에서 살아가는 서대서양대형등각류(*Bathynomus giganteus*) 같은 일부 초거대종은 몸길이가 50센티미터에 이를 수 있다. 이 등각류는 해저의 아르마딜로인 것처럼 자신보다 몸집이 큰 천적에게서 지켜 줄 단단하면서도 체절로 나뉜 기갑을 두르고 있다.

겹눈은 해수면에서 비친 희미한 햇빛뿐만 아니라 생물 발광을 하는 먹이로부터 나오는 빛도 수집한다.

해저의 기회주의자
해저에서는 먹이가 귀하다. 이 때문에 썩은 고기를 먹는 대형 등각류라도 마디로 된 다리를 이용해 기어다니는 해삼이나 느리게 움직이는 물고기를 잡아채면서 포식자로 돌아서는 경우가 간혹 있다.

심해의 거인

지구상에서 가장 큰 동물은 바다에 산다. 그중에 으뜸은 육지에서 가장 큰 동물인 아프리카코끼리 40마리를 합친 만큼의 몸무게를 자랑하는 대왕고래다. 물의 부력으로 지탱할 수 있을 때 몸은 더 잘 자랄 수 있다(212쪽 참조). 가장 깊은 대양심도의 차가운 물에서는 대체로 성장이 더디지만, 심해의 어떤 동물은 그 종에서 가장 큰 몸집을 갖게 될 정도로 오래 산다. 강아지 크기로 자라는 쥐며느리 친척뻘 되는 종도 있고 버스 길이만큼 자랄 수 있는 오징어도 있다.

특대형 오징어

최대 길이 10미터에 이르는 남극하트지느러미오징어(*Mesonychoteuthis hamiltoni*)는 지구상 가장 큰 무척추동물이다. 대왕오징어(*Architeuthis*)는 촉수는 길지만 전체적인 크기는 작다. 엄청난 크기임에도 이 거대한 포식자들은 대개 수심 500미터가 넘는 곳에서 서식해 살아 있는 상태로는 좀처럼 보기 힘들다. 이들에 관해 알려진 대부분의 사실은 해변에 떠밀려 온 개체를 통해 얻은 것이다.

해변에 밀려와 꼼짝 못 하는 대왕오징어, 뉴펀들랜드, 1883년

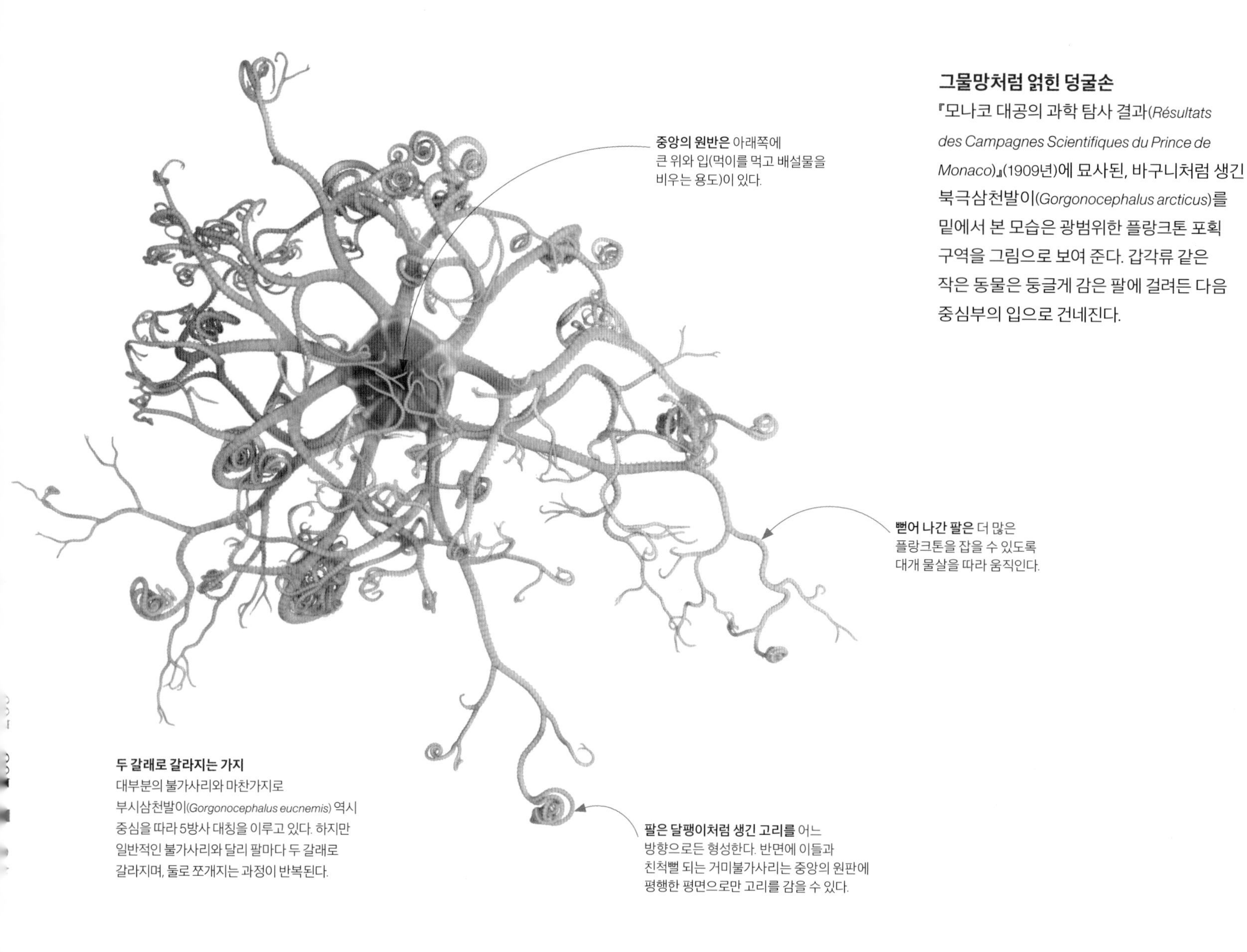

그물망처럼 얽힌 덩굴손

『모나코 대공의 과학 탐사 결과(*Résultats des Campagnes Scientifiques du Prince de Monaco*)』(1909년)에 묘사된, 바구니처럼 생긴 북극삼천발이(*Gorgonocephalus arcticus*)를 밑에서 본 모습은 광범위한 플랑크톤 포획 구역을 그림으로 보여 준다. 갑각류 같은 작은 동물은 둥글게 감은 팔에 걸려든 다음 중심부의 입으로 건네진다.

가지를 뻗은 **팔**

불가사리와 그 동족에게서 볼 수 있는 방사형으로 뻗은 팔은 바닥을 타고 뻗어 나갈 수 있게 해 주지만 움직임은 대체로 수평면에 국한된다. 그러나 거미불가사리류(218~219쪽 참조)의 친척뻘 되는 삼천발이(gorgon stars)는 물기둥에서 위로 뻗을 수도 있다. 이들의 팔은 같은 이름을 가진 그리스 신화의 괴물을 연상케 하는 비틀린 덩굴손 다발처럼 가지를 뻗는다. 서로 뒤얽힌 덩굴손은 불가사리와 거미불가사리의 힘이 미치지 못하는 먹이인 물에 떠다니는 작은 부유성 동물을 잡는 데 효과적이다.

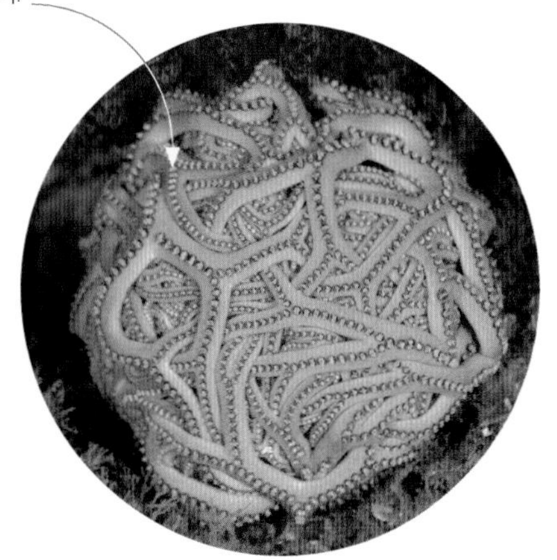

낮에는 쉬기

가시삼천발이(*Astrocaneum spinosum*) 같은 삼천발이는 낮 동안은 팔을 안으로 오므려 둔다. 해 질 무렵이 되어야 팔을 뻗고 밤새 먹이를 잡아먹는다.

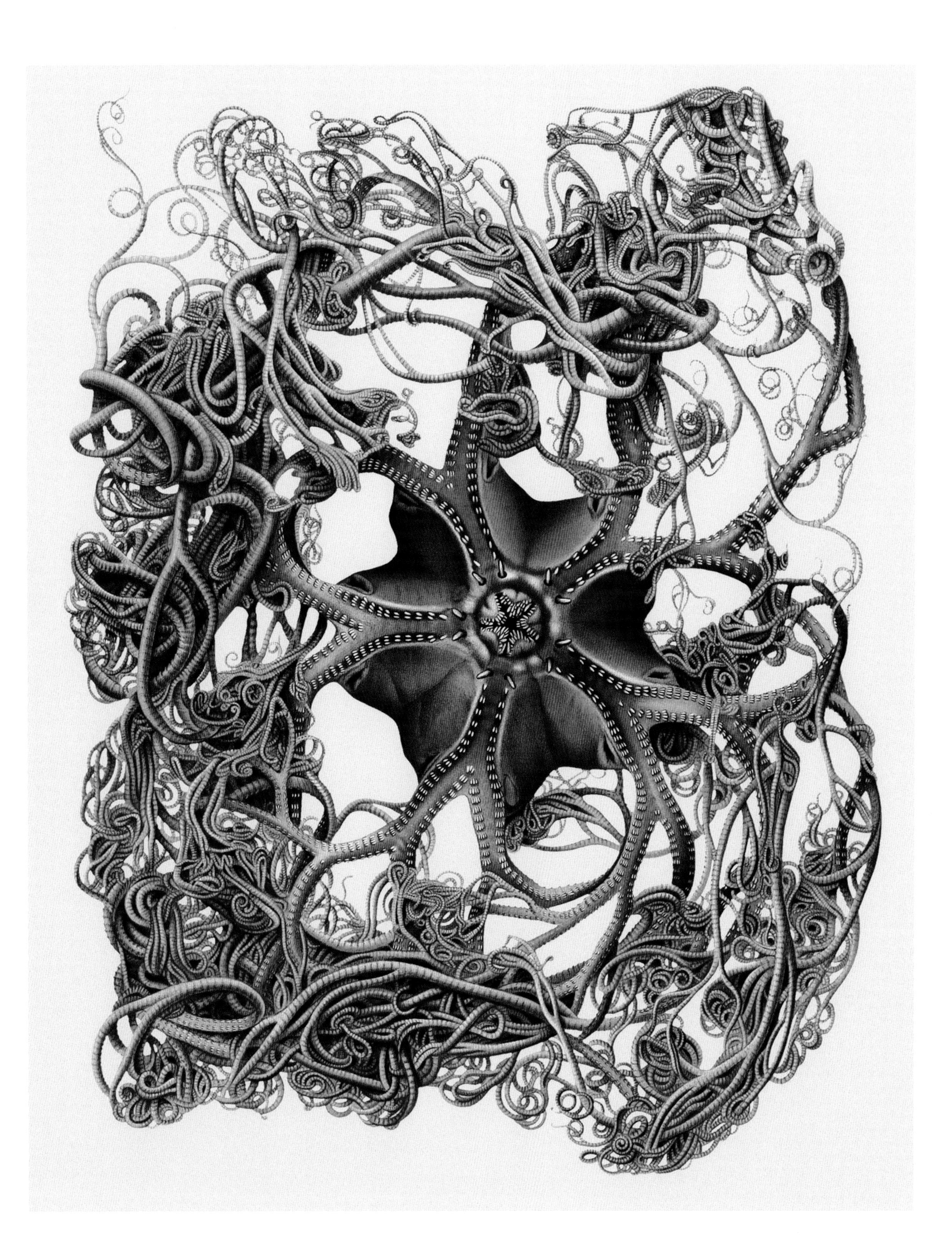

히드로충강

히드로충강(*Hydrozoa*)은 진짜 해파리와 뚜렷이 구별되는 대규모 동물군이다. 여기에는 종처럼 생긴 메두사 형태의 단생 생물뿐만 아니라 관해파리로 알려진 군거형 생물도 포함된다. 관해파리는 폴립과 (작은부레관해파리에는 없는) 착생 메두사로 이루어져 있다. 다른 히드로충강은 생활사에서 메두사 형태나 폴립 형태가 없을 수도 있다. 가령 8줄해파리는 폴립 단계를 거치지만, 골프티는 폴립 단계를 거치지 않는다.

8줄해파리
(*Melicertum octocostatum*)

골프티해파리
(*Aeginopsis laurentii*)

작은부레관해파리
(*Physalia physalis*)

상자해파리강

바다말벌로도 알려진 상자해파리강(*Cubozoa*)은 상자처럼 생긴 메두사 때문에 붙여진 이름으로 자포동물 가운데 독성이 가장 강하다. 상자해파리는 종 모양의 덮개 가장자리마다 근육질의 발판이 있고 여기에 1개 이상의 촉수가 붙어 있다. 생활사의 착생 폴립 단계는 진짜 해파리처럼 여러 개의 메두사를 내보내기보다는 하나의 메두사로 변한다.

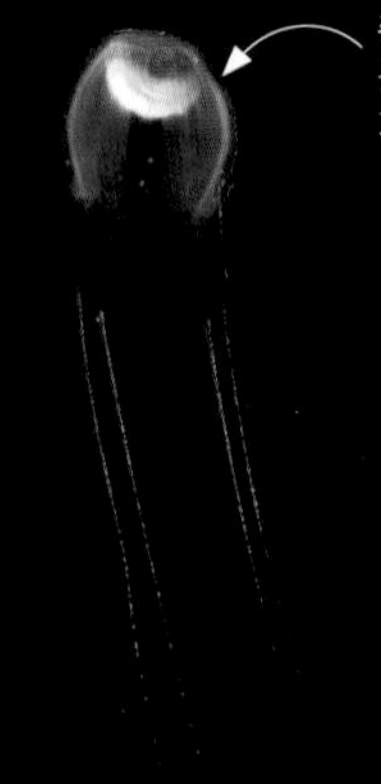

이루칸지해파리
(*Carukia barnesi*)

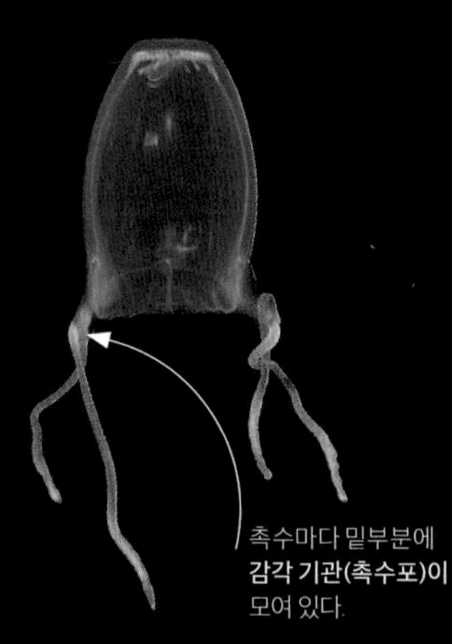
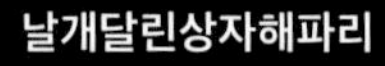

날개달린상자해파리
(*Alatina alata*)

상자해파리
(*Chironex fleckeri*)

십자해파리강

줄기해파리로 알려진 십자해파리강(*Staurozoa*)에 속한 종의 생활사는 해파리보다는 산호나 말미잘의 생활사에 더 가깝다. 이들 해파리의 몸은 줄기가 있는 트럼펫처럼 생겼으며 폴립과 자유롭게 헤엄쳐 다니는 메두사의 세대 교번을 경험한다. 산호 같은 바닥에 달라붙은 채 남은 삶을 살아간다.

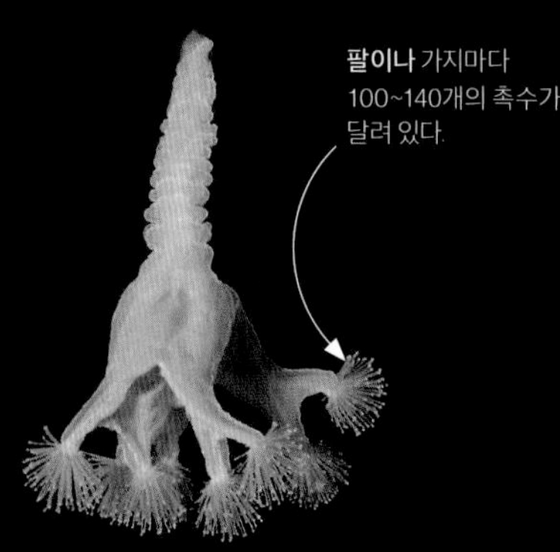

뿔달린줄기해파리
(*Lucernaria quadricornis*)

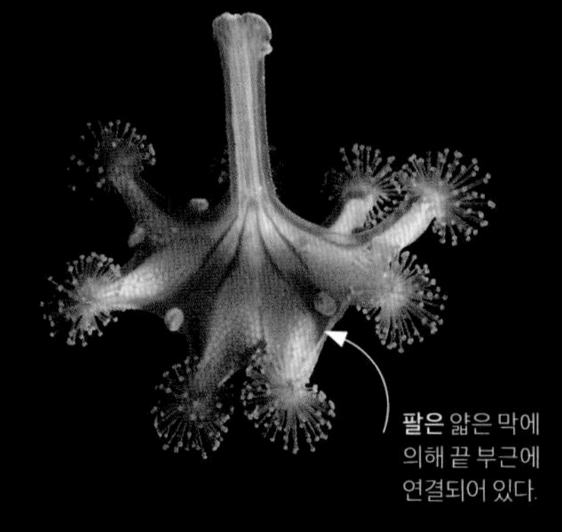

만화경줄기해파리
(*Haliclystus auricula*)

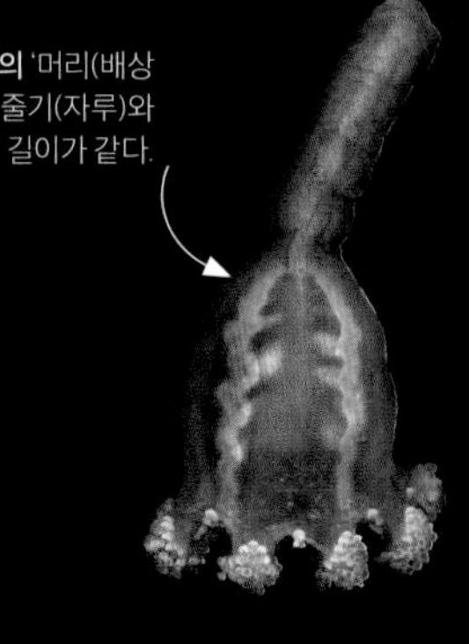

두꺼운테를두른줄기해파리
(*Haliclystus salpinx*)

해파리강
진짜 해파리로 알려진 해파리강(*Scyphozoa*)은 자유롭게 헤엄쳐 다니는 200여 종의 해양 생물군이다. 이들의 폴립은 크게 두드러지지 않지만, 수명은 긴 편이다. 몸이 우산 형태인 메두사 단계에서 가장 눈에 잘 띄나 생활사에서 메두사가 가장 오랜 부분을 차지하지는 않는다. 해파리는 우산 근육을 수축하거나 이완시켜 물속에서 움직인다.

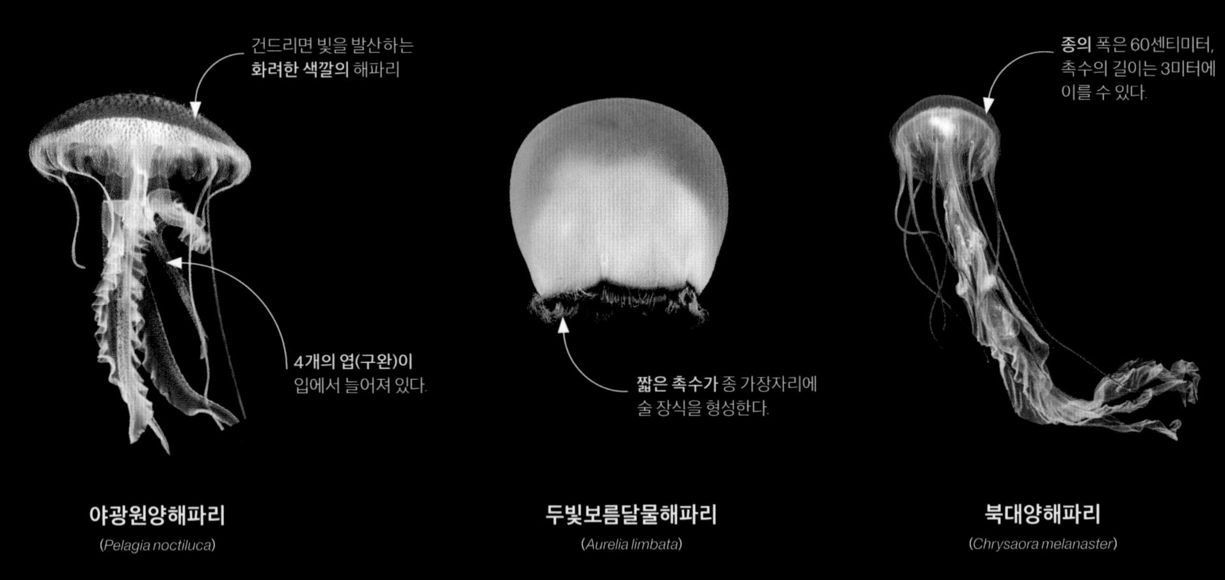

해양의 거인
지구상에서 가장 큰 진짜 해파리종인 사자갈기해파리(*Cyanea capillata*)는 물살이 센 조류에서도 아주 먼 거리를 이동할 정도로 뛰어난 수영 실력을 자랑하며 대개 북극해, 북대서양, 북태평양에서 발견된다. 동물성 플랑크톤, 물고기, 보름달물해파리, 새우를 먹이로 삼아 살아간다.

해파리와 히드로충류

이처럼 자유롭게 헤엄쳐 다니는 젤리처럼 생긴 포식동물은 자포동물로 알려진 무척추동물에 속한다. 대부분의 해파리와 히드로충류는 폴립과 메두사(종이나 우산 모양)의 세대 교번을 경험한다. 다른 자포동물과 마찬가지로 이들 동물 역시 방사 대칭을 이루며 심장과 뇌는 없지만 위강을 이용해 먹이를 소화한다. 독침인 자세포로 무장된 촉수를 이용해 먹이를 잡는다.

먹이를 밀어 넣는 여과 섭식
초당 1미터를 움직이는 거대한 고래상어는 1시간에 100만 리터 가까운 바닷물을 여과할 수 있다.

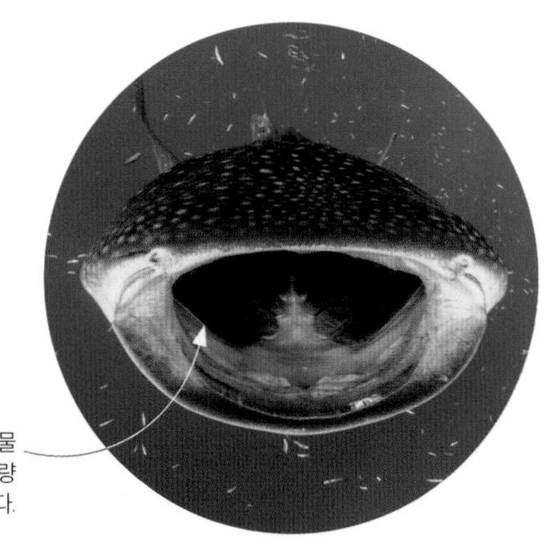

입에는 퇴화한 이빨과 그물 조직의 크기가 1밀리미터가량 되는 다공성 거름망이 있다.

상어의 여과 섭식

여과 섭식은 수염고래와 일부 상어(돌묵상어, 넓은주둥이상어, 고래상어)를 비롯해 바다에서 몸집이 가장 큰 동물이 가장 작은 생물을 먹을 수 있는 효율적인 섭식 방식이다. 앞에서 언급한 세 종의 상어는 주로 입을 벌린 채 천천히 플랑크톤, 작은 오징어, 물고기 떼를 통과하며 헤엄치는 수동적인 여과법으로 먹이를 먹는다. 그렇게 입으로 들어온 바닷물에서 먹이가 여과된다. 몸길이가 9~15미터에 이르러 단연코 가장 큰 어류라 할 수 있는 고래상어(*Rhincodon typus*)는 흡입을 통해 더 큰 먹잇감을 선택적으로 잡아먹을 수 있다.

먹이 찾아 이동하기
고래상어는 번식지와 섭식지 사이의 먼 거리를 이동한다. 사진 속의 고래상어를 빨판상어 한 마리가 뒤따르고 있다. 이 물고기는 흡반으로 변한 등지느러미를 이용해 상어에게서 나온 배설물과 체외 기생충을 잡아먹는다.

십자류 여과

고래상어의 여과 섭식 방식은 십자류 여과로 알려져 있다. 입으로 흘러들어온 섭식 흐름은 여과망과 평행하게 지나간다. 물은 아가미 옆으로 빠져나간다. 먹이 입자는 쉽게 삼킬 수 있도록 목구멍 뒤에서 뭉친다. 이런 방식은 흐름이 필터에 곧바로 부딪히는 방식에 비해 막힐 위험이 적다. 그러나 이 경우 상어가 '기침하다가' 간혹 필터에서 먹이가 역류하기도 한다.

고래상어의 여과 섭식 시스템

해류

바람은 해양 표면에서 조류를 움직이는 주된 힘이다. 조류는 바람이 일으킨 일련의 소용돌이(환류)를 통해 강력해진 산처럼 거대한 바닷물과 지구 자전의 영향(코리올리 효과)에 의해 기압 차가 발생하면서 나타난다. 조류는 엄청난 영향력을 지닌다. 가령 북대서양의 멕시코 만류 하나만으로도 지구상에 있는 20대 강의 배출량을 모두 합쳐놓은 것과 맞먹는다. 그에 못지않게 중요한 것은 전체 바닷물의 90퍼센트를 차지하며 서서히 움직이는 심층류의 광범위한 조직망이다. 해류는 전 세계의 에너지, 양분, 소금, 퇴적물을 순환시킨다. 표면 해류와 심층류는 함께 작용하면서 지구의 기후를 적당히 조절한다.

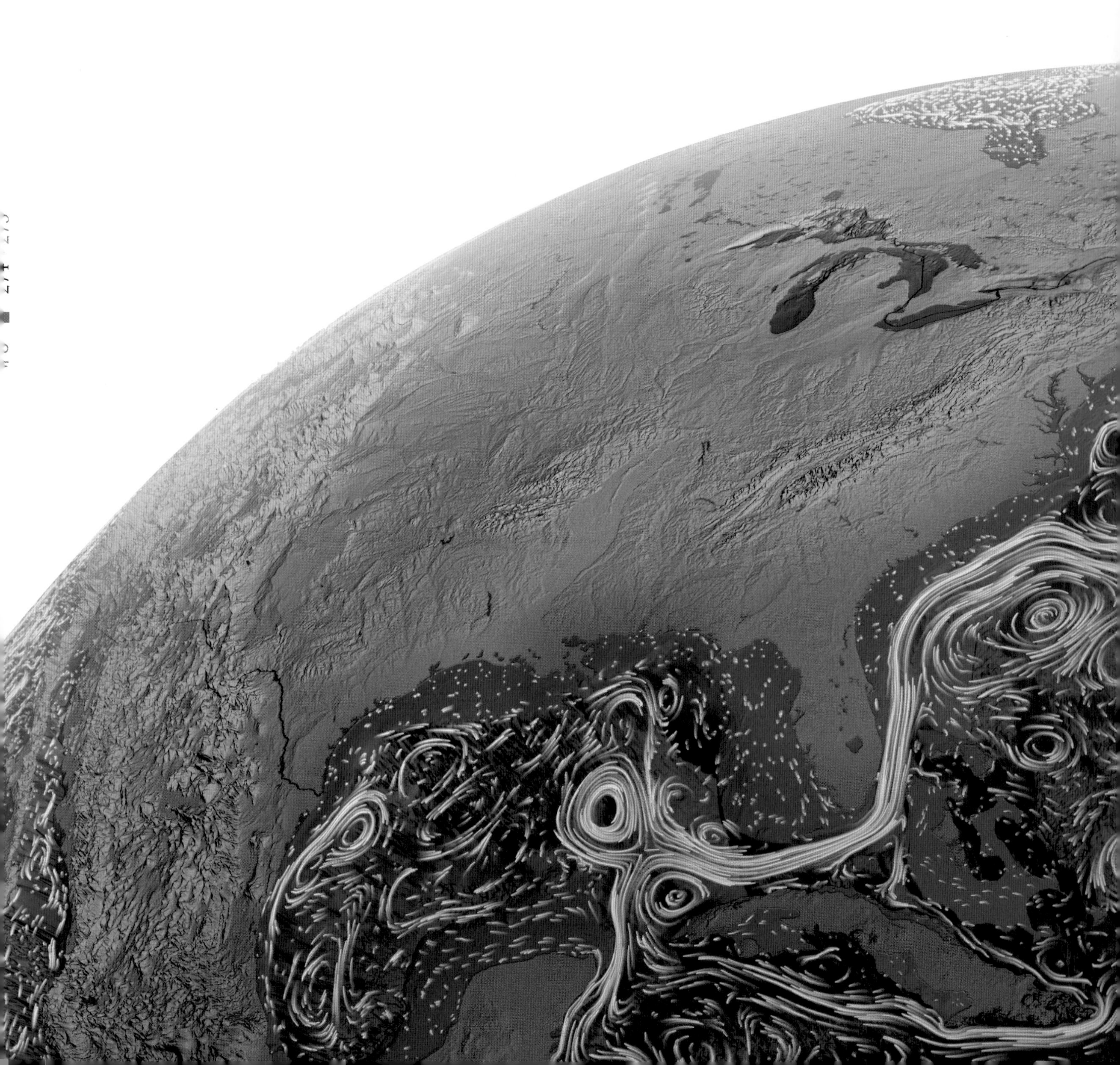

코리올리 효과

지표면에 단단히 붙어 있지 않고 움직이는 물체가 다 그렇듯이 해류 역시 지구 자전의 영향을 받는다. 이 현상을 처음 설명한 프랑스 과학자 가스파르 귀스타브 코리올리(Gaspard-Gustave de Coliolis, 1792~1843년)의 이름을 따서 코리올리 효과로 알려져 있다. 이런 효과는 북반구의 해류를 오른쪽으로 틀게 하고 남반구의 해류를 왼쪽으로 틀게 한다. 높은 위도보다는 적도에서 지구 자전 속도가 빠르기 때문에 코리올리 효과는 낮은 위도에서 극대화된다.

북반구
최초의 조류 방향
지구 자전 방향
코리올리 효과 때문에 생긴 편향
코리올리 효과 때문에 생긴 편향
최초의 조류 방향
남반구

끊임없는 해류

수많은 정보원을 통해 얻은 자료를 이용해 미국 항공 우주국은 지구의 해류에 대한 시각적 정보를 축적했다. 카리브 해와 북대서양 서부의 해류를 나타낸 이 자료는 플로리다 주에서 북동쪽으로 흘러드는 멕시코 만류를 보여 준다.

Carcharodon carcharias

백상아리

최고의 해양 포식자인 백상아리는 몸길이가 6미터에 이르고 몸무게가 수 톤에 이를 수 있다. 백상아리는 한때 인간에게 두려운 존재였지만, 백상아리가 인간을 공격하는 경우는 드물며 오히려 이처럼 공인된 멸종 취약종에게 인간은 가장 위협적인 존재다.

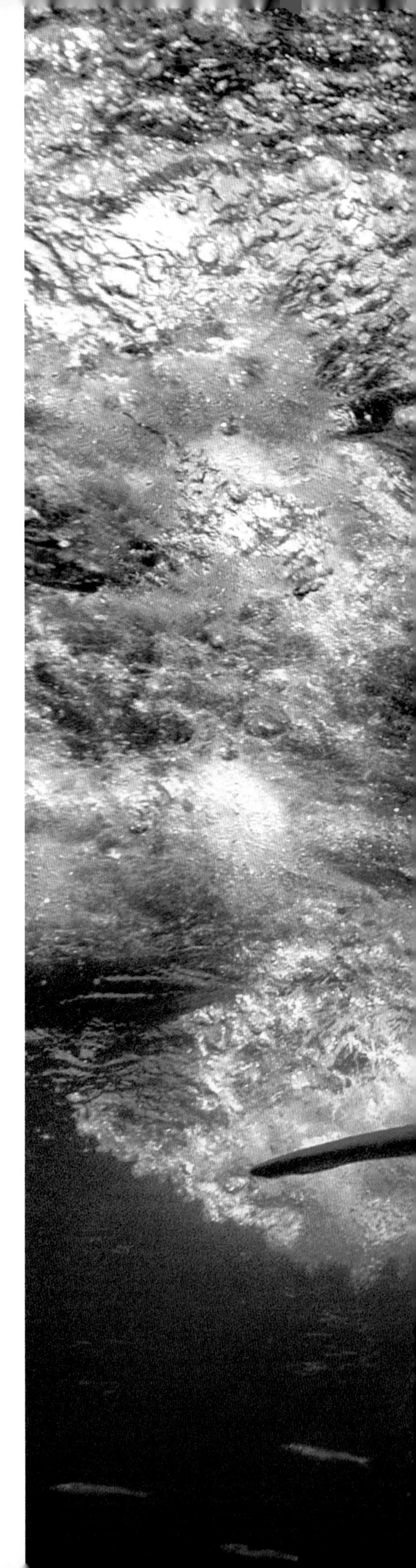

백상아리는 점차 휘귀종이 돼가고 있지만 어떤 해양 동물보다 지리적으로 폭넓은 서식 범위를 자랑하며 한대, 온대, 열대의 바닷물에서 모두 살아갈 수 있다. 이렇게 성장 속도가 더딘 백상아리는 성체가 되기까지 최대 16년이 걸리며 암컷은 2~3년에 한 번씩만 새끼를 낳는다. 상어 턱, 지느러미, 이빨을 얻으려는 인간의 포획과 해변 근처의 개체수를 줄이려는 노력은 백상아리의 개체군에 심각한 타격을 주었다. 그래도 백상아리는 위협적인 사냥꾼이 될 만한 놀라운 특징을 갖고 있어서 생존 가능성을 높여준다.

백상아리는 부분적으로 내온 또는 온혈동물이어서 바다에 있는 서식지보다 수온이 높은 곳에서도 뇌, 근육, 위를 유지할 수 있다. 덕분에 백상아리는 매우 활동적일 뿐만 아니라 사냥할 때는 시속 60킬로미터까지 폭발적인 속도를 낼 수 있다. 백상아리의 몸은 유선형이고 색각이 뛰어나며 어느 상어보다 큰 후각 기관을 갖고 있다. 머리에 있는 아주 민감한 전기 수용기는 먹잇감이 만들어 낸 미세한 전기장도 감지해 낼 수 있다. 이런 신체 조건에도 불구하고 백상아리는 사냥할 때 간혹 매복 작전을 펼치기도 한다. 백상아리는 해수면을 배경으로 윤곽을 드러낸 먹잇감 밑에서 천천히 헤엄을 친다. 그러나 상어의 어두운 상체가 바다 깊은 곳의 어둠에 섞여들어 먹이는 포식자를 알아볼 수 없다. 아래쪽에서 공격할 때 상어는 수직에 가까운 타격을 시도해 바닷물에서 8미터 높이로 뛰어오르기도 한다.

사냥 밑천

백상아리는 좁은 아랫니를 이용해 죽은 먹이를 물고 큰 윗니를 이용해 살코기를 찢는다. 물개나 돌고래처럼 열량이 높은 먹이를 선호하지만, 오징어, 거북, 물고기, 다른 상어도 잡아먹는다.

교체되는 이빨

다 자란 백상아리는 집어넣을 수 있고 7줄로 배열된 이빨을 언제든 300개씩 갖고 있다. 푹 들어간 구멍이 아닌 부드러운 조직에 의해서만 턱에 붙어 있는 이빨은 상어가 먹이를 물 때 가해진 압력 때문에 잘 빠진다. 그러면 뒷줄의 이빨이 앞으로 이동해 빠진 이빨을 대체한다. 백상아리는 평생에 걸쳐 2만 개가 넘는 이빨이 나고 자랄 수 있다.

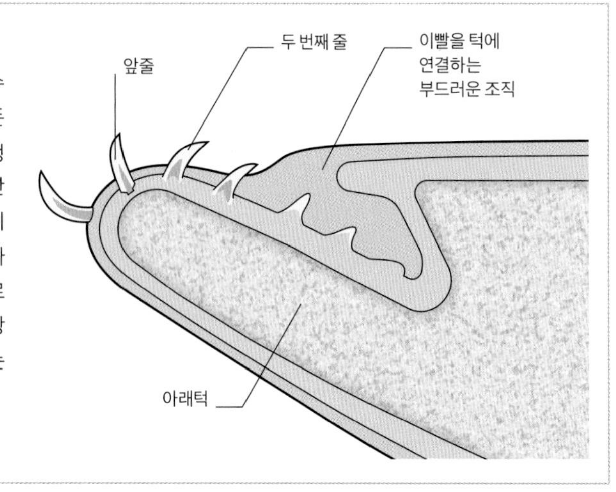

여러 줄의 이빨이 박힌 아래턱

꼬리가 없는 기이한 모습

끝이 잘려나간 듯한 거대한 개복치(*Mola mola*)의 형태는 척추뼈와 꼬리지느러미가 사라지면서 만들어진 것이다. 꼬리지느러미는 클라부스로 불리는 가죽 같은 덮개로 대체되었다. 수직의 등지느러미와 뒷지느러미가 좌우로 퍼덕이면서 개복치가 매우 느리게 앞으로 나아가는 동안 클라부스는 방향키처럼 작용한다.

가시가 달린 어린 시절
보호 기능이 있는 어린 개복치의 가시 달린 피부는 친척뻘 되는 복어를 연상시킨다. 개복치 치어는 알에서 부화할 때 꼬리가 달려 있지만 성장하면서 꼬리는 점차 줄어든다.

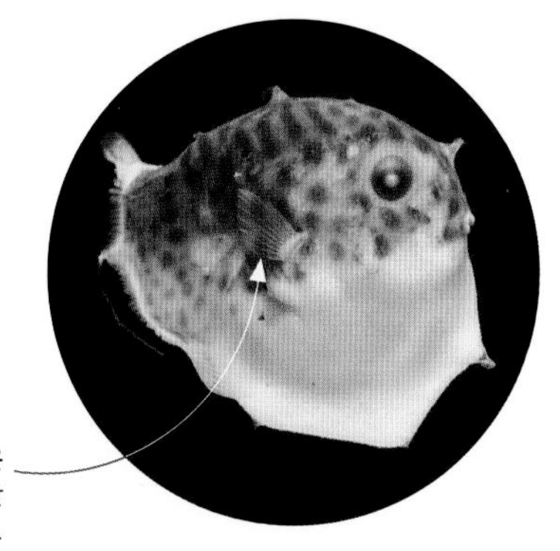

몸의 균형을 잡아주는 **넓은 가슴지느러미는** 성체로 자란 뒤에도 그대로 남아 있다.

덩치는 크지만 행동은 굼뜬

플랑크톤은 조류에 맞서 헤엄칠 힘이 없기 때문에 바닷물에 떠다니는 유기체다. 플랑크톤은 대부분 작지만, 훨씬 몸집이 큰 일부 동물은 추진력이 너무 약해서 간혹 플랑크톤처럼 움직일 수도 있다. 여기에는 개복치 같은 가장 무거운 경골어류도 포함된다. 코뿔소만큼이나 무거운 이들 개복치는 대부분의 물고기가 추진력을 일으키기 위해 이용하는 꼬리의 흔적이 남아 있지 않다.

두껍고 비늘이 없는 개복치의 피부는 저밀도의 젤라틴 조직층 위에 자리 잡고 있어서 부레가 없이도 부력을 유지할 수 있다.

떠다니는 알

원양(외해) 어류는 다양한 깊이에서 살도록 적응했지만, 대개는 표면으로 떠오르는 부력이 있는 알을 낳는다. 개복치 알은 바다 표면에서 치어로 부화한 다음 햇빛을 이용해 양분을 만들어 내는 미세한 플랑크톤을 먹으며 어린 시절을 보낸다. 수많은 알을 낳으면 그만큼 살아남을 가능성도 커진다. 개복치는 한 번에 3억 개의 알을 낳을 수 있으며 이것은 척추동물 가운데 가장 많은 수치다.

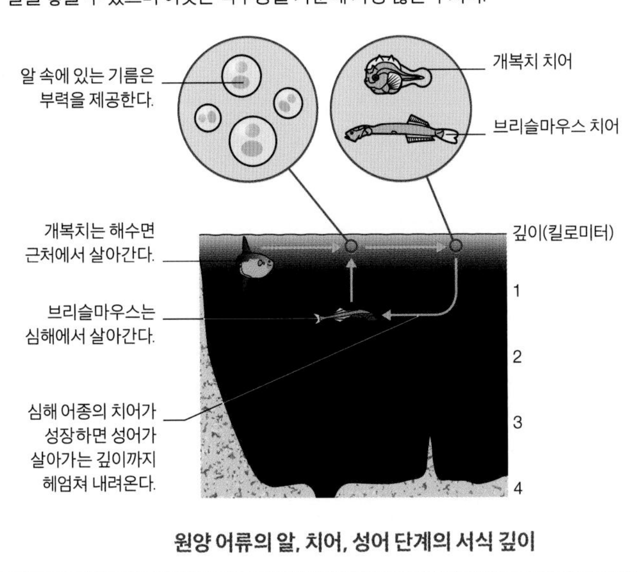

원양 어류의 알, 치어, 성어 단계의 서식 깊이

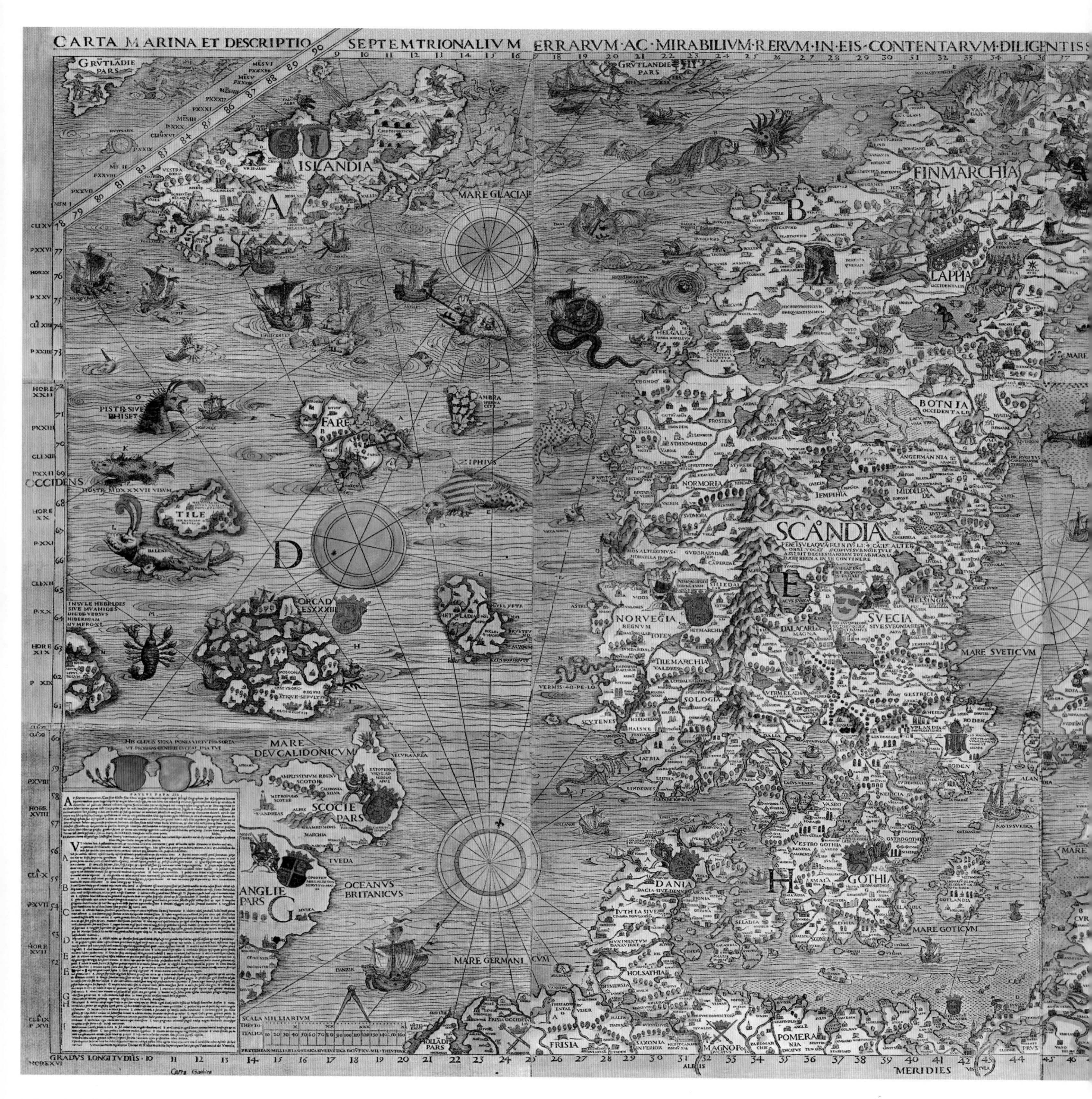

「카르타 마리나」(1539년)

당시 가장 크고 정확한 스칸디나비아 지도는 추방당한 가톨릭 성직자 마그누스에 의해 제작되었다. 그의 사명은 역사, 문화, 북유럽의 자연적 경이를 유럽의 나머지 국가와 공유하는 것이었다. 이 지도는 9개의 조각된 판목으로 인쇄되었으며 어부와 선원들이 마그누스에게 설명해 준 괴물을 비롯해 온갖 생명체가 가득한 북유럽의 육지와 바다를 보여 준다.

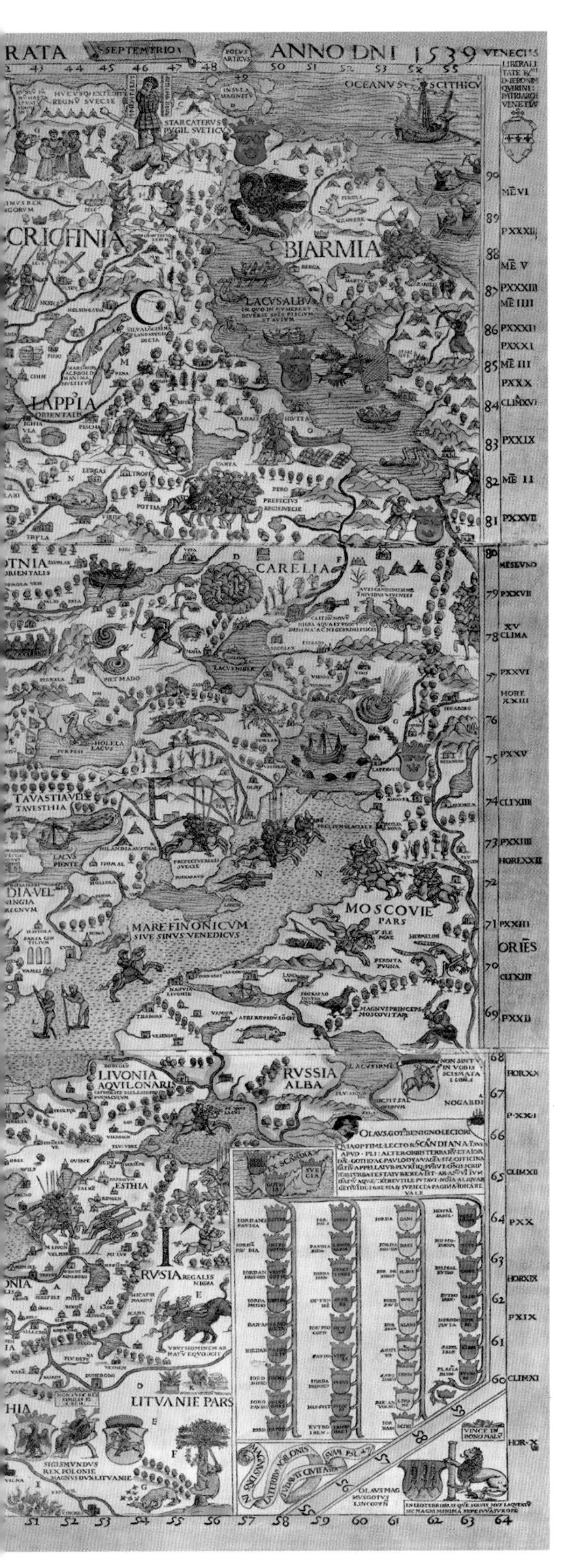

「새로운 세계 전도」(1648년)
지도 제작에서 네덜란드가 전성기를 누리던 때 제작된 걸작 가운데 하나인 블라우의 획기적인 지도「노바 토티우스 테라룸 오르비스 타뷸라(Nova totius terrarum orbis tabula)」는 불완전한 윤곽으로 표시한 아메리카 북서부와 오스트랄라시아를 제외하면 세계를 상당히 정확하게 묘사한 거대한 지도책의 일부다.

명화 속 해양

바다를 지도에 표시하기

현생 인류가 4만 년 전 바위에 처음으로 암각화를 새긴 이후로 사람들은 자신이 살아가는 환경과 결부해 자신의 위치를 지도에 나타내기 위한 인지적인 공간 기술을 이용해 왔다. 15세기 대항해 시대에 이르러 유럽 인들이 교역과 식민지 개척을 위해 여행한 지역을 기록함에 따라 세계 곳곳에서 수많은 지도가 등장했다.

돌이나 나무에 새기거나 모래와 진흙을 이용해 3차원 양각으로 만든 최초의 지도는 시간이 지나면서 목판 인쇄로 대체되었고 16세기에는 동판 인쇄, 19세기에는 석판 인쇄가 등장했다. 중세의 지도 제작자들은 상대적인 부와 권력을 근거로 국가의 규모를 판단했다. 그러나 14세기에 들어와 그리스의 지리학자이자 천문학자인 프톨레마이오스(Ptolemy, 100~170년경)의 업적이 재발견되고 라틴 어로 번역되면서 이런 인식에도 변화가 생겼다. 지구의 크기와 비율에 관한 프톨레마이오스의 계산은 부정확한 것으로 나중에 판명이 되었지만 서구의 지도 제작법을 영원히 바꾸어 놓았다.

1539년 스웨덴의 성직자인 올라우스 마그누스(Olaus Magnus, 1490~1557년)는 스칸디나비아의 지도(왼쪽)를 제작했다. 멀리 떨어진 지중해 지역에서 북유럽을 묘사했던 프톨레마이오스의 모호한 표현을 수정하려는 시도였다. 지형도는 즉시 알아볼 수 있으며, 바다의 소용돌이무늬는 우리가 알고 있는 조류와 기상 전선을 나타내는 것일 수도 있다. 하지만 우리의 마음을 사로잡는 것은 세부 묘사다. 썰매를 몰고, 순록의 젖을 짜고, 물개를 작살로 잡는 스칸디나비아 인들의 일상이 현실과 공상 속 짐승이 가득한 자연계에 잘 드러나 있다. 그렇다 한들 어디 바다만 하겠는가. 바다에서는 용이 거대한 가재와 씨름을 하고, 엄니가 있는 고래 위에 배가 실수로 닻을 내리고, 붉은 바다뱀이 지도의 식별 부호에서는 "대형 선박을 60미터 길이의 발로 휘감고 부수는 벌레"로 묘사된다.

1세기가 지나 네덜란드의 지도 제작자 요안 블라우(Joan Blaeu, 1596~1673년)가 제작한 놀라운 세계 지도(위)는 네덜란드 전성기의 뛰어난 동판화를 보여 준다. 그의 지도는 항해에 대한 국가적 역량은 물론 화가의 상당한 과학 지식도 반영한다. 지구가 태양 주위를 돈다는 당시 논란의 여지가 많았던 코페르니쿠스의 지동설을 지지하는 가운데, 블라우의 지도는 태양을 중심에 둔 의인화된 형태 속에 기존의 5개 행성을 특징적으로 묘사하고 있다.

> "광활하게 펼쳐진 시시각각 변하는 바다에서…… 거대한 괴물 집단을 발견할지도 모른다."
>
> — 올라우스 마그누스, 『북방 민족에 대한 설명(제3권)』, 1555년

광신호
대서양에 서식하는 심해어인 샛비늘치(*Lepidophanes guentheri*)는 양 측면과 머리에 빛을 만드는 세포(발광포)가 쌍을 이루고 있다. 이런 빛은 의사 전달과 구애의 수단으로 이용된다.

어둠 속의 빛

살아 있는 유기체가 스스로 빛을 만들어 내는 과정인 생물 발광(192~193쪽 참조)은 빛이 들지 않는 심해에서는 매우 흔히 나타난다. 심해어류는 여러 가지 목적으로 생물 발광을 이용할 수 있다. 턱수염을 통해 어둠 속에서 빛을 발해 먹잇감을 유인하는 방법은 아귀 같은 포식 어류에게는 에너지 효율을 높이는 사냥법일 수 있다.

위장술로 이용되는 빛

도끼고기 같은 일부 물고기는 빛을 발하는 발광포가 아래쪽에 있다. 덕분에 아래쪽에서 봤을 때 물고기의 윤곽이 잘 보이지 않는다. 카운터 일루미네이션(역조명)으로 알려진 위장술이다. 물고기는 위쪽에서 비친 햇빛의 강도에 맞춰 발광포에서 나오는 빛의 강도를 조절해 천적의 눈에 띄지 않게 할 수 있다.

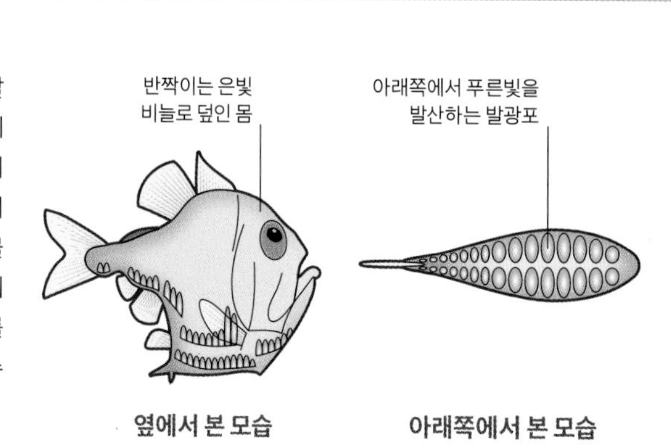

붉은색으로 보이기

대부분의 심해 생물 발광은 물에서 다른 색깔보다 더 멀리 침투하는 푸른빛을 만들어 낸다. 작은 이빨 용고기(*Pachystomias microdon*)가 포함된 용고기류는 붉은 발광포도 갖고 있다. 대부분의 심해 어종의 눈에는 붉은빛이 보이지 않기 때문에 용고기는 먹이나 천적의 눈에 띄지 않으면서도 상대를 볼 수 있다.

고속으로 급커브 돌기

돛새치(*Istiophorus platypterus*)는 사냥할 때 커다란 등지느러미를 들어 올려 조종력을 뒷받침하고 안정성을 확보함으로써 먹이에 대한 조준력을 높인다. 돛새치는 길고 날카로운 부리로 작은 물고기 떼를 이리저리 찌르고 다니다 갑자기 옆으로 후려쳐 기절하거나 무력해진 먹이를 한 번에 몇 마리씩 잡는다.

전문적인 지느러미
돛새치의 등지느러미는 대개 접었다 펼쳤다 할 수 있지만, 잡기 쉬운 작은 물고기 떼를 쫓는 것처럼 움직임을 일정한 수준으로 유지하기 위해 지느러미를 필요에 따라 많이 혹은 적게 들어 올린다. 초승달 모양의 꼬리는 최대의 추진력을 만들어 내고 항력을 줄여주므로 먼 거리를 빠른 속도로 움직일 수 있게 해 준다.

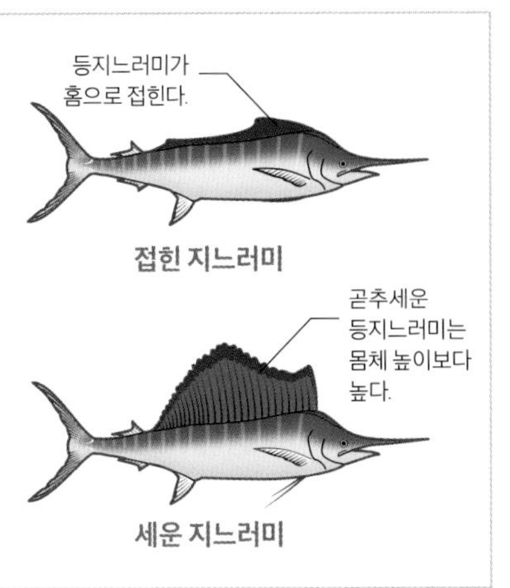

길쭉한 골질의 부리는 주둥이가 늘어난 것이다.

속도를 내는 데 최적화된 몸

돛새치, 청새치, 황새치 같은 새치류는 2가지 핵심적인 무기(톱니 모양의 부리와 엄청난 속도로 헤엄칠 수 있는 능력)를 통해 이익을 얻는다. 새치류의 몸은 고도의 유선형을 띠며 급가속과 내구력에 필요한 근육으로 채워져 있다. 돛새치는 순간적으로 시간당 최대 35킬로미터의 속도를 낼 수 있는 가장 빠른 물고기 가운데 하나로 꼽힌다.

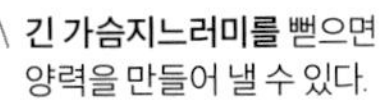
긴 가슴지느러미를 뻗으면 양력을 만들어 낼 수 있다.

어뢰 모양으로 생긴 용골은 꼬리 위로 물의 흐름을 유도한다.

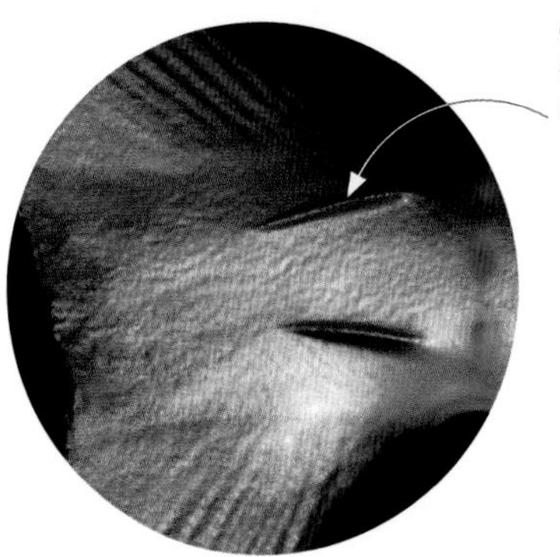

꼬리 용골
돛새치의 꼬리자루에 뿔처럼 솟은 작은 용골은 더욱 능률적으로 헤엄치게 해 주고 안정성을 제공한다. 꼬리는 1초에 최대 8번까지 좌우로 휘두를 수 있다.

Diomedea exulans

나그네알바트로스

날아다니는 새들 가운데 가장 큰 새로 꼽히는 나그네알바트로스는 몸길이가 1.3미터, 몸무게가 12킬로그램에 이른다. 주로 남극해의 극지 주변 지역에서 발견되며 수명이 50년 이상 된다.

정성을 다한 구애
나그네알바트로스는 날개를 펴고 머리를 흔들며 부리를 가볍게 두드리고 특유의 울음소리를 내면서 구애 활동을 한다.

최대 3.5미터에 이르는 나그네알바트로스의 날개폭은 조류 가운데 가장 길다. 이들은 오징어와 그 밖의 두족류를 찾아 아주 먼 거리를 활공하는 능숙한 비행가다. 10~20일 동안 무려 1만 킬로미터를 이동할 수 있다. 또 상승 온난 기류나 바람에 몸을 맡긴 채 날개를 퍼덕이지 않고 활공하면서 몇 시간이고 하늘 높이 날아오를 수 있다. 나그네알바트로스는 바다에서 생애 대부분을 보낸다. 특히 처음 6년 동안은 먹이를 소화시키거나 날 수 있을 만큼 충분한 바람이 불어오지 않을 때 망망대해에서 휴식을 취할지언정 뭍에는 내려앉지 않는다. 콧구멍 위의 분비샘을 통해 과도한 염분을 배출하기 때문에 바닷물을 마실 수도 있다.

생후 11년 정도면 성적으로 성숙해져서 평생의 동반자를 찾지만, 2년에 한 번씩만 새끼를 낳는다. 암컷은 대개 남극과 가까운 섬에 진흙과 풀로 지은 둥지에다 알을 낳는다. 둥지는 암컷과 수컷이 번갈아 가며 지킨다.

안타깝게도, 인간의 어업 장비에 해마다 수천 마리씩 목숨을 잃으면서 나그네알바트로스는 생존 위기에 내몰리게 되었다.

파도 위에서 활공하기

나그네알바트로스는 하루에 1000킬로미터를 이동할 수 있고 시속 108킬로미터의 비행 기록도 보유하고 있지만, 이들이 비행 중에 사용하는 에너지는 둥지에 앉아 있을 때와 비교해 별반 차이가 없다.

지구 환경에 유익한 고래의 섭식
멸종 위기에 처한 대왕고래를 포함한 수많은 고래의 개체수 회복은 기후 변화를 막는 데 중요한 역할을 할 수도 있다. 먹이인 크릴을 소화하고 배출된 고래의 배설물에는 철이 풍부해 엄청난 양의 탄소를 흡수하고 저장할 수 있는 식물성 플랑크톤의 성장을 촉진한다.

대규모 섭식

고래는 크게 이빨고래와 수염고래의 두 유형으로 나뉜다. 수염고래는 여과 섭식을 하고 이빨 대신에 수염판을 갖고 있다. 지구상에서 가장 큰 동물로 꼽히는 대왕고래(*Balaenoptera musculus*)는 러퀄(rorqual)로 알려진 수염고래과에 속하며, 목구멍에 있는 홈이나 주름을 팽창시켜 먹이가 가득한 엄청난 양의 바닷물을 받아들이는 것으로 잘 알려져 있다. 앞이 보이지 않을 정도로 많은 크릴 떼를 삼킬 때 대왕고래는 20만 리터의 바닷물과 50만 칼로리에 가까운 먹이를 빨아들일 수 있다.

수염의 작동법
수염고래는 위턱에 수백 개의 수염판이 매달려 있다. 수염판은 가장자리에 뻣뻣한 털이 나 있어서 주로 크릴과 같은 먹이가 입에서 짜낸 바닷물과 함께 빠져나가지 못하도록 막는 '커튼' 역할을 한다.

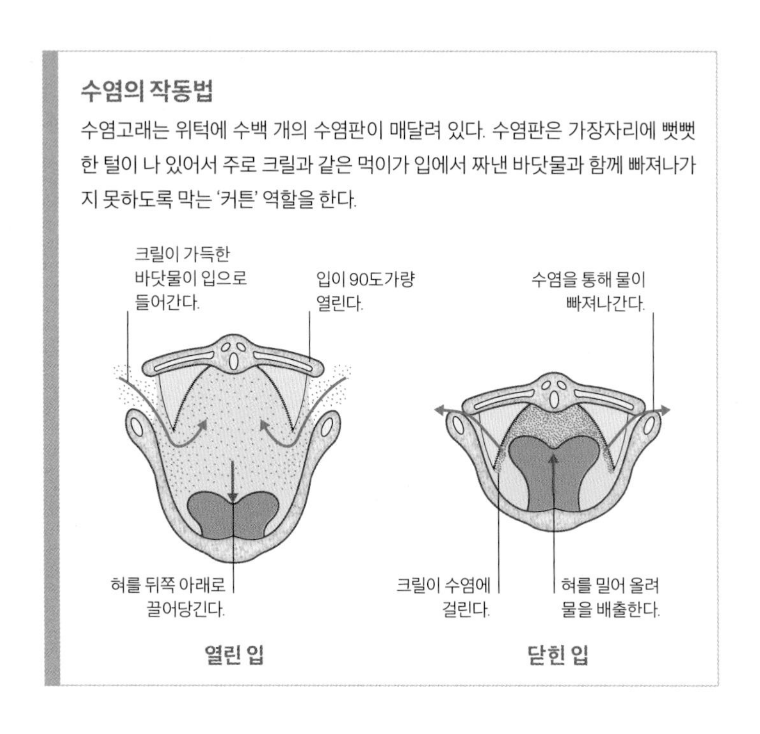

오래전의 화산 활동
캄차카 반도 오네코탄 섬 연안의 타오-루시르 칼데라는 9000년 전에 환태평양 조산대의 북서부 지역에서 발생한 화산 활동으로 만들어졌다.

해양 파괴

지구의 표층은 판으로 불리는 거대하고 유동적인 조각으로 나뉜다. 판이 부딪히는 섭입대는 지구상에서 가장 큰 재활용 공장이다. 이곳에서는 지구의 가장 바깥층 또는 지각의 오래된 암석이 내부로 끌려 들어간다. 중앙 해령의 다른 곳에서는 같은 비율로 해저가 새로 만들어진다(264~265쪽 참조). 섭입대는 해마다 최대 15센티미터씩 대양저를 감소시키면서 태평양을 에워싼다. 엄청난 열과 압력이 발생하는 이 지역에서는 불의 고리로 불리는 조산대에서 심발 지진과 화산 분출이 일어난다. 지진과 산사태가 바다 밑에서 일어나면 파괴적인 쓰나미를 일으킬 수 있다(76~77쪽 참조).

충돌하는 판
해양판과 대륙판 같은 2개의 지질 구조판이 충돌하는 곳에서는 더 차갑고 밀도가 높은 지각을 가진 오래된 판이 압력에 의해 새로운 판 밑으로 밀려 들어간다. 해저의 퇴적물이 아래쪽으로 끌려 내려가는 곳에서는 깊은 해구가 만들어진다. 판들이 서로 강하게 밀어붙이면 어마어마한 마찰력이 발생한다. 그런 식으로 쌓인 에너지는 주기적으로 격렬한 지진을 통해 분출되고, 강렬한 열기는 암석을 녹이기 시작한다. 이렇게 녹은 마그마는 위로 뚫고 나와 호상 열도로 알려진 일련의 화산 해산을 형성한다.

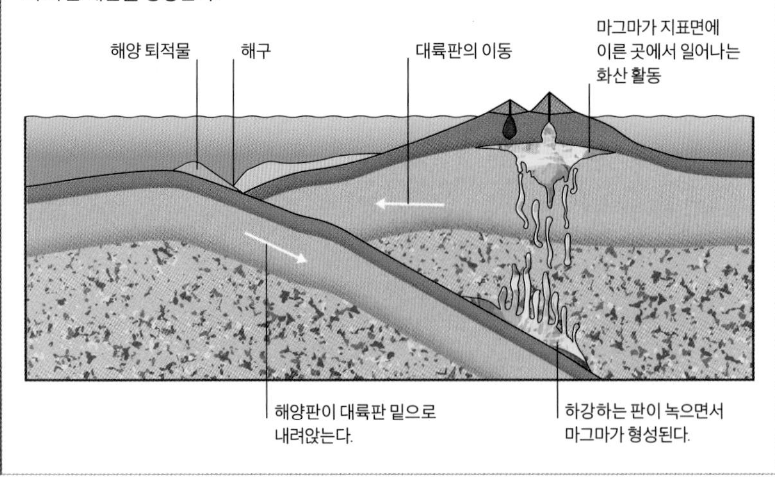

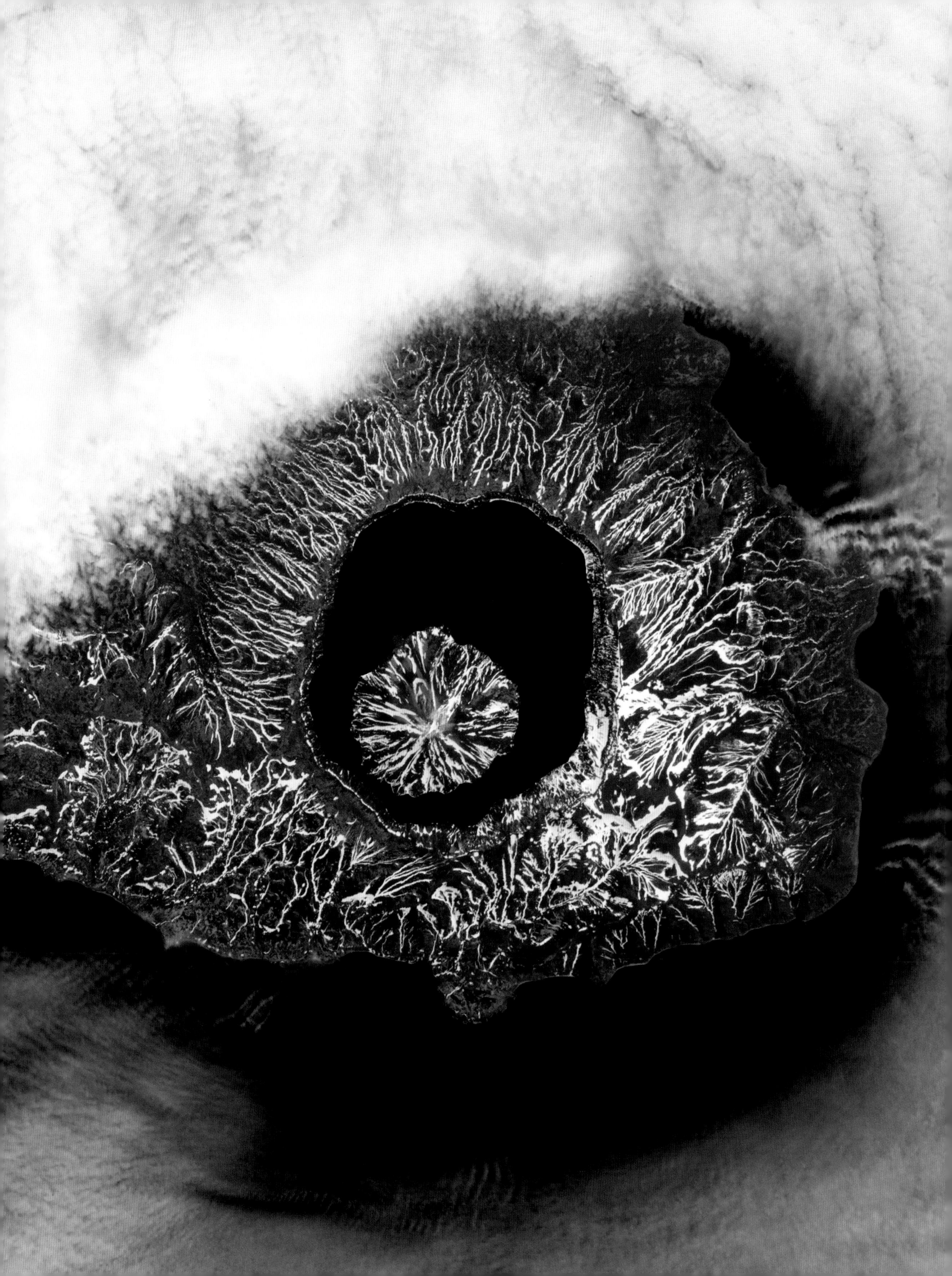

범고래

지구상에서 가장 큰 포식자 가운데 하나인 범고래는 시속 55킬로미터에 이를 만큼 가장 빠른 해양 포유류로 꼽힌다. 몸길이가 최대 10미터에 이르는 범고래는 돌고래과에서 가장 크고 지능이 가장 높다고 알려져 있다.

어느 해양에서든 볼 수 있는 범고래는 지구상에 존재하는 해양 포유류 가운데 가장 넓게 분포한다. 눈에 띄는 검은색과 흰색 반점은 범고래를 쉽게 알아볼 수 있게 해 준다. 특히 다 자란 수컷의 등지느러미는 높이가 최대 1.8미터에 이르러 고래목 가운데 가장 크다.

범고래가 성공적으로 살아남을 수 있었던 데는 수준 높은 다양한 사냥 기술도 한몫했으며, 그런 사냥 기술은 부모 고래에게서 새끼 고래에게로 전수된다. 그중에는 자기 몸집보다 큰 고래를 상대로 한 집단 공격, 물고기를 몰아 강력한 꼬리 타격으로 기절시키기, 파도를 만들어 부빙 위의 물개를 바다로 빠뜨리는 '웨이브 워싱' 등이 포함된다. 범고래는 고래목 중에서 유일하게 돌고래를 포함한 다른 해양 포유류를 잡아먹는다.

바다사자, 문어, 해달, 가오리, 바다거북, 오징어, 펭귄도 범고래 먹이에 속하지만, 대개 어떤 개체군에 속해 있느냐에 따라 범고래의 먹이는 달라진다. 대개 거대한 무리를 형성하는 '정주형 범고래'는 물고기, 오징어, 문어를 사냥하고, '이동형 범고래'는 해양 포유류를 먹이로 삼고, '연안 범고래'는 물고기, 그중에서도 특히 상어를 주로 사냥한다.

범고래 무리를 이루는 개체수는 서너 마리에서 50마리 이상에 이르기까지 다양하며 어미와 새끼 암컷, 친족 관계에 있는 범고래로 구성된다. 범고래는 1년 내내 짝짓기를 할 수 있지만, 대개는 늦봄에서 여름 사이에 짝짓기가 이루어진다. 약 17개월의 임신 기간이 지나면 암컷은 한 마리의 새끼를 낳는데, 새끼는 대개 꼬리부터 나오기 시작한다.

범고래의 의사 소통

무리에 속한 범고래는 비명처럼 들리는 '진동하는 울음소리'뿐만 아니라 고주파의 정교한 클릭음과 휘슬음을 주고받으며 의사 소통을 한다.

웨이브 워싱

범고래 몇 마리가 부빙 밑에서 함께 헤엄을 치면서 큰 파도를 일으켜 부빙 위에 있는 물개를 물속에 빠뜨린다.

극지 해양

극지 해양의 낮은 온도는 동식물의 운동과 성장을 더디게 한다. 그래도 바닷물에는 산소와 양분이 풍부해 극한 환경에서도 해양 생물이 잘 자랄 수 있다.

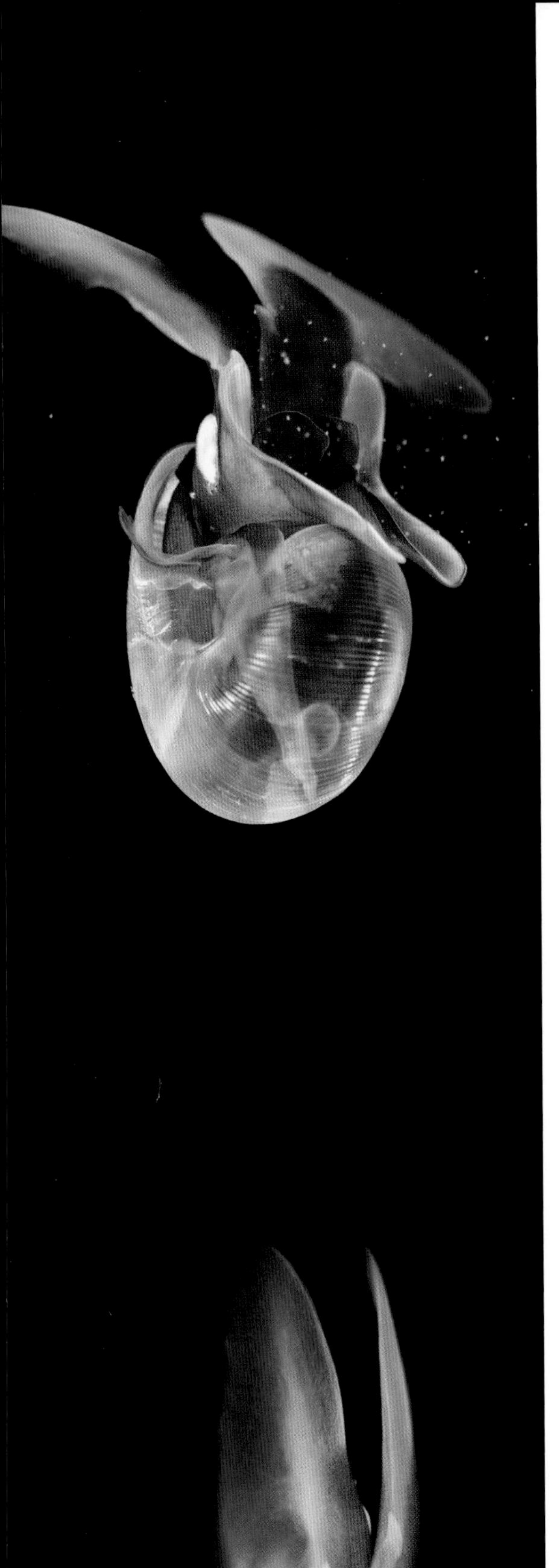

Limacina helicina

바다나비

한 쌍의 반투명한 날개처럼 보이는 부속 기관을 과시하면서 물 위를 떠다니는 작은 부유성 바다달팽이인 바다나비는 북극해의 생태계에서 없어서는 안 될 존재다. 이들은 점액질 망을 던져 포획한 동물성 플랑크톤과 식물성 플랑크톤을 먹이로 살아간다.

바다나비는 변형된 발에서 개조된 우아한 옆다리(또는 '날개')를 이용해 움직이는 익족류 또는 자유롭게 헤엄치는 해양 복족류다. 1~14밀리미터 두께의 껍데기는 바닷물에서 흡수된 탄산칼슘의 일종인 아라고나이트로 이루어져 있다.

북극해의 먹이 사슬 밑바닥에 자리 잡은 바다나비는 바닷물 상층부에서 거대한 무리를 형성하고 플랑크톤은 물론 다른 바다나비까지 잡아먹는다.

무거운 갑옷

바다나비는 고밀도의 아라고나이트 껍데기에 싸여 보호받는다. 그러나 껍데기가 무거워 부지런히 헤엄치지 않거나 점액질 먹이망에 매달리지 않으면 순식간에 가라앉고 만다.

그러나 바다나비는 결국 고래와 물개에게 잡아먹히고 이들 해양 포유류는 다시 북극곰의 먹이가 된다.

아주 작은 바다나비는 1년이라는 짧은 생활사를 보이며, 죽을 때는 껍데기가 바다 밑으로 가라앉는다. 이것은 대기 중에서 다량의 이산화탄소를 끌어 내리는 효과적인 탄소 '강하'를 일으켜 지구 온난화의 속도를 늦춰준다. 그러나 해양은 증가하는 이산화탄소 배출량의 25퍼센트 이상을 흡수해 산성도를 높이고 수소 이온 농도 pH를 낮춘다. 해양 산성화는 껍데기의 성장 속도와 아라고나이트의 유효성을 줄여 바다나비가 보호 갑옷을 만들어 내지 못하게 한다. 껍데기가 손상되거나 없다고 해서 바다나비가 죽는 것은 아니지만, 결과적으로 천적과 질병에 취약해지는 것은 사실이다. 바다나비 개체군의 규모와 건강은 해양 생태계가 지구 온난화의 영향을 얼마나 받고 있는지 보여 주는 중요한 척도가 된다.

물속에서 날기

바다나비는 날아다니는 곤충과 마찬가지로 '날개' 같은 옆다리를 8자형으로 움직여 헤엄친다. 바다나비와 곤충 모두 하강을 시작할 때마다 양날개를 떼어내고 상승하는 동안에는 날개를 약간씩 회전하면서 상승과 하강 운동을 통해 양력을 만들어 낸다.

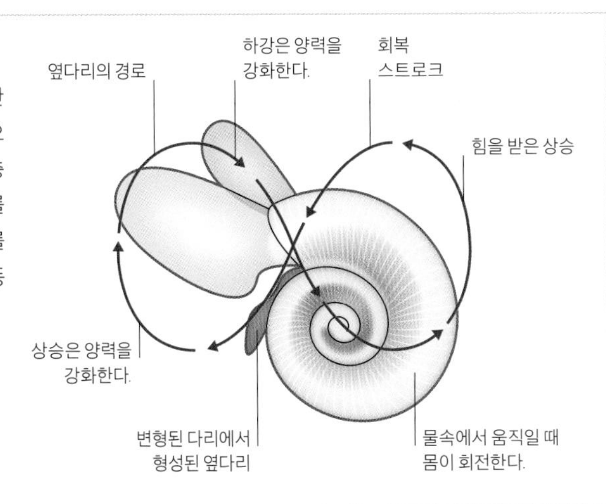

바다나비의 '날개' 운동

복잡한 패턴

아이슬란드 연안의 항공 사진은 연안에서 형성된 해빙의 작은 파편(오른쪽 부분)이 결합해 인근의 얕은 바다에서 더 큰 형태의 해빙(왼쪽 부분)이 형성되는 모습을 보여 준다.

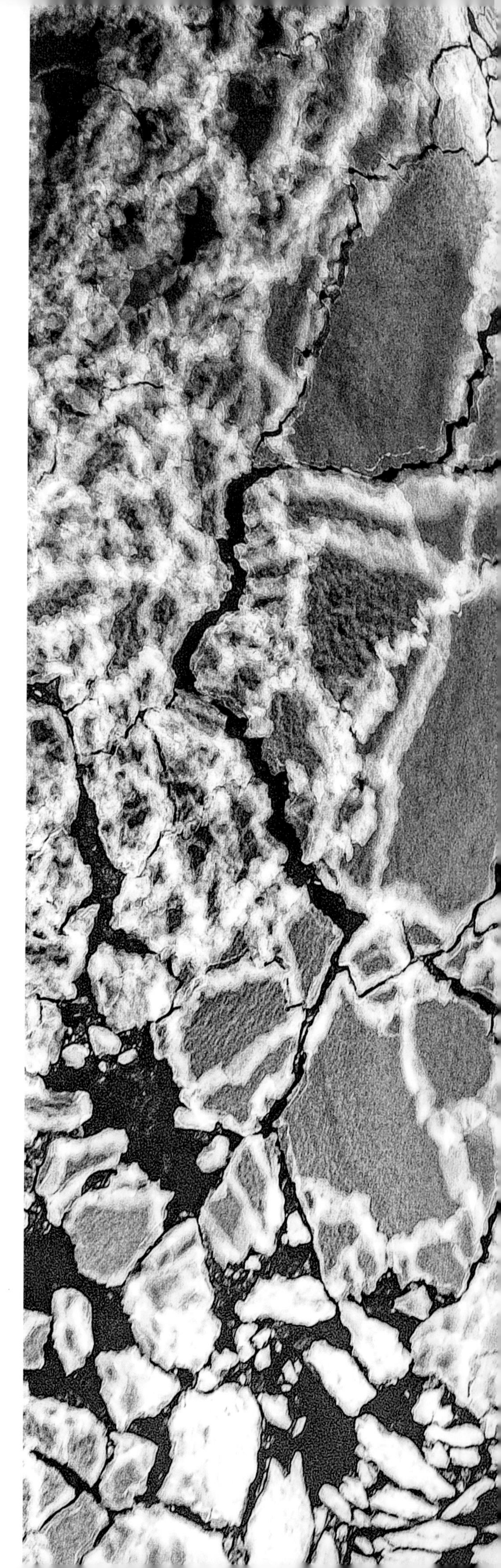

해빙

얼음처럼 차디찬 극지 해양의 바닷물은 해마다 얼고 녹기를 반복한다. 온종일 칠흑 같은 어둠이 지배하는 겨울에는 기온이 섭씨 -30도까지 곤두박질쳐서 바닷물이 얼고 해빙이 형성된다. 물이 얼면 액체 상태일 때보다 밀도가 줄어들기 때문에 얼음은 물에 뜬다. 해마다 이런 해빙이 4000만 제곱킬로미터에 이르는 엄청난 면적의 얼어붙은 해양을 뒤덮는데 러시아, 중국, 미국을 모두 합친 면적과 맞먹는다. 여름이면 60~80퍼센트의 해빙이 녹아 바다로 돌아가므로 전체적인 해수면에는 영향을 주지 않는다. 여름에도 언 상태로 남아 있는 얼음은 해가 갈수록 두꺼워지면서 해류를 따라 떠다닌다. 그러나 지구 온난화의 영향으로 영구적인 해빙은 빠른 속도로 감소하고 있다.

바닷물이 어는 과정

해양 표면으로 불어오는 차가운 바람은 극지방의 바다에서 얼음 결정이 자라게 한다. 이런 얼음 결정은 한데 결합해 연빙으로 불리는 질퍽한 얼음층을 형성하고 더 단단하고 두꺼워지면 하나로 이어진 빙판이 된다. 바람과 파도는 빙판의 표면을 산산조각내고 얼음 조각은 서로 밀치고 부딪히기를 반복하다가 팬케이크 아이스로 불리는 접시 모양의 개별적인 단단한 얼음을 형성한다. 마침내 얼음은 두께가 최대 2미터에 이르는 더 큰 얼음판으로 합쳐져 다시 얼기 시작한다. 해안 가까이에서는 오랜 시간을 견뎌낸 두꺼운 얼음층이 형성될 수도 있다.

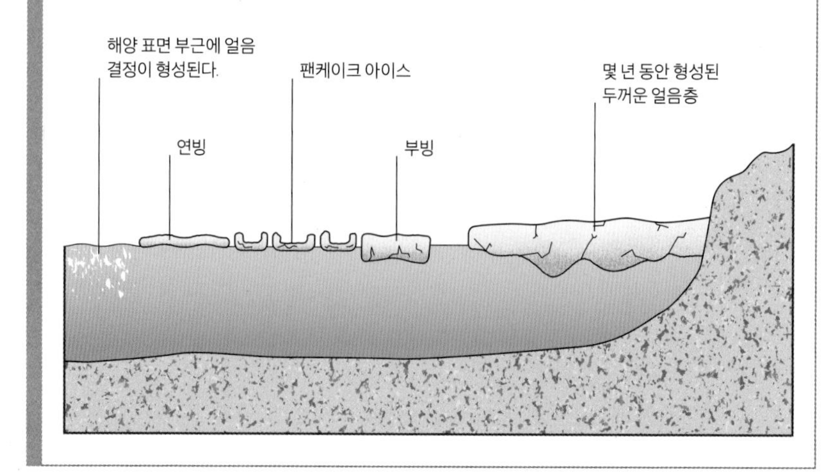

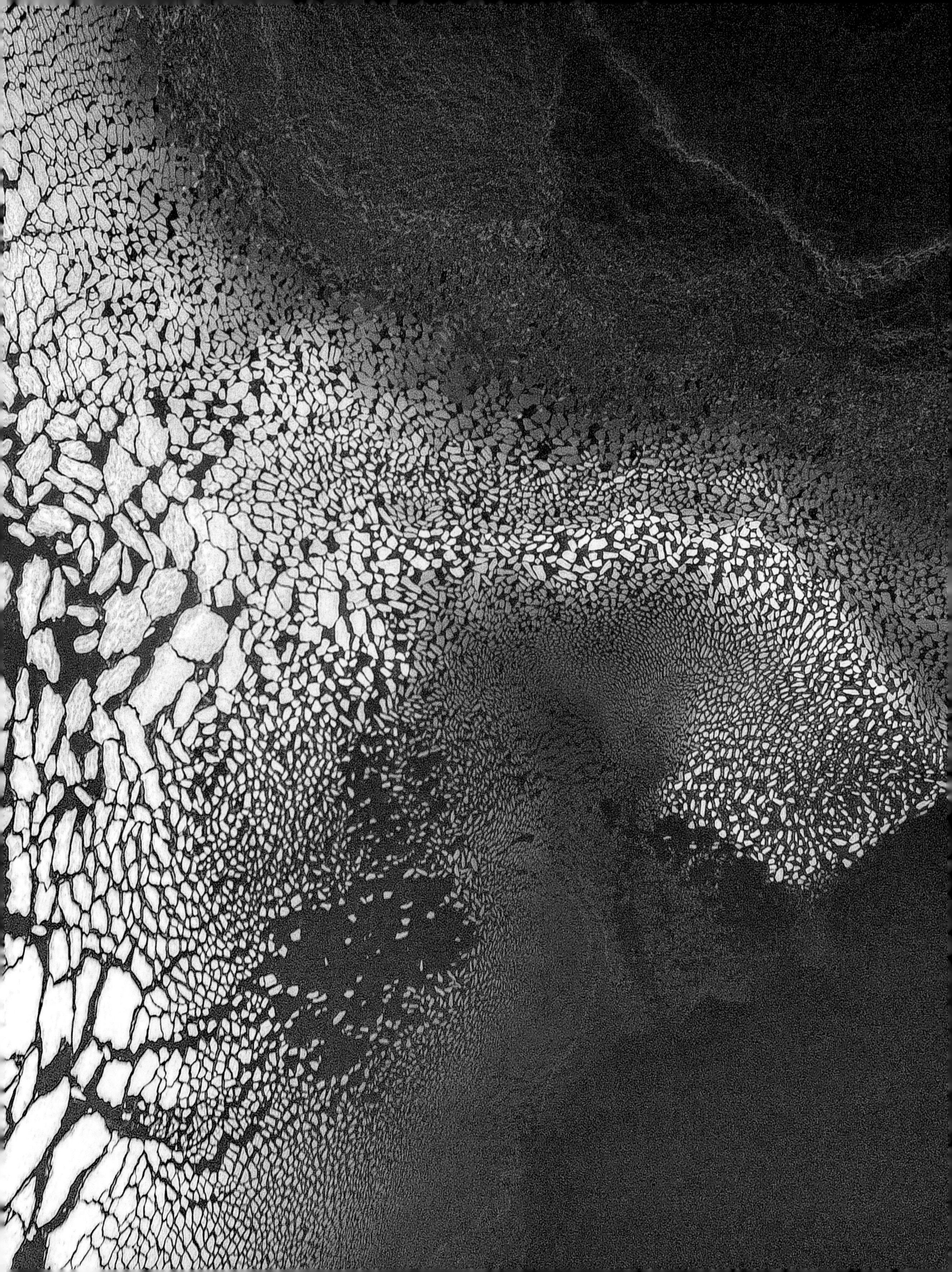

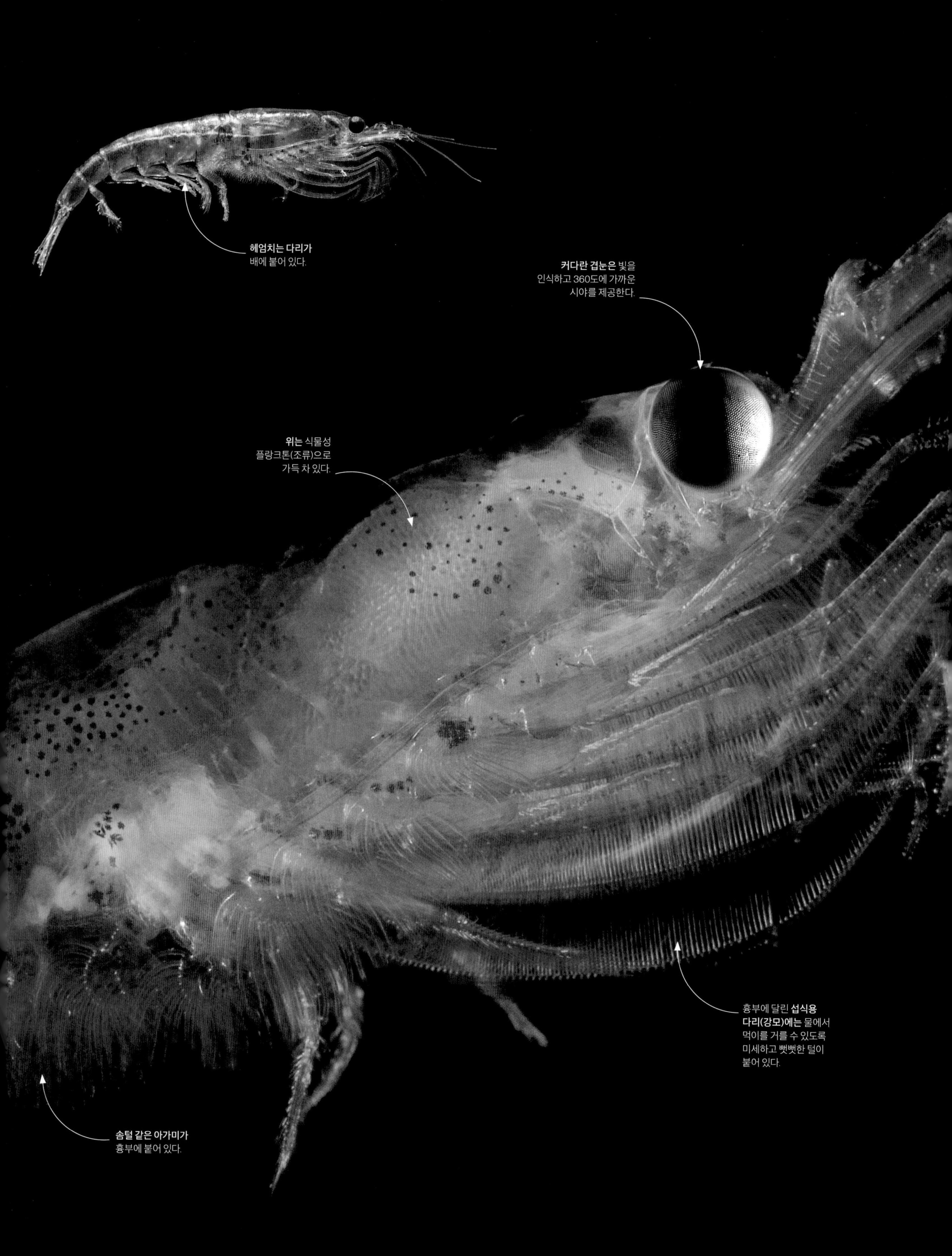
헤엄치는 다리가
배에 붙어 있다.
커다란 겹눈은 빛을
인식하고 360도에 가까운
시야를 제공한다.
위는 식물성
플랑크톤(조류)으로
가득 차 있다.
흉부에 달린 섭식용
다리(강모)에는 물에서
먹이를 거를 수 있도록
미세하고 빳빳한 털이
붙어 있다.
솜털 같은 아가미가
흉부에 붙어 있다.

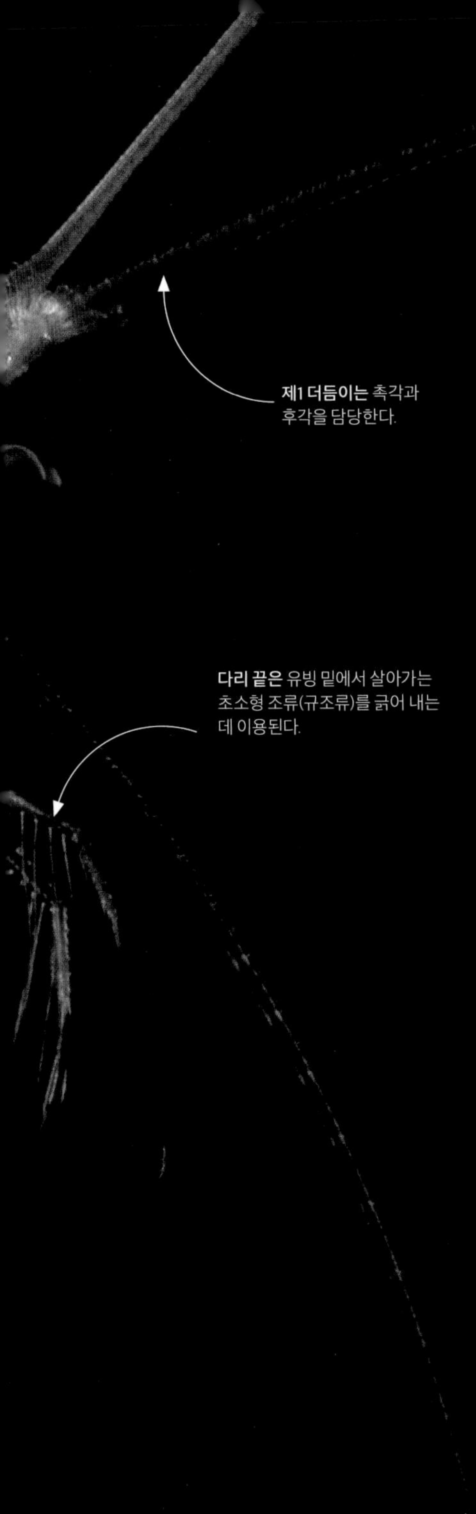

제1 더듬이는 촉각과 후각을 담당한다.

다리 끝은 유빙 밑에서 살아가는 초소형 조류(규조류)를 긁어 내는 데 이용된다.

제2더듬이는 제1더듬이보다 길고 채찍처럼 생겼다.

유빙 밑에는 크릴이 뜯어 먹는 조류 '잔디'가 덮여 있다.

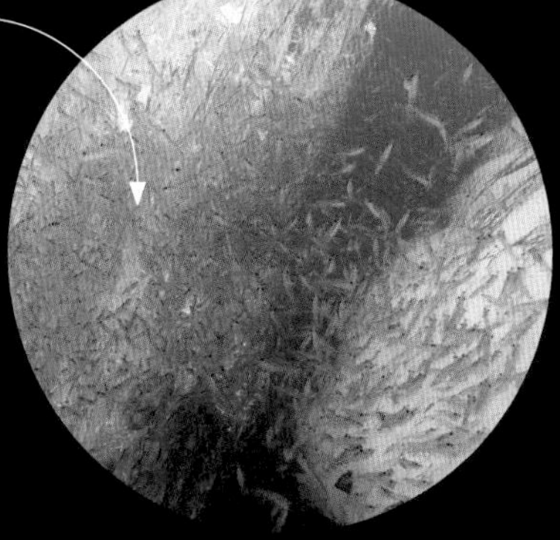

계절에 따른 먹이의 양

남극크릴(*Euphausia superba*)은 규조류 같은 단세포 조류를 주로 먹으며 5~6센티미터 길이로 자란다. 크릴은 뻣뻣한 털이 많은 다리를 이용해 바닷물에서 조류를 걸러 내고 유빙 밑부분에 붙은 조류를 훑어 낸다. 먹이가 부족한 겨울에는 굶어 죽지 않도록 몸의 크기를 최소로 줄인다.

해양의 생물량
크릴은 해양에서 개체수가 가장 많은 동물에 속한다. 1세제곱미터당 개체수가 1만 마리를 넘는 경우도 있다. 고래, 물개, 바닷새, 물고기, 오징어가 먹어치우는 남극크릴의 양은 매년 최대 3억 톤에 이른다.

극지방의 풍부한 생명체

극지방에 도달하는 햇빛의 양은 지구가 태양 주위를 돌 때 기울어진 각도 때문에 계절에 따라 극단적인 차이를 보인다. 여름에는 늘어난 일조 시간이 해양 식물성 플랑크톤(주로 단세포 조류)의 폭발적인 성장과 번식을 불러오고 그 결과 플랑크톤을 먹이로 삼는 동물들도 번성한다. 여기에는 크릴로 알려진 작은 갑각류도 포함되는데, 이는 지구상에서 가장 풍부한 생명체인 동시에 식량원 가운데 하나를 이룬다.

해양 먹이 그물

식물성 플랑크톤은 해양 표면에서 살아가면서 광합성에 필요한 햇빛 에너지를 이용한다. 1차 생산자인 식물성 플랑크톤은 해양 먹이 그물의 기반을 형성한다. 남극해에서 식물성 플랑크톤은 크릴의 먹이가 된다. 크릴은 식물성 플랑크톤의 주요 소비자인 동시에 크릴을 먹이로 하는 동물 역시 매우 다양하기 때문에 먹이 그물에서 중요한 위치를 차지한다. 북극해에서는 요각류가 크릴을 대신해 1차 소비자의 역할을 한다.

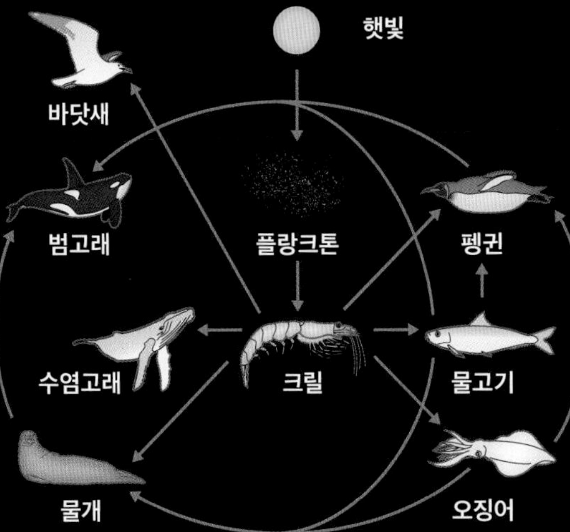

햇빛
바닷새
범고래
플랑크톤
펭귄
수염고래
크릴
물고기
물개
오징어

북극해에서 살아남기

윗통가시횟대는 높은 북위도에서 흔히 볼 수 있는 작은 물고기이다. 알래스카와 시베리아 인근의 차가운 바다가 원산지인 뿔횟대(*Enophrys diceraus*)는 혈액 부동액 역할을 하는 단백질 수준이 어느 물고기보다 높다.

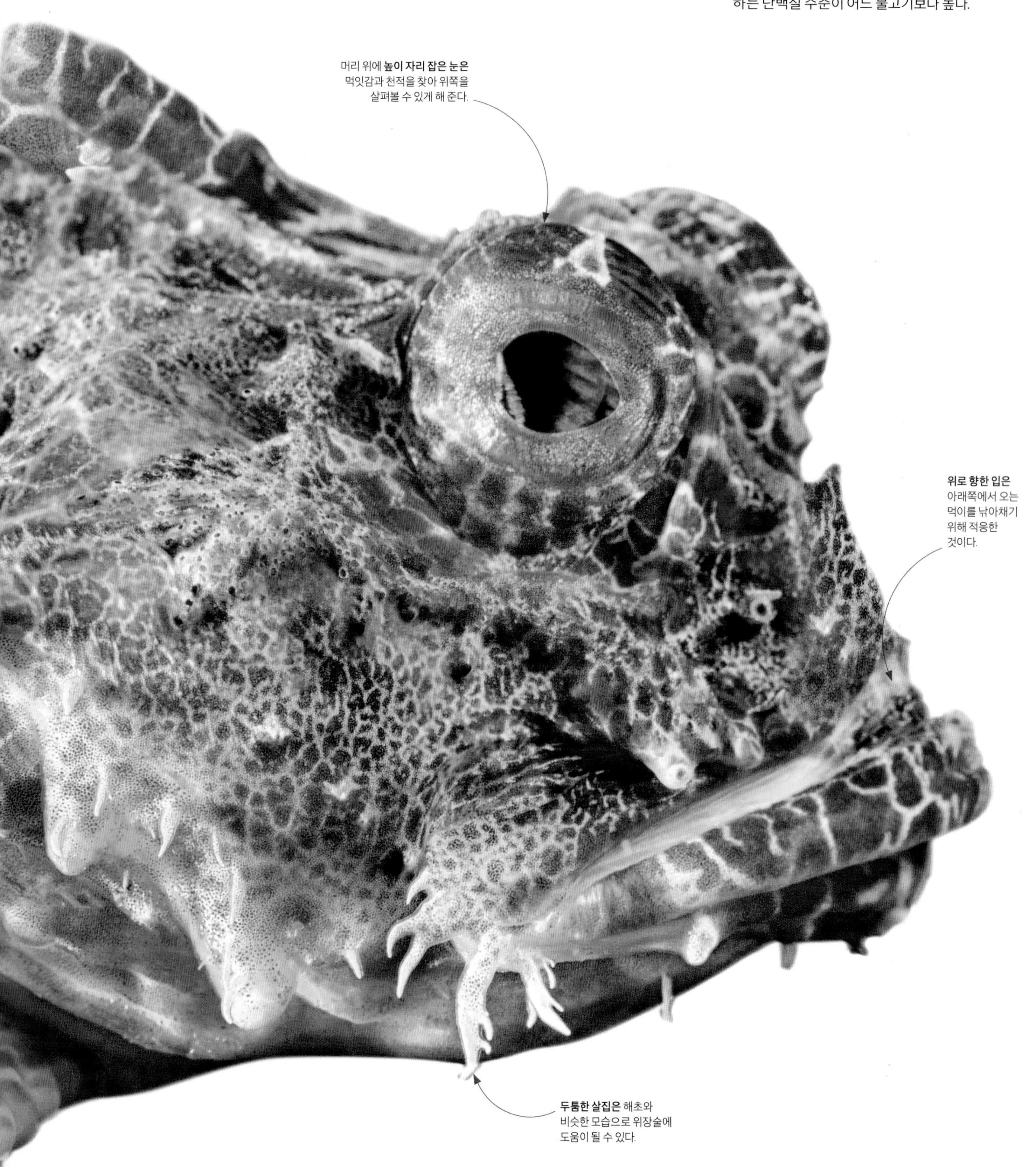

머리 위에 **높이 자리 잡은 눈은** 먹잇감과 천적을 찾아 위쪽을 살펴볼 수 있게 해 준다.

위로 향한 입은 아래쪽에서 오는 먹이를 낚아채기 위해 적응한 것이다.

두툼한 살집은 해초와 비슷한 모습으로 위장술에 도움이 될 수 있다.

차가운 바닷물에 적응하기
빙어(*Champsocephalus gunnari*) 같은 남극뱅어는 헤모글로빈이 없는 유일한 척추동물이다. 빙어는 산소 농도가 높은 극도로 차가운 물에 살기 때문에 헤모글로빈 없이도 생존할 수 있다. 이들은 차가운 해양에서 혈액이 얼어붙지 않도록 부동액 단백질을 만들어 낸다.

어류의 체내 부동액

물은 얼음이 될 때 팽창하기 때문에 세포 파열을 일으켜 살아 있는 유기체에 치명적일 수 있다. 바닷물은 섭씨 -2도 정도에서는 액체 상태로 남아 있으며, 빙점 이하에서 살아가는 유기체는 환경에 적응하도록 진화해 왔다. 포유류와 조류는 당분과 지방을 태워 몸을 따뜻하게 유지하는 데 비해 많은 어류는 체내에 부동액 역할을 하는 단백질을 만들어 몸이 얼지 않게 한다.

부동액 단백질

극지방에서 살아가는 수많은 물고기는 동결을 막기 위해 혈류에서 단백질을 만들어 낸다. 이런 부동액 단백질은 혈액 속의 작은 얼음 결정을 여기저기서 묶어 얼음 결정끼리 연결되지 못하게 한다. 그 결과 물고기 체내에 부동액이 충분히 존재하기만 하면 혈액이 얼 정도로는 얼음 결정이 크게 자라지 못한다.

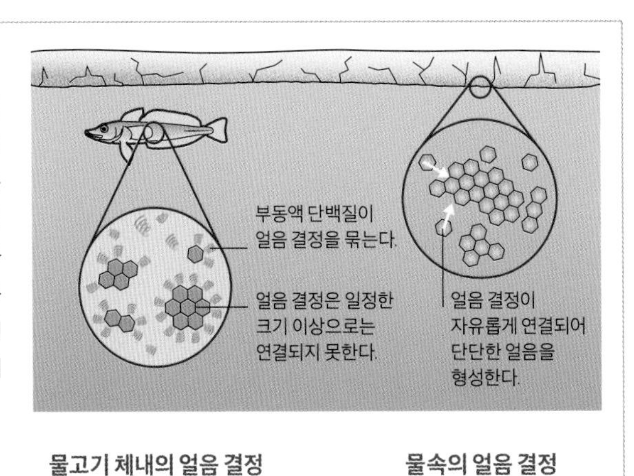

물고기 체내의 얼음 결정 **물속의 얼음 결정**

동물성 플랑크톤

헤엄을 아예 못 치거나 거의 못 치기 때문에 해류에 떠밀려 다니는 동물은 동물성 플랑크톤으로 알려져 있다. 여기에는 해양 먹이 그물의 토대를 형성하는 식물성 플랑크톤(258~259쪽 참조)과 함께 해양에서 가장 작은 일부 동물도 포함된다. 이들 생명체에게 물의 점성은 인간이 끈적한 꿀을 밟고 지나가는 것과 같은 정도여서 흩어지기 위해서는 해류에 의존한다. 그중 일부는 성체가 되면 자유롭게 헤엄치는 동물의 유생이고, 나머지는 끝까지 플랑크톤으로 살다가 생을 마감한다.

환상적인 유생
심해에 사는 대구 장어(*Brotulotaenia nielseni*)가 낳은 알은 해수면까지 떠올라 부화한다. 부유성 유생은 얕은 곳에서 살다가 성체가 되고 나서야 바다 밑바닥으로 내려간다. 정교한 지느러미줄과 외부의 소화관은 포식자가 될 수도 있는 상대를 제지하기 위해 독을 쏘는 촉수와 함께 이들 유생을 관해파리 군체처럼 보이게 한다.

정기성 플랑크톤
이들 동물성 플랑크톤 무리는 생활사 가운데 일정한 기간에만 플랑크톤으로 살고 대개는 유생 단계로 존재하며, 최종적인 성체 형태까지 이르는 경우는 거의 없다. 정기성 플랑크톤은 다른 플랑크톤을 먹이로 삼아 살아가거나 자신들이 부화했던 알의 난황에 의지해 살아갈 수도 있다. 다 자란 성체가 되면 깊은 해저로 이동하거나 개빙 구역에 머물기도 한다.

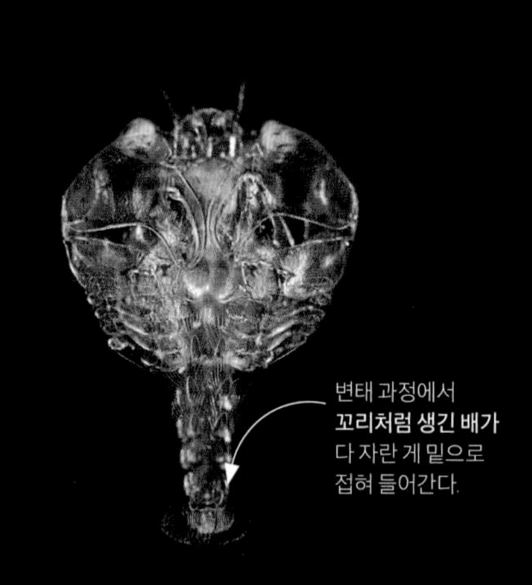

변태 과정에서 **꼬리처럼 생긴 배가** 다 자란 게 밑으로 접혀 들어간다.

메갈로파 유생 단계의 안경만두게
(Calappidae)

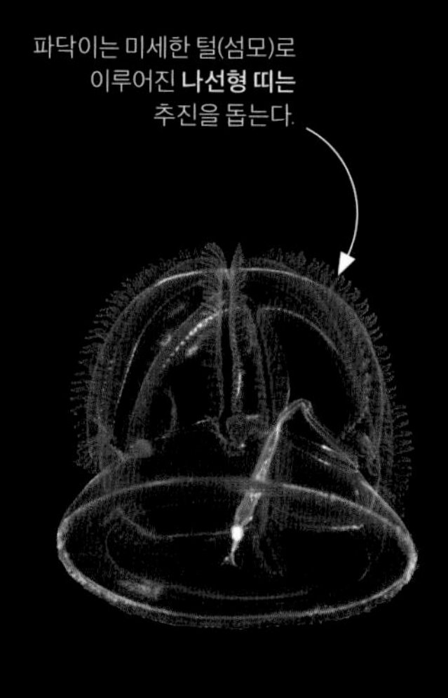

파닥이는 미세한 털(섬모)로 이루어진 **나선형 띠는** 추진을 돕는다.

토르나리아 유생
(*Ptychodera flava*)

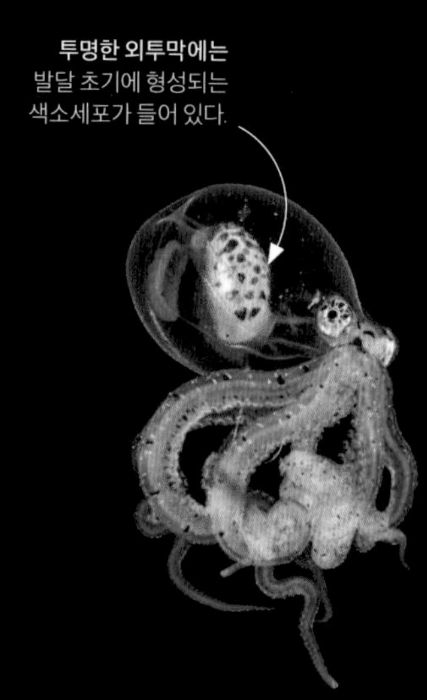

투명한 외투막에는 발달 초기에 형성되는 색소세포가 들어 있다.

원더퍼스 옥토퍼스 유생
(*Wunderpus photogenicus*)

종생 플랑크톤
전체 생활사 내내 플랑크톤으로만 존재하는 동물은 종생 플랑크톤으로 알려져 있다. 종생 플랑크톤은 외해(원양)의 물기둥에서 살아가며, 정기성 플랑크톤과 마찬가지로 대부분 투명하다. 형태와 크기에서 다양한 종생 플랑크톤은 체형부터 공기가 채워진 부레에 이르기까지 생존을 돕는 다양한 적응 전략을 갖추고 있다.

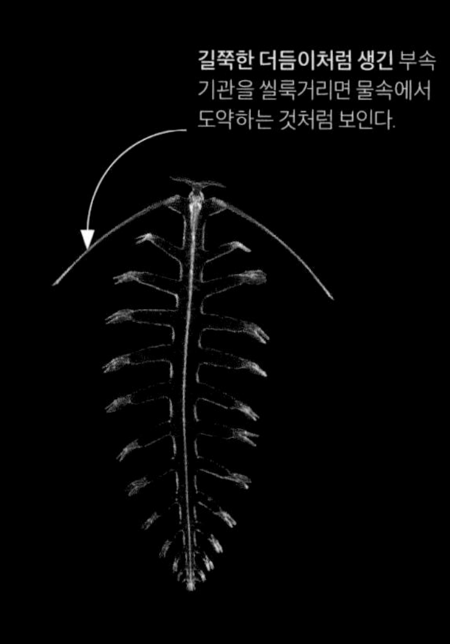

길쭉한 더듬이처럼 생긴 부속 기관을 씰룩거리면 물속에서 도약하는 것처럼 보인다.

브리슬웜
(*Tomopteris helgolandica*)

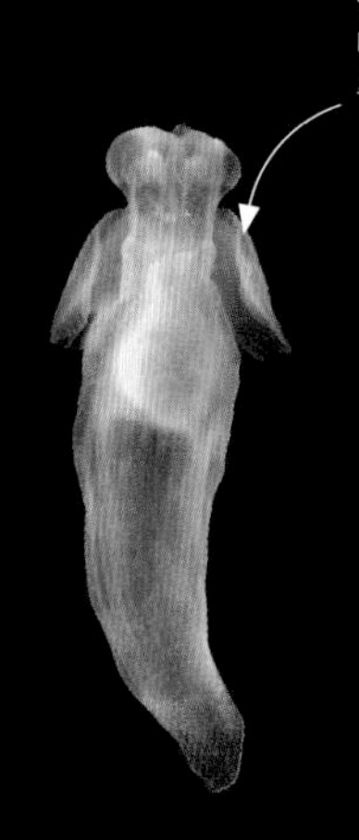

다육질의 날개처럼 생긴 덮개(옆다리)는 나새류가 물속에서 추진력을 얻도록 돕는다.

바다천사
(*Clione limacina*)

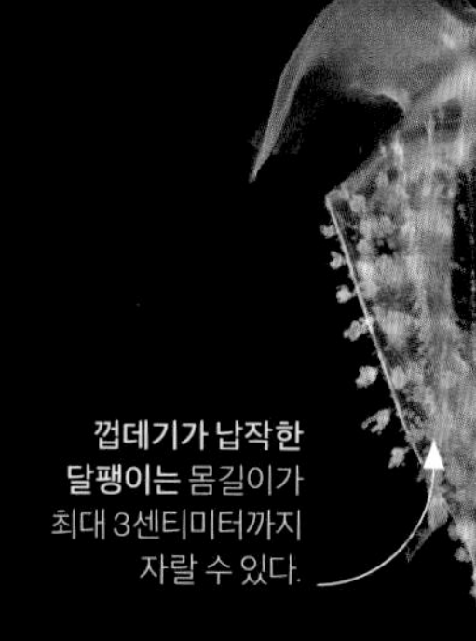

껍데기가 납작한 달팽이는 몸길이가 최대 3센티미터까지 자랄 수 있다.

바다나비
(*Clio recurva*)

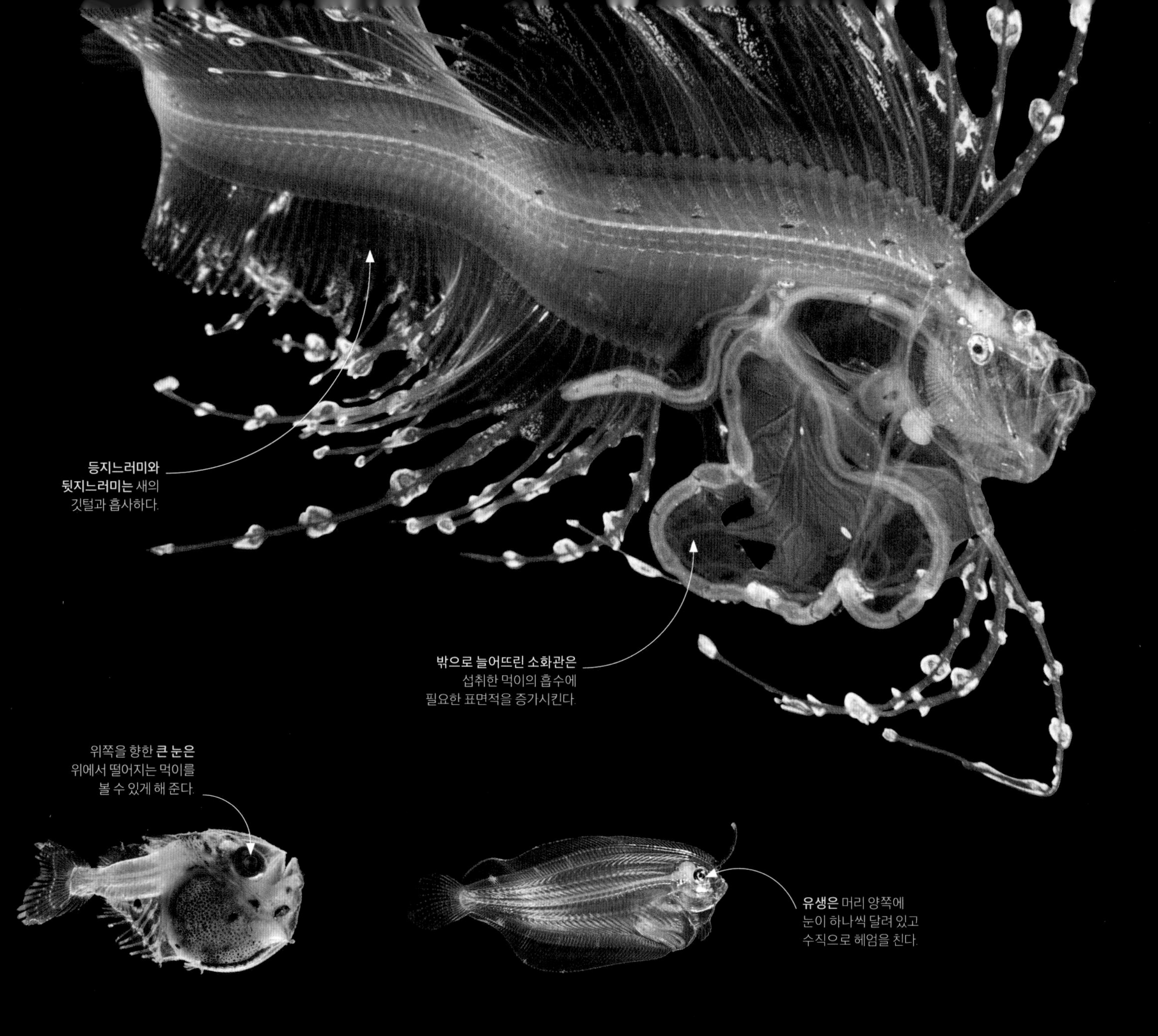

심해 도끼고기 유생
(*Argyropelecus olfersii*)

넙치 유생
(*Engyprosopon xenandrus*)

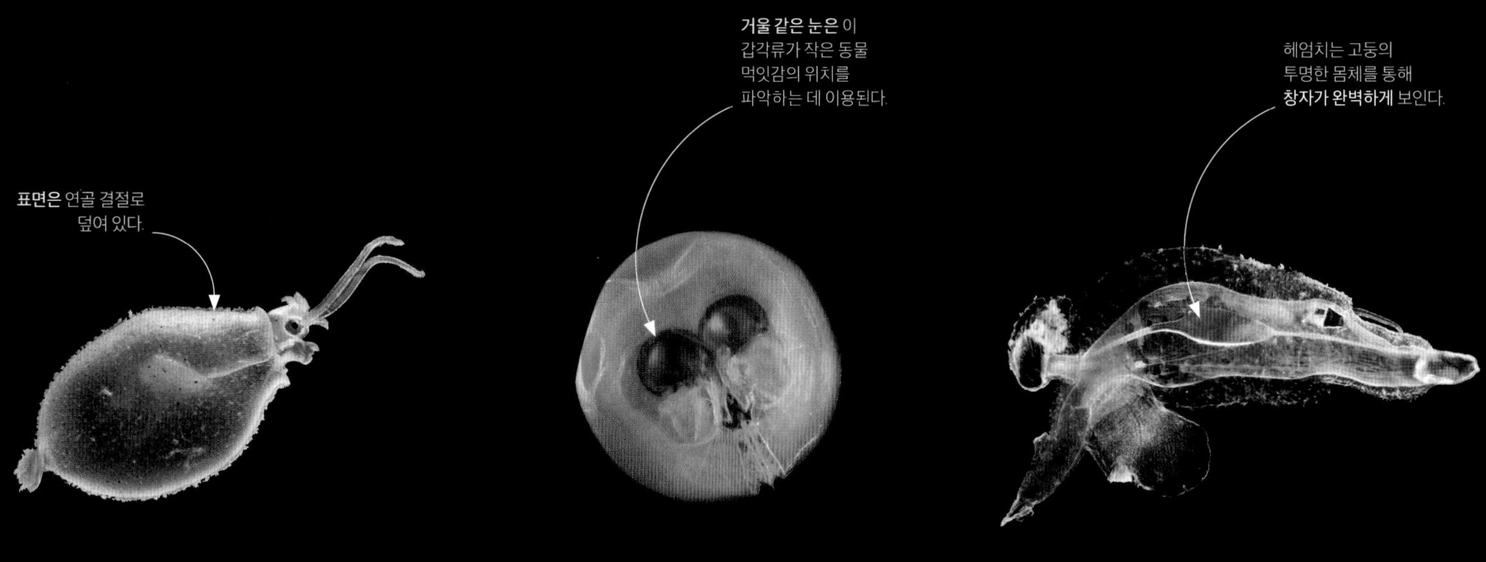

악어가죽주머니오징어
(*Cranchia scabra*)

패충류
(*Gigantocypris muelleri*)

해파리고둥
(*Cardiapoda placenta*)

부모 펭귄이 모두 먹이를 찾아 나간 사이 생후 3개월 된 **새끼들은 옹기종기** 무리를 짓는다.

대조적인 모습
생후 1년 동안 갈색 솜털로 덮여 있는 임금펭귄 새끼의 모습은 부모 펭귄과는 닮은 구석이 거의 없다. 그래서 한때는 부모 임금펭귄과 새끼 임금펭귄이 완전히 다른 종으로 여겨졌던 적도 있다.

Aptenodytes patagonicus

임금펭귄

임금펭귄은 남대서양과 인도양의 남극에 가까운 섬에 주로 서식한다. 전 세계적으로 220만 마리가 넘는 임금펭귄이 있으며, 사우스조지아 섬에 가장 많이 분포해 있다.

키가 최대 1미터, 몸무게가 최대 16킬로그램에 이르는 임금펭귄(킹펭귄)은 가장 가까운 동족인 황제펭귄(*A. forsteri*) 다음으로 크다. 임금펭귄 집단 번식지는 대개 바다 접근성이 좋은 곳에 형성된다. 이들은 평평한 해변 또는 눈과 얼음이 없는 터석풀(tussock grass)에 둥지를 짓는다.

사전 탈피 기간을 포함해 13~16개월에 이르는 임금펭귄의 번식 주기는 그 어느 펭귄보다 훨씬 길다. 임금펭귄은 알둥지를 따로 짓지 않는다. 암컷은 11월부터 이듬해 4월 사이에 1개의 알을 낳아 수컷에게 맡기고 먹이를 구하러 바다로 돌아간다. 수컷은 알(나중에는 갓 태어난 새끼 펭귄)을 발 위에 올려놓고 알주머니로 덮는다. 암컷이 돌아올 때까지 수컷의 몸무게는 최대 30퍼센트까지 빠질 수 있다. 시간이 흘러 부모 펭귄이 모두 먹이를 찾아 바다로 나간 사이 새끼들은 옹기종기 무리를 짓는다. 부모 펭귄이 먹이를 공수해 오기까지는 최대 3개월이 소요되므로 살아남기 위해서는 체내에 저장된 지방에 의지하는 수밖에 없다. 다 자란 펭귄은 500킬로미터를 헤엄쳐가서 물고기와 오징어를 사냥한다. 남극 전선의 변화로 펭귄의 먹이가 이동함에 따라 펭귄의 이동 거리 역시 훨씬 늘어날 수 있다는 징조가 나타나고 있다.

임금펭귄의 눈은 자연광의 극단적인 차이에 적응되어 있다. 햇빛에서는 동공이 바늘구멍만 한 크기로 수축했다가 가령 300미터 깊이로 잠수할 때처럼 어두워지면 동공이 300배로 확장하면서 어느 새보다 폭넓은 동공의 변화를 보인다.

집단 역학
임금펭귄은 사회성이 매우 높다. 지느러미발끼리 맞닿을 정도로 빽빽하게 서 있는 대규모 군집에서조차 싸움은 거의 일어나지 않는다. 그러나 번식 중인 펭귄은 그렇지 않은 펭귄과 따로 떨어져 있으려는 경향이 있다.

지방층

고래목과 기각류의 지방층은 표피와 진피로 이루어진 피부밑의 두껍고 비교적 견고한 지방조직층이다. 지방세포뿐만 아니라 지방층에도 풍부하게 들어 있는 콜라겐 섬유는 지방층을 안정시킨다. 지방층은 결합 조직층에 의해 아래쪽 근육에 단단히 결합해 있다. 지방층 두께는 작은 바다사자나 알락돌고래의 경우 2센티미터에서 그보다 몸집이 큰 고래의 경우 30여 센티미터에 이르기까지 다양하다.

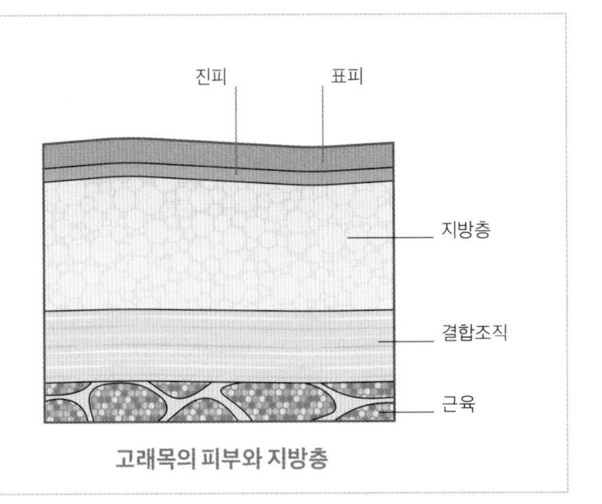

고래목의 피부와 지방층

털 없는 바다코끼리

바다코끼리(*Odobenus rosmarus*)는 얇은 털로 된 외피를 입고 있지만, 다 자라면 굵고 뻣뻣한 콧수염을 제외하고는 거의 모든 털이 벗겨진다. 이처럼 두껍고 촉각에 민감한 털은 부드러운 퇴적물에서 조개 같은 먹이를 사냥할 때 없어서는 안 될 중요한 역할을 한다.

단열층

차가운 바다에서 살아가는 포유류에게 열 손실은 늘 문제가 될 수 있다. 고래목(고래, 돌고래, 알락돌고래)와 기각류(물개, 바다사자, 바다코끼리)는 생존을 위해 두꺼운 피하지방층에 의지한다. 지방층은 체내의 열이 피부 밖으로 빠져나가지 못하게 하는 동시에 단백질과 지방을 포함한 에너지를 저장한다. 지방층의 두께와 지방 함량은 계절에 따라 조절될 수 있으며 열 손실을 최소화하기 위해 잠수 중에는 혈액 공급이 제한된다.

탄력적인 보호
수컷 바다코끼리의 피부는 최대 6센티미터에 이르며, 적어도 그만큼 되는 지방층이 다시 그 밑에 자리 잡고 있다. 지방층 말고도 이처럼 완벽한 충전재는 보호 기능이 상당해서 싸움할 때 일종의 부드러운 갑옷 같은 역할을 한다.

수컷 피부의 **상처는** 두 수컷이 서로의 '엄니를 문지른' 흔적이다.

온몸의 털이 빠지고 난 뒤에도
머리에는 **짧은 털이 드문드문**
나 있을 수 있다.
콧구멍 내벽은 피부에서
가장 얇은 부분에 속한다.
바다코끼리는 대기 중에서
냄새를 잘 맡을 수 있는 후각
기능이 발달했다.

Mirounga leonina

남방코끼리바다물범

지구상에서 가장 큰 물범인 남방코끼리바다물범은 다 자란 수컷의 몸집과 코끼리 코처럼 생긴 부풀릴 수 있는 코 때문에 붙여진 이름이다. 이 물범은 모든 포유류 가운데 성별에 따라 크기와 무게가 가장 큰 차이를 보인다.

차가운 남극해와 남극에 가까운 바다에 서식하는 코끼리바다물범은 바다에서만 먹이를 먹고 1년에 최대 10개월은 물고기와 오징어를 사냥하는 데 보낸다. 대개 20~30분가량 잠수를 하지만, 최대 2시간까지 물속에 머물 수 있고 수심 2000미터가 넘는 바닷속까지 내려갈 수도 있다. 코끼리바다물범은 잠수에 앞서 질병을 일으킬 수 있는 기체를 제거하기 위해 숨을 내쉰다. 또 지속적인 산소 공급을 위해 비슷한 크기의 육지 동물처럼 산소를 실어나르는 적혈구 헤모글로빈의 양을 2배로 늘리고 근육에 더 많은 산소를 저장한다. 이때 물범의 심박동수는 1분에 5~15회로 느려지면서 중요한 기관에만 혈액이 흐를 수 있다.

코끼리바다물범의 시력은 햇빛이 비칠 때는 형편없지만 깊고 어두컴컴한 바닷속에서 사냥할 수 있도록 적응이 되어 있다. 이들의 눈은 주요 먹잇감인 생물 발광하는 샛비늘치에게서 나온 빛의 파장에 매우 민감하다(258~259쪽 참조). 장기간의 먹이 섭취 기간은 이들 물범이 충분한 지방층을 축적할 수 있게 해 줌으로써 두 차례의 기나긴 육지 생활을 견딜 수 있도록 돕는다. 그중 한 번은 1~2월에 이르는 한 달 동안의 털갈이 기간이고, 나머지 한 번은 8월 중순 무렵에 시작되는 번식기다. 물범은 해마다 육지의 같은 장소로 돌아온다. 수컷은 몇 주 또는 몇 달을 육지에서 보내면서 암컷 무리를 거느리기 위해 다른 수컷과 싸우고 번식을 한다. 개중에는 50마리가 넘는 암컷을 거느린 수컷 물범도 있다.

번식을 위한 육지행
남방코끼리바다물범 수컷은 사우스조지아 섬까지 몸을 끌고 올라온다. 이곳은 임금펭귄의 광활한 서식지이기도 하다. 이들 물범의 전 세계적인 개체수 가운데 50퍼센트 이상은 여기서 나고 자란다.

크기 차이
수컷과 암컷이 겉모습에서 뚜렷한 대조를 보이는 성적이형은 남방코끼리바다물범의 경우 더욱 두드러진다. 수컷의 몸무게가 최대 3톤에 이를 수 있는 데 비해 암컷의 몸무게는 600~800킬로그램에 불과하다.

거대한 수컷은 암컷보다 몸집이 최대 10배까지 클 수 있다.

암컷은 새끼가 젖을 떼고 나서 불과 며칠 만에 다시 짝짓기한다.

민감한 수염

포유류의 털은 용도가 다양하다. 물개의 털은 개체 특유의 무늬, 방수 기능, 단열 기능, 중요한 감각 정보를 제공한다. 길고 뻣뻣하면서도 민감한 수염(또는 코털)은 미세한 진동까지도 감지하고 감각 신경을 통해 정보를 뇌로 전달하는 모낭에서 자란다. 덕분에 물개는 탁한 물속에서도 방향을 잃지 않고 먹이나 천적의 움직임을 알아차릴 수 있다. 또 수염은 물개가 호흡의 크기를 가늠해 보고 얼음 속의 구멍에 접근할 수 있도록 돕는 역할을 한다.

수염의 감각 기관

물개의 수염 모낭에는 혈관과 신경 섬유가 들어차 있어서 감각 정보를 처리하고 3차 신경을 통해 물리적 환경에 관한 정보를 뇌로 전달한다.

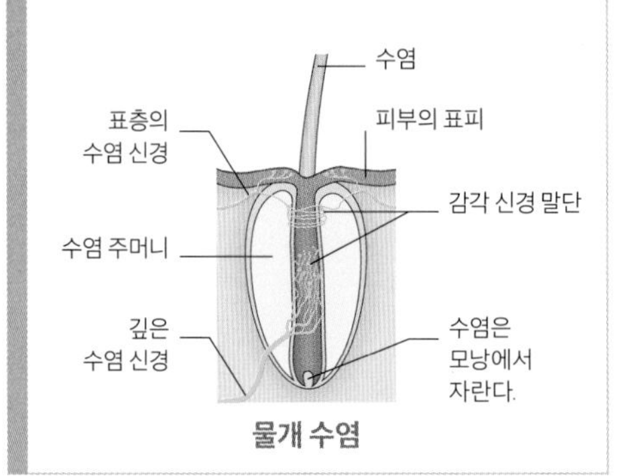

다 자란 물개의 털은 기름기가 많아 물이 거의 스며들지 않는다.

여름의 일광욕

웨들바다표범(*Leptonychotes weddellii*)은 북극해의 짧은 여름에 바다를 떠나 새끼를 낳고 일광욕을 즐기고 털갈이를 한다. 1년 내내 자라는 수염과 달리 물개의 털은 털갈이를 통해 해마다 교체된다.

거칠고 뻣뻣한 수염 덕분에 물개는 최대 180미터 떨어진 곳에 있는 먹잇감도 감지할 수 있다.

물범 새끼
웨들바다표범은 수염이 달린 채 태어나며 미세한 솜털로 무성하게 덮여 있다. 생후 4주가 되면 솜털은 성체와 마찬가지로 방수가 되는 외피로 교체된다.

환상적인 빙산의 형태
이처럼 거대한 빙산은 일루리사트의 아이스피오르가 바다로 흘러드는 그린란드 서부의 디스코 만에서 형성되었다. 그린란드 빙하에서 산산이 부서진 얼음 파편의 10퍼센트는 이 빙하에서 나온 것이다.

빙붕과 빙산

빙상과 빙하는 극지방의 광활한 육지에 엄청난 양의 물을 얼음으로 보유하고 있다. 남극과 그린란드 연안에는 최대 50미터 높이로 우뚝 솟은 절벽을 이룰 수 있는 광활한 빙붕과 마찬가지로 빙상과 빙하가 바다로 뻗어있다. 빙붕은 수백 년 동안 쌓인 밀도가 높은 얼음으로 이루어져 있으며 작고 흰 기포가 압착되는 과정에서 흔히 선명한 파란색을 띤다. 얼음 속에 얼어붙은 바다 조류는 빙붕의 일부를 선명한 초록색으로 물들일 수도 있다. 빙산은 얼음의 본체에서 분리된 빙붕의 일부다. 북극과 남극의 극지방에 있는 빙붕 모두 지구 온난화의 영향으로 엄청난 양의 물을 바다로 흘려보내면서 크기가 점점 줄어들고 있다.

빙산의 형성 과정
빙붕과 빙하는 육지를 기반으로 하면서도 바깥쪽은 바다에 떠 있다. 조수의 상승, 하강 작용과 더불어 떠다니는 얼음의 움직임은 틈이 이미 존재하는 곳에 특히 상당한 압력을 행사한다. 그 결과 거대한 균열이 생기면서 얼음 덩어리가 떨어져 나가는 빙하 분리가 일어난다. 어떤 빙산은 작은 나라 크기만 할 수도 있다. 5만 개가 넘는 거대한 빙산이 해마다 그린란드에서 분리된다.

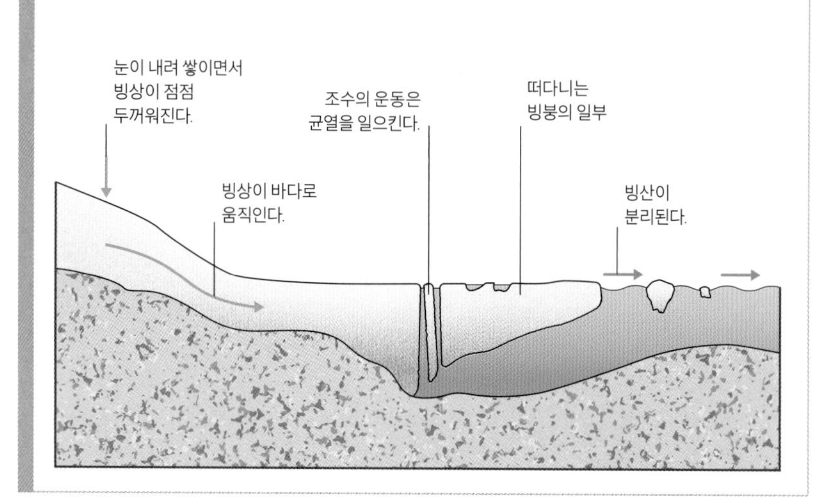

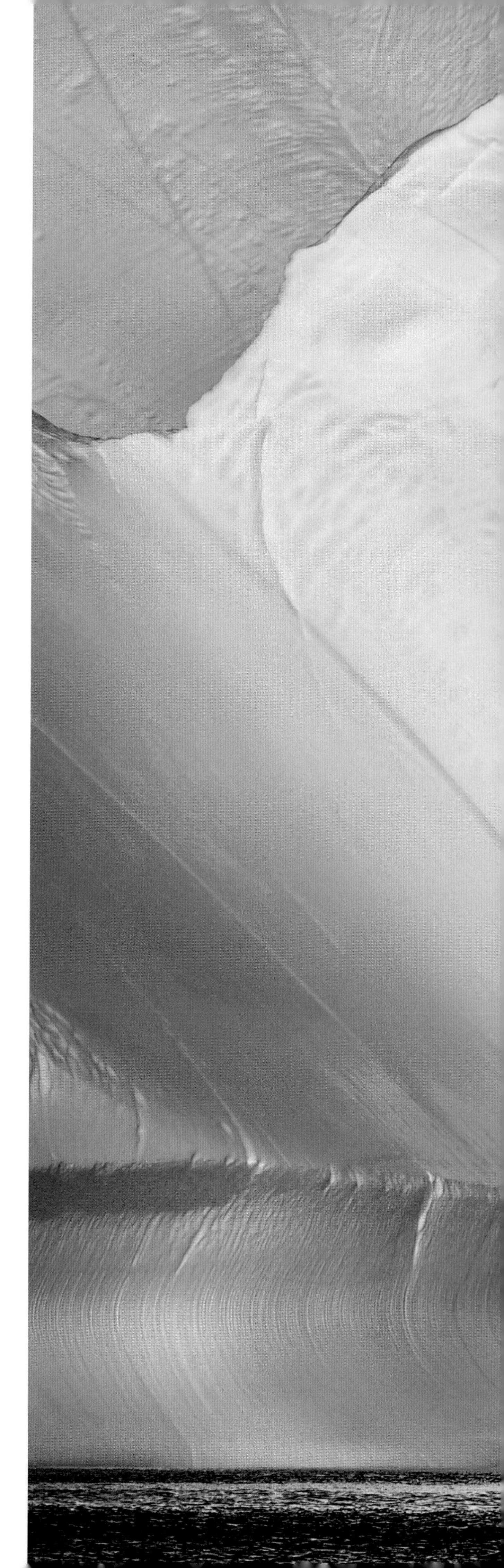

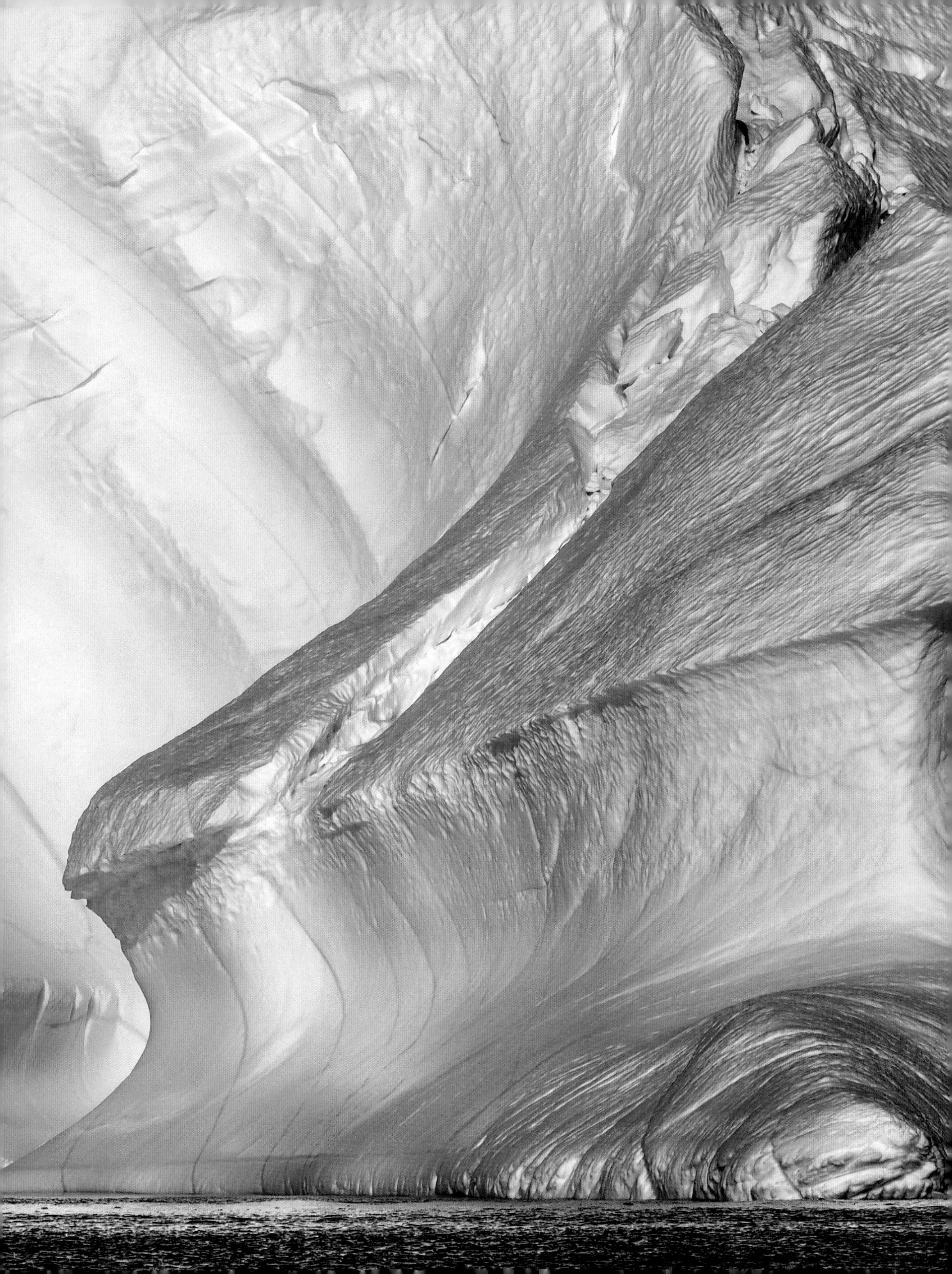

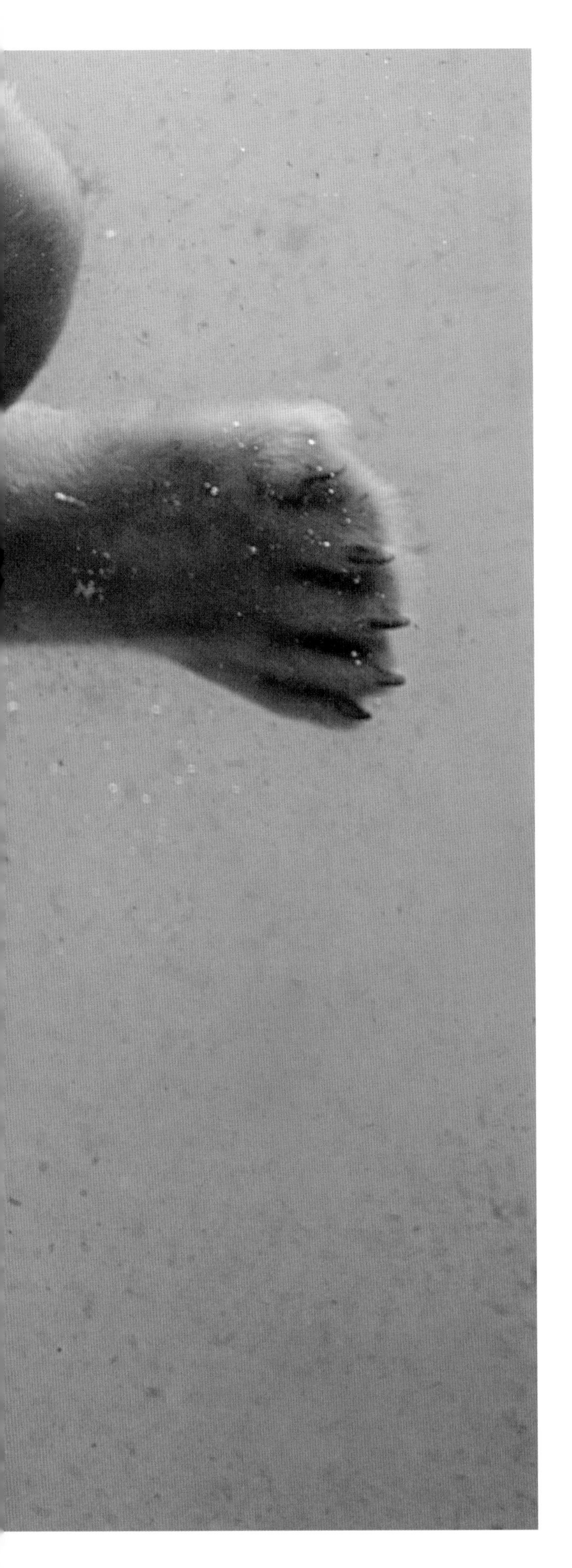

북극곰
북극곰은 해빙이나 바다에서 살고 사냥하고 새끼를 낳으며, 얼음이 녹아 어쩔 수 없을 때만 육지에 모습을 드러낸다. 이들의 털은 물속에서는 단열 기능을 상당 부분 잃어버리지만, 조밀한 잔털은 몸의 열기를 잡아 가두는 역할을 하면서 체온을 따뜻하게 유지해 준다.

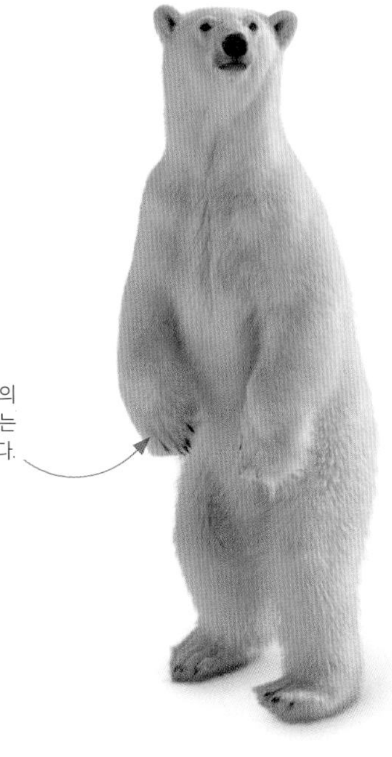

거대한 발은 삽과 눈신의 역할을 하고 헤엄칠 때는 강력한 노처럼 기능한다.

북극의 거인
다 자란 북극곰 수컷은 두 발로 섰을 때 키가 3미터 이상 되고 몸무게는 0.5톤이 넘을 수 있다. 털과 지방층은 물론 거대한 몸은 혹독한 추위에 대처하기 위한 북극곰의 생존 전략이다.

다용도 털

극지방에 사는 수많은 포유류는 털 외피를 이용해 혹독한 추위로부터 자기 몸을 보호하지만, 다양한 동물의 털이 제공하는 단열 기능은 매우 다양하다. 북극곰의 털은 효율성이 매우 높다. 이들의 털은 긴 보호털로 덮이고 물이 스며들지 않는 외피와 보온을 유지해 주는 조밀한 잔털의 2개 층으로 이루어져 있다. 보호털은 끝이 점점 가늘어지는데다 듬성듬성 나 있기 때문에 외피를 가볍게 해서 물에 더 잘 뜰 수 있게 해 준다. 북극곰은 흰색으로 보이고 눈과 얼음으로 덮인 북극의 환경과 잘 어우러지지만, 실제 피부는 검은색이고 털은 아무런 색을 띠지 않는다.

피부색과 온기
북극곰의 외피를 이루는 보호털은 투명하다. 보호털에 내려앉은 빛이 산란, 반사되면서 북극곰은 흰색으로 보인다. 털 외피를 입은 모든 포유류와 마찬가지로 북극곰의 신진대사는 열기를 만들어 내 체온과 신체 기능을 유지한다. 단열 기능은 대부분 잔털이 제공해 준다. 빽빽하게 들어찬 잔털 사이에 갇힌 공기는 움직이는 기류에 따라 몸에서 열기가 빠져나가지 못하게 한다.

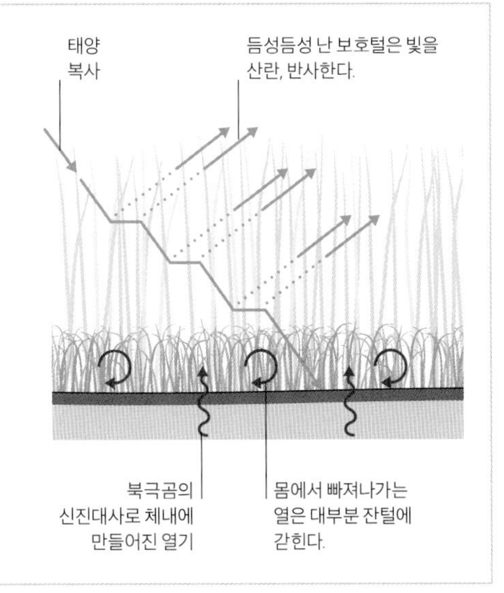

북극곰의 털과 피부

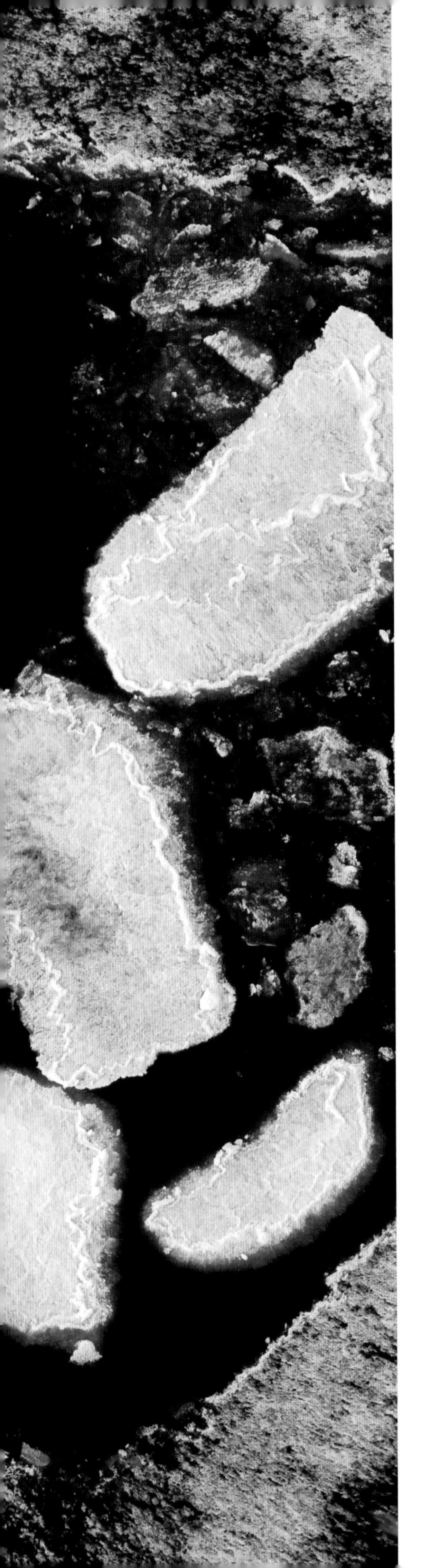

Monodon monoceros

일각고래

일각고래는 '바다의 유니콘'이란 별명을 떠올리게 하는 인상적인 엄니로 쉽게 알아볼 수 있다. 엄니는 실제로 고래의 위턱 측면에서 튀어나온 민감하고 길쭉한 이빨이다.

일각고래(narwal)는 이빨고래로 분류되지만, 1개 또는 간혹 2개의 엄니는 이들의 몸에서 자란 유일한 이빨이다. 엄니는 유연성이 매우 높고 수백만 개의 신경 말단이 표면에 분포해 있는 '안팎이 뒤집힌' 이빨이다. 즉 바깥쪽은 무르고 중심부로 갈수록 단단하고 밀도가 높아진다. 주로 수컷에게서 발견되는 엄니(엄니가 있는 암컷은 3퍼센트 정도)는 평생에 걸쳐 반시계 방향으로 나선형을 그리며 자란다. 한때는 일각고래가 방어용으로만 엄니를 사용한다고 여겨졌으나 학계의 연구 결과는 엄니가 감각 기관의 역할도 한다는 사실을 입증한다. 엄니의 신경은 물에서 정보를 감지해 먹이, 짝짓기 상대의 존재를 주변 환경에서 '읽어 내고' 물의 염도를 측정하는 데 도움을 준다. 일각고래는 먹이를 찌르는 데 엄니를 이용하지 않는다. 그보다는 엄니를 이용해 먹이를 가볍게 쳐서 기절시킨 다음 한입에 털어 넣는다.

수컷은 생후 9년 무렵이면 성적으로 성숙하며(암컷은 6~7년) 이때 몸길이는 4~4.5미터, 몸무게는 1000~1600킬로그램에 이른다. 일각고래는 러시아, 노르웨이, 그린란드, 캐나다의 북극해에서 살아간다. 전 세계에 분포하는 일각고래의 75퍼센트가량은 캐나다와 그린란드 사이에 있는 생물학적으로 먹잇감이 풍부한 배핀 만과 데이비스 해협에서 살아간다. 바닷물마저 얼어붙는 겨울이면 녀석들은 수심 1100미터까지 잠수해 큰 넙치 같은 심해어를 사냥한 다음 갈라진 틈새나 얼음 구멍을 통해 수면으로 올라와 숨을 쉰다.

숨 쉬러 수면으로 올라오는 일각고래
겨울이 되면 일각고래는 대개 2~20마리씩 작은 무리를 지어 얼어붙은 북극해 지역에 모여든다. 캐나다 누나부트 준주에 나타난 이 수컷들처럼 수면에 올라온 일각고래는 북극곰 같은 천적의 공격을 받기 쉽다.

일각고래의 엄니

일각고래의 이빨 중심부에 깊숙이 자리 잡은 신경은 상아질층의 1000만 개로 추정되는 세관을 통해 시멘트질로 불리는 표면층의 작은 구멍에 연결되어 있다. 바닷물이 이런 세관으로 스며들면 기저에 있는 특수한 세포가 물의 성분, 압력, 온도 변화를 감지해 엄니의 신경세포를 통해 정보를 뇌로 전달한다.

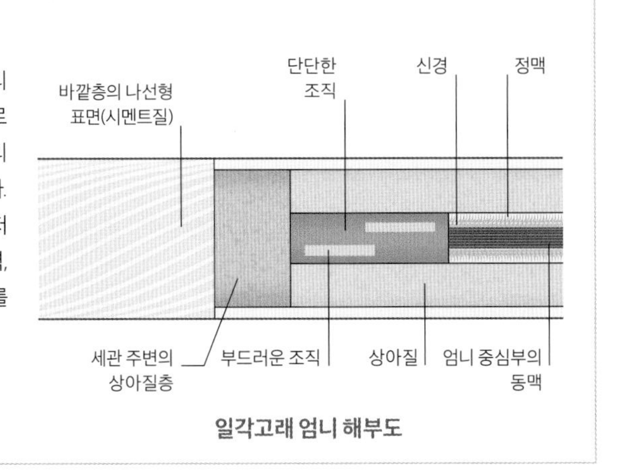

일각고래 엄니 해부도

용어 해설

가

가슴지느러미(pectoral fin) 어류의 아가미 뒤에서 앞쪽을 향해 가슴 양쪽에 하나씩 붙어 있는 한 쌍의 지느러미.

갑각(carapace) 거북, 갑각류, 투구게의 위쪽 표면을 덮은 보호용 방패막.

갑각류(crustaceans) 게, 바닷가재, 새우, 따개비, 요각류가 포함된 절지동물.

강(class) 생물 분류의 한 단계. 분류 단계의 순서상 문의 일부를 구성하며 하나 이상의 목으로 나뉜다.

강하성(catadromous) 산란을 위해 민물에서 바다로 이동하는 생활사를 보이는 성질. 소하성 참조.

개충(zooid) 군체를 형성하는 무척추동물의 개별적인 구성원. 개충은 조직 섬유에 의해 다른 개충에 물리적으로 연결되어 있다. 개충은 이끼벌레나 피낭동물과 관련해서도 쓰이는 표현이지만 자포동물에서는 쓰이지 않는다.

겹눈(compound eye) 여러 개의 개별적인 작은 홑눈이 한데 합쳐진 눈. 겹눈은 절지동물의 공통된 특징이다.

경계색(warning coloration) 동물이 천적에게 자신이 독을 품고 있다는 것을 알리는 신호색.

경골어류(bony fish) 먹장어, 칠성장어, 상어와 그 친척을 제외한 현존하는 모든 어류가 포함된 척추동물. 경골어류는 내골격이 있고, 거의 모든 종의 내골격은 뼈로 이루어져 있다. 연골어류 참조.

계(kingdom) 전통적인 생물 분류에서 가장 높은 단계.

고래 꼬리(fluke) 두 갈래로 나뉜 고래의 납작한 꼬리 가운데 하나.

고래수염(baleen) 많은 고래의 입에서 자라는 각질로 된 판과 거기에 붙은 털을 가리키며 여과 섭식에 이용된다.

고착빙(fast ice) 해안 쪽으로 얼어붙은 해빙이나 육지 쪽의 가장자리에서 형성된 얼음. 해빙 참조.

골편(spicule) 상당수의 해면과 일부 자포동물의 체내에 있는 작은 골격 단위. 골편은 형태와 크기가 다양하고, 해면 분류에서 중요하다.

공생(symbiosis) 각기 다른 두 종류의 동물이 서로 영향을 주고받는 관계. 이런 관계가 서로에게 유익하면 상리 공생이라고 한다. 상리 공생 참조.

과(family) 생물 분류의 한 단계. 위로는 속이 있고 아래로는 목이 있다. 속, 목 참조.

관족(tube feet) 극피동물의 족상돌기를 가리키는 이름. 관족 끝에 빨판이 있는 경우에는 걷거나 매달리는 데 이용된다. 족상돌기, 수관계 참조.

관해파리(siphonophore) 해파리와 비슷한 부유성의 군체형 히드로충류. 작은부레관해파리도 여기에 포함된다. 히드로충류, 해파리 참조.

광염성(euryhaline) 광범위한 염도를 보이는 물에서 살아남을 수 있는 성질. 염도, 협염성 참조.

광합성(photosynthesis) 식물, 조류, 남세균이 태양 에너지를 이용해 물과 이산화탄소를 탄수화물로 전환하는 과정. 체구조를 강화하고 세포 처리 과정에 필요한 에너지를 모으는 첫 번째 단계. 화학 합성 참조.

굴절(refraction) 빛의 파동이 한 매질에서 다른 매질로 이동할 때나 물의 파동이 얕은 물에 이를 때 나타나는 파동 방향의 변화.

규조류(diatom) 복잡한 문양의 상자처럼 생긴 보호 덮개를 가진 초소형의 단세포 유기체 분류군. 대부분 광합성을 하고 플랑크톤처럼 해수면 가까이에서 살아가며 해양 먹이 사슬에서 중요한 부분을 차지한다. 광합성, 식물성 플랑크톤, 플랑크톤 참조.

극모(cirri) 작고 빳빳한 머리카락 모양의 돌출부는 붙잡거나 운동을 하는 데 흔히 이용된다. 바다나리나 갯고사리에서 볼 수 있다.

극피동물(echinoderm) 불가사리, 성게, 해삼과 그 친척을 포함한 해양 무척추동물. 관족이 있어서 일부의 극피동물은 걸을 수도 있다. 관족 참조.

기근(aerial root) 맹그로브 나무처럼 지상 위의 한 지점에서 자라거나 뻗어 나가는 뿌리. 맹그로브 참조.

기름지느러미(adipose fin) 일부 경골어류의 등지느러미와 꼬리지느러미 사이에 있는 육질로 된 작은 지느러미.

기문(spiracle) 곤충의 숨구멍.

기생 생물(parasite) 자기보다 큰 생물체의 표면이나 내부에 장기간 살면서 먹이를 얻는 무척추동물.

기포체(pneumatophore) 작은부레관해파리 같은 관해파리는 공기가 채워진 부표를 가지고 있으며 기포체로 불린다. 관해파리 참조.

꼬리마디(telson) 절지동물의 몸에서 가장 뒤쪽에 있는 부분. 바닷가재와 게 같은 갑각류에서는 꼬리마디가 부채 모양의 꼬리 중심부를 형성한다.

꼬리지느러미(caudal fin) 물고기의 꼬리 끝에 있는 수직 지느러미.

나

나선동물(spiralian) 무척추동물의 거대한 분류군. 수정란에서 나선형으로 초기 세포분열이 이루어진다고 해서 붙여진 이름이다. 연체동물, 개맛, 환형동물, 끈벌레 따위가 포함된다.

남세균(cyanobacteria) 광합성을 하는 가장 작은 유기체로서 예전에는 남조류로 불렸다. 다른 세균과 마찬가지로 남세균의 작은 세포에는 핵이 없다. 조류와 원생동물 참조.

낱눈(ommatidia) 대부분의 절지동물의 겹눈을 이루는 단위가 되는 눈. 겹눈 참조.

내골격(endoskeleton) 척추동물과 극피동물의 골격처럼 표면이 아니라 체내에 있는 골격.

내부기생충(endoparasite) 다른 생명체의 체내에 사는 기생충. 기생충 참조.

다

단각목(amphipod) 주로 작은 갑각류로 이루어진 목. 해변톡토기와 바다 또는 민물에 사는 이들의 친척이 여기에 포함된다.

대류(convection) 유체(액체, 기체) 일부에 가해진 열기가 일으킨 순환 운동. 대류에 의해 더 따뜻하고 밀도가 낮은 유체가 위로 올라가면서 순환이 일어난다.

대륙대(continental rise) 심해저가 대륙 주변부 가장자리에서 얕아지기 시작하는 지역.

대륙붕(continental shelf) 대륙 주변의 비교적 완만하고 얕은 해저 지형. 지질학상으로는 대륙의 일부로 본다.

대륙 사면(continental slope) 대륙붕 끝에서 대륙대로 해저의 경사면이 급격히 내려가는 해저 지형.

대륙 주변부(continental margin) 대륙붕, 대륙 사면, 대륙대를 포함한 대륙 주변의 해저 영역.

대륙 지각(continental crust) 대륙을 형성하는 지각의 일부. 해양 지각보다 밀도가 낮고 두껍다. 해양 지각 참조.

대양 분지(ocean basin) 얕은 바다나 육지로 둘러싸인 평평하고 낮은 해양 지각으로 이루어진 깊고 넓은 해양 지역.

더듬이(antenna) 절지동물의 머리에 있는 한 쌍 또는 2쌍의 길고 가는 감각 기관. 간혹 '촉수'로 불리기도 한다.

동물성 플랑크톤(zooplankton) 플랑크톤으로 살아가는 동물이나 동물 같은 유기체. 플랑크톤, 원생동물 참조.

두족류(cephalopod) 촉수가 있는 연체동물로서 오징어, 갑오징어, 문어, 앵무조개가 포함된다.

두흉부(cephalothorax) 갑각류나 거미류에서 융합된 머리와 가슴.

뒷지느러미(anal fin) 많은 어류에서 꼬리 부근 아래쪽에 유일하게 있는 지느러미.

등각류(isopod) 쥐며느리, 갯강구를 비롯한 많은 해양종이 포함된 대체로 작은 갑각류로 이루어진 분류군.

등의(dorsal) 동물의 위쪽이나 등과 관련된. 배의(ventral) 참조.

등지느러미(dorsal fin) 물고기나 고래의 등에 있는 지느러미.

따개비(barnacle) 바닥에 달라붙어 여과 섭식을 하는 해양 갑각류의 한 부류로 몸이 석회질 껍데기로 덮여 있다.

라

로렌치니 병(ampullae of Lorenzini) 상어와 그 친척의 피부에 있는 감각 기관으로서 머리 주변에 분포해 있다. 먹이가 되는 동물의 근육이 움직임에 따라 형성된 약한 전기장도 감지할 수 있다.

루커리(rookery) 펭귄의 번식을 위한 서식지. 간혹 바닷새나 물개의 번식지를 가리키기도 한다.

마

말미잘(sea anemone) 부드러운 몸을 가진 단생의 자포동물로서 폴립 단계만 있다. 폴립 참조.

맨틀(mantle) 지구의 지각과 핵 사이의 암석층.

맹그로브(mangrove) 따뜻한 지역의 안전한 조간대에서 자라는 염분에 강한 나무로서 뿌리가 주기적으로 바닷물에 잠긴다. '맹그로브'라는 용어는 그런 나무가 특징을 이루는 생태계와 숲을 가리키기도 한다.

먹이(prey) 먹이 사슬에서 특정한 포식자에 잡아먹히는 동물.

메두사(medusa) 자포동물의 주요한 몸의 형태 가운데 하나. 메두사는 대개 접시 모양으로 아래쪽에는 입과 촉수가 달려 있다. 해파리는 메두사형이다. 자포동물, 폴립 참조.

멜론(melon) 돌고래와 그 밖의 이빨고래의 머리에서 지방 조직이 포함된 기관. 개체 간 소통과 반향 정위에 필요한 소리를 내는 중요한 역할을 한다. 반향 정위 참조.

목(order) 생물 분류의 한 단계. 분류 단계의 순서상 목은 강의 일부를 구성하며 하나 이상의 과로 나뉜다. 강, 과 참조.

무성 생식(asexual reproduction) 새로운 개체를 만들어 낼 때 생식세포의 결합이 없는 생식 형태. 암수 구분 없이 한 개체로부터 단독으로 새로운 개체가 갈라져 나오는 것으로, 일부 산호처럼 해양 무척추동물에서 나타난다.

무척추동물(invertebrate) 피낭동물이나 절지동물처럼 척추가 없고 척추동물이 아닌 모든 동물. 척추동물 참조.

문(phylum) 생물 분류의 한 단계. 분류단계의 순서상 계의 일부를 구성하며 하나 이상의 강으로 나뉜다. 문의 예로 자포동물, 연체동물, 절지동물, 척삭동물을 들 수 있다.

바

바다(sea) 해양의 또 다른 이름으로도 쓰이지만, 흔히 북해처럼 육지에 의해 부분적으로 구획이 나뉘는 비교적 작고 얕은 지역을 가리킨다.

반향 정위(echolocation) 돌고래와 그 밖의 몇몇 동물이 대상을 감지하고 위치를 알아내는 방법. 동물은 음파를 내보내고 되돌아오는 반향 음파를 수집해 이를 해석한다. 멜론 참조.

발광기(photophore) 일부 어류, 두족류, 그 밖의 동물에서 빛을 만들어 내는 기관. 복잡한 발광기는 렌즈와 색 필터까지 포함할 수도 있다. 생물 발광 참조.

방사 대칭(radial symmetry) 별 모양으로 나타나는 대칭 형태로서 좌우 대칭과는 대조적이다. 말미잘, 불가사리, 성게가 방사 대칭을 보인다. 좌우 대칭 참조.

방산충(radiolarian) 플랑크톤으로 떠다니면서 동물처럼 작은 생명체를 잡아먹는 단세포 유기체 분류군. 규산질로 된 정교한 골격을 가지고 있으며, 흔히 몸이 구형이다.

방파제(breakwater) 거친 바다 환경으로부터 항구를 보호하기 위해 바다에 만든 길고 단단한 구조물.

배(abdomen) 척추동물이나 절지동물에서 몸의 뒷부분.

배지느러미(pelvic fin) 어류의 배에 붙은 한 쌍의 지느러미. 가슴지느러미보다 뒤쪽 아래에 자리 잡고 있다.

배쪽의(ventral) 동물에서 앞쪽이나 아래쪽의. 등의, 무척추동물 참조.

뱅크(bank) 해양학에서 물속에 잠긴 얕은 지역 또는 깊은 바다로 에워싸인 해저 고원을 일컫는 용어.

변태(metamorphosis) 일부 동물의 성장 과정에서 나타나는 신체 구조의 중대한 변화.

보(barrage) 강이나 어귀를 가로질러 수문이 설치된 낮은 댐. 조력댐은 만조 시기에 바닷물을 가두고 바닷물이 빠져나갈 때 수력 전기를 얻도록 고안되었다.

복족류(gstropod) 연체동물에서 가장 큰 분류군. 모든 달팽이와 민달팽이가 포함된다.

부레(swim bladder) 부력을 조절하고 물속에서 안정된 자세를 유지하도록 경골어류가 대부분 가지고 있는 공기주머니.

부리(beak) 새, 거북, 두족류의 각질로 덮인 이빨 없는 턱.

부착기(holdfast) 해조류를 해저에 부착하는 조직. 체내에서 이용될 물질을 흡수하지 않으므로 진정한 뿌리는 아니다.

분수공(blowhole) 고래나 돌고래의 머리 위에 있는 콧구멍. 분수공은 종에 따라 1개 또는 2개일 수 있다.

분수공(spiracle) 가오리의 눈 뒤에 있는 구멍으로 아가미로 물이 들어올 수 있게 해 준다.

블랙스모커(black smoker) 뜨거운 바닷물이 황화물에 의해 검은 연기처럼 솟아오르는 열수 분출공의 형태. 열수 분출공 참조.

블루카본(blue carbon) 맹그로브, 해조류, 해초 같은 해양 식물이 흡수하는 대기 중의 탄소.

비늘(scale) 어류, 파충류, 일부 무척추동물의 피부를 겹치듯 덮고 있는 조각.

빗해파리(ctenophore) 해파리처럼 떠다니는 육식성 동물. 분류학적으로 유즐동물문에 속한다.

빙붕(ice shelf) 바다와 이어져 떠 있는 빙상이나 빙하.

빙상(ice sheet) 남극 대륙이나 그린란드 같은 육지를 영구적으로 덮고 있는 거대한 얼음 덩어리.

빙하(glacier) 산 정상이나 산악 지역에서 내리막길을 따라 '강'처럼 서서히 흘러

내리는 얼음.

뿌리줄기(rhizome) 땅속에서 수평으로 뻗는 식물의 줄기.

사

사구(dune) 해안 지대로 불어오는 바람의 작용으로 형성된 모래 언덕.

산란(spawn) 갑각류, 연체동물, 어류, 양서류가 알을 낳는 것.

산호석(corallite) 개별적인 산호 폴립의 몸체 밑에 있는 컵 모양의 아라고나이트 골격.

살프(salp) 식물성 플랑크톤을 먹으며 자유롭게 떠다니는 군체형 피낭동물. 식물성 플랑크톤, 피낭동물 참조.

상리 공생(mutualism) 양쪽 모두에 이익이 되는 두 동물 종의 유대 관계. 청소부 새우와 곰치의 관계를 예로 들 수 있다. 공생 참조.

상피(epithelium) 동물의 몸이나 장기 표면을 덮은 살아 있는 세포층.

색소세포(chromatophore) 많은 동물의 피부에서 색소를 포함하는 세포. 다양한 형태의 색소세포는 다양한 색깔을 나타낸다. 색소세포가 있는 동물은 개별적인 세포 안에 있는 색소 분포를 조절해 전반적인 모습을 바꿀 수 있다. 청색소포, 홍색소포 참조.

생물군계(biome) 기후 조건에 따라 비슷한 특징을 보이는 대규모의 생태계 군집. 이 개념은 육지 생태계에 가장 흔하게 적용된다.

생물 발광(bioluminescence) 생물에 의한 빛의 생산. 빛은 생물체의 세포에서 만들어지기도 하고 빛을 만드는 세균에 의해 만들어지기도 한다.

생물 발전(bioelectrogenesis) 일부 어류를 포함한 생물에 의해 전기장이 형성되는 현상. 약한 전기장은 반향정위의 형태로 이용할 수 있고, 강한 전기장은 공격이나 방어를 목적으로 다른 유기체에 '충격'을 주는 데 이용할 수 있다.

석호(lagoon) 해안에 쌓인 퇴적물에 의해 바다와 격리되어 형성된 호수 또는 환초 안에 있는 바다 영역.

석회질의(calcareous) 탄산칼슘을 포함하거나 탄산칼슘으로 이루어진.

선개(operculum) 경골어류의 아가미덮개. 선개는 달팽이가 몸을 안으로 숨길 때 껍데기 입구를 막는 단단한 원반 모양의 문을 의미하기도 한다.

섬모(cilia) 일부 세포 표면에서 미세하게 진동하는 털로서 안점꽃갯지렁이 같은 동물에서 찾아볼 수 있다. 섬모는 움직이거나 흐름을 만들어 내는 데 이용된다.

섭입(subduction) 하나의 판의 해양 지각이 다른 판의 가장자리 밑으로 서서히 들어가는 현상. 해양 지각, 판 구조론, 해구 참조.

셀룰로스(cellulose) 식물, 조류, 피낭동물의 구조를 형성하는 주요 물질인 섬유질 탄수화물. 식물성 물질을 먹어 셀룰로스를 섭취하는 동물은 대개 장내 공생 세균의 도움을 받아야 소화를 할 수 있다.

소골편(ossicle) 서로 연결되어 극피동물의 골격을 이루는 석회질 단위.

소하성(anadromous) 일부 연어종처럼 산란을 위해 바다에서 민물로 이동하는 생활 양식. 강하성 참조.

속(genesis) 생물 분류의 한 단계. 위로는 종이 있고 아래로는 과가 있다. 종의 과학적 이름인 학명은 속명과 종명의 2개 단어로 이루어진다. 가령 북극곰(*Ursus maritimus*)은 그 밖의 곰들도 포함하는 우르수스속에 속한 하나의 종이다. 과, 종 참조.

쇄파(swash) 파도가 부서진 뒤에 해변으로 밀려오는 거친 물보라.

수관(siphon) 물을 빨아들이거나 배출하는 관 모양의 기관. 이매패류 연체동물과 피낭동물은 한 쌍의 수관이 있어서 여과 섭식과 물에서 산소를 얻을 때 이용한다.

수관계(water-vascular system) 극피동물의 체내에 분포하는 기관으로서 관족(족상돌기)을 움직인다.

수염(whisker) 포유동물의 얼굴에 난 뻣뻣한 털. '메기수염'은 길고 가는 입수염이다. 입수염 참조.

수온약층(thermocline) 바다에서 깊이에 따른 평균 수온이 급격히 변하는 특정한 깊이의 층. 수온약층은 대기 중에서도 나타날 수 있다.

숙주(host) 특정한 기생 생물에게 영양을 공급하는 생물.

시구아테라(ciguatera) 독성이 있는 해산물을 먹으면 나타나는 중독. 흔히 독이 있는 와편모류를 먹은 생선을 섭취할 때 나타난다. 와편모류 참조.

식물성 플랑크톤(phytoplankton) 광합성을 하는 부유성 유기체로서 초소형 조류와 남세균으로 이루어져 있다. 조류, 남세균, 플랑크톤 참조.

신경소구(neuromast) 수생 척추동물의 측선 기관 일부를 형성하는 작은 감각 기관. 측선 기관 참조.

신생 해안(emergent coast) 현재 해수면에 비례해 육지가 솟아오른 해안. 침수 해안 참조.

심해의(abyssal) 해양의 깊이를 나타내는 용어. 심해저 평원은 대륙 주변을 따라 깊은 바다 밑바닥에 넓게 펼쳐진 평평한 지역이다. 심해대는 수심 4000~6000미터의 바다를 의미한다. 초심해대 참조.

쓰나미(tsunami) 바닷속의 지진이나 대규모 해안 산사태 같은 급격한 지각 변동으로 해안에 거대한 파도가 빠르게 밀려오는 현상.

아

아가미(gill) 물에서 산소를 흡수하는 기관으로서 어류, 연체동물, 갑각류에서 흔히 찾아볼 수 있다. 아가미는 작은 먹이 입자를 걸러내는 등의 역할도 한다.

악부(calyx) 바다나리나 갯고사리에서 컵 모양으로 생긴 구조.

양분(nutrients) 질소, 인, 철 같은 원소로 이루어진 화학 물질은 생명체가 성장하는 데 필수적이다.

양안시(binocular vision) 대상을 양쪽 눈에서 동시에 보는 형태로서 깊이와 거리를 인식할 수 있게 해 준다.

엄니(tusk) 바다코끼리나 일각돌고래 같은 해양 포유류의 길게 뻗은 이빨.

여과 섭식자(filter-feeder) 주변 환경으로부터 작은 먹이 입자를 여과해 먹는 동물. 일부 고래의 경우 수염을 통해 먹이 입자를 여과한다. 여과 섭식자는 현탁물 섭식자의 한 종류이다. 현탁물 섭식자 참조.

역그늘색(countershading) 몸 윗부분은 어두운색, 아래쪽은 밝은색을 띠게 하는 명암 효과의 반작용을 통해 위장술을 펼치는 데 도움을 주는 동물의 체색.

연골어류(cartilaginous fish) 골격이 뼈가 아닌 연골로 이루어진 어류. 상어, 가오리, 은상어류가 여기에 포함된다.

연안 표류(longshore drift) 파도가 해안에 비스듬히 부딪히면서 모래나 진흙 등 퇴적물이 해안선을 따라 옮겨지는 과정.

연체동물(molluscs) 몸은 말랑하지만 대개 단단한 껍질로 덮인 무척추동물로 이루어진 거대한 분류군. 복족류, 이매패류, 두족류가 여기에 포함된다.

열 염분 순환(thermohaline circulation) 수온과 염도 차에 의한 밀도 차로 형성된 전 세계적인 해양 순환.

열대 저기압(tropical cyclone) 열대와 아열대 지역에서 발생하는 저기압. 따뜻한 바닷물에 의해 힘을 얻은 열대 저기압은 강한 바람과 폭우를 동반한다. 발생한 지역에 따라 허리케인, 태풍, 사이클론으로도 불린다.

열수 분출공(hydrothermal vent) 화산 활동이 활발한 대양저에서 나타나는 균열. 이곳의 바닷물은 고온의 암석에서 배출된 화학 물질이 풍부하다.

염분(salinity) 바닷물의 짠 정도.

염성 소택지(salt marsh) 작고 염분에 강한 육지 식물이 군락을 이룬 생태계. 서늘한 지역에 있는 안전하고 진흙이 많은 해안 지대의 조간대 상류에서 발달할 수 있다. 같은 조건일 때 열대 지역에서는 일반적으로 맹그로브 숲이 형성된다. 조간대, 맹그로브 참조.

엽록소(chlorophyll) 식물, 조류, 남세균을 포함한 일부 유기체가 광합성에 필요한 햇빛 에너지를 가두기 위해 이용하는 초록색 색소. 엽록소에는 몇 가지 유형이 있다. 남세균, 광합성 참조.

엽상체(frond) 많은 해조류에서 볼 수 있는 잎 모양의 납작한 구조. 육지 식물의 잎과 달리 해조류의 엽상체에는 유기체의 나머지 부분과 물질을 주고받는 특화된 수송관이 존재하지 않는다.

와편모류(dinoflagellates) 운동을 돕는 2개의 편모를 가진 초소형 단세포 유기체 분류군. 상당수가 광합성을 하며 플랑크톤으로 해수면 부근에서 산다. 편모, 광합성, 플랑크톤 참조.

완류(drift) 해류보다 넓고 느리게 움직이는 표층수의 대규모 흐름.

외골격(exoskeleton) 절지동물의 골격처럼 몸의 바깥쪽에 있는 골격.

외투막(mantle) 연체동물과 완족류의 몸 바깥쪽을 덮은 근육질. 석회를 분비해 껍데기를 만든다.

요각류(copepod) 갑각강에 속한 크기가 작은 동물군으로서 플랑크톤에서 중요한 위치를 차지한다.

용승(upwelling) 깊은 바닷물이 표면으로 올라오는 현상. 용승은 해안 지대에 평행하게 불어오는 바람에 의해 나타날 수도 있고, 심층류를 방해하는 해산처럼 바닷속 장애물에 의해 나타날 수도 있다. 용승을 통해 위로 올라온 바닷물은 해양 표면에 풍부한 양분을 제공한다. 침강 참조.

웅성 선숙(protandry) 자웅 동체인 동물에서 수컷의 생식 기관이 암컷의 생식 기관보다 먼저 성숙하는 현상. 자웅 동체, 자성 선숙 참조.

원생동물(protist) 동물, 식물, 균으로 분류되지 않는 유기체를 폭넓게 포괄하는 분류군. 대부분은 눈에 보이지 않을 정도로 작지만, 조류도 여기에 포함된다. 원생생물은 모두 세포핵이 있으며 이 때문에 남세균은 여기에 포함되지 않는다. 남세균 참조.

위장(camouflage) 색깔과 몸의 형태를 주변 환경과 구별하기 어렵게 만드는 생명체의 특징.

유공충(foraminiferans) 주로 해저에 사는 단세포 유기체로서 백악질 껍데기의 보호를 받고 다른 소형 유기체를 먹는다.

유빙(pack ice) 육지에 붙어 있지 않고 바다 위를 떠다니는 해빙. 유빙은 한 덩어리로 합쳐진 것일 수도 있고 개별적인 부빙으로 이루어진 것일 수도 있다.

유생(larva) 성체와는 구조가 전혀 다른, 동물의 어린 단계.

유성 생식(sexual reproduction) 2개의 생식 세포(대개 난자와 정자)의 결합이 수반된 생식. 이후로 수정란에서 새로운 개체의 발달이 이루어진다. 무성 생식 참조.

유영동물(nekton) 바다에 살며 조류에 떠밀려 다니지 않고 방향성을 갖고 힘차게 헤엄쳐 다니는 생물. 플랑크톤 참조.

은폐(crypsis) 동물이 다른 동물의 감지를 피할 수 있게 해 주는 모습이나 행동. 은폐에는 감춰진 서식지, 위장술, 야행성 행동이 포함된다.

은폐색(cryptic coloration) 위장, 은폐 참조.

의태(mimicry) 동물이 위장이나 속임수를 위해 다른 대상, 특히 다른 동물과 매우 비슷한 모양을 하는 것. 위장술 참조.

이매패류(bivalves) 접번에 의해 연결된 한 쌍의 껍데기를 가진 연체동물. 대합, 홍합, 가리비, 굴 따위가 포함된다.

입 반대쪽의(aboral) 해파리와 극피동물처럼 방사대칭성을 보이는 동물을 언급할 때 쓰인다. 방사 대칭 참조.

입수염(barbel) 메기나 용고기 같은 일부 어류의 입 부근에 난 민감한 육질의 촉수나 긴 돌출부.

자

자성 선숙(protogyny) 자웅 동체인 동물에서 암컷의 생식 기관이 수컷의 생식 기관보다 먼저 성숙하는 현상. 자웅 동체, 웅성 선숙 참조.

자웅 동체(hermaphodite) 암수한몸인 동물. 동시적 자웅 동체는 암컷과 수컷의 기능을 동시에 하고, 순차적 자웅 동체는 하나의 성에서 다른 성으로 한 번 또는 반복해서 바뀐다.

자포(nematocyst) 자포동물의 찌르는 침세포로서 작은 작살처럼 작용한다. 대개는 독이 들어있다. 자포동물 참조.

자포동물(cnidarians) 독을 쏘는 촉수가 있는 무척추동물에 속한 동물을 가리킨다. 말미잘, 산호, 해파리 등이 포함된다.

잔사 섭식자(detritivore) 작은 유기물 파편을 먹는 동물.

저서성(benthic) 해저에서 살아가는 생명체와 관련된 특성.

전체부(prosoma) 특히 투구게와 거미의 두흉부(머리가슴)를 일컫는 말. 두흉부 참조.

절지동물(anthropods) 마디가 있는 다리를 가진 무척추동물. 갑각류, 곤충류, 거미류가 포함된다.

조간대(intertidal zone) 만조 시기 해안선과 간조 시기 해안선 사이에 놓인 지역. 만조에는 물로 덮이고 간조에는 물 밖으로 드러난다.

조류(alga) 광합성을 하지만 진짜 식물은 아니다. 해조류와 미세한 형태의 수많은 유기체가 포함된다. 남세균 참조.

조석(tide) 지구의 자전, 달과 태양의 인력 작용으로 일정한 시점에서 해양 표면의 높이가 규칙적으로 오르내리는 현상. 조석 현상은 해안 지역에서 바닷물의 수평적 이동을 가져온다.

조직(tissue) 신경 조직이나 근육 조직처럼 신체의 특정한 유형별 세포 모임. 다양한 종류의 조직이 결합해 기관을 형성한다.

조하대(subtidal zone) 해안에서 간조에도 항상 물속에 잠겨 있는 부분.

족상돌기(podia) 극피동물의 표면에서 호흡이나 운동을 위해 수압으로 작동되는 작은 기관. 걷거나 잡는 용도의 족상돌기는 관족으로 불리며 대개 끝이 빨판으로 되어 있다. 관족, 수관계 참조.

종(species) 북극곰이나 황제펭귄처럼 특정한 종류의 생물체. 서로 짝짓기를 해 부모를 닮은 번식 능력이 있는 새끼를 낳을 수 있는 개체들은 같은 종으로 정의된다.

좌우 대칭(bilateral symmetry) 왼쪽과 오른쪽, 머리, 꼬리가 있는 신체 대칭. 방사 대칭 참조.

중앙 해령(mid-ocean ridge) 새로운 해양 지각이 형성되는 깊은 대양저를 따라 뻗어있는 해저 산맥.

지느러미다리(clasper) 상어와 그 친족이 교미 중에 암컷의 몸에 정자를 전달하는 수컷의 변형된 배지느러미. 배지느러미 참조.

지느러미발(flipper) 고래, 물개, 펭귄, 거북이 헤엄칠 때 이용하는 지느러미 모양의 발.

지의류(lichen) 균류의 몸이 조류 세포와 결합한 '이중 유기체'. 근본적으로 육지 생물이지만, 일부 지의류는 염분이 있는 바닷물에도 내성이 있어서 바위가 많은 해안의 높은 지대에서도 잘 살아간다.

집게발(chela) 게 같은 절지동물에서 다리 끝이 집게처럼 생긴 발.

집게발(pincer) 어떤 대상을 집거나 공격·방어에 필요한 동물의 신체 기관.

차

척삭(notochord) 척삭동물의 몸을 따라 뻗어 있는 막대 모양의 지지 기관. 대부분의 척추동물에서는 초기 배아 발달 과정에서 척추가 척삭을 대신한다. 척삭동물 참조.

척삭동물(chordate) 모든 척추동물과 피낭동물을 포함한 일부 무척추동물이 속한 동물문. 피낭동물 참조.

척추동물(vertebrate) 척추가 있는 동물. 척삭동물과 척추동물의 하위 분류군에 양서류, 파충류, 조류, 포유류가 있다. 척삭동물 참조.

청색소포(cyanophore) 청색 색소세포. 색소세포 참조.

체내 수정(internal fertilization) 난자와 정자가 동물의 체내에서 만나 결합하는 수정. 체외 수정 참조.

체외 수정(external fertilization) 난자와 정자가 몸 밖에서 결합하는 수정으로 대개 바다에서 이루어진다. 체내 수정 참조.

체절(tagma) 절지동물과 일부 환형동물의 몸에서 나뉜 주요 부분. 곤충의 머리, 가슴, 배를 예로 들 수 있다.

초심해대(hadal zone) 6000미터 아래의 가장 깊은 해역으로서 해구에서만 나타난다. 심해의 참조.

촉수(palp) 절지동물과 그 밖의 일부 무척추동물에서 촉수는 짝을 이룬 채 입 주변에 부착된 마디가 있는 부속 기관으로 대개 감각기 역할을 한다. 이매패류에서는 입 부근에 있는 육질의 입술 수염으로 나타난다.

촉수(tentacle) 먹이를 잡거나 그 밖의 용도로 이용되는 육질의 긴 기관. 많은 해양 무척추동물은 다수의 촉수를 가지고 있다.

총배설강(cloaca) 배설과 생식 기관이 결합한 배출구로서 어류와 조류는 대부분 가지고 있다.

측선 기관(lateral line system) 어류와 몇몇 수생 척추동물의 몸 양쪽을 따라 분포한 감각 기관. 주변에 있는 물의 움직임과 압력 변화를 감지하는 데 이용된다.

치설(radula) 많은 연체동물의 입에 있는 띠 모양의 긁는 기관으로, 키틴질이 많은 이가 늘어서 있다.

침강(downwelling) 바다 표면에서 바닷물이 아래로 가라앉는 것. 어떤 지역의 대규모 침강은 열 염분 순환으로 알려진 과정을 일으킨다. 열 염분 순환, 용승 참조.

침수 해안(submergent coast) 해수면 상승으로 지표면이 해수면보다 상대적으로 낮아진 해안. 신생 해안 참조.

침식 해안(erosional coast) 바다에 의해 점차 침식되는 해안 지대.

침전물(sediment) 물속에 떠다니지만 중력 작용으로 바닥에 가라앉을 수 있는 입자. 또는 모래, 실트, 진흙 같은 입자가 가라앉은 것.

카

케라틴(keratin) 발톱, 손톱, 머리카락이나 털을 형성하는 거친 단백질.

크릴(krill) 해양 먹이 사슬에서 중요한 부분을 차지하는 새우와 비슷한 부유성 갑각류로서 특히 남극해에 많이 서식한다. 플랑크톤 참조.

큰턱(mandible) 많은 절지동물의 씹거나 부수는 구기.

키틴질(chitin) 질소가 포함된 탄수화물 물질로서 절지동물의 외골격을 포함한 일부 동물의 골격을 형성한다. 견고함과 내구력을 높이기 위해 대개 다른 물질과 혼합된다. 외골격 참조.

타

퇴적물 섭식자(deposit feeder) 진흙이나 모래에서 먹이 입자를 걸러 먹는 동물.

파

판 구조론(plate tectonics) 거대한 지질 구조판의 운동과 충돌로 지각과 상부 맨틀이 분리된 양상을 설명하는 이론. 중앙해령, 섭입대 참조.

패각(shell) 연체동물, 완족류, 거북 같은 동물의 몸을 보호하는 단단한 껍데기.

패각(valve) 이매패류 연체동물에서 접번으로 연결된 2개의 껍데기 중 하나.

팬케이크 아이스(pancake ice) 개별적으로 떠다니는 얼음판으로 이루어진 해빙의 형성 단계. 팬케이크 얼음판은 다른 얼음판과 부딪히면서 가장자리가 둥글고 높은 형태를 띤다. 해빙 참조.

편모(flagellum) 와편모류처럼 일부 단세포 유기체에 형성된 긴 채찍 모양의 초소형 운동 기관. 와편모류 참조.

평정 해산(guyot) 꼭대기가 평평한 산 모양의 지형. 해산 참조.

포식자(predator) 다른 동물을 잡아먹는 동물.

포유류(mammals) 거의 새끼를 낳고 암컷의 젖으로 새끼를 키우는 온혈 척추동물. 해양 포유류에는 물개, 고래, 매너티, 수달 등이 포함된다.

폴립(polyp) 자포동물의 주요 형태. 컵 모양의 몸통 위쪽에는 입이 달려 있고 촉수가 에워싸고 있다. 말미잘은 폴립이다. 자포동물, 메두사 참조.

표층해류(surface current) 바다 표면의 해류. 주로 바람에 의해 형성된다.

프러질 얼음(frazil ice) 차가운 바닷물에서 형성되며 수천 개의 작은 결정으로 이루어진 얼음. 해빙 형성의 초기 단계에 해당하며 거친 바다에서는 팬케이크 아이스를 형성할 수도 있다. 팬케이크 아이스, 해빙 참조.

플랑크톤(plankton) 조류에 밀려 바다에 떠다니는 생명체의 통칭. 유영동물 참조.

플레이트 경계(plate boundary) 2개의 지질 구조판 사이의 경계. 생성(발산형) 경계에서는 중앙 해령에서처럼 두 플레이트 사이로 솟아오른 새로운 용융 암석에 의해 두 플레이트가 갈라진다. 파괴(수렴형) 경계에서는 두 플레이트가 함께 밀리면서 한쪽이 다른 한쪽 밑으로 밀려들어 들어간다. 섭입대 참조.

피낭동물(tunicate) 척추동물과 관계가 있고 멍게와 살프가 포함된 무척추동물 분류군. 척삭동물 참조.

피오르(fjord) 빙하의 침식으로 형성된 바다의 깊고 가파른 만. 입구는 내륙 쪽보다 수심이 얕은 편이다. 빙하 참조.

하

하악골(mandible) 척추동물의 아래턱.

해구(trench) 심해저에서 자연적으로 형성된 움푹 꺼진 지형. 하나의 지질 구조판이 다른 판의 밑으로 들어가는 섭입 과정에서 해구가 형성된다. 가장 깊은 해구는 태평양에 있는 마리아나 해구이다. 섭입 참조.

해류(current) 일정한 방향으로 향하는 바닷물의 수평, 수직적인 흐름으로서 규칙적이며 대규모로 발생한다. 해안선 근처에서는 이보다 작은 규모의 흐름이 나타난다.

해면(sponge) 물속에서 먹이 입자를 걸러 먹으면서 느린 움직임을 보이는 단순한 구조의 동물.

해빙(sea-ice) 바다로 흘러들기 전에 육지에서 먼저 형성된 빙상이나 빙붕과 달리 바다에서 직접 형성된 얼음.

해산(sea mount) 해저에 높이 솟은 산으로 대개 화산 활동으로 형성된다. 평정해산 참조.

해안(coast) 신생 해안, 침식 해안, 침수 해안 참조.

해양 산성화(ocean acidification) 바닷물의 산도가 높아지는 현상. 특히 인간이 발생시킨 이산화탄소가 바다에 흡수되면서 해양 산성화가 심각해지고 있다.

해양(ocean) 지구 표면의 약 70퍼센트를 덮은 소금물이 차지하는 넓고 큰 공간. 대개 대서양, 태평양, 인도양, 북극해, 남극해로 구분하지만, 이들 바다는 모두 하나로 이어져 있다.

해양 지각(oceanic crust) 깊은 바다 밑의 지각. 대륙 지각보다 얇고 밀도가 높다. 대륙 지각 참조.

해조류(seaweeds) 전통적으로 다세포 조류로 분류되는 비교적 크고 식물 같은 해양 유기체로 이루어진 분류군. 그중에서 녹조류는 육지 식물과 밀접한 관계가 있다.

해초(seagrass) 해조류와 달리 꽃을 피우는 종자식물. 해초는 택사목으로 분류되며 소금물에서도 살 수 있도록 적응해왔다.

해파리(jellyfish) 자포동물 해파리강에 속한 해양 동물. 해파리 성체는 바다를 떠다니거나 천천히 헤엄치면서 쏘는 세포인 자세포를 이용해 먹이를 제압한다. 치명적인 '상자해파리'는 해파리강과는 별개이면서도 관련이 있는 상자해파리강이며, 히드로충류의 작은 메두사에도 쓸 수 있는 말이다. 자포동물, 히드로충강, 메두사 참조.

현탁물 섭식자(suspension feeder) 물속에 부유하는 작은 먹이 입자를 걸러 먹는 동물. 여과 섭식은 현탁물 섭식의 한 형태이다. 여과 섭식자 참조.

협염성(stenohaline) 염도 변화의 적응 범위가 좁은 것. 광염성, 염도 참조.

호흡근(pneumatophore) 지면 위로 드러나 공기를 흡수할 수 있는 맹그로브 식물 뿌리의 일부.

홍색소포(iridophore) 빛을 반사 또는 산란하는 색소세포로서 붉은색을 발산한다. 색소세포 참조.

화학 합성(chemosynthesis) 황화수소나 메탄 같은 단순한 화학 물질에 저장된 에너지를 이용해 생명체가 성장하고 증식하는 과정. 화학 합성은 햇빛 에너지에 의존하는 광합성과는 전혀 다른 기능을 한다. 많은 세균은 화학 합성을 수행할 수 있는데, 열수 분출공 주변에서 살아가는 세균이 특히 그렇다. 열수 분출공, 광합성 참조.

환류(gyre) 중심점 둘레에서 소용돌이 형태로 회전하는 큰 규모의 해류. 5가지의 주요 해양 환류가 있다.

황록공생조류(zooxanthellae) 많은 산호와 몇몇 동물의 체내에 서식하면서 광합성을 통해 먹이를 만들어 내는 공생 와편모류. 와편모류 참조.

후류(backwash) 파도가 부서지고 나서 다시 바다로 흘러내리는 흐름. 쇄파 참조.

후안(backshore) 일반적인 만조선보다 위에 있는 해안 지대. 예외적인 상황에서만 바다에 닿는다.

후체구(opisthosoma) 투구게나 거미의 몸 뒷부분.

흉곽(thorax) 척추동물의 가슴 부위나 절지동물의 몸통 중심 부위.

흡반(sucker) 동물이 표면에 달라붙을 때 이용하는 기관.

히드로충(hydroid) 개체가 서로 연결되어 작은 식물 같은 군체로 자라는 히드로충류의 하위 집단.

히드로충강(hydrozoan) 군체를 이루는 히드로충, 관해파리, 일부 작은 해파리가 포함된 자포동물문의 강. 자포동물, 히드로충, 해파리, 관해파리 참조.

찾아보기

가

나

다

라

마

바

사

아

자

차

카

타

파

하

도판 저작권

DK would like to thank: Derek Harvey for helping to plan the contents, advice on photoshoots, and for his comments on the text and images; Rob Houston for helping to plan the contents list; Trudy Brannan and Colin Ziegler at the Natural History Museum, London, for their comments on the text; Barry Allday, Ping Low, Peter Mundy, and James Nutt at the Goldfish Bowl, Oxford, for their help with photoshoots; Steve Crozier for Photoshop retouching; Rizwan Mohd for work on high-resolution images; Katie John for proof-reading; and Helen Peters for compling the index.

DK would also like to thank:

Senior Jacket Designer:
Suhita Dharamjit

Senior DTP Designer:
Harish Aggarwal

Senior DTP Designer:
Harish Aggarwal

Jackets Editorial Coordinator:
Priyanka Sharma

Senior Jacket Designer:
Suhita Dharamjit

Managing Jackets Editor:
Saloni Singh

The publisher would like to thank the following for their kind permission to reproduce their photographs:

(Key: a-above; b-below/bottom; c-centre; f-far; l-left; r-right; t-top)

1 Nat Geo Image Collection: David Liittschwager. **2-3 Alamy Stock Photo:** National Geographic Image Collection / Andy Mann. **4-5 Science Photo Library:** Alexander Semenov. **6 Nat Geo Image Collection:** David Liittschwager. **8-9 naturepl.com:** Ralph Pace. **10-11 Dreamstime.com:** Valiva. **12-13 Warren Keelan Photography**. **12 123RF.com:** Leonello Calvetti (cra). **14-15 Science Photo Library:** Pascal Goetgheluck. **15 Science Photo Library:** George Bernard (tr). **16 Alamy Stock Photo:** Scenics & Science (tl). **16-17 iStockphoto.com:** Petesphotography / E+. **18 Alamy Stock Photo:** TommoT. **19 NOAA:** Lophelia II 2009: Deepwater Coral Expedition: Reefs, Rigs, and Wrecks (bc). **20-21 Dreamstime.com:** Andrii Oliinyk. **22 Alamy Stock Photo:** Jonathan Need (tl). **22-23 Getty Images:** VW Pics / Universal Images Group. **24-25 Alamy Stock Photo:** Jennifer Booher. **25 Alamy Stock Photo:** Mark Conlin (tc). **26-27 Getty Images:** Warren Ishii / 500px. **28 SuperStock:** Silvia Reiche / Minden Pictures (bc). **29 Alamy Stock Photo:** Florilegius. **30 Alamy Stock Photo:** Scott Camazine (bc). **iStockphoto.com:** AlbyDeTweede (tc). **30-31 naturepl.com:** Alex Hyde. **32-33 Alamy Stock Photo:** Artokoloro. **33 Smithsonian Design Museum:** Cooper Hewitt Collection / Donated By Charles Savage Homer, Jr. (tr). **34 naturepl.com:** Jason Smalley (tr). **Ian Frank Smith | 'Morddyn':** (bl, bc, br). **35 Ian Frank Smith | 'Morddyn'. 36-37 © Pixelda Software Limited**. **37 RonWolf@EyeOnNature.com:** (tr). **38-39 Igor Siwanowicz**. **39 SuperStock:** Nico van Kappel / Minden Pictures (cb). **40-41 FLPA:** Ingo Arndt / Minden Pictures. **40 Alamy Stock Photo:** Nature Picture Library / Constantinos Petrinos (tl, cla, cl). **42-43 Alamy Stock Photo:** Media Drum World. **46 Alamy Stock Photo:** National Geographic Image Collection / Joel Sartore (br); WaterFrame (cla); Nature Picture Library / Constantinos Petrinos (bl). **SuperStock:** Wil Meinderts / Minden Pictures (tl). **47 naturepl.com:** David Shale. **48-49 Tim Hunt Photography**. **48 Alamy Stock Photo:** Nature Picture Library / Alex Hyde (bl). **50-51 Alamy Stock Photo:** Bill Attwell. **50 Nat Geo Image Collection:** Greg Lecoeur (tr). **52-53 Alamy Stock Photo:** Peter Horree. **52 Saint Louis Art Museum:** Gift of Mr. and Mrs. Joseph Pulitzer Jr. (tl). **54 Kirt Edblom. 55 Alamy Stock Photo:** Mike Read (tl). **Image from the Biodiversity Heritage Library:** British Oology (tr). © Jenny E. Ross / www.jennyross.com.: (br). **56 Nat Geo Image Collection:** Klaus Nigge (bl). **56-57 Rebecca Nason Photography**. **58-59 Nat Geo Image Collection:** Thomas P. Peschak. **58 Alamy Stock Photo:** Arco Images GmbH / C. Kutschenreiter (tr). **60-61 Shutterstock.com:** Andrey Oleynik. **62 Alamy Stock Photo:** Blickwinkel / H. Schulz (tl). **62-63 Science Photo Library:** Gerd Guenther. **64-65 Courtesy of the artist Zaria Forman**. **64 Bridgeman Images:** Mr. and Mrs. Jake L. Hamon Fund / Ocean Surface (First State), 1983, Drypoint on Rives BFK paper, Image size: 19.8 x 25 cm, Paper size: 66 x 50.8 cm, Edition of 75, Printed by Doris Simmelink, Published by Gemini G.E.L., Los Angeles, CA. / Vija Celmins (tc). **66-67 Getty Images:** Cyndi Monaghan / Moment Open. **67 Dreamstime.com:** Mirror Images (cr). **68-69 Nat Geo Image Collection:** George Steinmetz. **70-71 Alamy Stock Photo:** Art Heritage. **71 Alamy Stock Photo:** Classicpaintings (tr). **72-73 Antonio Pastrana**. **74-75 Alamy Stock Photo:** Phototrip. **75 Simon Grove:** (tl). **Image from the Biodiversity Heritage Library:** The Birds of Australia By John Gould (cra). **76-77 Getty Images:** The AGE / Fairfax Media. **78-79 Alamy Stock Photo:** World History Archive. **80-81 Dreamstime.com:** Yodsawaj Suriyasirisin. **80 Alamy Stock Photo:** Natural Visions / Heather Angel (tr). **82-83 Fortunato Gatto / Fortunato Photography**. **84-85 Andy Deitsch Photography**. **84 Andy Deitsch Photography:** (cl); **naturepl.com:** Shane Gross (tr). **85 Andy Deitsch Photography:** (tr). **86 Alamy Stock Photo:** Helmut Corneli (bc). **86-87 Wesley Jay Oosthuizen**. **88-89 Science Photo Library:** Sandra J. Raredon, National Museum Of Natural History, Smithsonian Institution. **88 Rex by Shutterstock:** Rob Griffith / AP (clb). **90 SuperStock:** Jelger Herder / Buiten-beeld / Minden Pictures (cra). **90-91 Alamy Stock Photo:** Design Pics Inc. **92-93 Nat Geo Image Collection:** Joel Sartore - National Geographic Photo Ark. **92 Alamy Stock Photo:** Buiten-Beeld / Astrid Kant (clb). **94 Alamy Stock Photo:** The Picture Art Collection (tl). **94-95 Amsterdam Museum:** SA 5611. **96-97 Pedro Jarque Krebs**. **97 Alamy Stock Photo:** Harry Collins (tr). **98 Photographer Wilson Chen**. **99 Photographer Wilson Chen. 100-101 iStockphoto.com:** Ilbusca / Digitalvision Vectors. **102 Black Diamond Images:** (tr). **102-103 Ke Guo**. **104-105 Phil's 1stPix**. **105 SuperStock:** Christian Ziegler / Minden Pictures (tr). **106 Rex by Shutterstock:** Auscape / UIG (tr). **106-107 SuperStock:** Kevin Schafer / Minden Pictures. **108-109 Nat Geo Image Collection:** David Liittschwager. **109 Nat Geo Image Collection:** David Liittschwager (tr). **111 Alamy Stock Photo:** Florilegius (br). **Ariane Müller:** (cb). **112-113 Getty Images:** Ruslan Kalnitsky / 500px. **114 iStockphoto.com:** Mccluremr (t); Mccluremr (b). **115 iStockphoto.com:** Mccluremr (bc). **116 naturepl.com:** Kim Taylor (tr). **116-117 Dreamstime.com:** Marcel De Grijs (ca). **118-119 Alamy Stock Photo:** Heritage Image Partnership Ltd. **118 Alamy Stock Photo:** Peter Horree (tl). **120-121 Getty Images:** Paul Starosta / Stone. **121 Getty Images:** Jay Fleming / Corbis

Documentary (crb). **122-123 Dreamstime.com:** Jeneses Imre. **124 Science Photo Library:** Alexander Semenov. **125 Alamy Stock Photo:** Wolfgang Pölzer (crb); World History Archive (cla); Stocktrek Images, Inc. / Brook Peterson (cr). **128-129 Tom Shlesinger**. **128 New World Publications Inc:** Ned DeLoach (tr). **131 Alamy Stock Photo:** Florilegius (cra). **132-133 BioQuest Studios**. **132 Science Photo Library:** Alexander Semenov (tl). **134 123RF.com:** Ten Theeralerttham / Rawangtak (cr). **Getty Images:** Auscape / Universal Images Group (tc). **naturepl.com:** Alex Mustard (tr). **Alexander Semenov:** (c). **135 Alamy Stock Photo:** John Anderson (tc). **Getty Images:** Wild Horizon / Universal Images Group (tr). **naturepl.com:** Georgette Douwma (cl); Norbert Wu (tl); Jurgen Freund (c); David Shale (cr); Georgette Douwma (fcr). **Bo Pardau:** (ftr). **136-137 Alamy Stock Photo:** Pete Niesen. **136 Getty Images:** Oxford Scientific (tc). **138 Science Photo Library:** Andrew J. Martinez (tl). **140-141 Yen-Yi Lee, 142-143 BioQuest Studios**. **144-145 Maurizio Angelo Pasi**. **145 Alamy Stock Photo:** Nature Photographers Ltd / Paul R. Sterry (tr). **146-147 Getty Images:** BigBlueFun / 500px. **147 Kunstformen der Natur by Ernst Haeckel:** (tc). **148 Alamy Stock Photo:** Blickwinkel / W. Layer (tl). **148-149 Nat Geo Image Collection:** David Doubilet. **150-151 Alamy Stock Photo:** David Fleetham. **151 Salty Black Photography by Ernie Black:** (tr). **152 Alamy Stock Photo:** Agefotostock. **153 123RF.com:** Antonio Abrignani (tr). **Kunstformen der Natur by Ernst Haeckel. 154 Alamy Stock Photo:** Reinhard Dirscherl (tr). **155 Image from the Biodiversity Heritage Library:** Atlas Ichthyologique Des Indes Orientales Néêrlandaises : Publié Sous Les Auspices Du Gouvernement Colonial Néêrlandais (tc). **158-159 © Arthur Anker**. **158 Alamy Stock Photo:** Stephen Frink Collection (br). **162 Dreamstime.com:** Isselee (clb); Isselee (bc, crb). **163 Dreamstime.com:** Izanbar. **164 Getty Images:** DEA / N. Cirani / De Agostini. **165 Alamy Stock Photo:** Heritage Image Partnership Ltd / Werner Forman Archive / Art Gallery of New South Wales, Sydney (tl); Heritage Image Partnership Ltd / Werner Forman Archive / Private Collection, Prague (cl). **167 Getty Images:** Giordano Cipriani / The Image Bank (crb). **168-169 Dreamstime.com:** Isselee. **168 Getty Images:** Hal Beral / Corbis (tr). **169 Dreamstime.com:** Isselee (b). **170 Alamy Stock Photo:** Jane Gould (bl). **174 iStockphoto.com:** Marrio31 (cr). **Minden Pictures:** Becca Saunders (tl). **Nat Geo Image Collection:** Joel Sartore - National Geographic Photo Ark (tr). **naturepl.com:** Georgette Douwma (cl); Alex Mustard (tc); Alex Mustard (c); Georgette Douwma (bl); Linda Pitkin (br). **175 Alamy Stock Photo:** Reinhard Dirscherl (cl); Andrey Nekrasov (bl). **naturepl.com:** Fred Bavendam (c); Alex Mustard (tl). **176-177 Alamy Stock Photo:** Blue Planet Archive. **176 Getty Images:** Michael Aw / Stockbyte (bc). **177 Getty Images:** Giordano Cipriani / The Image Bank (tr). **180 Getty Images:** DEA / Archivio J. Lange / De Agostini. **181 Alamy Stock Photo:** Azoor Travel Photo (tr); The History Collection (cl). **182-183 François Libert | flickr.com/ photos/zsispeo/:** (b). **182 Alamy Stock Photo:** David Fleetham (t). **183 Alamy Stock Photo:** David Fleetham (tr). **184-185 iStockphoto.com:** Ilbusca. **186-187 Getty Images:** Aukid Phumsirichat / EyeEm. **187 Alamy Stock Photo:** NZ Collection (bc). **188-189 Getty Images:** Brent Durand / Moment. **189 Alamy Stock Photo:** Mauritius Images GmbH (bc). **190 Alamy Stock Photo:** The History Collection (tr). **190-191 Nat Geo Image Collection:** Cristina Mittermeier. **192 Science Photo Library:** Alexander Semenov (c). **193 Ocean Wise Conservation Association:** Neil Fisher / Vancouver Aquarium (bc). **Science Photo Library:** Alexander Semenov (t). **194 Kunstformen der Natur by Ernst Haeckel. 195 Science Photo Library:** Alexander Semenov (bc); Alexander Semenov (br). **196-197 Rijksmuseum, Amsterdam:** Gift of Mr and Mrs Dissevelt-van Vloten. **197 Alamy Stock Photo:** The History Collection (tr). **199 Alamy Stock Photo:** Nature Picture Library / Richard Robinson (tr). **200-201 BioQuest Studios**. **201 Dr. Karen Osborn:** (tr). **202-203 David Moynahan**. **202 Alamy Stock Photo:** David Fleetham (c). **204 Ramiro Gonzalez:** (bc). **204-205 Todd Aki / https://www.flickr.com/photos/90966819@N00/albums**. **205 Alamy Stock Photo:** StellaPhotography (tc). **Science Photo Library:** Power And Syred (tr). **206-207 ESA:** NASA / A.Gerst. **208-209 Science Photo Library:** Alexander Semenov (t); Alexander Semenov (c). **208 Getty Images:** Wild Horizon / Universal Images Group (br). **210 Alamy Stock Photo:** Stocktrek Images, Inc. / Ethan Daniels (fbr). **naturepl.com:** Alex Mustard (c, cr, fcr, bc, br). **211 Alamy Stock Photo:** Nature Picture Library / Franco Banfi (cr). **Getty Images:** Antonio Camacho / Moment Open (cl). **naturepl.com:** Franco Banfi (bc); Alex Mustard (c); Solvin Zankl (bl); Norbert Wu (br). **Alexander Semenov:** (t). **212 Alamy Stock Photo:** Blickwinkel (tl). **212-213 Getty Images:** Maarten Wouters / Stone. **215 Alamy Stock Photo:** Brandon Cole Marine Photography (bc). **216-217 Getty Images:** Fine Art / Corbis Historical. **217 Alamy Stock Photo:** Antiquarian Images (tc). **220-221 Alexander Semenov. 221 naturepl.com:** Sue Daly (tc). **222 Alamy Stock Photo:** Pulsar Imagens (tr); WaterFrame (cr). **iStockphoto.com:** Searsie (bc). **Museums Victoria:** Chris Rowley / CC BY 4.0 (cl). **Nat Geo Image Collection:** Joel Sartore - National Geographic Photo Ark (br). **naturepl.com:** Sue Daly (tl); Georgette Douwma (tc); Visuals Unlimited (c); Lynn M. Stone (bl). **223 iStockphoto.com:** Tae208 (tl). **naturepl.com:** Georgette Douwma (br); Norbert Wu (cl); David Shale (bl). **224 Alamy Stock Photo:** Panther Media GmbH / Jolanta WÃ³jcicka (bc). **226-227 Edwar Herreno**. **226 James Ferrara:** (b). **228-229 Jorge Cervera Hauser / Pelagic Fleet. 229 Dreamstime.com:** Sergey Uryadnikov (tc). **230-231 SuperStock:** Minden Pictures. **232 Science Photo Library:** Alex Mustard / Nature Picture Library. **233 Alamy Stock Photo:** Imagebroker (br); Andrey Nekrasov (cb). **naturepl.com:** Visuals Unlimited (cra). **234-235 Getty Images:** Yuichi Sahacha / 500Px Plus. **238-239 Davide Lopresti**. **239 iStockphoto.com:** Clintscholz / E+ (tr). **240-241 Malcolm Thornton Photography**. **240 Getty Images:** Wei Hao Ho / Moment (clb). **242 National Audubon Society:** (bc). **naturepl.com:** Alan Murphy / BIA (t); Tui De Roy (br). **243 Alamy Stock Photo:** Paul Barnes. **244-245 Alamy Stock Photo:** Design Pics Inc / Tom Soucek. **245 Science Photo Library:** Thomas & Pat Leeson (tr). **246-247 Sheila Smart Photography**. **247 iStockphoto.com:** Cinoby / E+ (bc). **248-249 Gabriel Barathieu:** underwater-landscape.com. **250-251 NASA:** Image By Norman Kuring, Nasa's Ocean Color Web. **252 Alamy Stock Photo:** Imagebroker (b). **252-253 naturepl.com:** Brandon Cole. **254-255 iStockphoto.com:** Bitter. **256-257 Science Photo Library:** Alexander Semenov. **256 NOAA:** Kevin Raskoff, Cal State Monterey / Hidden Ocean Expedition 2005 / NOAA / OAR / OER (ca). **258 Alamy Stock Photo:** Science History Images / Eric Grave (tc). **Science Photo Library:** Wim Van Egmond (tl, cl, cr); Raul Gonzalez (tr); Marek Mis (c). **259 Alamy Stock Photo:** Scenics & Science (tr). **Jan van IJken Photography & Film:** (br). **Science Photo Library:** Wim Van Egmond (tl, tc, cl); Marek Mis (ftl); M. I. Walker (fcl). **260-261 Science Photo Library:** Alexander Semenov. **261 Alamy Stock Photo:** Nature Photographers Ltd / Paul R. Sterry (tr). **262 naturepl.com:** David Shale (crb, cl). **262-263 naturepl.com:** David Fleetham. **263 Nat Geo Image Collection:** Emory Kristof (tr). **264-265 Alamy Stock Photo:** Nature

Picture Library / Alex Mustard. **266 Alamy Stock Photo:** Nature Picture Library / Solvin Zankl. **267 Alamy Stock Photo:** Chronicle (bc); Nature Picture Library / Solvin Zankl (tr). **268 Dreamstime.com:** Aleksey Solodov (tl). **Jonathan Lavan | Underpressure Nature Photography:** (br). **269 Alamy Stock Photo:** Artmedia. **270 Alamy Stock Photo:** Jeff Mondragon (bc); Visual&Written Sl / Kelvin Aitken (cr); Andrey Nekrasov (bl). **naturepl.com:** Gary Bell / Oceanwide (tr); David Shale (tl); Jurgen Freund (cl); Doug Perrine (c). **Science Photo Library:** Andrew J. Martinez (br). **Alexander Semenov:** (tc). **271 Science Photo Library:** Alexander Semenov (tl, tr, c). **Alexander Semenov:** (tc). **272-273 Jorge Cervera Hauser / Pelagic Fleet. 273 Getty Images:** Torstenvelden (tc). **274-275 NASA:** Goddard Space Flight Center Scientific Visualization Studio. **276-277 Getty Images:** Benjamin Lowy / The Image Bank. **278-279 © Jordi Chias Pujol**. **279 Alamy Stock Photo:** Minden Pictures / Norbert Wu (tr). **280-281 Getty Images:** Fine Art / Corbis Historical. **281 Alamy Stock Photo:** Art Collection 2 (tr). **282 Alamy Stock Photo:** Solvin Zankl (t). **283 Getty Images:** E. Widder / HBOI. **284-285 Shawn Heinrichs**. **285 Taxidermy by Kevin Halle:** (bc). **286 Alamy Stock Photo:** David Tipling Photo Library (br). **286-287 Paul Cottis**. **288-289 naturepl.com:** Doc White. **290-291 NASA:** Earth Observatory image created by Robert Simmon, using EO-1 ALI data provided courtesy of the NASA EO-1 team. **292-293 Jorge Cervera Hauser / Pelagic Fleet. 293 naturepl.com:** Doug Allan (bc). **294-295 iStockphoto.com:** Zu_09 / Digitalvision Vectors. **296 Alexander Semenov:** (tl, tc, bl, bc). **297 Alexander Semenov:** (tl, bl). **298-299 Florian Ledoux Photography**. **300 Nat Geo Image Collection:** Keith Ladzinski (tl). **300-301 naturepl.com:** Ingo Arndt. **301 Alamy Stock Photo:** National Geographic Image Collection / Paul Nicklen (tr). **302 Alamy Stock Photo:** Andrey Nekrasov. **303 Alamy Stock Photo:** Paulo Oliveira (tr). **304 naturepl.com:** Shane Gross (fcr); Solvin Zankl (cl); Doug Perrine (cr); Solvin Zankl / Geomar (bc); David Shale (br); Solvin Zankl (fbr). **305 Alamy Stock Photo:** Nature Picture Library / Doug Perrine (t). **naturepl.com:** Doug Perrine (c); Solvin Zankl (cl); Solvin Zankl (bl); Solvin Zankl (bc); Solvin Zankl (br). **306-307 Daisy Gilardini Photography**. **307 Getty Images:** Richard McManus / Moment (tr). **308 Alamy Stock Photo:** Agefotostock / Eric Baccega (b). **309 Valter Bernardeschi**. **310-311 Mike Reyfman Photography**. **310 naturepl.com:** Sylvain Cordier (b). **312-313 © Rasch-Photography | Ralf Schneider**. **313 Dreamstime.com:** Tarpan (t). **314-315 Alamy Stock Photo:** National Geographic Image Collection / Marcin Dobas. **316-317 Getty Images:** Sergei Gladyshev / 500px Plus. **317 Alamy Stock Photo:** Steve Davey Photography (tr). **318-319 Nat Geo Image Collection:** Paul Nicklen.

Endpaper Images: *Front and Back:* **Tom Shlesinger**

For further information see: www.dkimages.com

해양
도감

차례

해양 도감

세밀화로 보는 해양 생물의 분류

공인된 생물 분류 체계 덕분에 과학자들은 전 세계적으로 통용되는 명명법을 사용한다. 공통적인 특징에 따른 분류는 생명체가 서로 어떻게 관련되어 있는지 보여 준다.

생물의 분류

생물종을 정확히 논의할 수 있으려면 과학자들은 어디서든 의미가 같은 이름을 붙일 필요가 있다. 또 생물종끼리 어떤 관계가 있는지를 이해할 수 있도록 이들을 함께 분류하는 방법도 필요하다. 18세기 스웨덴의 박물학자인 칼 폰 린네(Carl von Linné, 1707~1778년)는 2개의 단어로 생물종에 이름을 붙이는 이명법을 고안해 획기적인 발전을 이루었다. 라틴 어로 된 이름에서 첫 번째 단어는 속명으로서 서로 관련된 몇몇 종에서 같게 나타난다. 두 번째 단어는 이름을 특정한 종으로 제한한다. 이명법에 따른 학명은 이탤릭체로 표기하고 속명은 대문자로 시작한다. 이런 분류 체계는 크게 확장되어 오늘날에도 이용되고 있다.

유기체를 더 크게 분류하는 과학적 이름도 물론 있다. 맨 위에는 계(kingdom)가 있고, 모든 동물은 하나의 계를 이룬다. 선택된 분류 체계에 따라 4~5개의 다른 계(동물계, 식물계, 세균계, 균류계, 원생생물계)가 존재한다. 오늘날의 분류는 진화를 통해 얼마나 밀접한 관련이 있는지에 따라 생물을 분류한다.

종을 명명하다
1766년, 린네는 모든 거북을 하나의 속인 테스투도속(*Testudo*)에 넣고 매부리바다거북을 테스투도 임브리카타(*Testudo imbricata*)로 명명했다. 1843년, 오스트리아의 동물학자 레오폴드 피트징거(Leopold Fitzinger, 1802~1884년)는 이 종에 고유의 속명 에레트모첼리스속(*Eretmochelys*)을 부여했다.

머리 비늘 **패턴은** 이 종에서만 볼 수 있다.

매부리바다거북

거북의 분류

다른 종과 마찬가지로 매부리바다거북 역시 점점 커지는 다양한 수준의 계층구조 내에서 분류된다. 속은 과로, 과는 목으로, 이런 식으로 계속 모여든다. 다양한 단계는 생물 계통수에서 종의 위치를 나타내는 방식 가운데 하나이다.

문(phylum)
동물계에는 상위 단계에 속한 30개가량의 문이 존재한다. 거북이 포함된 문은 척삭동물문(Chordata)이고 여기에는 모든 척추동물뿐만 아니라 일부 무척추동물까지 포함된다.

강(class)
거북은 파충강(Reptilia)으로 분류되며, 여기에는 도마뱀, 뱀, 악어, 멸종된 공룡도 포함된다.

목(order)
모든 거북은 거북목(Testudines)으로 분류되며, 여기에는 350개가량의 현존하는 종이 포함된다.

과(family)
7종의 바다거북은 2개의 과로 분류된다. 그중 장수거북과(Dermochelyidae)에는 장수거북만이 포함되는 데 비해 바다거북과(Cheloniidae)에는 매부리바다거북을 비롯한 6종의 거북이 포함된다.

속(genus)
매부리바다거북속(*Eretmochelys*)에는 유일하게 매부리바다거북만 존재한다. 매부리바다거북과 아주 가까운 관계에 있는 다른 바다거북이 없다는 의미이다.

종(species)
매부리바다거북(*Eretmochelys imbricata*)처럼 서로 짝짓기를 해 번식 능력이 있는 새끼를 낳을 수 있는 개체들은 같은 종으로 정의된다.

예술로 표현된 자연

1904년 독일의 생물학자인 에른스트 하인리히 필리프 아우구스트 헤켈(Ernst Heinrich Philipp August Haeckel, 1834~1919년)은 원래는 일부만 발표했던 그림을 모아 세밀화 작품집『자연의 예술적 형상(*Kunstformen der Natur*)』(1904년)을 완성했다. 이 책은 해파리와 같이 세상에 덜 알려진 수많은 생명체의 아름답고 복잡한 형태에 관한 관심을 불러일으켰다.

남세균

남세균문(Cyanobacteria) 세균계(Bacteria)

남세균은 한때 남조류로도 불렸으며 광합성을 하는(햇빛 에너지를 통해 먹이를 만들어 내는) 가장 작은 유기체다. 단세포나 플랑크톤의 뒤엉킨 섬유 형태로 살아가거나 바위에 붙어 있다. 이들의 작은 세포에는 대부분의 유기체 세포와 달리 뚜렷한 세포핵이 없다. 많은 남세균은 다른 유기체가 쓸 만한 화합물에 대기 중의 질소를 결합해 해양을 비옥하게 만들고 특히 따뜻하고 양분이 부족한 지역의 해양 광합성에서 중요한 역할을 한다. 어떤 의미에서 이 세균은 지구에서 광합성을 처음 시작한 생명체로서 더 큰 유핵세포에 먹히고 합쳐진다고 알려져 있다. 그런 남세균은 결국 현존하는 모든 식물과 조류 세포에서 볼 수 있는 엽록체로 바뀌었다.

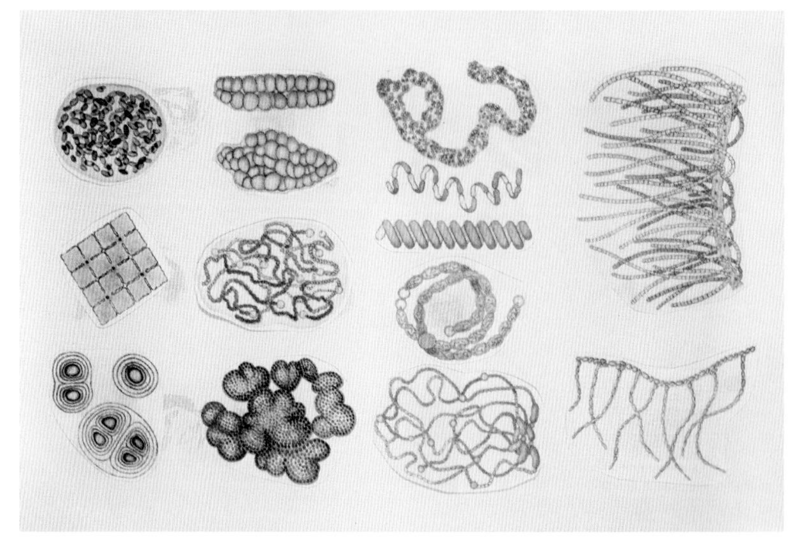

남세균
이 삽화는 다양한 남세균을 현미경으로 들여다본 모습을 보여 준다. 이들의 형태는 증식을 통해 섬유나 군체를 형성할 때 세포가 달라붙어 생긴 결과이다.

와편모류

와편모류하문(Dinoflagellata) 미조조아문(Myzozoa) 유색생물계(Chromista)

와편모류는 광합성을 하는 해양의 주요 플랑크톤으로서 단세포 유기체이다. 전형적인 독립생활형에 속하는 와편모류는 허리 부위의 홈에 의해 둘로 나뉘고 홈에 감긴 편모를 회전해 움직인다. 두 번째 편모는 그 뒤로 뻗어 있다. 이 유기체는 이런 편모를 이용해 물속에서 나선형으로 운동할 수 있다. 많은 종은 정교한 방호 기관을 갖추기도 한다. 와편모류는 다른 플랑크톤을 잡아 흡수하면서 작은 동물 같은 행동을 보이기도 한다. (광합성을 하는) 엽록체가 없는 종에게 와편모류는 유일한 식량원이다. 와편모류가 해양에서 대규모로 발생하면 적조(red tide) 현상이 발생할 수 있다. 대개 황록공생조류로 불리는 와편모류는 공생을 통해 산호에게 먹이를 제공한다.

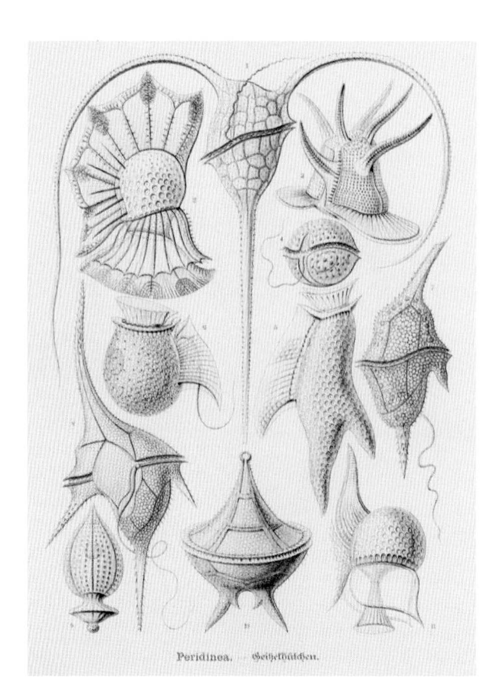

와편모류의 다양성
와편모류의 크기와 형태는 매우 다양하다. 물결 모양을 한 와편모류 특유의 편모 두 가닥은 여기 소개하는 삽화에서도 살펴볼 수 있다.

방산충

방산충문(Radiozoa) 유색생물계(Chromista)

방산충은 해양 플랑크톤에 풍부한 단세포 유기체이다. 복잡한 규산질의 골격을 갖고 있으며, 골격의 주요 부분은 세포의 핵심적인 부분을 포함하는 구멍 뚫린 외골격을 형성한다. 이런 외골격은 구형이나 막대형 같은 다양한 형태를 띨 수 있다. 외골격의 구멍을 통해 위족으로 불리는 긴 방사상 조직이 뻗어 나오며, 골격에서 자란 골침이 수반되기도 한다. 방산충이 위족을 이용해 플랑크톤의 형태로 떠다니는 먹이를 잡는 모습은 작은 동물과도 같다. 많은 종은 세포 속의 황록공생조류와 와편모류를 통해 먹이를 얻을 수도 있다. 방산충은 부력을 조절해 물속에서 뜨고 가라앉는다. 죽은 뒤에 골격은 해저로 가라앉아 방산충 연니(radiolarian ooze)라는 퇴적물로 쌓인다.

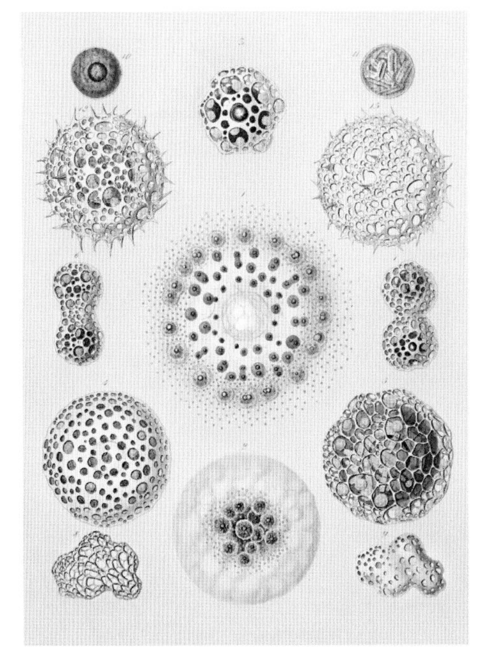

방산충 골격
19세기에 그려진 이 삽화는 몇 가지 방산충 골격을 보여 준다. 위족이 뻗어 나올 구멍이 뚜렷이 보인다.

유공충

육질편모동물문(Foraminifera) 유색생물계(Chromista)

유공충은 방산충과 비슷한 단세포 유기체로, 단단한 골격이 있고 긴 위족을 이용해 먹이를 잡는다. 거의 대부분이 해저에서 살아가며 골격은 탄산칼슘으로 이루어져 있지만, 모래 알갱이나 유기 물질로 이루어진 유공충도 있다. 골격은 각 방이 이전의 방보다 큰 일련의 방이 늘어선 모양으로 자라며 골격이 자라면서 더 많은 방이 세포를 차지한다. 그 결과 나타난 형태는 종에 따라 천차만별이다. 각 개체는 위족을 이용해 바다 밑바닥을 따라 기어다닐 수도 있다. 일부 유공충은 너비가 20센티미터에 이르기도 하는데, 단세포동물치고는 매우 큰 것이다. 방산충과 마찬가지로 유공충 역시 공생조류가 들어있는 경우가 있으며, 골격은 심해의 연니를 형성한다.

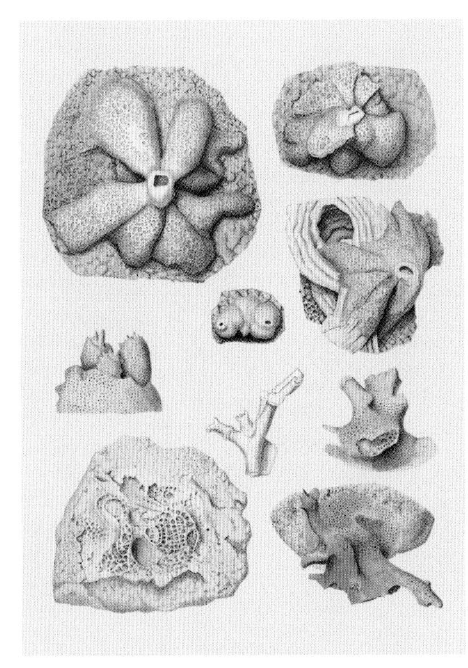

심해의 유공충
1884년에 그려진 심해 유공충 삽화는 일부 종이 만들어 낸 불규칙한 형태의 골격을 보여 준다. 그 밖의 수많은 종은 달팽이 같은 골격으로 자란다.

석회비늘편모류

착편모조강(Prymnesiophyceae) 착편모조류문(Haptophyta) 유색생물계(Chromista)

편모류는 단세포의 식물 플랑크톤으로서 광합성을 통해 스스로 먹이를 만들어 낸다. 구형을 띠는 이들 편모류는 코콜리드(coccolith)로 불리는 원반 모양의 판으로 된 단단한 덮개를 갖고 있다. 코콜리드의 주요 성분은 탄산칼슘이다. 석회비늘편모류가 죽고 나면 해저로 가라앉아 보존되는데, 백악이라 불리는 석회질 암석은 대개 이런 코콜리드로 이루어져 있다. 이 유기체가 살아 있을 때는 다양한 온도와 양분 조건에서 활발한 성장을 보인다. 코콜리드는 작은 거울처럼 햇빛을 반사해 바닷물이 우윳빛을 띨 수도 있다. 화이트 워터로 불리는 이 현상은 해양 표면에서는 물론 인공위성에서도 관측된다. 이들이 모이면 순이산화탄소를 흡수하는 능력이 생기며, 석회비늘편모류가 기후 변화에 미치는 효과와 관련된 연구가 진행되고 있다.

화석이 된 코콜리드

이 삽화는 확대된 코콜리드 화석을 보여 준다. 살아 있는 동안 석회비늘편모류 세포마다 외골격을 덮은 원반 모양의 구조를 상당수 갖는다.

규조류

규조강(Bacillariophyceae) 대롱편모조식물문(Ochrophyta) 유색생물계(Chromista)

규조류는 광합성을 하는 플랑크톤 가운데 가장 중요한 부류에 속하며 해양 먹이 사슬의 기본이 된다. 수천 종에 이르는 이 초소형 단세포 유기체는 대개 독립된 세포로 자란다고 알려져 있으나 여러 개체가 사슬처럼 이어진 채 자라기도 한다. 세포질은 규조각으로 불리는 규산질 상자에 싸여 보호를 받는다. 규조각은 서로 맞물리도록 포개진 2개의 반쪽으로 이루어져 있으며 흔히 복잡한 문양을 하고 있다. 무성생식을 하는 동안 세포가 분열되면 각각의 '딸세포'는 절반의 규조각을 받아 그 안에서 더 작은 절반만큼 자란다. 규조류 세포가 세대 교체를 하면서 점점 줄어들다가 껍질이 없는 단계에 이르게 된다는 것을 의미한다. 2개의 껍질이 새로 만들어지면 세포는 원래의 크기를 회복한다.

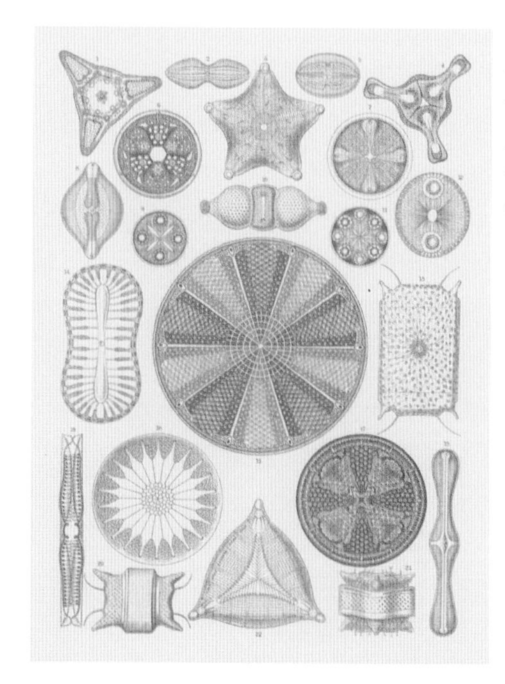

대칭을 이루는 골격

규조류의 골격은 대칭형으로 자라며, 헤켈의 『자연의 예술적 형상』에 소개된 이 삽화에서 보듯 길쭉한 모양, 원반 모양, 사각형, 심지어 삼각형에 이르기까지 다양한 형태를 띤다.

갈조류

갈조강(Phaeophyceae) 대롱편모조식물문(Ochrophyta) 유색생물계(Chromista)

갈조류는 2000종가량 되고 여기에는 태평양 연안에 서식하는 길이가 30미터가 넘는 자이언트켈프(*Macrocystis pyrifera*)도 포함된다. 다른 해조류처럼 갈조류 역시 육지 식물에 비해 단순한 구조를 보이고 양분을 흡수하는 뿌리가 아닌 부착기를 이용해 표면에 붙어 있다. 갈조류 조직에는 엽록소뿐만 아니라 빛을 흡수하는 다른 색소도 들어 있어서 전형적인 황록색을 띤다. 갈조류는 시원한 지역의 해안가에서 특히 잘 자란다.

켈프과에는 자이언트켈프뿐만 아니라 썰물 때의 수면 아래에서 주로 자라는, 이보다 작지만 여전히 상당한 크기의 노나 리본처럼 생긴 갈조류도 있다. 그 밖에 흔한 갈조류인 랙(wrack)은 노출에 더욱 강해서 안전한 지역의 암초가 많은 해안을 뒤덮는 경우가 많다. 랙의 엽상체는 가지처럼 뻗어 있고 공기가 채워진 부표가 있어서 물에 뜰 수 있게 해 준다. 미끈미끈한 점액은 물속에서 엽상체끼리 달라붙지 않게 해 주고 표면이 말라붙지 않게 보호해 주는 역할을 한다. 랙에는 자유롭게 떠다니는 모자반류도 포함되며 외해에 서식지가 형성된다. 더 작은 다양한 형태의 갈조류가 이밖에도 수없이 많다.

자이언트켈프
자이언트켈프에서 나온 이 엽상체 표본은 남아프리카에서 채취한 것으로 런던 자연사 박물관에 소장되어 있다.

대황(*Halidrys siliquosa*, sea oak)

히만탈리아 엘롱가타(*Himanthalia elongata*, thongweed)

켈프(*Ecklonia radiata*, common kelp)

경단구슬모자반(*Sargassum muticum*, wireweed)

홍조류

홍조문(Rhodophyta) 식물계(Plantae)

전 세계적으로 7000종이 넘는 홍조류는 가장 다양한 해조류에 속한다. 홍조류는 피코빌리단백질(phycobiliprotein) 때문에 대개 분홍색이나 붉은색을 띤다. 이 색소는 광합성에 필요한 빛을 홍조류가 더 많이 흡수할 수 있게 도와주고 상당수의 홍조류가 깊은 바닷속에서도 자랄 수 있게 해 준다. 홍조류는 갈조류에 비해 크기가 작고 가냘프지만 형태는 매우 다양하다. 대기 중에 오래 노출되면 살 수 없기 때문에 대부분 바위 웅덩이나 썰물 때의 수면 밑에서 자라고, 간혹 다른 해조류 위에서 발견되기도 한다. 일부 온대종은 1년생으로 겨울이 되면 잎이 진다. 젤라틴 요리나 세균 배양액에 필요한 물질인 한천을 추출하기 위해 홍조류 양식이 많이 이루어지고 있다. 반면 김 같은 일부 식용 홍조류는 바다에서 채취하기도 한다.

조직에 탄산칼슘이 매장되어 있어서 단단한 구조를 가진 '산호질' 홍조류도 많다. 여기에는 전 세계에 서식하는 아름다운 깃털 모양의 참산호말, 바위 위의 분홍 얼룩처럼 보이는 페인트위드(paintweed)도 포함된다. 모래로 덮인 해저에서 느슨하게 뻗어 나간 단단한 결절처럼 자라면서 다른 유기체의 서식지를 형성하는 마를(maerl)도 여기에 들어간다.

홍조류

오늘날 줄엷은잎(*Myriogramme livida*)으로 알려진 연약한 홍조류는 남극해가 원산지로, 여기 보이는 표본도 남극해에서 채취한 것이다.

마스토카르푸스 스텔라투스(*Mastocarpus stellatus*, Irish moss)

참산호말(*Corallina officinalis*, coral weed)

김(*Porphyra umbilicalis*, laver)

녹조류와 미세조류

녹조식물문(Chlorophyta) 식물계(Plantae)

녹조류는 육지 식물과 가장 가까운 해조류다. 수많은 녹조류는 작고 연약해서 훨씬 큰 갈조류(『해양 도감』 9쪽 참조)가 형성해 놓은 은신처에서 살아간다. 녹조류의 형태는 다양하며, 일부는 거대한 단세포로 이루어져 있어서 세포 기능에 관심을 보이는 과학자들의 연구 대상이 된다. 그밖에 부드러운 해저에서 수평으로 줄기를 뻗어 헛뿌리(가근)을 이용해 바닥에 몸을 고정하는 녹조류도 있다. 열대의 부드러운 해저에 서식하는 종(*Caulerpa cylindracea*)은 지중해에서도 급속히 퍼졌다. 지구상에 널리 퍼진 식용 갈파래는 민물에서도 잘 견디고 하천이 해변과 교차하는 곳에서도 흔히 볼 수 있다.

녹조류는 열대 지역에서 훨씬 폭넓은 다양성을 보여 준다. 조직에 탄산칼슘을 축적하는 '선인장' 해조류는 죽을 때 조직이 허물어지면서 산호모래를 형성한다. 먼지떨이, 버섯, 심지어 반짝이는 초록색 구의 형태도 있다. 단세포의 미세조류는 특히 양분이 풍부한 바닷물에 다양하다. 그중 일부는 말미잘을 비롯한 해양 생물 내부에서 공생 관계를 유지하며 살아가고 공생녹조류로 불린다.

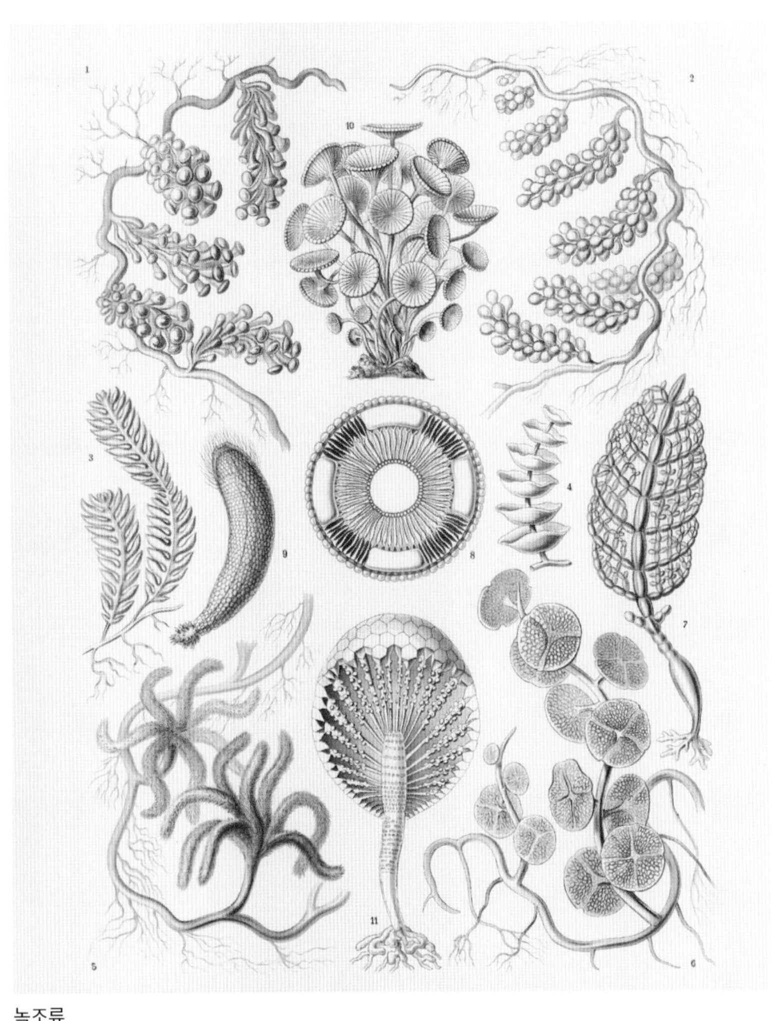

녹조류

이 삽화는 바다포도(*Caulerpa racemosa*, 도1)와 삿갓말(도10)이 포함된 엄선된 녹조류를 보여 준다. 두 종류 다 거대한 단세포이지만 바다포도에는 수많은 핵이 들어 있다.

갈파래(*Ulva lactuca*, sea lettuce)

개청각(*Codium tomentosum*, velvet horn)

발로니아 벤트리코사(*Valonia ventricosa*, sailor's eyeball)

삿갓말(*Acetabularia acetabulum*, mermaid's wineglass)

해초

택사목(Alismatales) 목련강(Magnoliopsida) 관다발식물문(Tracheophyta)

해초는 바다에 완전히 잠긴 채 살아가는 진정한 현화식물(꽃식물)이다. 해초는 온대와 열대 지역의 안전하고 얕은 바닷물에서 광범위한 '초지'를 형성한다. 해초대는 새끼 물고기, 해마를 비롯한 여러 해양 동물의 중요한 서식지가 된다. 듀공, 매너티, 바다거북은 따뜻한 위도에 있는 해초대에서 해초를 뜯어 먹는다.

해초는 택사목에 있는 다양한 과에 속한다. 진짜 풀은 아니어도 수많은 해초가 길고 풀처럼 생긴 잎을 가지고 있다. 할로필라속(*Halophila*)의 잎이 넓은 종은 가장 큰 예외종이다. 그런 종은 해저의 퇴적물에 묻힌 채 수평으로 뻗는 뿌리줄기를 이용해 퍼져나가며 살아가려면 깨끗한 물이 필요하다. 뿌리줄기는 양분을 저장하고 수명이 길다. 해왕성풀로 이루어진 지중해의 일부 해초대는 수천 년에 걸쳐 형성된 것으로 추정된다. 대부분의 해초에서 수꽃과 암꽃은 서로 다른 식물에서 핀다. 배출된 꽃가루는 물속에 잠긴 암꽃을 만날 때까지 물속에서 이리저리 움직일 수도 있고, 꽃이 수면에 떠 있는 일부 종에서는 꽃가루도 물 위를 떠다니게 된다. 씨앗은 종에 따라 크기에서 큰 차이를 보인다. 해초는 소식물체를 배출하거나 분리된 식물 파편에 의해 무성 생식을 하기도 한다.

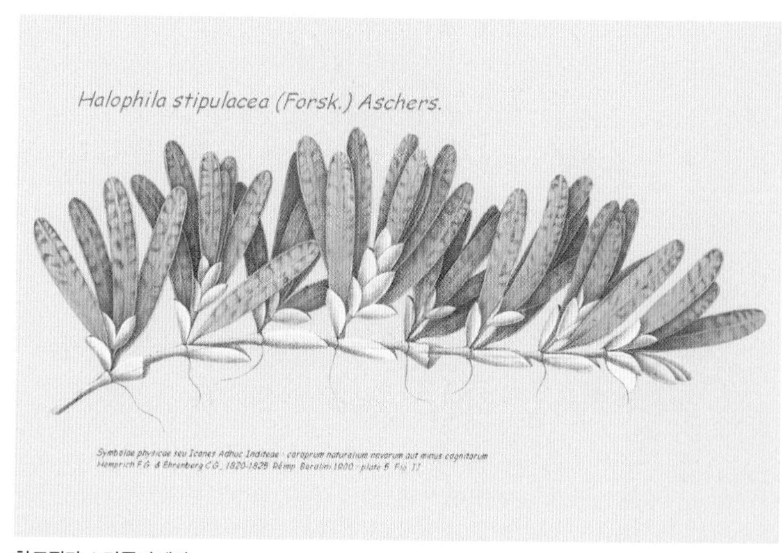

할로필라 스티풀라케아
인도양이 원산지인 넓은 잎을 가진 해초(*Halophila stipulacea*)는 지중해와 카리브 해까지 번진 침입종이 됐다.

거머리말(*Zostera marina*, common eelgrass)

에날루스 아코로이데스(*Enhalus acoroides*, tape seagrass)

해호말, 패들위드(*Halophila ovalis*, paddle weed)

해왕성풀(*Posidonia oceanica*, Neptune grass)

맹그로브

쥐꼬리망초과(Acanthaceae), 홍수과(Rhizophoraceae) 등 목련강(Magnoliopsida)

맹그로브는 따뜻한 지역의 안전한 해안에 조간대 숲을 형성하는 염분에 강한 나무다. 맹그로브는 육지와 해양 생명체에 모두 중요하며, 뿌리 사이에서 은신처를 찾는 어린 물고기에게 특히나 중요하다(『해양』 106~107쪽 참조). 몇 가지 식물군에서 나온 나무들이 진화를 통해 맹그로브가 되었다.

플로리다 주와 카리브 해의 맹그로브 생태계에서는 3가지 종이 두드러진다. 레드맹그로브는 줄기 높은 곳에서 자라는 아치 모양의 뿌리를 이용해 몸체를 떠받치면서 바다 쪽 경계에서 자란다. 뿌리 윗부분에서 흡수된 산소는 진흙 아래에 묻힌 여러 부분으로 전달된다. 싹이 튼 씨앗은 여전히 나무에 달린 채 길고 뾰족한 묘목으로 자란다. 떨어진 묘목은 진흙에 내리꽂힌 즉시 자라기 시작한다. 블랙맹그로브는 레드맹그로브보다 육지 쪽에서 자란다. 바닥에 묻힌 뿌리는 수직으로 위쪽을 향해 자라며 기근으로 불리는 못처럼 생긴 구조를 만들어 대기 중의 산소를 흡수한다. 화이트맹그로브(*Laguncularia racemosa*)는 훨씬 더 내륙 쪽에서 자란다. 인도양-태평양 지역에는 비슷하면서도 더 많은 종으로 이루어진 맹그로브 숲이 있다.

레드맹그로브 묘목
이 삽화는 긴 창 모양의 레드맹그로브 묘목이 나무에 붙은 채로 자라다가 속이 빈 열매만 남긴 채 바닥에 떨어지는 과정을 보여 준다.

블랙맹그로브(*Avicennia germinans*, black mangrove)

레드맹그로브(*Rhizophora mangle*, red mangrove)

해면

해면동물문(Porifera) 동물계(Animalia)

해면은 가장 단순한 구조로 된 다세포 동물이다. 해저의 한 지점에 붙은 채로 살아가며 다채로운 색을 띤 많은 종이 산호초에 흔히 서식한다. 간혹 큰 해면도 발견되지만, 신경계나 전문화된 기관은 가지고 있지 않다. 가장 단순한 종은 속이 빈 컵이나 꽃병처럼 생겼다. 해면은 측면의 작은 입수공을 통해 받아들인 물을 맨 위쪽의 커다란 출수공을 통해 배출한다. 그 과정에서 작은 먹이 입자가 걸러진다. 체벽에 있는 수천 개의 세포에 붙은 작은 털(편모)을 휘둘러 물살을 만들어 낸다. 일부 종은 내부에 위강과 구계(관계)처럼 더 복잡한 구조를 갖기도 하고 개체가 서로 합쳐져 군체를 형성하기도 한다.

해면의 몸은 다양한 구조적 요소로 지탱된다. 가장 흔한 하위군인 보통해면류는 콜라겐으로 불리는 거친 단백질에 의해 지탱된다. 석회질 종에서는 골편으로 불리는 탄산칼슘으로 이루어진 작은 골격 단위가 골격을 형성한다. 심해의 육방해면류에도 골편이 있지만 이산화규소로 이루어져 있다. 기하학적으로 다양한 형태를 띠는 골편은 종을 식별하는 데 이용된다.

다양한 형태
1864년 프랑스에서 발간된 책에 소개된 카리브 해 해면 삽화는 다양한 해면 종의 다양한 성장 형태를 보여 준다.

석회해면류(*Callyspongia plicifera*, calcareous sponge)

보통해면강(Class Demospongiae, demosponge)

보통해면류(Clathrinidae family, demosponge)

육방해면류(Class Hexactinellida, glass sponge)

말미잘과 석산호류

육방산호아강(Hexacorallia) 산호충강(Anthozoa) 자포동물문(Cnidaria)

말미잘과 석산호류는 해파리와 마찬가지로 체표면에 있는 자포로 유명한 자포동물문에 속한다. 폴립으로 알려진 몸은 컵 모양이며 신축성 있는 틈처럼 생긴 입이 촉수에 둘러싸여 있다. 말미잘은 촉수를 이용해 새우와 작은 물고기를 잡거나 플랑크톤을 먹기도 한다. 머리나 뇌가 없는 말미잘은 움직임이 느려서 대개 바위에 붙어 있거나 퇴적물에 몸을 반쯤 묻은 채 살아간다. 그런 말미잘도 천적을 피할 때는 놀라운 기동력을 보여 준다. 일부 열대종은 너비가 1미터까지 자랄 수 있다.

석산호류는 말미잘과 가까운 친척뻘이다. 일부 종은 혼자서 살아가는 단생이지만, 대부분은 군체를 이룬다. 작은 폴립 개체는 서로 연결된 상태로 성장하면서 증식하고 그 결과 수천에 이르는 개체의 연속적인 조직이 만들어진다. 산호 폴립은 백악질 골격을 몸체 밑에 저장해 끊임없이 자라는 지지대를 만들어 내며, 형태는 종마다 다르다. 석산호류는 그레이트 배리어 리프 같은 산호초를 만들어 내는 주요 산호로 꼽힌다. 산호는 동물계에 속하지만, 얕은 바다에 사는 많은 종은 먹이를 공급해 주는 황록공생조류 같은 조류의 숙주가 되어 함께 살아간다.

말미잘
이 삽화는 말미잘의 다양한 형태뿐만 아니라 갈라진 틈처럼 생긴 특유의 입(도7)과 촉수를 안으로 집어넣었을 때의 모습(도9)도 보여 주고 있다.

북방레드말미잘(*Urticina felina*, northern red anemone)

매그니피센트말미잘(*Heteractis magnifica*, magnificent sea anemone)

플라워팟산호(*Genus Gonipora*, flowerpot coral)

뇌산호(*Colpophyllia natans*, boulder brain coral)

연산호, 부채산호, 가시선인장

팔방산호아강(Octocorallia) 산호충강(Anthozoa) 자포동물문(Cnidaria)

팔방산호(octocoral)로 알려진 이들 해양 동물은 작은 폴립으로 이루어진 군체를 형성한다. 석산호(『해양 도감』 15쪽 참조)와 달리 폴립은 8개의 촉수만을 가지고 있고, 가까이 보면 촉수마다 깃털 같은 생김새를 한 짧은 곁가지가 달려 있다. 폴립은 위협을 느끼면 군체 속으로 움츠러든다. 팔방산호는 엄청난 다양성을 자랑한다. 이들은 작은 유기체와 떠다니는 조류를 먹이로 삼으며, 위험하지 않은 찌르는 세포(자포)를 가지고 있다. 군체는 물속의 표면에 달라붙어 살아가지만 헤엄쳐 다니는 유생은 군체를 다른 곳에 퍼뜨린다. 팔방산호의 골격은 석산호처럼 바깥쪽이나 아래쪽보다는 조직 내부에 자리 잡고 있다. 일부 종(*Alcyonium digitatum*, 손가락연산호)은 폴립이 뻗어 나갈 때 촉감이 부드럽다. 다른 군체는 경피로 불리는 작고 단단한 입자에 의해 골격이 강화되거나 고르고닌으로 불리는 경단백질로 이루어진 골격이 연속적으로 갈라져 나온다. 부채산호(sea fan)와 채찍산호(sea whip)는 하나로 이어진 골격을 가지고 있다. 이들 산호는 산호초에서 흔히 볼 수 있고 바닷물에서 먹이 입자를 걸러낸다. 청산호와 관산호 등 일부 종은 경산호와 비슷한 점이 많다. 부드러운 퇴적물에서 살아가는 가시선인장(sea pen, 펜산호)과 바다표고(sea pansy)는 폴립을 뻗어 퇴적물에 파고드는 방식으로 군체를 고정한다.

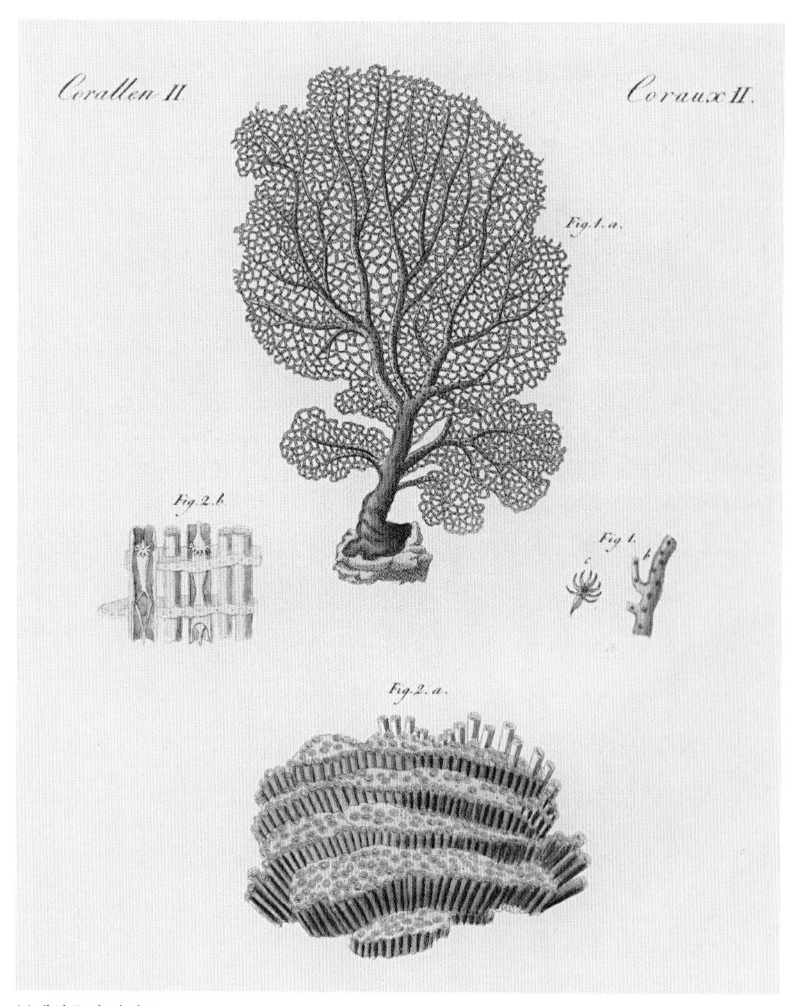

부채산호와 관산호
프리드리히 베르투크(Friedrich Bertuch, 1747~1822년)의 『아동용 그림책(*Bilderbuch für Kinder*)』에 나오는 이 삽화는 관산호(아래)와 부채산호(위)를 보여 준다. (확대된) 작은 폴립은 위협을 느끼면 골격 안으로 들어갈 수 있다.

연산호(*Dendronephthya hemprichi*, common soft coral)

오렌지펜산호(*Ptilosarcus gurneyi*, orange sea pen)

비너스부채산호(*Gorgonia flabellum*, Venus sea fan)

붉은채찍산호(*Ellisella cercidia*, red whip coral)

해파리

해파리강(Scyphozoa) 자포동물문(Cnidaria)

해파리는 말미잘(『해양 도감』 15쪽 참조)을 뒤집어 놓은 것처럼 생겼다. 갓처럼 생긴 해파리 형태는 메두사로 불린다. 입은 아래쪽으로 나 있고 4개나 8개의 주름진 '입팔(구완)'이 거기에 매달려 있다. 대개 몸 가장자리를 따라 독을 쏘는 촉수가 분포해 있다. 해파리의 독은 종에 따라 사람에게 위험할 수도 있다. 해파리는 단단한 골격이 없지만, 몸 윗부분에 중교로 불리는 젤리층이 들어있다. 갓 가장자리의 근육을 수축시켜 헤엄을 치면서도 감각 구멍을 통해 빛과 몸통 각도를 감지한다. 대부분의 해파리는 물고기와 그 밖의 큰 먹이를 먹고 살아간다. 대개 암컷과 수컷이 나뉜 암수 딴몸이고, 알은 헤엄을 치는 작은 유생으로 부화한다. 얕은 물에 사는 대부분의 해파리 유생은 해저면에 정착해 작은 폴립으로 자란 뒤 마침내 유영하는 작은 메두사로 변하거나 분열한다.

리조스토마속(*Rhizostoma*)에는 섬세하게 나뉜 8개의 팔이 부분적으로 합쳐져 있으나 촉수는 달려 있지 않다. 이들은 점액으로 부유성 유기체를 붙잡아 팔에 붙은 수많은 '초소형 입'을 통해 삼킨다. 심해 해파리 갓은 키가 크지만 촉수는 더 적고 빳빳하다.

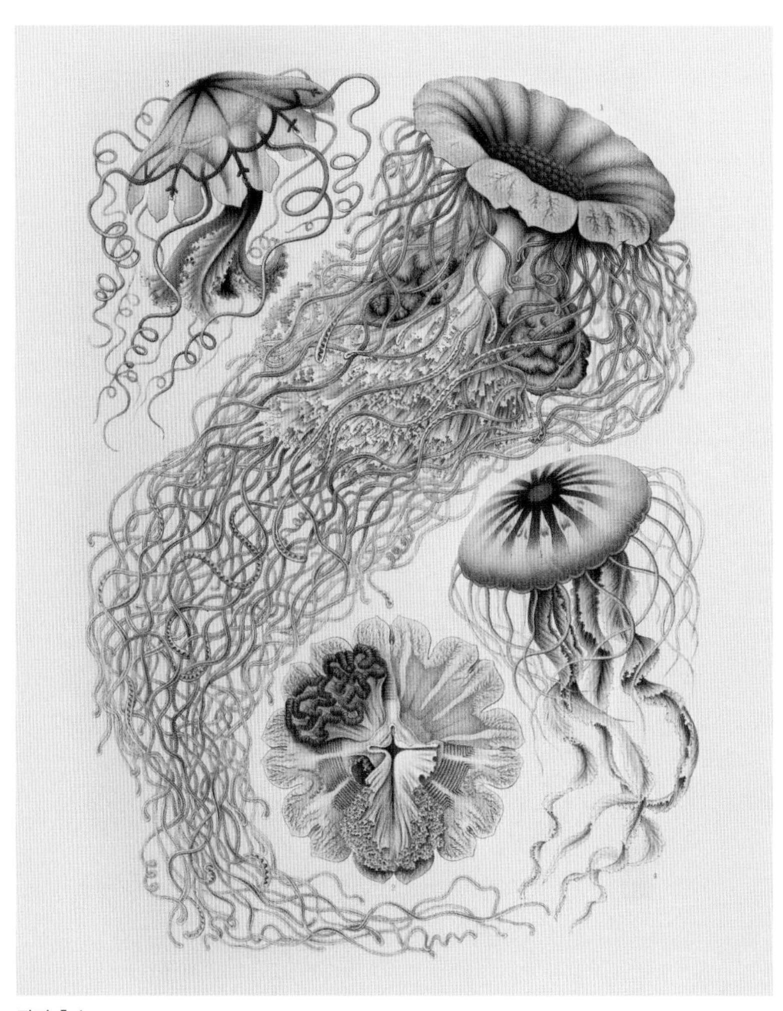

팔과 촉수

헤켈의 『자연의 예술적 형상』에 소개된 이 삽화는 갓 가장자리의 촉수와 입에 매달린 길고 주름진 팔을 보여 준다.

야광원양해파리(*Pelagia noctiluca*, mauve stinger jellyfish)

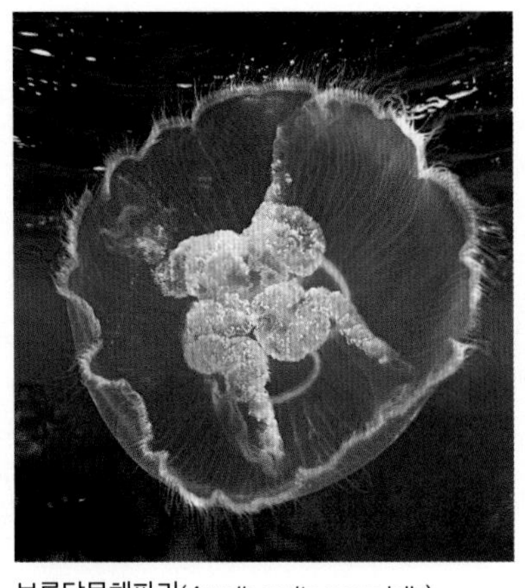

보름달물해파리(*Aurelia aurita*, moon jelly)

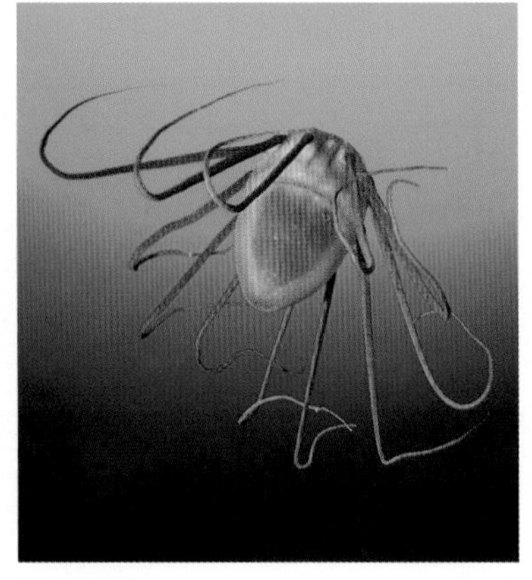

투구해파리(*Periphylla periphylla*, helmet jellyfish)

거꾸로선해파리(*Cassiopea ornata*, upside-down jellyfish)

상자해파리

입방해파리강(Cubozoa) 자포동물문(Cnidaria)

상자해파리는 정육면체처럼 생긴 갓 때문에 붙여진 이름이다. 갓 가장자리 모퉁이마다 1개 또는 여러 개의 촉수가 달려 있다. 따뜻한 바다에 주로 서식하며 일부 종은 인간에게 극심한 통증을 유발하고 간혹 죽음에까지 이르게 하는 침으로 악명이 높다. 촉수 길이가 최대 3미터에 이르는 최대 종은 이 때문에 바다말벌로도 불린다. 훨씬 작고 투명한 이루칸지 해파리(irukandji jellyfish) 역시 치명적인 독이 있다.

상자해파리는 열대의 오스트레일리아와 동아시아 바닷물에 가장 풍부하다. 이 해파리들은 일반적인 해파리(『해양 도감』 17쪽 참조)보다 훨씬 빨리 헤엄치고 측면에 붙은 특수한 용도의 눈을 이용해 적극적으로 먹이를 탐색하고 장애물을 피한다.

상자해파리
헤켈의 『자연의 예술적 형상』에 소개된 이 삽화는 상자해파리의 촉수가 갓 모퉁이에서 자라는 방식을 보여 준다.

십자해파리

십자해파리강(Staurozoa) 자포동물문(Cnidaria)

십자해파리는 높이가 몇 센티미터에 불과한 관 모양의 작은 해양 동물로서 근육질의 줄기를 이용해 해초나 그 밖의 표면에 달라붙어 살아간다. 대개 서늘한 지역에서 발견된다. 성체는 갓 가장자리에 독을 쏘는 8개의 짧은 촉수 다발이 있어서 작은 무척추동물 같은 먹이를 제압하는 데 이용한다. 이들은 줄기에서 떨어져 나오거나 '공중제비'를 통해 자리를 옮길 수도 있다. 십자해파리는 생활사를 통틀어 헤엄을 치는 단계가 없다. 알은 작은 유생으로 부화하자마자 표면에 정착해 8개의 긴 촉수가 달린 폴립으로 성장하고 폴립은 그 뒤 메두사 같은 성체로 변화한다. 최근의 연구 결과는 십자해파리가 헤엄을 치는 오늘날의 해파리보다 앞서 진화했으며 오늘날 해파리에게서 내려온 후손이 아니라는 사실을 보여 준다.

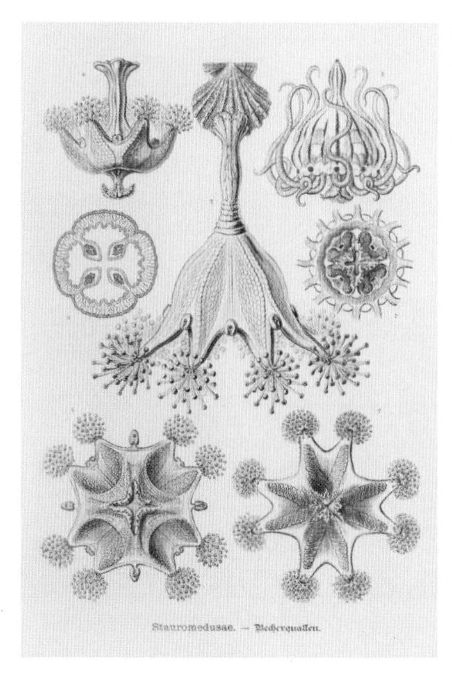

십자해파리
『자연의 예술적 형상』에 소개된 이 삽화는 트럼펫처럼 생긴 십자해파리의 모습과 8개의 촉수 다발을 보여 준다.

히드로충류

히드로충강(Hydrozoa) 자포동물문(Cnidaria)

히드로충류는 대개 고정된 폴립 단계와 유영하는 메두사 단계의 세대 교번을 경험하는 복잡한 생활사를 가진 군체형 자포동물이지만, 일부 종은 둘 중 한 단계만을 경험한다. 히드로충류라는 이름이 붙은 동물은 작은 폴립이 바닥에 고정된 소규모 군체로 자란다. 모든 폴립은 연속적인 내부 공간으로 연결되어 있어서 먹이를 공유하는 데 도움이 된다. 군체는 간혹 해초로 오해받기도 한다. 폴립은 대부분 섭식에 이용되지만, 방어나 번식용으로 특화된 폴립도 있다. 번식용 폴립은 유영하는 작은 메두사를 만들어 낸다.

관해파리는 훨씬 특별한 히드로충류다. 작은부레관해파리는 공기를 채운 부표처럼 부풀어 오른 폴립과 그 밑에 있는 촉수에서 독을 쏘고 번식하는 그보다 작은 폴립 무리로 이루어진 군체형 유기체다. 그밖에도 길이가 몇 센티미터에 이르는 사슬을 형성하면서 헤엄치는 갓처럼 특화된 폴립을 가진 종도 있다. 광범위하게 떠다니는 '바이더윈드세일러(*Velella vellela*)'와 '블루버튼'은 관해파리는 아니지만 역시 폴립 군체이다. 그에 비해 열대의 파이어 코랄(fire coral)은 산호 같은 히드로충류로 이들이 쏜 침에 맞으면 고통스러울 수 있다.

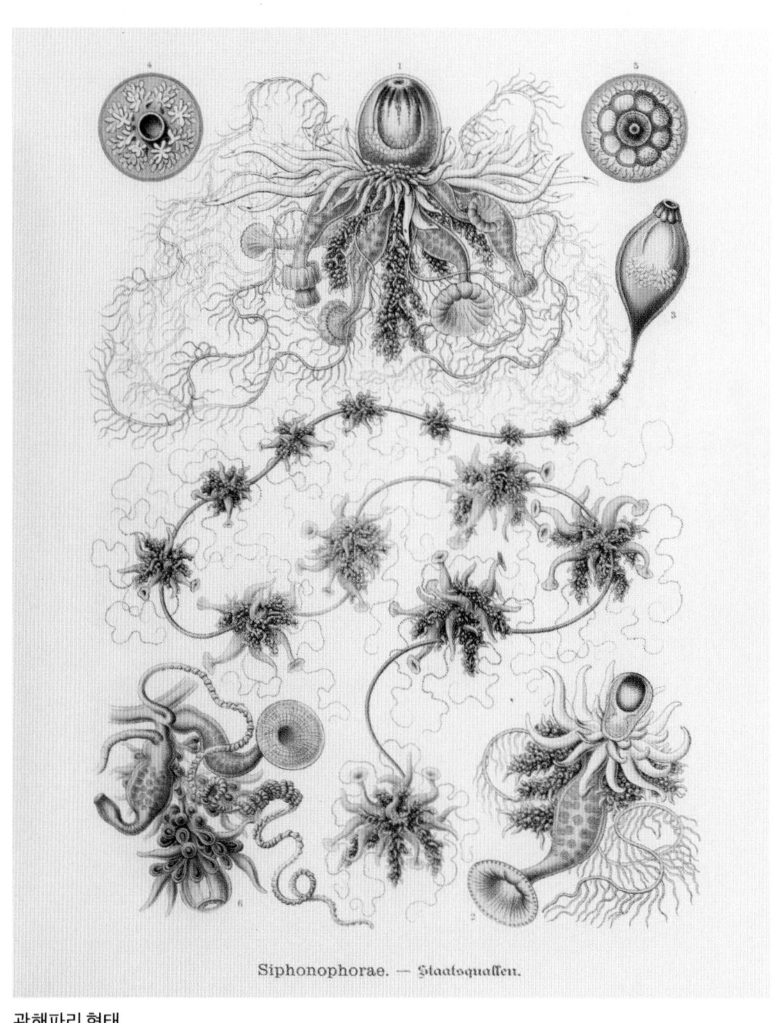

관해파리 형태
복잡한 군체형 히드로충류는 섭식, 번식, 추진력, 부력에 특화된 폴립 무리로 이루어져 있다.

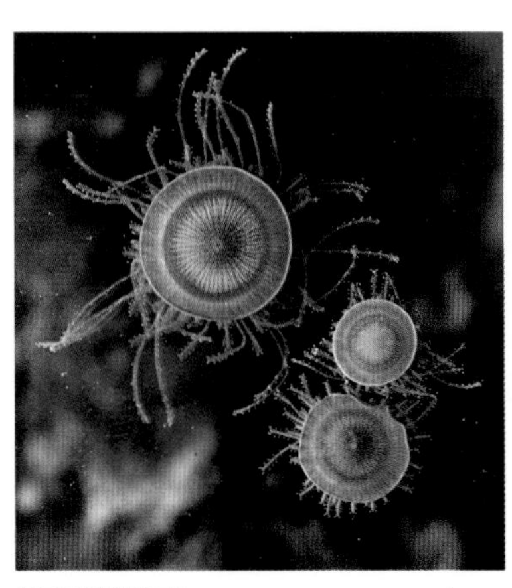
푸른갓관해파리(*Porpita porpita*, blue button)

사이프러스바다고사리(*Aglaophenia cupressina*, Cypress Sea-fern)

작은부레관해파리(*Physalia physalis*, Portuguese man o'war)

고리무늬튜불라리아(*Ectopleura larynx*, ringed tubularia)

빗해파리

유즐동물문(Ctenophora) 동물계(Animalia)

빗해파리는 자유롭게 떠다니는 해양 동물로 해파리와 비슷하게 생겼지만 가까운 관계는 아니다. 몸체가 투명하고 타원형이지만 간혹 허리띠처럼 길쭉한 것도 있다. 체표면을 따라 8개의 띠가 흘러내리며, 띠마다 유영을 돕는 미세한 털(섬모)이 빗처럼 늘어서 있어서 '빗을 가진 동물'이라는 의미의 유즐동물로 불리게 됐다. 빗해파리는 주로 플랑크톤처럼 작은 동물을 먹는 포식자이지만, 일부 종은 다른 빗해파리도 잡아먹는다. 대개는 길게 갈라지고 몸속으로 집어넣을 수 있는 촉수 1쌍을 이용해 먹이를 잡거나 찌를 수 있다. 많은 빗해파리는 생물 발광을 통해 스스로 빛을 만들어 낼 수 있으며 해저에서 살 수 있도록 특화된 종도 있다.

빗해파리 성체
헤켈의 『자연의 예술적 형상』에 소개된 이 삽화는 빗판이 줄지어 늘어선 '즐판대'와 2개의 긴 촉수로 이루어진 다양한 빗해파리를 보여 준다.

편형동물

편형동물문(Platyhelminthes) 동물계(Animalia)

편형동물은 바다, 담수, 육지의 축축한 곳이라면 어디든 살아간다. 납작한 형태 덕분에 특별히 아가미가 없이도 산소를 충분히 얻을 수 있다. 유즐동물이나 자포동물과 달리, 하지만 대개의 동물이 그렇듯이 좌우 측면과 머리, 꼬리를 가지고 있다. 편형동물은 대체로 포식자로 살아가며 몸 아래에 있는 관 모양의 입은 항문의 역할도 한다. 근육이나 섬모를 이용해 바닥을 기어다니고 일부 종은 헤엄을 칠 수도 있다. 가장 두드러진 해양 편형동물은 흔히 산호초 위에서 발견되며 화려한 색을 띠는 다기장 편형동물이다. 가장자리가 주름진 타원형을 한 이 편형동물은 민달팽이라는 오해를 받기도 하지만 훨씬 납작하다. 척추동물의 기생충으로 살아가는 촌충은 가장 긴 편형동물이다.

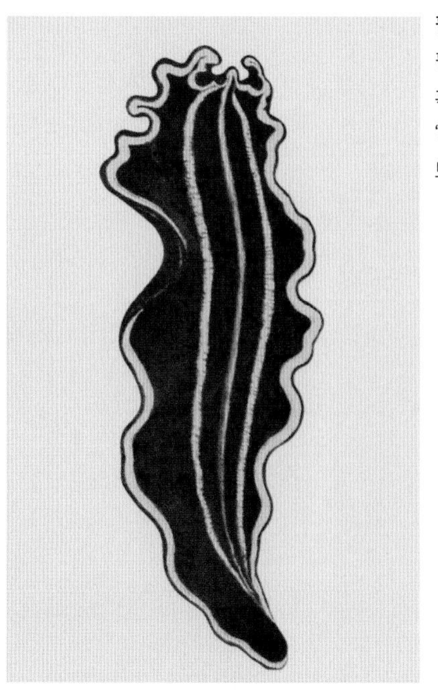

필리핀 편형동물
필리핀 다기장 편형동물 연구를 통해 얻은 흑백 이미지는 머리끝에서 만든 주름으로 '유사 촉수'를 형성한 다기장 편형동물을 보여 준다.

화살벌레

모악동물문(Chaetognatha) 동물계(Animalia)

화살벌레는 상당수가 플랑크톤으로 존재하며 해저에서 살아간다. 화살 모양의 작은 포식자로서 해양 먹이 사슬에서 중요한 부분을 차지하는 화살벌레는 100종 이상이 밝혀졌으며 최대 12센티미터까지 자란다. (한 개체가 암컷과 수컷의 생식 기관을 모두 갖춘) 자웅 동체로 알에서 몸집이 작은 성체로 곧장 발달한다. 빳빳하면서도 유연한 화살벌레의 투명한 몸에는 지느러미도 달려 있다. 요각류나 물고기 유생 같은 먹이를 감지하면 꼬리를 이용해 재빨리 앞으로 돌진해 입 주변에 난 강모로 먹이를 잡고 간혹 독을 주입하기도 한다. 일부 종은 밤에는 수면으로 올라오고 낮에는 바닥으로 가라앉으면서 먹이를 좇는다. 화살벌레는 해파리와 만타가오리 등 수많은 동물의 먹이가 된다.

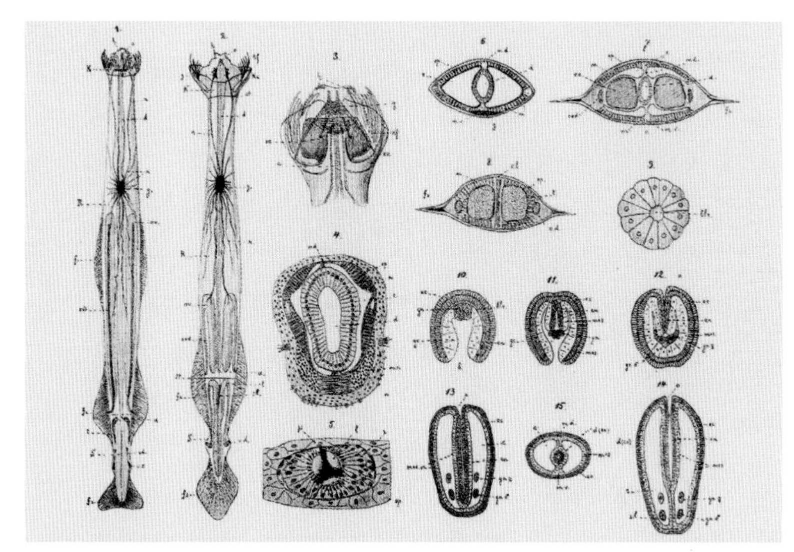

강모가 달린 화살벌레의 턱
이 삽화는 화살처럼 생긴 화살벌레의 모습을 보여 준다. '강모가 달린 턱'을 의미하는 모악동물은 도3에서 보듯이 입속의 강모로 묘사된다.

끈벌레

유형동물문(Nemertea) 동물계(Animalia)

끈벌레는 주로 해양 바닥을 기어다니지만 헤엄도 칠 수 있는 특이한 포식자다. 대체로 체형이 길고 좁으며 움직임이 느린 이들 끈벌레는 점액이 덮인 매끄러운 피부를 가지고 있고 특이한 주둥이를 이용해 먹이를 잡는다. 간혹 가시까지 달린, 관 모양의 주둥이가 머리나 입에서 튀어나와 벌레 같은 먹이를 움켜쥐고 독으로 제압할 수도 있다. 청소 동물이기도 한 끈벌레는 기생충으로 살아가기도 하고 먹이를 공유하면서 다른 동물과 함께 살아가기도 한다. 일부 종은 선명한 체색과 무늬를 보인다. 몸길이가 30미터가 넘는 신발끈벌레(*Lineus longissimus*)는 지구상에서 가장 긴 동물일 것이다. 신발끈벌레는 피부를 통해 용해된 유기 물질을 흡수하는 방식으로 어느 정도 먹이를 섭취한다.

끈벌레의 다양성
이탈리아 나폴리 만의 해양 끈벌레에 관한 연구를 통해 얻은 이 삽화는 끈벌레의 다양한 체색과 길쭉한 형태를 보여 준다.

환형동물

환형동물문(Annelida) 동물계(Animalia)

환형동물에는 수천 종의 해양 벌레 외에 육지에 서식하는 지렁이와 거머리도 포함된다. 대부분의 해양 환형동물은 '많은 강모'를 의미하는 다모류에 속한다. 다모류의 측면에는 강모로 덮이고 다리처럼 기능하는 옆다리가 튀어나와 있다. 내부에서 체절로 나뉜 몸은 외부에서 고리 형태로 나타나기도 한다. 상당수는 해저에서 살아가지만, 일부는 플랑크톤 형태로 헤엄을 친다. 수많은 환형동물은 굴속에서 살거나 영구적인 보호용 굴을 만든다. 후자에 포함된 갯지렁이는 정교한 촉수를 부채처럼 펼쳐 먹이 입자를 얻지만 위협을 느끼면 재빨리 움츠러든다. 참갯지렁이 같은 일부 다모류는 날카로운 턱이 있고 먹이를 향해 기거나 헤엄치는 적극적인 사냥을 한다. 진흙이 많은 하구에서 흔히 볼 수 있는 작은검은갯지렁이는 진흙을 삼켜 양분을 얻는다. 다모류는 정자와 난자를 따로 바다로 흘려보내고 수정란은 자유롭게 헤엄치는 유생이 된다. 지렁이와 거머리는 대개 담수나 육지에서 살지만, 일부 종은 바다에서도 살아간다.

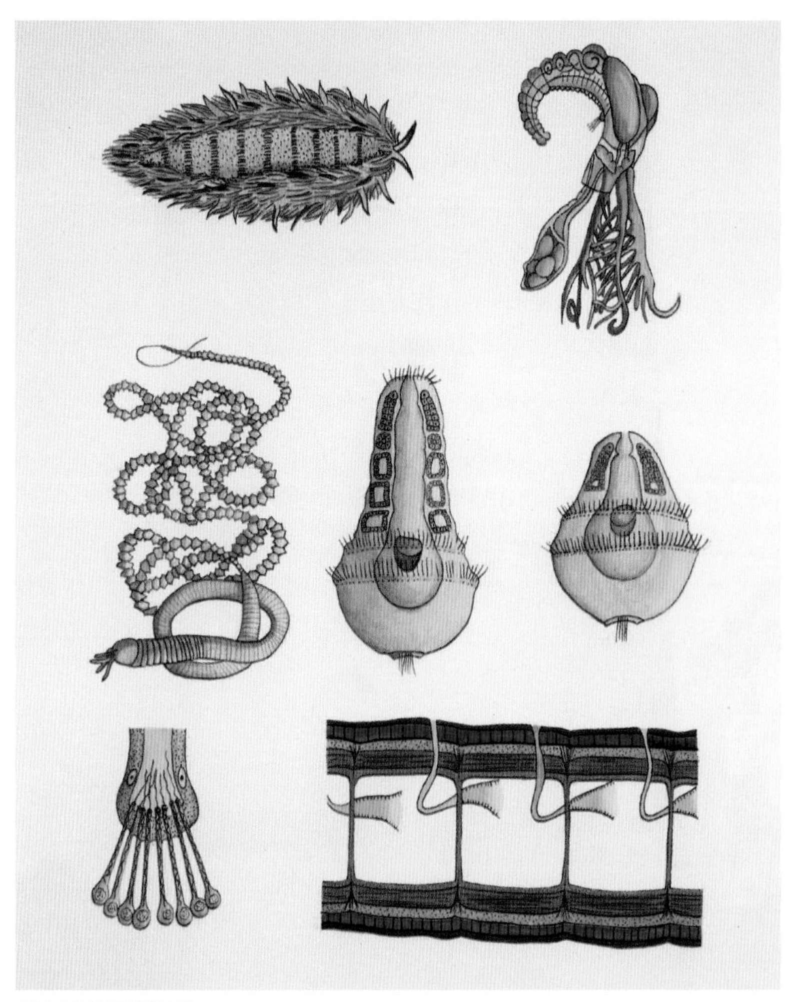

아프로디타 아쿨레아타

이 그림은 2단계의 헤엄치는 유생(가운데, 가운데 오른쪽)을 포함해 다양한 형태의 고슴도치갯지렁이(위 왼쪽)를 보여 준다.

조름석회관갯지렁이(*Spirobranchus giganteus*, Christmas tree worm)

큰참갯지렁이(*Alitta virens*, king ragworm)

꽃갯지렁이(*Sabellastarte magnifica*, magnificent feather duster)

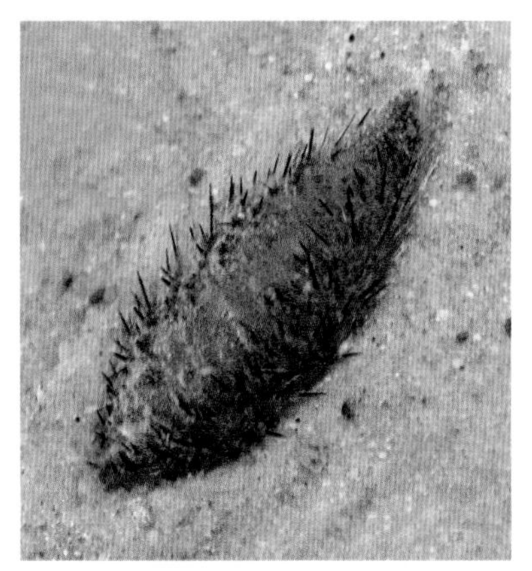

고슴도치갯지렁이(*Aphrodita aculeata*, sea mouse)

군부

다판강(Polyplacophora) 연체동물문(Mollusca)

군부는 달팽이, 조개, 오징어, 문어가 포함된 연체동물문의 원시적 구성원으로서 연체동물 조상의 해부학적 특징을 많이 갖고 있다. 군부는 근육질의 '발'로 느릿느릿 기어다니고 대개 물속의 바위나 해조류에 달라붙어 있다. 치설로 불리는 혀 모양의 구조에는 작고 날카로운 이빨이 있어서 먹이를 긁는 데 이용한다. 두툼한 외투막이 등은 물론 측면까지 덮고 백악질의 보호용 껍데기를 분비한다. 보호용 껍데기는 앞에서 뒤로 서로 맞물린 채 한 줄로 배열된 8개의 각판으로 이루어져 있다. 껍데기 주위로 튀어나온 외투막은 육대로 불리는 근육질을 형성하고 육대 윗면은 색깔이 있거나 털로 장식되어 있다.

군부는 주로 얕은 바다에서 발견되고 작은 조류를 훑어 먹지만, 일부 종은 해면처럼 움직이지 않는 동물을 먹기도 한다. 다른 연체동물과 마찬가지로 군부의 알이 부화하면 담륜자(trochophore)로 불리는 작은 유생이 되고 나중에 정착해서 성체로 자란다. 가장 큰 군부는 30센티미터까지 자라지만 대개는 이보다 훨씬 작다.

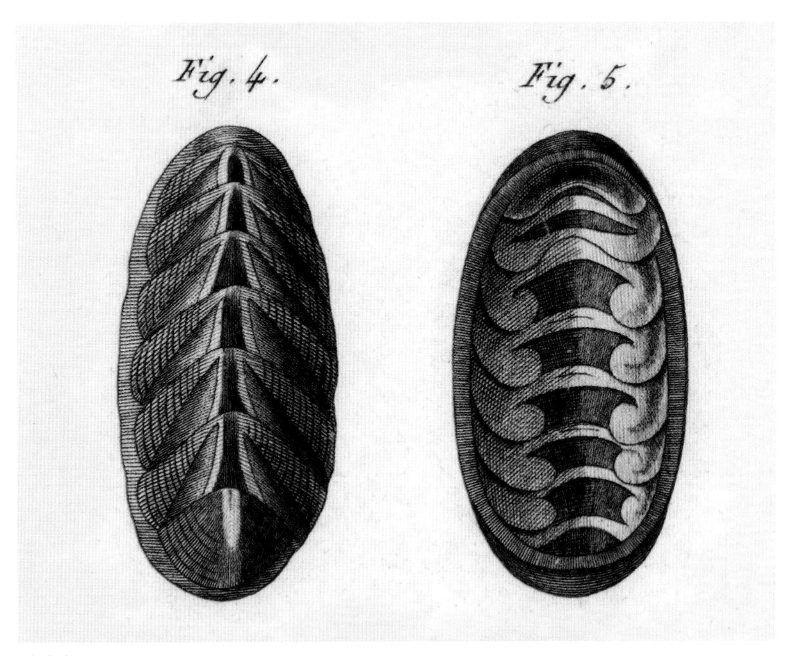

다판강
다른 연체동물과 달리 군부의 껍데기는 8개의 개별적인 각판으로 이루어져 있다. 군부는 '많은 판'을 의미하는 다판강에 속한다.

서인도제도솜털군부(*Acanthopleura granulata*, west Indian fuzzy chiton)

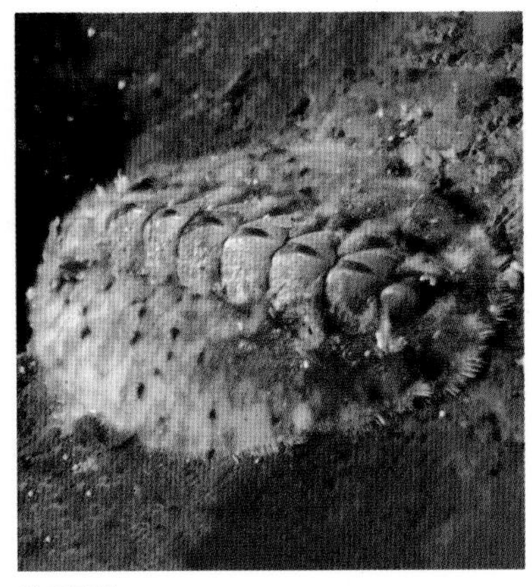

강모군부(*Acanthochitona fascicularis*, bristled chiton)

줄무늬군부(*Tonicella lineata*, lined chiton)

달팽이와 민달팽이

복족강(Gastropoda) 연체동물문(Mollusca)

해양과 육지 달팽이와 민달팽이가 모두 포함된 복족강은 연체동물 가운데 가장 큰 강이다. 군부(『해양 도감』 23쪽 참조)와 마찬가지로 기어다니는 발, 치설, 껍데기를 분비하는 외투막을 가지고 있지만, 더 활동적이고 눈과 촉수가 달린 확실한 머리가 있다. 몸을 숨길 수 있는 나선형 껍데기는 선개로 불리는 딱딱한 '문'으로 덮여 보호를 받는다. 삿갓조개류는 조류를 뜯어 먹지만, 일부 복족강은 육식성이거나 사체를 먹기도 한다. 하위군인 신복족목(Neogastropoda)에 속한 물레고둥이나 청자고둥은 주둥이 끝에 입과 치설이 있어서 먹이의 살 속으로 파고들 수 있다. 어떤 물레고둥은 쌍각연체동물에 구멍을 뚫을 수 있고, 청자고둥은 주둥이를 작살처럼 이용해 물고기 같은 먹이에 독을 주입할 수 있다.

민달팽이는 껍데기가 없거나 작은 껍데기가 몸에 숨겨져 있다. 육지의 민달팽이와는 대부분 관련이 없다. 산호초에서 흔히 발견되는 화려한 색깔의 나새류는 육식성이지만, 조류를 먹는 종도 있다. 바다나비(sea butterfly)와 바다천사(sea angel)처럼 익족류로 불리며 헤엄쳐 다니는 복족강도 많다.

나새류
19세기에 그려진 이 삽화는 3가지 나새류에 속한 갯민숭달팽이를 보여 준다. 나새류는 '벌거벗은 아가미'를 뜻하며 측면과 등에 아가미가 장식술처럼 몸 밖으로 드러나 있다.

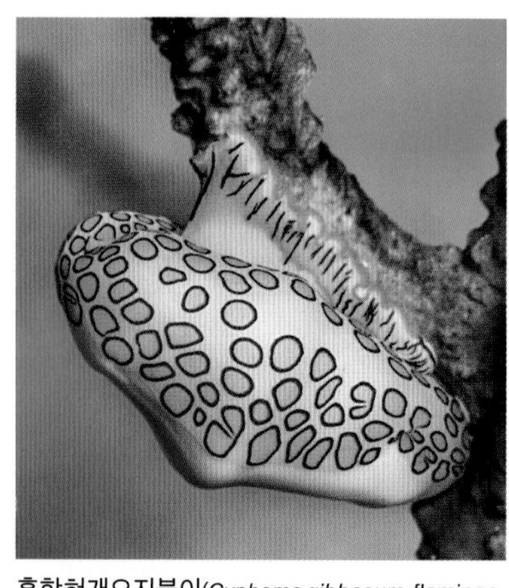

홍학혀개오지붙이(*Cyphoma gibbosum*, flamingo tongue snail)

줄물고둥(*Bullina lineata*, red-lined bubble snail)

크로모도리스 마그니피카(*Chromodoris magnifica*, magnificent chromodoris nudibranch)

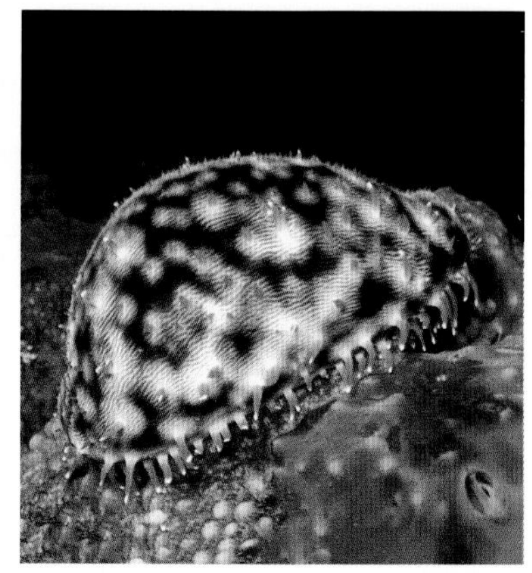

비단등줄무늬개오지(*Cypraea tigris*, tiger cowry)

이매패류

이매패강(Bivalvia) 연체동물문(Mollusca)

이매패류에는 굴, 홍합, 가리비, 대합 같은 연체동물이 포함된다. 이매패류의 3분의 2가량은 바다에 살지만 나머지는 민물에서 살아간다. 모든 종은 측면에 한 장씩 2장의 반각 또는 '패각'이 해부학적으로 위쪽(등) 표면에 자리 잡은 접번에 의해 연결되어 있다. 대부분의 종에서 패각은 필요할 때 보호를 위해 단단히 닫힐 수 있다. 이매패류는 머리가 없고 아주 작은 뇌를 가지고 있다. 대개 해양 퇴적물 속으로 파고들거나 단단한 표면에 몸을 고정한 채 살아가는 정주형 동물이다. 배좀벌레(shipworm) 같은 일부 종은 가라앉은 나무에 구멍을 파거나 돌에 구멍을 뚫어 안전한 은신처를 만든다. 이매패류의 발은 미끄러지듯 기어다니기 위해서가 아니라 바닥을 파거나 바위에 달라붙기 위해 끈적끈적한 실(족사)를 만드는 데 이용된다. 이들은 껍데기 아래에 특별히 변형된 커다란 아가미를 이용해 여과 섭식을 한다. 바닥을 파는 종은 물속에서 한 쌍의 수관부를 길게 내민다. 입수관으로는 물과 먹이 입자를 빨아들이고 출수관으로는 물과 찌꺼기를 배출한다. 가장 큰 이매패류인 거거(giant clam)는 조직 안에 있는 초소형 조류에서 먹이를 얻는다.

굴 껍데기
1853년에 그려진 이 삽화는 다른 각도에서 관찰한 굴 껍데기를 묘사한다. 굴은 바위에 단단히 들러붙은 채 두껍고 불규칙한 형태의 껍데기를 만들어 내며 나무의 나이테처럼 성장 기간만큼 쌓인 겹을 보여 준다.

줄무늬홍합(*Dreissena polymorpha*, zebra mussel)

닭벼슬굴, 맨드라미굴(*Lopha cristagalli*, cockscomb oyster)

노랑날개대합(*Tridacna squamosa*, fluted giant clam)

오징어와 갑오징어

십완상목(Decapodiformes) 두족강(Cephalopoda) 연체동물문(Mollusca)

친척인 문어와 더불어 육식성인 오징어는 원시적인 연체동물의 발이 앞쪽의 몸으로 진화하면서 움켜잡을 수 있는 팔까지 갖추었다. 오징어와 갑오징어는 커다란 뇌, 뛰어난 시력, 앵무새처럼 단단한 부리가 달린 입을 가지고 있다. 2개의 긴 촉수와 8개의 팔에는 모두 빨판이 붙어 있으며, 빨판은 대개(갑오징어는 제외) 날카로운 고리 '이빨'이나 뾰족한 갈고리를 특징으로 한다. 심해에 서식하는 오징어에는 대왕오징어(촉수를 포함해 가장 길다.)와 남극하트지느러미오징어(몸이 더 크고 근육질이다.)를 포함해 다수가 있다. 움직임이 빠른 포식자인 오징어는 대개 유연한 관(수관)에서 물을 내뿜어 추진력을 어느 정도 얻지만, 일부 종은 날치처럼 허공으로 튀어 오를 수도 있다. 지느러미를 이용해 움직이는 갑오징어는 그보다 느리다.

오징어는 뻣뻣한 막대 모양의 '패각'을 내부에 가지고 있는 데 비해 갑오징어는 다공성의 큰 '갑'을 갖고 있어서 부력을 조절하는 데 이용한다. 위장술의 대가인 오징어와 갑오징어는 먹물을 내뿜어 천적에게 혼란을 일으킨다. 알은 유생 단계를 거치지 않고 곧바로 작은 성체로 발달한다.

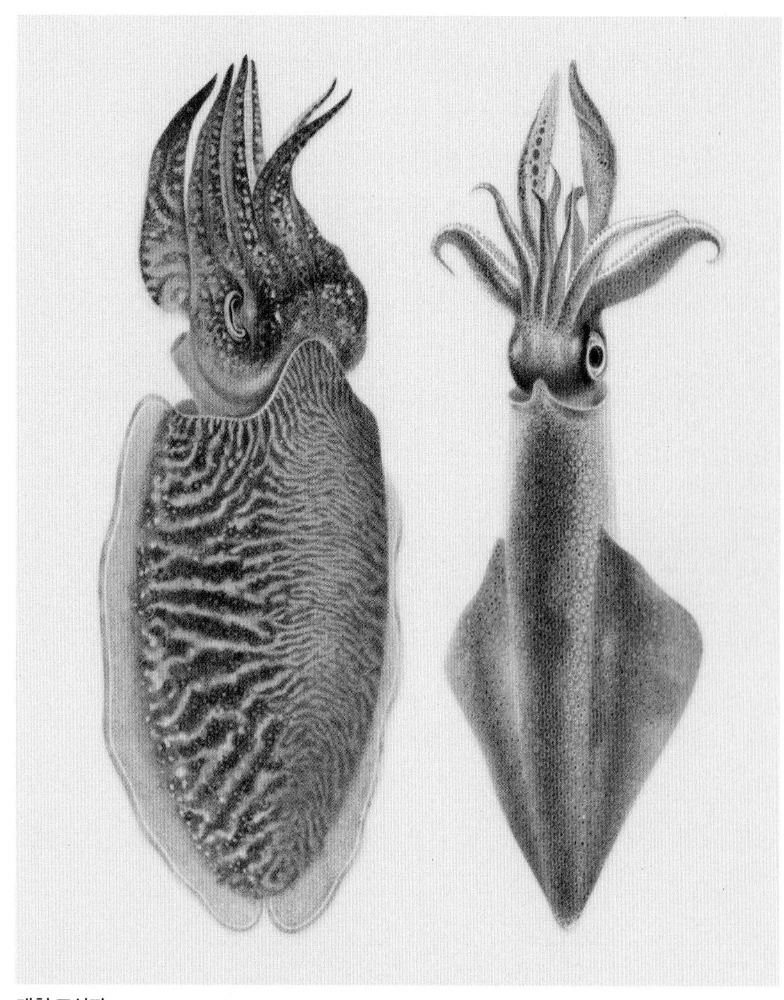

대형 포식자
유럽갑오징어(왼쪽)의 넓은 몸은 유선형 오징어(오른쪽)의 몸과 대비를 이룬다. 갑오징어의 특징인 W자 형태의 특이한 동공도 볼 수 있다.

참갑오징어(*Sepia apama*, giant cuttlefish)

왕갑오징어(*Sepia latimanus*, broadclub cuttlefish)

흰꼴뚜기(*Sepioteuthis lessoniana*, bigfin reef squid)

하와이짧은꼬리오징어(*Euprymna berryi*, hummingbird bobtail squid)

문어

팔완상목(Octopodiformes) 두족강(Cephalopoda) 연체동물문(Mollusca)

문어는 지능이 높은 해양 동물로서 빨판이 달린 8개의 팔, 뿔처럼 단단한 부리, 제트 추진력에서는 오징어와 비슷하지만, 한 쌍의 긴 촉수가 없으며 빨판에는 갈고리나 '이빨'도 없다. 문어의 몸에는 좁은 공간을 비집고 들어가는 데 필요한 뻣뻣한 막대 모양의 패각이 없다. 얕은 바다의 '전형적인' 문어는 해저에서 살아가면서 게와 홍합 같은 먹이를 사냥하고 팔을 이용해 바닥을 기어다닌다. 문어는 몸을 숨기기 위해 간혹 피난처나 굴을 선택한다. 오징어와 마찬가지로 대개 번식이 끝나자마자 죽는다. 그러나 암컷은 굶어 죽으면서까지 알을 지키고 돌본다.

드넓은 바다에는 수많은 문어가 살아간다. 해수면 근처에서 살아가는 조개낙지 암컷은 팔에서 부드러운 백악질의 껍데기를 분비해 알을 보호한다. 약광층과 암흑층에서 헤엄을 치고 사냥하는 종도 있다. 진화론적 표현으로 더 원시적으로 보이는 많은 심해 종은 조직망으로 연결된 촉수를 가지고 있고 해파리와 비슷한 방식으로 헤엄을 친다.

왜문어
왜문어로 불리는 이 종은 북대서양에서 흔히 볼 수 있다. 추진력을 가진 수관이 왼쪽 눈 아래로 보인다.

혹조개낙지(*Argonauta nodosa*, knobbed argonaut)

왜문어(*Octopus vulgaris*, common octopus)

낮문어(*Octopus cyanea*, day octopus)

파란고리문어(*Hapalochlaena lunulata*, greater blue-ringed octopus)

앵무조개

앵무조개아강(Nautiloidea) 두족강(Cephalopoda) 연체동물문(Mollusca)

앵무조개는 껍데기가 있는 두족강의 원시적인 형태에 속한다. 여기에는 현재 5종만이 살아 있고 모두 서태평양에서 발견된다. 수심 100미터가 넘는 해저 부근에서 천천히 헤엄치면서 게나 죽은 물고기 따위를 먹는다. 앵무조개는 다른 두족강과 마찬가지로 뿔 모양의 부리와 빨판이 없는 최대 90개의 팔을 갖고 있다. 나선형 껍데기는 개별적으로 밀폐된 공간으로 나뉘고 앵무조개가 자라면서 새로운 공간이 만들어진다. 앵무조개의 몸은 마지막 공간을 차지하고 다른 공간은 공기나 물로 채워져 부력을 조절할 수 있다. 앵무조개는 20년 이상 살 수 있고 번식을 계속할 수 있다. 한 번에 알을 3~4개 낳는데 부화한 새끼는 부모의 축소판처럼 껍데기를 뒤집어쓰고 있다.

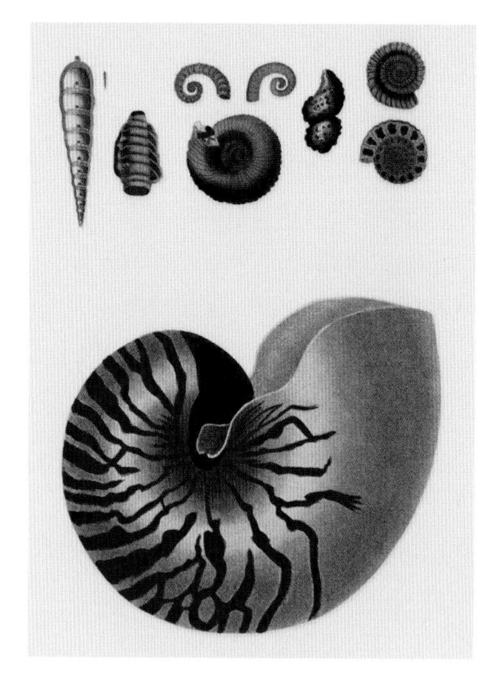

껍데기가 있는 유기체
1810년에 그려진 이 삽화는 멸종한 화석 동물 암모나이트를 포함한 비교용 껍데기와 나란히 놓인 앵무조개 껍데기를 보여 준다.

개맛

완족동물문(Brachiopoda) 동물계(Animalia)

개맛 또는 완족동물은 2개의 껍데기로 이루어진 무척추동물로서 겉보기에는 이매패류(『해양 도감』 25쪽 참조)와 생김새가 비슷하지만 신체 구조는 전혀 다르다. 크기가 다른 껍데기는 (좌우를 나타내는 이매패류와 달리) 위아래를 나타내고 근육질의 자루를 이용해 해저에 달라붙는다. 자루 부근의 껍데기 사이로 몸통은 뒤로 기울어져 있고 앞쪽 공간에는 촉수가 나선형으로 배열된 U자 모양의 여과 기관인 촉수관이 자리 잡고 있다. 껍데기가 열리면 개맛은 촉수관을 통해 물을 빨아들여 먹이 입자를 얻는다. 오늘날 살아 있는 완족동물은 400종이 넘는다. 대부분 크기가 작아 가장 큰 것도 껍질이 최대 10센티미터에 불과하다.

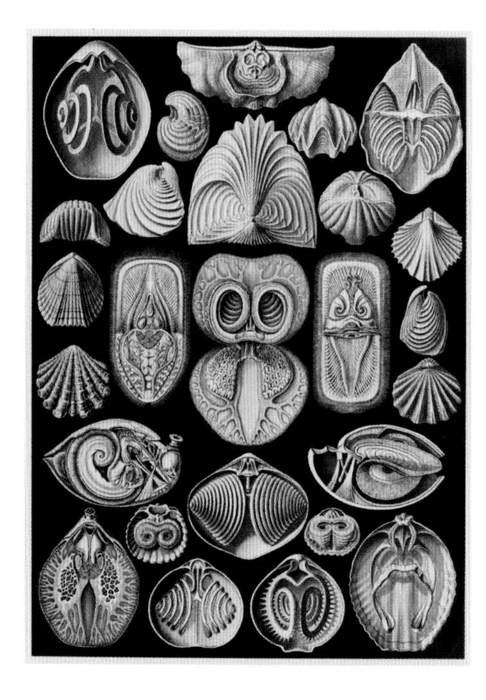

독특한 구조
헤켈의 『자연의 예술적 형상』에 소개된 이 삽화는 완족동물 껍데기의 구조는 물론 내부 도해까지 보여 준다.

이끼벌레

태형동물문(Bryozoa)　동물계(Animalia)

이끼동물 또는 태형동물은 개맛과 관계가 있고 촉수관을 이용해 먹이를 걸러내지만 겉모습은 전혀 다르다. 태형동물은 0.5밀리미터 정도에 불과하며 개충으로 불리는 유전적으로 똑같은 개체가 군체를 이루며 자란다. 그런 점에서는 자포동물 군체와 비슷하지만, 개충마다 끝이 2개인 소화계를 가진 태형동물이 해부학적으로 더 복잡하다. 이들은 해조류 엽상체 위에서 매트처럼 자라거나 해저면에서 최대 몇 센티미터 높이로 가지를 뻗은 구조물을 형성한다. 각각의 개충은 백악질 상자로 보호를 받으며 그중 일부는 전문적으로 방어, 번식, 양분 저장을 담당한다. 6000여 종이 현존하고 거의 같은 수의 화석이 존재한다.

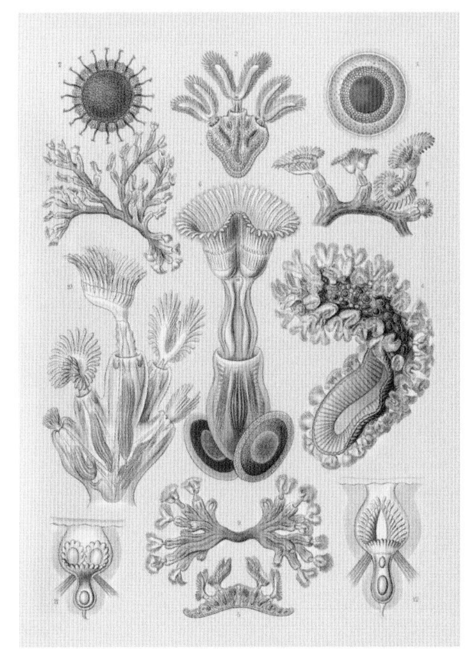

이끼벌레
『자연의 예술적 형상』에 소개된 이 삽화는 다양한 이끼벌레를 보여 준다. 여기서는 섭식을 담당하는 촉수관이 늘어난 모습으로 묘사되어 있다.

투구게

퇴구강(Merostomata)　협각아문(Chelicerata)　절지동물문(Arthropoda)

편자 모양의 배갑 때문에 투구게로 명명된 이 해양 동물은 원시적인 절지동물에 속한다. 절지동물에는 다리가 관절로 이루어진 갑각류, 거미류, 곤충류가 포함된다. 투구게는 게라기보다는 거미에 더 가까운 원시 해양 동물로서 오늘날에는 서너 종만이 남아 있다. 배갑 밑에 있는 5쌍의 다리를 이용해 걸어 다니고, 움직일 수 있는 가시가 뒤쪽에 있어서 몸이 뒤집히면 원상태로 돌리는 데 이용한다. 해저에 사는 투구게의 다양한 먹이에는 살아 있는 것도 있고 죽은 것도 있다. 번식기가 되면 모래 해변에 대규모로 모이고, 암컷은 산란 뒤에 부화할 때까지 알을 모래에 묻어 보호한다.

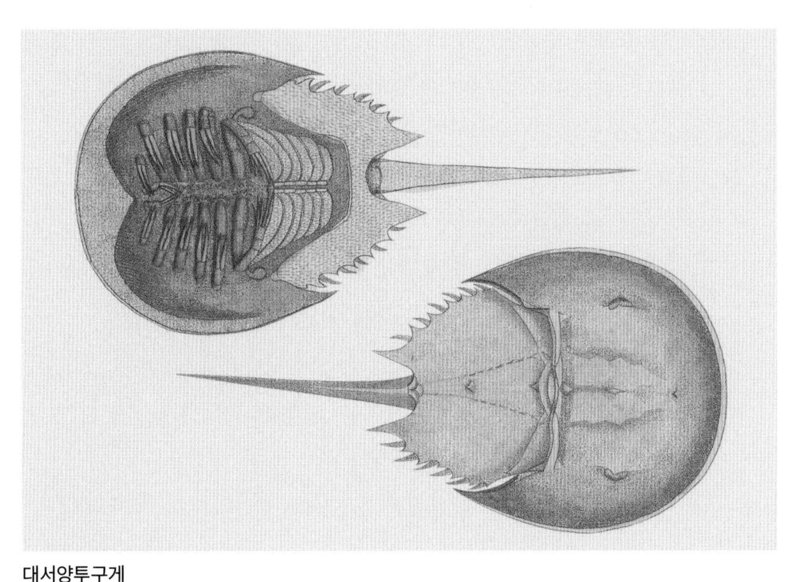

대서양투구게
이 삽화는 대서양투구게(*Limulus polyphemus*)의 외골격과 아랫 부분(위)을 보여 준다. 입 근처의 집게발처럼 생긴 부속 기관(협각)은 먹이를 잡아먹는 데 이용된다.

바다거미

바다거미강(Pycnogonida) 협각아문(Chelicerata) 절지동물문(Arthropoda)

바다거미는 전 세계 바다의 해저에서 살아가는 해양 절지동물이다. 몸통이 다리에 비해 왜소하고 소화계나 생식계 같은 기관계 일부가 다리 쪽으로 뻗어 있는 특이한 구조를 보인다. 바다거미는 대개 4쌍의 걷는 다리를 가지고 있지만, 일부 종은 5쌍 또는 6쌍의 걷는 다리를 가지고 있다. 일반적으로 몸집이 작은 편이나 가장 큰 종은 다리 폭이 최대 75센티미터에 이르기도 한다. 육지 거미와 같은 협각아문으로 분류되지만, 이 둘은 뚜렷한 차이를 보인다. 바다거미는 주로 산호나 해면처럼 움직이지 않는 동물을 먹는 포식자다. 이들의 구기에는 협각으로 불리는 한 쌍의 작은 집게발과 먹이를 빨아들이는 관 모양의 주둥이가 있다.

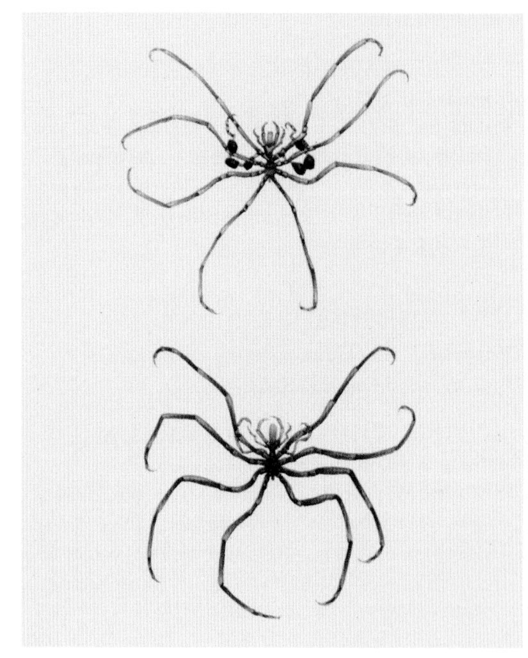

수컷의 알 품기
짝짓기를 마친 수컷 바다거미는 암컷이 낳은 알을 뭉치로 만들어 부란각으로 불리는 변형된 다리에 붙여 놓는다.

요각류

요각강(Copepoda) 갑각아문(Crustacea) 절지동물문(Arthropoda)

새우와 게 같은 요각류는 최대의 해양 절지동물문인 갑각아문에 속한다. 자유롭게 헤엄치는 요각류는 상당수가 플랑크톤의 형태로 존재하며 해양 먹이 사슬에서 중요한 부분을 차지한다. 몸길이가 1~2밀리미터에 불과한 요각류는 길고 독특한 촉각을 가지고 있으며 체처럼 생긴 구기로 작은 식물성 플랑크톤을 걸러 내기도 하고 작은 동물을 공격하기도 하면서 먹이를 얻는다. 많은 요각류는 낮에는 천적을 피해 심해로 피신해 있다가 밤이 되면 수면에 모습을 드러내는 '수직 이동'을 날마다 경험한다. 어떤 종은 해저에서 살아가지만 상당수는 물고기나 다른 무척추동물의 몸에 기생한다. 기생충처럼 살아가는 요각류는 몸길이가 30센티미터까지 자랄 수 있고 자유롭게 살아가는 친족과는 몸의 형태가 전혀 다르다.

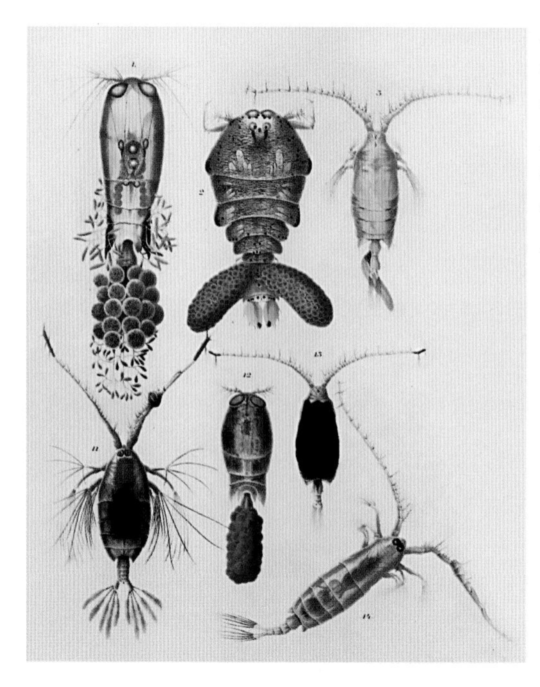

요각류 수집
이 삽화는 넓은 바다에서 살아가는 다양한 요각류를 보여 준다. 여기서는 특유의 긴 촉각은 물론 부화 전에 암컷의 몸에 있는 난낭까지 묘사되어 있다.

따개비

만각아강(Cirripedia) 갑각아문(Crustacea) 절지동물문(Arthropoda)

따개비는 갑각류보다 연체동물이라는 오해를 많이 받는다. 그도 그럴 것이 한 자리에 붙박여 살아가고 몸에 백악질 판을 분비해 보호하기 때문이다. 내부에서는 새우 같은 생물이 깃털 모양의 다리를 뻗어 바닷물에서 먹이 입자를 얻는다. 따개비는 대개 2가지 형태를 띤다. 거위목따개비는 근육질의 자루에 놓인 더 크고 납작한 몸을 가지고 있다. 고랑따개비는 바위나 그 밖의 표면에 단단히 들러붙어 살아가며 작은 화산처럼 생겼다. 성체가 된 따개비는 자유롭게 움직일 수 없지만 유생은 헤엄쳐 다니면서 정착할 곳을 선택할 수 있다. 다른 동물 몸에 붙어 기생하는 일부 종은 자유롭게 사는 종과는 전혀 다르게 보인다.

메가발라누스 틴틴나불룸
고랑따개비 가운데 이런 대형종(*Megabalanus tintinnabulum*)은 전 세계의 선박 선체나 인공 구조물에서 흔히 발견된다.

갯강구와 그 친척들

등각목(Isopoda) 갑각아문(Crustacea) 절지동물문(Arthropoda)

등각류에는 육지에 서식하는 쥐며느리와 수천에 이르는 해양종이 포함된다. 납작한 몸은 일련의 각질판으로 보호를 받는다. 해안가의 갯강구는 물 위나 (일시적으로) 물속에서도 살아남을 수 있지만, 바다 갯강구는 완전히 수생동물로서 해저를 기어다니거나 파고든다. 사체나 조류가 먹이이지만, 예외적으로 다른 갑각류에 기생하는 하위군도 있다. 바다이(gribble)처럼 악명 높은 종은 목재를 좀먹어 목재로 된 말뚝을 못 쓰게 만든다. 암컷 등각류는 아래쪽에 알을 보호할 수 있는 육낭이 있다. 알은 다른 갑각류처럼 자유롭게 헤엄치는 유생 단계를 거치지 않고 곧바로 작은 성체로 부화한다. 등각류는 대체로 작은 편이지만 심해에 서식하는 대형 종은 길이가 최대 50센티미터에 이르기도 한다.

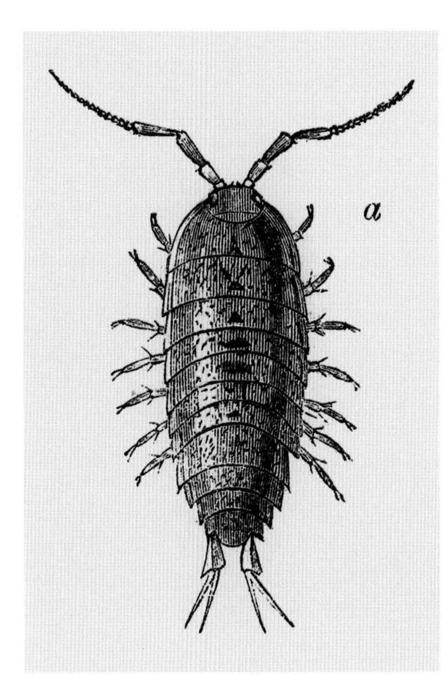

리기아 오케아니카
이 갯강구(*Ligia oceanica*)는 북대서양의 해안가에서 흔히 볼 수 있는 종이다. 밤이 되면 은신처에서 나와 죽은 해조류를 먹는다.

해변톡토기와 그 친척들

단각목(Amphipoda) 갑각아문(Crustacea) 절지동물문(Arthropoda)

단각류는 등각류(『해양 도감』 31쪽 참조)의 친척이지만, 몸이 위아래보다는 좌우로 납작하다. 많은 종은 해저를 기어다니거나 파고들면서 사체를 먹는다. 일부 종은 주변에 끌어모은 모래 알갱이를 단단히 결합해 '집'을 짓기도 한다. 해안가의 해변톡토기는 썩어 가는 해조류를 먹고 새나 작은 물고기 같은 천적을 피해 공중으로 뛰어오를 수도 있다. 막대기처럼 생긴 바다대벌레(skeleton shrimp)는 해초와 히드로충 사이를 기어오르며 흔히 육식성이다. 일부 단각류가 해파리나 살프와 관련된 플랑크톤으로 살아가는 데 비해 유난히 몸이 납작한 고래이(whale lice)는 고래 피부에서 살아간다. 가장 큰 심해 단각류는 길이가 30센티미터에 이른다.

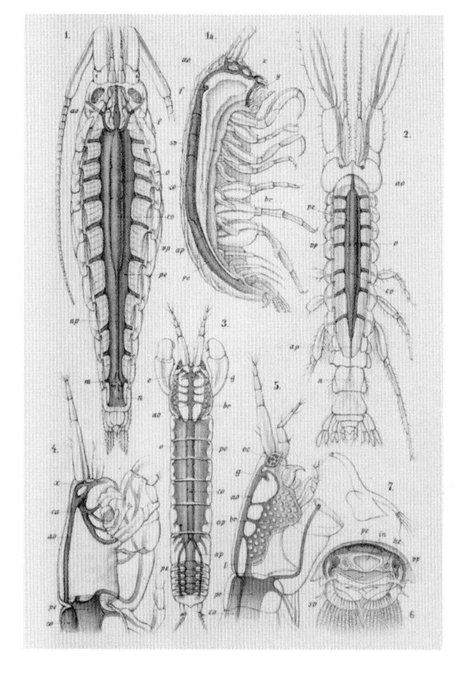

단각류 해부학
이 삽화는 단각류와 굴을 파고 헤엄을 치고 뛰어오르는 등의 다양한 용도로 쓰이는 다양한 부속 기관의 전형적인 형태를 보여 준다.

크릴

난바다곤쟁이목(Euphausiacea) 갑각아문(Crustacea) 절지동물문(Arthropoda)

크릴은 새우처럼 생긴 갑각류로서 넓은 바다에서 헤엄을 치면서 플랑크톤을 먹이로 한다. 크릴의 종류는 100종이 안 되지만 여기에는 지구상에서 가장 풍부한 동물 가운데 하나인 대서양크릴이 포함된다. 이들은 남극해에서 큰 무리를 이루며 간혹 바닷물을 분홍색으로 물들이기도 한다. 대서양크릴은 몸길이가 몇 센티미터밖에 안 되지만 다리에서 형성된 바구니 모양의 여과 기관을 이용해 아주 작은 식물성 플랑크톤을 잡을 수 있다. 그런 크릴도 결국은 고래나 물개처럼 큰 해양 동물의 주요 먹이가 된다. 크릴은 대개 여과 섭식을 하지만, 일부 종은 작은 부유성 동물을 잡아먹는 포식자다. 심해에 서식하는 한 종을 제외하고 어느 종이든 빛을 만드는 발광기를 가지고 있다.

북방크릴
이 종(*Meganyctiphanes norvegica*)은 북대서양에 서식하며 크릴 특유의 보호용 등딱지가 양 측면을 따라 일부만 덮여 있다.

갯가재

구각목(Stomatopoda) 갑각아문(Crustacea) 절지동물문(Arthropoda)

갯가재는 산호초를 포함해 따뜻하고 얕은 바다 밑바닥에서 주로 살아가는 포식성 갑각류다. 전 세계적으로 크기가 5~40센티미터에 이르는 400종 이상의 갯가재가 분포해 있다. 이들은 길쭉하고 유연한 몸, 자루눈, 여러 개의 낱눈이 모인 겹눈을 가지고 있다. 대개 밝은색을 띠고 무늬가 화려한 이들 절지동물은 굴이나 바위틈에 숨어 먹이를 기다리기도 하고 먹이를 좇아 재빨리 헤엄을 치기도 한다.

갯가재는 먹이 포획에 이용되는 강력한 무기인 커다란 제2가슴다리 한 쌍을 가지고 있다. 이런 부속 기관은 먹이를 공격하는 버마재비의 앞다리와 마찬가지로 눈 깜짝할 사이에 펼쳐진다. 먹이를 찌르는 종은 마지막 다리 끝에 달린 가시가 주요 무기이고, 먹이를 격파하는 종은 두꺼워진 하부가 곤봉 역할을 해 단단한 먹이 껍데기를 삽시간에 부수어 연다.

갯가재는 놀라운 시력을 가진 것으로도 유명하다. 편광을 감지할 수 있으며 인간을 포함한 다른 어떤 동물보다 많은 색을 인식할 수 있다. 2개의 자루눈은 각각 나머지 한쪽과 상관없이 사물을 입체적으로 볼 수 있다.

얼룩말갯가재
먹이를 '찌르는' 얼룩말갯가재는 가장 큰 갯가재 종으로서 인도양과 태평양에 서식한다.

분홍귀갯가재(*Odontodactylus latirostris*, pink-eared mantis shrimp)

얼룩말갯가재(*Lysiosquillina maculata*, zebra mantis shrimp)

공작갯가재(*Odontodactylus scyllarus*, peacock mantis shrimp)

바닷가재, 새우, 게

십각목(Decapoda) 갑각아문(Crustacea) 절지동물문(Arthropoda)

십각목에는 대부분의 대형 갑각류가 포함된다. 십각목은 10개의 다리를 의미하지만, 첫 번째 다리 한 쌍은 흔히 무거운 턱으로 변형된 턱다리이다. 다른 갑각류와 마찬가지로 십각목의 외골격도 자라면서 규칙적인 탈피를 거친다. 탈피 도중에 죽을 수도 있어서 바닷가재 같은 동물에게는 힘들면서도 치명적인 도전이다.

십각목은 다양한 생활 양식을 보여 준다. 새우처럼 작은 종은 헤엄을 칠 수 있지만 산호초의 표면 가까이에서 살아간다. 십각목에 속한 새우는 갯가재(mantis shrimp, 『해양 도감』 33쪽 참조)처럼 영어 이름에 '새우'가 붙은 다른 갑각류와 구별하기 위해 '진짜 새우(true shrimp)'로 불리기도 한다. 많은 십각목은 다른 해양 동물을 거처로 삼아 거기서 나오는 폐기물을 마음껏 받아먹는다. 바닷가재는 밤이면 바다 밑바닥을 느리게 움직이면서 커다란 집게다리로 연체동물 같은 먹이를 잡는다. 집게다리 하나는 먹이를 으깨는 데 이용되고 다른 하나는 찢는 데 이용된다. 집게는 복부가 연약해서 속이 빈 고둥 껍데기에 몸을 숨기고 다닌다. 진짜 게의 몸통은 짧지만 넓어서 작은 복부가 보이지 않도록 아래쪽에 숨길 수 있다. 다리 폭이 5.5미터에 이르는 키다리게는 살아 있는 절지동물 가운데 가장 크다.

가시바닷가재

진짜 바닷가재와 달리 가시바닷가재(spiny lobster)는 첫 번째 걷는 다리 한 쌍에 집게다리가 없다. 가시바닷가재 역시 아주 긴 촉각을 가지고 있다.

일본두드럭게(*Macrocheira kaempferi*, Japanese spider crab)

점박이게붙이(*Neopetrolisthes maculatus*, spotted porcelain crab)

유럽바닷가재(*Homarus gammarus*, European lobster)

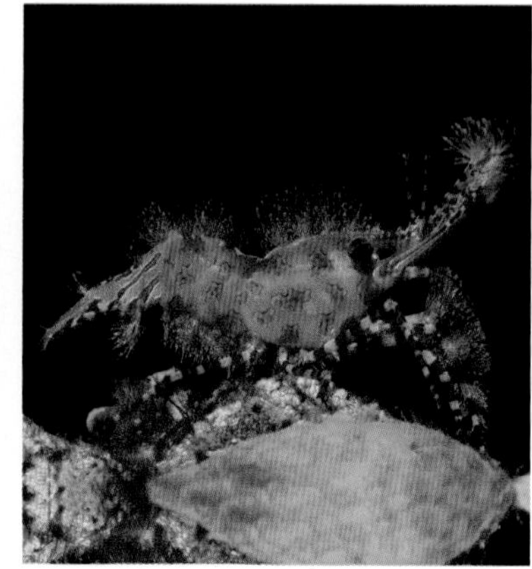

대리석새우(*Saron marmoratus*, marbled shrimp)

바다나리와 갯고사리

바다나리강(Crinoidea) 극피동물문(Echinodermata)

바다나리는 불가사리, 성게, 해삼이 포함된 극피동물문에서 현존하는 가장 원시적인 형태이다. 대부분은 심해에 서식하며 자루를 이용해 해저에 달라붙어 있다. 관족으로 불리는 수천 개의 유연한 돌기로 덮인 팔은 먹이 입자를 잡아 중앙의 입으로 가져간다. 극피동물의 다양한 특징을 보이는 바다나리는 5방사 대칭이며 골격은 소골편으로 불리는 백악질 조각으로 이루어져 있다. 물이 채워진 관으로 된 수압 장치(수관계)가 있어서 팔에 붙은 관족을 작동한다. 자유롭게 헤엄치는 작은 유생은 대부분의 동물처럼 좌우가 있으며 성체가 되면 방사대칭으로 바뀐다.

갯고사리는 친척인 바다나리보다 흔히 볼 수 있으며 같은 방식으로 섭식을 하지만, 성체가 되기 전에 줄기가 없어진다. 밤에 먹이 활동을 하는 화려한 색깔을 띤 갯고사리는 먹이를 잡기 위해 산호 따위에 자리를 잡는다. 팔을 휘저어 느릿느릿 헤엄칠 수 있으며, 그런 팔은 대개 깃털 모양의 우지가 늘어선 가지로 잘게 나뉜다.

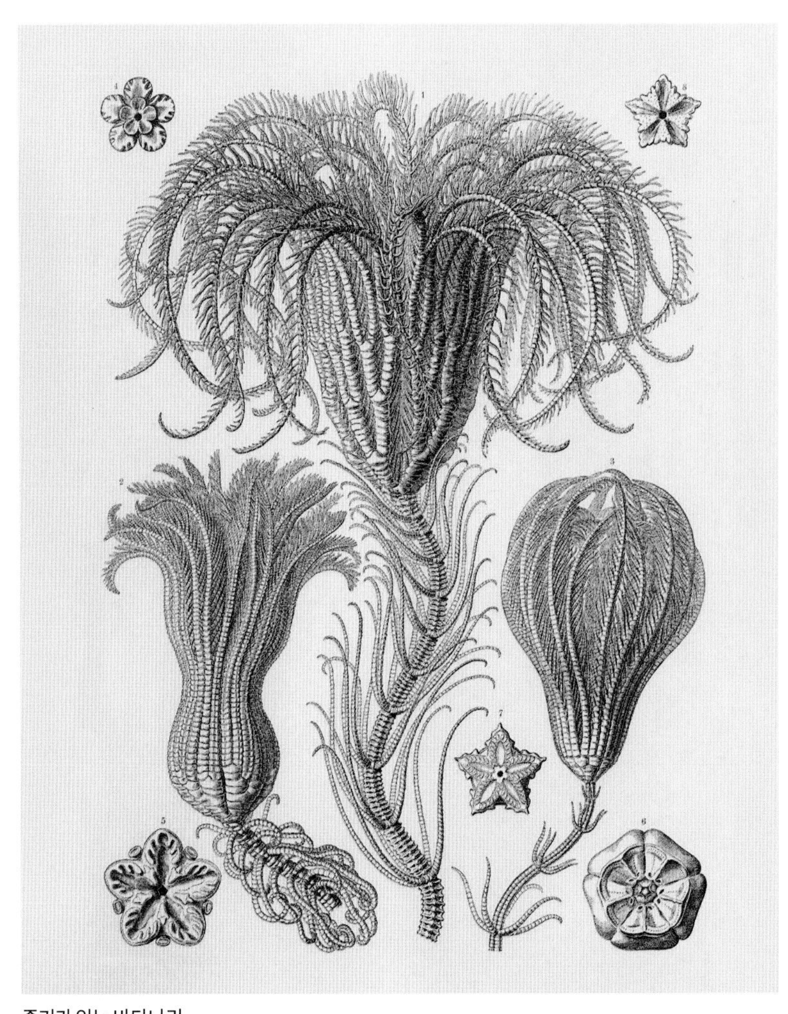

줄기가 있는 바다나리
삽화에서 보듯이 일부 바다나리는 줄기의 움직이는 돌기(극모)를 이용해 살던 곳을 떠나 새로운 서식지를 찾아 기어갈 수 있다.

주황갯고사리(*Davidaster rubiginosus*, orange feather star)

베넷갯고사리(*Anneissia bennetti*, Bennett's feather star)

붉은갯고사리(*Himerometra robustipinna*, red feather star)

엘러건트갯고사리(*Tropiometra carinata*, elegant feather star)

불가사리

불가사리강(Asteroidea) 극피동물문(Echinodermata)

불가사리는 머리나 뇌가 없이도 지름이 최대 1미터까지 자랄 만큼 해저에서 성공적인 포식자로 살아간다. 대개 5개의 팔이 있지만 이보다 많은 팔을 가지고 있는 종도 있다. 팔이 없거나 아주 짧은 종은 유럽오각불가사리로 불린다. 아래쪽에 있는 입을 뻗어 연체동물처럼 천천히 움직이는 먹이를 집어삼킬 수 있다. 일부 종은 위장을 밖으로 뻗어 먹이를 몸 밖에서 소화할 수도 있다. 빨판 기능이 있는 수천 개의 관족이 붙은 유연한 팔을 이용해 걷거나 먹이를 쥐거나 찢는다. 팔이 뻣뻣한 종은 모래나 진흙을 파고 들어가 숨어 있는 먹이를 찾아내거나 작은 입자를 먹는다. 이들의 관족에는 빨판이 없고 바닥을 파는 용도로만 쓰인다. 거미불가사리와 같은 과의 불가사리(brisingid)는 팔을 들고 여과 섭식을 한다. 다른 극피동물처럼 불가사리도 난자와 정자를 바다로 흘려보내고 수정란은 헤엄쳐 다니는 유생이 된다. 불가사리는 차극으로 불리는 핀셋 모양의 작은 골격 구조가 표면에 있어서 작은 동물이 표면에 들러붙지 않도록 깨끗하게 유지한다.

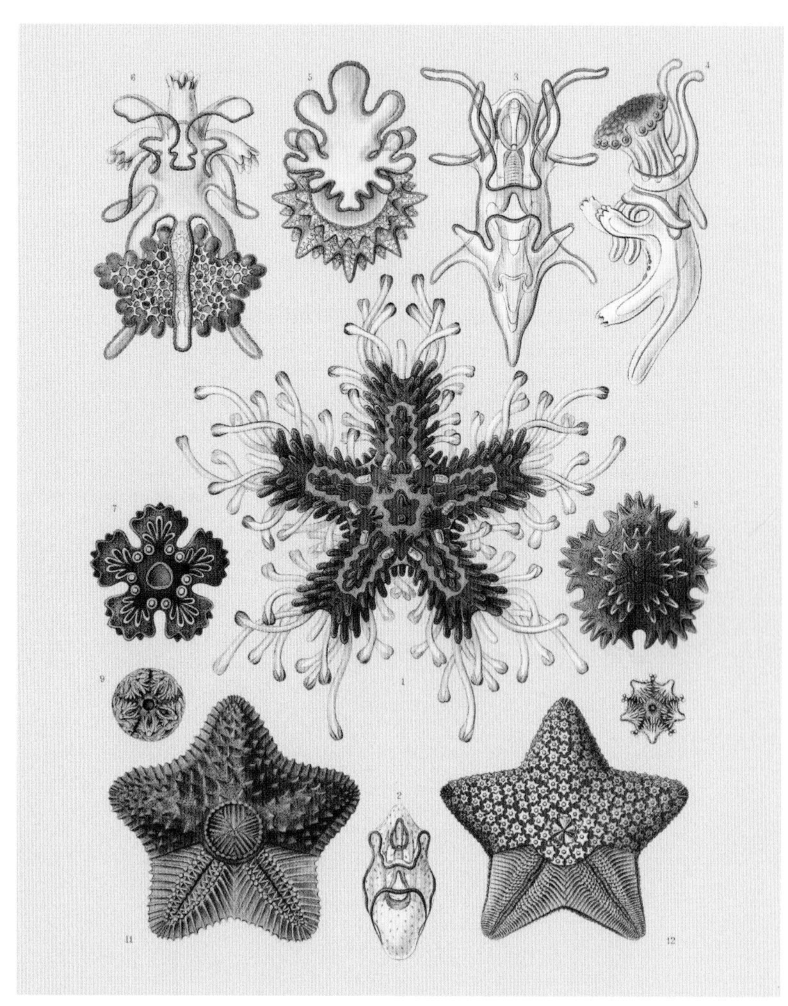

생물학적 변형
『자연의 예술적 형상』에 소개된 이 삽화의 윗줄 4개의 그림은 헤엄치는 투명한 유생에서 발달한 어린 성체를 묘사한다.

왕관불가사리(*Acanthaster planci*, Crown-of-thorns starfish)

불가사리(*Asterias rubens*, common starfish)

유럽오각불가사리(*Culcita novaeguineae*, cushion star)

보라불가사리(*Pisaster ochraceus*, purple sea star)

거미불가사리

거미불가사리강(Ophiuroidea) 극피동물문(Echinodermata)

거미불사가리는 불가사리처럼 5개의 팔을 가졌지만 몸의 구조는 다르다. 가늘고 유연하며 가시가 달린 팔은 중앙의 몸통과 분명히 구별되며, 빨판이 없는 관족은 걷는 데 이용하지 않고 먹이를 먹고 탐색하고 감지하는 데 이용한다. 거미불가사리는 팔을 휘둘러 해저를 '걸어 다니며' 이들의 팔은 작은 척추 역할을 하는 골편에 의해 강화된다. 주로 밤에 팔을 들어 올린 채 관족, 가시, 분비된 점액을 덫처럼 이용해 물속에서 작은 먹이 입자를 걸러 먹는다. 간혹 거대한 무리를 지어 먹이를 찾는 거미불가사리가 해저를 뒤덮기도 한다. 어떤 종은 새우나 작은 물고기처럼 큰 먹이를 잡기도 하고 먹이를 찾아 진흙 속으로 파고들기도 한다.

거미불가사리는 지름이 몇 센티미터에 불과하지만, 삼천발이로 불리는 일부 종은 지름이 최대 1미터까지 자란다. 이들의 팔은 잘게 갈라져서 양치식물이나 뒤엉킨 뱀들처럼 보인다. 유연한 팔을 가진 친척인 뱀불가사리와 마찬가지로 흔히 산호에 달라붙어 먹이를 잡아먹는다.

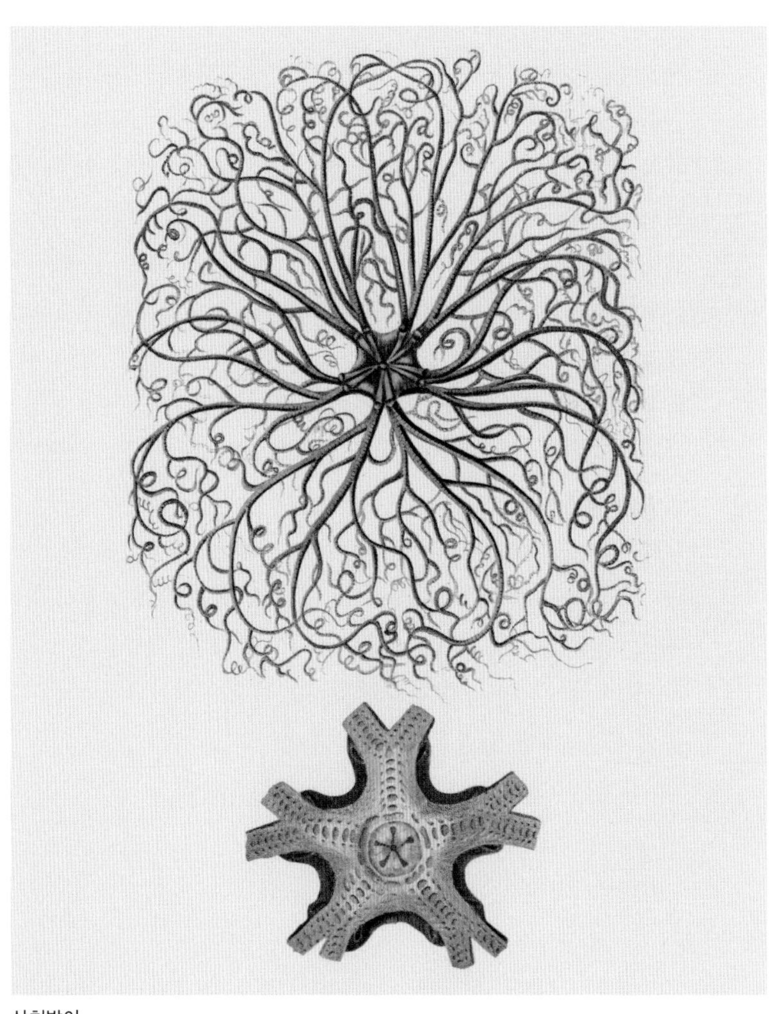

삼천발이

삼천발이는 주로 밤에 잘게 갈라진 팔을 뻗어 새우 같은 먹이를 잡은 다음 팔을 구부려 몸 한가운데에 있는 입으로 가져간다.

검은거미불가사리(*Ophiocomina nigra*, black brittle star)

고르곤머리삼천발이(*Gorgonocephalus caputmedusae*, Gorgon's head basket star)

거미불가사리류(*Ophiothrix fragilis*, common brittle star)

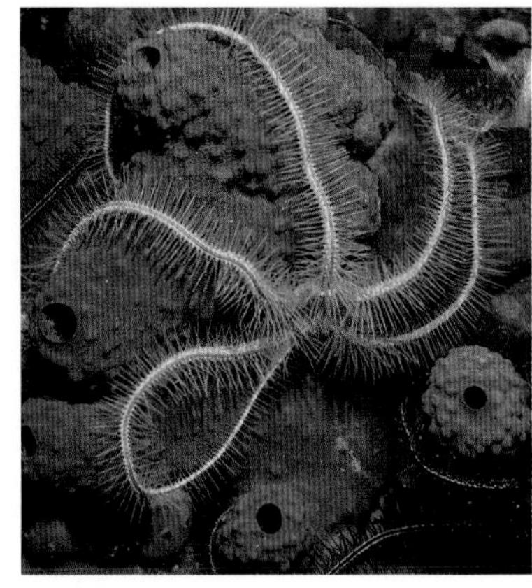

스펀지거미불가사리(*Ophiothrix suensoni*, sponge brittle star)

성게

성게강(Echinoidea) 극피동물문(Echinodermata)

성게의 구조는 팔들이 오그라들어 맨 위에서 만나는 어느 불가사리와 닮았다. 피부에 가시가 달린 성게의 둥근 몸은 골편으로 불리는 작은 조각과 측면을 따라 내려오는 5줄의 관족으로 이루어져 단단하다. 관족은 달라붙거나 기어오르고 간혹 걷는 데도 이용된다. 아래쪽을 향한 입에는 끌 모양의 이빨이 있다. 많은 성게가 바위에서 조류를 훑어 먹지만, 진흙투성이 해저에서 먹이를 얻는 성게도 있다. 후자에는 주로 심해의 가장 큰 성게 종으로서 물에서 나오면 죽고 마는 가죽성게도 포함된다. 여분의 크고 두꺼운 가시가 있는 성게는 연필성게로 알려져 있으며, 일부 성게종은 가시로 독을 주입할 수도 있다. 전형적인 성게의 몸은 대칭성을 띠지만 일부 성게는 대칭성 대신에 '앞'과 '뒤'가 있다. 여기에는 부드러운 가시를 이용해 진흙 속으로 서서히 파고들어 퇴적물과 자신이 만들어 낸 물의 흐름에서 먹이를 얻는 염통성게가 포함된다. 마찬가지로, 납작한 연잎성게 역시 모래에 몸을 전부 또는 반쯤 묻은 채 촘촘하게 덮인 잔가시를 이용해 먹이 입자를 걸러 낸다.

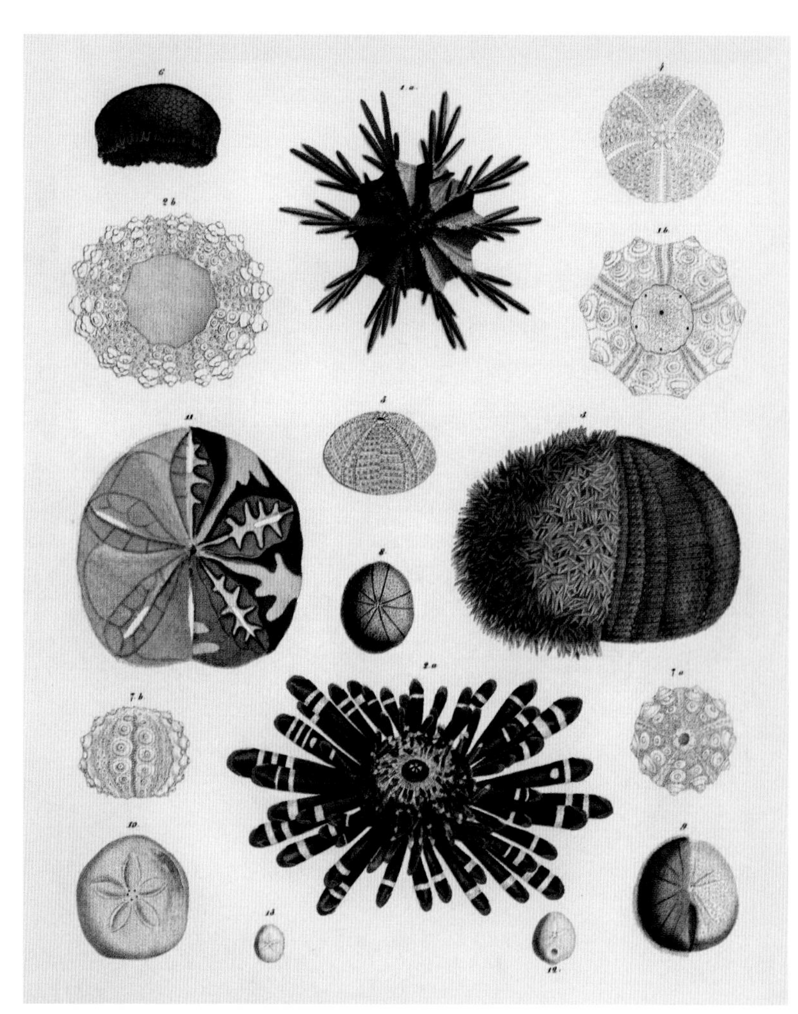

가시가 없는 외관
이 삽화에 나온 몇몇 그림은 가시(test)를 제거한 상태에서 가장 잘 드러나는 성게의 단단한 외피를 보여 준다. 몸에서 튀어나온 마디는 더 큰 가시가 달리는 부착점이다.

연잎성게(*Clypeaster humilis*, sand dollar)

긴침성게(*Diadema setosum*, long-spined sea urchin)

유럽성게(*Echinus esculentus*, edible sea urchin)

보라성게(*Strongylocentrotus purpuratus*, purple sea urchin)

해삼

해삼강(Holothuroidea) 극피동물문(Echinodermata)

해삼은 극피동물 가운데 다양한 종을 가진 강이다. 해부학적으로는 성게를 수직으로 길게 늘여서 입을 앞으로 향하게 하고 옆으로 놓아 둔 듯한 모양새다. 몸집이 큰 종은 길이가 최대 2미터에 이를 수도 있다. '전형적인' 해삼은 마디와 돌기로 덮여서 표피가 거친 피클과 더 비슷하게 생겼다. 걷거나 잡는 용도의 관족은 대개 아래쪽에만 있다. 체색은 다양하지만, 체내의 독소 때문에 천적이 거의 없어서인지 대개 주변 환경과 대비를 이룬다. 여러 갈래로 뻗은 촉수가 입을 둘러싸고 있어서 여과 섭식을 하거나 퇴적물을 모아 삼킬 수 있게 해 준다.

심해에 서식하는 어떤 해삼은 지느러미가 있어서 헤엄을 칠 수 있고 먹이를 먹을 때만 내려앉는다. 바다돼지로 불리는 어떤 종은 커다란 발 모양의 족상돌기가 있어서 진흙 퇴적물에서 먹이를 걸러 먹으며 해저에서 소 떼처럼 움직인다. 벌레처럼 생긴 일부 종은 관족이 없다. 이밖에도 특이한 해삼이 많은데, 어떤 종은 건드리면 장기 일부가 밖으로 나오고 새로운 장기가 자랄 수 있다.

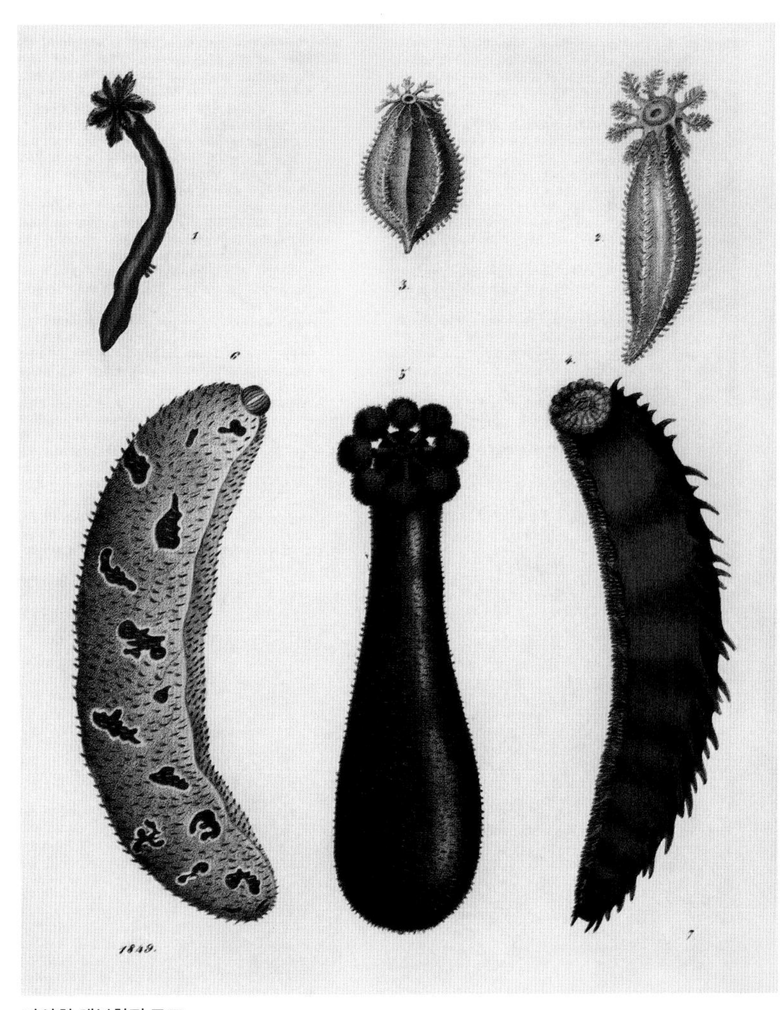

다양한 해부학적 구조

카를 호프만(Carl Hoffmann, 1802~1883년)의 『세계의 책(*Das Buch der Welt*)』(1842~1871년)에 소개된 삽화는 빨판이 있는 아래쪽이 안쪽을 향하고 있는 전형적인 해삼(도4, 도6)의 모습을 보여 준다. 도1은 벌레 모양의 종을 보여 준다.

바다사과해삼(*Pseudocolochirus violaceus*, sea apple cucumber)

노란해삼(*Colochirus robustus*, yellow sea cucumber)

붉은바다오이(*Holothuria edulis*, edible sea cucumber)

파인애플해삼(*Thelenota ananas*, prickly redfish)

피낭동물과 창고기

미삭동물아문(Tunicata), 두삭동물아문(Cephalochordata) 척삭동물문(Chordata)

피낭동물과 창고기 모두 척추동물과 마찬가지로 척삭동물문에 속한 무척추동물이다. 모든 척삭동물의 몸은 유생이나 배아 상태에서 나타나는 척삭으로 불리는 단단한 골격 구조를 특징으로 한다. 척추동물에서는 척추가 척삭을 대신한다. 가장 널리 알려진 피낭동물은 멍게이다. 멍게 유생은 자유롭게 헤엄쳐 다니지만, 성체는 해저 표면에 달라붙어 해면(『해양 도감』 14쪽 참조)처럼 먹이를 여과해 먹는다. 그러나 멍게의 구조가 더 복잡하고 피낭으로 불리는 질긴 외피로 덮여 있다. 관 모양의 수관이 있어서 입수공으로 바닷물을 끌어들이고 출수공으로 배출한다. 멍게 개체는 흔히 함께 모여 군체를 형성한다. 살프, 불우렁쉥이 등의 일부 피낭동물은 군체를 이루어 자유롭게 떠다니거나 헤엄을 치며, 군체 길이가 수 미터에 이를 수도 있다.

창고기는 부드러운 해저에 몸을 반쯤 묻은 채로 살아가며 양 측면에 있는 아가미처럼 생긴 구멍을 통해 물에서 먹이 입자를 걸러 낸다. 창고기는 작은 물고기처럼 보이고 위협을 느끼면 물고기와 같은 방식으로 헤엄을 칠 수 있다. 척추동물의 조상이 어떤 모습이었을지 단서를 얻기 위한 창고기 연구가 오랫동안 진행되어 왔다.

군체를 이룬 멍게
이 삽화는 해조류에서 자라는 스크로세르판멍게(*Botryllus schlosseri*)를 보여 준다. 물을 배출하는 하나의 수관을 공유하는 개충에 의해 별 모양이 나타난다.

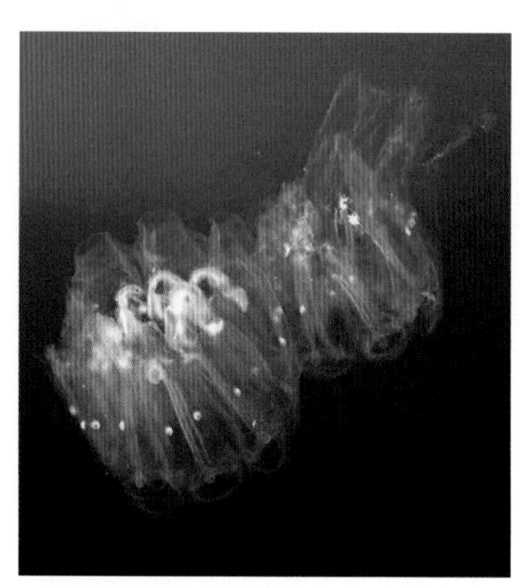

살프(Salpidae family, salp)

유럽창고기(*Branchiostoma lanceolatum*, European lancelet)

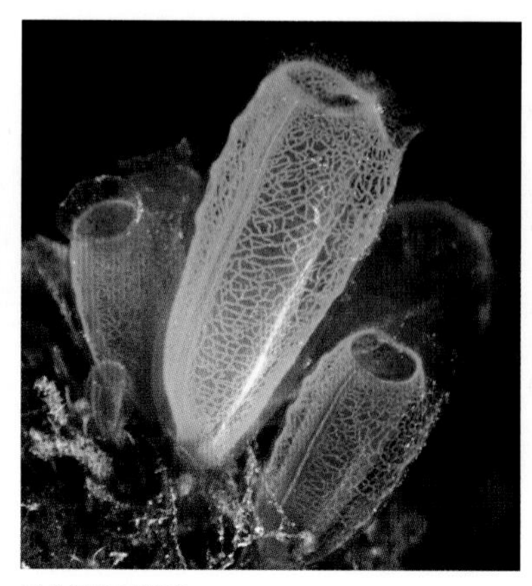

금초롱곤봉멍게(*Rhopalaea crassa*, blue club tunicate)

불우렁쉥이(*Pyrosoma* species, Pyrosome)

먹장어

먹장어강(Myxini) 척추동물아문(Vertebrata)

먹장어는 장어와 생김새가 비슷하지만 관계가 없다. 오늘날까지 남아 있는 대표적인 턱 없는 물고기이다. 턱이 있는 물고기로 진화하기 전까지 많은 종의 턱이 없는 물고기가 전 세계의 바다를 누비고 다녔다. 먹장어는 해저에서 살아가면서 다양한 무척추동물을 먹이로 삼지만 고래처럼 큰 동물의 사체도 뜯어먹는다. 연골로 이루어진 두개골이 있지만 척추가 아닌 유연한 척삭으로 몸을 지탱하기 때문에 먹장어를 척추동물로 분류하는 데는 논란의 여지가 있다. 가는 구멍 같은 입에는 단단한 이빨이 달린 혀가 있고 입 주변에는 감각기인 수염이 나 있다. 몸을 따라 한 줄로 늘어선 작은 구멍에서 다량의 점액을 분비해 방어에 이용한다.

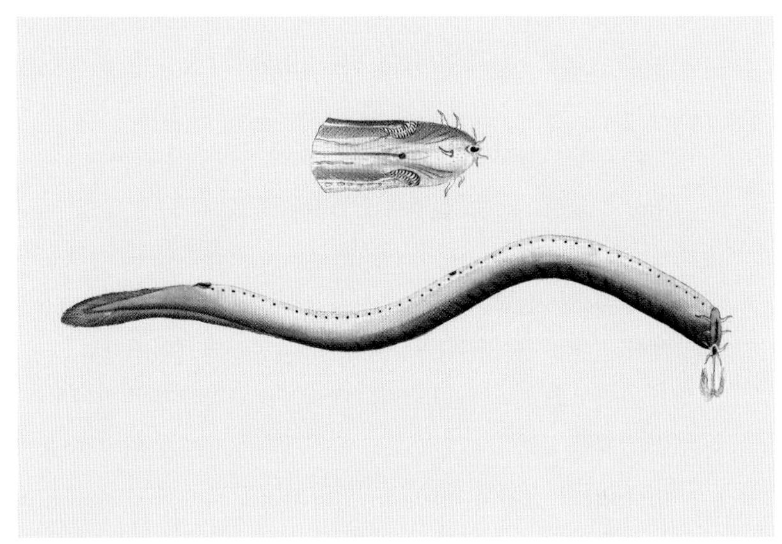

대서양 먹장어
대서양 먹장어(*Myxine glutinosa*)를 묘사한 이 그림은 입 주변의 수염(위)과 한 줄로 늘어선 점액 분비선을 보여 준다.

칠성장어

칠성장어강(Petromyzontida) 척추동물아문(Vertebrata)

칠성장어는 먹장어와 마찬가지로 턱이 없지만, 등지느러미와 미발달한 척추, 완전한 기능을 하는 눈을 가지고 있다. 모든 종은 민물에서 산란하지만, 그중에 4분의 1가량은 성어가 되면 바다로 간다. 애머시이트(ammocoete)로 불리는 유생은 강바닥에 몸을 반쯤 묻은 채 작은 먹이 입자를 먹고 살다가 장어와 비슷한 성어로 성장한다. 북대서양바다칠성장어의 어린 성어는 강 하류를 따라 바다로 가서 다른 물고기에 기생해 살아간다. 이들은 빨판 같은 입에 있는 긁는 이빨로 숙주에 달라붙어 살다가 번식기가 되면 민물로 되돌아온다. 그러나 많은 칠성장어종은 민물을 떠나지 않으며, 성어가 된 일부 종은 먹지 않은 채 번식만 하다가 죽음을 맞는다.

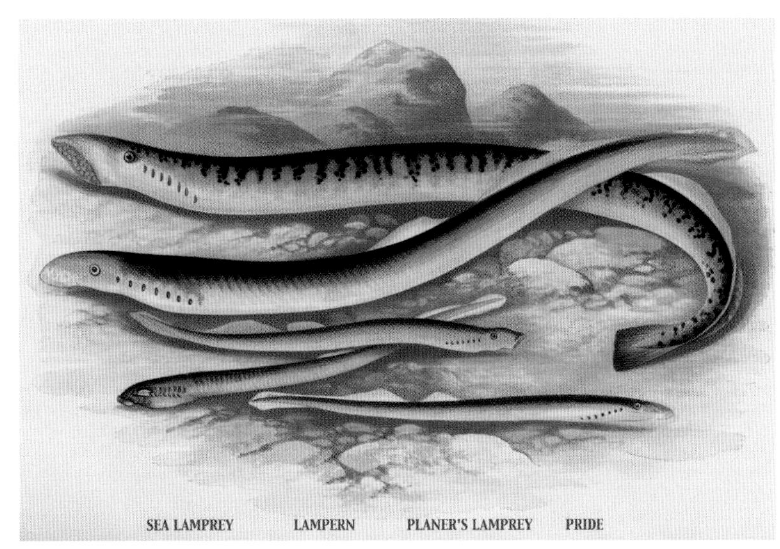

칠성장어 고르기
이 삽화에서 위의 두 그림은 칠성장어와 유럽산칠성장어를 보여 준다. 모두 산란을 위해 바다로 이동하는 북대서양종으로서 턱이 없는 입에는 긁는 이빨이 나 있다.

상어

연골하강(Selachii) 연골어강(Chondrichthyes) 척추동물아문(Vertebrata)

상어는 골격이 뼈가 아닌 연골로 이루어져 있다는 점에서 이빨이 있는 다른 물고기와 구별된다. 그런 연골은 무기물질에 의해 보강된다. 3만여 종의 경골어류와 비교하면 상어는 500여 종에 불과하지만, 최상의 해양 포식자 가운데 상당수를 포함한다. 상어는 돌출된 턱, 면도칼처럼 날카로우며 교체 가능한 이빨, 튼튼하고 커다란 지느러미, 가시 비늘로 덮인 질긴 피부, 먹이에서 나오는 미세한 전류도 감지하는 뛰어난 전기 감각 등의 두드러진 신체 특징을 보인다. 귀상어는 다른 대형 상어와 마찬가지로 장거리 이동을 한다. 이들의 넓은 머리는 시각과 후각의 입체적인 지각 활동을 돕는다. 경골어류와 달리 상어는 교미를 하고 체내 수정이 이루어진다. 암컷은 해조류나 그 밖의 표면에 난황이 차 있는 커다란 알이나 새끼를 낳는다.

모든 상어가 날렵하고 몸매가 유선형인 대양의 포식자는 아니다. 몸집이 작은 많은 수의 상어가 해저에서 먹이를 찾고, 일부는 끝부분이 납작한 어금니를 이용해 껍데기가 있는 먹이를 부순다. 전자리상어는 아주 납작해서 바닥에 몸을 반쯤 묻은 채 누워 먹이를 기다린다. 가장 큰 상어인 고래상어와 돌묵상어는 느리게 이동하면서 플랑크톤을 먹는다.

해저에 서식하는 상어들
삽화에 소개된 2마리의 해저 상어는 융단상어 또는 오렉톨로부스속(*Orectolobus*) 워베공상어(위)와 넓은코칠성상어(*Notorynchus cepedianus*, 아래)이다.

황소상어(*Carcharhinus leucas*, bull shark)

뿔괭이상어(*Heterodontus francisci*, horn shark)

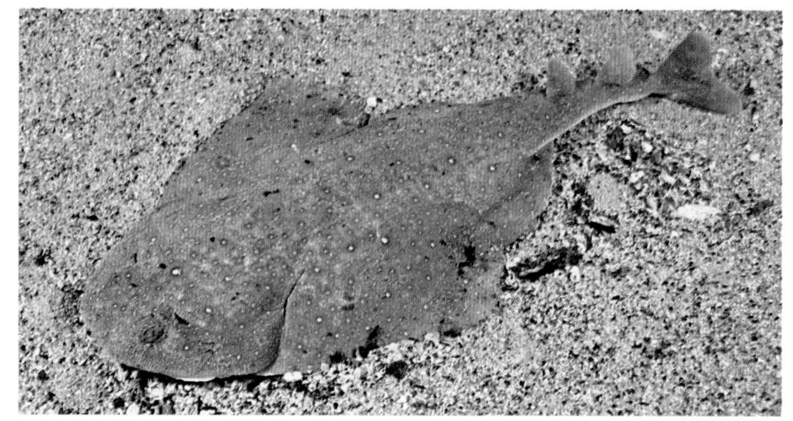

동부전자리상어(*Squatina albipunctata*, eastern angelshark)

가오리

가오리하강(Batoidea) 연골어강(Chondrichthyes) 척추동물아문(Vertebrata)

가오리는 몸이 납작한 상어의 친척으로 모래와 진흙에 몸을 반쯤 숨긴 채 해저 가까이에서 살아간다. 넓은 가슴지느러미를 이용해 헤엄치고 넓고 납작한 이빨을 이용해 껍질이 단단한 먹이를 부순다. 상어와는 달리 가오리의 아가미구멍은 몸 아래쪽에 있고 눈 뒤에는 분수공으로 불리는 구멍이 있어서 호흡을 위해 물을 받아들인다.

가오리는 4개의 목으로 분류된다. 홍어가 포함된 최대 규모의 목에 속한 가오리는 난황이 들어 있는 알을 낳고 등지느러미와 꼬리지느러미가 달린 꼬리는 두툼하다. 이들은 차가운 바다에 사는 가장 흔한 가오리이다. 범무늬노랑가오리가 속한 목은 따뜻한 바다에서 흔히 볼 수 있으며 알이 아닌 새끼를 낳는다. 채찍 모양의 꼬리에는 지느러미가 없고 1개 이상의 크고 독이 있는 가시가 달려 있다. 여기에는 대양에 서식하는 매가오리와 여과 섭식을 하는 만타가오리도 포함된다. 세 번째 목에는 톱가오리(sawfish), 가래상어(guitarfish), 반조피시(banjofish)가 포함된다. 이들은 납작한 상어처럼 보이는 길쭉한 가오리이다. 톱가오리의 긴 '톱'에는 전기 수용기가 있어서 무기로 사용된다. 전기가오리와 시끈가오리가 포함된 네 번째 목은 공격과 방어를 위해 강력한 전기 충격을 일으킬 수 있는 외형이 둥근 가오리로 이루어져 있다.

홍어
이 삽화는 홍어를 위와 아래에서 본 모습이다. 홍어목에 속한 가오리는 뾰족한 주둥이와 지느러미가 달린 두툼한 꼬리가 특징이다.

가래상어(*Rhinobatos schlegelii*, brown guitarfish)

부채가오리(*Taeniura meyeni*, round ribbontail ray)

남방무늬색가오리(*Himantura uarnak*, reticulate whipray)

표범어뢰가오리(*Torpedo panthera*, leopard torpedo)

은상어

전두아강(Holocephali) 연골어강(Chondrichthyes) 척추동물아문(Vertebrata)

약 55종에 이르는 은상어는 주로 심해의 해저 가까이에서 살기 때문에 상대적으로 알려진 바가 없다. 상어와 가오리(『해양 도감』 42~43쪽 참조)의 친척인 은상어는 머리가 큰 편이고 뒤로 갈수록 몸이 가늘고 길어진다. 등지느러미에 가시가 달려 있고 판 모양의 이빨(치판)이 계속해서 자란다. 가장 큰 종은 1.5미터 이상 자랄 수 있다. 은상어는 가슴지느러미를 이용해 천천히 헤엄치면서 무척추동물을 잡아먹는다. 커다란 눈은 전기 감각에 민감하다. 상어와 마찬가지로 체내 수정을 하고 암컷은 난황이 들어있는 커다란 알을 낳는다.

은상어는 3가지 과로 이루어져 있다. 짧은코은상어과는 얕은 바다에 서식하는 몇 종을 포함해 가장 많다. 이들의 꼬리는 쥐꼬리처럼 가늘어져서 쥐고기라는 이름을 얻게 되었다. 또 커다란 이빨과 머리 모양 때문에 토끼고기로도 불린다. 쟁기코은상어과 또는 코끼리은상어과에 속한 은상어의 유난히 돌출된 코는 먹이를 파내는 데 이용된다. 이들의 꼬리는 짧은코은상어과에 속한 은상어보다는 상어에 더 가깝다. 세 번째로 긴코은상어과 또는 귀신고기과는 심해에 널리 서식하지만 알려진 바가 별로 없다.

토끼고기
1796년에 그려진 이 삽화는 대서양 동북부에 서식하는 토끼고기를 묘사했다. 짧은코은상어과에 속한 은상어의 전형적 특징인 큰 눈과 가늘어지는 꼬리를 보여 준다.

태평양귀신고기(*Rhinochimaera pacifica*, Pacific spookfish)

얼룩쥐고기(*Hydrolagus colliei*, spotted ratfish)

토끼고기(*Chimaera monstrosa*, rabbit fish)

오스트레일리아유령상어(*Callorhinchus milii*, Australian ghostshark)

육기어류

육기어강(Sarcopterygii) 척추동물아문(Vertebrata)

육기어강은 뒤에 소개될 조기어류(조기어강)과 함께 경골어류에 속하지만, 두 그룹은 전혀 다르다. 육기어류의 가슴지느러미와 배지느러미는 기저가 두껍고 인간의 팔다리뼈에 해당하는 작은 뼈가 들어 있다. 실제로 육지의 모든 척추동물은 육기어강에 속한 조상에게서 진화한 것으로 보인다. 현존하는 육기어류는 담수 폐어 6종과 해양 실러캔스 2종을 포함한 8종에 불과하다. 1938년에 남아프리카에서 살아 있는 모습이 확인되기 전까지 멸종된 것으로만 여겨지던 실러캔스는 움직임이 느리다. 비교적 깊은 바다에 사는 실러캔스는 몸을 숨길 수 있는 수중 동굴이 있는 환경을 좋아한다. 몸길이가 최대 2미터에 이르고 두꺼운 뼈비늘이 피부를 보호한다. 해양 실러캔스 가운데 한 종은 서인도양에 서식하고 다른 한 종은 1997년에 인도네시아에서 한 차례 목격되었다. 실러캔스를 해부해 보면 주요 먹이가 작은 물고기와 두족류인 것을 알 수 있다. 암컷은 큰 알을 만들어 체내에서 부화시킨 다음 새끼를 낳는다. 오늘날은 잠수정에서 실러캔스를 촬영하지만 이들의 생태에 관해서는 아직도 밝혀지지 않은 것이 많다.

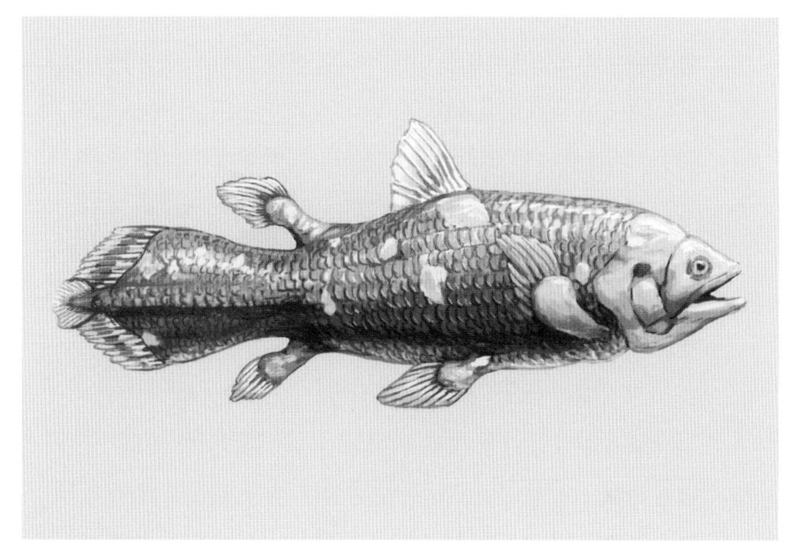

두꺼운 지느러미
이 삽화는 실러캔스의 가슴, 배, 뒷지느러미와
제2등지느러미 일부를 이루는 두꺼운 기저를 보여 준다.

서인도양실러캔스(*Latimeria chalumnae*, West Indian Ocean coelacanth)

인도네시아실러캔스(*Latimeria menadoensis*, Indonesian coelacanth)

철갑상어

철갑상어목(Acipenseriformes) 조기어강(Actinopterygii) 척추동물아문(Vertebrata)

철갑상어는 담수어종인 다기류를 제외하고 조기어강에 속한 현존하는 어류 중에 가장 원시적인 형태이다. 주로 연안에 서식하며 번식을 위해 강으로 올라오는 이들 철갑상어는 20종이 넘는다. 북아메리카에 서식하는 일부 종은 대륙붕의 깊은 곳에서 겨울을 난다고 알려져 있다. 대부분의 철갑상어는 하천 생태계의 파괴, 건강에 뛰어난 효능을 보이는 알(캐비어)을 얻으려는 인간의 남획 때문에 멸종 위기에 놓여 있다. 일부 종은 몸집이 매우 클 수도 있다. 동유럽 강유역에 서식하는 벨루가는 최대 5미터까지 자랄 수 있고 수명이 100년을 넘는다. 철갑상어의 꼬리는 상어와 비슷하고 몸은 일반적인 비늘 대신 판자 모양을 한 5줄의 단단한 굳비늘(인갑)로 덮여 있다. 아래쪽으로 향한 이빨 없는 입은 두꺼운 수염(촉모)과 함께 철갑상어가 먹이를 찾기 위해 진흙 바닥에 자리를 잡는 데 도움을 준다.

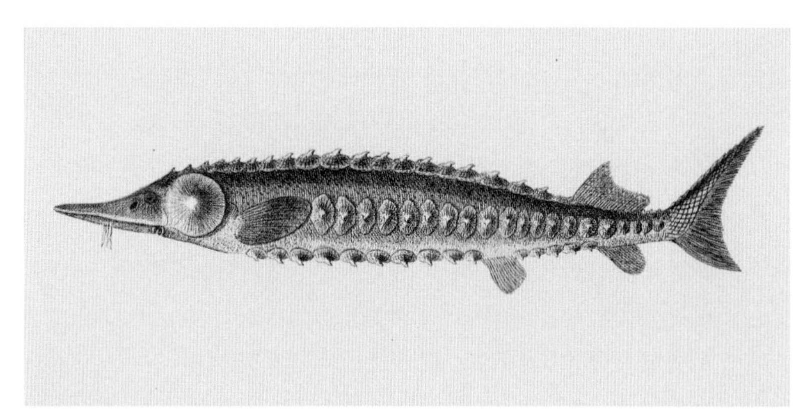

독특한 형태

이 삽화는 아래쪽으로 수염이 나 있는 긴 주둥이, 비대칭 꼬리, 5줄의 단단한 굳비늘이 포함된 철갑상어만의 독특한 외모를 보여 준다.

타폰, 당멸치

당멸치목(Elopiformes) 조기어강(Actinopterygii) 척추동물아문(Vertebrata)

당멸치목에는 주로 따뜻한 바다에 서식하는 타폰(tarpon)과 당멸치 두 과만 포함되어 있다. 낚싯고기로 널리 알려진 대서양타폰은 특이할 정도로 크고 은색을 띤 비늘로 덮여 있고 등지느러미에는 긴 '페넌트(pennant)'가 달려 있다. 이들은 바닷물과 민물을 자유롭게 오가지만 산란기에는 바다로 향한다. 부레가 식도로 연결되어 있어서 수면으로 올라와 공기 보충이 가능하므로 이들에게는 고여 있는 민물 서식지가 유리하다. 당멸치는 타폰과 습성은 비슷하지만 몸집은 작다. 당멸치목에 속한 모든 종의 유생은 장어 유생과 마찬가지로 잎 모양으로 생겼다. 많은 화석종도 이런 당멸치목의 일부이다.

인도양-태평양타폰

인도양-태평양타폰(*Megalops cyprinoides*)으로 이름 붙인 이 종은 대서양타폰과 비슷하지만 크기는 작다. 1700년대 말 독일에서 제작된 이 판화는 인도양-태평양타폰을 보여 준다.

장어

밴장어목(Anguilliformes) 조기어강(Actinopterygii) 척추동물아문(Vertebrata)

뱀장어목은 몸이 긴 포식성 어류부터 사체를 먹는 어류까지 19개 과로 이루어져 있다. 주로 야행성을 보이는 이들은 사냥하지 않을 때는 바닥을 파고들거나 틈새에 숨어 지낸다. 등지느러미, 꼬리지느러미, 뒷지느러미가 연속적으로 이어진 하나의 띠로 합쳐진다. 반면에 지느러미가 전혀 없는 종도 있다. 미끈거리는 피부는 비늘이 아예 없거나 있다 해도 눈에 띄지 않는다. 육중한 유럽뱀장어와 200여 종의 곰치 가운데 가장 긴 종은 3미터 이상 자랄 수도 있다. 곰치는 따뜻한 바다의 바위가 많은 곳이나 산호초에서 살아간다. 선명한 무늬를 띠고 대부분 사납게 보이는 송곳니가 있어서 다른 물고기를 잡는 데 이용한다. 가느다란 물뱀은 간혹 독이 있는 바다뱀을 가장한 무늬를 띨 때가 있다. 심해에 서식하는 풍선장어(큰입장어, 꿀꺽장어)는 커다란 입으로 자기보다 큰 먹이를 잡아먹을 수 있다.

유럽과 북아메리카의 강에 서식하는 장어는 산란할 때가 되면 온 힘을 다해 깊은 바다로 헤엄쳐간다. 장어 알은 엽상자어(leptocephalus)로 불리는 잎 모양의 투명한 유생으로 부화하며 성어와는 전혀 닮은 데가 없다. 그밖에도 이름에 '장어'가 들어간 물고기들이 있지만, 진짜 장어는 아니다.

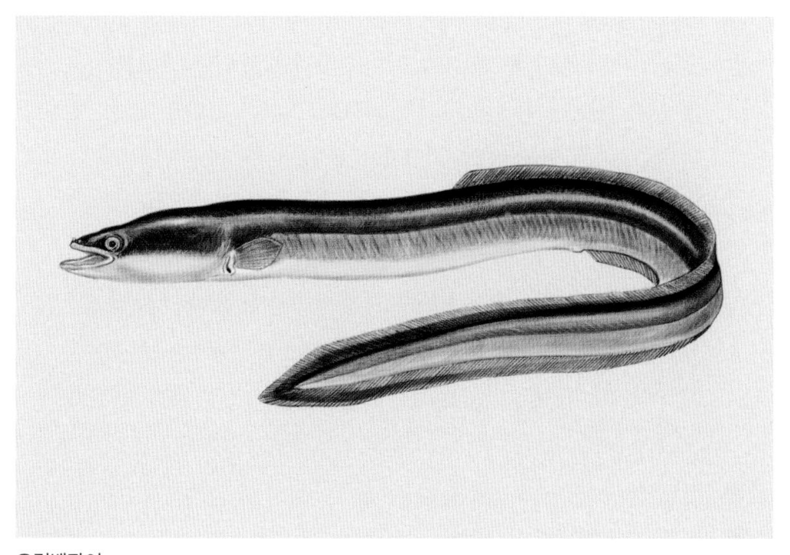

유럽뱀장어
유럽의 강에 서식하지만 산란기가 되면 북대서양의 사르가소 해로 이주한다. 이들과 가까운 친척도 북아메리카의 강에서 비슷한 이주를 한다.

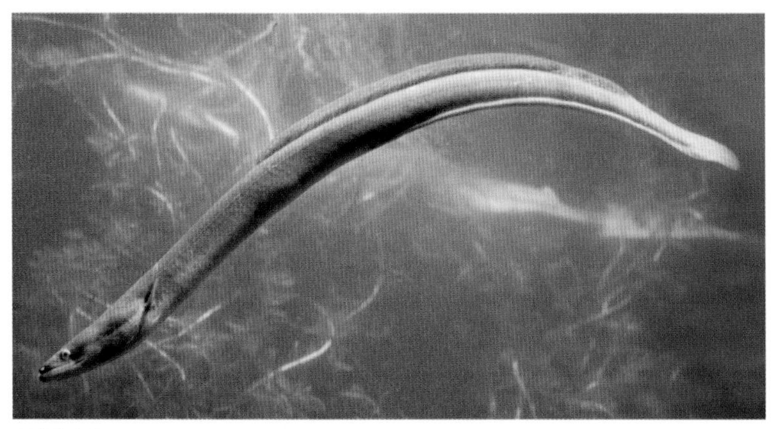

유럽뱀장어(*Anguilla anguilla*, European eel)

일본정원뱀장어(*Gorgasia japonica*, Japanese garden eel)

보석곰치(*Muraena lentiginosa*, jewel moray)

청어와 그 친척들

청어목(Clupeiformes) 조기어강(Actinopterygii) 척추동물아문(Vertebrata)

매끄러운 은빛 비늘로 덮인 청어목에 속한 물고기들은 거의 플랑크톤을 먹이로 하는데, 아가미갈퀴로 불리는 구조를 이용해 물에서 먹이 입자를 걸러낸다. 200여 종으로 이루어진 주요 과에는 청어속(*Clupea*)을 비롯해 스프랫청어, 샤드청어도 포함된다. 정어리도 청어과에 속한 물고기를 지칭하는 데 이용되지만, 전혀 다른 부류에 속한 물고기를 언급할 수도 있다. 대서양과 태평양 종이 존재하는 진짜 청어는 성어의 몸길이가 45센티미터에 이를 수 있다. 요각류를 주요 먹이로 하는 청어는 큰 무리를 형성할 수 있으며 지난 수 세기 동안 집중적으로 잡히는 어종이었다. 청어 무리는 얕은 바다와 강어귀로 이주해 산란하고 알은 바닥으로 가라앉아 부화한다. 그에 반해 알로사아과(Alosinae)에 속한 샤드청어는 강으로 거슬러 올라가 민물에서 알을 낳는다.

두 번째로 큰 청어과에는 청어보다 작지만 전 세계적으로 분포하며 중요한 식용어종인 멸치가 포함된다. 남은 청어과에 속한 물멸(wolf herring, 늑대청어)은 날카로운 이빨로 다른 물고기를 잡아먹는다. 물멸에 속한 2종의 청어는 1미터까지 자랄 수 있다.

윙핀안초비
남아메리카의 대서양 연안과 강이 원산지인 이 멸치(*Pterengraulis atherinoides*)는 여과 섭식을 하지 않고 작은 물고기와 새우를 사냥한다.

멸치(*Engraulis japonicus*, Japanese anchovy)

태평양청어(*Clupea pallasii*, Pacific herring)

남아메리카정어리(*Sardinops sagax*, South American pilchard)

알로사 팔락스(*Alosa fallax*, Twaite shad)

메기

메기목(Siluriformes) 조기어강(Actinopterygii) 척추동물아문(Vertebrata)

메기는 입 주위에 수염이 나 있고, 수염은 모래나 진흙 속에서 먹이를 감지하는 데 도움을 준다. 3000종 이상의 메기는 대개 민물에서 살아가지만, 바다동자개과(Ariidae)와 쏠종개과(Plotosidae)에는 해양 종이 포함된다. 이들 메기는 연안에서 살아가면서 강어귀나 그 밖의 수심이 얕은 곳을 산란지로 이용한다.

바다동자개과는 특이한 번식 방법을 보인다. 수컷은 수정란과 갓 부화한 새끼를 입속에 품는 동안 아무것도 먹지 않는다. 아메리카 대륙의 대서양 연안이 원산지인 바다동자개과에 속한 널리 알려진 2종의 메기는 하드헤드(hardhead)와 개프톱세일(gafftopsail)이다. 쏠종개과 또는 뱀장어꼬리메기는 제2등지느러미, 꼬리지느러미, 뒷지느러미가 장어(『해양 도감』 47쪽 참조)와 마찬가지로 한데 합쳐져 있다는 점에서 특이하다. 해양종 가운데 오직 한 종(쏠종개)만이 산호초에서 살아가는데, 암초 바닥 가까이에서 큰 무리를 지어 헤엄치는 어린 쏠종개의 모습이 흔히 눈에 띈다. 해양종에 속하는 메기는 제1등지느러미와 가슴지느러미 양쪽에 길고 치명적인 독가시가 있다.

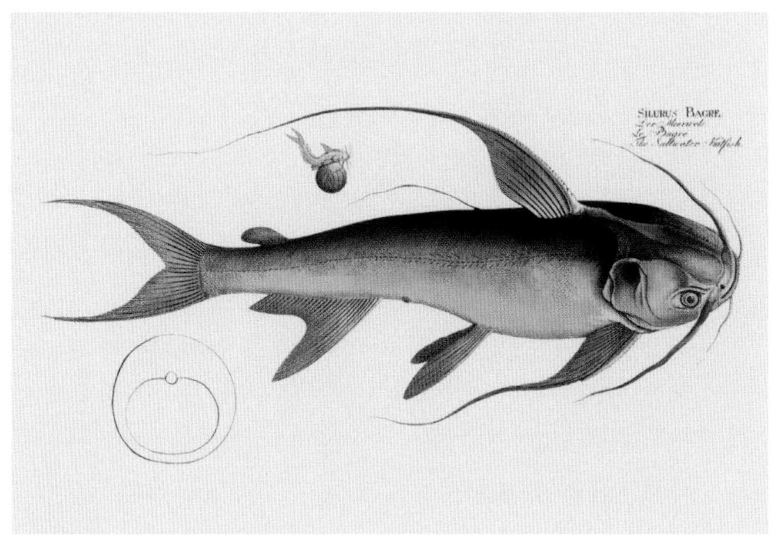

코코바다메기
오늘날 바그레 바그레(*Bagre bagre*)로 알려진, 바다동자개과에 속한 이 메기는 대서양과 남아메리카의 카리브 해 연안에서 발견되며 이 지역에서 식재료로 잡힌다.

쏠종개(*Plotosus lineatus*, striped eel catfish)

테테바다메기(*Ariopsis seemanni*, Tete sea catfish)

연어, 송어와 그 친척들

연어목(Salmoniformes) 조기어강(Actinopterygii) 척추동물아문(Vertebrata)

200종 이상의 육식성 어류로 이루어진 연어목은 북반구의 서늘한 지역이 원산지인 단 하나의 과(연어과)로 이루어져 있다. 모든 종은 민물에서 알을 낳고 대부분 거기서 전 생애를 보낸다. 오직 2종의 연어속, 즉 대서양연어속과 태평양연어속만이 대양으로 나가는 생활사를 보인다. 여기에는 상업적으로 가장 중요한 연어종도 포함된다.

대서양연어속과 태평양연어속 모두, 몸집이 더 크고 바다로 가는 종은 연어로 불리고 더 작은 종은 송어로 불린다. 대서양연어속은 물살이 빠른 강 상류에서 알을 낳고 암컷은 자갈로 알을 덮어 보호한다. 새끼 연어는 민물에서 1~4년 동안 머물다 바다로 이동한다. 몇 년 동안 바다에서 먹이를 잡아먹고 성어가 된 연어는 산란을 위해 강으로 돌아오는데, 대개는 자신이 부화했던 곳을 선택한다. 킹연어, 홍연어, 은연어를 포함한 태평양연어속에 속한 6종은 비슷한 생활사를 보여 주며 산란을 마친 어미 연어는 죽는다. 산란기가 되면 수컷 연어의 모습이 바뀐다. 홍연어는 수컷에게 나타나는 선홍색의 체색으로 유명하다. 연어는 양어장에서 상업적으로 기르기도 한다.

살모 살라르
대서양연어는 산란을 위해 유럽과 북아메리카의 강으로 거슬러 올라간다. 그러나 태평양연어와 달리 살아남아 몇 년 뒤에 바다로 되돌아갈 수도 있다.

대서양연어(*Salmo salar*, Atlantic salmon)

북극곤들매기(*Salvelinus alpinus*, Arctic char)

킹연어(*Oncorhynchus tshawytscha*, Chinook salmon)

홍연어(*Oncorhynchus nerka*, sockeye salmon)

바다빙어

바다빙어목(Osmeriformes) 조기어강(Actinopterygii) 척추동물아문(Vertebrata)

바다빙어는 연어나 송어와 비슷한 비교적 작은 물고기이지만, 실은 용고기와 더 밀접한 관계가 있다. 연구가 가장 많이 이루어진 바다빙어는 북반구의 바다빙어과에 속한 일반적인 바다빙어이다. 여기에는 수백 년 동안 잡힌 유럽바다빙어인 오스메루스 에퍼라누스(*Osmerus eperlanus*)도 포함된다. 오스메루스와 바다빙어 모두 오이 비슷한 냄새가 난다. 바다빙어과에 속한 바다빙어는 은빛 비늘로 덮이고 간혹 무지개빛을 띠기도 한다. 바다에서 사는 빙어는 큰 무리를 지어 헤엄치면서 다른 물고기와 동물성 플랑크톤을 잡아먹는다. 유럽바다빙어와 그 친척인 북아메리카바다빙어는 산란을 위해 강을 거슬러 올라간다. 열빙어는 북극해의 먹이 사슬에서 중요한 부분을 차지한다. 바다빙어목에는 남반구에 국한된 한 과를 포함해 그 밖에도 4~5과가 더 있다.

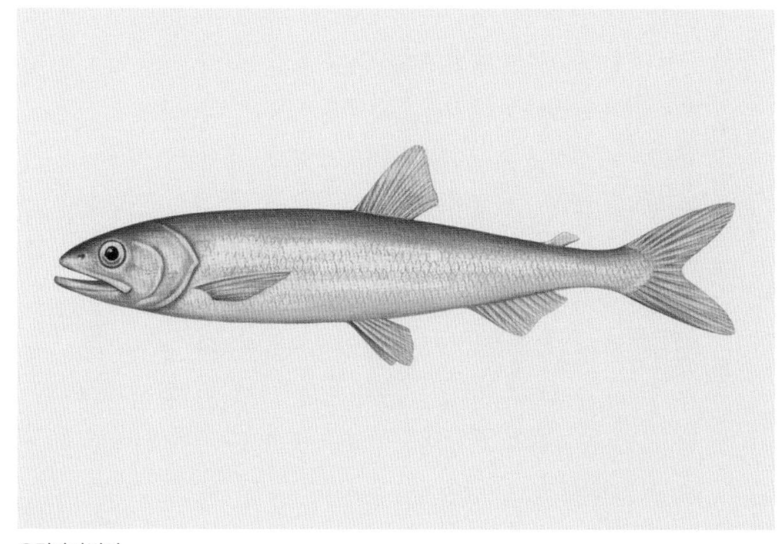

유럽바다빙어
일부 북유럽 국가에서 인기 많은 생선인 유럽바다빙어는 그물이나 바구니를 이용한 전통 방식으로 잡지만, 남획 때문에 위협을 받고 있다.

드래곤피시

앨퉁이목(Stomiiformes) 조기어강(Actinopterygii) 척추동물아문(Vertebrata)

작지만 무시무시해 보이는 이 포식자는 송곳니 같은 이빨이 박힌 큰 입을 가지고 있으며 깊은 바다에서 흔히 볼 수 있다. 몸길이가 최대 40센티미터에 이르는 가느다란 독니고기(바이퍼피시)부터 몸통이 길고 은빛을 띠는 도끼고기에 이르기까지 4개 과에 속한 드래곤피시마다 형태가 다양하다. 드래곤피시의 어두운 체색은 심해에서 숨어지내기에 유리하지만, 밤이 되면 위로 올라와 먹이를 잡는다. 앨퉁이목에 속한 드래곤피시에는 그 밖에도 강모입고기(bristlemouth, 브리슬마우스), 빛고기(lightfish), 솔니앨퉁이(fangjaw)가 있다. 이들은 발광기(빛을 만드는 기관)를 이용해 먹이를 유인하거나 밑에서 볼 때 윤곽만 보이도록 속여 혼란을 주고 개체 간에 소통할 수도 있다. 쥐덫고기(spoplight loosejaw)와 관련 종들은 눈 밑에 붉은 발광기가 있어서 주로 붉은빛을 보지 못하는 먹이를 비추는 조명으로 이용한다.

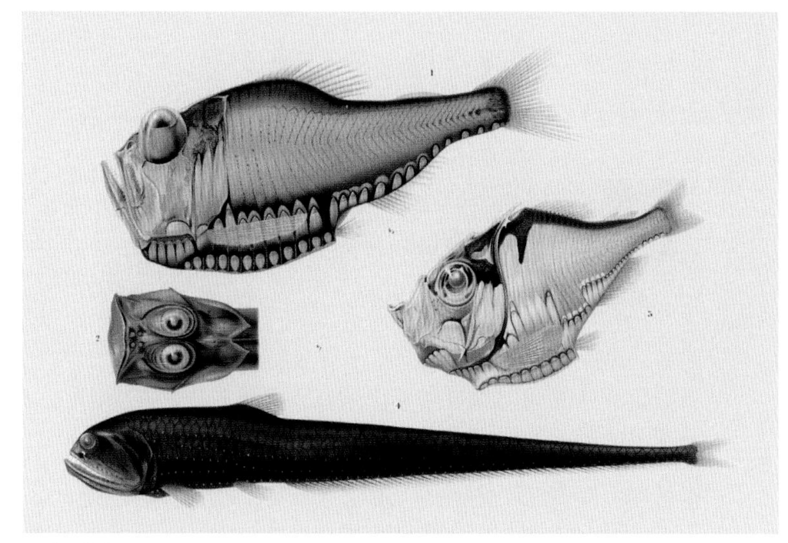

드래곤피시
이 삽화는 눈이 위로 향한 도끼고기(도2)와 강모 입을 가진 도끼고기(도4)를 보여 준다.

샛바늘치

샛바늘치목(Myctophiformes) 조기어강(Actinopterygii) 척추동물아문(Vertebrata)

심해어류인 샛바늘치목에는 250여 종이 있으며 여기에는 샛바늘치과는 물론 훨씬 작은 미올비늘치과도 포함된다. 드래곤피시(『해양 도감』 51쪽 참조)와 달리 모든 샛바늘치는 형태가 비슷해서 종 구별이 어려울 수도 있다. 샛바늘치는 몸길이가 최대 15센티미터에 이른다. 낮에는 깊은 바닷속에 머물지만 밤이 되면 위로 올라와 플랑크톤을 잡아먹는다. 반대로 샛바늘치는 다른 물고기의 먹이가 되기도 한다. 샛바늘치는 전 세계 어디든 분포하며 가장 풍부한 물고기로 여겨진다. 은빛을 띤 비늘로 덮이고 몸에는 빛을 내뿜는 많은 발광기가 분포해 있다. 발광기 유형은 종이나 성별에 따라 다양하며 개체 간의 식별과 소통에 이용되는 것으로 보인다.

샛바늘치
5종의 샛바늘치종을 묘사한 이 그림은 이 풍부한 샛바늘치목의 다양한 종이 공유하는 비슷한 형태를 보여 준다.

달고기류

달고기목(Zeiformes) 조기어강(Actinopterygii) 척추동물아문(Vertebrata)

달고기류는 수생 척추동물로 이루어진 33종의 소규모 분류군으로서 여기에 속하는 종들은 몸통의 폭이 매우 좁고 높다. 가장 잘 알려진 달고기는 널리 사랑을 받는 식용종으로 최대 90센티미터까지 자라고 유럽, 아프리카, 아시아의 얕은 바다에 서식한다. 배지느러미와 제1등지느러미에 긴 가시가 달려 있고 머리 정면 부근에 달린 두 눈으로 사물을 본다. 이들은 해저에 가까이 살면서 먹이가 눈치채지 못하도록 천천히 접근한다. 세로로 납작한 모습에 속은 먹이는 달고기가 커다란 입을 불쑥 내밀어 자신을 낚아챌 때까지도 알아차리지 못한다. 달고기류는 은빛을 띤 비늘로 덮여 있고 달고기목에 속한 하위 6개 과로 분류된다. 심해에 서식하는 한 과는 은백색을 띤 외모 덕분에 반짝이고기(tinselfish, 틴셀피시)로 불린다.

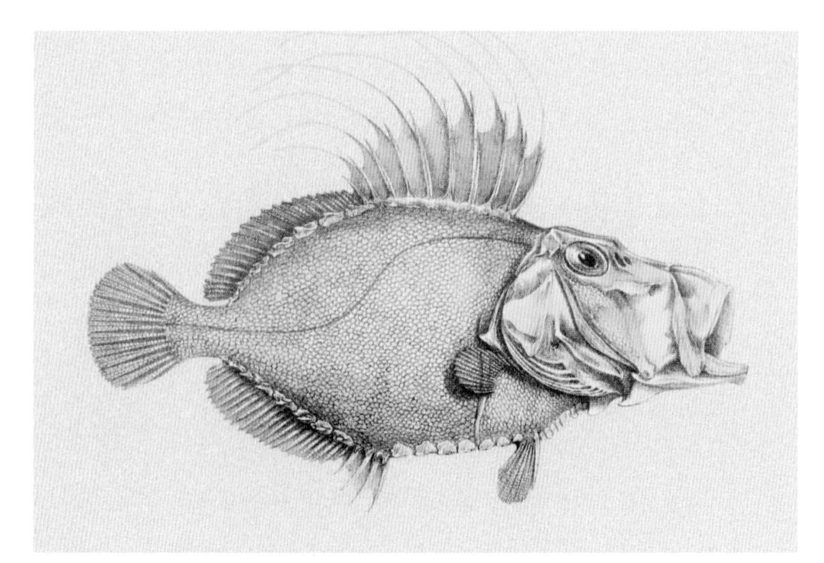

달고기
달고기(*Zeus faber*)를 그린 이 삽화는 19세기의 오스트레일리아와 남극해 탐사 여행 기록에 실린 것이다.

대구와 그 친척들

대구목(Gadiformes) 조기어강(Actinopterygii) 척추동물아문(Vertebrata)

대규모 분류군에 속한 이 종은 해저 가까이 살면서 큰 무리를 지어 헤엄치고 무엇이든 먹을 수 있는 것을 찾아다닌다. 대구목에는 대구가 속해 있는 대구과를 비롯한 최대 13개 과가 포함된다. 대구목에 속한 종은 3개의 등지느러미와 턱에 한 개 이상의 수염이 달려 있다. 대서양대구는 오랫동안 인간의 식탁에 올라왔다. 그 결과 암컷 한 마리가 수백만 마리의 알을 낳는데도 개체수가 급격히 감소하고 대구의 평균 크기도 줄어들었다. 대구과에 속한 중요한 식용어종은 해덕대구, 알래스카명태, 민대구이다.

모오캐과(Lotidae)에 속하는 종은 친척인 대구과(Gadidae)에 속한 종보다 대체로 몸이 더 가늘다. 몸길이가 최대 2미터에 이르는 링(ling)과 그보다 작은 해안종인 록링(rockling)이 여기에 포함된다. 대구목에 속한 일부 과는 거의 알려진 바가 없고 서너 종만이 속해 있다. 그러나 400여 종이 포함된 민태과(Gadidae)는 심해 동물군에서 중요한 부분을 차지한다. 민태과에 속한 종은 눈이 크고 긴 꼬리는 끝으로 갈수록 가늘어진다. 최대 1미터까지 자랄 수 있고 수심 6000미터에서도 발견된다.

가두스 모루아

이 삽화는 대서양대구와 친척 일부 종의 특징인 등지느러미 3개와 턱수염 1개를 보여 준다.

대서양대구(*Gadus morhua*, Atlantic cod)

납작대구(*Trisopterus luscus*, pouting, bib)

지중해민태(*Coryphaenoides mediterraneus*, Mediterranean grenadier)

쇼어록링(*Gaidropsarus mesiterraneus*, shore rockling)

붉평치와 투라치

이악어목(Lampriformes) 조기어강(Actinopterygii) 척추동물아문(Vertebrata)

붉평치는 전 세계 대양 어디든 분포하는 몸통이 크고 높은 물고기로 대개 오징어와 갑각류를 먹고 살아간다고 알려져 있다. 지느러미와 턱은 주황색에서 붉은색을 띠고, 흰 반점이 나타난 몸통은 푸른색이나 보라색으로 물든 두드러진 체색을 보여 준다. 화석 증거는 이처럼 작은 규모의 이악어목에 속한 원시 종이 형태 면에서 붉평치와 비슷하다는 사실을 보여 주지만, 현존하는 6개 과 중에서 4개 과는 길쭉한 리본 모양의 어종으로 이루어져 있다. 붉평치는 머리 뒤에 등지느러미 가시가 확장되면서 벼슬이 생기기도 한다. 이들 종 가운데 하나인 대왕산갈치는 지구상에서 가장 큰 경골어류로 몸길이가 최소 11미터에 이른다. 좀처럼 잡히거나 카메라에 찍히지 않는 대왕산갈치는 붉은색을 띤 긴 등지느러미에 끝부분이 넓은 긴 지느러미가시 하나가 달린 배지느러미를 가지고 있다.

람프리스 굿타투스
이 삽화의 붉평치(*Lampris guttatus*) 또는 붉은개복치는 지중해의 한 종으로 원양 해역에서의 습성은 잘 알려져 있지 않다.

전갱이와 그 친척들

전갱이목(Carangiformes) 조기어강(Actinopterygii) 척추동물아문(Vertebrata)

몸길이가 최대 2미터에 이르고 몸놀림이 빠른 포식성 물고기로 이루어진 분류군이다. 전갱이(jack), 패러갈전갱이(trevally), 대서양빨판매가리(pompano), 갈고등어(scad)가 여기에 들어간다. 전갱이목과 앞으로 소개하는 다른 분류군 모두 극기상목(지느러미에 가시가 있는 물고기)으로 불리는 거대한 상위 분류군의 일부이다. 이런 상목에 속한 종은 흔히 연한 가시가 달린 제2등지느러미 앞에 가시가 달린 제1등지느러미가 있다. 전갱이는 산호초에서 흔히 볼 수 있고 무명갈전갱이는 물에서 뛰어올라 바닷새를 잡을 수도 있다. 전갱이목에 속한 그 밖의 종에는 체색이 화려하고 대양에 서식하는 만새기와 빨판상어가 있다. 빨판상어는 이동을 위해 상어나 바다거북은 물론 간혹 인간 잠수부의 몸에 달라붙기도 한다.

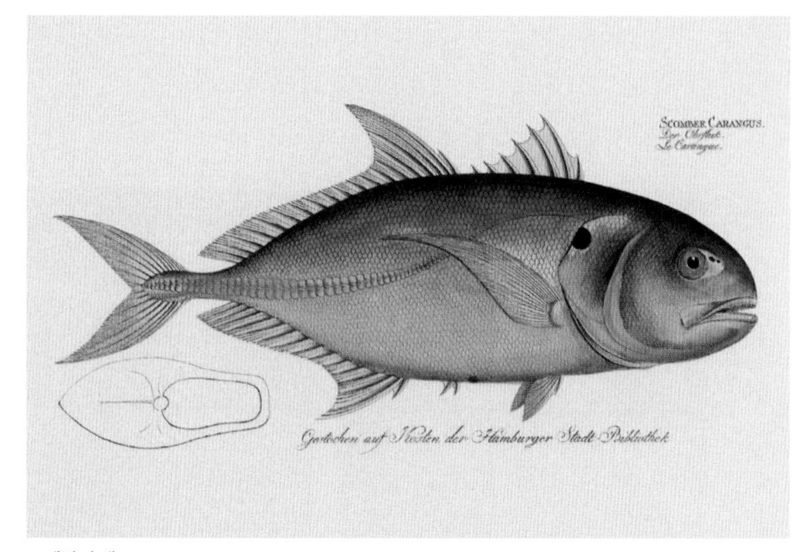

크레발리 잭
오늘날 갈전갱이(*Caranx hippos*)로 알려진 이처럼 흔한 전갱이종은 대서양 동쪽과 서쪽에 모두 서식하며 몸길이가 1미터를 넘을 수 있다.

동갈치와 날치

동갈치목(Beloniformes) 조기어강(Actinopterygii) 척추동물아문(Vertebrata)

날치는 최대 몸길이가 30센티미터이고 따뜻한 바다의 해수면에서 플랑크톤을 잡아먹는다. 날치과에 속한 물고기는 커다란 가슴지느러미를 날개와 같은 위치에 놓고 공중으로 날 듯이 튀어 올라 천적을 피해 최대 100미터까지 활강할 수 있다. 뻣뻣한 몸은 공기 역학적인 비행을 가능하게 해 주고, 확장된 꼬리지느러미의 아래쪽 돌출부는 도약할 때 물에 닿은 상태에서 추진력을 제공한다. 동갈치와 날치는 확장된 배지느러미가 펼쳐지면서 양력을 만들어 내기 때문에 간혹 4개의 날개로 날아다니는 물고기로 불린다.

동갈치목에는 그 밖에도 동갈치와 학꽁치, 꽁치를 비롯해 주로 가늘고 긴 물고기로 이루어진 5개의 과가 포함되며, 바다는 물론 민물에서도 발견된다. 이들은 활강은 못 하지만 물에서 튀어 오르는 습성이 있다. 가장 큰 동갈치는 물고기를 잡아먹고 1미터 이상 자란다. 작은 배 위로 튀어 올라 사람들을 찔러 상처를 입히거나 목숨을 잃게도 한다. 꽁치는 작은 동갈치와 비슷한 데 비해 학꽁치는 아래턱이 위턱보다 훨씬 길게 앞으로 나와 있다.

날개가 2개 달린 열대 상날치
오늘날 상날치(*Exocoetus volitans*)로 불리는 종은 흔히 따뜻한 바다에서 발견된다. 상날치는 긴 아래쪽 꼬리 돌출부를 이용해 비행을 시작한다.

대서양날치(*Cheilopogon melanurus*, Atlantic flying fish)

황날치(*Parexocoetus brachypterus*, Sailfin flying fish)

꽁치아재비(*Tylosurus crocodilus*, houndfish)

청새치, 황새치, 창꼬치

돛새치목(Istiophoriformes) 조기어강(Actinopterygii) 척추동물아문(Vertebrata)

돛새치목에 속한 새치과의 물고기는 날렵하고 따뜻한 바다에 널리 분포하는 포식자다. 녹새치는 5미터까지 자랄 수 있다. 그보다 작은 새치종은 청새치로 알려져 있고, 새치과에는 커다란 등지느러미가 달린 특이한 돛새치도 포함된다. 황새치과(Xiphiidae)에 속한 황새치와 함께 위턱이 아래턱보다 훨씬 많이 튀어나온 이들은 흔히 '새치'로 불린다. 청새치의 부리는 원뿔 모양인데 비해 황새치의 부리는 더 길고 납작하다. 새치의 부리는 작은 물고기 떼를 흩어놓으면서 상처를 입힐 때 이용된다. 돛새치는 협업을 통해 이런 식의 사냥을 한다고 알려져 있다. 청새치의 이빨은 작고 황새치는 그런 이빨조차 없기 때문에 이들은 먹이를 통째로 삼킬 수밖에 없다.

논란의 여지가 있지만, 최근에는 창꼬치과를 같은 돛새치목으로 분류한다. 창꼬치(barracuda)는 길고 좁은 포식성 물고기로서 주로 시력에 의지해 사냥한다. 창꼬치과에는 30여 종이 있으며, 가장 큰 종은 길이가 2미터에 이른다. 창꼬치는 날카로운 이빨이 들어찬 큰 입을 가지고 있다. 이들은 미동도 없이 숨어있다가 갑자기 돌진해 먹이를 공격한다.

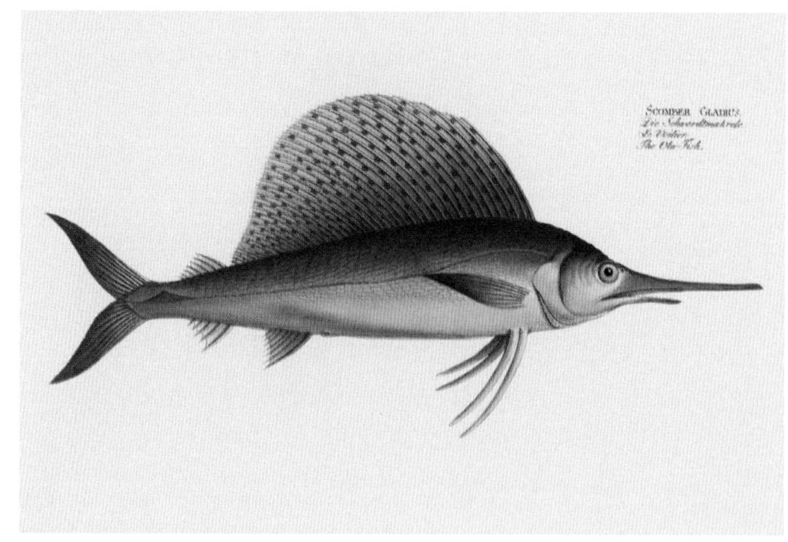

돛새치
18세기에 그려진 이 돛새치 삽화는 커다란 '돛' 모양의 등지느러미를 실제보다 둥글게 묘사했다.

대서양녹새치(*Makaira nigricans*, Atlantic blue marlin)

큰창꼬치(*Sphyraena barracuda*, great barracuda)

황새치(*Xiphias gladius*, swordfish)

돛새치(*Genus Istiophorus*, sailfish)

가자미

가자미목(Pleuronectiformes) 조기어강(Actinopterygii) 척추동물아문(Vertebrata)

가자미는 몸이 납작한 어류로 이루어진 광범위한 가자미목에 속한다. 성어는 비대칭이며 해부학적으로 볼 때 옆으로 누워있는 모습이다. 왼쪽이나 오른쪽 중에 어느 쪽이 위로 향할지는 종에 따라 다르고 심지어 같은 종이라도 개체마다 다를 수 있다. 갓 부화한 가자미는 다른 물고기처럼 대칭이지만, 자라면서 한쪽 눈이 윗면이 될 곳에 있는 다른 쪽 눈으로 이동해 합쳐진다.

해저에서 살아가는 가자미는 대개 야행성으로 무척추동물을 주로 먹는다. 아래쪽은 흰색을 띠지만 위쪽은 주변 환경에 맞춰 위장한다. 약간 올라간 눈은 아무런 움직임이 없는 가자미에서 유일하게 눈에 띄는 부분으로 나머지는 모래나 진흙에 묻혀 있다. 가자미과에는 가자미, 레몬서대기, 큰넙치를 포함해 북대서양에서 상업적으로 잡히는 수많은 어종이 포함된다. 이런 이름은 전 세계의 다양한 지역에서 다른 이름으로 불릴 수도 있다. 대서양큰넙치는 세계에서 가장 큰 가자미로 길이가 3미터 이상 된다. 흰반점가자미 같은 일부의 열대 가자미는 화려한 색을 띠고 어린 새끼는 독성이 있는 편형동물의 색으로 위장할 수 있다.

유럽가자미
유럽가자미(참가자미)는 북대서양의 해저에서 살아가며 산란을 위해 얕은 바다로 이동한다.

대서양큰넙치(*Hippoglossus hippoglossus*, Atlantic halibut)

도버서대기(*Solea solea*, Dover sole)

유럽가자미(*Pleuronectes platessa*, European plaice)

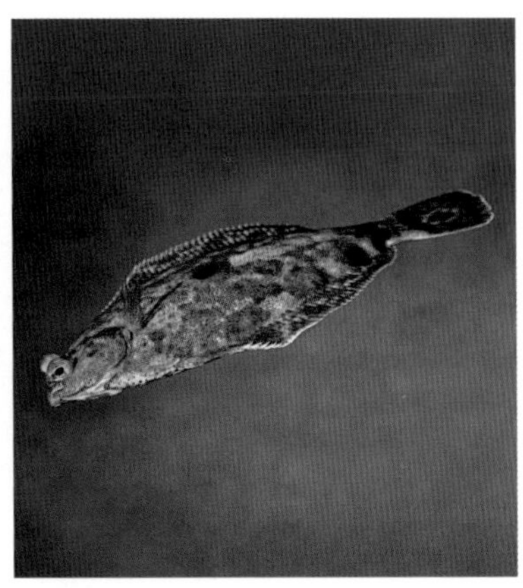

대문짝넙치(*Scophthalmus maximus*, turbot)

해마, 실고기와 그 친척들

실고기목(Syngnathiformes) 조기어강(Actinopterygii) 척추동물아문(Vertebrata)

실고기과에 속한 해마와 실고기는 가장 특이한 어류이다. 갑옷처럼 골판이 덮인 몸에 마디 같은 체륜이 있어서 몸을 굽힐 수가 없고 지느러미를 이용해 헤엄을 쳐야 한다. 해마는 등지느러미로 추진력을 얻는다. 실고기류는 끝에 작은 입이 달린 길고 가느다란 주둥이가 있어서 눈 깜짝할 사이에 작은 먹이를 빨아들일 수 있다. 수컷은 해마처럼 배에 있는 육아낭에서 알을 품거나 꼬리의 기저처럼 다른 위치에서 알을 품는다. 해마와 일부 실고기는 개별적으로 회전하는 눈과 지느러미 없이 먹이 따위를 감아쥘 수 있는 꼬리가 있다. 전형적인 실고기는 곧게 펼친 해마와 같지만 파이프호스로 불리는 일부만 구부러진 중간 형태도 존재한다. 해룡으로 불리는 몇몇 종은 잎처럼 생긴 몸이 뻗어 나간 형태이다. 실고기목에는 그 밖에도 다양한 형태와 크기를 보이는 7개의 과가 있지만, 대부분 관 모양의 긴 주둥이를 가지고 있다. 유령실고기는 이상한 돌기가 온몸에 돋아 있고, 대치과에 속한 트럼펫피시와 코넷피시는 형태 면에서 커다란 실고기와 비슷하다. 일부 코넷피시는 2미터까지 자란다. 대주둥치는 몸통이 깊어 전형적인 어류와 비슷하지만 여전히 긴 주둥이를 가지고 있다.

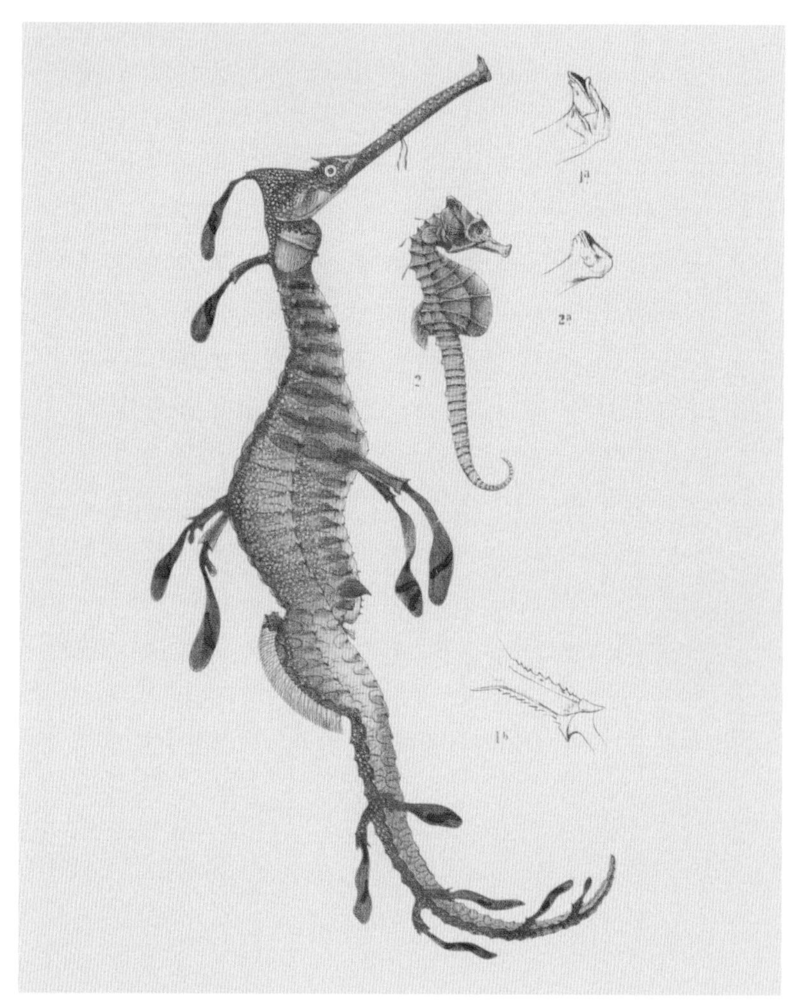

골판 갑옷이 덮인 몸과 긴 주둥이
이 삽화는 오스트레일리아 빅토리아 연안이 원산지인 풀잎해룡(*Phyllopteryx taeniolatus*, 왼쪽)과 해마종을 비교한 것이다.

중국트럼펫피시(*Aulostomus chinensis*, Chinese trumpetfish)

복해마(*Hippocampus kuda*, common seahorse)

나뭇잎해룡(*Phycodurus eques*, leafy seadragon)

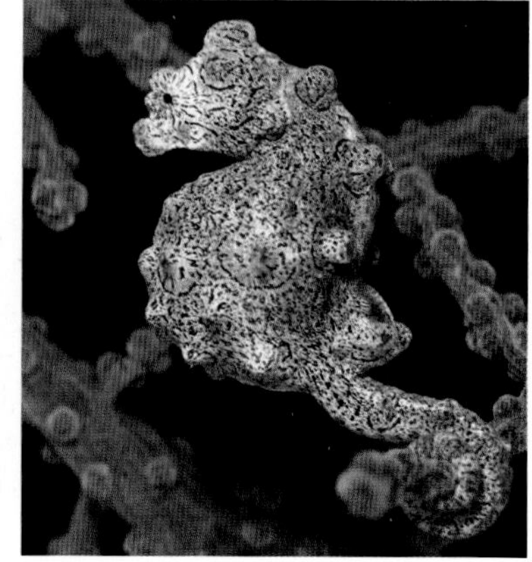

피그미해마(*Hippocampus bargibanti*, pygmy seahorse)

참치, 고등어와 그 친척들

고등어목(Scombriformes) 조기어강(Actinopterygii) 척추동물아문(Vertebrata)

대서양가다랑어
18세기에 그려진 이 삽화는 고등어과의 특징인 일련의 후방 지느러미를 보여 준다. 오늘날 이 종은 대서양가다랑어로 불린다.

고등어목에서 가장 큰 고등어과에는 참치, 고등어, 가다랑어가 포함된다. 날렵하게 움직이고 유선형인 고등어과의 어류는 큰 무리를 이루는 대양의 포식자로서 먹이나 산란 장소를 찾아 먼 거리를 이동한다. 등지느러미와 뒷지느러미 뒤에 붙은 특이하게 생긴 작은 지느러미는 물살을 가르는 데 도움을 준다. 참치는 중간 크기에서 초대형 크기까지 있다. 가장 큰 대서양참다랑어는 최대 4.5미터까지 자라며 청어와 날치 같은 물고기를 주로 잡아먹는다. 참치는 신체 일부를 주변 환경보다 높은 온도로 유지할 수 있어서 차가운 바다에서도 살 수 있다. 유선형에 가까운 몸을 만들기 위해 지느러미 일부를 접어 '가느다란 구멍'에 집어넣을 수도 있다. 몇몇 종은 오늘날 무분별한 남획 때문에 위험에 처해 있다. 대서양고등어 같은 고등어는 참치보다 작다. 고등어의 먹이는 플랑크톤과 작은 물고기다. 전통적인 산란 장소를 향해 이동하는데, 대개는 얕은 바다에서 알을 낳는다. 고등어목에 속한 그 밖의 과에는 길고 가느다란 갈치와 몸통이 깊고 반짝이는 은대구가 포함된다.

대서양참다랑어(*Thunnus thynnus*, Atlantic bluefin tuna)

대서양가다랑어(*Sarda sarda*, Atlantic bonito)

인도양고등어(*Rastrelliger kanagurta*, Indian mackerel)

황다랑어(*Thunnus albacares*, yellowfin tuna)

놀래기와 비늘돔

놀래기목(Labriformes) 조기어강(Actinopterygii) 척추동물아문(Vertebrata)

이 분류군에는 놀래기과, 비늘돔과, 이보다 작은 한 과가 속해 있다. 밝은 체색을 띤 이들 어종은 꼬리를 흔들기보다는 주로 가슴지느러미를 움직여 헤엄을 친다. 산호초를 포함한 얕은 바다의 해저 부근에 살며, 낮에 주로 활동하고 밤이 되면 은신처에서 잠을 잔다. 놀래기목은 복잡한 생식 체계를 갖고 있다. 태어날 때는 암컷이지만 자라면서 수컷으로 바뀌는데 이때 체색도 함께 바뀐다. 어떤 종에는 암컷 무리를 지키는 우세한 수컷이 한 마리씩 있다.

놀래기과는 500종이 넘고 대부분 몸길이가 20~30센티미터를 넘지 않는다. 먹이는 종에 따라 매우 다양하다. 어떤 놀래기는 다른 물고기에 붙은 기생충을 제거하는 '청소부' 역할을 한다. 80여 종의 비늘돔은 산호초에서 살아가며 대개 초식성으로 (유합치로 이루어진) 앵무새 부리처럼 생긴 주둥이로 해초, 조류, 죽은 산호를 뜯어먹는다. 가장 큰 놀래기인 큰양놀래기는 최대 몸길이가 2미터에 이르고 가장 큰 비늘돔인 초록비늘돔은 몸길이가 1.5미터에 이른다. 이 종들은 겉으로는 비슷해 보이지만, 서로 밀접한 관련은 없다.

놀래기

18세기에 그려진 이 삽화는 산호초에 사는 태평양종인 연초록놀래기(*Halichoeres chloropterus*)를 나타낸 것으로 보인다.

지중해비늘돔(*Sparisoma cretense*, Mediterranean parrotfish)

청줄청소놀래기(*Labroides dimidiatus*, bluestreak cleaner wrasse)

광대호박돔(*Choerodon fasciatus*, harlequin tuskfish)

뻐꾸기놀래기(*Labrus mixtus*, cuckoo wrasse)

농어와 그 친척들

농어목(Perciformes) 조기어강(Actinopterygii) 척추동물아문(Vertebrata)

통상적으로 농어목은 가시 달린 지느러미가 있는 대부분의 어류가 포함된 대규모 분류군이다. 최근 들어 놀래기류, 새치류, 다랑어류를 포함한 과거의 많은 종이 개별적인 목으로 재분류되면서 이에 대한 논란은 남아 있지만, 일부 군이 제거되고 나서도 농어목은 여전히 다양한 과를 포함한 최대의 분류군으로 남아 있다.

농어는 민물에 사는 작은 물고기이지만 농어목에 속한 대부분의 어종은 해양성이다. 가장 큰 바리과(Serranidae)에는 상업적인 조업이 이루어지는 농어는 물론 참바리(sea bass), 안티아스(anthias)가 포함된다. 참바리는 몸길이가 2.5미터 이상 자랄 수 있는 덩치가 크고 움직임이 느린 물고기이고, 안티아스 무리는 열대 암초에서 흔히 볼 수 있다. 암초를 기반으로 살아가는 어종에는 그밖에도 화려한 체색을 지닌 나비고기와 에인절피시가 있다. 몸통이 좁은 이들 종은 작은 입으로 암초 표면의 작은 무척추동물을 떼어내 먹는다. 놀래기류에 속한 어종과 마찬가지로 자라면서 체색과 성별이 바뀐다. 농어목에는 개체들 사이의 소통을 위해 다양한 소리를 낸다고 알려진 종도 포함된다. 남극대륙 주변의 대륙붕에서 우세종으로 자리 잡은 빙어는 혈액 속에 부동액처럼 작용하는 단백질 덕분에 얼음으로 덮인 주변 환경에 적응해나갈 수 있다.

나소그루퍼
멸종 위기에 놓인 이 참바리는 북서대서양의 얕은 암초가 원산지로 몸길이가 1미터 이상 자랄 수 있다.

남극빙어(*Chaenocephalus aceratus*, blackfin icefish)

카브릴라농어(*Serranus scriba*, painted comber)

흉기흑점바리(*Epinephelus malabaricus*, Malabar grouper)

네점나비고기(*Chaetodon quadrimaculatus*, fourspot butterflyfish)

쏨뱅이와 그 친척들

쏨뱅이목(Scorpaeniformes) 조기어강(Actinopterygii) 척추동물아문(Vertebrata)

이 큰 분류군에는 지느러미가 가시 같고 골판으로 덮여 주로 해저에서 먹이를 잡는 1600종이 넘는 어종이 속한다. 이들은 대개 머리가 크고 둥글고 커다란 가슴지느러미가 있다. 쏨뱅이(Scorpaenidae, 쏨뱅이과)의 가시는 공격을 받거나 밟히면 강력한 독을 주입한다. 사람의 목숨을 앗아갈 만큼 강력한 독을 지닌 왕퉁쏠치는 특히나 치명적이다. 이처럼 괴상한 형태로 위장술을 펼치는 물고기는 바위 사이에 숨어 있어서 거의 알아보기 힘들다. 반대로 쏠배감펭은 선명한 줄무늬와 반점으로 독성을 드러낸다. 이들은 부채 모양의 큰 지느러미로 먹이를 몰아넣으면서 산호초에서 사냥한다.

쏨뱅이목에는 이밖에도 독은 없지만 특이하고 다양한 형태를 보이는 많은 어종이 있다. 둑중개류로 불리는 큰 분류군에 속한 물고기는 지느러미 아래쪽에 가시가 있어서 표면을 붙잡을 수 있다. 성대는 가슴지느러미의 가시를 이용해 해저에서 '걷고' 숨어있는 먹이를 자극한다. 양태의 머리는 소형 악어를 연상시키고, 도치류는 물살에 떠밀리지 않도록 아래쪽에 달린 빨판으로 바위에 달라붙는다. 더 큰 종으로는 이리치가 있는데, 단단한 껍데기로 싸인 먹이를 부수는 데 적합한 이빨을 가지고 있다.

네뿔둑중개
둑중개과에 속한 네뿔둑중개(*Myoxocephalus quadricornis*)는 북반구의 차가운 바다 밑에서 살아간다.

쏠배감펭(*Pterois miles*, common lionfish)

점박이쏨뱅이(*Scorpaena plumieri*, spotted scorpionfish)

줄무늬성대(*Chelidonichthys lastoviza*, streaked gurnard)

왕퉁쏠치(*Synanceia verrucosa*, reef stonefish)

아귀

아귀목(Lophiiformes) 조기어강(Actinopterygii) 척추동물아문(Vertebrata)

아귀는 변형된 지느러미 가시를 입 위로 늘어뜨려 먹이를 유인하는 미끼로 이용한다. 얕은 바다에 사는 아귀는 넓은 입이 날카로운 이빨로 들어차고 '머리밖에 안 보이는' 납작한 몸통을 가지고 있다. 몸길이가 1미터 넘게 자라는 이들 아귀는 먹이가 사정거리 안에 들어올 때까지 해저에서 몸을 위장한 채 기다린다. 북대서양에는 별개의 아메리카종과 유럽종이 서식한다. 대양의 약광층과 암흑층에는 그 밖에도 많은 아귀종이 살아간다. 이처럼 자유롭게 헤엄치는 유형은 몸이 둥글고 발광을 이용해 먹이를 유인하는데, 간혹 턱밑의 수염은 어둠에서 빛나기도 한다. 수컷은 암컷에 비해 작은 편이고 죽을 때까지 암컷에게 들러붙어 기생할 수도 있다. 아귀목에는 주로 산호초와 열대의 얕은 바다에 서식하는 노랑씬벵이와 부치(제비활치)도 속한다. 이렇게 작은 물고기는 날개를 다리처럼 이용해 바다 밑을 걸어 다니면서도 화려한 색깔과 기이한 형태 덕분에 천적의 눈에 띄지 않는다.

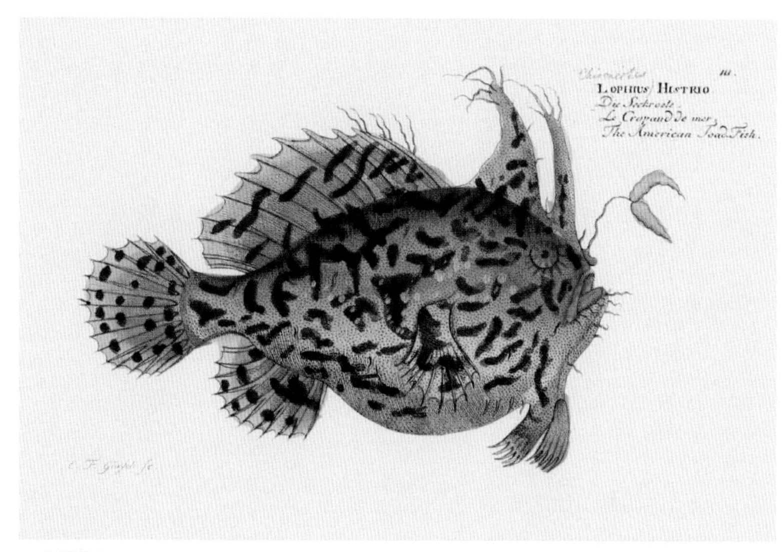

노랑씬벵이
위장술의 대가인 노랑씬벵이는 전 세계의 따뜻한 바다에 떠다니는 모자반류 사이에서 살아간다.

아귀(*Lophius piscatorius*, goosefish)

대왕노랑씬벵이(*Antennarius commerson*, giant frogfish)

뱃피시(*Ogcocephalus cubifrons*, polka-dot batfish)

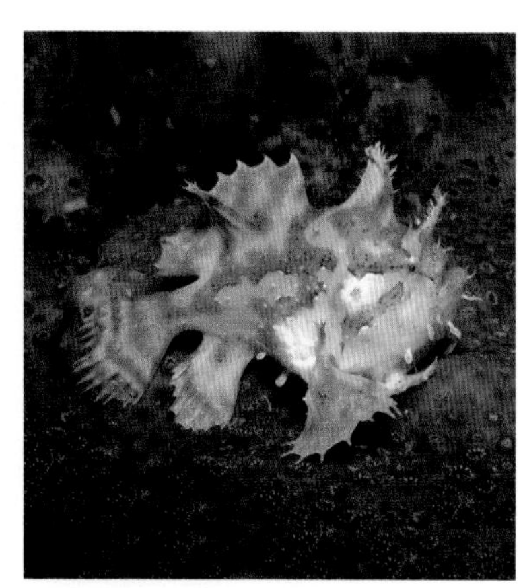
노랑씬벵이(*Histrio histrio*, Sargassum fish)

복어와 그 친척들

복어목(Tetraodontiformes) 조기어강(Actinopterygii) 척추동물아문(Vertebrata)

복어목에는 특이한 외형으로 느리게 헤엄치는 어종으로 이루어진 10개 과가 속한다. 개복치를 제외하면 대체로 몸집이 작고, 얕고 따뜻한 바다의 해저 부근, 특히 산호초에서 살아간다. 몇 개 안 되는 커다란 이빨은 판 모양으로 유합되어 부리처럼 단단한 주둥이를 형성하고 무척추동물 같은 먹이를 으깨는 데 이용되지만, 일부 종은 조류도 먹는다. 많은 종은 독이 있는 살이나 피부 분비물로 천적을 물리친다. 200여 종의 복어는 위협을 느끼면 물을 삼켜 가시 덮인 공처럼 부풀어 오른다. 가시복도 비슷하지만, 몸이 부풀지 않았을 때조차 눈에 띄는 긴 가시를 가지고 있다. 코거북복은 뼈처럼 단단한 골질판에 덮여 있고 지느러미만을 이용해 헤엄친다. 이 분류군에는 눈 위로 뿔이 난 무늬뿔복도 들어 있다. 쥐치는 몸통이 깊고 화려하고 유연하며, 등에 붙은 가시가 방아쇠와 같은 방식으로 일어선다. 친척인 말쥐치는 쥐치와 비슷하나 크기가 작다. 그에 비해 개복치과에 속한 5종에는 무게가 2.2톤이 넘는 지구상에서 가장 큰 경골어류가 포함된다. 피부가 거칠고 느리게 헤엄치는 거대한 몸집의 이들 종은 해파리와 그 밖의 무척추동물을 잡아먹는다.

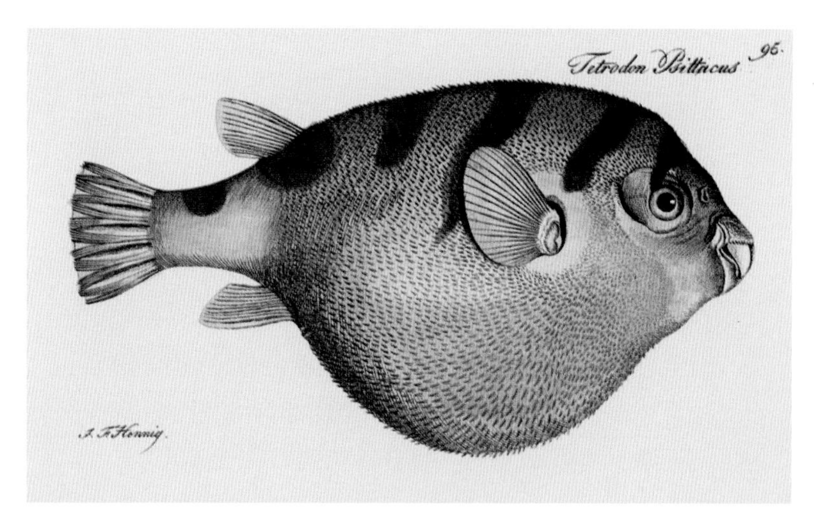

줄무늬복어

줄무늬복어(*Colomesus psittacus*)는 남아메리카의 대서양 연안을 따라 광범위하게 분포하며 민물에서도 살 수 있다.

타이탄쥐치(*Balistoides viridescens*, titan triggerfish)

개복치(*Mola mola*, ocean sunfish)

날개쥐치(*Aluterus scriptus*, scrawled filefish)

노랑거북복(*Ostracion cubicus*, yellow boxfish)

바다뱀과 바다도마뱀

유린목(Squamata) 파충강(Reptilia) 척추동물아문(Vertebrata)

70여 종의 바다뱀은 독이 있는 코브라과에 속한다. 이들 바다뱀은 2개의 하위군으로 나뉜다. 7종의 바다독사는 육지로 돌아와 알을 낳고 육지 뱀처럼 바닥 쪽에 커다란 비늘이 있다. 남아 있는 '진짜' 바다뱀은 물속에 알이 아닌 새끼를 낳고 육지에서는 무력하다. 해양 파충류가 모두 그렇듯 바다뱀도 규칙적으로 숨을 쉬려면 해수면으로 올라올 필요가 있다. 이들에게는 여분의 커다란 폐가 있어서 부력을 조절하는 데 도움이 될 것이다. 게다가 피부를 통해 산소를 흡수할 수도 있다. 바다뱀은 암초 틈새에 숨은 작은 물고기를 찾아 잡아먹는다. 이들의 서식지는 서태평양과 인도양의 열대 바다로 제한되어 있지만, 아메리카 대륙의 태평양 연안에서도 발견되는 노란배바다뱀은 예외다.

유일하게 바다에 의존해 살아가는 도마뱀인 갈라파고스 섬의 바다이구아나는 해조류를 얻기 위해 바닷속으로 들어가 먹이를 얻는다. 이들은 주기적으로 뭍으로 올라와 바위에서 몸을 녹이고 체온을 높일 필요가 있다. 왕도마뱀과에 속한 일부 열대종 역시 먹이인 물고기와 갑각류를 찾아 바다로 들어간다.

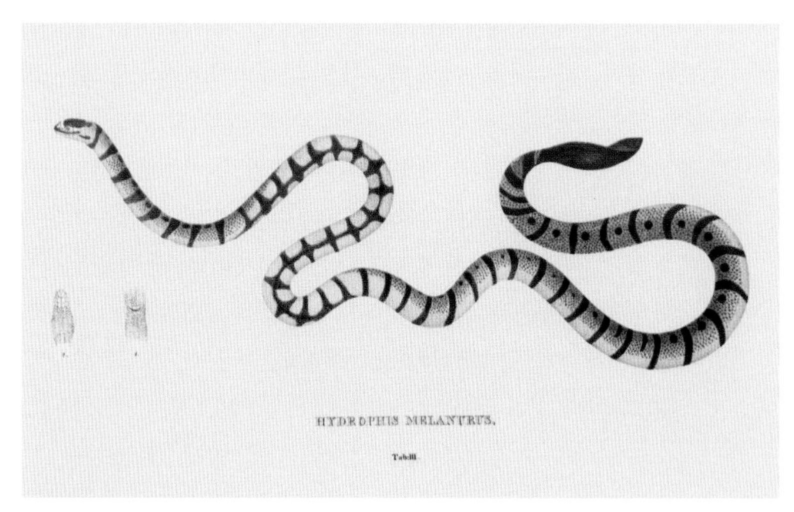

노란바다뱀
거대종인 노란바다뱀(*Hydrophis spiralis*)은 열대 인도양과 서태평양이 원산지이다.

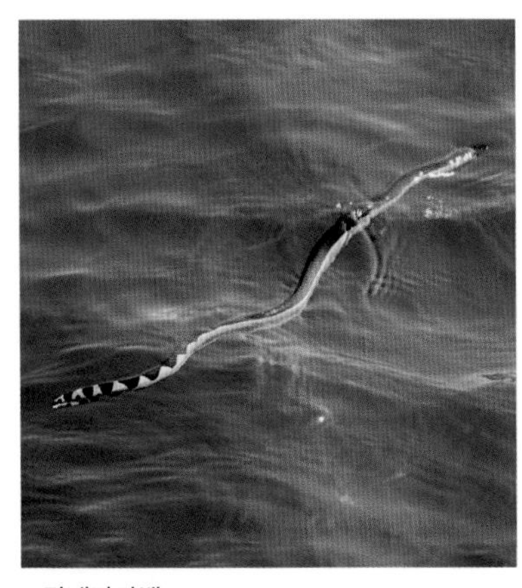
노란배바다뱀(*Hydrophis platurus*, yellow-bellied sea snake)

갈라파고스바다이구아나(*Amblyrhynchus cristatus*, Galapagos marine iguana)

노란입술바다독사(*Laticauda colubrina*, yellow-lipped sea krait)

물왕도마뱀(*Varanus salvator*, common water monitor)

바다거북

거북목(Testudines) 파충강(Reptilia) 척추동물아문(Vertebrata)

300여 종에 이르는 전 세계 거북 중에 7종만이 바다에서 살아가며, 대부분 생존에 위협을 받고 있다. 바다거북은 유선형의 껍데기로 덮여 있고 강력한 앞 지느러미발을 이용해 장거리를 헤엄친다. 다른 파충류와 마찬가지로 숨을 쉬지만, 암컷만 육지의 해변으로 기어 올라와 구멍을 파고 알을 낳는다. 이런 산란지에 이르기 위해 암컷은 수천 킬로미터를 이동할 수도 있다. 부화한 새끼들은 구멍에서 나와 천적으로부터 집중적인 공격을 받으면서 바다로 향한다.

바다거북 2개 과 중에 1개 과에만 있는 장수거북은 체온을 높여 차가운 바다에서도 살아남을 수 있다. 7줄의 볼록한 등줄기가 솟은, 가죽처럼 질긴 윗껍질(배갑)에는 다른 바다거북처럼 딱딱한 각질판이 없다. 장수거북은 주로 해파리를 먹고 살아가지만 간혹 바다에 떠다니는 비닐봉지를 먹이로 착각하기도 한다. 나머지 6종은 따뜻한 바다에서만 발견된다. 이들의 먹이는 종에 따라 제각기 다르다. 초식성인 푸른바다거북은 해조류를 먹고, 육식성인 매부리바다거북은 주로 해면을 잡아먹는다. 붉은바다거북이 포함된 그 밖의 종들은 껍질이 단단한 연체동물과 갑각류 따위의 다양한 해양 생물을 먹이로 하는 육식성이다.

바다거북의 껍질 구조
바다거북의 껍질은 배갑(위쪽)과 복갑(아래쪽)의 두 부분으로 나뉜다. 유합뼈로 형성된 껍질은 양쪽 모두 납작하며 각질판으로 불리는 딱딱한 판으로 덮여 있다.

매부리바다거북(*Eretmochelys imbricata*, hawksbill sea turtle)

푸른바다거북(*Chelonia mydas*, green sea turtle)

붉은바다거북(*Caretta caretta*, loggerhead sea turtle)

장수거북(*Dermochelys coriacea*, leatherback sea turtle)

악어

악어목(Crocodilia) 파충강(Reptilia) 척추동물아문(Vertebrata)

반수생의 포식자인 악어는 물갈퀴와 개폐 가능한 콧구멍이 있고 입속의 판막 덕분에 수면 위로 콧구멍을 내밀기만 하면 물속에서도 숨을 쉴 수 있다. 또 혀에 있는 분비샘으로 소금기를 배출한다. 대부분의 악어종은 강과 호수로 서식지가 제한되어 있다. 오스트레일리아와 인도양-태평양에 서식하는 바다악어, 아메리카악어 2종만이 바다에 주기적으로 모습을 드러낸다. 바다악어는 강어귀를 비롯한 해안 지역에 주로 살지만 언제든 바다로 헤엄쳐갈 수 있기 때문에 양쪽 지역에 널리 분포해 있다.

바다악어는 지구상에서 가장 큰 악어로 꼽힌다. 우기가 되면 대개 강어귀와 개울에서 번식한다. 암컷은 수면 위에 언덕을 쌓아 알을 낳을 둥지를 만들고 부화할 때까지 지키고 있다가 새끼가 물로 기어 내려올 수 있게 도와준다. 수컷은 텃세를 부리기 때문에 어린 악어는 죽임을 당하지 않기 위해 어쩔 수 없이 바다로 내몰릴 수도 있다. 바다악어는 인간을 포함해 수중에 들어온 동물은 무엇이든 먹을 수 있다. 아메리카악어는 바다악어와 비슷한 생활 양식을 보이지만 몸집이 작고 덜 위협적이다.

아메리카악어

아메리카악어는 플로리다 주와 멕시코부터 페루에 이르기까지 대서양과 태평양 연안에서 발견된다. 이보다 추운 기후에서는 살 수 없기 때문에 플로리다 주 남부가 아메리카악어의 북방 한계선이다.

아메리카악어(*Crocodylus acutus*, American crocodile)

바다악어(*Crocodylus porosus*, saltwater crocodile)

물새

기러기목(Anseriformes) 조류강(Aves) 척추동물아문(Vertebrata)

거위, 오리, 고니 등의 물새에게는 물갈퀴, 방수 깃털, 납작하고 넓은 부리가 있다. 이 분류군에 속한 새들의 크기는 35센티미터에 불과한 쇠오리부터 최대 1.6미터에 이르는 고니에 이르기까지 다양하다. 고니와 거위는 성별의 차이가 거의 없다. 오리에서는 성별의 차이가 나타나지만, 여름에 털갈이를 마치고 날 수 없게 되는 몇 주 동안 수컷은 암컷과 비슷해진다.

고니, 거위, 대부분의 오리는 풀, 씨앗, 새싹을 먹거나 바닷물에서 먹이를 걸러 먹는 여과 섭식을 하지만, 드넓은 대양과는 연고가 없다. 그러나 화려한 솜털오리와 검둥오리 같은 일부 오리는 둥지를 틀 때를 제외하면 안전한 모래만이나 해협처럼 바다를 무대로 살아간다. 이들은 해저에 서식하는 연체동물이나 갑각류를 잡아먹기 위해 바닷속으로 뛰어들고 물갈퀴로 추진력을 얻는다. 비오리는 먹이를 찾아 얕은 물 속으로 뛰어든다. 끝부분이 톱니처럼 날카로운 갈고리 모양의 부리는 먹이를 움켜잡는 데 유리하다. 이 바다오리는 해안 근처(솜털오리)나 외딴 담수호(검둥오리)에 둥지를 튼다. 솜털이 덮인 오리 새끼들은 서둘러 바다로 향하지만 천적의 공격에는 취약할 수밖에 없다.

알락오리

칙칙한 몸에 정교한 무늬가 돋보이는 알락오리(*Mareca strepera*)는 수면에서 먹이를 찾는다. 얕은 담수 지역에 광범위하게 분포하며 안전한 해안 지역에서도 이따금 발견된다.

호사북방오리(*Somateria spectabilis*, king eider)

울음고니(*Cygnus buccinator*, trumpeter swan)

혹부리오리(*Tadorna tadorna*, common shelduck)

이집트기러기(*Alopochen aegyptiaca*, Egyptian goose)

알바트로스, 슴새, 바다제비

슴새목(Procellariiformes) 조류강(Aves) 척추동물아문(Vertebrata)

이 분류군에는 몸길이가 15센티미터에 불과한 바다제비와 날개폭이 3.5미터에 이르는 거대한 알바트로스 등이 포함된다. 물갈퀴가 있는 바닷새들은 관 모양의 작은 콧구멍을 이용해 과도한 염분을 배출하고(바닷새는 민물은 거의 마시지 않는다.) 먹이를 찾고 일부 종은 굴을 파서 둥지를 짓기도 한다. 몸집이 큰 종에서는 유난히 긴 상완골이 날개폭을 넓혀 준다. 파도 위의 기류를 타고 바람을 거슬러 급격히 선회하면서 속도를 올려 별다른 노력 없이도 아주 먼 거리를 비행한다. 슴새는 이보다 짧은 활공 사이사이에 더 빨리 날갯짓을 하고, 그보다 작은 바다제비는 바람에 거의 의존하지 않고 쉴 새 없이 날개를 파닥인다. 일부 슴새와 바다제비는 남극해 제도에서 번식을 마치고 비상한 비행 능력으로 북반구의 바다로 멀리 이동하지만, 고요한 열대 지방의 정체된 대기 때문에 알바트로스는 북쪽으로 더 멀리 날아가지 못한다. 슴새는 얕게 잠수해 물고기와 오징어를 잡아먹고, 바다제비는 해수면에서 발을 철벅거리면서 작은 먹이를 집어 올린다. 알바트로스는 사방이 트인 땅에 서서 둥지를 지을 수 있지만, 슴새와 바다제비는 땅에서 발을 이리저리 움직이면서 구멍 속에 둥지를 틀고 그마저도 천적의 눈을 피해 해가 지고 나서야 뭍에 오른다.

샤이알바트로스
오스트레일리아의 섬이 원산지인 샤이알바트로스(*Thalassarche cauta*)는 작은 알바트로스나 '바보갈매기(mollymawk)'로 불리지만 날개폭은 여전히 2.5미터에 이른다.

큰슴새(*Ardenna gravis*, great shearwater)

북방풀머갈매기(*Fulmarus glacialis*, northern fulmar)

검은눈썹알바트로스(*Thalassarche melanophris*, black-browed albatross)

윌슨바다제비(*Oceanites oceanicus*, Wilson's storm petrel)

펭귄

펭귄목(Sphenisciformes) 조류강(Aves) 척추동물아문(Vertebrata)

펭귄은 남반구에 서식하지만, 갈라파고스펭귄은 적도에서 새끼를 낳는다. 대부분의 펭귄은 온대나 남극 가까이에서 살아가지만, 황제펭귄은 남극에 서식하는 그 어떤 동물보다 혹독한 기후 조건을 견뎌낼 수 있다. 몸은 통 모양이고, 짧은 꼬리 옆에 있는 짧은 다리로 똑바로 설 수 있고, 날개는 지느러미발처럼 좁게 변형되었다. 부리는 짧고 뭉툭하거나 가늘고 뾰족하다. 뻣뻣하고 가는 깃털이 솜털처럼 촘촘한 우모를 형성한다. 이런 우모는 대체로 깔끔하지만 털갈이 기간에는 지저분하게 엉겨 붙는다. 수컷과 암컷은 비슷하며, 눈속임을 위해 위쪽은 어둡고 아래쪽은 흰색을 띤다. 일부 종은 머리에 깃털 장식이 있다. 펭귄은 날개를 이용해 물속에서 움직이면서 물고기와 크릴(『해양 도감』 32쪽 참조) 같은 해양 무척추동물을 잡아먹는다. 대형 종은 깊은 바닷속으로 잠수해 들어가는데, 황제펭귄은 수심 500미터까지 이르러 20~30분 동안 머물 수도 있다. 번식 중인 펭귄은 무리 가까이에 머물지만 그렇지 않을 때는 육지에서 먼바다로 헤엄쳐나간다.

아델리펭귄

남극해 주변 어디든 서식하는 중간 크기의 아델리펭귄(*Pygoscelis adeliae*)은 남극에 가장 널리 분포한 펭귄 가운데 하나이다.

턱끈펭귄(*Pygoscelis antarcticus*, chinstrap penguin)

황제펭귄(*Aptenodytes forsteri*, emperor penguin)

갈라파고스펭귄(*Spheniscus mendiculus*, Galapagos penguin)

쇠푸른펭귄(*Eudyptula minor*, little penguin)

가넷, 부비, 가마우지, 군함조

가다랭이잡이목(Suliformes) 조류강(Aves) 척추동물아문(Vertebrata)

이 분류군에 속한 새들은 4개의 발가락 사이에 물갈퀴가 있고 부리 기저에는 털이 덮이지 않은 탄력적인 피부가 있다. 넓고 뾰족한 부리를 가진 가넷과 갈고리 모양의 가는 부리를 가진 가마우지는 이런 피부를 확장해 커다란 물고기를 삼킬 수 있다. 가넷과 부비는 공기주머니의 보호를 받는 눈과 머리를 앞으로 향한 채 날개와 발을 이용해 공중에서 거꾸로 돌진하며 물속의 물고기를 쫓는다.

수면 아래로 뛰어든 가마우지는 다리를 이용해 급강하한다. 날아오른 가마우지 가운데 일부는 바위와 암초에서 먹이를 낚지만, 나머지는 더 넓은 바다에서 먹이를 잡는다. 가마우지는 깃털을 말리고(방수가 불충분한 탓에 몸이 무거워져 잠수에 유리한 측면도 있다.) 소화를 시키기 위해 날개를 활짝 펼친 채 해변에서 휴식을 취한다. 사회성이 높은 가마우지는 절벽과 연안의 섬에 대규모 군락을 형성하는데, 이들이 싸 놓은 배설물은 '백색 도료'를 칠해 놓은 듯한 모습이다. 일부 가마우지와 부비는 나무에 둥지를 짓는다. 군함조는 물속에 들어가거나 물 위로 내려앉는 대신 대양으로 멀리 날아간다. 아주 긴 날개와 꼬리 덕분에 날치를 잡는다든지 다른 바닷새가 먹이를 토해내도록 몰아붙일 때 속도를 내고 민첩하게 움직일 수 있다.

민물가마우지
이 삽화는 민물가마우지 군락을 보여 준다. 번식기가 되면 머리와 넓적다리 깃털이 흰색을 띠고 내륙에 있는 나무나 연안의 절벽에 둥지를 짓는다.

민물가마우지(*Phalacrocorax carbo*, great cormorant)

북방가넷(*Morus bassanus*, northern gannet)

푸른발부비새(*Sula nebouxii*, blue-footed booby)

미국군함조(*Fregata magnificens*, magnificent frigatebird)

사다새와 왜가리

사다새목(Pelecaniformes) 조류강(Aves) 척추동물아문(Vertebrata)

이 다양한 조류군은 흔히 가다랭이잡이목(『해양 도감』 71쪽 참조)과 연관되어 있다. 여기에는 키가 30센티미터에서 1.5미터에 이르는 왜가리와 날개폭이 3.5미터에 이르는 사다새도 포함된다. 이 분류군에는 따오기와 저어새도 속한다. 왜가리류와 해오라기류는 바닷물이 만조일 때 이르는 조석점에서 먹이를 얻는 많은 조류종을 포함하지만, 어떤 사다새종은 간혹 바다에서도 목격된다. 수컷과 암컷은 겉모습이 비슷하지만, 수컷이 약간 더 크다. 번식기 초반에 부리, 얼굴 피부, 다리의 색깔이 더 밝아지는 것 외에 계절에 따른 변화는 거의 없다. 왜가리는 번식기에 머리와 등의 깃털이 길게 자란다.

사다새는 부리 밑에 크고 신축성 있는 목주머니가 있어서 헤엄치면서 물고기와 그 밖의 수생 동물을 퍼담는 데 이용한다. 갈색사다새는 가넷과 마찬가지로 대부분 해양성이고 물속에 돌진하는 방식으로 먹이를 잡는다. 물과 먹이를 퍼 올린 다음 수면 위로 나오자마자 먹이를 삼키기 전에 지나친 물을 배출한다. 긴 날개와 짧은 꼬리, 육중한 몸은 사다새를 볼품없게 만들지만, 일단 공중에 떠오르기만 하면 이들은 맹금류처럼 따뜻한 기류를 이용해 육지 위에서 숙련된 비행을 한다. 이런 신체 조건이 아니라면 사다새 무리는 바다 멀리까지 날지 못하고 바다 주변을 선회하거나 활동 반경이 제한될 것이다.

아메리카흰사다새

존 오듀본(John J. Audubon, 1785~1851년)의 『아메리카의 조류(*Birds of America*)』에 소개된 이 삽화는 아메리카흰사다새(*Pelecanus erythorhynchos*)를 보여 준다. 살집이 있는 목주머니 말고도 부리 위쪽 '뿔'이 특징적이다.

아메리카검은댕기해오라기(*Butorides virescens*, green heron)

왜가리(*Ardea cinerea*, gray heron)

해오라기(*Nycticorax nycticorax*, black-crowned night heron)

사다새(*Pelecanus philippensis*, spot-billed pelican)

열대새

열대새목(Phaethontiformes) 조류강(Aves) 척추동물아문(Vertebrata)

열대새는 가녀리지만 아름다우며 대체로 흰색을 띤다. 날개가 길고 꼬리 깃털이 가느다란 '못'처럼 길게 늘어져 있다. 현존하는 3종의 열대새는 몸길이가 75센티미터에서 1미터에 이른다. 4개의 발가락 사이에 물갈퀴가 있고 육지에서는 잘 걷지 못한다. 열대새는 바다 위를 맴돌다가 물속으로 갑자기 돌진해 들어가 물고기와 오징어를 잡아먹는다. 육지 근처에는 먹이가 부족해서 열대의 많은 바닷새처럼 멀리 먹이를 찾아다녀야겠지만, 특정 지역에서는 먹이인 물고기가 풍부할 수도 있다. 열대새는 멀리 떨어진 섬에 번식지를 형성하고 암컷은 바닥의 틈새나 얕은 구멍에 하나의 알을 낳는다. 새끼들은 불규칙하면서도 이따금 풍성하게 공급되는 먹이에 적응하면서 천천히 성장한다.

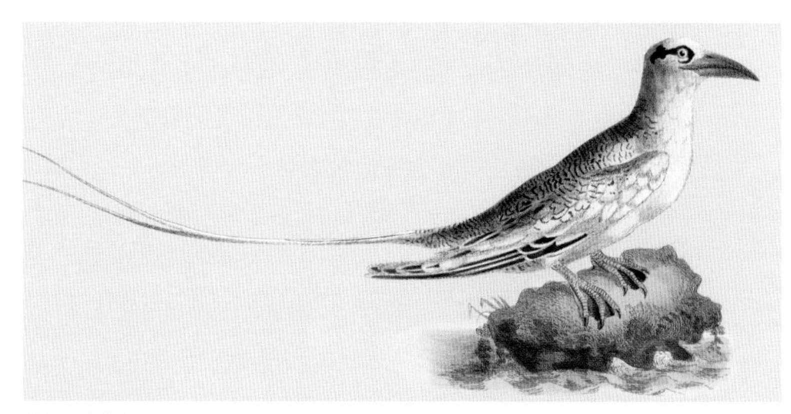

붉은부리열대조
가장 큰 열대새인 붉은부리열대조(*Phaethon aethereus*)는 동태평양, 카리브 해, 동대서양 전역에서 번식하며 열대 대서양과 인도양에 별도의 개체군이 있다.

독수리, 매, 그 친척들

카르타르티포르메스목(Carthartiformes), **수리목**(Accipitriformes), **매목**(Falconiformes) 조류강(Aves) 척추동물아문(Vertebrata)

이 분류군에 속한 맹금류에는 물수리, 독수리, 매 등이 있다. 일부 연안종도 포함되지만 엄밀히 따지면 해양종은 없다. 물수리는 발톱을 이용해 수면에서 먹이를 낚아채고 해변에 떠밀려온 죽은 물고기를 먹는다. 남반구에서는 안데스콘도르(Andean condor)와 이보다 작은 카라카라(caracara)가 고래와 돌고래 사체를 먹는다. 이 맹금류는 육지에서 올라오는 기류와 따뜻한 공기에 의지해 날아올라 활공하기 때문에 육지에서 멀리 날아가지는 못한다. 아무리 강한 맹금류라도 바다 위에서 날갯짓을 끊임없이 하다 보면 금세 지치게 된다. 매는 절벽 위에 자리 잡은 번식지 부근의 바닷새와 강어귀의 물새를 잡아먹고, 엘레오노라매(Eleonara's falcon)는 지중해를 횡단하는 명금류 철새 사냥을 전문으로 한다.

흰꼬리수리
갈고리 모양의 두꺼운 부리, 짧은 꼬리, 날카롭고 굽은 발톱이 붙은 털 없는 다리로 무장한 흰꼬리수리(*Haliaeetus albicilla*)는 전형적인 바다 독수리다. 흰꼬리수리는 수면에서 물고기를 낚아채고 해변에 떠밀려온 해양 생물을 먹는다.

섭금류

도요목(Charadriiformes) 조류강(Aves) 척추동물아문(Vertebrata)

섭금류는 상당수가 해안에서 먹이를 찾는 다양한 새들을 통칭하는 용어다. 물떼새, 마도요, 검은머리물떼새, 도요는 물론 갈매기, 제비갈매기 등이 포함된다. 많은 연안종과 세가락갈매기처럼 번식기가 아닐 때 해양종에 더 가까운 소수의 새들이 여기에 속한다. 도둑갈매기는 퍼핀 같은 대부분의 바다쇠오리와 마찬가지로 바다 위를 이리저리 떠돌다 둥지를 틀 때만 뭍을 찾는다. 섭금류를 통틀어 3종의 지느러미발도요 가운데 2종만이 거의 1년 내내 바다에 머무는 해양종이다. 북반구에 서식하는 많은 섭금류는 북쪽의 툰드라 지역, 섬, 황야, 고원 지대에서 새끼를 낳고 겨울이나 이주하는 도중에 해안을 찾는다. 강어귀의 개펄에는 특히 먹이가 풍부해서 이주를 위한 기나긴 여정 도중에 새들은 이곳에서 재충전을 한다. 일부는 혼자서 다니지만 나머지는 번식기를 제외하면 대규모로 무리를 형성한다. 많은 섭금류는 몸에 비해 다리가 길어서 얕은 물에서 걸어 다닐 수 있다. 지구상에서 가장 뛰어난 여행자인 일부 섭금류는 오랜 비행 중에 체내에 축적된 지방을 이용하고 체내 조직까지 다 써 버릴 수 있다. 미국검은가슴물떼새는 해마다 3만 2000킬로미터를 이동하고, 큰뒷부리도요는 1만 1000킬로미터를 쉬지 않고 날아간다.

깝작도요

미묘하게 옅은 색을 띠는 깝작도요(*Actitis hypoleucos*)는 걸을 때마다 머리와 꼬리를 까딱이는 모습이 인상적이며 해변에서는 몸을 반쯤 웅크리고 있다.

옅은가슴삑삑도요(*Tringa solitaria*, solitary sandpiper)

검은머리물떼새(*Haematopus ostralegus*, Eurasian oystercatcher)

파이핑플러버(*Charadrius melodus*, piping plover)

마도요(*Numenius arquata*, Eurasian curlew)

듀공과 매너티

바다소목(Sirenia) 포유강(Mammalia) 척추동물아문(Vertebrata)

바다소목에는 한 종의 듀공과 3종의 매너티가 속해 있다. 모두 둥그스름하고 덩치가 큰 물개나 돌고래와 비슷하게 생겼고 몸길이가 최대 4미터에 이른다. 이들에게는 납작하게 누운 꼬리가 있는데, 듀공의 꼬리는 두 갈래로 나뉘어 있고 매너티는 주걱 모양의 넓은 꼬리를 가지고 있다. 유난히 조밀한 유합뼈 때문에 부력은 떨어지지만, 길쭉한 폐 덕분에 물속에서 자세를 조정할 수 있다. 바다소목에 속한 동물은 큰 머리와 오리발 같은 앞지느러미가 있고 겉으로 드러난 뒷다리는 없다. 이들은 먹이를 먹을 때 깊이 잠수하지 않고 수면 위로 콧구멍을 높이 치켜든 채 몇 분에 한 번씩 숨을 쉰다. 그럼에도 숨을 쉬기 위해 20분마다 수면으로 올라오는 것을 제외하면 생애 대부분을 물속에서 잠을 자며 보낸다. 모든 종은 닳아 못쓰게 된 이빨을 턱 뒤쪽에서 평생에 걸쳐 연속적으로 교체한다. 수컷 듀공과 나이 많은 암컷 듀공에게는 짧은 엄니가 있다. 서인도양에 서식하는 매너티와 듀공은 강어귀와 안전한 만을 선호하는 해양종이다. 무리는 물속의 해초를 뜯어 먹으면서 천천히 이동한다. 듀공의 큰 주둥이는 아래를 향하고 있는데 비해 매너티는 움직임이 자유로운 윗입술을 가지고 있어서 적극적으로 먹이를 채집할 수 있다. 매너티는 수명이 60년에 이르며, 암컷은 2년마다 한 마리의 새끼를 낳아 기른다.

매너티
매너티는 지느러미발을 이용해 먹이인 해초를 잡고 넓은 꼬리를 바닥에 내려놓아 자세를 유지한다.

듀공(*Dugong dugon*, Dugong)

아프리카매너티(*Trichechus senegalensis*, African manatee)

플로리다매너티(*Trichechus manatus latirostris*, Florida manatee)

이빨고래

이빨고래소목(odontoceti) 고래하목(Cetacea)

이빨고래에는 돌고래, 범고래, 쇠돌고래, 흰고래, 향유고래, 부리고래가 포함되며 몸길이가 최대 20미터, 몸무게가 50톤에 이를 수 있다. 돌고래의 몸길이는 대개 2~3미터에 이른다. 모두 원뿔 모양의 이빨이 있으며, 일부 종은 '부리처럼 돌출한' 아래턱뼈가 코까지 뻗어 있다. 대부분 '목이 없고' 몸이 잘 구부러지지 않으며 머리 모양도 둥근 형태에서 향유고래의 특이한 사각형과 가느다란 아래턱뼈에 이르기까지 다양하다. 커다란 꼬리지느러미는 납작하게 누워있고 상당수의 이빨고래는 구부러진 뒷지느러미를 가지고 있다. 앞다리는 강력한 힘을 지닌 지느러미발이 대신하고 뒷다리는 내부에 있어서 보이지 않는다. 고래는 머리 위의 분수공으로 숨을 쉰다. 범고래는 무리를 지어 물개를 사냥하지만, 대부분의 이빨고래는 물고기와 오징어를 먹는다. 향유고래처럼 더 큰 종은 수심 800미터 깊이까지 잠수한다. 이빨고래는 다양한 소리를 통해 개체 사이에 소통이 이루어지며 반향 정위로 먹이를 찾아낸다.

고래는 광범위하게 분포하지만, 많은 종은 서식지가 제한되어 있다. 강을 오르내리는 몇몇 종을 제외하고 돌고래는 해양에서 살아간다. 일부 돌고래의 경우 10마리에서 수백 마리에 이르는 군락을 형성할 만큼 대부분이 사회성을 보인다. 수컷은 해마다 여러 마리의 암컷과 짝짓기를 하지만, 암컷은 2~3년마다 새끼를 한 마리씩 낳는다.

더스키돌고래
역동적이고 매끈한 유선형의 돌고래는 상당히 지능적인 해양 포유류에 속한다. 이 삽화는 더스키돌고래(*Lagenorhynchus obscurus*)를 보여 준다.

짧은부리참돌고래(*Delphinus delphis*, short-beaked common dolphin)

범고래(*Orcinus orca*, Orca)

향유고래(*Physeter macrocephalus*, Sperm whale)

대서양알락돌고래(*Stenella frontalis*, Atlantic spotted dolphin)

수염고래

수염고래소목(Mysticeti) 고래하목(Cetacea)

이 광범위한 분류군에는 몸길이가 6미터에 이르는 고래부터 몸길이가 30미터에 몸무게가 180톤에 이르는 초대형 대왕고래에 이르기까지 육중한 고래가 포함된다. 이들은 케라틴 단백질로 이루어진 수염 섬유가 위턱에 붙어 있어서 먹이를 걸러내는 2개의 막을 형성한다. 쇠고래는 바닥에서 갑각류 같은 먹이를 잡아먹지만, 더 빠르고 몸체가 유선형인 긴수염고래는 물속으로 뛰어들어 크릴과 물고기를 추격한다. 참고래는 입을 벌린 채로 헤엄을 치면서 다량의 물을 몸속으로 들여보내 플랑크톤을 걸러 먹는다. 긴수염고래는 목 주변의 주름 잡힌 질긴 피부를 팽창시켜 자기 몸의 부피보다 더 많은 양의 물을 받아들인다. 고래가 앞이 보이지 않을 정도로 모여 있는 먹잇감을 향해 돌진할 때 가장 큰 효과를 거둔다.

대부분의 종은 먼 거리를 이동하며, 일부 쇠고래는 해마다 2만 킬로미터를 여행한다. 그렇게 이동하는 것은 여름에 북반구에서 대량으로 발생하는 플랑크톤을 먹이로 활용하기 위해서다. 겨울이면 따뜻한 열대의 바다로 돌아와 암컷은 피부가 얇은 새끼를 낳는다. 수염고래는 '맛'으로 먹이를 감지하고 수백 킬로미터 떨어진 곳에서도 감지할 수 있는 굉장히 큰 저주파의 '노랫소리'로 소통을 한다.

참고래와 대왕고래
수염고래에는 지구상에서 가장 큰 2종의 포유류가 속해 있다. 그중 하나는 날씬하고 우아한 자태를 뽐내는 참고래(*Balaenoptera physalus*, 위)이고, 다른 하나는 웅장한 위용을 과시하는 대왕고래(*Balaenoptera musculus*, 아래)이다.

쇠고래(*Eschrichtius robustus*, gray whale)

남방긴수염고래(*Eubalaena australis*, southern right whale)

밍크고래(*Balaenoptera acutorostrata*, common minke whale)

물범

물범과(Phocidae) 식육목(Carnivora) 포유강(Mammalia) 척추동물아문(Vertebrata)

물범, 물개, 바다코끼리(『해양 도감』 80쪽 참조)는 모두 기각류에 속한다. 물범은 귓바퀴가 없고 지느러미발 같은 앞발과 짧은 오리발 같은 '꼬리'로는 몸을 지탱할 수 없어서 배를 바닥에 깔고 쉬거나 기어다니는 수밖에 없다. 단열재 역할을 하는 두툼한 털과 지방층으로 덮여 있으며 날카로운 이빨로 먹이를 잡거나 찢을 수 있다. 바다에서만 살아가는 고래와 달리 물범은 휴식을 취하고 번식을 위해 육지에 올라와야 하지만 돌고래보다 훨씬 유연하며 물속에서 날렵하고 멋진 수영 솜씨를 발휘한다. 이들은 대개 물고기, 오징어, 연체동물, 갑각류를 먹으며 살아가고 얕은 물 속으로 뛰어들지만, 웨들바다표범은 수심 1000미터까지도 이를 수 있다. 북방코끼리물범은 알래스카 만의 섭식지에서 멕시코의 번식지에 이르는 최대 2만 1000킬로미터의 먼 거리를 이동하며 간혹 수심 1600미터까지 잠수해 들어가기도 한다. 물범은 열대 바다의 차가운 조류를 좋아하고 극에 가까운 지역에서는 숨 쉴 구멍을 확보하면서 얼음 밑에서 먹이를 찾는다. 대부분 탁 트인 해안이나 섬에서 번식하지만, 일부는 얼음 위에서 새끼를 낳는다. 수컷은 될 수 있으면 많은 수의 암컷과 짝짓기를 시도하고 새끼를 기르는 일에는 거의 관심을 보이지 않는다.

두건물범과 잔점박이물범

물범은 기본적으로 일관된 형태를 공유하면서도 몸무게가 4.4톤에 이르는 두건물범부터 60킬로그램에 불과한 잔점박이물범(*Phoca vitulina*)처럼 작은 종에 이르기까지 크기는 다양하다.

얼룩무늬물범(*Hydrurga leptonyx*, leopard seal)

턱수염바다물범(*Erignathus barbatus*, bearded seal)

두건물범(*Cystophora cristata*, hooded seal)

남방코끼리물범(*Mirounga leonina*, southern elephant seal)

바다사자와 물개

바다사자과(Otariidae) 식육목(Carnivora) 포유강(Mammalia) 척추동물아문(Vertebrata)

물개류로도 알려진 이들 해양 포유류에게는 작은 귀와 강한 앞발, 앞쪽을 향할 수 있는 뒷발의 물갈퀴가 있다. 덕분에 바닥에 엎드려 있기만 하는 물범과 달리 이들은 미숙하나마 육지에서 네 발로 뒤뚱거리며 걸을 수 있다. 6종으로 이루어진 바다사자는 털이 짧고 코가 둥근 데 비해 9종으로 이루어진 물개는 털이 길고 굵으며 코가 뾰족하다. 물개류는 기회를 엿보다가 물고기와 오징어를 비롯한 먹이를 낚아채며 육지보다는 물속에서 훨씬 민첩하다. 날렵한 암컷보다 몸집이 크고 털이 훨씬 많은 수컷은 번식지에 암컷보다 먼저 도착한다. 암컷이 도착하면 수컷들 사이에서 세력권을 두고 싸움이 벌어진다. 9~13세의 가장 힘이 센 수컷이 더 많은 암컷과 짝짓기를 한다. 암컷은 수컷의 도움 없이 한 마리의 새끼를 기른다. 물에 뜬 채로 쉴 때는 의식이 반쯤 있는 상태에서 위협적인 포식자를 경계하지만, 육지에서는 정상적으로 잠을 잔다. 물개류는 열대부터 북극에 가까운 바다까지 분포한다. 가장 널리 알려지고 쉽게 목격되는 종은 몸길이가 최대 2.4미터, 몸무게가 300킬로미터에 이르는 캘리포니아바다사자이다.

남아메리카바다사자
남아메리카바다사자(*Otaria byronia*) 수컷은 암컷보다 2배가량 무겁다. 태어난 새끼는 털이 짙은 갈색을 띠지만 자라면서 색이 점차 옅어진다.

캘리포니아바다사자(*Zalophus californianus*, California sea lion)

오스트레일리아바다사자(*Neophoca cinerea*, Australian sea lion)

남아프리카물개(*Arctocephalus pusillus*, Afro-Australian fur seal)

남아메리카물개(*Arctocephalus australis*, South American fur seal)

바다코끼리

바다코끼리과(Odobenidae) 식육목(Carnivora) 포유강(Mammalia) 척추동물아문(Vertebrata)

바다코끼리는 대서양 아종과 태평양 아종으로 나뉜다. 이 덩치 큰 북극해의 기각류는 털이 거의 없는 분홍빛을 띤 피부 아래의 부드러운 지방층 때문에 주름이 많이 잡힌다. 나이든 수컷일수록 주름이 깊게 갈라지고 굳어 있다. 바다코끼리는 넓은 주둥이에 비해 머리가 작고 2개의 길고 곧은 상아색 엄니 위로 빳빳하고 거센 '콧수염'이 성기게 나 있다. 육지에서는 각진 커다란 앞지느러미발로 몸길이가 3.5미터에 이르는 몸무게를 지탱할 수 없어서 뒷지느러미발을 들어 올려 둥글게 만 채 바닥을 기어다닌다. 수컷의 몸무게는 2톤 가까이 이를 수 있다. 사회성이 높은 바다코끼리는 육지나 해빙에서 무리를 짓고 함께 먹이를 먹는다. 엄니로 부드러운 진흙을 긁어모으고 늘어난 윗입술과 지느러미발로 이를 '퍼 올리고' 파내면서 자욱한 흙먼지를 일으키며 느릿느릿 움직인다. 대개는 대합처럼 큰 쌍각류 연체동물을 잡아먹는다. 수면 위에서 고래처럼 콧구멍으로 숨을 '내뿜으면서' 머리 윗부분만 보일 때가 많다. 새끼는 15개월의 임신 기간을 거친 뒤 봄에 태어난다. 생후 1년이 지나면 젖을 떼지만 5년 동안은 어미와 함께 지낸다.

대서양바다코끼리
이 삽화는 다 자란 바다코끼리(*Odobenus rosmarus*) 수컷의 최대 1미터에 이르는 긴 엄니를 특징적으로 잘 보여 준다.

대서양바다코끼리(*Odobenus rosmarus rosmarus*, Atlantic walrus)

태평양바다코끼리(*Odobenus rosmarus divergens*, Pacific walrus)

곰

곰과(Ursidae) 식육목(Carnivora) 포유강(Mammalia) 척추동물아문(Vertebrata)

생애 대부분을 북극해 주변에서 보내는 북극곰은 서식지 부근의 얼음이 빠르게 녹으면서 심각한 생존의 위협을 받고 있다. 일부 지역에서는 인간이 거주하는 촌락 주변에서 버려진 음식을 뒤져 먹기도 하지만 북극곰은 물개 포식자로서의 본연의 역할을 잊지 않고 얼음 속의 숨구멍에서 먹이를 잡는다. 육지나 바다에서는 물개가 거의 잡히지 않지만, 얼음 위에서 쉬고 있는 물개는 곰의 표적이 된다. 무시무시한 위력을 자랑하는 수컷은 몸무게가 암컷의 2배에 해당하는 700킬로그램에 이르고 앞다리를 들어올려 서면 키가 3미터에 이른다. 이들은 빙원에 이르기 위해 쉬지 않고 며칠 동안 헤엄을 치기도 하고 육지에서는 시속 40킬로미터로 전력 질주할 수도 있다. 암컷은 얼음에 굴을 파서 새끼를 낳고, 새끼는 생후 2년이 지나면 젖을 뗀다.

북극곰

북극곰(*Ursus maritimus*)은 커다란 이빨, 강력한 목과 어깨, 앞다리를 이용해 무거운 물개를 물에서 얼음 위로 끌어올리는 데 필요한 엄청난 힘을 발휘한다.

수달

족제비과(Mustelidae) 식육목(Carnivora) 포유강(Mammalia) 척추동물아문(Vertebrata)

몸이 반들반들하고 길쭉한 수달은 꼬리는 길고 다리는 짧은 편으로 물에서 살기 좋게 유선형의 몸체를 가지고 있다. 일부는 해안에 살면서 바닷물고기를 잡아먹지만, 태평양 북동부의 바다수달은 완전한 해양 동물이다. 이들의 몸길이는 최대 1.4미터에 이른다. 육지에서는 걸을 수 있으나 대개 바다에 머문다. 수달 무리는 물에 뜬 상태로 해초 사이에서 휴식을 취하며 단열재 역할을 하는 매우 촘촘한 털을 쉬지 않고 손질한다. 물속으로 들어간 수달은 성게와 조개류를 찾아 헐거운 바위를 뒤집는다. 작은 돌을 이용해 바위에 붙은 조개를 떼어내고 껍데기를 부수기도 하는데, 포유동물 중에서 도구를 사용하는 흔치 않은 사례에 속한다. 암컷은 어느 때고 한 마리의 새끼를 낳을 수 있으며 1년 넘게 애정을 쏟아 새끼를 돌본다.

바다수달

오듀본은 연어를 들고 있는 바다수달을 그렸지만, 대개 수달은 대합, 홍합, 전복 따위를 먹는다. 이들은 먹이를 수면으로 가져와 가슴 위에 올려놓고 앞발에 쥔 돌로 껍데기를 부수어 연다.

찾아보기

도판 저작권

DK would like to thank the following people at Smithsonian Enterprises:

Product Development Manager

Kealy Gordon

Director, Licensed Publishing

Jill Corcoran

Vice President, Consumer and Education Products

Brigid Ferraro

President

Carol LeBlanc

DK would also like to thank: Derek Harvey for helping to plan the contents, advice on photoshoots, and for his comments on the text and images; Rob Houston for helping to plan the contents list; Trudy Brannan and Colin Ziegler at the Natural History Museum, London, for their comments on the text; Barry Allday, Ping Low, Peter Mundy, and James Nutt at the Goldfish Bowl, Oxford, for their help with photoshoots; Steve Crozier for Photoshop retouching; Rizwan Mohd for work on high-resolution images; Katie John for proof-reading; and Helen Peters for compling the index.

For their contributions to the jacket, DK would also like to thank:

Senior Jacket Designer:
Suhita Dharamjit

Senior DTP Designer:
Harish Aggarwal

Senior DTP Designer:
Harish Aggarwal

Jackets Editorial Coordinator:
Priyanka Sharma

Senior Jacket Designer:
Suhita Dharamjit

Managing Jackets Editor:
Saloni Singh

The publisher would like to thank the following for their kind permission to reproduce their photographs:

(Key: a-above; b-below/bottom; c-centre; f-far; l-left; r-right; t-top)

2-3 Dreamstime.com: Andrii Oliinyk. **4 Getty Images:** Robert Mallon / Moment. **5 Image from the Biodiversity Heritage Library:**Kunstformen der Natur by Ernst Haeckel. **6 Getty Images:** De Agostini Picture Library (cra). **Kunstformen der Natur by Ernst Haeckel:** (bc). **7 Image from the Biodiversity Heritage Library:** Die Radiolarien (Rhizopoda radiaria) (cra); H.M.S. Challenger reports 1873-76 (bc). **8 Alamy Stock Photo:** Interfoto (bc); The Natural History Museum, London (cra). **9 Alamy Stock Photo:** Daniel Poloha Underwater (bc); The Natural History Museum, London (cr); Nature Picture Library / Sue Daly (bl); Nature Picture Library / Sue Daly (bc/ Himanthalia). **iStockphoto.com:** DaCILD (br). **10 Alamy Stock Photo:** Nature Picture Library / Sue Daly (br); Premaphotos (bl); Premaphotos (bc). **Image from the Biodiversity Heritage Library:** The Botany Of The Antarctic Voyage Of H.m. Discovery Ships Erebus And Terror In The Years 1839-1843. (cra). **11 Alamy Stock Photo:** Nature Picture Library / Nick Upton (bl); Nature Picture Library / Sue Daly (bc/Codium). **Dreamstime.com:** Seadam (bc). **iStockphoto.com:** Ashish Kumar (br). **Kunstformen der Natur by Ernst Haeckel:** (cr). **12 Alamy Stock Photo:** The History Collection (cra); Steve. Trewhella (bl); Nature Picture Library / Constantinos Petrinos (bc/Enhalus); Nature Picture Library / Jurgen Freund (bc). **Dreamstime.com:** Seadam (br). **13 Alamy Stock Photo:** Blickwinkel (br); The Natural History Museum (cra); Juergen Freund (bl). **14 Alamy Stock Photo:** John Anderson (bl); Daniel L. Geiger / SNAP (bc). **Dreamstime.com:** Alexander Ogurtsov (bc/Demosponge). **Image from the Biodiversity Heritage Library:** Spongiaires de la mer Carai¨be (cr). **imagequestmarine.com:** Jez Tryner (br). **15 Alamy Stock Photo:** Blue Planet Archive (bl); Science History Images (cr); Mark Conlin (bc). **Getty Images:** Wild Horizon / Universal Images Group (br). **iStockphoto.com:** Placebo365 (bc/ Heteractis magnifica). **16 Alamy Stock Photo:** Avalon / Photoshot License / Oceans Image (br); Florilegius (cr); Biosphoto / Bruno Guenard (bc/Orange sea pen). **Getty Images:** The Image Bank / Giordano Cipriani (bc). **iStockphoto. com:** E+ / Michael Zeigler (bl). **17 Alamy Stock Photo:** Cultura Creative Ltd / George Karbus Photography (bc/Moon jelly); Naturepix (br). **Getty Images:** ullstein bild / Reinhard Dirscherl (bl). **imagequestmarine.com:** KÌre Telnes (bc). **Kunstformen der Natur by Ernst Haeckel:** (cr). **18 Kunstformen der Natur by Ernst Haeckel:** (cra. bc). **19 Alamy Stock Photo:** Nature Photographers Ltd / Paul R. Sterry (bc); WaterFrame (bc/Stinging hydrozoan). **Getty Images:** Cultura RF / Alexander Semenov (br); DEA Picture Library / De Agostini (bl). **Kunstformen der Natur by Ernst Haeckel:** (cr). **20 Alamy Stock Photo:** AF Fotografie (cra); Book Worm (bc). **21 Alamy Stock Photo:** AAA Collection (crb); Archive PL (cra). **22 Alamy Stock Photo:** Frank Hecker (br); Image Source / Alexander Semenov (bc/ Ragworm). **Getty Images:** De Agostini Picture Library (cr); George Grall / National Geographic Image Collection (bl). **iStockphoto.com:** Damocean (bc). **23 Alamy Stock Photo:** Artokoloro (cra); National Geographic Image Collection / Joel Sartore (br). **Dreamstime.com:** Velikanpiter (bl). **Getty Images:** Joao Pedro Silva / Moment Open (bc). **24 Alamy Stock Photo:** Biosphoto / Mathieu Foulquie (bc). **Bridgeman Images:** (cr). **Dreamstime.com:** Francofirpo (br); Toby Gibson (bl). **iStockphoto.com:** S.Rohrlach (bc/ Bullina lineata). **25 Alamy Stock Photo:** Blickwinkel (bl); Chronicle (cr); Martin Habluetzel (br). **Shutterstock.com:** tank200bar (bc). **26 Alamy Stock Photo:** Reinhard Dirscherl (bc); Z4 Collection (cr); Genevieve Vallee (bl); Imagebroker (br). **iStockphoto.com:** Michael Zeigler (bc/ Sepia latimanus). **27 Alamy Stock Photo:** Imagebroker / T. Eidenweil (br); UtCon Collection (cr); WaterFrame (bc). **Dreamstime.com:** Wrangel (bc/ Common octopus). **naturepl.com:** Fred Bavendam (bl). **28 Image from the Biodiversity Heritage Library:** Encyclopaedia londinensis, or, Universal dictionary of arts, sciences, and literature (cra). **Kunstformen der Natur by Ernst Haeckel:** (bc). **29 Alamy Stock Photo:** Alpha Stock (cra). **Image from the Biodiversity Heritage Library:** The Naturalist's Miscellany, Or Coloured Figures Of Natural Objects. (crb). **30 Alamy Stock Photo:** Florilegius (cra); Historic Collection (bc). **31 Alamy Stock Photo:** Artokoloro (bc); The Natural History Museum (cra). **32 Alamy Stock Photo:** Actep Burstov (cr). **iStockphoto. com:** ZU_09 / DigitalVision Vectors (br). **33 Alamy Stock Photo:** Helmut Corneli (br); Juniors Bildarchiv GmbH (bl); Imagebroker (bc). **Image from the Biodiversity Heritage Library:** Dictionnaire universel d'histoire naturelle. v. 3 1849 - Atlas (Zoologie-Botanique) (cr). **34 Alamy Stock Photo:** Helmut Corneli (bc/Spotted porcelain crab); Nature Picture Library / Sue Daly (bc); SeaTops (br). **Dreamstime.com:** Kateryna Levchenko (bl). **Image from the Biodiversity Heritage Library:** Voyage Autour Du Monde (cr). **35 Alamy Stock Photo:** Pete Niesen (bc); Heiko der Urlauber (bc/ Anneissia bennetti). **Dreamstime.com:** Toby Gibson (bl); Toui2001 (br). **Kunstformen der Natur by Ernst Haeckel:** (cr). **36 Alamy Stock Photo:** Nature Picture Library / Alex Mustard (br); Jeff Rotman (bl). **Dreamstime.com:** Robertlasalle (bc/Asterias rubens); Seadam (bc). **Kunstformen der Natur by Ernst Haeckel:** (cr). **37 Alamy Stock Photo:** blickwinkel / F. Hecker (bl); The Protected Art Archive (cr); Solvin Zankl (bc/Gorgon's head basket star). **Dreamstime.com:** Seadam (br). **Getty Images:** De Agostini Picture Library (bc). **38 Alamy Stock Photo:** Blickwinkel (bc); Florilegius (cr); Helmut Corneli (bl). **Dreamstime.com:** Kelpfish (br); Ashish Kumar (bc/Diadema). **39 Alamy Stock Photo:** Blickwinkel (bc); Florilegius (cr); Erik Schlogl (bc/ Colochirus). **Dreamstime.com:** Ethan Daniels (bl); Ethan Daniels (br). **40 Alamy Stock Photo:** Reinhard Dirscherl (bl); Paulo Oliveira (bc/European lancelet); Imagebroker (bc). **Getty Images:** Antonio Camacho / Moment (br). **Image from the Biodiversity Heritage Library:** The Naturalist's Miscellany, Or Coloured Figures Of Natural Objects. (cr). **41 Alamy Stock Photo:** Florilegius (cra); A.F. Lydon (crb). **42 Alamy Stock Photo:** Kelvin Aitken / VWPics (br); Mark Conlin (bc). **Image from the Biodiversity Heritage Library:** Natural history of Victoria. Prodromus of the zoology of Victoria (cra). **iStockphoto.com:** June Jacobsen (bl). **43 Alamy Stock Photo:** Reinhard Dirscherl (bc/Taeniura meyeni); Florilegius (cr); Imagebroker (bc). **Depositphotos Inc:** Lilithlita (br). **Dreamstime.com:** Roman Vintonyak (bl). **44 Alamy Stock Photo:** Kelvin Aitken / VWPics (bl); Imagebroker (bc/Rabbit fish); Minden Pictures / Norbert Wu (br). **Image from the Biodiversity Heritage Library:** Ichthyology, Berlin, Chez l'auteur, 1796 (cra). **iStockphoto. com:** Wrangel (bc). **45 Alamy Stock Photo:** Science History Images (cra). **iStockphoto.com:** Christophe Sirabella (bl). **SuperStock:** Hoberman Collection (br). **46 Image from the Biodiversity Heritage Library:** D. Marcus Elieser Bloch's, Ausübenden Arztes Zu Berlin (crb); Gemeinnüzzige Naturgeschichte Des Thierreichs Bd. 4 Plates (cra). **47 Alamy Stock Photo:** Imagebroker / Christian Guy (bl); WaterFrame (br). **Getty Images:** De Agostini Picture Library (cra). **iStockphoto.com:** Scubaluna (bc). **48 Alamy Stock Photo:** Arco Images GmbH / G. Lacz (bc); Paulo Oliveira (br); National Geographic Image Collection / Ian Mcallister (bc/Pacific herring). **Image from the Biodiversity Heritage Library:** D. Marcus Elieser Bloch's, Ausübenden Arztes Zu Berlin (cra). **iStockphoto.com:** Feathercollector (bl). **49 Dreamstime.com:** Irko Van Der

Heide (bl); Wrangel (br). **Image from the Biodiversity Heritage Library:** D. Marcus Elieser Bloch's, Ausübenden Arztes Zu Berlin (cra). **50 Alamy Stock Photo:** Blickwinkel (bl); Blickwinkel (bc/Arctic char); Bill Brooks (bc); Nature Picture Library / Alex Mustard (br). **Getty Images:** GraphicaArtis / Archive Photos (cra). **51 Getty Images:** De Agostini Picture Library (cra). **Image from the Biodiversity Heritage Library:** Wissenschaftliche Ergebnisse der Deutschen Tiefsee-Expedition auf dem Dampfer "Valdivia" 1898-1899 (crb). **52 artscult.com:** (cra). **Image from the Biodiversity Heritage Library:** The Zoology Of The Voyage Of The H.m.s. Erebus & Terror, Under The Command Of Captain Sir James Clark Ross, During The Years 1839 To 1843. (crb). **53 Alamy Stock Photo:** Frank Hecker (bc/Pouting); Paulo Oliveira (bc). **Dreamstime.com:** Serg_dibrova (br); Slowmotiongli (bl). **Image from the Biodiversity Heritage Library:** Ichthyology, Berlin, Chez l'auteur, 1796 (cra). **54 Alamy Stock Photo:** Artokoloro (cra). **Image from the Biodiversity Heritage Library:** D. Marcus Elieser Bloch's, Ausübenden Arztes Zu Berlin (crb). **55 Alamy Stock Photo:** Anthony Pierce (bl); Anthony Pierce (bc). **Image from the Biodiversity Heritage Library:** D. Marcus Elieser Bloch's, Ausübenden Arztes Zu Berlin (cra). **iStockphoto.com:** Hansgertbroeder (br). **56 Alamy Stock Photo:** Paulo Oliveira (bc); WaterFrame (bl). **Getty Images:** Alastair Pollock Photography / Moment (br). **Image from the Biodiversity Heritage Library:** D. Marcus Elieser Bloch's, Ausübenden Arztes Zu Berlin (cra). **iStockphoto.com:** Swimwitdafishes (bc/Great barracuda). **57 Alamy Stock Photo:** Blickwinkel (bl); Nature Picture Library / Sue Daly (bc/Solea solea); Niels Poulsen (bc). **Dreamstime.com:** Slowmotiongli (br). **Image from the Biodiversity Heritage Library:** A History Of The Fishes Of The British Islands (cra). **58 Alamy Stock Photo:** Imagebroker / David & Micha Sheldon (bc/Common seahorse). **Image from the Biodiversity Heritage Library:** Natural history of Victoria : Prodromus of the zoology of Victoria (cr). **iStockphoto.com:** Howard Chen (bc); Yann-Hubert (bl); Choi Ka Kwan (br). **59 Alamy Stock Photo:** Blickwinkel / F. Hecker (bc/Sarda sarda); Nature Picture Library / Alex Mustard (bc). **Image from the Biodiversity Heritage Library:** D. Marcus Elieser Bloch's, Ausübenden Arztes Zu Berlin (cra). **iStockphoto.com:** Lunamarina (bl). **naturepl.com:** David Fleetham (br). **60 Alamy Stock Photo:** Jaime Franch Wildlife Photo (bl). **Image from the Biodiversity Heritage Library:** D. Marcus Elieser Bloch's, Ausübenden Arztes Zu Berlin (cra). **iStockphoto.com:** Denja1 (br); Marrio31 (bc/Labroides dimidiatus); Wrangel (bc). **61 123RF.com:** Richard Whitcombe (bc). **Alamy Stock Photo:** Minden Pictures (bc/Serranus scriba); Paulo Oliveira (bl). **Image from the Biodiversity Heritage Library:** D. Marcus Elieser Bloch's, Ausübenden Arztes Zu Berlin (cra). **iStockphoto.com:** Pclark2 (br). **62 Alamy Stock Photo:** Jesús Cobaleda Atencia (bc); Michael Stubblefield (bc/Scorpaena plumieri); Hemis / Rieger Bertrand (br). **Dreamstime.com:** Vladyslav Siaber (bl). **Image from the Biodiversity Heritage Library:** Ichthyology, Berlin, Chez l'auteur, 1796 (cra). **63 Alamy Stock Photo:** Biosphoto / Mathieu Foulquie (bc/Antennarius commerson); Paulo Oliveira (bl); WaterFrame (bc); Imagebroker (br). **Image from the Biodiversity Heritage Library:** Ichthyology, Berlin, Chez l'auteur, 1796 (cra). **64 123RF.com:** Lotti Andersson (bl); Richard Whitcombe (bc). **Alamy Stock Photo:** Biosphoto / Sergio Hanquet (bc/Mola mola). **Image from the Biodiversity Heritage Library:** M.E. Blochii ... Systema ichthyologiae iconibus CX illustratum (cra). **iStockphoto.com:** Miksov (br). **65 Alamy Stock Photo:** Blue Planet Archive (bc); MichaelGrantWildlife (bl). **Image from the Biodiversity Heritage Library:** Descriptiones Et Icones Amphibiorum. Auctor Dr. Joannes Wagler (cra). **iStockphoto.com:** Carstenbrandt (br); USO (bc/Amblyrhynchus cristatus). **66 Alamy Stock Photo:** Albatross (cra); Arco Images GmbH / F. Schneider (bl); Mauritius Images GmbH / Reinhard Dirscherl (bc/Green sea turtle); Andrew Pearson (bc). **scubazoo.com:** Jason Isley (br). **67 Dreamstime.com:** Dirkr (br). **Image from the Biodiversity Heritage Library:** Historia Fisica, Politica Y Natural De La Isla De Cuba. (cra). **iStockphoto.com:** Patrick_Gijsbers (bl). **68 Alamy Stock Photo:** André Gilden (bl); National Geographic Image Collection (cra); André Gilden (bc). **Dreamstime.com:** Heinrich Von Horsten (br); Mikael Males (bc/Cygnus). **69 123RF.com:** Dmytro Pylypenko (bl). **Alamy Stock Photo:** Renato Granieri (bc); Robertharding / Michael Nolan (bc/Fulmarus); Robertharding / Michael Nolan (br). **Getty Images:** DEA / A. De Gregorio / De Agostini (cra). **70 Alamy Stock Photo:** Auscape International Pty Ltd / Ian Beattie (br); Philip Mugridge (bl); Avalon / Photoshot License (bc). **Getty Images:** Martin Ruegner / Stone (bc/Aptenodytes). **Image from the Biodiversity Heritage Library:** Report on the collections of natural history made in the Antarctic regions during the voyage of the "Southern Cross." (cr). **71 Depositphotos Inc:** DonyaNedomam (bc). **Dorling Kindersley:** Judd Patterson (br). **Dreamstime.com:** Agami Photo Agency (bl). **Image from the Biodiversity Heritage Library:** The Birds Of Great Britain / London :Printed By Taylor And Francis, Published By The Author,1873. (cr). **iStockphoto.com:** Instants / E+ (bc/Morus). **72 Dreamstime.com:** Assoonas (br); Donyanedomam (bl). **iStockphoto.com:** RCerruti (bc/Ardea); RLWPhotos (bc). **National Audubon Society:** (cr). **73 Image from the Biodiversity Heritage Library:** The Zoological Miscellany : London :Printed By B. Mcmillan For E. Nodder & Son (cra). **Mary Evans Picture Library:** © J Salmon Limited (bc). **74 Dreamstime.com:** Brian Kushner (bc); Paul Reeves (bl); Victortyakht (br). **Image from the Biodiversity Heritage Library:** The Birds of Australia By John Gould (cra). **iStockphoto.com:** Salinger (bc/Eurasian oystercatcher). **75 Alamy Stock Photo:** All Canada Photos / Wayne Lynch (br); DejaVu Designs (bc). **Image from the Biodiversity Heritage Library:** Biologia Centrali-Americana: Zoology, Botany And Archaeology (cr). **iStockphoto.com:** Lemga (bl). **76 Alamy Stock Photo:** Reinhard Dirscherl (bc); The Natural History Museum, London (cra). **Getty Images:** Cultura / George Karbus Photography (bl). **iStockphoto.com:** tswinner (br). **Shutterstock.com:** wildestanimal (bc/Killer whale). **77 Alamy Stock Photo:** Robertharding / Michael Nolan (bl). **Image from the Biodiversity Heritage Library:** British Mammals (cra). **naturepl.com:** Nick Hawkins (br); Flip Nicklin (bc). **78 Alamy Stock Photo:** Papilio (bl). **Dreamstime.com:** Jeremy Richards (br). **Getty Images:** Fred Bruemmer / Stockbyte (bc/Hooded seal); De Agostini Picture Library (cra). **iStockphoto.com:** Pum_Eva (bc). **79 Alamy Stock Photo:** Robertharding / Michael Nolan (bl); Ariadne Van Zandbergen (bc). **Bridgeman Images:** (cra). **Dreamstime.com:** Natalia Golovina (bc/Australian sea lion); Ijdema (br). **80 Alamy Stock Photo:** ITAR-TASS News Agency (br); Tony Moss (bl). **Bridgeman Images:** De Agostini Picture Library (cr). **81 Alamy Stock Photo:** Antiquarian Images (crb). **Image from the Biodiversity Heritage Library:** Wild Life Of The World : A Descriptive Survey Of The Geographical Distribution Of Animals (cra)

Cover Images: *Front and Back:* **The Metropolitan Museum of Art** Ocean Life by James M. Sommerville, Christian Schussele